计 算 机 科 学 丛 书

原书第2版

信息论基础

[美] 托马斯·M. 科沃（Thomas M. Cover） 乔伊·A. 托马斯（Joy A. Thomas） 著

阮吉寿 张华 译

沈世镒 审校

Elements of Information Theory

Second Edition

机械工业出版社
CHINA MACHINE PRESS

图书在版编目（CIP）数据

信息论基础：原书第 2 版：典藏版 /（美）托马斯·M. 科沃（Thomas M. Cover），（美）乔伊·A. 托马斯（Joy A. Thomas）著；阮吉寿，张华译．—北京：机械工业出版社，2024.2（2025.1 重印）

（计算机科学丛书）

书名原文：Elements of Information Theory，Second Edition

ISBN 978-7-111-74866-3

Ⅰ．①信…　Ⅱ．①托…②乔…③阮…④张…　Ⅲ．①信息论-高等学校-教材　Ⅳ．①TN911.2

中国国家版本馆 CIP 数据核字（2024）第 022663 号

机械工业出版社（北京市百万庄大街 22 号　邮政编码 100037）

策划编辑：姚　蕾　　　责任编辑：姚　蕾

责任校对：贾海霞　陈立辉　　　责任印制：常天培

固安县铭成印刷有限公司印刷

2025 年 1 月第 1 版第 2 次印刷

185mm×260mm・28.5 印张・761 千字

标准书号：ISBN 978-7-111-74866-3

定价：99.00 元

电话服务	网络服务
客服电话：010-88361066	机　工　官　网：www.cmpbook.com
010-88379833	机　工　官　博：weibo.com/cmp1952
010-68326294	金　　书　　网：www.golden-book.com
封底无防伪标均为盗版	机工教育服务网：www.cmpedu.com

译者序

Thomas M. Cover 与 Joy A. Thomas 的《信息论基础》可谓一本跨世纪的好书，其读者人数在信息论领域名列榜首。本书涉及的相关知识领域广泛，我们第一次接到翻译此书的任务时，多少有些惶恐，担心无法准确地将 Cover 的精神和深刻的内涵活灵活现地呈现给读者。1985 年 Cover 曾经是沈世镒教授的老师。沈先生回国后在南开大学带出了许许多多的优秀学生。他们在国内乃至国际上都是信息论的骨干和学术带头人（比如杨恩辉、孙凤文、张箴、符方伟、叶中行、岳殿武、陈鲁生等，他们曾以南开大学的信息论为荣，南开大学的信息论现在又以他们为荣）。为报 Cover 之师恩，也为更多不曾在南开大学学习的广大信息论学子能够领略 Cover 的大师风范，我们欣然接受了此项翻译任务，并且力争不辱使命。

本书可谓信息量巨大的好书。在熵、信道、信源、数据压缩与编码理论、复杂度理论等方面独具特色，网络信息论更是一个新的亮点。本书还以赛马模型为出发点，将证券市场纳入信息论的框架内研究，给证券市场研究一个新的视角。更难得的是，作者利用自己深厚的研究功力，将这三部分有机地结合在一起，不仅增加了信息论的内涵，也增加了读者群。特别是研究投资组合者，在适当学习第 2 章与第 11 章的基础上，读懂第 6 章与第 16 章，将会带来全新的投资理念和证券研究的新技巧。

本书的写作风格独特，横跨信息论、信号学、计算机逻辑、概率论、图论以及金融等若干领域。因此，为了使本书的翻译风格尽可能完整，并保持其在各领域的特色，我们在翻译中颇费心思，字斟句酌，反复思考，同时，虚心地请教南开大学从事相应领域的同事，在此，对他们表示感谢。我们的许多研究生在第 1 版和第 2 版的翻译和校对的过程中也做出了贡献。而且，在第 2 版翻译时，我们虚心听取了第 1 版的读者的反馈意见，特在此向他们表示衷心感谢。最后，我们要对机械工业出版社表示感谢，编辑们的认真、仔细和热情合作提高了本书的翻译质量。

译　者

2007 年 7 月

第 2 版前言

自从本书第 1 版出版以来，我们希望书中的许多方面能得到改进，如重新编排或者扩充，但是需再版的限制并不允许我们在已经出版的书中实现这样的愿望。而今在出新版之际，我们终于有机会对原书做些改变，增加一些习题，同时，讨论一些在第 1 版中忽略的专题。

本书主要的变化包括：各章重新编排，使本书更易于教学；增加了 200 多个新习题。在某些专题中，我们也增加了一些素材，如在普适性投资组合理论、通用信源编码、高斯反馈信道容量、网络信息论等方面，并且阐述了数据压缩和信道容量的对偶性。另外，本书还新增加了一章，同时对原书中大量的证明过程进行简化，而且更新了参考文献和历史回顾点评。

本书可以分成两个学期学习。建议第一学期学习第 1～9 章，包括渐近均分性、数据压缩、信道容量，以及高斯信道等。第二学期学习余下的几章，包括率失真理论、型方法、科尔莫戈罗夫复杂度、网络信息论、通用信源编码和投资组合理论。如果只开一个学期的课，建议将率失真、科尔莫戈罗夫复杂度和网络信息论加入第一学期的教学中，其中后两者只需各上一节课。

自第 1 版以来，信息论迎来了它的 50 岁生日（香农的领域开创性文章 50 周年纪念），源自信息论的许多思想已经广泛应用于科学技术的众多问题，如生物信息学、网络搜索、无线通信、视频压缩以及其他等。信息论的应用是无止境的，然而其完美的数学理论始终是该领域最引人注目的地方。我们希望借此书给大家带来某些共识，使得大家坚信在涉及数学、物理学、统计学和工程学的交叉领域中，信息论是最有趣的领域之一。

Thomas M. Cover
Joy A. Thomas

Palo Alto, California
2006 年 1 月

第1版前言

本书是一本简明易懂的信息论教材。正如爱因斯坦所说："凡事应该尽可能使其简单到不能再简单为止。"虽然我们没有深入考证过该引语的来源（据说最初是在幸运蛋卷中发现的），但我们自始至终都将这种观点贯穿到本书的写作中。信息论中的确有这样一些关键的思想和技巧，一旦掌握了它们，不仅使信息论的主题简明，而且在处理新问题时提供重要的直觉。

本书来自使用了十多年的信息论讲义，原讲义是信息论课程的高年级本科生和一年级研究生两学期用的教材。本书打算作为通信理论、计算机科学和统计学专业学生学习信息论的教材。

信息论中有两个简明要点。第一，熵与互信息这样的特殊量是为了解答基本问题而产生的。例如，熵是随机变量的最小描述复杂度，互信息是度量在噪声背景下的通信速率。另外，我们在以后还会提到，互信息相当于已知边信息条件下财富的双倍增长。第二，回答信息论问题的答案具有自然的代数结构。例如，熵具有链式法则，因而，熵和互信息也是相关的。因此，数据压缩和通信中的问题得到广泛的解释。我们都有这样的感受，当研究某个问题时，往往历经大量的代数运算推理得到了结果，但此时没有真正了解问题的全貌，最终是通过反复观察结果，才对整个问题有完整、明确的认识。所以，对一个问题的全面理解，不是靠推理，而是靠对结果的观察。要更具体地说明这一点，物理学中的牛顿三大定律和薛定谔波动方程也许是最合适的例子。谁曾预见过薛定谔波动方程后来会有如此令人敬畏的哲学解释呢？

在本书中，我们常会在着眼于问题之前，先了解一下答案的性质。比如第2章中，我们定义熵、相对熵和互信息，研究它们之间的关系，再对这些关系做一点解释，由此揭示如何融会贯通地使用各式各样的方法解决实际问题。同理，我们顺便探讨热力学第二定律的含义。熵总是增加吗？答案既肯定也否定。这种结果会令专家感兴趣，但初学者或许认为这是必然的而不会深入考虑。

在实际教学中，教师往往会加入一些自己的见解。事实上，寻找无人知道的证明或者有所创新的结果是一件很愉快的事情。如果有人将新的思想和已经证明的内容在课堂上讲解给学生，那么不仅学生会积极反馈"对，对，对"，而且会大大地提升教授该课程的乐趣。我们正是这样从研究本教材的许多新想法中获得乐趣的。

本书加入的新素材实例包括信息论与博弈之间的关系，马尔可夫链背景下热力学第二定律的普遍性问题，信道容量定理的联合典型性证明，赫夫曼码的竞争最优性，以及关于最大熵谱密度估计的伯格（Burg）定理的证明。科尔莫戈罗夫复杂度这一章也是本书的独到之处。而将费希尔信息、互信息、中心极限定理以及布伦一闵可夫斯基不等式与熵幂不等式联系在一起，也是我们引以为豪之处。令我们感到惊讶的是，关于行列式不等式的许多经典结论，当利用信息论不等式后会很容易得到证明。

自从香农的奠基性论文面世以来，尽管信息论已有了相当大的发展，但我们还是要努力强调它的连贯性。虽然香农创立信息论时受到通信理论中问题的启发，然而我们认为信息论是一门独立的学科，可应用于通信理论和统计学中。我们将信息论作为一个学科领域从通信理论、概率论和统计学的背景中独立出来，因为明显不可能从这些学科中获得难以理解的信息概念。

由于本书中绝大多数结论以定理和证明的形式给出，所以，我们期望通过对这些定理的巧妙证明能说明这些结论的完美性。一般来讲，我们在介绍问题之前先描述问题的解的性质，而这些很有趣的性质会使接下来的证明顺理成章。

使用不等式串，中间不加任何文字，最后直接加以解释，是我们在表述方式上的一项创新。希望读者学习我们所给的证明过程达到一定数量时，在没有任何解释的情况下就能理解其中的大部分步骤，并自己给出所需的解释。这些不等式串好比模拟测试题，读者可以通过它们确认自己是否已掌握证明那些重要定理的必备知识。这些证明过程的自然流程是如此引人注目，以至于导致我们轻视了写作技巧中的某条重要原则。由于没有多余的话，因而突出了思路的逻辑性与主题思想。我们希望当读者阅读完本书后，能够与我们共同分享我们所推崇的，具有优美、简洁和自然风格的信息论。

本书广泛使用弱的典型序列的方法，此概念可以追溯到香农 1948 年的创造性工作，而它真正得到发展是在 20 世纪 70 年代初期。其中的主要思想就是所谓的渐近均分性（AEP），或许可以粗略地说成“几乎一切事情都是等可能的”。

第 2 章阐述了熵、相对熵和互信息之间的基本代数关系。渐近均分性是第 3 章重中之重的内容，这也使我们将随机过程和数据压缩的熵率分别放在第 4 章和第 5 章中论述。第 6 章介绍博弈，研究了数据压缩的对偶性和财富的增长率。

可作为对信息论进行理性思考基础的科尔莫戈罗夫复杂度，拥有着巨大的成果，放在第 14 章中论述。我们的目标是寻找一个通用的最短描述，而不是平均意义下的次佳描述。的确存在这样的普遍性概念用来刻画一个对象的复杂度。该章也论述了神奇数 Ω，揭示数学上的不少奥秘，这是图灵机停止运转概率的推广。

第 7 章论述信道容量定理。第 8 章叙述微分熵的必需知识，它们是将早期容量定理推广到连续噪声信道的基础。基本的高斯信道容量问题在第 9 章中论述。

第 11 章阐述信息论和统计学之间的关系，20 世纪 50 年代初期库尔贝克（Kullback）首次对此进行了研究，此后进展不大。由于率失真理论比无噪声数据压缩理论需要更多的背景知识，因而将其放置在正文中比较靠后的第 10 章。

网络信息论是个大的主题，安排在第 15 章，主要研究的是在噪声和干扰情形下的同时可达的信息流。有许多新的思想在网络信息论中开始活跃起来，其主要新要素有干扰和反馈。第 16 章讲述股票市场，这是第 6 章所讨论的博弈的推广，也再次表明了信息论和博弈之间的紧密联系。

第 17 章讲述信息论中的不等式，我们借此一隅把散布于全书中的有趣不等式重新收拢在一个新的框架中，再加上一些关于随机抽取子集熵率的有趣新不等式。集合和的体积的布伦一闵可夫斯基不等式，独立随机变量之和的有效方差的熵幂不等式以及费希尔信息不等式之间的美妙关系也将在此章中得到详尽的阐述。

本书力求推理严密，因此对数学的要求相当高，要求读者至少学过一学期的概率论课程且有扎实的数学背景，大致为本科高年级或研究生一年级水平。尽管如此，我们还是努力避免使用测度论。因为了解它只对第 16 章中的遍历过程的 AEP 的证明过程起到简化作用。这符合我们的观点，那就是信息论基础与技巧不同，后者才需要将所有推广都写进去。

本书的主体是第 2、3、4、5、7、8、9、10、11 和 15 章，它们自成体系，读懂了它们就可以对信息论有很好的理解。但在我们看来，第 14 章的科尔莫戈罗夫复杂度是深入理解信息论所需的必备知识。余下的几章，从博弈到不等式，目的是使主题更加连贯和完美。

任何教程都有它的第一讲，目的是给出其主要思想的简短预览和概述。本书的第 1 章就是为这个目的而设置的。

Thomas M. Cover
Joy A. Thomas
Palo Alto，California
1990 年 6 月

第 2 版致谢

自从第 1 版面世以后，我们荣幸地收到了许多读者的反馈意见和修改建议。然而，向每一位曾经帮助过我们的读者致谢，这对我们来讲心有余而力不足，但我们仍然想道出其中的一些名字以表谢意。我们特别要感谢所有使用本书讲授和学习这门课的老师和学生们，正是通过他们，才使我们能从不同视角重新审视所选择的内容。

我们特别要感谢 Andrew Barron、Alon Orlitsky、T. S. Han、Raymond Yeung、Nam Phamdo、Franz Willems 和 Marty Cohn，他们给出了许多宝贵的评论和建议。这些年来，斯坦福大学的学生为本书的修改给了我们许多启发和建议，他们是 George Gemelos、Navid Hassanpour、Young-Han Kim、Charles Mathis、Styrmir Sigurjonsson、Jon Yard、Michael Baer、Mung Chiang、Suhas Diggavi、Elza Erkip、Paul Fahn、Garud Iyengar、David Julian、Yiannis Kontoyiannis、Amos Lapidoth、Erik Ordentlich、Sandeep Pombra、Jim Roche、Arak Sutivong、Joshua Sweetkind-Singer 和 Assaf Zeevi。在第 2 版准备期间，Denise Murphy 给我们提供了许多支持和帮助。

Joy A. Thomas 要感谢在 IBM 和 Stratify 的同事的支持和提出的有价值的意见和建议。特别感谢 Peter Franaszek、C. S. Chang、Randy Nelson、Ramesh Gopinath、Pandurang Nayak、John Lamping、Vineet Gupta 和 Ramana Venkata。特别是与 Brandon Roy 长达几个小时的讨论有助于将书中的某些论述写得更加精练简洁。最为重要的是，Joy 感谢妻子 Priya 的全力支持，如果没有她的支持和鼓励，第 2 版的完成是不可能的。

Thomas M. Cover 感谢他的学生们和妻子 Karen 给予的帮助。

第1版致谢

我们真诚感谢所有参与完成本书的人们，尤其是 Aaron Wyner、Toby Berger、Masoud Salehi、Alon Orlitsky、Jim Mazo 和 Andrew Barron 对本书的各版草稿给予了细致评述，这对我们最终内容的取舍起了指导性的作用。还要感谢我们手写稿的第一位读者 Bob Gallager，以及他对出版本书的支持。感谢 Aaron Wyner 和 Ziv 赠送了关于 Lempel-Ziv 算法收敛性的新证明。还要感谢 Normam Abramson、Ed van der Meulen、Jack Salz 和 Raymond Yeung 给予我们很多修订建议。

一些重要的访问学者和专家同事也给予了很多帮助，他们是 Amir Dembo、Paul Algoet、Hirosuke Yamamoto、Ben Kawabata、M. Shimizu 和 Yoichiro Watanabe。John Gill 在教学中使用了本书，从他的建议中我们获益匪浅。当我们计划编写一本面向广泛读者的信息论专著时，Abbas EI Gamal 在几年前就已经开始帮助写作此书，其贡献是不可估量的。还要感谢在本书成形阶段研究信息论方向的博士生们，他们是 Laura Ekroot、Will Equitz、Don Kimber、Mitchell Trott、Andrew Nobel、Jim Roche、Erik Ordentlich、Elza Erkip 和 Vittorio Castelli。Mitchell Oslick、Chien-Wen Tseng 和 Michael Morrell 是其中提出问题和建议最为主动的学生。Marc Goldberg 和 Anil Kaul 帮助我们制作了其中的一些图形。最后，我们还要感谢 Kirsten Goodell 和 Kathy Adams 在原稿准备过程中提供的支持和帮助。

Joy A. Thomas 也要感谢 Peter Franaszek、Steve Lavenberg、Fred Jelinek、David Nahamoo 和 Lalit Bahl 在完成本书的最后阶段给予的鼓励和支持。

目 录

Elements of Information Theory, Second Edition

第1章

绪论与概览

信息论解答了通信理论中的两个基本问题：临界数据压缩的值(答案：熵 H)和临界通信传输速率的值(答案：信道容量 C)。因此，有人认为信息论是通信理论的一个组成部分，但我们将竭力阐明信息论远不止于此。其实，信息论在统计物理(热力学)、计算机科学(科尔莫戈罗夫(Kolmogorov)复杂度或算法复杂度)、统计推断(奥卡姆剃刀(Occam Razor)：“最简洁的解释最佳”)以及概率和统计(关于最优化假设检验与估计的误差指数)等学科中都具有奠基性的贡献。

本章是“开场白”，通过介绍信息论及其关联的思想的来龙去脉，提纲挈领地给出该书的整体布局。所涉及的术语和内容，将从第2章开始逐步给予详细叙述和讨论。图1-1揭示了信息论与其他学科之间的关系。如图中所示，信息论与物理学(统计力学)、数学(概率论)、电子工程(通信理论)以及计算机科学(算法复杂度)都有交叉。我们接下来对这些交叉的领域作更详细的说明。

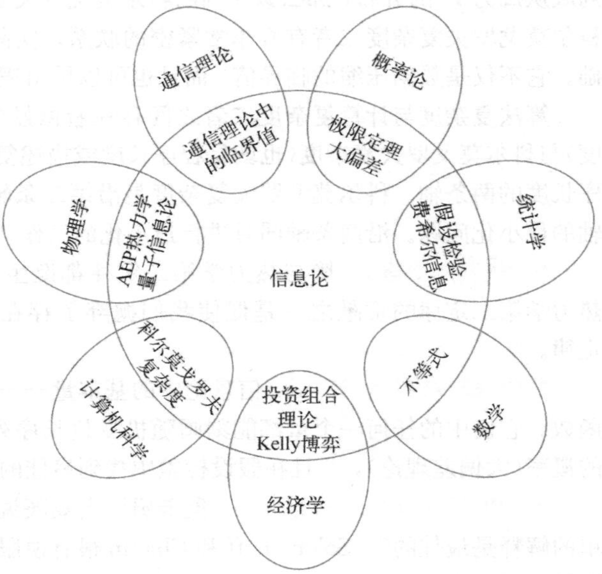

图 1-1 信息论与其他学科的关系

电子工程(通信理论)。20世纪40年代早期，人们普遍认为，以正速率发送信息，而忽略误差概率是不可能做到的。然而，香农(Shannon)证明了只要通信速率低于信道容量，总可以使误差概率接近于零，这个结论震惊了通信理论界。信道容量可以根据信道的噪声特征简单地计算出来。香农还进一步讨论了诸如音乐和语音等随机信号都有一个不可再降低的复杂度，当低于该值时，信号就不可能被压缩。遵从热力学的习惯，他将这个临界复杂度命名为熵，并且讨论了当信源的熵小于信道容量时，可以实现渐近无误差通信。 1

如果将所有可能的通信方案看成一个集合，那么今天的信息论描绘了这个集合的两个临界值，如图1-2所示。数据压缩达到最低程度的方案对应的是该集合的左临界值 $I(X;\hat{X})$。所有数据压缩方案所需的描述速率不得低于该临界值。右临界值 $I(X;Y)$ 所对应方案的数据传输速率最大，临界值 $I(X;Y)$ 就是信道容量。因此，所有调制方案和数据压缩方案都必须介于这两个临界值之间。

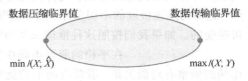

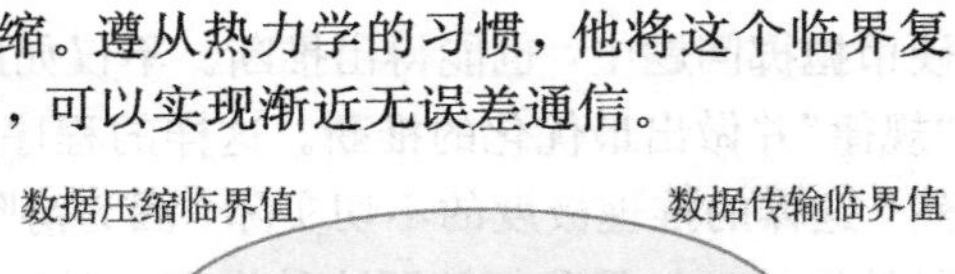

图 1-2 通信理论的信息论临界点 2

信息论也提供能够达到这些临界值的通信方案。从理论上讲，最佳通信方案固然很好，但从计算的角度看，它们往往是不切实际的。唯一的原因是，只有使用简单的调制与解调方案时才具有计算可行性，而香农信道容量定理的证明过程中所提出的随机编码和最邻近译码规则却不然。集成电路与编码设计方面的进展使得我们能获得香农理论所蕴涵的一些硕果。随着 Turbo 码的诞生，最终实现了计算的实用性。比如，纠错码在光盘和 DVD 中的应用就是信息论的一个绝好实例。

信息论中关于通信方面的近期研究集中在网络信息论：存在干扰和噪声的情况下，大量发送器到大量接收器之间的通信同步率理论。目前，多个发送器与多个接收器之间的一些速率协定还无法预料，已有协定也有待于从数学上得到一定程度的简化。因而，一套统一的理论尚待发掘。

计算机科学（科尔莫戈罗夫复杂度）。科尔莫戈罗夫、Chaitin 和 Solomonoff 指出，一组数据串的复杂度可以定义为计算该数据串所需的最短二进制程序的长度。因此，复杂度就是最小描述长度。利用这种方式定义的复杂度是通用的，即与具体的计算机无关，因此该定义具有相当重要的意义。科尔莫戈罗夫复杂度的定义为描述复杂度的理论奠定了基础。更令人愉快的是，如果序列服从熵为 H 的分布，那么该序列的科尔莫戈罗夫复杂度 K 近似等于香农熵 H。所以信息论与科尔莫戈罗夫复杂度二者有着非常紧密的联系。实际上，科尔莫戈罗夫复杂度比香农熵更为基础。它不仅是数据压缩的临界值，而且也可以导出逻辑上一致的推理过程。

算法复杂度与计算复杂度二者之间存在着微妙的互补关系。计算复杂度（也就是时间复杂度）与科尔莫戈罗夫复杂度（也就是程序长度或描述复杂度）可以看成是对应于程序运行时间与
3 程序长度的两条轴。科尔莫戈罗夫复杂度是沿第二条轴的最小化问题，而计算复杂度是沿第一条轴的最小化问题。沿两条轴同时进行最小化的工作几乎没有。

物理学（热力学）。熵与热力学第二定律都诞生于统计力学。对于孤立系统，熵永远增加。热力学第二定律的贡献之一是促使我们抛弃了存在永动机的幻想。我们将在第 4 章中简述该定律。

数学（概率论和统计学）。信息论中的基本量——熵、相对熵与互信息，定义成概率分布的泛函数。它们中的任何一个量都能刻画随机变量长序列的行为特征，使得我们能够估计稀有事件的概率（大偏差理论），并且在假设检验中找到最佳的误差指数。

科学的哲学观（奥卡姆剃刀）。奥卡姆居士威廉说过“因不宜超出果之所需。”其意思是“最简单的解释是最佳的”。Solomonoff 和 Chaitin 很有说服力地讨论了这样的推理：谁能获得适合处理数据的所有程序的加权组合，并能观察到下一步的输出值，谁就能得到万能的预测程序。如果是这样，这个推理可以用来解决许多使用统计方法不能处理的问题。例如，这样的程序能够最终预测圆周率 π 的小数点后面遥远位置上的数值。将这个程序应用到硬币的正面出现概率为 0.7 的硬币抛掷问题中，也能得出推断。不仅如此，如果应用到股票市场，程序能从根本上抓住市场的“规律”并做出最优化的推断。这样的程序能够从理论上保证推出物理学中的牛顿三大定律。当然，这样的推理极度的不切实际，因为清除所有不适合生成现有数据的程序需要花费的时间是不可接受的。如果我们按照这种推理来预测明天将要发生的事情，那么需要花一百年的时间。

经济学（投资）。在平稳的股票市场中重复投资会使财富以指数增长。财富的增长率与股票市场的熵率有对偶关系。股票市场中的优化投资理论与信息论的相似性是非常显著的。我们将通过探索这种对偶性来丰富投资理论。

计算与通信。当将一些较小型的计算机组装成较大型的计算机时，会受到计算和通信的双重限制。计算受制于通信速度，而通信又受制于计算速度，它们相互影响、相互制约。因此，通
4 信理论中所有以信息论为基础所开发的成果，都会对计算理论造成直接的影响。

本书概览

信息论最初所处理的问题是数据压缩与传输领域中的问题，其处理方法利用了熵和互信息等基本量，它们是通信过程的概率分布的函数。先给出一些定义，这会有助于开始讨论，在第 2 章中我会重述这些定义。

如果随机变量 X 的概率密度函数为 $p(x)$，那么 X 的熵定义为

$$H(X)=-\sum_{x} p(x)\log_2 p(x) \tag{1-1}$$

使用以 2 为底的对数函数，熵的量纲为比特。熵可以看作随机变量的平均不确定度的度量。在平均意义下，它是为了描述该随机变量所需的比特数。

例 1.1.1　考虑一个服从均匀分布且有 32 种可能结果的随机变量。为确定一个结果，需要一个能够容纳 32 个不同值的标识。因此，用 5 比特的字符串足以描述这些标识。

该随机变量的熵为

$$H(X)=-\sum_{i=1}^{32} p(i)\log p(i)=-\sum_{i=1}^{32}\frac{1}{32}\log\frac{1}{32}=\log 32=5\text{ 比特} \tag{1-2}$$

这个值恰好等于描述该随机变量 X 所需要的比特数。在此情形中，所有结果都有相同长度的表示。

下面考虑一个非均匀分布的例子。

例 1.1.2　假定有 8 匹马参加的一场赛马比赛。设 8 匹马的获胜概率分布为 $\left(\frac{1}{2},\frac{1}{4},\frac{1}{8},\frac{1}{16},\frac{1}{64},\frac{1}{64},\frac{1}{64},\frac{1}{64}\right)$。我们可以计算出该场赛马的熵为

$$H(X)=-\frac{1}{2}\log\frac{1}{2}-\frac{1}{4}\log\frac{1}{4}-\frac{1}{8}\log\frac{1}{8}-\frac{1}{16}\log\frac{1}{16}-4\frac{1}{64}\log\frac{1}{64}=2\text{ 比特} \tag{1-3}$$ 5

假定我们要把哪匹马会获胜的消息发送出去，其中一个策略是发送胜出马的编号。这样，对任何一匹马，描述需要 3 比特。但由于获胜的概率不是均等的，因此，明智的方法是对获胜可能性较大的马使用较短的描述，而对获胜可能性较小的马使用较长的描述。这样做，我们会获得一个更短的平均描述长度。例如，使用以下的一组二元字符串来表示 8 匹马：0，10，110，1110，111100，111101，111110，111111。此时，平均描述长度为 2 比特，比使用等长编码时所用的 3 比特小。注意，此时的平均描述长度 2 正好等于熵。在第 5 章中，我们将证明任何随机变量的熵必为表示这个随机变量所需要的平均比特数的一个下界。另外，在“20 问题”的游戏中，将所需问题的数目看成随机变量，那么它的熵也是所需问题数目的平均值的下界。我们也将说明如何构造一些表示法使其平均长度与熵相比较不超过 1 比特。

信息论中的熵与统计力学中的熵概念有着紧密的联系。如果抽出一个包含 n 个独立同分布(i. i. d.)的随机变量的序列，我们将证明该序列是“典型”序列的概率大约为 $2^{-nH(X)}$，而且大约只能抽出 $2^{nH(X)}$ 个典型序列。这个性质(著名的渐近均分性，AEP)是信息论中许多证明的基础。随后我们将介绍利用熵自然地解答的一些问题(例如，生成一个随机变量所需的抛掷均匀硬币的次数)。

随机变量的描述复杂度的概念可以推广到定义单个字符串的描述复杂度。二元字符串的*科尔莫戈罗夫复杂度*定义为输出该字符串所需的最短计算机程序的长度。如果字符串确实是随机的，那么其科尔莫戈罗夫复杂度接近于它的熵。从统计推断和建模问题的角度考虑，科尔莫戈罗夫复杂度是一个自然的框架，使我们对*奥卡姆剃刀*“最简洁的解释最佳”有更加透彻的理解。我们将在第 14 章中叙述科尔莫戈罗夫复杂度的一些简单性质。

单个随机变量的熵为该随机变量的不确定度。我们还可以定义涉及两个随机变量的条件熵 $H(X|Y)$，即一个随机变量在给定另外一个随机变量的条件下的熵。由另一随机变量导致的原随
6 机变量不确定度的缩减量称为*互信息*。具体地讲，设 X 和 Y 是两个随机变量，那么这个缩减量为互信息

$$I(X;Y)=H(X)-H(X|Y)=\sum_{x,y}p(x,y)\log\frac{p(x,y)}{p(x)p(y)} \tag{1-4}$$

互信息 $I(X;Y)$是两个随机变量相互之间独立程度的度量，它关于 X 和 Y 对称，并且永远为非负值，当且仅当 X 和 Y 相互独立时，等于零。

*通信信道*是一个系统，系统的输出信号按概率依赖于输入信号。该系统特征由一个转移概率矩阵 $p(y|x)$决定，该矩阵决定在给定输入情况下输出的条件概率分布。对于输入信号为 X 和输出信号为 Y 的通信信道，定义它的信道容量 C 为

$$C=\max_{p(x)}I(X;Y) \tag{1-5}$$

以后我们将证明容量是可以使用该信道发送信息的最大速率，而且在接收端以极低的误差概率恢复出该信息。下面用一些例子来说明这点。

例 1.1.3（无噪声二元信道） 对于无噪声二元信道，二元输入信号在输出端精确地恢复出来，如图 1-3 所示。此信道中，任何传输的信号都会毫无误差地被接收。因此，在每次传输中，可以将 1 比特的信息可靠地发送给接收端，从而信道容量为 1 比特，也可以计算得出信道容量为 $C=\max I(X;Y)=1$ 比特。

例 1.1.4（有噪声四字符信道） 观察如图 1-4 所示的信道。在该信道中，传输每个输入字符时，能够正确地接收到该字符的概率为$\frac{1}{2}$，误判为它的下一个字符的概率也为$\frac{1}{2}$。如果将 4 个输入字符全部考虑进去，那么在接收端，仅凭输出结果根本不可能确切地判定原来传输的是哪个字
7 符。另一方面，如果仅使用 2 个输入（比如 1 和 3），我们立即可以根据输出结果知道传输的是哪个输入字符。于是，这种信道相当于例 1.1.3 中的无噪声信道，该信道上每传输一次可以毫无误差地发送 1 比特信息。此时，可以计算出信道容量 $C=\max I(X;Y)$，亦等于 1 比特/传输，这符合上述分析。

图 1-3 无噪声二元信道，$C=1$ 比特

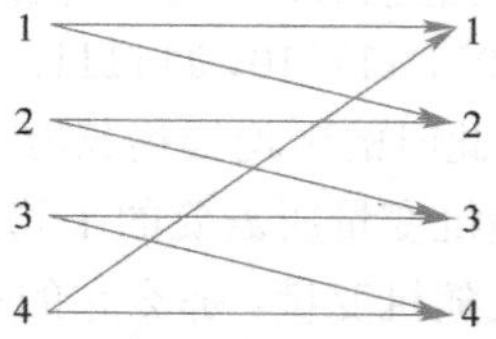

图 1-4 有噪声信道

一般，通信信道的结构不会像我们所举的例子这样简单，所以并不总能准确无误地识别出所发送的信息的某个子集。但是，如果考虑一系列传输，那么任何信道看起来都会像此例一样，并且均可以识别出输入序列集合（码字集）的一个子集，其传输信息的方式是：对应于每个码字的所有可能输出序列构成的集合近似不相交。此时，我们可以观察输出序列，能够以极低的误差概率识别出相应的输入码字。

8 例 1.1.5（二元对称信道） 二元对称信道是有噪声通信系统的一个基本例子，如图 1-5 所示。此信道有一个二元输入，输出字符与输入字符相同的概率为 $1-p$。另外，0 被接收为 1 的概率为 p，1 被接收为 0 的概率也是 p。此时，可以计算得到信道容量为 $C=1+p\log p+(1-p)$

$\log(1-p)$比特/传输。如何达到该信道容量已经不再明显了。然而，如果多次使用该信道，那么该信道就会开始类似于例 1.1.4 所示的四字符信道，从而能以 C 比特/传输的速率发送信息而几乎不发生误差。

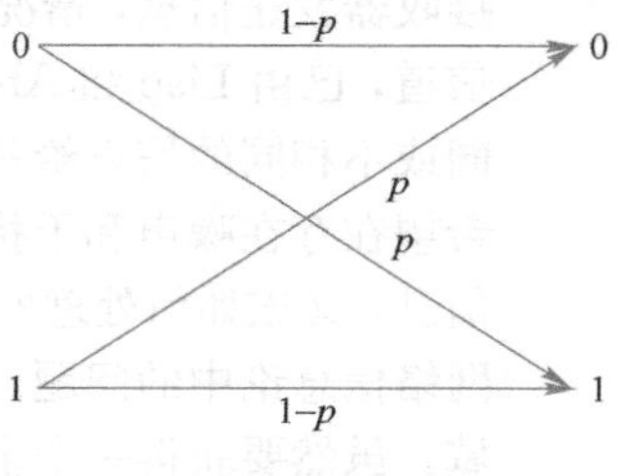

图 1-5　二元对称信道

信道上的信息通信速率的临界值由信道容量决定。信道编码定理证明该临界值可利用较长的分组编码达到。在实际的通信系统中，由于能够使用的编码的复杂度是有限制的，因此我们一般无法达到该信道容量。

互信息实际上是更广泛量的相对熵 $D(p\|q)$的特殊情形。相对熵是两个概率密度函数 p 和 q 之间的“距离”度量，定义为

$$D(p\|q)=\sum_x p(x)\log\frac{p(x)}{q(x)} \tag{1-6}$$

尽管相对熵并不是一个真正的度量，但它有着度量的某些性质。特别是相对熵总是非负的，且它为 0 的充分必要条件为 $p=q$。在两个分布 p 和 q 之间的假设检验中，相对熵就是误差概率的指数。它也可以用来定义概率分布的几何结构，使得我们能够解释大偏差理论中的许多结论。

信息论和股票市场的投资理论有许多相似之处。可将股票市场定义为一个随机向量 $\mathbf{X}$，其分量是非负的数值，等于某只股票当天的收盘价与当天的开盘价的比值。若股票市场的分布为 $F(\mathbf{x})$，那么我们定义双倍率 W 为

$$W=\max_{\mathbf{b}:b_i\geqslant 0,\sum b_i=1}\int \log \mathbf{b}^t\mathbf{x}\,\mathrm{d}F(\mathbf{x}) \tag{1-7}$$

双倍率是财富增长的最大渐近指数。双倍率有一系列性质与熵的对应性质类似。在第 16 章将探 9
讨这些性质。

H, I, C, D, K, W 这些量自然出现在以下领域中：

- 数据压缩。随机变量的熵 H 是该随机变量的最短描述平均长度的下界。可以构造一个平均长度不超出熵 1 比特的描述。如果放宽完全恢复信源信息的限制，那么此时问：如果不计较失真 D 的话，需要多大的通信速率来描述信源？另外，需要多大的信道容量，才能让信源信息在信道上充分传输，并且在失真不超过 D 的情况下重构信源？这是率失真理论的研究课题。

当我们试图对非随机性目标的最短描述的概念进行严格定义时，科尔莫戈罗夫复杂度 K 的定义就应运而生了。在后面，我们将证明科尔莫戈罗夫复杂度的普适性并且满足最短描述理论的许多直观要求。

- 数据传输。考虑信息传输问题是希望接收器能够以很小的误差概率将消息译码。从本质上讲，我们希望找到的码字(信道的输入字符序列)彼此之间离得足够远，目的是当它们在信道中被噪声污染后依然能够区分开来。这等价于高维空间中的填球问题。对任何码字集，要计算出接收器可能出错(换言之，将传送过来的码字做了错误的判断)的概率是可以办到的。然而，在绝大多数情形下，这种计算很繁琐。

使用随机生成的编码方案，香农证明了，如果码率不超过信道容量 C，就能够以任意小的误差概率发送信息。随机生成码的思想非同寻常，为简化难解问题打下了基础。香农在该证明过程中所使用的关键思想之一是所谓的典型序列概念。容量 C 是可以区分的输入信号个数的对数。

- 网络信息理论。前面所提到的每一个主题涉及的均是单一信源或单一信道。如果我们希望压缩众多信源信息中的每一个，然后将压缩好的描述放在一起进行信源联合重构，情

况将如何？该问题由 Slepian-Wolf 定理解决。如果希望更多的发送器独立地对一个公共接收器发送信息，情况又如何？该信道的信道容量应该是多少？这样的信道称为多接入
10 信道，已由 Liao 和 Ahlswede 给予了解答。如果有一个发送器和多个接收器，同时发送相同或不相同的信息给每个接收器，该如何处理？这样的信道就是广播信道。最后，如果希望在存在噪声和干扰的背景下，任意多个发送器与任意多个接收器之间可以随意互通信息，又该如何处理？从各发送器到各接收器，可达码率的容量区域是什么？这是一般网络信息论中的问题。所有上述问题都可以归结于多用户或网络信息论这个一般化的领域。虽然要获得一个全面的网络理论超出了现有的研究水平，但我们仍然希望对上述问题的所有解答只涉及互信息和相对熵的完美形式。

- 遍历理论。渐近均分定理表明，遍历过程的绝大多数长度为 n 的样本序列的概率近似为 2^{-nH}，并且大约有 2^{nH} 个是这样的典型序列。
- 假设检验。相对熵 D 在两个分布之间的假设检验中，可以表征误差概率的指数，它是两个分布之间距离的自然度量。
- 统计力学。在统计力学中，熵 H 度量一个物理系统的不确定程度或混乱程度。粗略地讲，熵是一个物理系统成形后的状态数的对数值。热力学第二定律说明，一个封闭系统的熵永不减少。后面我们会对第二定律做出一定的解释。
- 量子力学。在量子力学中，冯・诺伊曼(von Neumann)熵 $S=\mathrm{tr}(\rho\ln\rho)=\sum_i\lambda_i\log\lambda_i$ 扮演着经典的香农一玻尔兹曼(Shannon-Boltzmann)熵 $H=-\sum_i p_i\log p_i$ 的角色。由此获得数据压缩和信道容量的量子力学形式。
- 推理。我们可以运用科尔莫戈罗夫复杂度 K 的概念找到数据的最短描述，也可以将它作为模型预测下一个数据是什么。使不确定度或熵最大化的模型可导出最大熵推理方法。
- 博弈与投资。财富增长率的最佳指数由双倍率 W 决定。对于具有均匀收益机会的赛马，双倍率 W 与熵 H 之和为常数。而双倍率在边信息作用下的增量恰好是赛马与边信息之间的互信息 I。股票市场中的投资行为也有类似的结论。
- 概率论。渐近均分性(AEP)证明绝大部分序列是典型的，它们的样本熵接近于 H。因此，
11 我们可以把注意力集中在大约 2^{nH} 个典型序列上。在大偏差理论中，考虑任何一个由分布构成的集合，如果真实分布到这个集合最近元的相对熵距离为 D，那么它的概率大约为 2^{-nD}。
- 复杂度理论。科尔莫戈罗夫复杂度 K 是对象的描述复杂度的度量。它与计算复杂度有一定的关系，但不尽相同，因为计算复杂度度量的是计算所需要的时间或空间大小。

信息论中的量(例如熵和相对熵)解决了通信理论和统计学中的许多基本问题而频频出现在该两门学科中。在研究这些问题之前，我们将先研究这些量的一些性质。在第 2 章中，我们开始
12 从熵、相对熵和互信息的定义及其基本性质切入正题。

第 2 章

熵、相对熵与互信息

从本章开始介绍书中的大部分基本定义，为随后理论阐述的全面展开做个铺垫。毋庸置疑，我们要讨论这些基本概念之间的关系及其相应的解释，因为这在后面的讨论中会很有用。首先给出熵与互信息的定义，然后论述链式法则、互信息的非负性、数据处理不等式，最后我们通过考察充分统计量和费诺(Fano)不等式进一步解释说明这些定义。

信息是个相当宽泛的概念，很难用一个简单的定义将其完全准确地把握。然而，对于任何一个概率分布，可以定义一个称为*熵*(entropy)的量，它具有许多特性符合度量信息的直观要求。这个概念可以推广到*互信息*(mutual information)，互信息是一种测度，用来度量一个随机变量包含另一个随机变量的信息量。熵恰好变成一个随机变量的自信息。*相对熵*(relative entropy)是个更广泛的量，它是刻画两个概率分布之间的距离的一种度量，而互信息又是它的特殊情形。以上所有这些量密切相关，存在许多简单的共性，本章会论述其中的一些性质。

在以下各章中，我们将会展现这些量是如何自然地回答有关通信、统计学、复杂度和博弈方面的大量问题的，由此也可以最终体现这些定义的价值。

2.1 熵

首先介绍熵的概念，它是随机变量不确定度的度量。设 X 是一个离散型随机变量，其字母表(即概率论中的取值空间)为$\mathcal{X}$，概率密度函数 $p(x)=\Pr(X=x), x\in\mathcal{X}$。为方便起见，记概率 13
密度函数为 $p(x)$以代替 $p_X(x)$，由此，$p(x)$和 $p(y)$指两个不同的随机变量，实际上分别表示两个不同的概率密度函数 $p_X(x)$和 $p_Y(y)$。

定义 一个离散型随机变量 X 的熵 $H(X)$定义为

$$H(X)=-\sum_{x\in\mathcal{X}}p(x)\log p(x) \tag{2-1}$$

有时也将上面的量记为 $H(p)$。其中对数 log 所用的底是 2，熵的单位用比特表示。例如，抛掷均匀硬币这一事件的熵为 1 比特。由于当 $x\to 0$ 时，$x\log x\to 0$，今后我们约定 $0\log 0=0$，因为加上零概率的项不改变熵的值。

如果使用底为 b 的对数，则相应的熵记为 $H_b(X)$。当对数底为 e 时，熵的单位用奈特(nat)表示。如无特别声明，一般选取对数底为 2，因而熵的量纲一般情况下为比特。注意，熵实际上是随机变量 X 的分布的泛函数，并不依赖于 X 的实际取值，而仅依赖于其概率分布。

用 E 表示数学期望。如果 $X\sim p(x)$，则随机变量 $g(X)$的期望值可记为

$$E_p g(X)=\sum_{x\in\mathcal{X}}g(x)p(x) \tag{2-2}$$

或者当概率密度函数可由上下文确定时，简记为 $Eg(X)$。我们将特别关注，当 $g(X)=\log\frac{1}{p(X)}$时，$g(X)$关于分布 $p(x)$的怪异的自指涉数学期望。

注释 X 的熵又解释为随机变量 $\log\frac{1}{p(X)}$的期望值，其中 $p(x)$是 X 的概率密度函数。于是

$$H(X)=E_p \log \frac{1}{p(X)} \tag{2-3}$$

熵的这个定义与热力学中的熵是有联系的，在后面我们会阐述其中的某些联系。其实，通过定义随机变量的熵必须满足的某些性质，可以采用公理化的方法获得熵的定义。该方法放在习
14 题 2.46 中说明。我们并不使用公理化方法来确立熵的定义，相反是根据许多自然问题的答案而确立熵的定义的，如"随机变量的最短描述的平均长度是多少"。首先，我们来看熵这个定义的一些直接结果。

引理 2.1.1　$H(X)\geqslant 0$。

证明：由 $0\leqslant p(x)\leqslant 1$ 知 $\log\left(\frac{1}{p(x)}\right)\geqslant 0$。 □

引理 2.1.2　$H_b(X)=(\log_b a)H_a(X)$。

证明：由 $\log_b p=(\log_b a)\log_a p$ 即可得到。 □

熵的第二个性质告诉我们可以改变定义中对数的底。只要乘上一个恰当的常数因子，熵就可以从一个底变换到另一个底了。

例 2.1.1　设

$$X=\begin{cases}1 & \text{概率为 } p\\ 0 & \text{概率为 } 1-p\end{cases} \tag{2-4}$$

于是

$$H(X)=-p\log p-(1-p)\log(1-p)\overset{\text{def}}{=\!=}H(p) \tag{2-5}$$

特别地，当 $p=\frac{1}{2}$时，$H(X)=1$ 比特。函数 $H(p)$的图形见图 2-1，图示说明熵的一些基本性质：$H(p)$为分布的凹函数，当 $p=0$ 或 1 时，$H(p)=0$。这很有意义，因为当 $p=0$ 或 1 时，变量不再是随机的，从而不具有不确定度。另外，当 $p=\frac{1}{2}$时，变量的不确定度达到最大，此时对应于熵也取最大值。

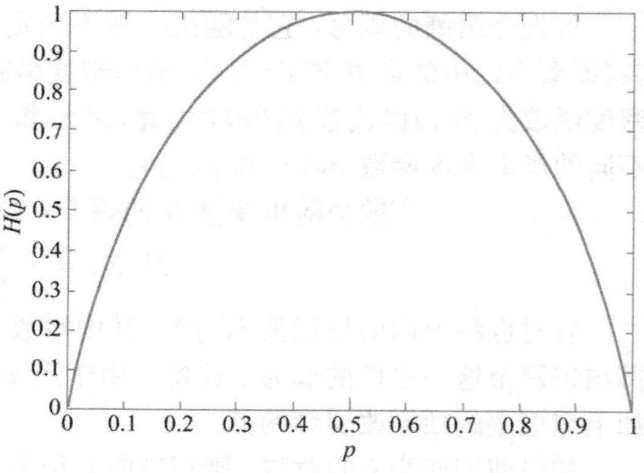

图 2-1　$H(p)$与 p 的关系曲线

例 2.1.2　设

$$X=\begin{cases}a & \text{概率为}\frac{1}{2}\\ b & \text{概率为}\frac{1}{4}\\ c & \text{概率为}\frac{1}{8}\\ d & \text{概率为}\frac{1}{8}\end{cases} \tag{2-6}$$

则 X 的熵为

15 $$H(X)=-\frac{1}{2}\log\frac{1}{2}-\frac{1}{4}\log\frac{1}{4}-\frac{1}{8}\log\frac{1}{8}-\frac{1}{8}\log\frac{1}{8}=\frac{7}{4}\text{比特} \tag{2-7}$$

假定利用最少二元问题数的方案确定变量 X 的值。有效的第一个问题是"$X=a$ 吗?"此问题分担了一半的概率。如果第一个问题的回答是否定的，则第二个问题可能是"$X=b$ 吗?"第三个问题可能是"$X=c$ 吗?"结果所需的二元问题数目的期望值为 1.75。可以证明，这是为确定变量 X 的值所需的二元问题数的最小期望值。第 5 章将证明，为确定 X 的值所需的二元问题数的最小期望值介于 $H(X)$与 $H(X)+1$ 之间。

2.2 联合熵与条件熵

在 2.1 节中定义了单个随机变量的熵。现在，将定义推广到两个随机变量的情形。由于可将 (X,Y) 视为单个向量值随机变量，所以定义其实并无新鲜之处。

定义 对于服从联合分布为 $p(x,y)$ 的一对离散随机变量 (X,Y)，其联合熵 $H(X,Y)$(joint entropy)定义为

$$H(X,Y)=-\sum_{x\in\mathcal{X}}\sum_{y\in\mathcal{Y}}p(x,y)\log p(x,y) \tag{2-8}$$ 16

上式亦可表示为

$$H(X,Y)=-E\log p(X,Y) \tag{2-9}$$

也可以定义一个随机变量在给定另一随机变量下的条件熵，它是条件分布熵关于起条件作用的那个随机变量取平均之后的期望值。

定义 若 $(X,Y)\sim p(x,y)$，条件熵(conditional entropy)$H(Y|X)$定义为：

$$H(Y|X)=\sum_{x\in\mathcal{X}}p(x)H(Y|X=x) \tag{2-10}$$

$$=-\sum_{x\in\mathcal{X}}p(x)\sum_{y\in\mathcal{Y}}p(y\mid x)\log p(y\mid x) \tag{2-11}$$

$$=-\sum_{x\in\mathcal{X}}\sum_{y\in\mathcal{Y}}p(x,y)\log p(y|x) \tag{2-12}$$

$$=-E\log p(Y|X) \tag{2-13}$$

联合熵和条件熵的定义的这种自然性可由一个事实得到体现，它就是一对随机变量的熵等于其中一个随机变量的熵加上另一个随机变量的条件熵。其证明见如下的定理。

定理 2.2.1（链式法则）

$$H(X,Y)=H(X)+H(Y|X) \tag{2-14}$$

证明：

$$H(X,Y)=-\sum_{x\in\mathcal{X}}\sum_{y\in\mathcal{Y}}p(x,y)\log p(x,y) \tag{2-15}$$

$$=-\sum_{x\in\mathcal{X}}\sum_{y\in\mathcal{Y}}p(x,y)\log p(x)p(y|x) \tag{2-16}$$

$$=-\sum_{x\in\mathcal{X}}\sum_{y\in\mathcal{Y}}p(x,y)\log p(x)-\sum_{x\in\mathcal{X}}\sum_{y\in\mathcal{Y}}p(x,y)\log p(y|x) \tag{2-17}$$

$$=-\sum_{x\in\mathcal{X}}p(x)\log p(x)-\sum_{x\in\mathcal{X}}\sum_{y\in\mathcal{Y}}p(x,y)\log p(y|x) \tag{2-18}$$

$$=H(X)+H(Y|X) \tag{2-19}$$ 17

等价地记为：

$$\log p(X,Y)=\log p(X)+\log p(Y|X) \tag{2-20}$$

等式的两边同时取数学期望，即得本定理。 □

推论

$$H(X,Y|Z)=H(X|Z)+H(Y|X,Z) \tag{2-21}$$

证明： 沿用上面定理的证明思路即可得到。 □

例 2.2.1 设 (X,Y) 服从如下的联合分布：

Y \ X	1	2	3	4
1	$\frac{1}{8}$	$\frac{1}{16}$	$\frac{1}{32}$	$\frac{1}{32}$
2	$\frac{1}{16}$	$\frac{1}{8}$	$\frac{1}{32}$	$\frac{1}{32}$
3	$\frac{1}{16}$	$\frac{1}{16}$	$\frac{1}{16}$	$\frac{1}{16}$
4	$\frac{1}{4}$	0	0	0

X 的边际分布为$\left(\frac{1}{2},\frac{1}{4},\frac{1}{8},\frac{1}{8}\right)$，$Y$ 的边际分布为$\left(\frac{1}{4},\frac{1}{4},\frac{1}{4},\frac{1}{4}\right)$，因而 $H(X)=\frac{7}{4}$ 比特，$H(Y)=2$ 比特。而且

$$H(X|Y) = \sum_{i=1}^{4} p(Y=i)H(X|Y=i) \tag{2-22}$$

$$=\frac{1}{4}H\left(\frac{1}{2},\frac{1}{4},\frac{1}{8},\frac{1}{8}\right)+\frac{1}{4}H\left(\frac{1}{4},\frac{1}{2},\frac{1}{8},\frac{1}{8}\right)$$

$$+\frac{1}{4}H\left(\frac{1}{4},\frac{1}{4},\frac{1}{4},\frac{1}{4}\right)+\frac{1}{4}H(1,0,0,0) \tag{2-23}$$

$$=\frac{1}{4}\times\frac{7}{4}+\frac{1}{4}\times\frac{7}{4}+\frac{1}{4}\times 2+\frac{1}{4}\times 0 \tag{2-24}$$

$$=\frac{11}{8}\text{比特} \tag{2-25}$$

同样，$H(Y|X)=\frac{13}{8}$ 比特，以及 $H(X,Y)=\frac{27}{8}$ 比特。

注释　注意 $H(Y|X)\neq H(X|Y)$，但 $H(X)-H(X|Y)=H(Y)-H(Y|X)$，稍后会用到这个
18 性质。

2.3 相对熵与互信息

熵是随机变量不确定度的度量；它也是平均意义上描述随机变量所需的信息量的度量。在本节中介绍两个相关的概念：相对熵和互信息。

相对熵(relative entropy)是两个随机分布之间距离的度量。在统计学中，它对应的是似然比的对数期望。相对熵 $D(p\|q)$ 度量当真实分布为 p 而假定分布为 q 时的无效性。例如，已知随机变量的真实分布为 p，可以构造平均描述长度为 $H(p)$ 的码。但是，如果使用针对分布 q 的编码，那么在平均意义上就需要 $H(p)+D(p\|q)$ 比特来描述这个随机变量。

定义　两个概率密度函数为 $p(x)$ 和 $q(x)$ 之间的**相对熵**或 **Kullback-Leibler 距离**定义为

$$D(p\|q) = \sum_{x\in\mathcal{X}} p(x)\log\frac{p(x)}{q(x)} \tag{2-26}$$

$$= E_p\log\frac{p(X)}{q(X)} \tag{2-27}$$

在上述定义中，我们采用约定 $0\log\frac{0}{0}=0$，约定 $0\log\frac{0}{q}=0$，$p\log\frac{p}{0}=\infty$(基于连续性)。因此，若存在字符 $x\in\mathcal{X}$ 使得 $p(x)>0$，$q(x)=0$，则有 $D(p\|q)=\infty$。

稍后我们将证明相对熵总是非负的，而且，当且仅当 $p=q$ 时为零。但是，由于相对熵并不对称，也不满足三角不等式，因此它实际上并非两个分布之间的真正距离。然而，将相对熵视作分布之间的"距离"往往会很有用。

现在来介绍互信息(mutual information)，它是一个随机变量包含另一个随机变量信息量的度量。互信息也是在给定另一随机变量知识的条件下，原随机变量不确定度的缩减量。

定义　考虑两个随机变量 X 和 Y，它们的联合概率密度函数为 $p(x,y)$，其边际概率密度函数
19 分别是 $p(x)$ 和 $p(y)$。**互信息** $I(X;Y)$ 为联合分布 $p(x,y)$ 和乘积分布 $p(x)p(y)$ 之间的相对熵，即：

$$I(X;Y) = \sum_{x\in\mathcal{X}}\sum_{y\in\mathcal{Y}} p(x,y)\log\frac{p(x,y)}{p(x)p(y)} \tag{2-28}$$

$$= D(p(x,y)\|p(x)p(y)) \tag{2-29}$$

$$= E_{p(x,y)} \log \frac{p(X,Y)}{p(X)p(Y)} \tag{2-30}$$

第 8 章将此定义推广到连续型随机变量的情形，特别是式(8-54)适用于随机变量，它们可以是离散和连续随机变量的混合型。

例 2.3.1 设$\mathcal{X}=\{0,1\}$，考虑$\mathcal{X}$上的两个分布 p 和 q。设 $p(0)=1-r, p(1)=r$ 及 $q(0)=1-s, q(1)=s$，则

$$D(p\|q)=(1-r)\log\frac{1-r}{1-s}+r\log\frac{r}{s} \tag{2-31}$$

以及

$$D(q\|p)=(1-s)\log\frac{1-s}{1-r}+s\log\frac{s}{r} \tag{2-32}$$

如果 $r=s$，那么 $D(p\|q)=D(q\|p)=0$。若 $r=1/2, s=1/4$，可以计算得到

$$D(p\|q)=\frac{1}{2}\log\frac{\frac{1}{2}}{\frac{3}{4}}+\frac{1}{2}\log\frac{\frac{1}{2}}{\frac{1}{4}}=1-\frac{1}{2}\log 3=0.2075 \text{ 比特} \tag{2-33}$$

而

$$D(q\|p)=\frac{3}{4}\log\frac{\frac{3}{4}}{\frac{1}{2}}+\frac{1}{4}\log\frac{\frac{1}{4}}{\frac{1}{2}}=\frac{3}{4}\log 3-1=0.1887 \text{ 比特} \tag{2-34}$$

注意，一般 $D(p\|q)\neq D(q\|p)$ 。

2.4 熵与互信息的关系

20

可将互信息 $I(X;Y)$重新写为：

$$I(X;Y) = \sum_{x,y} p(x,y)\log\frac{p(x,y)}{p(x)p(y)} \tag{2-35}$$

$$= \sum_{x,y} p(x,y)\log\frac{p(x|y)}{p(x)} \tag{2-36}$$

$$=-\sum_{x,y} p(x,y)\log p(x) + \sum_{x,y} p(x,y)\log p(x|y) \tag{2-37}$$

$$=-\sum_{x} p(x)\log p(x) - \left(-\sum_{x,y} p(x,y)\log p(x|y)\right) \tag{2-38}$$

$$= H(X) - H(X|Y) \tag{2-39}$$

由此，互信息 $I(X;Y)$是在给定 Y 知识的条件下 X 的不确定度的缩减量。

对称地，亦可得到

$$I(X;Y)=H(Y)-H(Y|X) \tag{2-40}$$

因而，X 含有 Y 的信息量等同于 Y 含有 X 的信息量。

由 2.2 节的 $H(X,Y)=H(X)+H(Y|X)$，可得

$$I(X;Y)=H(X)+H(Y)-H(X,Y) \tag{2-41}$$

最后，注意到

$$I(X;X)=H(X)-H(X|X)=H(X) \tag{2-42}$$

因此，随机变量与自身的互信息为该随机变量的熵。有时，熵称为自信息(self-information)，就是这个原因。

综合以上结论，有下面的定理。

定理 2.4.1（互信息与熵）

$$I(X;Y)=H(X)-H(X|Y) \tag{2-43}$$

$$I(X;Y)=H(Y)-H(Y|X) \tag{2-44}$$

$$I(X;Y)=H(X)+H(Y)-H(X,Y) \tag{2-45}$$

$$I(X;Y)=I(Y;X) \tag{2-46}$$

21 $$I(X;X)=H(X) \tag{2-47}$$

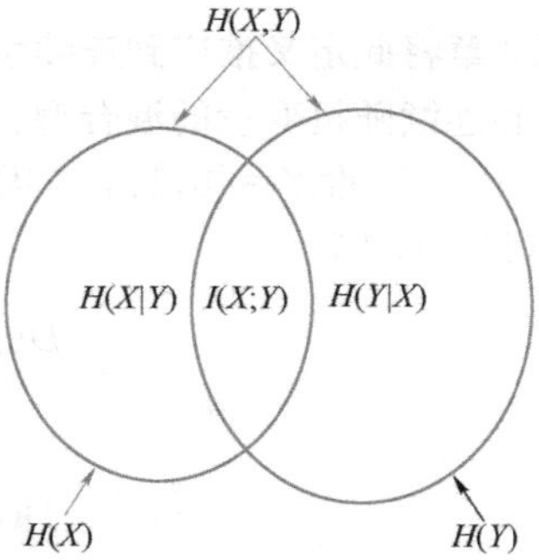

图 2-2 熵与互信息之间的关系

$H(X)$，$H(Y)$，$H(X,Y)$，$H(X|Y)$，$H(Y|X)$和$I(X;Y)$之间的关系可用文氏图（Venn diagram）表示（见图 2-2）。可注意到，互信息 $I(X;Y)$对应于 X 的信息和 Y 的信息的相交部分。

例 2.4.1 基于例 2.2.1 的联合分布，容易计算此处的互信息 $I(X;Y)=H(X)-H(X|Y)=H(Y)-H(Y|X)=0.375$ 比特。

2.5 熵、相对熵与互信息的链式法则

现在证明一组随机变量的熵等于条件熵之和。

定理 2.5.1（熵的链式法则） 设随机变量 $X_1,X_2,\cdots,X_n$ 服从 $p(x_1,x_2,\cdots,x_n)$，则

$$H(X_1,X_2,\cdots,X_n)=\sum_{i=1}^{n}H(X_i|X_{i-1},\cdots,X_1) \tag{2-48}$$

证明：重复利用两个随机变量情形时熵的展开法则，有

22 $$H(X_1,X_2)=H(X_1)+H(X_2|X_1) \tag{2-49}$$

$$H(X_1,X_2,X_3)=H(X_1)+H(X_2,X_3|X_1) \tag{2-50}$$

$$=H(X_1)+H(X_2|X_1)+H(X_3|X_2,X_1) \tag{2-51}$$

$$\vdots$$

$$H(X_1,X_2,\cdots,X_n)=H(X_1)+H(X_2|X_1)+\cdots+H(X_n|X_{n-1},\cdots,X_1) \tag{2-52}$$

$$=\sum_{i=1}^{n}H(X_i|X_{i-1},\cdots,X_1) \tag{2-53}$$ □

另一证明：由 $p(x_1,x_2,\cdots,x_n)=\prod_{i=1}^{n}p(x_i|x_{i-1},\cdots,x_1)$，可得

$$H(X_1,X_2,\cdots,X_n)$$

$$=-\sum_{x_1,x_2,\cdots,x_n}p(x_1,x_2,\cdots,x_n)\log p(x_1,x_2,\cdots,x_n) \tag{2-54}$$

$$=-\sum_{x_1,x_2,\cdots,x_n}p(x_1,x_2,\cdots,x_n)\log\prod_{i=1}^{n}p(x_i|x_{i-1},\cdots,x_1) \tag{2-55}$$

$$=-\sum_{x_1,x_2,\cdots,x_n}\sum_{i=1}^{n}p(x_1,x_2,\cdots,x_n)\log p(x_i|x_{i-1},\cdots,x_1) \tag{2-56}$$

$$=-\sum_{i=1}^{n}\sum_{x_1,x_2,\cdots,x_n}p(x_1,x_2,\cdots,x_n)\log p(x_i|x_{i-1},\cdots,x_1) \tag{2-57}$$

$$=-\sum_{i=1}^{n}\sum_{x_1,x_2,\cdots,x_i}p(x_1,x_2,\cdots,x_i)\log p(x_i|x_{i-1},\cdots,x_1) \tag{2-58}$$

$$=\sum_{i=1}^{n}H(X_i|X_{i-1},\cdots,X_1) \tag{2-59}$$ □

下面定义条件互信息，它是在给定 Z 时由于 Y 的知识而引起关于 X 的不确定度的缩减量。

定义 随机变量 X 和 Y 在给定随机变量 Z 时的条件互信息(conditional mutual information)定义为

$$I(X;Y|Z)=H(X|Z)-H(X|Y,Z) \tag{2-60}$$

$$=E_{p(x,y,z)}\log\frac{p(X,Y|Z)}{p(X|Z)p(Y|Z)} \tag{2-61}$$ 23

互信息亦满足链式法则。

定理 2.5.2 (互信息的链式法则)

$$I(X_1,X_2,\cdots,X_n;Y)=\sum_{i=1}^{n}I(X_i;Y|X_{i-1},X_{i-2},\cdots,X_1) \tag{2-62}$$

证明:

$$\begin{aligned}&I(X_1,X_2,\cdots,X_n;Y)\\&=H(X_1,X_2,\cdots,X_n)-H(X_1,X_2,\cdots,X_n|Y) &(2\text{-}63)\\&=\sum_{i=1}^{n}H(X_i|X_{i-1},\cdots,X_1)-\sum_{i=1}^{n}H(X_i|X_{i-1},\cdots,X_1,Y)\\&=\sum_{i=1}^{n}I(X_i;Y|X_1,X_2,\cdots,X_{i-1}) &(2\text{-}64)\end{aligned}$$ □

下面定义相对熵的条件形式。

定义 对于联合概率密度函数 $p(x,y)$ 和 $q(x,y)$,条件相对熵(conditional relative entropy) $D(p(y|x)\parallel q(y|x))$ 定义为条件概率密度函数 $p(y|x)$ 和 $q(y|x)$ 之间的平均相对熵,其中取平均是关于概率密度函数 $p(x)$ 而言的。更确切地,

$$D(p(y|x)\parallel q(y|x))=\sum_{x}p(x)\sum_{y}p(y|x)\log\frac{p(y|x)}{q(y|x)} \tag{2-65}$$

$$=E_{p(x,y)}\log\frac{p(Y\mid X)}{q(Y\mid X)} \tag{2-66}$$

条件相对熵的记号并不确切,因为它忽略了起条件作用的随机变量的分布 $p(x)$。然而,一般情况下,可以根据上下文理解。

一对随机变量的两个联合分布之间的相对熵可以展开为相对熵和条件相对熵之和。相对熵的这种链式法则可以用来证明 4.4 节中的热力学第二定律。

定理 2.5.3 (相对熵的链式法则)

$$D(p(x,y)\parallel q(x,y))=D(p(x)\parallel q(x))+D(p(y|x)\parallel q(y|x)) \tag{2-67}$$ 24

证明:

$$\begin{aligned}&D(p(x,y)\parallel q(x,y))\\&=\sum_{x}\sum_{y}p(x,y)\log\frac{p(x,y)}{q(x,y)} &(2\text{-}68)\\&=\sum_{x}\sum_{y}p(x,y)\log\frac{p(x)p(y|x)}{q(x)q(y|x)} &(2\text{-}69)\\&=\sum_{x}\sum_{y}p(x,y)\log\frac{p(x)}{q(x)}+\sum_{x}\sum_{y}p(x,y)\log\frac{p(y|x)}{q(y|x)} &(2\text{-}70)\\&=D(p(x)\parallel q(x))+D(p(y\mid x)\parallel q(y\mid x)) &(2\text{-}71)\end{aligned}$$ □

2.6 Jensen 不等式及其结果

在本节中证明前面所定义的量的一些简单性质。从凸函数的性质开始讨论。

定义 若对于任意的 $x_1,x_2\in(a,b)$ 及 $0\leqslant\lambda\leqslant1$,满足

$$f(\lambda x_1+(1-\lambda)x_2)\leqslant\lambda f(x_1)+(1-\lambda)f(x_2) \tag{2-72}$$

则称函数 $f(x)$ 在区间 (a,b) 上是凸的(convex)。如果仅当 $\lambda=0$ 或 $\lambda=1$，上式成立，则称函数 f 是严格凸的(strictly convex)。

定义　如果 $-f$ 为凸函数，则称函数 f 是凹的。如果函数总是位于任何一条弦的下面，则该函数是凸的；如果函数总是位于任何一条弦的上面，则该函数是凹的。

凸函数的例子有 $x^2,|x|,e^x,x\log x(x\geqslant0)$ 等等。凹函数例子包括 $\log x,\sqrt{x}(x\geqslant0)$。图 2-3 描绘了几个凸函数和凹函数的例子。可注意到线性函数 $ax+b$ 既是凸的也是凹的。凸性已成为讨论许多信息理论量(例如熵与互信息)的基本性质的基础。在证明这些性质之前，先来看凸函数的几个简单结果。

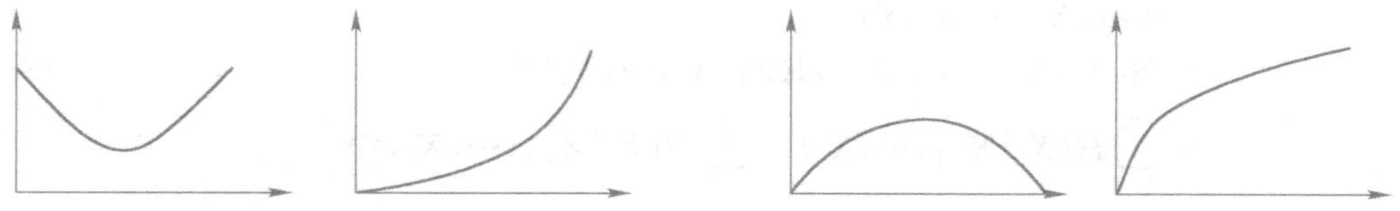

a) 凸函数　　b) 凹函数

图 2-3　凸函数和凹函数的例子

25 **定理 2.6.1**　*如果函数 f 在某个区间上存在非负(正)的二阶导数，则 f 为该区间的凸函数(严格凸函数)。*

证明：利用函数 f 在 x_0 点的泰勒级数展开：

$$f(x)=f(x_0)+f'(x_0)(x-x_0)+\frac{f''(x^*)}{2}(x-x_0)^2 \tag{2-73}$$

其中 x^* 位于 x_0 与 x 之间。根据假设，$f''(x^*)\geqslant0$，因此，对任意的 x，最后一项总是非负的。

设 $x_0=\lambda x_1+(1-\lambda)x_2$，取 $x=x_1$，可得

$$f(x_1)\geqslant f(x_0)+f'(x_0)((1-\lambda)(x_1-x_2)) \tag{2-74}$$

类似地，取 $x=x_2$，可得

$$f(x_2)\geqslant f(x_0)+f'(x_0)(\lambda(x_2-x_1)) \tag{2-75}$$

将式(2-74)两边乘 λ，式(2-75)乘 $1-\lambda$，再相加，可得式(2-72)。对于严格凸性，同理可证。□

利用定理 2.6.1 可以立即判定 $x^2,e^x,x\log x(x\geqslant0)$ 都是严格凸函数，而 $\log x$ 和 $\sqrt{x}$(其中 $x\geqslant0$)为严格凹函数。

若用 E 表示数学期望，则 $EX=\sum_{x\in\mathcal{X}}p(x)x$ 表示离散情形时的期望，而 $EX=\int xf(x)\mathrm{d}x$ 表示
26 连续情形时的期望。

下面的不等式是数学领域中最为广泛应用的一个，也是信息论中众多基本结论的基础。

定理 2.6.2 (Jensen 不等式)　*若给定凸函数 f 和一个随机变量 X，则*

$$Ef(X)\geqslant f(EX) \tag{2-76}$$

进一步，若 f 是严格凸的，那么式(2-76)中的等式蕴含 $X=EX$ 的概率为 1(即 X 是个常量)。

证明：我们只证明离散分布情形，且对分布点的个数进行归纳证明。当 f 为严格凸函数时，等号成立条件的证明留给读者。

对于两点分布，不等式变为

$$p_1 f(x_1)+p_2 f(x_2)\geqslant f(p_1x_1+p_2x_2) \tag{2-77}$$

这由凸函数的定义可直接得到。假定当分布点个数为 $k-1$ 时，定理成立，此时记 $p'_i=p_i/(1-p_k)(i=1,2,\cdots,k-1)$，则有

$$\sum_{i=1}^{k} p_i f(x_i)=p_k f(x_k)+(1-p_k)\sum_{i=1}^{k-1} p'_i f(x_i) \tag{2-78}$$

$$\geqslant p_k f(x_k)+(1-p_k) f\left(\sum_{i=1}^{k-1} p'_i x_i\right) \tag{2-79}$$

$$\geqslant f\left(p_k x_k+(1-p_k)\sum_{i=1}^{k-1} p'_i x_i\right) \tag{2-80}$$

$$=f\left(\sum_{i=1}^{k} p_i x_i\right) \tag{2-81}$$

其中第一个不等式由归纳假设得到，第二个不等式由凸性的定义可得。

通过对连续性的讨论，该证明可推广到连续分布情形。 □

接下来，利用这些结果证明熵与相对熵的一些性质。下面的定理是极其重要的。 27

定理 2.6.3（信息不等式） 设 $p(x),q(x)(x\in\mathcal{X})$ 为两个概率密度函数，则

$$D(p\parallel q)\geqslant 0 \tag{2-82}$$

当且仅当对任意的 x，$p(x)=q(x)$，等号成立。

证明：设 $A=\{x: p(x)>0\}$ 为 $p(x)$ 的支撑集，则

$$-D(p\parallel q)=-\sum_{x\in A} p(x)\log\frac{p(x)}{q(x)} \tag{2-83}$$

$$=\sum_{x\in A} p(x)\log\frac{q(x)}{p(x)} \tag{2-84}$$

$$\leqslant \log\sum_{x\in A} p(x)\frac{q(x)}{p(x)} \tag{2-85}$$

$$=\log\sum_{x\in A} q(x) \tag{2-86}$$

$$\leqslant \log\sum_{x\in\mathcal{X}} q(x) \tag{2-87}$$

$$=\log 1 \tag{2-88}$$

$$=0 \tag{2-89}$$

其中式(2-85)由 Jensen 不等式得到。由于 $\log t$ 是关于 t 的严格凸函数，当且仅当 $q(x)/p(x)$ 恒为常量[即对任意的 x，有 $p(x)=cq(x)$ 成立]，式(2-85)中的等号成立。于是，$\sum_{x\in A} q(x)=c\sum_{x\in A} p(x)=c$。另外，只有当 $\sum_{x\in A} q(x)=\sum_{x\in\mathcal{X}} q(x)=1$ 时，式(2-87)中的等号才成立，这表明 $c=1$。因此，当且仅当对任意的 x，有 $p(x)=q(x)$，$D(p\parallel q)=0$。 □

推论（互信息的非负性） 对任意两个随机变量 X 和 Y，

$$I(X;Y)\geqslant 0 \tag{2-90}$$

当且仅当 X 与 Y 相互独立，等号成立。

证明：$I(X;Y)=D(p(x,y)\parallel p(x)p(y))\geqslant 0$，当且仅当 $p(x,y)=p(x)p(y)$（即 X 与 Y 为相互独立)，等号成立。 □ 28

推论

$$D(p(y|x)\parallel q(y|x))\geqslant 0 \tag{2-91}$$

当且仅当对任意的 y 以及满足 $p(x)>0$ 的 x，有 $p(y|x)=q(y|x)$，等号成立。

推论

$$I(X;Y|Z)\geqslant 0 \tag{2-92}$$

当且仅当对给定随机变量 Z，X 和 Y 是条件独立的，等号成立。

下面证明字母表$\mathcal{X}$上的均匀分布是$\mathcal{X}$上的最大熵分布。由此可知，$\mathcal{X}$上的任何随机变量的熵都不超过 $\log|\mathcal{X}|$。

定理 2.6.4　$H(X)\leqslant\log|\mathcal{X}|$，其中$|\mathcal{X}|$表示 X 的字母表$\mathcal{X}$中元素的个数，当且仅当 X 服从$\mathcal{X}$上的均匀分布，等号成立。

证明：设 $u(x)=\dfrac{1}{|\mathcal{X}|}$为$\mathcal{X}$上均匀分布的概率密度函数，$p(x)$是随机变量 X 的概率密度函数。于是

$$D(p\,\|\,u)=\sum p(x)\log\frac{p(x)}{u(x)}=\log|\mathcal{X}|-H(X) \tag{2-93}$$

因而由相对熵的非负性，

$$0\leqslant D(p\,\|\,u)=\log|\mathcal{X}|-H(X) \tag{2-94}$$ □

定理 2.6.5（条件作用使熵减小）（信息不会有负面影响）

$$H(X|Y)\leqslant H(X) \tag{2-95}$$

当且仅当 X 与 Y 相互独立，等号成立。

证明：$0\leqslant I(X;Y)=H(X)-H(X|Y)$ □

从直观上讲，此定理说明知道另一随机变量 Y 的信息只会降低 X 的不确定度。注意，这仅对平均意义成立。具体来说，$H(X|Y=y)$可能比 $H(X)$大或者小，或两者相等，但在平均意义上，$H(X|Y)=\sum_{y}p(y)H(X|Y=y)\leqslant H(X)$。例如，在法庭上，特定的新证据可能会增加不确
29 定度，但在通常情况下，证据是降低不确定度的。

例 2.6.1　设(X,Y)服从如右图的联合分布：

X \ Y	1	2
1	0	$\frac{3}{4}$
2	$\frac{1}{8}$	$\frac{1}{8}$

则 $H(X)=H\left(\frac{1}{8},\frac{7}{8}\right)=0.544$ 比特，$H(X|Y=1)=0$ 比特，$H(X|Y=2)=1$ 比特。计算可得 $H(X|Y)=\frac{3}{4}H(X|Y=1)+\frac{1}{4}H(X|Y=2)=0.25$ 比特。因此，当观察到 $Y=2$ 时，X 的不确定度增加；而观察到 $Y=1$ 时，X 的不确定度降低了，但是在平均意义下 X 的不确定度是减少的。

定理 2.6.6（熵的独立界）　设 $X_1,X_2,\cdots,X_n$ 服从 $p(x_1,x_2,\cdots,x_n)$，则

$$H(X_1,X_2,\cdots,X_n)\leqslant\sum_{i=1}^{n}H(X_i) \tag{2-96}$$

当且仅当 X_i 相互独立，等号成立。

证明：由熵的链式法则，

$$H(X_1,X_2,\cdots,X_n)=\sum_{i=1}^{n}H(X_i|X_{i-1},\cdots,X_1) \tag{2-97}$$

$$\leqslant\sum_{i=1}^{n}H(X_i) \tag{2-98}$$

其中的不等式直接可由定理 2.6.5 得到。当且仅当对所有的 i，X_i 与 $X_{i-1},\cdots,X_1$ 独立（即当且仅当 X_i 相互独立），等号成立。 □

2.7 对数和不等式及其应用

现在证明关于对数函数凹性的简单结果，它可应用于熵的一些凹性结论的证明。 30

定理 2.7.1（对数和不等式） 对于非负数 $a_1,a_2,\cdots,a_n$ 和 $b_1,b_2,\cdots,b_n$，

$$\sum_{i=1}^{n} a_i \log\frac{a_i}{b_i} \geqslant \left(\sum_{i=1}^{n} a_i\right)\log\frac{\sum_{i=1}^{n} a_i}{\sum_{i=1}^{n} b_i} \tag{2-99}$$

当且仅当 $\frac{a_i}{b_i}=$ 常数，等号成立。

我们再次约定 $0\log 0=0$，$a\log\frac{a}{0}=\infty$（当 $a>0$），$0\log\frac{0}{0}=0$。这些基于连续性很容易证明。

证明：不失一般性，假定 $a_i>0$，$b_i>0$。由于对任意的正数 t 有 $f''(t)=\frac{1}{t}\log e>0$，可知函数 $f(t)=t\log t$ 严格凸。因而，由 Jensen 不等式，有

$$\sum\alpha_i f(t_i)\geqslant f\left(\sum\alpha_i t_i\right) \tag{2-100}$$

其中 $\alpha_i\geqslant 0$，$\sum_i \alpha_i=1$。令 $\alpha_i=\frac{b_\tau}{\sum_{j=1}^{n} b_j}$，$t_i=\frac{a_i}{b_i}$，可得

$$\sum\frac{a_i}{\sum b_j}\log\frac{a_i}{b_i}\geqslant\sum\frac{a_i}{\sum b_j}\log\sum\frac{a_i}{\sum b_j} \tag{2-101}$$

这就是对数和不等式。 □

利用对数和不等式可以证明许多凸性结果。首先从重新证明定理 2.6.3 开始，该定理表明 $D(p\|q)\geqslant 0$，当且仅当 $p(x)=q(x)$，等号成立。由对数和不等式，

$$D(p\|q)=\sum p(x)\log\frac{p(x)}{q(x)} \tag{2-102}$$

$$\geqslant\left(\sum p(x)\right)\log\sum p(x)/\sum q(x) \tag{2-103}$$

$$=1\ \log\frac{1}{1}=0 \tag{2-104}$$

当且仅当 $\frac{p(x)}{q(x)}=c$，等号成立。由于 p 和 q 均是概率密度函数，则 $c=1$，因而有 $D(p\|q)=0$，当且仅当对任意的 x，$p(x)=q(x)$。 31

定理 2.7.2（相对熵的凸性） $D(p\|q)$ 关于对 (p,q) 是凸的，即，如果 (p_1,q_1) 和 (p_2,q_2) 为两对概率密度函数，则对所有的 $0\leqslant\lambda\leqslant 1$，有

$$D(\lambda p_1+(1-\lambda)p_2\|\lambda q_1+(1-\lambda)q_2)\leqslant\lambda D(p_1\|q_1)+(1-\lambda)D(p_2\|q_2) \tag{2-105}$$

证明：将对数和不等式应用于公式(2-105)左边的每一项：

$$(\lambda p_1(x)+(1-\lambda)p_2(x))\log\frac{\lambda p_1(x)+(1-\lambda)p_2(x)}{\lambda q_1(x)+(1-\lambda)q_2(x)}$$

$$\leqslant\lambda p_1(x)\log\frac{\lambda p_1(x)}{\lambda q_1(x)}+(1-\lambda)p_2(x)\log\frac{(1-\lambda)p_2(x)}{(1-\lambda)q_2(x)} \tag{2-106}$$

对上述所有的 x 求和，得到所要的性质。 □

定理 2.7.3（熵的凹性） $H(p)$ 是关于 p 的凹函数。

证明：

$$H(p)=\log|\mathcal{X}|-D(p\parallel u) \tag{2-107}$$

其中 u 为 $|\mathcal{X}|$ 个结果的均匀分布。从而 H 的凹性可由 D 的凸性直接得到。 □

另一证明：设 X_1 是取值于集合 A，分布为 p_1 的随机变量，X_2 是取值于相同集合且分布为 p_2 的另一随机变量。设

$$\theta=\begin{cases}1 & 概率为\ \lambda\\ 2 & 概率为\ 1-\lambda\end{cases} \tag{2-108}$$

设 $Z=X_\theta$，则 Z 的分布为 $\lambda p_1+(1-\lambda)p_2$。此时，由于条件作用使熵减小，有

$$H(Z)\geqslant H(Z|\theta) \tag{2-109}$$

或等价地，

$$H(\lambda p_1+(1-\lambda)p_2)\geqslant \lambda H(p_1)+(1-\lambda)H(p_2) \tag{2-110}$$

32 至此证明了当熵作为分布的函数时，它具有的凹性。 □

熵的凹性的推论之一是：具有相同熵的两种气体混合后，熵必定增大。

定理 2.7.4 *设 $(X,Y)\sim p(x,y)=p(x)p(y|x)$。如果固定 $p(y|x)$，则互信息 $I(X;Y)$ 是关于 $p(x)$ 的凹函数；而如果固定 $p(x)$，则互信息 $I(X;Y)$ 是关于 $p(y|x)$ 的凸函数。*

证明：为了证明第一部分，将互信息展开

$$I(X;Y)=H(Y)-H(Y|X)=H(Y)-\sum_x p(x)H(Y|X=x) \tag{2-111}$$

如果固定 $p(y|x)$，则 $p(y)$ 是关于 $p(x)$ 的线性函数。因而，关于 $p(y)$ 的凹函数 $H(Y)$ 也是 $p(x)$ 的凹函数。上式中的第 2 项是关于 $p(x)$ 的线性函数。因此，它们的差仍是关于 $p(x)$ 的凹函数。

为证明第二部分，先固定 $p(x)$，并考虑两个不同的条件分布 $p_1(y|x)$ 和 $p_2(y|x)$。相应的联合分布分别为 $p_1(x,y)=p(x)p_1(y|x)$ 和 $p_2(x,y)=p(x)p_2(y|x)$，且各自的边际分布是 $p(x),p_1(y)$ 和 $p(x),p_2(y)$。考虑条件分布

$$p_\lambda(y|x)=\lambda p_1(y|x)+(1-\lambda)p_2(y|x) \tag{2-112}$$

它是 $p_1(y|x)$ 和 $p_2(y|x)$ 的组合，其中 $0\leqslant\lambda\leqslant1$。相应的联合分布亦是对应的两个联合分布的组合，

$$p_\lambda(x,y)=\lambda p_1(x,y)+(1-\lambda)p_2(x,y) \tag{2-113}$$

Y 的分布也是一个组合，

$$p_\lambda(y)=\lambda p_1(y)+(1-\lambda)p_2(y) \tag{2-114}$$

因此，如果设 $q_\lambda(x,y)=p(x)p_\lambda(y)$ 为边际分布的乘积，则有

$$q_\lambda(x,y)=\lambda q_1(x,y)+(1-\lambda)q_2(x,y) \tag{2-115}$$

由于互信息是联合分布和边际分布乘积的相对熵，有

$$I(X;Y)=D(p_\lambda(x,y)\parallel q_\lambda(x,y)) \tag{2-116}$$

33 相对熵 $D(p\parallel q)$ 为关于二元对 (p,q) 的凸函数，由此可知，互信息是条件分布的凸函数。 □

2.8 数据处理不等式

数据处理不等式可以说明，不存在对数据的优良操作能使从数据中所获得的推理得到改善。

定义 *如果 Z 的条件分布仅依赖于 Y 的分布，而与 X 是条件独立的，则称随机变量 X,Y,Z 依序构成马尔可夫(Markov)链(记为 $X\to Y\to Z$)。*具体讲，若 X,Y,Z 的联合概率密度函数可写为

$$p(x,y,z)=p(x)p(y|x)p(z|y) \tag{2-117}$$

则 X,Y,Z 构成马尔可夫链 $X\to Y\to Z$。

一些简单结果如下：

- $X\to Y\to Z$，当且仅当在给定 Y 时，X 与 Z 是条件独立的。马尔可夫性蕴含条件独立性是因为

$$p(x,z|y)=\frac{p(x,y,z)}{p(y)}=\frac{p(x,y)p(z|y)}{p(y)}=p(x|y)p(z|y) \tag{2-118}$$

  马尔可夫链的这个特性可以推广到定义 n 维随机过程的马尔可夫场，它的马尔可夫性为：当给定边界值时，内部和外部相互独立。

- $X\to Y\to Z$ 蕴含 $Z\to Y\to X$。因此，有时可记为 $X\leftrightarrow Y\leftrightarrow Z$。
- 若 $Z=f(Y)$，则 $X\to Y\to Z$。

现在来证明一个重要而有用的定理，表明不存在对 Y 进行确定性或随机性的处理过程，使得 Y 包含 X 的信息量增加。

定理 2.8.1（数据处理不等式） 若 $X\to Y\to Z$，则有 $I(X;Y)\geqslant I(X;Z)$。

证明： 由链式法则，将互信息以两种不同方式展开：

$$I(X;Y,Z)=I(X;Z)+I(X;Y|Z) \tag{2-119}$$

$$=I(X;Y)+I(X;Z|Y) \tag{2-120}$$

由于在给定 Y 的情况下，X 与 Z 是条件独立的，因此有 $I(X;Z|Y)=0$。又由于 $I(X;Y|Z)\geqslant 0$， 34
则有

$$I(X;Y)\geqslant I(X;Z) \tag{2-121}$$

当且仅当 $I(X;Y|Z)=0$（即 $X\to Z\to Y$ 构成马尔可夫链），等号成立。类似地，可以证明 $I(Y;Z)\geqslant I(X;Z)$。 □

推论 特别地，如果 $Z=g(Y)$，则 $I(X;Y)\geqslant I(X;g(Y))$。

证明： $X\to Y\to g(Y)$ 构成马尔可夫链。 □

这说明数据 Y 的函数不会增加关于 X 的信息量。

推论 如果 $X\to Y\to Z$，则 $I(X;Y|Z)\leqslant I(X;Y)$。

证明： 由式(2-119)和式(2-120)及利用 $I(X;Z|Y)=0$（由马尔可夫性），$I(X;Z)\geqslant 0$，我们有

$$I(X;Y|Z)\leqslant I(X;Y) \tag{2-122}$$ □

于是，通过观察“顺流”的随机变量 Z，可以看到 X 与 Y 的依赖程度会有所降低（或保持不变）。注意，当 X,Y,Z 不构成马尔可夫链时，有可能 $I(X;Y|Z)>I(X;Y)$。例如，设 X,Y 是相互独立的二元随机变量，$Z=X+Y$，则 $I(X;Y)=0$，但 $I(X;Y|Z)=H(X|Z)-H(X|Y,Z)=H(X|Z)=P(Z=1)H(X|Z=1)=\frac{1}{2}$ 比特。

2.9 充分统计量

本节间接地说明利用数据处理不等式可以很好地阐明统计学中的一个重要思想。假定有一族以参数 θ 指示的概率密度函数 $\{f_\theta(x)\}$，设 X 是从其中一个分布抽取的样本。设 $T(X)$ 为任意一个统计量（样本的函数），如样本均值或样本方差，那么 $\theta\to X\to T(X)$，且由数据处理不等式，对于 θ 的任何分布，有

$$I(\theta;T(X))\leqslant I(\theta;X) \tag{2-123}$$

然而，若等号成立，则表明无信息损失。

35 如果 $T(X)$ 包含了 X 所含的关于 θ 的全部信息，则称该统计量 $T(X)$ 关于 θ 是充分的。

定义 如果对 θ 的任何分布，在给定 $T(X)$ 的情况下，X 独立于 θ（即 $\theta\to T(X)\to X$ 构成马尔可夫链），则称函数 $T(X)$ 是关于分布族 $\{f_\theta(x)\}$ 的**充分统计量**（sufficient statistic）。

这个定义等价于数据处理不等式中等号成立的条件，即对 θ 的任意分布，有

$$I(\theta;X)=I(\theta;T(X)) \tag{2-124}$$

因此充分统计量保持互信息不变，反之亦然。

以下是有关充分统计量的几个例子：

1. 设 $X_1,X_2,\cdots,X_n$ 是抛掷硬币过程所产生的独立同分布（i. i. d.）序列，其中 $X_i\in\{0,1\}$，参数 $\theta=\Pr(X_i=1)$ 未知。若给定 n，则序列中出现 1 的个数是关于 θ 的一个充分统计量，即 $T(X_1,X_2,\cdots,X_n)=\sum_{i=1}^{n}X_i$。事实上，可以证明在给定 T 的情况下，所有出现相同数目 1 的序列都是等可能的，且独立于参数 θ。具体讲，

$$\Pr\left\{(X_1,X_2,\cdots,X_n)=(x_1,x_2,\cdots,x_n)\,\middle|\,\sum_{i=1}^{n}X_i=k\right\}$$

$$=\begin{cases}\dfrac{1}{\binom{n}{k}} & \text{如果}\sum x_i=k\\ 0 & \text{其他}\end{cases} \tag{2-125}$$

所以 $\theta\to\sum X_i\to(X_1,X_2,\cdots,X_n)$ 构成马尔可夫链，T 是关于 θ 的充分统计量。

接下来的两个例子虽然涉及的是连续情形而不再是离散情形下的概率密度函数，但该理论仍能应用。连续型随机变量的熵与互信息的定义在第 8 章。

2. 如果 X 服从均值为 θ，方差为 1 的正态分布，即，如果

$$f_\theta(x)=\frac{1}{\sqrt{2\pi}}\mathrm{e}^{-(x-\theta)^2/2}=\mathcal{N}(\theta,1) \tag{2-126}$$

且 $X_1,X_2,\cdots,X_n$ 相互独立地服从该分布，那么样本均值 $\overline{X}_n=\frac{1}{n}\sum_{i=1}^{n}X_i$ 为关于 θ 的充分统计量。可以验证，在给定 $\overline{X}_n$ 和 n 的条件下，$X_1,X_2,\cdots,X_n$ 的条件分布不依赖于 θ。
36

3. 如果 $f_\theta=\text{Uniform}(\theta,\theta+1)$，那么关于 θ 的充分统计量是

$$\begin{aligned}&T(X_1,X_2,\cdots,X_n)\\&=(\max\{X_1,X_2,\cdots,X_n\},\min\{X_1,X_2,\cdots,X_n\})\end{aligned} \tag{2-127}$$

这个证明比较复杂，但再次表明在统计量 T 给定的情况下数据的分布独立于参数。

如果一个充分统计量是其他所有充分统计量的函数，则称该统计量为最小充分统计量。

定义 如果统计量 $T(X)$ 为其他任何充分统计量 U 的函数，则称 $T(X)$ 是关于 $\{f_\theta(x)\}$ 的**最小充分统计量**（minimal sufficient statistic）。通过数据处理不等式解释，此定义蕴含

$$\theta\to T(X)\to U(X)\to X \tag{2-128}$$

因而，最小充分统计量最大程度地压缩了样本中关于 θ 的信息，而其他充分统计量可能会含有额外的不相关信息。例如，对于均值为 θ 的一个正态分布，取奇数样本的均值和取偶数样本的均值所构成的函数对是一个充分统计量，但不是最小充分统计量。而前面所述例子中的充分统计量都是最小的。

2.10 费诺不等式

假定知道随机变量 Y，想进一步推测与之相关的随机变量 X 的值。费诺不等式将推测随机

变量 X 的误差概率与它的条件熵 $H(X|Y)$联系在一起。在第 7 章的香农信道容量定理的逆定理证明过程中，费诺不等式起了至关重要的作用。从习题 2.5 中可以知道，给定另一个随机变量 Y，随机变量 X 的条件熵为 0 当且仅当 X 是 Y 的函数。因而，可以通过 Y 估计 X，其误差概率为 0 当且仅当 $H(X|Y)=0$。

推而广之，我们希望仅当条件熵 $H(X|Y)$较小时，能以较低的误差概率估计 X。费诺不等式正好量化了这个想法。假定要估计随机变量 X 具有分布 $p(x)$。我们观察与 X 相关的随机变量 Y，相应的条件分布为 $p(y|x)$，通过 Y 计算函数 $g(Y)=\hat{X}$，其中 $\hat{X}$ 是对 X 的估计，取值空间为 $\hat{\mathcal{X}}$。我们并不要求$\hat{\mathcal{X}}$与$\mathcal{X}$必须相同，也允许函数 $g(Y)$是随机的。对 $\hat{X}\neq X$ 的概率作一个界。注意到 $X\to Y\to\hat{X}$ 构成马尔可夫链。定义误差概率为 37

$$P_e=\Pr\{\hat{X}\neq X\} \tag{2-129}$$

定理 2.10.1（费诺不等式） 对任何满足 $X\to Y\to\hat{X}$ 的估计量 $\hat{X}$，设 $P_e=\Pr\{X\neq\hat{X}\}$，有

$$H(P_e)+P_e\log|\mathcal{X}|\geqslant H(X|\hat{X})\geqslant H(X|Y) \tag{2-130}$$

上述不等式可以减弱为

$$1+P_e\log|\mathcal{X}|\geqslant H(X|Y) \tag{2-131}$$

或

$$P_e\geqslant\frac{H(X|Y)-1}{\log|\mathcal{X}|} \tag{2-132}$$

注释 明显地，由式(2-130)可知，$P_e=0$ 可推出 $H(X|Y)=0$。

证明： 先不考虑 Y，证明式(2-130)中的第一个不等式，然后利用数据处理不等式证明费诺不等式的更为经典的形式，即式(2-130)中的第二个不等式。定义一个误差随机变量，

$$E=\begin{cases}1 & \text{如果 } \hat{X}\neq X\\ 0 & \text{如果 } \hat{X}=X\end{cases} \tag{2-133}$$

利用熵的链式法则将 $H(E,X|\hat{X})$以两种不同方式展开，有

$$H(E,X|\hat{X})=H(X|\hat{X})+\underbrace{H(E|X,\hat{X})}_{=0} \tag{2-134}$$

$$=\underbrace{H(E|\hat{X})}_{\leqslant H(P_e)}+\underbrace{H(X|E,\hat{X})}_{\leqslant P_e\log|\mathcal{X}|} \tag{2-135}$$

由于条件作用使熵减小，可知 $H(E|\hat{X})\leqslant H(E)=H(P_e)$。因为 E 是 X 和 $\hat{X}$ 的函数，所以，条件熵 $H(E|X,Y)$等于 0。又因为 E 是二值随机变量，故 $H(E)=H(P_e)$。对于剩余项 $H(X|E,\hat{X})$可以界定如下： 38

$$\begin{aligned}H(X|E,\hat{X})&=\Pr(E=0)H(X|\hat{X},E=0)+\Pr(E=1)H(X|\hat{X},E=1)\\&\leqslant(1-P_e)0+P_e\log|\mathcal{X}|\end{aligned} \tag{2-136}$$

上述不等式成立是因为当 $E=0$ 时，$X=\hat{X}$；当 $E=1$ 时，条件熵的上界为 X 的可能取值数目的对数值。综合这些结果，可得

$$H(P_e)+P_e\log|\mathcal{X}|\geqslant H(X|\hat{X}) \tag{2-137}$$

因为 $X\to Y\to\hat{X}$ 构成马尔可夫链，由数据处理不等式可知 $I(X;\hat{X})\leqslant I(X;Y)$，从而 $H(X|\hat{X})\geqslant H(X|Y)$。于是，有

$$H(P_e)+P_e\log|\mathcal{X}|\geqslant H(X|\hat{X})\geqslant H(X|Y) \tag{2-138}$$ □

推论 对任意两个随机变量 X 和 Y，设 $p=\Pr(X\neq Y)$，

$$H(p)+p\log|\mathcal{X}|\geqslant H(X|Y) \tag{2-139}$$

证明： 只需在费诺不等式中令 $\hat{X}=Y$ 即可。 □

对两个任意的随机变量 X 和 Y，如果估计量 $g(Y)$ 在集合 $\mathcal{X}$ 中取值，那么可以在不等式中将 $\log|\mathcal{X}|$ 替换为 $\log(|\mathcal{X}|-1)$，从而获得较强的结果。

推论 设 $P_e=\Pr(X\neq\hat{X})$，$\hat{X}:\mathcal{Y}\to\mathcal{X}$，则

$$H(P_e)+P_e\log(|\mathcal{X}|-1)\geqslant H(X|Y) \tag{2-140}$$

证明：该定理的证明过程除下面的式子外都没有变化

$$H(X|E,\hat{X})=\Pr(E=0)H(X|\hat{X},E=0)+\Pr(E=1)H(X|\hat{X},E=1) \tag{2-141}$$

$$\leqslant(1-P_e)0+P_e\log(|\mathcal{X}|-1) \tag{2-142}$$

其中，不等式成立是因为当 $E=0$ 时，$X=\hat{X}$；当 $E=1$ 时，X 的可能取值个数为 $|\mathcal{X}|-1$，因而条
39 件熵的上界为 $\log(|\mathcal{X}|-1)$，即可能取值数目的对数值。由此获得一个加强的不等式。 □

注释 假定没有任何关于 Y 的知识，只能在毫无信息的情况下对 X 进行推测。设 $X\in\{1,2,\cdots,m\}$ 且 $p_1\geqslant p_2\geqslant\cdots\geqslant p_m$，则对 X 的最佳估计是 $\hat{X}=1$，而此时产生的误差概率为 $P_e=1-p_1$。费诺不等式变为

$$H(P_e)+P_e\log(m-1)\geqslant H(X) \tag{2-143}$$

且概率密度函数

$$(p_1,p_2,\cdots,p_m)=\left(1-P_e,\frac{P_e}{m-1},\cdots,\frac{P_e}{m-1}\right) \tag{2-144}$$

可以达到等号成立的界。因此，费诺不等式是精确的。

最后介绍一个体现误差概率与熵之间关系的新不等式。设 X 和 X' 为两个独立同分布的随机变量，有相同的熵 $H(X)$，那么 $X=X'$ 的概率为

$$\Pr(X=X')=\sum_x p^2(x) \tag{2-145}$$

由此得到如下的不等式：

引理 2.10.1 *如果 X 和 X' 独立同分布，具有熵 $H(X)$，则*

$$\Pr(X=X')\geqslant 2^{-H(X)} \tag{2-146}$$

当且仅当 X 服从均匀分布，等号成立。

证明：假定 $X\sim p(x)$。由 Jensen 不等式，可得

$$2^{E\log p(X)}\leqslant E2^{\log p(X)} \tag{2-147}$$

含义是

$$2^{-H(X)}=2^{\sum p(x)\log p(x)}\leqslant\sum p(x)2^{\log p(x)}=\sum p^2(x) \tag{2-148}$$ □

推论 *设 X 和 X' 相互独立，且 $X\sim p(x)$，$X'\sim r(x)$，$x,x'\in\mathcal{X}$，那么*

$$\Pr(X=X')\geqslant 2^{-H(p)-D(p\|r)} \tag{2-149}$$

$$\Pr(X=X')\geqslant 2^{-H(r)-D(r\|p)} \tag{2-150}$$

40 **证明**：我们有

$$2^{-H(p)-D(p\|r)}=2^{\sum p(x)\log p(x)+\sum p(x)\log\frac{r(x)}{p(x)}} \tag{2-151}$$

$$=2^{\sum p(x)\log r(x)} \tag{2-152}$$

$$\leqslant\sum p(x)2^{\log r(x)} \tag{2-153}$$

$$=\sum p(x)r(x) \tag{2-154}$$

$$=\Pr(X=X') \tag{2-155}$$

其中的不等式可由 Jensen 不等式和函数 $f(y)=2^y$ 得到。 □

下面给出的要点省去了某些必需的限制条件，请读者自己查对。

要点

定义 离散型随机变量 X 的熵 $H(X)$ 定义为

$$H(X) = -\sum_{x\in\mathcal{X}} p(x)\log p(x) \tag{2-156}$$

H 的性质

1. $H(X)\geqslant 0$。
2. $H_b(X)=(\log_b a)H_a(X)$。
3. (条件作用使熵减小)对两个随机变量 X 和 Y，有

$$H(X|Y)\leqslant H(X) \tag{2-157}$$

当且仅当 X 与 Y 相互独立，等号成立。

4. $H(X_1,X_2,\cdots,X_n)\leqslant \sum_{i=1}^{n} H(X_i)$，当且仅当随机变量 X_i 相互独立，等号成立。
5. $H(X)\leqslant \log|\mathcal{X}|$，当且仅当 X 服从 $\mathcal{X}$ 上的均匀分布，等号成立。
6. $H(p)$ 关于 p 是凹的。 41

定义 概率密度函数 p 关于概率密度函数 q 的相对熵 $D(p\parallel q)$ 定义为

$$D(p\parallel q) = \sum_{x} p(x)\log\frac{p(x)}{q(x)} \tag{2-158}$$

定义 两个随机变量 X 和 Y 之间的互信息定义为

$$I(X;Y) = \sum_{x\in\mathcal{X}}\sum_{y\in\mathcal{Y}} p(x,y)\log\frac{p(x,y)}{p(x)p(y)} \tag{2-159}$$

其他表达式

$$H(X)=E_p\log\frac{1}{p(X)} \tag{2-160}$$

$$H(X,Y)=E_p\log\frac{1}{p(X,Y)} \tag{2-161}$$

$$H(X|Y)=E_p\log\frac{1}{p(X|Y)} \tag{2-162}$$

$$I(X;Y)=E_p\log\frac{p(X,Y)}{p(X)p(Y)} \tag{2-163}$$

$$D(p\parallel q)=E_p\log\frac{p(X)}{q(X)} \tag{2-164}$$

D 和 I 的性质

1. $I(X;Y)=H(X)-H(X|Y)=H(Y)-H(Y|X)=H(X)+H(Y)-H(X,Y)$。
2. $D(p\parallel q)\geqslant 0$，当且仅当对任意 $x\in\mathcal{X}$，$p(x)=q(x)$，等号成立。
3. $I(X;Y)=D(p(x,y)\parallel p(x)p(y))\geqslant 0$，当且仅当 $p(x,y)=p(x)p(y)$(即 X 与 Y 相互独立)，等号成立。
4. 若 $|\mathcal{X}|=m$，u 是 $\mathcal{X}$ 上的均匀分布，则 $D(p\parallel u)=\log m-H(p)$。
5. $D(p\parallel q)$ 关于二元对 (p,q) 是凸的。

链式法则

熵：$H(X_1,X_2,\cdots,X_n) = \sum_{i=1}^{n} H(X_i|X_{i-1},\cdots,X_1)$

42 互信息：$I(X_1,X_2,\cdots,X_n;Y)=\sum_{i=1}^{n}I(X_i;Y|X_1,X_2,\cdots,X_{i-1})$

相对熵：$D(p(x,y)\|q(x,y))=D(p(x)\|q(x))+D(p(y|x)\|q(y|x))$

Jensen 不等式 若 f 为凸函数，则 $Ef(X)\geqslant f(EX)$。

对数和不等式 对于 n 个正数 $a_1,a_2,\cdots,a_n$ 和 $b_1,b_2,\cdots,b_n$，

$$\sum_{i=1}^{n}a_i\log\frac{a_i}{b_i}\geqslant\left(\sum_{i=1}^{n}a_i\right)\log\frac{\sum_{i=1}^{n}a_i}{\sum_{i=1}^{n}b_i} \tag{2-165}$$

当且仅当$\frac{a_i}{b_i}=$常数，等号成立。

数据处理不等式 若 $X\to Y\to Z$ 构成马尔可夫链，则 $I(X;Y)\geqslant I(X;Z)$。

充分统计量 $T(X)$关于$\{f_\theta(x)\}$是充分的当且仅当对 θ 的所有分布，$I(\theta;X)=I(\theta;T(X))$。

费诺不等式 设 $P_e=\Pr\{\hat{X}(Y)\neq X\}$，则

$$H(P_e)+P_e\log|\mathcal{X}|\geqslant H(X|Y) \tag{2-166}$$

不等式 如果 X 和 X'相互独立且同分布，那么

$$\Pr(X=X')\geqslant 2^{-H(X)} \tag{2-167}$$

习题

2.1 掷硬币。抛掷一枚均匀的硬币，直到第一次出现正面为止，设 X 表示所需的抛掷次数。

(a) 求熵 $H(X)$，单位为比特。下面的两个表达式可能会用到：

$$\sum_{n=0}^{\infty}r^n=\frac{1}{1-r},\qquad \sum_{n=0}^{\infty}nr^n=\frac{r}{(1-r)^2}$$

43 (b) 假定随机变量 X 服从该分布。试找出一个“有效”的是否型问题序列，其问题形式如“X 包含于集合 S 吗?”将 $H(X)$与确定 X 取值所需问题数的期望值进行比较。

2.2 函数的熵。设 X 是取有限个值的随机变量。如果

(a) $Y=2^X$

(b) $Y=\cos X$

$H(X)$和 $H(Y)$的不等关系(或一般关系)是什么?

2.3 最小熵。求 $H(p_1,\cdots,p_n)=H(\mathbf{p})$的最小值，其中 $\mathbf{p}$ 的取值域为 n 维概率向量集合。请找出所有达到这个最小值时的 $\mathbf{p}$。

2.4 随机变量的函数的熵。设 X 为离散型随机变量。请通过验证如下步骤证明 X 的函数的熵必小于或等于 X 的熵：

$$H(X,g(X))\overset{(a)}{=}H(X)+H(g(X)|X) \tag{2-168}$$

$$\overset{(b)}{=}H(X) \tag{2-169}$$

$$H(X,g(X))\overset{(c)}{=}H(g(X))+H(X|g(X)) \tag{2-170}$$

$$\overset{(d)}{\geqslant}H(g(X)) \tag{2-171}$$

因而有 $H(g(X)) \leqslant H(X)$。

2.5 零条件熵。证明：若 $H(Y|X)=0$，则 Y 是 X 的函数(即对于满足 $p(x)>0$ 的任意 x，仅存在一个可能取值 y，使得 $p(x,y)>0$)。

2.6 条件互信息与无条件互信息。试给出联合随机变量 X,Y 和 Z 的例子，使得

(a) $I(X;Y|Z)<I(X;Y)$。

(b) $I(X;Y|Z)>I(X;Y)$。

2.7 硬币称重。假定有 n 枚硬币，可能有一枚或者没有假币。如果是假币，那么它的重量要么重于其他的硬币，要么轻于其他的硬币。用天平对硬币称重。

(a) 若称重 k 次就能发现假币(如果存在)，且能正确判断出该假币是重于还是轻于其他硬币，试求硬币数 n 的上界。 44

(b) (较难)试给出对 12 枚硬币仅称 $k=3$ 次就能发现假币的称重策略。

2.8 有放回与无放回抽取。一个容器里面装有 r 个红球，w 个白球和 b 个黑球。若从容器中抽取 k 个球($k\geqslant 2$)，对有放回和无放回两种情形，哪种情形的熵更大？请回答并给予证明。(有两种方法可以回答该习题，一种较难，而另一种相对较简单。)

2.9 度量。对任意的 x 和 y，满足

- $\rho(x,y)\geqslant 0$
- $\rho(x,y)=\rho(y,x)$
- 当且仅当 $x=y$，$\rho(x,y)=0$
- $\rho(x,y)+\rho(y,z)\geqslant\rho(x,z)$

则称函数 $\rho(x,y)$ 为一个度量。

(a) 证明 $\rho(X,Y)=H(X|Y)+H(Y|X)$ 满足上述第一条、第二条和第四条性质。如果存在从 X 到 Y 的一对一函数映射，我们说 $X=Y$，那么 $\rho(X,Y)$ 也满足第三条性质，因而它是度量。

(b) 验证 $\rho(X,Y)$ 也可表示为

$$\rho(X,Y)=H(X)+H(Y)-2I(X;Y) \tag{2-172}$$

$$=H(X,Y)-I(X;Y) \tag{2-173}$$

$$=2H(X,Y)-H(X)-H(Y) \tag{2-174}$$

2.10 不相交组合的熵。设离散型随机变量 X_1 和 X_2 的概率密度函数分别为 $p_1(\cdot)$ 和 $p_2(\cdot)$，字母表分别为 $\mathcal{X}_1=\{1,2,\cdots,m\}$，$\mathcal{X}_2=\{m+1,\cdots,n\}$。设

$$X=\begin{cases}X_1 & \text{概率为 } \alpha\\ X_2 & \text{概率为 } 1-\alpha\end{cases}$$

(a) 试求 $H(X)$ 关于 $H(X_1)$、$H(X_2)$ 和 α 的表达式。

(b) 试对 α 进行最大化，证明 $2^{H(X)}\leqslant 2^{H(X_1)}+2^{H(X_2)}$，利用 $2^{H(X)}$ 为有效的字母表大小这个概念对此进行解释。

2.11 相关性的度量。设 X_1 与 X_2 同分布，但不一定独立。设

$$\rho=1-\frac{H(X_2|X_1)}{H(X_1)}$$ 45

(a) 证明 $\rho=\dfrac{I(X_1;X_2)}{H(X_1)}$。

(b) 证明 $0\leqslant\rho\leqslant 1$。

(c) 何时有 $\rho=0$?

(d) 何时有 $\rho=1$?

2.12 联合熵的例子。设 $p(x,y)$ 由右表给出

X \ Y	0	1
0	$\frac{1}{3}$	$\frac{1}{3}$
1	0	$\frac{1}{3}$

试计算:

(a) $H(X)$, $H(Y)$。

(b) $H(X|Y)$, $H(Y|X)$。

(c) $H(X,Y)$。

(d) $H(Y)-H(Y|X)$。

(e) $I(X;Y)$。

(f) 画出(a)～(e)中所有量的文氏图。

2.13 不等式。证明对任意的 $x>0$, $\ln x \geqslant 1-\frac{1}{x}$。

2.14 和的熵。设随机变量 X,Y 的取值分别为 $x_1,x_2,\cdots,x_r$ 和 $y_1,y_2,\cdots,y_s$,设 $Z=X+Y$。

(a) 证明 $H(Z|X)=H(Y|X)$,并讨论如果 X,Y 独立,则 $H(Y)\leqslant H(Z)$ 及 $H(X)\leqslant H(Z)$。由此说明独立随机变量的和增加不确定度。

(b) 给出一个(必须是相关)随机变量例子,使得 $H(X)>H(Z)$ 且 $H(Y)>H(Z)$。

(c) 在什么条件下,$H(Z)=H(X)+H(Y)$?

2.15 数据处理。设 $X_1\to X_2\to X_3\to\cdots\to X_n$ 依序构成马尔可夫链,即设

$$p(x_1,x_2,\cdots,x_n)=p(x_1)p(x_2|x_1)\cdots p(x_n|x_{n-1})$$

试将 $I(X_1;X_2,\cdots,X_n)$ 简化到最简单形式。

2.16 瓶颈模型。假定(非平稳)马尔可夫链起始于 n 个状态中的一个,然后第二步受到限制,转移到 k 个状态之一($k<n$),第三步又放宽,转移到 m 个状态中的一个($m>k$)。于是有
46 $X_1\to X_2\to X_3$,即对任意的 $x_1\in\{1,2,\cdots,n\}$, $x_2\in\{1,2,\cdots,k\}$, $x_3\in\{1,2,\cdots,m\}$,有 $p(x_1,x_2,x_3)=p(x_1)p(x_2|x_1)p(x_3|x_2)$。

(a) 试通过证明 $I(X_1;X_3)\leqslant\log k$ 说明 X_1 与 X_3 的相关程度受瓶颈作用的限制情况。

(b) 当 $k=1$ 时,计算 $I(X_1;X_3)$,并且得出结论:通过该瓶颈作用后 X_1 和 X_3 不再具有相关性。

2.17 纯随机性与倾向性硬币。设 $X_1,X_2,\cdots,X_n$ 表示独立地抛掷一枚倾向性硬币所产生的可能结果的随机变量。于是,$\Pr\{X_i=1\}=p$, $\Pr\{X_i=0\}=1-p$,其中 p 未知。要从 $X_1,X_2,\cdots,X_n$ 中获得均匀硬币抛掷的序列 $Z_1,Z_2,\cdots,Z_K$,为此,设 $f:\mathcal{X}^n\to\{0,1\}^*$(其中 $\{0,1\}^*=\{\Lambda,0,1,00,01,\cdots\}$ 为所有有限长度的二元序列集合)表示映射 $f(X_1,X_2,\cdots,X_n)=(Z_1,Z_2,\cdots,Z_K)$,其中 $Z_i\sim\text{Bernoulli}\left(\frac{1}{2}\right)$,而 K 的取值可能依赖于 $(X_1,X_2,\cdots,X_n)$。为了让 $Z_1,Z_2,\cdots$ 成为抛掷均匀硬币所产生的随机序列,从倾向性硬币抛掷到均匀硬币抛掷的映射 f 必须具有特定的性质,即在给定长度 k 时,所有 2^k 个序列 $(Z_1,Z_2,\cdots,Z_k)$ 具有相同的概率(可能为 0),其中 $k=1,2,\cdots$。例如,$n=2$ 时,映射 $f(01)=0$, $f(10)=1$, $f(00)=f(11)=\Lambda$(空串),则有 $\Pr\{Z_1=1|K=1\}=\Pr\{Z_1=0|K=1\}=\frac{1}{2}$。请给出下列不等式成立的理由:

$$\begin{aligned} nH(p) &\overset{(a)}{=} H(X_1,\cdots,X_n) \\ &\overset{(b)}{\geqslant} H(Z_1,Z_2,\cdots,Z_K,K) \end{aligned}$$

$$\stackrel{(c)}{=}H(K)+H(Z_1,\cdots,Z_K|K)$$
$$\stackrel{(d)}{=}H(K)+E(K)$$
$$\stackrel{(e)}{\geqslant}EK$$

因而在平均意义上，从$(X_1,\cdots,X_n)$中得到的均匀硬币抛掷次数不会超过$nH(p)$。举出长度为4的序列上的恰当的映射f。

2.18 世界职业棒球锦标赛。世界职业棒球锦标赛为7场系列赛制，只要其中一队赢得4场，比赛就结束。设随机变量X代表在棒球锦标赛中，A队和B队较量的结果。例如，X的取值可能为AAAA,BABABAB,BBBAAAA。设Y代表比赛的场数，取值范围为4～7。假定A队和B队是同等水平的，且每场比赛相互独立。试计算$H(X)$,$H(Y)$,$H(Y|X)$及$H(X|Y)$。 47

2.19 无穷熵。此题说明离散型随机变量的熵可能是无穷的。设$A=\sum_{n=2}^{\infty}(n\log^2 n)^{-1}$。(考虑到$(x\log^2 x)^{-1}$的积分为$A$的一个上界，容易证明$A$是有限的。)证明：设$X$是由$\Pr(X=n)=(An\log^2 n)^{-1}$定义的整数值随机变量，其中$n=2,3,\cdots$，则$H(X)=+\infty$。

2.20 游程编码。设$X_1,X_2,\cdots,X_n$(可能相关)均为二元随机变量。假定某人对此序列(按先后产生的次序)计算出游程$\mathbf{R}=(R_1,R_2,\cdots)$。例如，序列$\mathbf{X}=0001100100$产生游程为$\mathbf{R}=(3,2,2,1,2)$。请你比较$H(X_1,X_2,\cdots,X_n)$,$H(\mathbf{R})$及$H(X_n,\mathbf{R})$，给出所有等式和不等式关系以及差别的范围。

2.21 概率的马尔可夫不等式。设$p(x)$为概率密度函数。证明对任意的$d\geqslant 0$，有

$$\Pr\{p(X)\leqslant d\}\log\frac{1}{d}\leqslant H(X) \tag{2-175}$$

2.22 思路的逻辑顺序。在实际中，常常会由于某种需要而有序地论述某些思路，然后，若有必要就会对这些思路做进一步的推广。请重新给如下所述思路排列顺序，要求是强的排在前面，蕴含的紧随其后。

(a) $I(X_1,\cdots,X_n;Y)$的链式法则，$D(p(x_1,\cdots,x_n)\|q(x_1,x_2,\cdots,x_n))$的链式法则，以及$H(X_1,X_2,\cdots,X_n)$的链式法则。

(b) $D(f\|g)\geqslant 0$，Jensen不等式$I(X;Y)\geqslant 0$。

2.23 条件互信息。考虑n个二元随机变量$X_1,X_2,\cdots,X_n$组成的序列。如果含偶数个1的每个序列的概率为$2^{-(n-1)}$，含奇数个1的每个序列的概率为0，试计算以下的互信息

$$I(X_1;X_2),I(X_2;X_3|X_1),\cdots,I(X_{n-1};X_n|X_1,\cdots,X_{n-2})$$

2.24 平均熵。设$H(p)=-p\log_2 p-(1-p)\log_2(1-p)$为二元熵函数。

(a) 利用$\log_2 3\approx 1.584$，计算$H(1/4)$的值。(提示：可以考虑具有4种等可能结果的试验，其中某个结果比其他的更有趣。) 48

(b) 当概率p的值在$0\leqslant p\leqslant 1$范围内均匀选取，试计算平均熵$H(p)$。

(c) (选做)试计算平均熵$H(p_1,p_2,p_3)$，其中(p_1,p_2,p_3)为均匀分布的概率向量。推广到n维情形。

2.25 文氏图。事实上，不存在度量三个随机变量所共有的互信息概念。在这里，我们尝试给出一种定义：根据文氏图，三个随机变量X,Y和Z的公共部分的互信息可定义为

$$I(X;Y;Z)=I(X;Y)-I(X;Y|Z)$$

尽管上述定义并不对称，其实这个量关于 X、Y 和 Z 是对称的。遗憾的是，$I(X;Y;Z)$ 不一定非负。试举例 X、Y 和 Z，使得 $I(X;Y;Z)<0$，并证明以下两个恒等式：

(a) $I(X;Y;Z)=H(X,Y,Z)-H(X)-H(Y)-H(Z)+I(X;Y)+I(Y;Z)+I(Z;X)$。

(b) $I(X;Y;Z)=H(X,Y,Z)-H(X,Y)-H(Y,Z)-H(Z,X)+H(X)+H(Y)+H(Z)$。

第一个恒等式可类似的由熵和互信息的文氏图得到理解。第二个恒等式由第一个容易得到。

2.26 相对熵非负性的另一个证明。为突出结论 $D(p\|q)\geqslant 0$ 的基本性，我们再给出另一个证明。

(a) 证明对任意的 $0<x<\infty$，有 $\ln x\leqslant x-1$。

(b) 判定下列步骤：

$$-D(p\|q)=\sum_x p(x)\ln\frac{q(x)}{p(x)} \tag{2-176}$$

$$\leqslant \sum_x p(x)\left(\frac{q(x)}{p(x)}-1\right) \tag{2-177}$$

$$\leqslant 0 \tag{2-178}$$

(c) 等号成立的条件是什么？

49 2.27 熵的组合法则。设 $\mathbf{p}=(p_1,p_2,\cdots,p_m)$ 为 m 个元素上的概率分布(即 $p_i\geqslant 0$，且 $\sum_{i=1}^{m}p_i=1$)。定义 $m-1$ 个元素上的新分布 $\mathbf{q}$ 为 $q_1=p_1,q_2=p_2,\cdots,q_{m-2}=p_{m-2}$ 以及 $q_{m-1}=p_{m-1}+p_m$(即分布 $\mathbf{q}$ 与 $\mathbf{p}$ 在集合 $\{1,2,\cdots,m-2\}$ 上是相同的，$\mathbf{q}$ 中最后一个元素的概率为 $\mathbf{p}$ 中最后两个元素的概率之和)。证明

$$H(\mathbf{p})=H(\mathbf{q})+(p_{m-1}+p_m)H\left(\frac{p_{m-1}}{p_{m-1}+p_m},\frac{p_m}{p_{m-1}+p_m}\right) \tag{2-179}$$

2.28 混合使熵增加。证明概率分布 $(p_1,\cdots,p_i,\cdots,p_j,\cdots,p_m)$ 的熵小于概率分布 $\left(p_1,\cdots,\frac{p_i+p_j}{2},\cdots,\frac{p_i+p_j}{2},\cdots,p_m\right)$ 的熵。进一步证明更一般的结论：使概率分布更均匀的变换都使熵增加。

2.29 不等式。设 X、Y 和 Z 为联合随机变量。证明下面的不等式，并给出等号成立的条件。

(a) $H(X,Y|Z)\geqslant H(X|Z)$。

(b) $I(X,Y;Z)\geqslant I(X;Z)$。

(c) $H(X,Y,Z)-H(X,Y)\leqslant H(X,Z)-H(X)$。

(d) $I(X;Z|Y)\geqslant I(Z;Y|X)-I(Z;Y)+I(X;Z)$。

2.30 最大熵。设 X 是取非负整数值的随机变量，对固定的值 $A>0$，试求在约束条件

$$EX=\sum_{n=0}^{\infty}np(n)=A$$

下使得熵 $H(X)$ 达到最大时的概率密度函数 $p(x)$，并计算出 $H(X)$ 的最大值。

2.31 条件熵。在什么条件下有 $H(X|g(Y))=H(X|Y)$？

50 2.32 费诺。设 (X,Y) 的联合分布如右表：设 $\hat{X}(Y)$ 为 X 的估计量(基于 Y)，$P_e=\Pr\{\hat{X}(Y)\neq X\}$。

X \ Y	a	b	c
1	$\frac{1}{6}$	$\frac{1}{12}$	$\frac{1}{12}$
2	$\frac{1}{12}$	$\frac{1}{6}$	$\frac{1}{12}$
3	$\frac{1}{12}$	$\frac{1}{12}$	$\frac{1}{6}$

(a) 试求最小误差概率估计量 $\hat{X}(Y)$ 与

相应的 P_e。

(b) 估计出该习题的费诺不等式，并与(a)中求得的值比较。

2.33 费诺不等式。设 $\Pr(X=i)=p_i, i=1,2,\cdots,m$，且 $p_1\geqslant p_2\geqslant p_3\geqslant\cdots\geqslant p_m$，那么 X 的最小误差概率估计量为 $\hat{X}=1$，此时产生的误差概率为 $P_e=1-p_1$。试在约束条件 $1-p_1=P_e$ 下最大化 $H(\mathbf{p})$，由此根据 H 求得 P_e 的取值范围。这也是无条件的费诺不等式。

2.34 初始条件熵。证明对任意的马尔可夫链，$H(X_0|X_n)$ 随 n 非减。

2.35 相对熵是不对称的。设随机变量 X 有三个可能的结果 $\{a,b,c\}$。考虑该随机变量上的两个分布(右表)：

字 符	$p(x)$	$q(x)$
a	$\frac{1}{2}$	$\frac{1}{3}$
b	$\frac{1}{4}$	$\frac{1}{3}$
c	$\frac{1}{4}$	$\frac{1}{3}$

计算 $H(p), H(q), D(p\|q)$ 和 $D(q\|p)$，并验证在此情况下 $D(p\|q)\neq D(q\|p)$。

2.36 对称的相对熵。尽管如习题 2.35 所示，在一般情况下 $D(p\|q)\neq D(q\|p)$，但也存在使等号成立的分布。请举出二元字母表上的两个分布 p 和 q，使得 $D(p\|q)=D(q\|p)$（除平凡情形 $p=q$ 外）。

2.37 相对熵。设三个随机变量 X、Y 和 Z 的联合概率密度函数为 $p(x,y,z)$。联合分布和边际分布乘积之间的相对熵为

$$D(p(x,y,z)\|p(x)p(y)p(z))=E\left[\log\frac{p(x,y,z)}{p(x)p(y)p(z)}\right] \tag{2-180}$$

将上式用熵的形式展开。什么时候该相对熵为 0? 51

2.38 问题的值。设 $X\sim p(x), x=1,2,\cdots,m$，给定一个集合 $S\subseteq\{1,2,\cdots,m\}$。是否当 $X\in S$ 时，得到的答案为

$$Y=\begin{cases}1 & \text{如果 } X\in S\\ 0 & \text{如果 } X\notin S\end{cases}$$

假定 $\Pr\{X\in S\}=\alpha$，试求不确定度的缩减量 $H(X)-H(X|Y)$。显然，给定 α，任何集合 S 的表现与其他的集合是一样的。

2.39 熵与两两独立。设 X、Y 和 Z 为三个服从 Bernoulli$\left(\frac{1}{2}\right)$的二元随机变量，且两两相互独立，即 $I(X;Y)=I(X;Z)=I(Y;Z)=0$。

(a) 在上述约束条件下，$H(X,Y,Z)$的最小值是多少?

(b) 举出达到这个最小值时的例子。

2.40 离散熵。设 X 和 Y 为两个独立且取整数值的随机变量。设 X 在$\{1,2,\cdots,8\}$上均匀分布，$\Pr\{Y=k\}=2^{-k}, k=1,2,3,\cdots$。

(a) 求 $H(X)$。

(b) 求 $H(Y)$。

(c) 求 $H(X+Y,X-Y)$。

2.41 随机问题。要判别随机目标 $X\sim p(x)$。问题 $Q\sim r(q)$关于 $r(q)$随机地提问，结果产生确定的答案 $A=A(x,q)\in\{a_1,a_2,\cdots\}$。假定 X 和 Q 相互独立。于是 $I(X;Q,A)$为由问题一答案对(Q,A)之后 X 剩下的不确定性。

(a) 证明 $I(X;Q,A)=H(A|Q)$，并给予解释。

(b) 现在假定有两个 i. i. d. 的问题 $Q_1, Q_2\sim r(q)$提出，其答案分别为 A_1 和 A_2。证明 $I(X;Q_1,A_1,Q_2,A_2)\leqslant 2I(X;Q_1,A_1)$。在此意义下，说明两个问题不比单个问题问两

次的效果更差。

2.42 不等式。下列不等式在一般情况下是“≥”、“=”还是“≤”关系？请将每个不等式用“≥”、“=”或“≤”标出各自的正确关系。

(a) $H(5X)$与$H(X)$。

(b) $I(g(X);Y)$与$I(X;Y)$。

(c) $H(X_0|X_{-1})$与$H(X_0|X_{-1},X_1)$。

52 (d) $H(X,Y)/(H(X)+H(Y))$与1。

2.43 正面和反面的互信息。

(a) 考虑抛掷一枚均匀硬币。硬币出现正面和反面的互信息是多少？

(b) 如果我们掷一颗有6面的均匀骰子，那么顶面和前面(经常面对你的那个侧面)出现的互信息又是多少？

2.44 纯随机性。假定用一枚具有三面的硬币来产生均匀硬币抛掷过程。设硬币X的概率密度函数为

$$X=\begin{cases}A, & p_A\\ B, & p_B\\ C, & p_C\end{cases}$$

其中p_A、p_B和p_C未知。

(a) 如何通过两个独立的抛掷X_1和X_2产生(如果可行)一个Bernoulli$\left(\frac{1}{2}\right)$随机变量Z？

(b) 生成的最大均匀二进制序列的数量的期望数是多少？

2.45 有限熵。证明：对于离散随机变量$X\in\{1,2,\cdots\}$，如果$E\log X<\infty$，则$H(X)<\infty$。

2.46 熵的公理化定义(较难)。如果为度量信息而假定某些公理，将不得不使用如熵那样的对数度量。香农利用这点确保了熵的最初定义的合理性。在本书中，我们更多依赖于熵的其他性质而非公理化推导来确保它的使用价值。下面这个题比起本节的其他习题要困难多。

若对称函数序列$H_m(p_1,p_2,\cdots,p_m)$满足下列性质：

- 标准化：$H_2\left(\frac{1}{2},\frac{1}{2}\right)=1$，
- 连续性：$H_2(p,1-p)$为p的连续函数，
- 组合法则：$H_m(p_1,p_2,\cdots,p_m)=H_{m-1}(p_1+p_2,p_3,\cdots,p_m)+(p_1+p_2)\cdot H_2\left(\frac{p_1}{p_1+p_2},\frac{p_2}{p_1+p_2}\right)$

证明H_m必定具有如下形式：

53

$$H_m(p_1,p_2,\cdots,p_m)=-\sum_{i=1}^{m}p_i\log p_i,\qquad m=2,3,\cdots \tag{2-181}$$

还有许多不同的公理化表示方式可以导出熵的相同定义。例如，可参见Csiszár和Körner[149]。

2.47 分类错误文件的熵。一副扑克牌共有n张，顺序依次为$1,2,\cdots,n$。现在从这副扑克中随机地抽出一张牌，然后再随机地将其放回。这样，熵为多少？

2.48 序列长度。序列的长度含有序列内容的多少信息？假定考虑Bernoulli$\left(\frac{1}{2}\right)$过程$\{X_i\}$，当第一个1出现时，过程停止。设N表示这个停时。因此，X^N为所有有限长的二元序列集

合$\{0,1\}^*=\{0,1,00,01,10,11,000,\cdots\}$中的一个元素。

(a) 求 $I(N;X^N)$。

(b) 求 $H(X^N|N)$。

(c) 求 $H(X^N)$。

现在考虑一个不同的停时。仍假定 $X_i\sim\text{Bernoulli}\left(\frac{1}{2}\right)$，但过程在时刻 $N=6$ 停止的概率为$\frac{1}{3}$，在时刻 $N=12$ 停止的概率为$\frac{2}{3}$。设该停时独立于序列 $X_1X_2\cdots X_{12}$。

(d) 求 $I(N;X^N)$。

(e) 求 $H(X^N|N)$。

(f) 求 $H(X^N)$。

历史回顾

熵的概念首先在热力学中引入，用于表述热力学第二定律。此后，统计力学告诉我们，在系统的某个宏观状态中，热力学熵与微观状态数目的对数之间存在着联系。此项研究工作归功于玻尔兹曼的伟大成就，他给出了方程式 $S=k\ln W$，该方程式作为墓志铭刻在了他的墓碑上[361]。

20 世纪 30 年代，Hartley 在通信系统中引入了信息的对数度量。这个度量本质上是字母表大小的对数。本章中熵与互信息的定义由香农[472]首先给出。相对熵概念由库尔贝克(Kullback)和 Leibler[339]首先定义，它有各种各样的命名，包括 Kullback-Leibler 距离、叉熵、信息散度、信息判别，在 Csiszár[138]和 Amari[22]中其详细的论述。 54

这些量的许多简单性质都是由香农发展起来的。费诺不等式的证明见 Fano[201]。充分统计量概念由费希尔(Fisher)[209]定义，而最小充分统计量是由 Lehmann 和 Scheffé[350]引入的。互信息与充分性关系的解释归功于 Kullback[335]。Brillouin[77]和 Jaynes[294]对信息论和热力学之间的关系给予了广泛的讨论。

信息物理学是一门相当新型的学科，产生于统计力学、量子力学和信息论。讨论的关键问题是如何将信息表示物理化。量子信道容量(物理系统中可分辨的制备数量的对数)和量子数据压缩[299]都是定义明确的问题，利用冯·诺伊曼熵获得了完美的解答。由于量子纠缠的存在，以及观察到的物理事件的边际分布与任何联合分布均不一致(没有局部的真实)这一结论(体现于贝尔(Bell)不等式)，量子信息的研究有了新的课题。Nielsen 和 Chuang 所著的基础文献[395]较为详尽地论述了量子信息论，同时包含本书中的许多结论的量子形式。人们也试图确定在计算上是否存在着本质的物理限制，这些工作包括 Bennett[47]以及 Bennett 与 Landaner[48]。 55

第3章

渐近均分性

在信息论中，与大数定律类似的是渐近均分性(AEP)，它是弱大数定律的直接结果。大数定律针对独立同分布(i. i. d.)随机变量，当 n 很大时，$\frac{1}{n}\sum_{i=1}^{n}X_i$ 近似于期望值 EX。渐近均分性表明 $\frac{1}{n}\log\frac{1}{p(X_1,X_2,\cdots,X_n)}$ 近似于熵 H，其中 $X_1,X_2,\cdots,X_n$ 为 i. i. d. 随机变量，$p(X_1,X_2,\cdots,X_n)$ 是观察序列 $X_1,X_2,\cdots,X_n$ 出现的概率。因而，当 n 很大时，一个观察序列出现的概率 $p(X_1,X_2,\cdots,X_n)$ 近似等于 2^{-nH}。

这促使我们将全体序列组成的集合划分成两个子集，其一是典型集，其中样本熵近似于真实熵；其二是非典型集，包含其余的序列。我们将主要关注典型集，这是因为任何基于典型序列的性质都是以高概率成立的，并且决定着大样本的平均行为。

首先举个例子。设随机变量 $X\in\{0,1\}$ 的概率密度函数为 $p(1)=p$ 和 $p(0)=q$。若 $X_1,X_2,\cdots,X_n$ 为 i. i. d.，且服从 $p(x)$，则序列 $x_1,x_2,\cdots,x_n$ 出现的概率为 $\prod_{i=1}^{n}p(x_i)$。比如，序列(1,0,1,1,0,1)出现的概率是 $p^{\sum X_i}q^{n-\sum X_i}=p^4q^2$。很显然，并非所有长度为 n 的 2^n 个序列都具有相同
56~57 的概率。

然而，我们能够预测出实际观测到的序列的概率，即可以求出观测结果 $X_1,X_2,\cdots,X_n$ 的概率 $p(X_1,X_2,\cdots,X_n)$，其中 $X_1,X_2,\cdots,X_n$ 为 i. i. d$\sim p(x)$。这是一个自引用的问题，但仍然是可以明确定义的。显然，我们是在寻求服从同一概率分布的事件的概率，而结论是 $p(X_1,X_2,\cdots,X_n)$ 将以高的概率接近于 2^{-nH}。

对此，概括为“几乎一切事件都令人同等的意外。”换言之，当 $X_1,X_2,\cdots,X_n$ 为 i. i. d. $\sim p(x)$ 则

$$\Pr\{(X_1,X_2,\cdots,X_n): p(X_1,X_2,\cdots,X_n)=2^{-n(H\pm\epsilon)}\}\approx 1 \tag{3-1}$$

在这个例子中，$p(X_1,X_2,\cdots,X_n)=p^{\sum X_i}q^{n-\sum X_i}$ 可以简单地说序列中 1 出现的个数近似等于 np(以很高的概率)，且所有这样的序列(粗略地)有相同的概率 $2^{-nH(p)}$。下面用概率论中的收敛概念，其定义如下：

定义(随机变量的收敛)　给定一个随机变量序列 $X_1,X_2,\cdots$。序列 $X_1,X_2,\cdots$ 收敛于随机变量 X 有如下三种情形：

1. 如果对任意的 $\epsilon>0$，$\Pr\{|X_n-X|>\epsilon\}\to 0$，则称为依概率收敛。
2. 如果 $E(X_n-X)^2\to 0$，则称为均方收敛。
3. 如果 $\Pr\{\lim_{n\to\infty}X_n=X\}=1$，则称为以概率 1(或称几乎处处)收敛。

3.1　渐近均分性定理

下面定理给出渐近均分性的公式描述。

定理 3.1.1(AEP)　若 $X_1,X_2,\cdots,X_n$ 为 i. i. d$\sim p(x)$，则

$$-\frac{1}{n}\log p(X_1,X_2,\cdots,X_n)\to H(X)\quad \text{依概率} \tag{3-2}$$

证明： 独立随机变量的函数依然是独立随机变量。因此，由于 X_i 是 i. i. d.，从而 $\log p(X_i)$ 也是 i. i. d.。因而，由弱大数定律，

$$-\frac{1}{n}\log p(X_1,X_2,\cdots,X_n)=-\frac{1}{n}\sum_i \log p(X_i) \tag{3-3}$$

$$\to -E\log p(X) \text{ 依概率} \tag{3-4}$$

$$=H(X) \tag{3-5}$$

这就证明了该定理。□ 58

定义 关于 $p(x)$ 的典型集 $A_\varepsilon^{(n)}$ (typical set) 是序列 $(x_1,x_2,\cdots,x_n)\in\mathcal{X}^n$ 的集合，且满足性质：

$$2^{-n(H(X)+\varepsilon)}\leqslant p(x_1,x_2,\cdots,x_n)\leqslant 2^{-n(H(X)-\varepsilon)} \tag{3-6}$$

作为渐近均分性的一个推论，可以证明典型集 $A_\varepsilon^{(n)}$ 有如下性质：

定理 3.1.2

1. 如果 $(x_1,x_2,\cdots,x_n)\in A_\varepsilon^{(n)}$，则 $H(X)-\varepsilon\leqslant-\frac{1}{n}\log p(x_1,x_2,\cdots,x_n)\leqslant H(X)+\varepsilon$。
2. 当 n 充分大时，$\Pr\{A_\varepsilon^{(n)}\}>1-\varepsilon$。
3. $|A_\varepsilon^{(n)}|\leqslant 2^{n(H(X)+\varepsilon)}$，其中 $|A|$ 表示集合 A 中的元素个数。
4. 当 n 充分大时，$|A_\varepsilon^{(n)}|\geqslant(1-\varepsilon)2^{n(H(X)-\varepsilon)}$。

由此可知，典型集的概率近似为 1，典型集中的所有元素几乎是等可能的，且典型集的元素个数近似等于 2^{nH}。

证明： 性质 1 的证明可直接由 $A_\varepsilon^{(n)}$ 的定义得到。性质 2 由定理 3.1.1 直接得到，这是由于当 $n\to\infty$ 时，事件 $(X_1,X_2,\cdots,X_n)\in A_\varepsilon^{(n)}$ 的概率趋于 1。于是，对任意 $\delta>0$，存在 n_0，使得当 $n\geqslant n_0$ 时，有

$$\Pr\left\{\left|-\frac{1}{n}\log p(X_1,X_2,\cdots,X_n)-H(X)\right|<\varepsilon\right\}>1-\delta \tag{3-7}$$

令 $\delta=\varepsilon$，即可得到定理的第二个性质。取 $\delta=\varepsilon$ 便于以后简化符号。

为证明性质 3，我们有

$$1=\sum_{\mathbf{x}\in\mathcal{X}^n}p(\mathbf{x}) \tag{3-8}$$

$$\geqslant\sum_{\mathbf{x}\in A_\varepsilon^{(n)}}p(\mathbf{x}) \tag{3-9}$$

$$\geqslant\sum_{\mathbf{x}\in A_\varepsilon^{(n)}}2^{-n(H(X)+\varepsilon)} \tag{3-10}$$

$$=2^{-n(H(X)+\varepsilon)}|A_\varepsilon^{(n)}| \tag{3-11}$$

59

其中第二个不等式由式(3-6)得到。因此

$$|A_\varepsilon^{(n)}|\leqslant 2^{n(H(X)+\varepsilon)} \tag{3-12}$$

最后，当 n 充分大时，$\Pr\{A_\varepsilon^{(n)}\}>1-\varepsilon$，所以

$$1-\varepsilon<\Pr\{A_\varepsilon^{(n)}\} \tag{3-13}$$

$$\leqslant\sum_{\mathbf{x}\in A_\varepsilon^{(n)}}2^{-n(H(X)-\varepsilon)} \tag{3-14}$$

$$=2^{-n(H(X)-\varepsilon)}|A_\varepsilon^{(n)}| \tag{3-15}$$

其中第二个不等式由式(3-6)得到。因此，

$$|A_\varepsilon^{(n)}|\geqslant(1-\varepsilon)2^{n(H(X)-\varepsilon)} \tag{3-16}$$

至此完成对 $A_\varepsilon^{(n)}$ 的性质证明。 □

3.2 AEP 的推论：数据压缩

设 $X_1, X_2, \cdots, X_n$ 为服从概率密度函数 $p(x)$ 的 i.i.d 随机变量。为获取这些随机变量序列的
60 简短描述，将 $\mathcal{X}^n$ 中的所有序列划分成两个集合：典型集 $A_\varepsilon^{(n)}$ 及其补集，如图 3-1 所示。

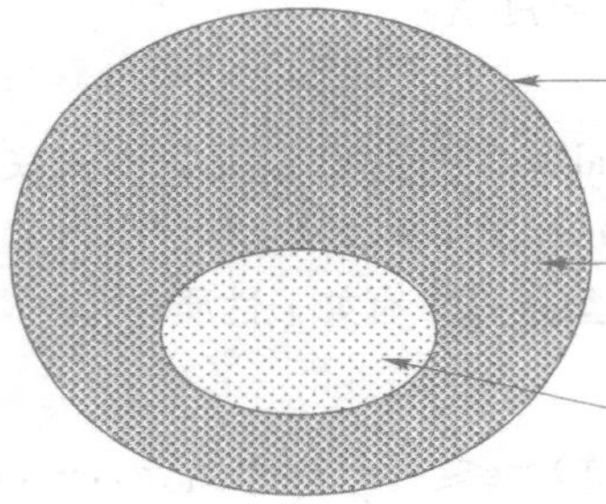

图 3-1 典型集与信源编码

将每个集合中的所有元素按某种顺序（比如字典序）排列。然后给集合中的序列指定下标可以表示 $A_\varepsilon^{(n)}$ 中的每个序列。由于 $A_\varepsilon^{(n)}$ 中的序列个数 $\leqslant 2^{n(H+\varepsilon)}$，则这些下标不超过 $n(H+\varepsilon)+1$ 比特（需额外的 1 比特是由于 $n(H+\varepsilon)$ 可能是非整数）。在所有这些序列的前面加 0，表示 $A_\varepsilon^{(n)}$ 中的每个序列需要的总长度 $\leqslant n(H+\varepsilon)+2$ 比特（如图 3-2 所示）。类似地，对不属于 $A_\varepsilon^{(n)}$ 的每个序列给出下标，所需的位数不超过 $n\log|\mathcal{X}|+1$ 比特。再在这些序列前加 1，就获得了关于 $\mathcal{X}^n$ 中所有序列的一个编码方案。

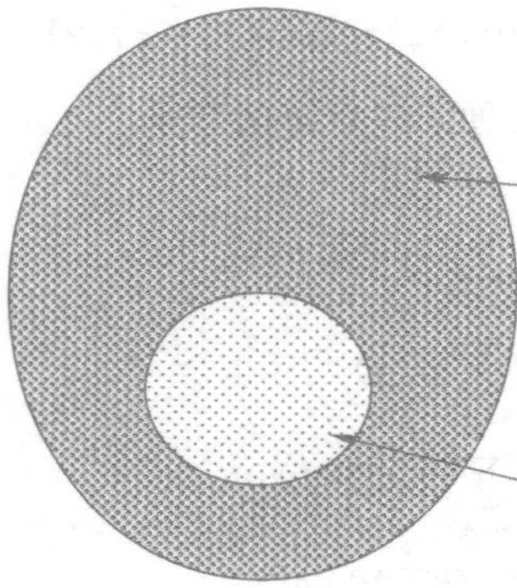

图 3-2 利用典型集进行信源编码

注意，上述编码方案有如下特征：

- 编码是 1—1 的，且易于译码。起始位作为标识位，标明紧随码字的长度。
- 对非典型集 $A_\varepsilon^{(n)^c}$ 的元素作了枚举，没有考虑 $A_\varepsilon^{(n)^c}$ 中的元素个数实际上少于 $\mathcal{X}^n$ 中元素个数。而让人惊讶的是，这足以产生一个有效的描述。
- 典型序列具有较短的描述长度 $\approx nH$。

下面用记号 x^n 表示序列 $x_1, x_2, \cdots, x_n$。设 $l(x^n)$ 表示相应于 x^n 的码字长度。若 n 充分大，使得 $\Pr\{A_\varepsilon^{(n)}\} \geqslant 1-\varepsilon$，于是，码字长度的数学期望为

$$E(l(X^n))=\sum_{x^n}p(x^n)l(x^n) \tag{3-17}$$ 61

$$=\sum_{x^n\in A_\varepsilon^{(n)}}p(x^n)l(x^n)+\sum_{x^n\in A_\varepsilon^{(n)^c}}p(x^n)l(x^n) \tag{3-18}$$

$$\leqslant\sum_{x^n\in A_\varepsilon^{(n)}}p(x^n)(n(H+\varepsilon)+2)$$

$$+\sum_{x^n\in A_\varepsilon^{(n)^c}}p(x^n)(n\log|\mathcal{X}|+2) \tag{3-19}$$

$$=\Pr\{A_\varepsilon^{(n)}\}(n(H+\varepsilon)+2)+\Pr\{A_\varepsilon^{(n)^c}\}(n\log|\mathcal{X}|+2) \tag{3-20}$$

$$\leqslant n(H+\varepsilon)+\varepsilon n(\log|\mathcal{X}|)+2 \tag{3-21}$$

$$=n(H+\varepsilon') \tag{3-22}$$

其中 $\varepsilon'=\varepsilon+\varepsilon\log|\mathcal{X}|+\frac{2}{n}$，适当选取 ε 和 n 时，ε' 可以任意小。至此，我们已经证明了如下的定理。

定理 3.2.1　设 X^n 为服从 $p(x)$ 的i. i. d序列，$\varepsilon>0$，则存在一个编码将长度为 n 的序列 x^n 映射为比特串，使得映射是1—1的(因而可逆)，且对于充分大的 n，有

$$E\left[\frac{1}{n}l(X^n)\right]\leqslant H(X)+\varepsilon \tag{3-23}$$

因而从平均意义上，用 $nH(X)$ 比特可表示序列 X^n。

3.3　高概率集与典型集

由 $A_\varepsilon^{(n)}$ 的定义，易知 $A_\varepsilon^{(n)}$ 是包含大多数概率的小集合。但从定义看，并不清楚它是否这类集合中的最小集。下面证明典型集在一阶指数意义下与最小集有相同的元素个数。

定义　对每个 $n=1,2,\cdots$，设 $B_\delta^{(n)}\subset\mathcal{X}^n$ 为满足如下条件的最小集，即 62

$$\Pr\{B_\delta^{(n)}\}\geqslant 1-\delta \tag{3-24}$$

我们将讨论 $B_\delta^{(n)}$ 与 $A_\varepsilon^{(n)}$ 的交集充分大，使其含有足够多的元素。在习题 3.11 中，我们给出了下面定理的证明思路：

定理 3.3.1　设 $X_1,X_2,\cdots,X_n$ 为服从 $p(x)$ 的 i. i. d 序列。对 $\delta<\frac{1}{2}$ 及任意的 $\delta'>0$，如果 $\Pr\{B_\delta^{(n)}\}>1-\delta$，则

$$\frac{1}{n}\log|B_\delta^{(n)}|>H-\delta' \quad 对于充分大的 n \tag{3-25}$$

因此在一阶指数意义下，$B_\delta^{(n)}$ 至少含有 2^{nH} 个元素。而 $A_\varepsilon^{(n)}$ 大约有 $2^{n(H\pm\varepsilon)}$ 个元素。所以，$A_\varepsilon^{(n)}$ 的大小差不多与最小的高概率集是相同的。

下面引入一个新记号以表示一阶指数意义下的相等概念。

定义　记号 $a_n\doteq b_n$ 表示

$$\lim_{n\to\infty}\frac{1}{n}\log\frac{a_n}{b_n}=0 \tag{3-26}$$

因此，$a_n\approx b_n$ 表明 a_n 与 b_n 在一阶指数意义下是相等的。

由此可将上述结果重述为：如果 $\delta_n\to 0$ 和 $\varepsilon_n\to 0$，则

$$|B_{\delta_n}^{(n)}|\doteq|A_{\varepsilon_n}^{(n)}|\doteq 2^{nH} \tag{3-27}$$

为说明 $A_\varepsilon^{(n)}$ 与 $B_\delta^{(n)}$ 之间的区别，考虑一个伯努利序列 $X_1,X_2,\cdots,X_n$，其参数 $p=0.9$

(Bernoulli(θ)随机变量是一个二值随机变量，其取 1 值的概率为 θ)。此时，典型序列中 1 所占的比例近似等于 0.9。然而，这并不包括很可能出现的全部是 1 的序列。集合 $B_\delta^{(n)}$ 包括所有很可能出现的序列，因而包括全部为 1 的序列。定理 3.3.1 表明 $A_\epsilon^{(n)}$ 与 $B_\delta^{(n)}$ 必定包含了所有 1 所占比例
63 大约为 90%的序列，且两者的元素数量几乎相等。

要点

AEP “几乎一切事件都令人同等的意外。”具体讲，若 $X_1,X_2,\cdots,X_n$ 为服从 $p(x)$的 i.i.d 序列，则

$$-\frac{1}{n}\log p(X_1,X_2,\cdots,X_n)\to H(X)\quad 依概率 \tag{3-28}$$

定义 典型集 $A_\epsilon^{(n)}$ 为满足如下条件的序列 $x_1,x_2,\cdots,x_n$ 所构成的集合

$$2^{-n(H(X)+\epsilon)}\leqslant p(x_1,x_2,\cdots,x_n)\leqslant 2^{-n(H(X)-\epsilon)} \tag{3-29}$$

典型集的性质

1. 若$(x_1,x_2,\cdots,x_n)\in A_\epsilon^{(n)}$，则 $p(x_1,x_2,\cdots,x_n)=2^{-n(H\pm\epsilon)}$。
2. 当 n 充分大时，$\Pr\{A_\epsilon^{(n)}\}>1-\epsilon$。
3. $|A_\epsilon^{(n)}|\leqslant 2^{n(H(X)+\epsilon)}$，其中$|A|$表示集合 A 的元素个数。

定义 $a_n\doteq b_n$ 表示当$n\to\infty$时，$\frac{1}{n}\log\frac{a_n}{b_n}\to 0$。

最小概率集 设 $X_1,X_2,\cdots,X_n$ 为服从 $p(x)$的 i.i.d 序列，对 $\delta<\frac{1}{2}$，设 $B_\delta^{(n)}\subset\mathcal{X}^n$ 为使 $\Pr\{B_\delta^{(n)}\}\geqslant 1-\delta$成立的最小集合，则

$$|B_\delta^{(n)}|\doteq 2^{nH} \tag{3-30}$$

习题

3.1 马尔可夫不等式与切比雪夫(Chebyshev)不等式。

(a) (马尔可夫不等式)对任意非负随机变量 X 以及任意的 $t>0$，证明

$$\Pr\{X\geqslant t\}\leqslant\frac{EX}{t} \tag{3-31}$$

请举出一个随机变量，使不等式中的等号成立。

64 (b) (切比雪夫不等式)设随机变量 Y 的均值与方差分别为μ 和σ^2。设 $X=(Y-\mu)^2$，证明对任意的 $\epsilon>0$，

$$\Pr\{|Y-\mu|>\epsilon\}\leqslant\frac{\sigma^2}{\epsilon^2} \tag{3-32}$$

(c) (弱大数定律)设 $Z_1,Z_2,\cdots,Z_n$ 为 i.i.d. 随机变量序列，其均值和方差分别为 μ 和 σ^2。令 $\overline{Z}_n=\frac{1}{n}\sum_{i=1}^{n}Z_n$ 为样本均值。证明

$$\Pr\{|\overline{Z}_n-\mu|>\epsilon\}\leqslant\frac{\sigma^2}{n\epsilon^2} \tag{3-33}$$

因此，当 $n\to\infty$ 时，$\Pr\{|\overline{Z}_n-\mu|>\varepsilon\}\to 0$。这就是著名的弱大数定律。

3.2 AEP 与互信息。设 (X_i,Y_i) 为 i. i. d $\sim p(x,y)$。假设 X 和 Y 独立与假设 X 和 Y 相关的对数似然比。求

$$\frac{1}{n}\log\frac{p(X^n)p(Y^n)}{p(X^n,Y^n)}$$

的极限。

3.3 一块蛋糕。蛋糕被粗糙地切成两块，每次留下大的那块继续切，同时抛弃小的那块。假定随机切割产生的两块的大小比例为

$$P=\begin{cases}\left(\frac{2}{3},\frac{1}{3}\right) & \text{概率为}\frac{3}{4}\\ \left(\frac{2}{5},\frac{3}{5}\right) & \text{概率为}\frac{1}{4}\end{cases}$$

例如，第一次切割(并选取大的那一块)的可能结果是留下的这块蛋糕大小为原先的 $\frac{3}{5}$。对这块蛋糕继续切成两半并选取大的那一块，则第二次留下的那块蛋糕大小可能缩小至原来的 $\left(\frac{3}{5}\right)\left(\frac{2}{3}\right)$。在一阶指数意义下，蛋糕被 n 次切割后将缩小至多大?

3.4 AEP。设 X_i 为 i. i. d. $\sim p(x)$，$x\in\{1,2,\cdots,m\}$，$\mu=EX$ 以及 $H=-\sum p(x)\log p(x)$。设 $A^n=\left\{x^n\in\mathcal{X}^n:\left|-\frac{1}{n}\log p(x^n)-H\right|\leqslant\varepsilon\right\}$，$B^n=\left\{x^n\in\mathcal{X}^n:\left|\frac{1}{n}\sum_{i=1}^{n}X_i-\mu\right|\leqslant\varepsilon\right\}$。

(a) $\Pr\{X^n\in A^n\}\to 1$ 吗?

(b) $\Pr\{X^n\in A^n\cap B^n\}\to 1$ 吗?

(c) 证明：对任意的 n，$|A^n\cap B^n|\leqslant 2^{n(H+\varepsilon)}$。

(d) 证明：当 n 充分大时，$|A^n\cap B^n|\geqslant\left(\frac{1}{2}\right)2^{n(H-\varepsilon)}$。

65

3.5 由概率定义的集合。设 $X_1,X_2,\cdots$ 为 i. i. d. 离散随机变量序列，熵为 $H(X)$。设

$$C_n(t)=\{x^n\in\mathcal{X}^n:p(x^n)\geqslant 2^{-nt}\}$$

表示概率 $\geqslant 2^{-nt}$ 的所有 n 长序列构成的子集。

(a) 证明 $|C_n(t)|\leqslant 2^{nt}$。

(b) 当 t 为何值时，有 $P(\{X^n\in C_n(t)\})\to 1$?

3.6 类似于 AEP 的极限。设 $X_1,X_2,\cdots,X_n$ 为 i. i. d 序列且服从概率密度函数 $p(x)$。试求

$$\lim_{n\to\infty}(p(X_1,X_2,\cdots,X_n))^{\frac{1}{n}}$$

3.7 AEP 与信源编码。一个离散无记忆信源发送二元数字序列，其中所有数字相互独立且 $p(1)=0.005$，$p(0)=0.995$。假设每次发送 100 位，对每 100 位至多含 3 个 1 的每个序列进行二元编码。

(a) 假定所有码字的长度相等，试求最短长度使得能够为至多包含 3 个 1 的所有序列提供码字。

(b) 试计算观察到一个无码字匹配的信源序列的概率。

(c) 利用切比雪夫不等式，求观测到一个无码字匹配信源序列的概率的取值范围。并将这个范围与(b)中计算得到的实际概率做比较。

3.8 乘积。设

$$X=\begin{cases}1,\text{概率为 }\frac{1}{2}\\2,\text{概率为 }\frac{1}{4}\\3,\text{概率为 }\frac{1}{4}\end{cases}$$

设 $X_1,X_2,\cdots$ 为服从上述分布的 i. i. d 序列。请找出如下乘积的极限行为

66 $$(X_1 X_2\cdots X_n)^{\frac{1}{n}}$$

3.9 AEP。设 $X_1,X_2,\cdots$ 为独立同分布随机变量序列，服从概率密度函数 $p(x),x\in\{1,2,\cdots,m\}$。于是，$p(x_1,x_2,\cdots,x_n)=\prod_{i=1}^{n}p(x_i)$ 。已知 $-\frac{1}{n}\log p(X_1,X_2,\cdots,X_n)\to H(X)$（依概率）。设 $q(x_1,x_2,\cdots,x_n)=\prod_{i=1}^{n}q(x_i)$ ，其中 q 是 $\{1,2,\cdots,m\}$ 上的另一个概率密度函数。

(a) 计算 $\lim-\frac{1}{n}\log q(X_1,X_2,\cdots,X_n)$，其中 $X_1,X_2,\cdots$ 为服从 $p(x)$ 的 i. i. d 序列。

(b) 计算对数似然比 $\frac{1}{n}\log\frac{q(X_1,X_2,\cdots,X_n)}{p(X_1,X_2,\cdots,X_n)}$ 的极限，其中 $X_1,X_2,\cdots$ 为服从 $p(x)$ 的 i. i. d 序列。由此说明当 p 为真实分布时，偏好分布 q 的优势将以指数衰减。

3.10 随机盒子尺寸。考虑一个边长分别为 $X_1,X_2,X_3,\cdots,X_n$ 的 n 维矩形盒子，其体积为 $V_n=\prod_{i=1}^{n}X_i$。与该随机盒子体积相同的 n 维立方体的边长为 $l=V_n^{1/n}$。设 $X_1,X_2,\cdots$ 为服从单位区间[0, 1]上的均匀分布的 i. i. d. 随机变量。试求，$\lim_{n\to\infty}V_n^{1/n}$ 并与 $(EV_n)^{1/n}$ 比较。显然，取期望后的边长没有准确反映出随机盒子体积的原意。几何平均而非算术平均刻画出了乘积的行为。

3.11 定理 3.3.1 的证明。此题说明最小的"可能"集合的数目大约为 2^{nH} 。设 $X_1,X_2,\cdots,X_n$ 为服从 $p(x)$ 的 i. i. d 序列，$B_\delta^{(n)}\subset\mathcal{X}^n$ 使得 $\Pr\{B_\delta^{(n)}\}>1-\delta$，并固定 $\varepsilon<\frac{1}{2}$。

(a) 给定任意两个集合 A 和 B，使得 $\Pr(A)>1-\varepsilon_1$ 和 $\Pr(B)>1-\varepsilon_2$，证明 $\Pr(A\cap B)>1-\varepsilon_1-\varepsilon_2$。因此，可得 $\Pr(A_\varepsilon^{(n)}\cap B_\delta^{(n)})\geqslant 1-\varepsilon-\delta$。

(b) 验证如下不等式链中的每一步

$$1-\varepsilon-\delta\leqslant\Pr(A_\varepsilon^{(n)}\cap B_\delta^{(n)})\tag{3-34}$$

$$=\sum_{A_\varepsilon^{(n)}\cap B_\delta^{(n)}}p(x^n)\tag{3-35}$$

$$\leqslant\sum_{A_\varepsilon^{(n)}\cap B_\delta^{(n)}}2^{-n(H-\varepsilon)}\tag{3-36}$$

$$=|A_\varepsilon^{(n)}\cap B_\delta^{(n)}|2^{-n(H-\varepsilon)}\tag{3-37}$$

$$\leqslant|B_\delta^{(n)}|2^{-n(H-\varepsilon)}\tag{3-38}$$

67 (c) 完成定理的证明。

3.12 经验分布的单调收敛性。设 $X_1,X_2,\cdots,X_n$ 为 i. i. d. $\sim p(x)$，$x\in\mathcal{X}$，记 $\hat{p}_n$ 为相应的经验概率密度函数。具体讲，

$$\hat{p}_n(x)=\frac{1}{n}\sum_{i=1}^{n}I(X_i=x)$$

为前 n 个样本中出现 $X_i=x$ 次数的比例，其中 I 为示性函数。

(a) 证明对二元字母表$\mathcal{X}$，有

$$ED(\hat{p}_{2n} \parallel p) \leqslant ED(\hat{p}_n \parallel p)$$

由此说明，从经验分布到真实分布的相对熵“距离”的数学期望随样本量增大而递减。

(提示：将 $\hat{p}_{2n}$写为$\frac{1}{2}\hat{p}_n+\frac{1}{2}\hat{p}_n{}'$并利用$D$的凸性。)

(b) 证明对于任意的离散字母表$\mathcal{X}$，有

$$ED(\hat{p}_n \parallel p) \leqslant ED(\hat{p}_{n-1} \parallel p)$$

(提示：将n个样本中的每个样本依次删去，由此得到n个经验密度函数，再考虑将$\hat{p}_n$写成这n个经验密度函数的平均。)

3.13 典型集的计算。为清楚理解典型集 $A_\varepsilon^{(n)}$ 和最小高概率集 $B_\delta^{(n)}$ 的概念，我们用一个简单的例子来说明。考虑 i. i. d. 的二值随机变量序列 $X_1, X_2, \cdots, X_n$，其中 $X_i=1$ 的概率为 0.6 (因此 $X_i=0$ 的概率为 0.4)。

(a) 计算 $H(X)$。

(b) 如果 $n=25$ 和 $\varepsilon=0.1$，哪些序列落入典型集 $A_\varepsilon^{(n)}$ 中？典型集的概率为多大？典型集中有多少个元素？(这涉及一个附表，其给出所有 k 个 1($0\leqslant k\leqslant 25$)的序列的概率，以及找出这些序列中有哪些属于典型集。)

(c) 在概率为 0.9 的最小集中含有多少个元素？

(d) (b) 与 (c)中所述集合的交含有多少个元素？这个交集的概率为多大？ 68

k	$\binom{n}{k}$	$\binom{n}{k}p^k(1-p)^{n-k}$	$-\frac{1}{n}\log p(x^n)$
0	1	0.000000	1.321928
1	25	0.000000	1.298530
2	300	0.000000	1.275131
3	2300	0.000001	1.251733
4	12650	0.000007	1.228334
5	53130	0.000054	1.204936
6	177100	0.000227	1.181537
7	480700	0.001205	1.158139
8	1081575	0.003121	1.134740
9	2042975	0.013169	1.111342
10	3268760	0.021222	1.087943
11	4457400	0.077801	1.064545
12	5200300	0.075967	1.041146
13	5200300	0.267718	1.017748
14	4457400	0.146507	0.994349
15	3268760	0.575383	0.970951
16	2042975	0.151086	0.947552
17	1081575	0.846448	0.924154
18	480700	0.079986	0.900755
19	177100	0.970638	0.877357
20	53130	0.019891	0.853958
21	12650	0.997633	0.830560
22	2300	0.001937	0.807161
23	300	0.999950	0.783763
24	25	0.000047	0.760364
25	1	0.000003	0.736966

历史回顾

渐近均分性(AEP)首先是由香农在1948年的开创性论文[472]中进行了论述，他针对i.i.d.过程的结果给予了证明，并且讨论了平稳遍历过程的结果。McMillan[384]和Breiman[74]证明了遍历有限字母表上的信源的AEP。该结论现在称为AEP或Shannon-McMillan-Breiman定理。Chung[101]将定理推广到可数字母表情形，而Moy[392]，Perez[418]和Kieffer[312]证明了当$\{X_i\}$连续取值且遍历时的$\mathcal{L}_1$收敛性。Barron[34]和Orey[402]证明了实值遍历过程的几乎处处
69 收敛性；在16.8节中将利用简单的三明治方法(Algoet和Cover[20])证明一般的AEP。

第 4 章

随机过程的熵率

第 3 章中的渐近均分性质表明在平均意义下使用 $nH(X)$ 比特足以描述 n 个独立同分布的随机变量。但是，如果随机变量不独立，尤其是随机变量成为平稳过程时，情况又如何呢？我们将证明，正如 i.i.d. 情形，熵 $H(X_1,X_2,\cdots,X_n)$ 随 n 以速率 $H(\mathcal{X})$（渐近地）线性增加，这个速率称为过程的**熵率**。至于 $H(\mathcal{X})$ 为什么可以解释为最佳的可达数据压缩，待到第 5 章中再做分析。

4.1 马尔可夫链

随机过程 $\{X_i\}$ 是一个带下标的随机变量序列。一般允许随机变量间具有任意的相关性。刻画一个过程需要知道所有有限的联合概率密度函数

$$\Pr\{(X_1,X_2,\cdots,X_n)=(x_1,x_2,\cdots,x_n)\}=p(x_1,x_2,\cdots,x_n)$$

其中 $(x_1,x_2,\cdots,x_n)\in\mathcal{X}^n$，$n=1,2,\cdots$。

定义 如果随机变量序列的任何有限子集的联合分布关于时间下标的位移不变，即对于每个 n 和位移 l，以及任意的 $x_1,x_2,\cdots,x_n\in\mathcal{X}$，均满足

$$\begin{aligned}\Pr\{X_1&=x_1,X_2=x_2,\cdots,X_n=x_n\}\\&=\Pr\{X_{1+l}=x_1,X_{2+l}=x_2,\cdots,X_{n+l}=x_n\}\end{aligned} \tag{4-1}$$ 70~71

则称该随机过程是**平稳的**。

一个非独立随机过程的简单例子是随机序列中的每个随机变量仅依赖于它的前一个随机变量，而条件独立于其他前面的所有随机变量，这样的过程称为马尔可夫过程。

定义 如果对 $n=1,2,\cdots$，及所有的 $x_1,x_2,\cdots,x_n\in\mathcal{X}$，有

$$\begin{aligned}\Pr(X_{n+1}&=x_{n+1}\mid X_n=x_n,X_{n-1}=x_{n-1},\cdots,X_1=x_1)\\&=\Pr(X_{n+1}=x_{n+1}\mid X_n=x_n)\end{aligned} \tag{4-2}$$

则称离散随机过程 $X_1,X_2,\cdots$ 为**马尔可夫链**或**马尔可夫过程**。

此时，随机变量的联合概率密度函数可以写为

$$p(x_1,x_2,\cdots x_n)=p(x_1)p(x_2\mid x_1)p(x_3\mid x_2)\cdots p(x_n\mid x_{n-1}) \tag{4-3}$$

定义 如果条件概率 $p(x_{n+1}\mid x_n)$ 不依赖于 n，即对 $n=1,2,\cdots$，有

$$\Pr\{X_{n+1}=b\mid X_n=a\}=\Pr\{X_2=b\mid X_1=a\}\quad 对任意\ a,b\in\mathcal{X} \tag{4-4}$$

则称马尔可夫链是**时间不变的**。

若无特别声明，总假定马尔可夫链是时间不变的。

如果 $\{X_i\}$ 为马尔可夫链，则称 X_n 为 n 时刻的**状态**。一个时间不变的马尔可夫链完全由其初始状态和**概率转移矩阵** $P=[P_{ij}]$ 所表征，其中 $P_{ij}=\Pr\{X_{n+1}=j/X_n=i\}$，$i,j\in\{1,2,\cdots,m\}$。

若马尔可夫链可以从任意状态经过有限步转移到另一任意状态，且其转移概率为正，则称此马尔可夫链是**不可约的**。如果从一个状态转移到它自身的不同路径长度的最大公因子为 1，则称马尔可夫链是**非周期的**。

如果在时刻 n，随机变量的概率密度函数为 $p(x_n)$，那么在 $n+1$ 时刻，随机变量的概率密度函数为

$$p(x_{n+1}) = \sum_{x_n} p(x_n) P_{x_n x_{n+1}} \tag{4-5}$$

72 若在 $n+1$ 时刻，状态空间上的分布与在 n 时刻的分布相同，则称此分布为平稳分布。如果马尔可夫链的初始状态服从平稳分布，那么该马尔可夫链为平稳过程，这也正是平稳分布的称谓由来。

若有限状态马尔可夫链是不可约的和非周期的，则它的平稳分布唯一，从任意的初始分布出发，当 $n\to\infty$ 时，X_n 的分布必趋向于此平稳分布。

例 4.1.1 考虑两状态的一个马尔可夫链，其概率转移矩阵为

$$P=\begin{bmatrix}1-\alpha & \alpha \\ \beta & 1-\beta\end{bmatrix} \tag{4-6}$$

如图 4-1 所示。

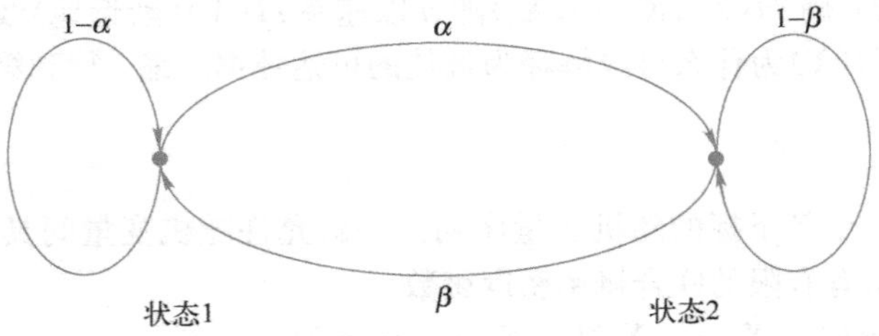

图 4-1 两状态的马尔可夫链

设向量 μ 表示平稳分布，其分量分别为状态 1 和状态 2 的概率。通过解方程 $\mu P=\mu$ 即可求得平稳概率，或更简便地，利用平衡概率的方法求得。对于平稳分布，穿越状态转移图中任意割集的网络概率流必为 0。将此结论应用于图 4-1，即可得

$$\mu_1\alpha=\mu_2\beta \tag{4-7}$$

由于 $\mu_1+\mu_2=1$，则平稳分布为

$$\mu_1=\frac{\beta}{\alpha+\beta},\mu_2=\frac{\alpha}{\alpha+\beta} \tag{4-8}$$

73 如果该马尔可夫链的初始状态服从平稳分布，则导出的过程是平稳的。在 n 时刻的状态 X_n 的熵为

$$H(X_n)=H\left(\frac{\beta}{\alpha+\beta},\frac{\alpha}{\alpha+\beta}\right) \tag{4-9}$$

然而，这并非熵 $H(X_1,X_2,\cdots,X_n)$ 的增长速率。由于 X_i 之间存在着相关性，要将问题说清楚，还需费一番功夫。

4.2 熵率

如果给定一个长度为 n 的随机变量序列，我们自然会问：该序列的熵随 n 如何增长？下面定义这个增长率，我们称为熵率。

定义 当如下极限存在时，随机过程 $\{X_i\}$ 的熵率定义为

$$H(\mathcal{X})=\lim_{n\to\infty}\frac{1}{n}H(X_1,X_2,\cdots,X_n) \tag{4-10}$$

下面考虑几个简单的随机过程例子及其相应的熵率。

1. 打字机。假定一台打字机可输出 m 个等可能的字母。由此打字机可产生长度为 n 的 m^n 个序列，并且都等可能出现。因此，$H(X_1,X_2,\cdots,X_n)=\log m^n$，熵率为 $H(\mathcal{X})=\log m$ 比特/字符。

2. i. i. d. 随机变量序列 $X_1, X_2, \cdots, X_n$。此时，有

$$H(\mathcal{X})=\lim \frac{H(X_1, X_2, \cdots, X_n)}{n}=\lim \frac{nH(X_1)}{n}=H(X_1) \tag{4-11}$$

这正是我们所期望的每字符的熵率。

3. 独立但非同分布的随机变量序列。在此情形下，有

$$H(X_1, X_2, \cdots, X_n) = \sum_{i=1}^{n} H(X_i) \tag{4-12}$$

但 $H(X_i)$不全相等。我们可以选择 $X_1, X_2, \cdots$的一个分布序列，使$\frac{1}{n}\sum H(X_i)$的极限不存在。例如取二值随机分布序列，其中 $p_i=P(X_i=1)$不是常数，而为 i 的函数。通过细心选取 p_i 可使得式(4-10)的极限不存在。例如，对 $k=0,1,2\cdots$，取 74

$$p_i=\begin{cases}0.5 & 2k<\log\log i\leqslant 2k+1\\ 0 & 2k+1<\log\log i\leqslant 2k+2\end{cases} \tag{4-13}$$

此时，该序列的情况是，满足 $H(X_i)=1$ 的随机变量序列(可以任意长)之后，紧接着是更长以指数变化的序列满足 $H(X_i)=0$。所以，$H(X_i)$的累积平均值将在 0 与 1 之间振荡，从而不存在极限。因此，该过程的 $H(\mathcal{X})$无定义。

我们也可以定义熵率的一个相关的量(如果下列极限存在)：

$$H'(\mathcal{X})=\lim_{n\to\infty} H(X_n|X_{n-1}, X_{n-2}, \cdots, X_1) \tag{4-14}$$

$H(\mathcal{X})$和 $H'(\mathcal{X})$这两个量反映了熵率概念的两个不同方面。第一个量指的是 n 个随机变量的每字符熵，而第二个量指在已知前面 $n-1$ 随机变量的情况下最后一个随机变量的条件熵。下面我们证明一个重要结论，即对于平稳过程，以上两者的极限均存在且相等。

定理 4.2.1 对于平稳随机过程，式(4-10)和式(4-14)中的极限均存在且相等：

$$H(\mathcal{X})=H'(\mathcal{X}) \tag{4-15}$$

我们先来证明 $\lim H(X_n|X_{n-1}, \cdots, X_1)$存在。

定理 4.2.2 对于平稳随机过程，$H(X_n|X_{n-1}, \cdots, X_1)$随 n 递减且存在极限 $H'(\mathcal{X})$。

证明：

$$H(X_{n+1}|X_1, X_2, \cdots, X_n)\leqslant H(X_{n+1}|X_n, \cdots, X_2) \tag{4-16}$$

$$=H(X_n|X_{n-1}, \cdots, X_1) \tag{4-17}$$

其中的不等式由条件作用使熵减小这个性质得到，而等式由该过程的平稳性得到。由于 $H(X_n|X_{n-1}, \cdots, X_1)$是非负且递减的数列，故其极限 $H'(\mathcal{X})$存在。 □ 75

接下来使用数学分析中的一个如下简单结论。

定理 4.2.3(Cesáro 均值) 若 $a_n\to a$，且 $b_n=\frac{1}{n}\sum_{i=1}^{n}a_i$，则 $b_n\to a$。

证明：(非正式思路) 由于序列$\{a_k\}$中的大部分项最终趋于 a，那么，b_n 是$\{a_k\}$的前 n 项的平均，也将最终趋于 a。

正式证明： 设 $\varepsilon>0$。由于 $a_n\to a$，则存在 $N(\varepsilon)$，使得对任意的 $n\geqslant N(\varepsilon)$，有$|a_n-a|\leqslant\varepsilon$。因此，对任意的 $n\geqslant N(\varepsilon)$，有

$$|b_n-a|=\left|\frac{1}{n}\sum_{i=1}^{n}(a_i-a)\right| \tag{4-18}$$

$$\leqslant\frac{1}{n}\sum_{i=1}^{n}|(a_i-a)| \tag{4-19}$$

$$\leqslant \frac{1}{n}\sum_{i=1}^{N(\varepsilon)} |a_i - a| + \frac{n-N(\varepsilon)}{n}\varepsilon \tag{4-20}$$

$$\leqslant \frac{1}{n}\sum_{i=1}^{N(\varepsilon)} |a_i - a| + \varepsilon \tag{4-21}$$

当 $n\to\infty$ 时，上面的第一项趋于 0，故可选取充分大的 n，使得 $|b_n-a|\leqslant 2\varepsilon$。因此，当 $n\to\infty$ 时，$b_n\to a$。 □

定理 4.2.1 的证明：由链式法则

$$\frac{H(X_1,X_2,\cdots,X_n)}{n} = \frac{1}{n}\sum_{i=1}^{n} H(X_i \mid X_{i-1},\cdots,X_1) \tag{4-22}$$

也就是说，熵率为条件熵的时间平均。然而，我们已经知道条件熵趋于极限 H'，因此，由定理 4.2.3 可知，条件熵的累积平均存在极限，且此极限就是其通项的极限 H'。于是，由定理 4.2.2，

$$H(\mathcal{X}) = \lim \frac{H(X_1,X_2,\cdots,X_n)}{n} = \lim H(X_n|X_{n-1},\cdots,X_1)$$

76 $$= H'(\mathcal{X}) \tag{4-23}$$ □

研究随机过程熵率的重要意义体现在平稳遍历过程的 AEP。在 16.8 节中，我们将证明更一般的 AEP，即对任意的遍历过程，

$$-\frac{1}{n}\log p(X_1,X_2,\cdots,X_n)\to H(\mathcal{X}) \tag{4-24}$$

以概率 1 收敛。由此，第 3 章中的所有定理可容易地推广到一般的平稳遍历过程。与第 3 章中的 i.i.d. 情形类似，我们可定义典型集，并采用同样的讨论方法，可以证明典型集的概率近似为 1，且大约有 $2^{nH(\mathcal{X})}$ 个长度为 n 的典型序列，其每个序列出现的概率大约为 $2^{-nH(\mathcal{X})}$。所以，大约使用 $nH(\mathcal{X})$ 比特可表示长度为 n 的典型序列。这体现出熵率可以表征平稳遍历过程的平均描述长度的重要意义。

对任何平稳过程，熵率均有恰当的定义。而对于马尔可夫链，计算熵率尤为容易。

马尔可夫链　对于平稳的马尔可夫链，熵率为

$$H(\mathcal{X}) = H'(\mathcal{X}) = \lim H(X_n|X_{n-1},\cdots,X_1) = \lim H(X_n|X_{n-1})$$
$$= H(X_2|X_1) \tag{4-25}$$

其中的条件熵可根据给出的平稳分布计算得到。注意到，平稳分布 μ 为下列方程组的解：

$$\mu_j = \sum_i \mu_i P_{ij} \quad 对任意的\ j \tag{4-26}$$

我们将需要计算的条件熵详细论述在下面的定理中。

定理 4.2.4　*设 $\{X_i\}$ 为平稳马尔可夫链，其平稳分布为 μ，转移矩阵为 P。则熵率为*

$$H(\mathcal{X}) = -\sum_{ij}\mu_i P_{ij}\log P_{ij} \tag{4-27}$$

77 证明：$H(\mathcal{X}) = H(X_2 \mid X_1) = \sum_i \mu_i\left(\sum_j -P_{ij}\log P_{ij}\right)$。 □

例 4.2.1（两状态的马尔可夫链）　如图 4-1 所示的两状态马尔可夫链的熵率为

$$H(\mathcal{X}) = H(X_2|X_1) = \frac{\beta}{\alpha+\beta}H(\alpha) + \frac{\alpha}{\alpha+\beta}H(\beta) \tag{4-28}$$

注释　若马尔可夫链是不可约的且非周期的，那么该马尔可夫链存在状态空间上的唯一平稳分布，并且给定任意的初始分布，当 $n\to\infty$ 时，分布必趋向于此平稳分布。由于熵率是依据序列的长期行为定义的，那么在此情形下，即使初始分布不是平稳分布，熵率也如式(4-25)和式(4-27)中给出的 $H(\mathcal{X})$。

4.3　例子：加权图上随机游动的熵率

作为随机过程的一个例子，考虑一个连通图(图 4-2)上的随机游动。假定该图有 m 个标记为

$\{1,2,\cdots,m\}$的节点，其中连接节点 i 和 j 的边权重为 $W_{ij}\geqslant 0$。假定此图是无向的，即 $W_{ij}=W_{ji}$。若节点 i 和 j 没有连接边，则设 $W_{ij}=0$。

有一个粒子在图中由一个节点到另一个节点做随机游动。设随机游动$\{X_n\}$，$X_n\in\{1,2,\cdots,m\}$为图的一个顶点序列。若 $X_n=i$，那么下一个顶点 j 只可能是与节点 i 相连的所有节点中的一个，且转移概率为连接 i 和 j 的边权重所占所有与 i 相连的边的权重之和的比例。因此，$P_{ij}=W_{ij}/\sum_k W_{ik}$。 78

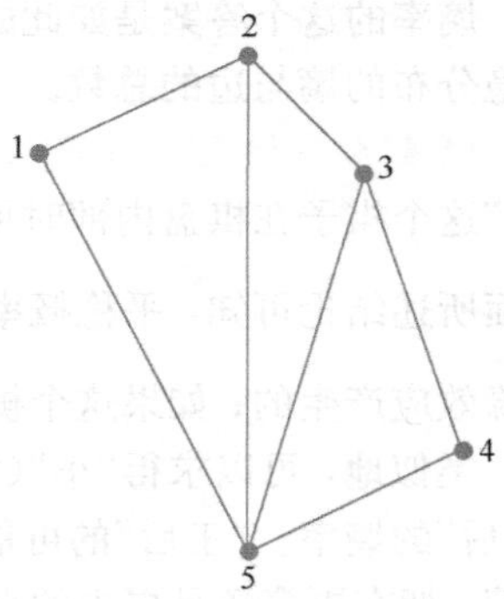

图 4-2 一个图上的随机游动

对此情形，平稳分布有一个非常简单的形式。我们将猜测并给予验证。将此马尔可夫链的平稳分布设定为节点 i 的概率是连接 i 的各边权重总和占图中所有的边权重总和的比例。设

$$W_i=\sum_j W_{ij} \tag{4-29}$$

为连接节点 i 的所有的边权重总和，再设

$$W=\sum_{i,j:j>i} W_{ij} \tag{4-30}$$

为图中所有的边权重总和，则 $\sum_i W_i=2W$。

现在我们猜测平稳分布为

$$\mu_i=\frac{W_i}{2W} \tag{4-31}$$

通过检验 $\mu P=\mu$ 可证实上述分布确为平稳分布。此时有

$$\sum_i \mu_i P_{ij}=\sum_i \frac{W_i}{2W}\frac{W_{ij}}{W_i} \tag{4-32}$$

$$=\sum_i \frac{1}{2W}W_{ij} \tag{4-33}$$

$$=\frac{W_j}{2W} \tag{4-34}$$

$$=\mu_j \tag{4-35}$$

因此，状态 i 的平稳概率为连接节点 i 的各边权重总和占所有的边权重总和的比例。此平稳分布有个很有趣的局部性质：它仅依赖于总权重以及与该节点相连的所有的边权重之和，因而若改变图中某些部分的权重，但保持总权重为常数，平稳分布不会有所改变。通过计算，熵率为

$$H(\mathcal{X})=H(X_2|X_1) \tag{4-36}$$

$$=-\sum_i \mu_i \sum_j P_{ij}\log P_{ij} \tag{4-37}$$ 79

$$=-\sum_i \frac{W_i}{2W}\sum_j \frac{W_{ij}}{W_i}\log\frac{W_{ij}}{W_i} \tag{4-38}$$

$$=-\sum_i\sum_j \frac{W_{ij}}{2W}\log\frac{W_{ij}}{W_i} \tag{4-39}$$

$$=-\sum_i\sum_j \frac{W_{ij}}{2W}\log\frac{W_{ij}}{2W}+\sum_i\sum_j \frac{W_{ij}}{2W}\log\frac{W_i}{2W} \tag{4-40}$$

$$=H\left(\cdots,\frac{W_{ij}}{2W},\cdots\right)-H\left(\cdots,\frac{W_i}{2W},\cdots\right) \tag{4-41}$$

如果所有的边有相同的权重，则平稳分布可设置成在节点 i 上为 $E_i/2E$，其中 E_i 表示连接节点 i 的边数，E 表示该图的边的总数。此时，随机游动的熵率为

$$H(\mathcal{X})=\log(2E)-H\left(\frac{E_1}{2E},\frac{E_2}{2E},\cdots,\frac{E_m}{2E}\right) \tag{4-42}$$

熵率的这个答案是如此的简洁以致令人颇为费解。显然，这个熵率是平均转移熵，仅依赖于平稳分布的熵与边的总数。

例 4.3.1（棋盘上的随机游动） 假定一个“王”在 8×8 的（国际象棋）棋盘上做随机游动。“王”这个棋子在棋盘内部时可有 8 个移位，在边缘时有 5 个移位，在角落时有 3 个移位。据此及前面所述结论可知，平稳概率分别是$\frac{8}{420}$，$\frac{5}{420}$和$\frac{3}{420}$，从而，熵率为 0.92 log8。因子 0.92 是由于边缘效应产生的；如果这个棋子在无限的棋盘上游动，则可得其熵率为 log8。

类似地，可以求得“车”（它的熵率为 log14 比特，因为“车”总是有 14 个可能的移位）、“相”及“王后”的熵率。“王后”的可能移位恰是“车”和“相”的可能移位的合成，那么“王后”比起“车”和“相”，拥有更多还是更少的自由度呢？

80 注释 易知图上的平稳随机游动是*时间可逆的*，即是说任何状态序列向前和向后的概率是相等的：

$$\begin{aligned}&\Pr(X_1=x_1,X_2=x_2,\cdots,X_n=x_n)\\&=\Pr(X_n=x_1,X_{n-1}=x_2,\cdots,X_1=x_n)\end{aligned} \tag{4-43}$$

出乎意料的是，反命题亦成立，即任何时间可逆的马尔可夫链均可以表示为某个无向加权图上的随机游动。

4.4 热力学第二定律

热力学第二定律是物理学中的基本定律之一，表明孤立系统的熵总是不减的。现在我们来阐述该定律与本章前面已定义的熵函数之间的联系。

在统计热力学中，熵通常定义为物理系统的微观状态数的对数值。如果所有的状态都是等可能发生的，就恰好与我们这里的熵概念一致。但为何熵总是增加呢？

现在我们建立模型，将孤立系统视为一个马尔可夫链，其中状态的转移规律由控制该系统的物理定律所决定。此假设是针对系统的所有状态的，并且，如果知道现在状态，系统的将来是独立于系统过去的。对于这样的系统，我们可以获得关于第二定律的 4 种不同解释。当发现熵并不总是增加时，或许会让人震惊，然而相对熵总是减少的。

1. 相对熵 $D(\mu_n\|\mu_n')$ 随 n 递减。设 μ_n 和 μ_n' 为 n 时刻的马尔可夫链状态空间上的两个概率分布，而 μ_{n+1} 和 μ_{n+1}' 是时刻 $n+1$ 时的相应分布。令对应的联合概率密度分别记为 p 和 q。于是

$$p(x_n,x_{n+1})=p(x_n)r(x_{n+1}|x_n)\text{和 }q(x_n,x_{n+1})=q(x_n)r(x_{n+1}|x_n)$$

其中 $r(\cdot|\cdot)$ 表示马尔可夫链的概率转移函数。由相对熵的链式法则，可得两种展开式：

$$\begin{aligned}D(p(x_n,x_{n+1})\|q(x_n,x_{n+1}))&=D(p(x_n)\|q(x_n))\end{aligned}$$

81

$$\begin{aligned}&\quad+D(p(x_{n+1}|x_n)\|q(x_{n+1}|x_n))\\&=D(p(x_{n+1})\|q(x_{n+1}))\\&\quad+D(p(x_n|x_{n+1})\|q(x_n|x_{n+1}))\end{aligned}$$

由于 p 和 q 由该马尔可夫链推导而来，所以条件概率密度函数 $p(x_{n+1}|x_n)$ 和 $q(x_{n+1}|x_n)$ 都等于 $r(x_{n+1}|x_n)$。于是 $D(p(x_{n+1}|x_n)\|q(x_{n+1}|x_n))=0$。此时，利用 $D(p(x_n|x_{n+1})\|q(x_n|x_{n+1}))$ 的非负性（由定理 2.6.3 的推论），可得

$$D(p(x_n)\|q(x_n))\geqslant D(p(x_{n+1})\|q(x_{n+1})) \tag{4-44}$$

或

$$D(\mu_n \| \mu'_n) \geqslant D(\mu_{n+1} \| \mu'_{n+1}) \tag{4-45}$$

因此，对于任何马尔可夫链，两个概率密度函数间的距离随时间 n 递减。

现在用一个例子形象地解释上述不等式。假定加拿大和英格兰对于财产重新分配都采用相同的税收体系。设 μ_n 和 μ_n' 分别代表两个国家的私人财产分布，那么由上述不等式表明，这两个分布之间的相对熵距离将随时间而递减。加拿大和英格兰的财产分布情况将愈来愈相似。

2. *在 n 时刻状态空间上的分布 μ_n 与平稳分布 μ 之间的相对熵 $D(\mu_n \| \mu)$ 随 n 递减。*在式(4-45)中，μ_n' 是 n 时刻状态空间上的分布。若设 μ_n' 是任意平稳分布 μ，那么下一时刻的分布 μ'_{n+1} 也为 μ。因而，

$$D(\mu_n \| \mu) \geqslant D(\mu_{n+1} \| \mu) \tag{4-46}$$

上式表明，随着时间的流逝，状态分布将会愈来愈接近于每个平稳分布。序列 $D(\mu_n \| \mu)$ 为单调下降的非负序列，其极限必定存在。如果平稳分布是唯一的，则极限为 0，但证明这一点并不容易。

3. *若平稳分布是均匀分布，则熵增加。*一般来说，相对熵减小并不表示熵增加。具有非均匀的平稳分布的马尔可夫链就是一个简单的反例。如果马尔可夫链的初始状态服从均匀分布，即已经是最大熵分布，那么这个均匀分布将趋向于该平稳分布，此平稳分布的熵必定低于均匀分布的熵。因而，熵随着时间而减少。 82

然而，如果平稳分布是均匀分布，则可将相对熵表示为

$$D(\mu_n \| \mu) = \log|\mathcal{X}| - H(\mu_n) = \log|\mathcal{X}| - H(X_n) \tag{4-47}$$

此时，相对熵的单调递减蕴含了熵的单增性。这个解释与统计热力学联系最紧密，其中所有微观状态都是等可能发生的。现在来刻画具有均匀平稳分布的过程。

定义 若概率转移矩阵 $[P_{ij}]$，其中 $P_{ij} = \Pr\{X_{n+1} = j \mid X_n = i\}$ 满足

$$\sum_i P_{ij} = 1, j = 1, 2, \cdots \tag{4-48}$$

和

$$\sum_j P_{ij} = 1, i = 1, 2, \cdots \tag{4-49}$$

则称为**双随机的**。

注释 均匀分布是 P 的平稳分布当且仅当概率转移矩阵是双随机的(见习题 4.1)。

4. *对于平稳的马尔可夫过程，条件熵 $H(X_n \mid X_1)$ 随 n 递增。*如果马尔可夫过程是平稳的，则 $H(X_n)$ 为常数。因而，熵总是非增的。然而，我们将证明条件熵 $H(X_n \mid X_1)$ 随 n 递增。于是，未来状态的条件不确定性是递增的。对于此结论，我们给出两种证明方法。第一种证明，利用熵的性质

$$H(X_n \mid X_1) \geqslant H(X_n \mid X_1, X_2) \quad \text{(条件作用使熵减小)} \tag{4-50}$$

$$= H(X_n \mid X_2) \quad \text{(由马尔可夫性)} \tag{4-51}$$

$$= H(X_{n-1} \mid X_1) \quad \text{(由平稳性)} \tag{4-52}$$

83

另一种方法是将数据处理不等式应用于马尔可夫链 $X_1 \to X_{n-1} \to X_n$，则有

$$I(X_1; X_{n-1}) \geqslant I(X_1; X_n) \tag{4-53}$$

再将互信息以熵的形式展开，可得

$$H(X_{n-1}) - H(X_{n-1} \mid X_1) \geqslant H(X_n) - H(X_n \mid X_1) \tag{4-54}$$

由平稳性，$H(X_{n-1}) = H(X_n)$，因而有

$$H(X_{n-1} \mid X_1) \leqslant H(X_n \mid X_1) \tag{4-55}$$

（这些技巧也可用来证明对任何一个马尔可夫链，$H(X_0|X_n)$随 n 递增。）

5. 洗牌使熵增加。如果 T 是一副扑克牌的一次洗牌（置换）操作，X 表示这副牌的初始（随机的）排列，假定洗牌操作 T 的选取独立于 X，那么

$$H(TX)\geqslant H(X) \tag{4-56}$$

其中 TX 表示由洗牌 T 作用于初始排列 X 而获得的新排列。在习题 4.3 中给出了此命题的证明思路。

4.5 马尔可夫链的函数

下面叙述的例子如果处理不当，会变得很困难。这从某种程度上反映出目前处理技术的能力。设 $X_1,X_2,\cdots,X_n,\cdots$为平稳马尔可夫链，再设 $Y_i=\phi(X_i)$是一个随机过程，其中每一项均为原马尔可夫链中对应状态的函数。此时熵率 $H(\mathcal{Y})$为多少？这样的马尔可夫链的函数是实际经常发生的。但许多情况下，仅含有原系统的状态的部分信息。若 $Y_1,Y_2,\cdots,Y_n,\cdots$也构成一个马尔可夫链，问题就会简单许多，但实际情况往往并非如此。由于原马尔可夫链是平稳的，则 Y_1，$Y_2,\cdots,Y_n$ 也是平稳的，从而可以明确定义熵率。若要计算 $H(\mathcal{Y})$，我们可能会先对每个 n 计算出 $H(Y_n|Y_{n-1},\cdots,Y_1)$的值，然后求其极限。由于收敛速度可能会任意地慢，很难知道是否已接近极限（我们不能只着眼于在 n 和 $n+1$ 时值的变化，即使已经偏离了极限，这种变化的差别可能依
84 然非常小，如考虑$\sum\frac{1}{n}$）。

如果给出上界和下界，且它们分别从上下收敛于同一极限，计算效果会很好。这样，当上界和下界的差别较小时，我们可以中止计算而获得极限的一个很好的估计。

已知 $H(Y_n|Y_{n-1},\cdots,Y_1)$从上面单调地收敛于 $H(\mathcal{Y})$。对于下界，将使用 $H(Y_n|Y_{n-1},\cdots,Y_1,X_1)$。这个想法比较巧，是基于 X_1 与 $Y_1,Y_0,Y_{-1},\cdots$含有关于 Y_n 一样多的信息。

引理 4.5.1

$$H(Y_n|Y_{n-1},\cdots,Y_2,X_1)\leqslant H(\mathcal{Y}) \tag{4-57}$$

证明：对 $k=1,2,\cdots$，有

$$\begin{aligned}H(Y_n|Y_{n-1},\cdots,Y_2,X_1)&\overset{(a)}{=}H(Y_n|Y_{n-1},\cdots,Y_2,Y_1,X_1) &(4\text{-}58)\\&\overset{(b)}{=}H(Y_n|Y_{n-1},\cdots,Y_1,X_1,X_0,X_{-1},\cdots,X_{-k}) &(4\text{-}59)\\&\overset{(c)}{=}H(Y_n|Y_{n-1},\cdots,Y_1,X_1,X_0,X_{-1},\cdots,\\&\qquad X_{-k},Y_0,\cdots,Y_{-k}) &(4\text{-}60)\\&\overset{(d)}{\leqslant}H(Y_n|Y_{n-1},\cdots,Y_1,Y_0,\cdots,Y_{-k}) &(4\text{-}61)\\&\overset{(e)}{=}H(Y_{n+k+1}|Y_{n+k},\cdots,Y_1) &(4\text{-}62)\end{aligned}$$

其中(a)成立是由于 Y_1 为 X_1 的函数，(b)可由 X 的马尔可夫性得到，(c)由于 Y_i 为 X_i 的函数，(d)由于条件作用使熵减小，而(e)根据平稳性可得。由于对任意的 k,不等式成立，故两边取极限不等式亦成立。所以，

$$\begin{aligned}H(Y_n|Y_{n-1},\cdots,Y_1,X_1)&\leqslant\lim_k H(Y_{n+k+1}|Y_{n+k},\cdots,Y_1) &(4\text{-}63)\\&=H(\mathcal{Y}) &(4\text{-}64)\end{aligned}$$ □

下面引理表明，由上述上界和下界所构成的区间长度是递减的。

85 引理 4.5.2

$$H(Y_n|Y_{n-1},\cdots,Y_1)-H(Y_n|Y_{n-1},\cdots,Y_1,X_1)\to 0 \tag{4-65}$$

证明：上述区间长度可重新写为

$$H(Y_n|Y_{n-1},\cdots,Y_1)-H(Y_n|Y_{n-1},\cdots,Y_1,X_1)$$
$$=I(X_1;Y_n|Y_{n-1},\cdots,Y_1) \tag{4-66}$$

由互信息的性质，可得

$$I(X_1;Y_1,Y_2,\cdots,Y_n)\leqslant H(X_1) \tag{4-67}$$

且 $I(X_1;Y_1,Y_2,\cdots,Y_n)$ 随 n 递增。因此，$\lim I(X_1;Y_1,Y_2,\cdots,Y_n)$ 存在且满足

$$\lim_{n\to\infty} I(X_1;Y_1,Y_2,\cdots,Y_n)\leqslant H(X_1) \tag{4-68}$$

由链式法则，

$$H(X_1)\geqslant \lim_{n\to\infty} I(X_1;Y_1,Y_2,\cdots,Y_n) \tag{4-69}$$

$$=\lim_{n\to\infty}\sum_{i=1}^{n} I(X_1;Y_i\mid Y_{i-1},\cdots,Y_1) \tag{4-70}$$

$$=\sum_{i=1}^{\infty} I(X_1;Y_i|Y_{i-1},\cdots,Y_1) \tag{4-71}$$

由于上面的无限和是有限的，且每一项均为非负值，则其通项必趋向于 0，即，

$$\lim I(X_1;Y_n|Y_{n-1},\cdots,Y_1)=0 \tag{4-72}$$

引理得证。 □

综合引理 4.5.1 和引理 4.5.2，有如下的定理。

定理 4.5.1 *若 $X_1,X_2,\cdots,X_n$ 构成平稳的马尔可夫链，且 $Y_i=\phi(X_i)$，那么*

$$H(Y_n|Y_{n-1},\cdots,Y_1,X_1)\leqslant H(\mathcal{Y})\leqslant H(Y_n|Y_{n-1},\cdots,Y_1) \tag{4-73}$$

且

$$\lim H(Y_n|Y_{n-1},\cdots,Y_1,X_1)=H(\mathcal{Y})=\lim H(Y_n|Y_{n-1},\cdots,Y_1) \tag{4-74}$$

一般地，我们也可以考虑 X_i 的随机函数 Y_i（即非确定性的函数）。给定马尔可夫过程 X_1，$X_2,\cdots,X_n$，由此定义新过程 $Y_1,Y_2,\cdots,Y_n$，其中每个 Y_i 服从 $p(y_i|x_i)$，且条件独立于其他所有的 86
$X_j,j\neq i$，即

$$p(x^n,y^n)=p(x_1)\prod_{i=1}^{n-1}p(x_{i+1}\mid x_i)\prod_{i=1}^{n}p(y_i\mid x_i) \tag{4-75}$$

这样的过程称为隐马尔可夫模型（HMM），它已广泛应用于语音识别、手写体识别等等。以上对马尔可夫链的函数的讨论同样适用于隐马尔可夫模型。通过对隐含的马尔可夫状态加入条件，我们可以估计出隐马尔可夫模型熵率的下界。细节讨论留给读者。

要点

熵率 随机过程熵率的两种定义是

$$H(\mathcal{X})=\lim_{n\to\infty}\frac{1}{n}H(X_1,X_2,\cdots,X_n) \tag{4-76}$$

$$H'(\mathcal{X})=\lim_{n\to\infty}H(X_n|X_{n-1},X_{n-2},\cdots,X_1) \tag{4-77}$$

对于平稳随机过程，

$$H(\mathcal{X})=H'(\mathcal{X}) \tag{4-78}$$

平稳马尔可夫链的熵率

$$H(\mathcal{X})=-\sum_{ij}\mu_i P_{ij}\log P_{ij} \tag{4-79}$$

热力学第二定律 对于马尔可夫链：

1. 相对熵 $D(\mu_n \| \mu_n')$随时间递减。
2. 分布和平稳分布之间的相对熵 $D(\mu_n \| u)$随时间递减。
87 3. 若平稳分布为均匀分布，则熵 $H(X_n)$递增。
4. 对于平稳马尔可夫链，条件熵 $H(X_n|X_1)$随时间 n 递增。
5. 对于任何马尔可夫链，初始状态 X_0 的条件熵 $H(X_0|X_n)$关于 n 递增。

马尔可夫链的函数：若 $X_1, X_2, \cdots, X_n$ 构成平稳马尔可夫链且 $Y_i=\phi(X_i)$，则

$$H(Y_n|Y_{n-1},\cdots,Y_1,X_1)\leqslant H(\mathcal{Y})\leqslant H(Y_n|Y_{n-1},\cdots,Y_1) \tag{4-80}$$

且

$$\lim_{n\to\infty}H(Y_n|Y_{n-1},\cdots,Y_1,X_1)=H(\mathcal{Y})=\lim_{n\to\infty}H(Y_n|Y_{n-1},\cdots,Y_1) \tag{4-81}$$

习题

4.1 双随机矩阵。对于 $n\times n$ 矩阵 $P=[P_{ij}]$，如果 $P_{ij}\geqslant 0$ 且对任意的 i 有 $\sum_j P_{ij}=1$，以及任意的 j 有 $\sum_i P_{ij}=1$，则称该矩阵为双随机的。如果 $n\times n$ 矩阵 P 是双随机的，而且每行每列均只含一个 $P_{ij}=1$，则称它为置换矩阵。可以证明，任何双随机矩阵均可以表示为置换矩阵的凸组合。

(a) 设概率向量 $\mathbf{a}=(a_1,a_2,\cdots,a_n)$，$a_i\geqslant 0$，$\sum a_i=1$。设 $\mathbf{b}=\mathbf{a}P$，其中 P 是双随机的。证明：$\mathbf{b}$ 为概率向量且 $H(b_1,b_2,\cdots,b_n)\geqslant H(a_1,a_2,\cdots,a_n)$。由此可说明随机混合作用使熵增加。

(b) 证明双随机矩阵 P 的平稳分布 μ 为均匀分布。

(c) 反之，证明：若均匀分布为马尔可夫链转移矩阵 P 的一个平稳分布，则 P 是双随机的。

4.2 时间箭头。设$\{X_i\}_{i=-\infty}^{\infty}$为平稳随机过程，证明
88
$$H(X_0|X_{-1},X_{-2},\cdots,X_{-n})=H(X_0|X_1,X_2,\cdots,X_n)$$

换句话说，当前状态的条件熵不论是基于过去条件还是基于未来条件都相等。虽然容易构造出一个平稳随机过程，使得驶向将来的随机流看上去极其不同于通向过去的随机流，但改变不了该事实。这就是说，人们可以通过研究过程的一个样本函数而确定时间的方向。但是在给定现在状态下，将来的下一个状态的条件不确定度等于过去的前一个状态的条件不确定度。

4.3 洗牌使熵增加。对于洗牌操作 T 的任何分布和扑克牌的排列 X 的任意分布，有

$$H(TX)\geqslant H(TX|T) \tag{4-82}$$
$$=H(T^{-1}TX|T) \tag{4-83}$$
$$=H(X|T) \tag{4-84}$$
$$=H(X) \tag{4-85}$$

其中假设 X 与 T 独立。

4.4 热力学第二定律。设 $X_1,X_2,X_3,\cdots$ 为一阶平稳马尔可夫链。在 4.4 节中，我们已经证明 $H(X_n|X_1)\geqslant H(X_{n-1}|X_1)$，其中 $n=2,3,\cdots$。因此，将来的条件不确定度随时间增加。即

使无条件的不确定度 $H(X_n)$ 保持为常数，这也成立。但请给出一个例子说明未必对每个 x_1，$H(X_n|X_1=x_1)$ 都随 n 递增。

4.5 随机树的熵。下面考虑含 n 个终端节点的随机树产生方法。首先将根节点展开：

然后随机地将两个终端节点中的一个展开：

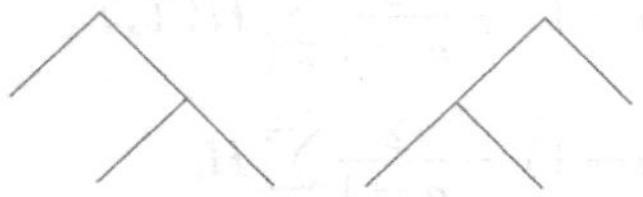

在时刻 k，依均匀分布选取 $k-1$ 个终端节点中的一个，并展开它。如此继续，直至产生 n 89
个节点为止。由此，致使产生具有 5 个终端节点的树的序列如下：

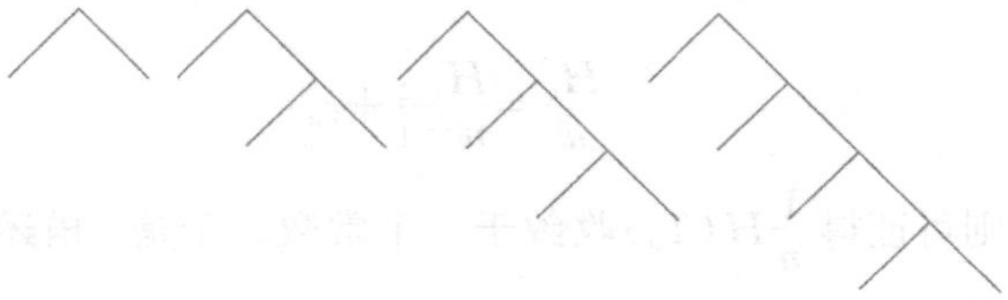

令人惊奇的是，下面的随机树产生方法与含 n 个终端节点的随机树具有相同的概率分布。首先在 $\{1,2,\cdots,n-1\}$ 依均匀分布选取一个整数 N_1，则可得到如下的图形

然后在 $\{1,2,\cdots,N_1-1\}$ 依均匀分布选取整数 N_2，并在 $\{1,2,\cdots,(n-N_1)-1\}$ 中依均匀分布独立地选取另一个整数 N_3。此时图形为

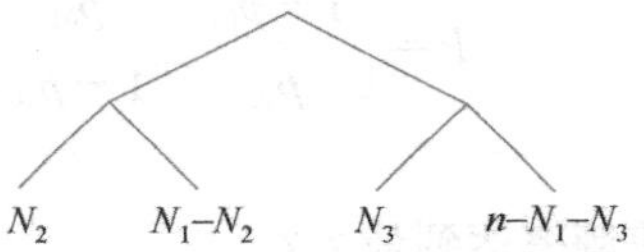

如此继续到不能再进一步细分为止。(这两个随机树产生方案是等价的，例如，可利用波利亚的瓮模型(Polya's urn model)得到。)

现在设 T_n 为上述方法产生的一棵含 n 个终端节点的随机树。随机树的概率分布似乎难以描述，但可以利用递归形式求得其分布的熵。

先举几个例子。对 $n=2$，只产生一棵树。故 $H(T_2)=0$。对 $n=3$，有两棵等可能的树：

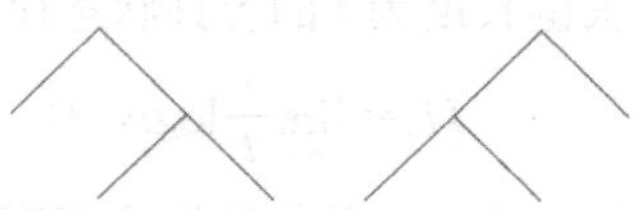

90

于是 $H(T_3)=\log 2$。对 $n=4$，则有 5 棵可能的树，其概率分别为 1/3，1/6，1/6，1/6，1/6。

下面考虑递归关系。设 $N_1(T_n)$ 为随机树 T_n 右半部分的终端节点数。请验证以下的每一步：

$$H(T_n) \overset{(a)}{=} H(N_1, T_n) \tag{4-86}$$

$$\overset{(b)}{=} H(N_1) + H(T_n \mid N_1) \tag{4-87}$$

$$\overset{(c)}{=} \log(n-1) + H(T_n \mid N_1) \tag{4-88}$$

$$\overset{(d)}{=} \log(n-1) + \frac{1}{n-1}\sum_{k=1}^{n-1}(H(T_k) + H(T_{n-k})) \tag{4-89}$$

$$\overset{(e)}{=} \log(n-1) + \frac{2}{n-1}\sum_{k=1}^{n-1} H(T_k) \tag{4-90}$$

$$\overset{(f)}{=} \log(n-1) + \frac{2}{n-1}\sum_{k=1}^{n-1} H_k \tag{4-91}$$

利用以上结果证明

$$(n-1)H_n = nH_{n-1} + (n-1)\log(n-1) - (n-2)\log(n-2) \tag{4-92}$$

或适当定义 c_n，有

$$\frac{H_n}{n} = \frac{H_{n-1}}{n-1} + c_n \tag{4-93}$$

由于$\sum c_n = c < \infty$，则可证得$\frac{1}{n}H(T_n)$收敛于一个常数。于是，描述随机树 T_n 所需的期望比特数随 n 线性增长。

4.6 每元素熵的单调性。对平稳随机过程 $X_1, X_2, \cdots, X_n$，试证明

(a) $$\frac{H(X_1, X_2, \cdots, X_n)}{n} \leqslant \frac{H(X_1, X_2, \cdots, X_{n-1})}{n-1} \tag{4-94}$$

91 (b) $$\frac{H(X_1, X_2, \cdots, X_n)}{n} \geqslant H(X_n \mid X_{n-1}, \cdots, X_1) \tag{4-95}$$

4.7 马尔可夫链的熵率

(a) 设两状态马尔可夫链的转移矩阵为

$$P = \begin{bmatrix} 1-p_{01} & p_{01} \\ p_{10} & 1-p_{10} \end{bmatrix}$$

试求其熵率。

(b) 当 p_{01}、p_{10}为何值时，可使熵率达到最大？

(c) 若两状态马尔可夫链的转移矩阵为

$$P = \begin{bmatrix} 1-p & p \\ 1 & 0 \end{bmatrix}$$

求此时的熵率。

(d) 试求(c)中马尔可夫链熵率的最大值。由于状态 0 比状态 1 能产生更多的信息，可以期望熵率达到最大值时的 p 必定小于 1/2。

(e) 设 $N(t)$是(c)中的马尔可夫链长度为 t 的容许状态序列的个数。试求 $N(t)$并计算

$$H_0 = \lim_{t\to\infty}\frac{1}{t}\log N(t)$$

(提示：求出 $N(t)$关于 $N(t-1)$和 $N(t-2)$的线性递归表达式。为何 H_0 是该马尔可夫链熵率的上界？请将 H_0 与(d)中求得的最大熵率做比较。)

4.8 最大熵过程。设离散无记忆信源的字母表为{1,2}，其中字符 1 的周期为 1，字符 2 的周期为 2，1 和 2 的概率分别是 p_1 和 p_2。试求每单位时间信源熵 $H(\mathcal{X}) = \frac{H(X)}{ET}$达到最大时的

p_1 值，且最大值 $H(\mathcal{X})$ 是多少？

4.9 初始状态。证明，对于马尔可夫链，有

$$H(X_0|X_n) \geqslant H(X_0|X_{n-1})$$

由此说明，随着将来状态 X_n 的逐渐展现，初始状态 X_0 将会变得更难复原了。

4.10 两两独立。设 $X_1, X_2, \cdots, X_{n-1}$ 为取值于 $\{0,1\}$ 的 i.i.d. 随机变量，且 $\Pr\{X_i=1\}=\frac{1}{2}$。当 $\sum_{i=1}^{n-1} X_i$ 为奇时，$X_n=1$；否则 $X_n=0$。假定 $n \geqslant 3$。 92

(a) 证明 X_i 与 X_j 独立 $(i \neq j,\ i,j \in \{1,2,\cdots,n\})$。

(b) 求 $H(X_i, X_j), i \neq j$。

(c) 求 $H(X_1, X_2, \cdots, X_n)$。结果等于 $nH(X_1)$ 吗？

4.11 平稳过程。设 $\cdots, X_{-1}, X_0, X_1, \cdots$ 为平稳随机过程（不必为马尔可夫链）。下面哪些论断是正确的？如果正确给出证明，否则给出反例。

(a) $H(X_n|X_0)=H(X_{-n}|X_0)$。

(b) $H(X_n|X_0) \geqslant H(X_{n-1}|X_0)$。

(c) $H(X_n|X_1, X_2, \cdots, X_{n-1}, X_{n+1})$ 随 n 递减。

(d) $H(X_n|X_1, \cdots, X_{n-1}, X_{n+1}, \cdots, X_{2n})$ 随 n 递减。

4.12 狗寻觅骨头的熵率。一条狗在整数点上行走，在走每一步时都有可能以概率 $p=0.1$ 向反方向行走一步。设 $X_0=0$，且第一步朝正方向或负方向走动是等可能的。例如，一个典型的走动可以是如下形式：

$$(X_0, X_1, \cdots)=(0,-1,-2,-3,-4,-3,-2,-1,0,1,\cdots)$$

(a) 试求 $H(X_1, X_2, \cdots, X_n)$。

(b) 计算这只狗的熵率。

(c) 这只狗在反向行走前所走的步数的期望值为多少？

4.13 过去几乎没有信息可以预测将来。对于平稳随机过程 $X_1, X_2, \cdots, X_n, \cdots$，证明

$$\lim_{n\to\infty}\frac{1}{2n} I(X_1, X_2, \cdots, X_n; X_{n+1}, X_{n+2}, \cdots, X_{2n})=0 \tag{4-96}$$

因此，平稳过程中长度为 n 的相邻分组的依赖度并不随 n 线性增加。

4.14 随机过程的函数

(a) 考虑平稳随机过程 $X_1, X_2, \cdots, X_n$。对某个函数 ϕ，定义 $Y_1, Y_2, \cdots, Y_n$ 为

$$Y_i=\phi(X_i), i=1,2,\cdots \tag{4-97}$$

试证明

$$H(\mathcal{Y}) \leqslant H(\mathcal{X}) \tag{4-98}$$ 93

(b) 若对某个函数 Ψ，如果

$$Z_i=\Psi(X_i, X_{i+1}), i=1,2,\cdots \tag{4-99}$$

那么，熵率 $H(\mathcal{Z})$ 和 $H(\mathcal{X})$ 具有什么样的关系？

4.15 熵率。设 $\{X_i\}$ 是离散平稳随机过程，其熵率为 $H(\mathcal{X})$。证明

$$\frac{1}{n}H(X_n, \cdots, X_1|X_0, X_{-1}, \cdots, X_{-k}) \to H(\mathcal{X}) \tag{4-100}$$

其中 $k=1,2,\cdots$。

4.16 约束序列的熵率。在磁记录中，需要对记录和阅读的二进制序列进行一定的限制。例如，为确保适当的同步，常常有必要限制 1 与 1 之间的 0 的游程长度。为了减少符号间的干

扰，可能有必要在任何两个 1 之间至少存在一个 0。我们将通过下面的简单例子来说明这种约束。假定要求序列中任何两个 1 之间必须有 0，但序列中不能连续出现两个以上的 0。因此，如序列 101001 和 0101001 都是有效的序列，而 0110010 和 0000101 均为无效序列。下面我们要计算长度为 n 的有效序列的个数。

(a) 证明约束序列集合等同于如下状态图中的容许路径集合。

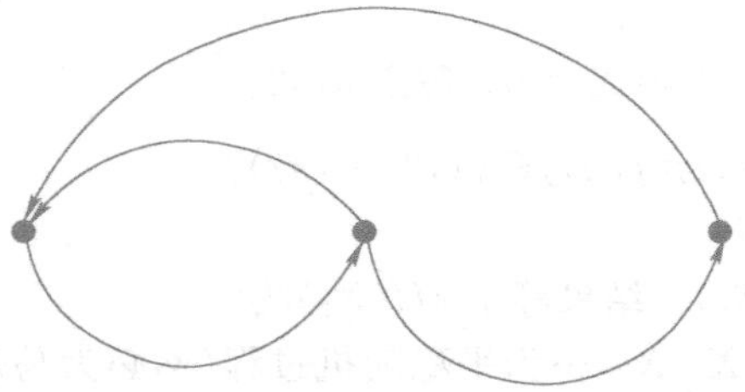

94 (b) 记 $X_i(n)$ 为所有终止于状态 i 且长度为 n 的有效路径的条数。请证明 $\mathbf{X}(n)=[X_1(n)\ X_2(n)\ X_3(n)]^t$ 满足如下的递归关系：

$$\begin{bmatrix} X_1(n) \\ X_2(n) \\ X_3(n) \end{bmatrix} = \begin{bmatrix} 0 & 1 & 1 \\ 1 & 0 & 0 \\ 0 & 1 & 0 \end{bmatrix} \begin{bmatrix} X_1(n-1) \\ X_2(n-1) \\ X_3(n-1) \end{bmatrix} \tag{4-101}$$

其中初始条件 $\mathbf{X}(1)=[1\quad 1\quad 0]^t$。

(c) 设

$$A=\begin{bmatrix} 0 & 1 & 1 \\ 1 & 0 & 0 \\ 0 & 1 & 0 \end{bmatrix} \tag{4-102}$$

由归纳可得

$$\mathbf{X}(n)=A\mathbf{X}(n-1)=A^2\mathbf{X}(n-2)=\cdots=A^{n-1}\mathbf{X}(1) \tag{4-103}$$

对 A 进行特征值分解，由于 A 有不同的特征值，则可写为 $A=U^{-1}\Lambda U$，其中 Λ 是由各特征值构成的对角矩阵。因此，$A^{n-1}=U^{-1}\Lambda^{n-1}U$。证明下面等式成立

$$\mathbf{X}(n)=\lambda_1^{n-1}\mathbf{Y}_1+\lambda_2^{n-1}\mathbf{Y}_2+\lambda_3^{n-1}\mathbf{Y}_3 \tag{4-104}$$

其中 $\mathbf{Y}_1,\mathbf{Y}_2,\mathbf{Y}_3$ 不依赖于 n。当 n 充分大时，上面的和式取决于最大项。证明，对 $i=1,2,3$，有

$$\frac{1}{n}\log X_i(n)\to\log\lambda \tag{4-105}$$

其中 λ 为最大的(正)特征值。因此，当 n 很大时，长度为 n 的序列个数以 λ^n 级数增加。计算上述矩阵 A 的 λ 值。(对于特征值不完全相异的情形，问题可类似处理。)

(d) 现来考虑一种不同的方法。假定一个马尔可夫链的状态转移图与(a)中给定的相同，但其转移概率可任意。因而，该马尔可夫链的概率转移矩阵为

$$P=\begin{bmatrix} 0 & 1 & 0 \\ \alpha & 0 & 1-\alpha \\ 1 & 0 & 0 \end{bmatrix} \tag{4-106}$$

证明此马尔可夫链的平稳分布是

95

$$\mu=\left[\frac{1}{3-\alpha},\frac{1}{3-\alpha},\frac{1-\alpha}{3-\alpha}\right] \tag{4-107}$$

(e) 选择 α 使该马尔可夫链的熵率达到最大值。此马尔可夫链的最大熵率是多少？

(f) 比较(e)中的最大熵率与(c)中 $\log\lambda$ 的关系。为什么这两个答案相同？

4.17 重现时间关于分布的不敏感性。设 $X_0,X_1,X_2,\cdots$ 为 i.i.d. 序列且服从 $p(x)$，其中 $x\in\mathcal{X}=\{1,2,\cdots,m\}$。$N$ 为下次 X_0 出现的等待时间。于是 $N=\min_n\{X_n=X_0\}$。

(a) 证明 $EN=m$。

(b) 证明 $E\log N\leqslant H(X)$。

(c)（选做）当 $\{X_i\}$ 为平稳遍历过程时，证明(a)的结论。

4.18 平稳非遍历过程。一个容器里装有两枚有偏的硬币，其中一枚出现正面的概率为 p，另一枚出现正面的概率为 $1-p$。现在随机选取一枚硬币（即选取概率为 $\frac{1}{2}$），然后将它抛掷 n 次。设 X 表示选取的硬币标识，Y_1 和 Y_2 为前两次抛掷的结果。

(a) 计算 $I(Y_1;Y_2|X)$。

(b) 计算 $I(X;Y_1,Y_2)$。

(c) 设 $\mathcal{H}(\mathcal{Y})$ 为 Y 过程（硬币抛掷序列）的熵率。计算 $\mathcal{H}(\mathcal{Y})$。（提示：考虑 $\lim\frac{1}{n}H(X,Y_1,Y_2,\cdots,Y_n)$）

通过考虑 $p\to\frac{1}{2}$ 的情形，可以检验你的答案。

4.19 图上的随机游动。考虑如下的随机游动：

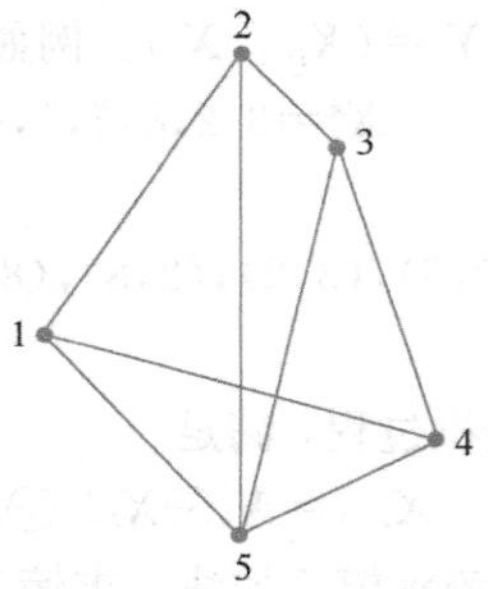

(a) 计算平稳分布。

(b) 熵率为多少？ 96

(c) 假定过程是平稳的，求互信息 $I(X_{n+1};X_n)$。

4.20 棋盘上的随机游动。一个王在 3×3 棋盘上的随机游动是一个马尔可夫链，试求该马尔可夫链的熵率。

1	2	3
4	5	6
7	8	9

车、相及王后的熵率又是多少？注意，相有两种类型。

4.21 最大熵图。考虑含有 4 条边的连通图上的随机游动。

(a) 哪个图具有最高的熵率？

(b) 哪个图的熵率最小？

4.22 三维迷宫。一只小鸟在 $3\times3\times3$ 的立方体迷宫中迷失了。这只鸟在相互邻接的房间之间，从这个房间穿过墙飞到那个房间的概率是相同的。例如，角落边的房间有 3 个出口。

(a) 平稳分布是什么？

(b)该随机游动的熵率为多少？

4.23 熵率。设$\{X_i\}$为平稳随机过程，熵率为$H(\mathcal{X})$。

(a) 证明$H(\mathcal{X})\leqslant H(X_1)$。

(b) 等号成立的条件是什么？

4.24 熵率。设$\{X_i\}$为平稳过程，$Y_i=\{X_i,X_{i+1}\}$，$Z_i=(X_{2i},X_{2i+1})$，设$V_i=X_{2i}$。考虑过程$\{X_i\}$，$\{Y_i\}$，$\{Z_i\}$和$\{V_i\}$的熵率$H(\mathcal{X})$，$H(\mathcal{Y})$，$H(\mathcal{Z})$和$H(\mathcal{V})$。这些熵率之中的每一对的不等关系（$\leqslant$，$=$或$\geqslant$）是什么？

(a) $H(\mathcal{X})\gtreqless H(\mathcal{Y})$。

(b) $H(\mathcal{X})\gtreqless H(\mathcal{Z})$。

(c) $H(\mathcal{X})\gtreqless H(\mathcal{V})$。

(d) $H(\mathcal{Z})\gtreqless H(\mathcal{X})$。

4.25 单调性

97 (a) 证明$I(X;Y_1,Y_2,\cdots,Y_n)$随n非减。

(b) 在什么条件下，对所有的n，互信息恒为常数？

4.26 马尔可夫链中的转移。假定$\{X_i\}$构成不可约马尔可夫链具有转移概率矩阵为P与平稳分布μ。若持续跟踪转移状态，就会形成一个相关联的“边过程”$\{Y_i\}$(edge process)，即这个新过程$\{Y_i\}$在$\mathcal{X}\times\mathcal{X}$上取值，且$Y_i=(X_{i-1},X_i)$。例如，

$$X^n=3,2,8,5,7,\cdots$$

产生

$$Y^n=(\varnothing,3),(3,2),(2,8),(8,5),(5,7),\cdots$$

求边过程$\{Y_i\}$的熵率。

4.27 熵率。设$\{X_i\}$为$\{0,1\}$值平稳随机过程，满足

$$X_{k+1}=X_k\oplus X_{k-1}\oplus Z_{k+1}$$

其中$\{Z_i\}$服从Bernoulli(p)，$\oplus$表示模2加法。求熵率$H(\mathcal{X})$。

4.28 过程的混合。假定观测两个随机过程中的一个，但不清楚观测到的是哪一个，那么熵率是多少？具体讲，设$X_{11},X_{12},X_{13},\cdots$为参数是$p_1$的伯努利(Bernoulli)过程，$X_{21},X_{22},X_{23},\cdots$为Bernoulli($p_2$)过程。设

$$\theta=\begin{cases}1 & \text{概率为 } \dfrac{1}{2}\\ 2 & \text{概率为 } \dfrac{1}{2}\end{cases}$$

设$Y_i=X_{\theta i}$($i=1,2,\cdots$)为观测到的随机过程。于是，Y是过程$\{X_{1i}\}$或$\{X_{2i}\}$的观测。最终，Y将知道观测的是哪个过程。

(a) $\{Y_i\}$平稳吗？

(b) $\{Y_i\}$为i.i.d.过程吗？

(c) $\{Y_i\}$的熵率H为多少？

(d) 是否有

$$-\frac{1}{n}\log p(Y_1,Y_2,\cdots,Y_n)\to H?$$

(e) 是否存在一个码，使它能够达到期望每字符描述长度$\frac{1}{n}E\,L_n \to H$？ 98

现在，设 θ_i 服从 Bernoulli$\left(\frac{1}{2}\right)$。我们观测到

$$Z_i = X_{\theta_i}, \quad i=1,2,\cdots$$

于是，如前面所述一样，任何时候 θ 都没有固定，但这里每次是依 i. i. d. 选取的。对于过程$\{Z_i\}$，请回答(a)，(b)，(c)，(d)，(e)中的问题，相应答案标记为(a')，(b')，(c')，(d')，(e')。

4.29 等待时间。设 X 为抛掷均匀硬币过程中首次出现正面的等待时间。例如，$\Pr\{X=3\}=\left(\frac{1}{2}\right)^3$。设 S_n 为第 n 次正面出现的等待时间。于是

$$S_0 = 0$$

$$S_{n+1} = S_n + X_{n+1}$$

其中 $X_1, X_2, X_3, \cdots$为服从上述分布的 i. i. d 序列。

(a) 过程$\{S_n\}$是平稳的吗？

(b) 计算 $H(S_1, S_2, \cdots, S_n)$。

(c) 过程$\{S_n\}$的熵率存在吗？如果存在，它是多少？如果不存在，为什么？

(d) 如果通过抛掷均匀硬币产生一个分布与 S_n 相同的随机变量，那么需要的期望抛掷次数为多少？

4.30 马尔可夫链转移矩阵

$$P=[P_{ij}]=\begin{bmatrix}\frac{1}{2} & \frac{1}{4} & \frac{1}{4}\\ \frac{1}{4} & \frac{1}{2} & \frac{1}{4}\\ \frac{1}{4} & \frac{1}{4} & \frac{1}{2}\end{bmatrix}$$

设 X_1 服从状态空间$\{0,1,2\}$上的均匀分布，$\{X_i\}_1^\infty$ 为马尔可夫链，其转移矩阵为 P，即 $P(X_{n+1}=j \mid X_n=i)=P_{ij}, i,j\in\{0,1,2\}$。

(a) $\{X_n\}$平稳吗？

(b) 求 $\lim_{n\to\infty}\frac{1}{n}H(X_1,\cdots,X_n)$。

现在考虑下面诱导出的过程 $Z_1, Z_2, \cdots, Z_n$，其中

$$Z_1 = X_1$$

$$Z_i = X_i - X_{i-1} \pmod 3, i=2,\cdots,n$$

于是，Z^n 编码了过程的转移，并不是状态本身。

(c) 求 $H(Z_1, Z_2, \cdots, Z_n)$。 99

(d) 求 $H(Z_n)$和 $H(X_n)$，$n\geqslant 2$。

(e) 求 $H(Z_n \mid Z_{n-1})$，$n\geqslant 2$。

(f) 对 $n\geqslant 2$，Z_{n-1}和 Z_n 相互独立吗？

4.31 马尔可夫链。设$\{X_i\}\sim$Bernoulli(p)，我们考虑与之相关的马尔可夫链$\{Y_i\}_{i=1}^n$，其中 Y_i=(当前 1 游程中数字 1 的个数)。例如，若 $X^n=101110\cdots$，则有 $Y^n=101230\cdots$

(a) 求 X^n 的熵率。

(b) 求 Y^n 的熵率。

4.32 时间对称。设$\{X_n\}$为平稳马尔可夫链。我们限定在已知(X_0, X_1)的条件下观察过去和将来。当下标 k 为多少时，有

$$H(X_{-n}|X_0, X_1)=H(X_k|X_0, X_1)?$$

给出证明。

4.33 链不等式。设 $X_1 \to X_2 \to X_3 \to X_4$ 构成马尔可夫链。证明

$$I(X_1;X_3)+I(X_2;X_4)\leqslant I(X_1;X_4)+I(X_2;X_3) \tag{4-108}$$

4.34 广播信道。设 $X \to Y \to (Z,W)$ 构成马尔可夫链（即对任意的 x,y,z,w，$p(x,y,z,w)=p(x)p(y|x)p(z,w|y)$）。证明

$$I(X;Z)+I(X;W)\leqslant I(X;Y)+I(Z;W) \tag{4-109}$$

4.35 第二定律的凹性。设$\{X_n\}_{-\infty}^{\infty}$为平稳马尔可夫过程。证明 $H(X_n|X_0)$关于 n 是凹的。具体讲，请证明

$$\begin{aligned} H(X_n|X_0)-H(X_{n-1}|X_0)-(H(X_{n-1}|X_0)-H(X_{n-2}|X_0)) \\ =-I(X_1;X_{n-1}|X_0, X_n)\leqslant 0 \end{aligned} \tag{4-110}$$

由此说明二阶差分为负。因此，$H(X_n|X_0)$是 n 的凹函数。

历史回顾

随机过程的熵率首先是由香农[472]引入的，同时他也论述了过程熵率与过程产生的可能序
100 列数之间的关系。自香农以后，从信息论的基本定理推广到一般的随机过程情形，已经有了许多研究结果。在第 16 章中，我们给出了一般平稳随机过程的 AEP 的证明。

隐马尔可夫模型有着广泛的应用，例如语音识别[432]。约束序列的熵率计算是由香农
101 [472]引入的。这样的序列在磁信道和光学信道中有所应用[288]。

第5章

数据压缩

本章通过论述信息压缩的基本临界值继续关注熵的定义的合理性。通过对数据源最频繁出现的结果分配较短的描述，而对不经常出现的结果分配较长的描述，可达到压缩数据的目的。例如，在莫尔斯(Morse)码中，最频繁出现的字符用单点表示。在本章中，我们的目标是求随机变量的最短期望描述长度。

我们首先定义即时码概念，然后证明非常重要的 Kraft 不等式，它表明码字长度相应的指数值类似于一个概率密度函数。通过简单的演算，可以证明编码的期望码长必大于或等于熵，这是本章最为重要的结果。然后，由香农给出的一个简单构造可得，如果允许冗余描述，那么期望描述长度可以渐近地达到熵值这个下界。同时，这也说明熵可以作为有效描述长度的一个自然度量。著名的赫夫曼编码程序提供了求解最小期望描述长度分配的一种方法。最后，我们证明赫夫曼编码是竞争最优的，同时也证明，为了获得熵等于 H 的随机变量的一个样本，需要抛掷均匀硬币大约 H 次。于是，熵既是数据压缩的一个临界值，也等于生成随机数所需的比特数。因此，从许多角度来讲，达到熵 H 的编码都将是最优的。

5.1 有关编码的几个例子

定义 关于随机变量 X 的*信源编码* C 是从 X 的取值空间 $\mathcal{X}$ 到 $\mathcal{D}^*$ 的一个映射，其中 $\mathcal{D}^*$ 表示 D 元字母表 $\mathcal{D}$ 上有限长度的字符串所构成的集合。用 $C(x)$ 表示 x 的码字并用 $l(x)$ 表示 $C(x)$ 的长度。 102~103

例如，C(红)$=00$，C(蓝)$=11$ 是 $\mathcal{X}=\{$红，蓝$\}$关于字母表 $\mathcal{D}=\{0, 1\}$ 的一个信源编码。

定义 设随机变量 X 的概率密度函数为 $p(x)$，定义信源编码 $C(x)$ 的*期望长度* $L(C)$ (expected length)为

$$L(C)=\sum_{x\in\mathcal{X}}p(x)l(x) \tag{5-1}$$

其中 $l(x)$ 表示对应于 x 的码字长度。

不失一般性，可假定 D 元字母表为 $\mathcal{D}=\{0,1,\cdots,D-1\}$。

以下是有关编码的几个例子。

例 5.1.1 设随机变量 X 的分布及其码字分配如下：

$$\begin{aligned}
&\Pr(X=1)=\frac{1}{2}，\text{码字 } C(1)=0\\
&\Pr(X=2)=\frac{1}{4}，\text{码字 } C(2)=10\\
&\Pr(X=3)=\frac{1}{8}，\text{码字 } C(3)=110\\
&\Pr(X=4)=\frac{1}{8}，\text{码字 } C(4)=111
\end{aligned} \tag{5-2}$$

易知 X 的熵 $H(X)$ 为 1.75 比特，而期望长度 $L(C)=El(X)$ 亦是 1.75 比特。此处，我们得到了一个期望长度正好等于其熵值的编码。注意到任何一个比特序列都可以唯一地解码成为关于 X 中

的字符序列。例如，比特串 0110111100110 解码后为 134213。

例 5.1.2 考虑关于随机变量编码的另一简单例子：

$$\Pr(X=1)=\frac{1}{3}，码字\ C(1)=0$$
$$\Pr(X=2)=\frac{1}{3}，码字\ C(2)=10 \tag{5-3}$$
$$\Pr(X=3)=\frac{1}{3}，码字\ C(3)=11$$

正如例 5.1.1 那样，该编码也是唯一可译的。但这里熵为 $\log 3=1.58$ 比特，而编码的期望长度为 1.66 比特，即此时 $El(X)>H(X)$。

例 5.1.3（莫尔斯码） 莫尔斯码是关于英文字母表的一个相当有效的编码方案，使用四个字
104 符的字母表：点，划，字母间隔和单词间隔。使用短序列表示频繁出现的字母（例如，用单个点表示 E），而用长序列表示不经常出现的字母（例如，Q 表示为“划，划，点，划”）。对于四个字符的字母表来说，这并非最佳表示。事实上，依此方式，许多可能的码字未被使用，因为英文字母对应的码字除了其末尾有个字母间隔外，再无别的间隔。在这样的限制条件下，计算满足条件的序列个数是一个很有趣的问题。香农在 1948 年的开创性论文中解决了这个问题。该问题也与磁记录的编码问题有联系，其中不允许出现一些长串的 0（见[5]和[370]）。

下面我们逐步对编码的定义条件做进一步的限制。设 x^n 表示 $(x_1,x_2,\cdots,x_n)$。

定义 如果编码将 X 的取值空间中的每个元素映射成 $\mathcal{D}^*$ 中不同的字符串，即

$$x\neq x' \Rightarrow C(x)\neq C(x') \tag{5-4}$$

则称这个编码是**非奇异的**(nonsigular)。

非奇异性可以保证表示 X 的每个值的明确性。但我们往往需要发送 X 的取值序列。对此，通过在两个码字间添加一个特殊的符号（如“逗号”），可以确保其可译性。但如此使用特殊的符号会降低编码的效率。如果利用码的自我间断性或即时码的思想，效果会更好。受发送 X 的字符序列需要的启发，我们定义码的扩展编码如下：

定义 编码 C 的扩展(extension) C^* 是从 $\mathcal{X}$ 上的有限长字符串到 $\mathcal{D}$ 上的有限长字符串的映射，定义为

$$C(x_1x_2\cdots x_n)=C(x_1)C(x_2)\cdots C(x_n) \tag{5-5}$$

其中 $C(x_1)C(x_2)\cdots C(x_n)$ 表示相应码字的串联。

例 5.1.4 若 $C(x_1)=00$，$C(x_2)=11$，则 $C(x_1x_2)=0011$。

定义 如果一个编码的扩展编码是非奇异的，则称该编码是**唯一可译的**(uniquely decodable)。

换言之，唯一可译码的任一编码字符串只来源于唯一可能的信源字符串。尽管如此，仍然可能需要通观整个编码字符串，才能最终确定信源字符串。甚至有时对于确定字符串中的第一个
105 字符，我们也必须这样。

定义 若码中无任何码字是其他码字的前缀，则称该编码为**前缀码**(prefix code)或**即时码**(instantaneous code)。

由于何时结束码字都可以瞬时辨认出来，因而无须参考后面的码字就可译出即时码。因此，对即时码来讲，一旦分配给字符 x_i 的码字结束，无须再等待后面出现的码字是什么，就可立刻译出字符 x_i。即时码是一个**自我间断码**；我们可以顺着编码字符序列看下去，添加逗号将码字分隔开，并不需要观察后面出现的字符。例如，例 5.1.1 中的编码方案所产生的二元串 01011111010，我们可将它分解成 0，10，111，110，10。

关于码的这些定义的包含关系如图 5-1 所示。为说明各类编码之间的不同之处，考虑如下的例子，其 $x\in\mathcal{X}$ 的码字分配情况见表 5-1。在表 5-1 中，对于非奇异码，码串 010 可能对应 3 个信源序列：2、14 或 31。因此，该编码不是惟一可译的。表中的唯一可译码并非是无前缀的，因而不是即时码。为说明它是唯一可译码，考虑任意一个码字串，并从起点开始着手。如果起始两位是 00 或 10，则可立 106
刻译出。而如果起始两位是 11，则还得看接下来的位上的数字。若下一位是 1，则可知第一个信源字符是 3。若紧随 11 后不是 1 而是由 0 组成的数字串且其长度为奇数，则第一个码字必定是 110，因而，第一个信源字符只能为 4；若由 0 组成的数字串的长度为偶数，则第一个信源字符是 3。重复以上讨论，可知该编码是唯一可译的。关于码的唯一可译性，Sardinas 和 Patterson[455]已设计出一个有限检验方法，其主要步骤是形成所有码字的可能后缀集，同时系统地删除它们。在习题 5.27 中有该检验方法的较为完整的叙述。表 5-1 中的最后一个码显然是即时码，这是因为所有码字中无一码字是其他任一码字的前缀。

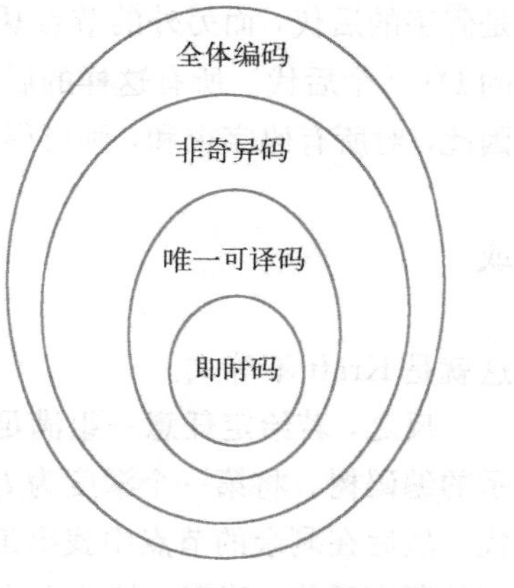

图 5-1　码的几种类型

表 5-1　码的几种类型

X	奇异的	非奇异，但不是唯一可译的	唯一可译，但不是即时的	即时的
1	0	0	10	0
2	0	010	00	10
3	0	01	11	110
4	0	10	110	111

5.2　Kraft 不等式

为描述一个给定的信源，我们的目标是构造期望长度最小的即时码。显然，不可能将短的码字分配给所有的信源字符而仍保持是无前缀的。即时码的一组可能的码字长度满足如下不等式。

定理 5.2.1（Kraft 不等式）　*对于 D 元字母表上的即时码（前缀码），码字长度 $l_1, l_2, \cdots, l_m$ 必定满足不等式*

$$\sum_i D^{-l_i} \leqslant 1 \qquad (5\text{-}6)$$

反之，若给定满足以上不等式的一组码字长度，则存在一个相应的即时码，其码字长度就是给定的长度。

证明：考虑每一节点均含 D 个子节点的 D 叉树。假定树枝代表码字的字符。例如，源于根节点的 D 条树枝代表着码字第一个字符的 D 个可能值。另外，每 107
个码字均由树的一片叶子表示。因此，始于根节点的路径可描绘出码字中的所有字符。作为例子，对于二叉树情形如图 5-2 所示。码字的前缀条件表明树中无一码字是其他任一码字的祖先。因而，在这样的编码树中，每一码字都去除了它的可能成为码字的所有后代。

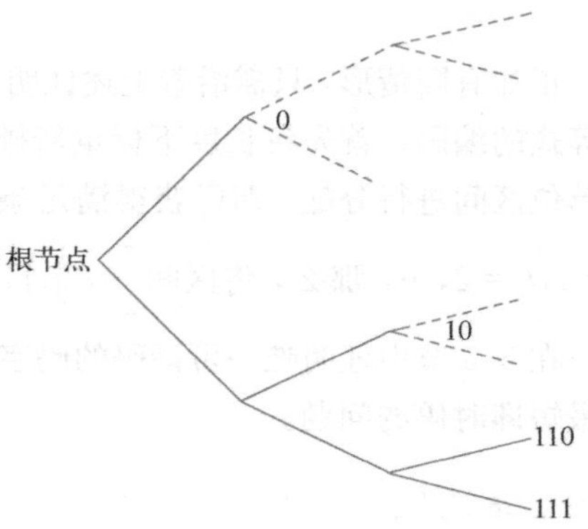

图 5-2　关于 Kraft 不等式的编码树

令 $l_{\max}$ 为码字集中最长码字长度。考虑在树中 $l_{\max}$ 层的所有节点，可知其中有些是码字，有些是码字的后代，而另外的节点既不是码字，也不是码字的后代。在树中 l_i 层的码字拥有 $l_{\max}$ 层中的 $D^{l_{\max}-l_i}$ 个后代。所有这样的后代集不相交。而且，这些集合中的总节点数必定小于或等于 $D^{l_{\max}}$。因此，对所有码字求和，则可得

$$\sum D^{l_{\max}-l_i} \leqslant D^{l_{\max}} \tag{5-7}$$

或

$$\sum D^{-l_i} \leqslant 1 \tag{5-8}$$

这就是 Kraft 不等式。

108 反之，若给定任意一组满足 Kraft 不等式的码字长度 $l_1, l_2, \cdots, l_m$，总可以构造出如图5-2所示的编码树。将第一个深度为 l_1 的节点(依字典序)标为码字 1，同时除去树中属于它的所有后代。然后在剩余的节点中找出第一个深度为 l_2 的节点，将其标为码字 2，同时除去树中所有属于它的所有后代，等等。按此方法继续下去，即可构造出一个码字长度为 $l_1, l_2, \cdots, l_m$ 的前缀码。□

下面我们证明无限前缀码仍然满足 Kraft 不等式。

定理 5.2.2(推广的 Kraft 不等式) *对任意构成前缀码的可数无限码字集，码字长度也满足推广的 Kraft 不等式。*

$$\sum_{i=1}^{\infty} D^{-l_i} \leqslant 1 \tag{5-9}$$

反之，若给定任意满足推广的 Kraft 不等式的 $l_1, l_2, \cdots$，则可构造出具有相应码长的前缀码。

证明：不妨设 D 元字母表为$\{0,1,\cdots,D-1\}$，第 i 个码字是 $y_1 y_2 \cdots y_{l_i}$。记 $0.y_1 y_2 \cdots y_{l_i}$ 是以 D 进制表示的实值小数，即

$$0.y_1 y_2 \cdots y_{l_i} = \sum_{j=1}^{l_i} y_j D^{-j} \tag{5-10}$$

由此，这个码字对应于一个区间

$$\left[0.y_1 y_2 \cdots y_{l_i}, 0.y_1 y_2 \cdots y_{l_i} + \frac{1}{D^{l_i}}\right) \tag{5-11}$$

这是一个实数集合，集合中所有实数的 D 进制表示都以 $0.y_1 y_2 \cdots y_{l_i}$ 开始。这个集合是单位区间 $[0, 1]$的子区间。同时由前缀条件可知，所有这些区间均不相交。因而，它们的区间长度总和小于或等于 1。至此证明了

$$\sum_{i=1}^{\infty} D^{-l_i} \leqslant 1 \tag{5-12}$$

正如有限情形，只需沿着上述证明的相反思路进行，即可构造出码长为 $l_1, l_2, \cdots$ 且满足 Kraft
109 不等式的编码。首先将长度下标重新排列，使得 $l_1 \leqslant l_2 \leqslant \cdots$。然后从单位区间的低端开始，依次将单位区间进行分配，即可获得满足条件的码字集。例如，如果想构造一个二元编码使其具有 $l_1=1, l_2=2, \cdots$，那么，将区间$\left[0, \frac{1}{2}\right)$，$\left[\frac{1}{2}, \frac{1}{4}\right)$，…分配给字符，使其对应码字 0，10，… □

在 5.5 节中证明唯一可译码的码字长度亦满足 Kraft 不等式。而在这之前，先来考虑如何求解最短即时码的问题。

5.3 最优码

在 5.2 节中已经证明了满足前缀条件的任何一个码字集合满足 Kraft 不等式，并且当一组码

字长度集合满足 Kraft 不等式时，存在这样的码字集，它们的长度集合正好就是给定的长度集合。下面考虑求解前缀码的最小期望长度问题。由 5.2 节的结果，该问题等价于求解满足 Kraft 不等式的长度集合 $l_1,l_2,\cdots,l_m$，使得它的期望长度 $L=\sum p_il_i$ 不超过其他任何前缀码的期望长度。这是一个标准的最优化问题：在所有整数 $l_1,l_2,\cdots,l_m$ 上，最小化

$$L=\sum p_il_i \tag{5-13}$$

其约束条件为

$$\sum D^{-l_i}\leqslant 1 \tag{5-14}$$

先利用微积分知识做个简单的分析，以此说明达到最小值时 l_i^* 应具有的形式。取消 l_i 必须是整数的限制，并假定约束条件中的等号成立。于是，利用拉格朗日(Lagrange)乘子法，将带约束的最小化问题转化为求

$$J=\sum p_il_i+\lambda(\sum D^{-l_i}) \tag{5-15}$$

的最小化问题。关于 l_i 求微分，可得

$$\frac{\partial J}{\partial l_i}=p_i-\lambda D^{-l_i}\log_e D \tag{5-16}$$

令偏导数为 0，得

$$D^{-l_i}=\frac{p_i}{\lambda\log_e D} \tag{5-17}$$ 110

将此代入约束条件中以求得合适的 λ，可得 $\lambda=1/\log_e D$，因而

$$p_i=D^{-l_i} \tag{5-18}$$

即最优码长为

$$l_i^*=-\log_D p_i \tag{5-19}$$

若可以取码字长度为非整数，则此时的期望码字长度为

$$L^*=\sum p_il_i^*=-\sum p_i\log_D p_i=H_D(X) \tag{5-20}$$

但事实上，l_i 必须是整数，因而码字长度不可能总设置成如式(5-19)的形式。相反，应该选择相应的码字长度 l_i 所成的集合“接近于”最优集。在下面的定理中，将直接证明最优性，而不再是通过微积分知识来说明 $l_i^*=-\log_D p_i$ 是使目标达到全局最小化的参数值。

定理 5.3.1 随机变量 X 的任一 D 元即时码的期望长度必定大于或等于熵 $H_D(X)$，即

$$L\geqslant H_D(X) \tag{5-21}$$

当且仅当 $D^{-l_i}=p_i$ 时，等号成立。

证明： 我们将期望长度与熵的差写成如下形式

$$L-H_D(X)=\sum p_il_i-\sum p_i\log_D\frac{1}{p_i} \tag{5-22}$$

$$=-\sum p_i\log_D D^{-l_i}+\sum p_i\log_D p_i \tag{5-23}$$

设 $r_i=D^{-l_i}/\sum\limits_j D^{-l_j}$，$c=\sum D^{-l_i}$，由相对熵的非负性以及 $c\leqslant 1$(利用 Kraft 不等式)，可得

$$L-H=\sum p_i\log_D\frac{p_i}{r_i}-\log_D c \tag{5-24}$$

$$=D(\mathbf{p}\parallel\mathbf{r})+\log_D\frac{1}{c} \tag{5-25}$$

$$\geqslant 0 \tag{5-26}$$ 111

因此，$L \geqslant H$，当且仅当 $p_i = D^{-l_i}$（即对所有的 i，$-\log_D p_i$ 为整数）时，等号成立。□

定义　对于某个 n，如果概率分布的每一个概率值均等于 D^{-n}，则称这个概率分布是 D 进制的（D-adic）。因此，当且仅当 X 的分布是 D 进制的，上述定理等号成立。

上面的证明过程同时也提供了寻求最优码的程序：找到与 X 的分布最接近的 D 进制分布（在相对熵意义下）。由该 D 进制分布可提供一组码字长度。然后，选取首次达到的节点（按照 Kraft 不等式证明过程中的方法），构造出该编码。这样，获得一个关于 X 的最优码。

但要实现这个程序并非易事，因为要搜索出与 X 的分布最接近的 D 进制分布并不显然。在下一节中，我们会给出一个次优的程序（香农－费诺编码）。在 5.6 节中，我们将叙述实际中寻找最优码的一个简单程序（赫夫曼编码）。

5.4 最优码长的界

现在证明期望描述长度 L 的取值范围在其下界与下界加 1 比特之间，即

$$H(X) \leqslant L < H(X) + 1 \tag{5-27}$$

回忆 5.3 节中的问题：最小化 $L = \sum p_i l_i$，其约束条件为 $l_1, l_2, \cdots, l_m$ 为整数且 $\sum D^{-l_i} \leqslant 1$。我们已证明：通过求相对熵意义下最接近于 X 分布的 D 进制概率分布，即通过最小化

$$L - H_D = D(\mathbf{p} \| \mathbf{r}) - \log\left(\sum D^{-l_i}\right) \geqslant 0 \tag{5-28}$$

求得 D 进制的 $\mathbf{r}$（$r_i = D^{-l_i} / \sum_j D^{-l_j}$），可求得最优期望码长。若码长选取 $l_i = \log_D \frac{1}{p_i}$，有 $L = H$。由于 $\log_D \frac{1}{p_i}$ 未必为整数，则通过取整运算，就可以给出整数码字长度的分配，

112

$$l_i = \left\lceil \log_D \frac{1}{p_i} \right\rceil \tag{5-29}$$

其中 $\lceil x \rceil$ 表示 $\geqslant x$ 的最小整数。这组整数满足 Kraft 不等式，因为

$$\sum D^{-\left\lceil \log \frac{1}{p_i} \right\rceil} \leqslant \sum D^{-\log \frac{1}{p_i}} = \sum p_i = 1 \tag{5-30}$$

如此选取的码字长度满足

$$\log_D \frac{1}{p_i} \leqslant l_i < \log_D \frac{1}{p_i} + 1 \tag{5-31}$$

在上式中乘 p_i，并且关于 i 求和，可得

$$H_D(X) \leqslant L < H_D(X) + 1 \tag{5-32}$$

由于只有最优码比该编码更优，从而有如下定理。

定理 5.4.1　*设 $l_1^*, l_2^*, \cdots, l_m^*$ 是关于信源分布 $\mathbf{p}$ 和一个 D 元字母表的一组最优码长，L^* 为最优码的相应期望长度（$L^* = \sum p_i l_i^*$），则*

$$H_D(X) \leqslant L^* < H_D(X) + 1 \tag{5-33}$$

证明：设 $l_i = \left\lceil \log_D \frac{1}{p_i} \right\rceil$，则 l_i 满足 Kraft 不等式且由式(5-32)可知

$$H_D(X) \leqslant L = \sum p_i l_i < H_D(X) + 1 \tag{5-34}$$

但由于 L^* 是最优码的期望长度，它不大于 $L = \sum p_i l_i$。再由定理 5.3.1 可知 $L^* \geqslant H_D$。定理得到证明。□

定理 5.4.1 说明，实际最优码的期望长度比熵大，但不会超出 1 比特的附加位，这是由于 $\log_D \frac{1}{p_i}$ 并非总是整数造成的。通过扩展，对多字符进行分组编码可以缩减这个每字符附加位。

根据这一思路，考虑序列发送系统，其中的序列都是来自 X 的 n 个字符。假定序列中的字符是 i. i. d. 服从 $p(x)$，此时可将这 n 个字符看成是字母表$\mathcal{X}^n$ 中的超字符。

定义 L_n 为每输入字符期望码字长度，也就是说，如果设 $l(x_1,x_2,\cdots,x_n)$是与$(x_1,x_2,\cdots,x_n)$ 113
相应的二进制码字长度(为简便起见，在本节余下的部分中，假定 $D=2$)，则

$$L_n=\frac{1}{n}\sum p(x_1,x_2,\cdots,x_n)l(x_1,x_2,\cdots,x_n)=\frac{1}{n}El(X_1,X_2,\cdots,X_n) \tag{5-35}$$

将上面推导的界应用于此时的编码，有

$$H(X_1,X_2,\cdots,X_n)\leqslant El(X_1,X_2,\cdots,X_n)<H(X_1,X_2,\cdots,X_n)+1 \tag{5-36}$$

由于 $X_1,X_2,\cdots,X_n$ 是 i. i. d.，因此 $H(X_1,X_2,\cdots,X_n)=\sum H(X_i)=nH(X)$。将式(5-36)两边同除以 n，得

$$H(X)\leqslant L_n<H(X)+\frac{1}{n} \tag{5-37}$$

因此，通过使用足够大的分组长度，可以获得一个编码，可以使其每字符期望码长任意地接近熵。

即使随机过程不是 i. i. d. 的，对来自该随机过程的字符序列也可做同样的讨论，此时仍然有界

$$H(X_1,X_2,\cdots,X_n)\leqslant El(X_1,X_2,\cdots,X_n)<H(X_1,X_2,\cdots,X_n)+1 \tag{5-38}$$

同样将上式两边同除以 n，且定义 L_n 为每字符期望描述长度，可得

$$\frac{H(X_1,X_2,\cdots,X_n)}{n}\leqslant L_n\ \frac{H(X_1,X_2,\cdots,X_n)}{n}+\frac{1}{n} \tag{5-39}$$

如果随机过程是平稳的，则 $H(X_1,X_2,\cdots,X_n)/n\to H(\mathcal{X})$。当 $n\to\infty$时，每字符期望描述长度趋于熵率。于是，可得如下的定理：

定理 5.4.2 每字符最小期望码字长满足

$$\frac{H(X_1,X_2,\cdots,X_n)}{n}\leqslant L_n^*<\frac{H(X_1,X_2,\cdots,X_n)}{n}+\frac{1}{n} \tag{5-40}$$

进一步，若 $X_1,X_2,\cdots,X_n$ 是平稳随机过程，则

$$L_n^*\to H(\mathcal{X}) \tag{5-41}$$

其中 $H(\mathcal{X})$为随机过程的熵率。 114

对于定义熵率概念的必要性，上述定理提供了另一个理由：它是最简洁描述该过程所需的每字符期望比特数。

最后讨论当面对的对象是非真实分布时，期望描述长度会变得怎样？例如，非真实分布可能是我们要了解的未知真实分布的一个最佳估计。下面考虑概率密度函数 $q(x)$的香农编码，相应的码长为 $l(x)=\left\lceil\log\frac{1}{q(x)}\right\rceil$。假定真实分布的概率密度函数是 $p(x)$。此时，不可能有期望码长 $L\approx H(p)=-\sum p(x)\log p(x)$。我们将证明，由于不正确的分布所引起的期望描述长度的增加值等于相对熵 $D(p\|q)$。于是，$D(p\|q)$可具体解释为由于使用不正确的信息而引起的描述性复杂度的增加量。

定理 5.4.3(偏码，wrong code) 码字长度分配 $l(x)=\left\lceil\log\frac{1}{q(x)}\right\rceil$关于 $p(x)$的期望码长满足

$$H(p)+D(p\|q)\leqslant E_p l(X)<H(p)+D(p\|q)+1 \tag{5-42}$$

证明：期望码长为

$$El(X) = \sum_x p(x)\left\lceil \log \frac{1}{q(x)} \right\rceil \tag{5-43}$$

$$< \sum_x p(x)\left(\log \frac{1}{q(x)} + 1\right) \tag{5-44}$$

$$= \sum_x p(x)\log \frac{p(x)}{q(x)} \frac{1}{p(x)} + 1 \tag{5-45}$$

$$= \sum_x p(x)\log \frac{p(x)}{q(x)} + \sum_x p(x)\log \frac{1}{p(x)} + 1 \tag{5-46}$$

$$= D(p \| q) + H(p) + 1 \tag{5-47}$$

类似地，可以得到期望码长的下界。 □

于是，若真实分布为 $p(x)$，而编码使用的是非真实分布 $q(x)$，则会导致期望描述长度增加 $D(p\|q)$。

5.5 唯一可译码的 Kraft 不等式

前面已证明了即时码必然满足 Kraft 不等式。而唯一可译码类包含所有即时码。因此，如果
115 在所有的唯一可译码中将码字长度 L 最小化，那么有希望得到一个更小的期望码长。在本节中，我们要证明，如果从码字长度集合考虑，唯一可译码不可能提供比即时码更进一步的结果。在此给出 Karush 对如下定理的一个漂亮证明。

定理 5.5.1（McMillan） *任意唯一可译的 D 元码的码字长度必然满足 Kraft 不等式*

$$\sum D^{-l_i} \leqslant 1 \tag{5-48}$$

反之，若给定满足上述不等式的一组码字长度，则可以构造出具有同样码字长度的唯一可译码。

证明：考虑编码 C 的 k 次扩展 C^k（即原先唯一可译码 C 的 k 次串联所形成的码）。由唯一可译性的定义，该码的 k 次扩展是非奇异的。由于所有长度为 n 的不同 D 元串的数目仅为 D^n，故由唯一可译性可知，在码的 k 次扩展中，长度为 n 的码序列数目必定不超过 D^n。由此讨论来证明 Kraft 不等式。

设字符 $x \in \mathcal{X}$ 所对应的码字长度记为 $l(x)$。对于扩展码，码序列的长度为

$$l(x_1, x_2, \cdots, x_k) = \sum_{i=1}^{k} l(x_i) \tag{5-49}$$

我们要证明的不等式为

$$\sum_{x \in \mathcal{X}} D^{-l(x)} \leqslant 1 \tag{5-50}$$

证明的技巧就是考虑上式左边量的 k 次幂。于是，由式(5-49)可得

$$\Big(\sum_{x \in \mathcal{X}} D^{-l(x)}\Big)^k = \sum_{x_1 \in \mathcal{X}}\sum_{x_2 \in \mathcal{X}} \cdots \sum_{x_k \in \mathcal{X}} D^{-l(x_1)} D^{-l(x_2)} \cdots D^{-l(x_k)} \tag{5-51}$$

$$= \sum_{x_1, x_2, \cdots, x_k \in \mathcal{X}^k} D^{-l(x_1)} D^{-l(x_2)} \cdots D^{-l(x_k)} \tag{5-52}$$

116

$$= \sum_{x^k \in \mathcal{X}^k} D^{-l(x^k)} \tag{5-53}$$

现将上式中的各项按码字长度合并同类项，可得

$$\sum_{x^k \in \mathcal{X}^k} D^{-l(x^k)} = \sum_{m=1}^{kl_{\max}} a(m) D^{-m} \tag{5-54}$$

其中 $l_{\max}$ 表示码字长度的最大值，$a(m)$ 表示所有 m 长码字对应的信源序列 x^k 的数目。但是，由

于原编码是唯一可译的，从而对于每个 m 长码字序列，至多存在一个信源序列与其对应，故而至多存在 D^m 个 m 长的序列。因此 $a(m)\leqslant D^m$，从而有

$$\left(\sum_{x\in\mathcal{X}} D^{-l(x)}\right)^k = \sum_{m=1}^{kl_{\max}} a(m)D^{-m} \tag{5-55}$$

$$\leqslant \sum_{m=1}^{kl_{\max}} D^m D^{-m} \tag{5-56}$$

$$= kl_{\max} \tag{5-57}$$

所以

$$\sum_j D^{-l_j} \leqslant (kl_{\max})^{1/k} \tag{5-58}$$

由于上述不等式对任意的 k 均成立，因此当 $k\to\infty$时，不等式仍然成立。又因为$(kl_{\max})^{1/k}\to 1$，可得

$$\sum_j D^{-l_j} \leqslant 1 \tag{5-59}$$

此即是 Kraft 不等式。

反之，若给定满足 Kraft 不等式的一组 $l_1, l_2, \cdots, l_m$，正如 5.2 节中所证明的，可以构造出相应的即时码。由于任何即时码都是唯一可译的，因而也构造出了唯一可译码。 □

推论 *无限信源字母表$\mathcal{X}$的唯一可译码亦满足 Kraft 不等式。*

证明：对于无限值$|\mathcal{X}|$，上述证明方法不再适用之处在于式(5-58)，这是因为对于无限编码，$l_{\max}$为无穷大。但只需对上述证明做个简单的修正，此推论的证明即可完成。由于唯一可译码的任一子集仍为唯一可译码，因此，无限码字集的有限子集亦满足 Kraft 不等式。故 117

$$\sum_{i=1}^{\infty} D^{-l_i} = \lim_{N\to\infty}\sum_{i=1}^{N} D^{-l_i} \leqslant 1 \tag{5-60}$$

给定满足 Kraft 不等式的一组码字长度 $l_1, l_2, \cdots$，由 5.2 节可以构造出相应的即时码。由于即时码是唯一可译的，因此已构造出具有无限个码字的唯一可译码。因而，McMillan 定理对无限字母表情形亦成立。 □

上面的定理蕴涵着一个相当令人震惊的结果：从码字长度集的角度考虑，唯一可译码类不能提供比前缀码类更优的选择。对唯一可译码与即时码而言，码字长度集是一样的。因而，当将允许的编码拓展到唯一可译码类的范畴，前面所得的关于最优码字长度的界的结果仍然是成立的。

5.6 赫夫曼码

关于给定分布构造最优(最短期望长度)前缀码，赫夫曼[283]给出了一个简单的算法。我们将证明，对于相同信源字母表的任意其他编码，不可能比赫夫曼算法所构造出的编码具有更小的期望长度。在给出任何正式的证明之前，先通过几个例子介绍一下赫夫曼码。

例 5.6.1 考虑一个随机变量 X，其取值空间为$\mathcal{X}=\{1, 2, 3, 4, 5\}$，对应的概率分别是 0.25，0.25，0.2，0.15 和 0.15。为获得 X 的一个最优二元码，需将最长的码字分配给字符 4 和 5。这两个码字长度必定相等，否则若将这两个码字中较长码字的最后 1 位剔除，仍可得到一个前缀码，但此时期望长度变短了。一般地，我们可以将该编码构造成为其中的两个最长码字仅差最后一位有所不同。对于这样的编码，可将字符 4 和 5 组合成单个信源字符，其相应的概率值为 0.30。按此思路继续下去，将两个最小概率的字符组合成一个字符，直至仅剩下一个字符为止，然后对字符进行码字分配，最终我们得到如下的表格： 118

码字长度	码　字	X	概　率				
2	01	1	0.25	0.3	0.45	0.55	1
2	10	2	0.25	0.25	0.3	0.45	
2	11	3	0.2	0.25	0.25		
3	000	4	0.15	0.2			
3	001	5	0.15				

上述编码的期望长度为 2.3 比特。

例 5.6.2　考虑上例中随机变量的三元码。现在将三个最小概率的字符组合成一个超字符，得到如下的表格：

码　字	X	概　率		
1	1	0.25	0.5	1
2	2	0.25	0.25	
00	3	0.2	0.25	
01	4	0.15		
02	5	0.15		

此时的编码期望长度为 1.5 铁特(ternary digit)。

例 5.6.3　如果 $D\geqslant 3$，信源字符数目可能不充足，以至于不能每次总可以将 D 个字符组合起来。在此情形下，可添加虚拟字符并将其放置在原字符集的最后面。虚拟字符的概率为 0 且插入后可填满一棵树。由于在每一次简化过程中，字符数均减少 $D-1$ 个，而要求字符的总数是 $1+k(D-1)$，其中 k 为树的深度。因而，需要添加足够多的虚拟字符，使字符总数恰好为 $1+k(D-1)$。例如：

码　字	X	概　率			
1	1	0.25	0.25	0.5	1.0
2	2	0.25	0.25	0.25	
01	3	0.2	0.2	0.25	
02	4	0.1	0.2		
000	5	0.1	0.1		
001	6	0.1			
002	虚拟符	0.0			

119 此时编码的期望长度为 1.7 铁特。

对赫夫曼编码的最优性在 5.8 节中给予证明。

5.7 有关赫夫曼码的评论

1. 信源编码与 20 问题游戏的等价性。先暂时离开主题，讨论一下信源编码与“20 问题”游戏的等价性。假定要设计一套最有效的是否型问题以便从目标群中识别出其中一个目标。假设目标的概率分布已知，那么是否能找到最有效的问题序列？（为了识别一个目标，必须保证该问题序列能够将一个目标从一群可能的目标中唯一地区分出来，最后一个问题的答案不必要求一定为“是”。）

   为此，首先说明这样一系列提问方案等价于一个目标编码。在该提问过程中，当前所要提出的问题仅依赖于前面提出的若干问题的答案而定。由于答案序列唯一确定该目标，因而所有目标对应着不同的答案序列。并且，如果用 0 表示“是”，用 1 表示“否”，那么可获得目标集的一个二元码。该编码的期望长度即是提问方案所需的期望问题数。

   反之，若给定目标集的一个二元编码，可以求得与该编码相对应的问题序列，使其期望问题数等于编码的期望码长。如提问方案中的第一个问题是：“目标的对应码字的第一位是 1 吗？”

由于赫夫曼编码是随机变量的最优信源编码，因而最优的问题系列可由赫夫曼编码来确定。在例 5.6.1 中，最优的第一个问题是“X 等于 2 或 3 吗?”对此问题的回答可确定赫夫曼编码的第一位。假定第一个问题的回答是“对”，那下一个问题应该是“X=3 吗?”这可确定码的第二位。然而，并不需要等待给出第一个问题的答案之后再问第二个。对于第二个问题，可以是“X 等于 1 或 3 吗?”，它独立于第一个问题，由此可确定赫夫曼编码的第二位。

在最优的提问方案中，期望问题数 EQ 满足

$$H(X) \leqslant EQ < H(X)+1 \tag{5-61}$$ 120

2. *加权码字的赫夫曼编码*。最小化$\sum p_i l_i$ 的赫夫曼算法其实对任意一组 $p_i \geqslant 0$ 都是成立的，而无须考虑$\sum p_i$ 的大小。此时，赫夫曼编码算法最小化的是码长加权和$\sum w_i l_i$，而非平均码长。

例 5.7.1 利用相同的算法，可对加权情形进行最小化

X	码 字	权 重			
1	00	5	8	10	18
2	01	5	5	8	
3	10	4	5		
4	11	4			

在此情形下，该编码使得码长加权之和最小化，且码长加权和的最小值为 36。

3. *赫夫曼编码与“切片”问题(字母码)*。我们已经说明了信源编码与 20 问题游戏的等价性。对于给定的随机变量，最优问题序列对应于一个最优的信源编码。然而，由赫夫曼编码确定的最优问题方案要求对于任一问题，存在某个集合 $A \subseteq \{1,2,\cdots,m\}$，使该问题具有形式“$X \in A$ 吗?”

下面考虑的“20 问题”游戏的问题集是带约束的。具体讲，假定$\mathcal{X}=\{1,2,\cdots,m\}$中的元素降序排列为 $p_1 \geqslant p_2 \geqslant \cdots \geqslant p_m$，并且要求所有的提问只能是唯一形式“$X>a$ 吗?”，其中 a 是某个数。由赫夫曼算法所构造出的赫夫曼编码可以不与*切片集*(形如$\{x: x<a\}$的集合)相对应。如果选取由赫夫曼编码所得到的码字长度(由引理 5.8.1 知 $l_1 \leqslant l_2 \leqslant \cdots \leqslant l_m$)，并且用它们来分配字符到编码树上，使得每个码长对应着编码树的一个层，在对应的层上，将首达节点处标示上对应的字符，由此方法可构造出另一个最优码。然而与赫夫曼编码不同的是，该编码是一个*切片码*(slice code)，这是因为与此最优码等价的最优问题方案中的每个问题(对应该码的一位)将该树分裂成一系列$\{x: x>a\}$与$\{x: x<a\}$的集合形式。

下面用一个例子来说明这点。

例 5.7.2 考虑例 5.6.1。可知由赫夫曼编码程序所构造出的赫夫曼码并不是切片码。但若使用由赫夫曼编码程序获得的码字长度，即$\{2,2,2,3,3\}$，同时将相应字符分配给编码树中相应层的首达节点，就可得到随机变量的如下编码： 121

$$1 \to 00, 2 \to 01, 3 \to 10, 4 \to 110, 5 \to 111$$

可以证明上述编码是个切片码。由于码字是按字母序排列的，故我们将这类片段码称作*字母码*(alphabetic code)。

4. *赫夫曼编码与香农码*。对于某个特定的字符，使用码长为$\left\lceil \log \frac{1}{p_i} \right\rceil$的编码(称为*香农码*)可能比最优码更差。例如，考虑两个字符，其中一个发生的概率为 0.9999 而另一个为 0.0001。若使用码字长度$\left\lceil \log \frac{1}{p_i} \right\rceil$，则意味着它们的码长分别为 1 比特和 14 比特。然而这两个字符的最优码长都是 1 比特。因而，在香农编码中，不经常发生的字符的码字长度一般比最优码的码字更长。

最优码的码字长度总是小于等于$\left\lceil \log \frac{1}{p_i} \right\rceil$吗？下面的例子可说明该问题并不总是对的。

例 5.7.3 设随机变量 X 的分布为$\left(\frac{1}{3},\frac{1}{3},\frac{1}{4},\frac{1}{12}\right)$。赫夫曼编码程序产生的码字长度为(2,2,2,2)或(1,2,3,3)(依赖于概率合并的选取，读者可以自行验证（见习题 5.12))。这两个码的期望码字长相同。对第二个编码，其第 3 个字符的长为 3，比$\left\lceil \log \frac{1}{p_3} \right\rceil$大。因此，香农码中某个字符的码字长可能小于最优(赫夫曼)编码中的相应字符的码字长。这个例子也说明了一个事实，即最优码的码字长集合并不唯一(可能存在 1 个以上的具有相同期望值的码长集)。

对于单个字符来说，不论是香农码还是赫夫曼码都可能有更短的码字长度，但从平均意义上讲，只有赫夫曼编码具有更短的期望长度。另外，从期望码长衡量，香农码和赫
122 夫曼码的差别不超过 1 比特(这是因为两者的平均码长均在 H 和 $H+1$ 之间)。

5. 费诺编码。费诺提出了构造信源编码的一个次优程序，类似于切片码的思想。在他给出的方法中，先将概率值以递减次序排列，然后选取 k 使得$\left|\sum_{i=1}^{k} p_i - \sum_{i=k+1}^{m} p_i\right|$达到最小值。这个操作将信源字符集划分成了概率几乎相等的两个集合。将概率较高的那个集合中的字符对应码字的第一个位置上写成 0，概率值较低的集合写成 1。然后对每个划分出来的子集继续重复此过程。由此递推程序，最终每个信源字符均可得到一个相应的码字。对此方案，虽然一般不是最优的，但可以达到 $L(C) \leqslant H(X)+2$(见[282])。

5.8 赫夫曼码的最优性

利用归纳法可以证明二元赫夫曼码是最优的。记住重要的一点，最优码有很多。例如，将一个最优码码字的位倒序，或交换具有相同长度的两个码字，均可获得另一个最优码。由赫夫曼程序所构造出的就是一个最优码。为证明赫夫曼码的最优性，首先来证明特定最优码所具有的某些性质。

不失一般性，假定随机变量的概率分布列依次排列为 $p_1 \geqslant p_2 \geqslant \cdots \geqslant p_m$。回忆最优码的定义可知，当$\sum p_i l_i$ 达最小时，编码是最优的。

引理 5.8.1 *对任意一个分布，必然存在满足如下性质的一个最优即时码(即有最小期望长度)：*

1. *其长度序列与按概率分布列排列的次序相反，即，若 $p_j > p_k$，则 $l_j \leqslant l_k$。*
2. *最长的两个码字具有相同长度。*
3. *最长的两个码字仅在最后一位上有所差别，且对应于两个最小可能发生的字符。*

证明：实际上，证明需要的步骤是如图 5-3 所示的交换、修剪及重排过程。考虑一个最优码 C_m：

- 若 $p_j > p_k$，则 $l_j \leqslant l_k$。此时通过交换码字即可得此结论。

  设 C'_m 为将 C_m 中的码字 j 和 k 交换所得到的编码，则

$$L(C'_m)-L(C_m)=\sum p_i l'_i-\sum p_i l_i \tag{5-62}$$
$$=p_j l_k+p_k l_j-p_j l_j-p_k l_k \tag{5-63}$$
$$=(p_j-p_k)(l_k-l_j) \tag{5-64}$$

123 但 $p_j-p_k>0$，由于 C_m 是最优的，可得 $L(C'_m)-L(C_m)\geqslant 0$，故必有 $l_k \geqslant l_j$。从而最优码本身 C_m 必定满足性质 1。

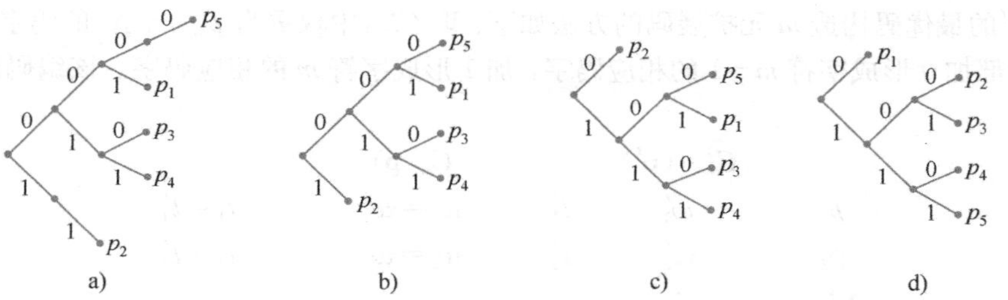

图 5-3　最优码的有关性质。假定 $p_1 \geqslant p_2 \geqslant \cdots \geqslant p_m$。a)给出可能的即时码。通过修剪无兄弟的分枝，可将原码改进为b)。将编码树重排成如c)所示，使得从顶部到底部按照码字长度的增加排列。最后，交换概率匹配使得编码树的期望深度得到改进，如d)所示。因此，任何一个最优码都可以通过重排和交换最终具有如d)所示的典则形式。在这里请注意 $l_1 \leqslant l_2 \leqslant \cdots \leqslant l_m$ 以及 $l_{m-1} = l_m$，最后两个码字的差别仅在于最后一位

- *最长的两个码字具有相同的长度。*通过修剪码字获得结论。如果两个最长码字长度不同，那么将较长码字的最后一位删除，它仍可保持前缀性质，但此时具有更短的期望码字长。因此，最长的两个码字长度必定相等。由性质 1 可知，最长的所有码字对应于那些最小可能发生的信源字符。
- *两个最长码字仅在最后一位有所差别，并且分别对应于两个最小可能发生的信源字符。*并非所有的最优码都满足这个性质，但通过重排可以获得满足该性质的最优码。如果存在长度最长的码字，则删除码字的最后一位，所得的码字仍满足前缀性质。从而期望码字长度有所减小，这与编码的最优性矛盾。因此，在任何一个最优编码中，最大长度码字有兄弟。此时，我们交换两个最长的码字使得具有最小概率的信源字符对应于树上的两个兄弟(sibling)。这样处理并没有改变期望长度 $\sum p_i l_i$ 的值。于是，两个最小概率信源字符对应于最长的两个码字，它们除了最后一位不同其他都完全相同。 124

总之，我们已证明：若 $p_1 \geqslant p_2 \geqslant \cdots \geqslant p_m$，则存在长度列为 $l_1 \leqslant l_2 \leqslant \cdots \leqslant l_{m-1} = l_m$ 的一个最优码，且码字 $C(x_{m-1})$ 和 $C(x_m)$ 仅最后一位有所区别。□

因此，满足引理中性质的最优码是存在的。我们称这样的码为*典则码*(canonical code)。对于 m 元字母表上的概率密度函数 $\mathbf{p} = (p_1, p_2, \cdots, p_m)$，$p_1 \geqslant p_2 \geqslant \cdots \geqslant p_m$，我们定义其 $m-1$ 元字母表上的*赫夫曼合并*(Huffman reduction)为 $\mathbf{p}' = (p_1, p_2, \cdots, p_{m-2}, p_{m-1} + p_m)$(见图 5-4)。用 $C_{m-1}^*(\mathbf{p}')$ 表示 $\mathbf{p}'$ 的最优码，而用 $C_{m-1}^*(\mathbf{p})$ 表示 $\mathbf{p}$ 的典则最优码。

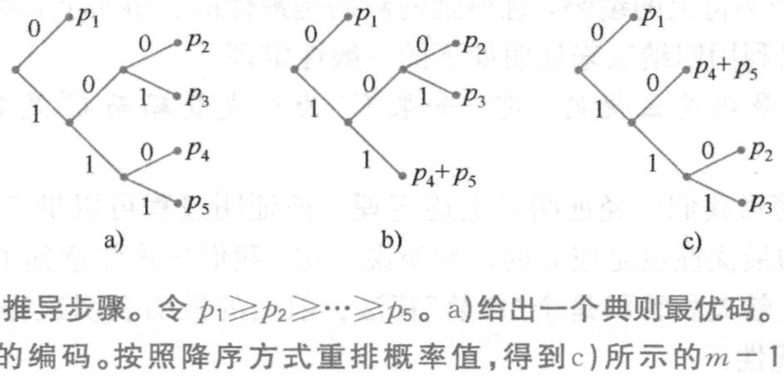

图 5-4　赫夫曼码的推导步骤。令 $p_1 \geqslant p_2 \geqslant \cdots \geqslant p_5$。a)给出一个典则最优码。合并两个最小概率，得到 b)中的编码。按照降序方式重排概率值，得到c)所示的 $m-1$ 个字符上的典则码

最优性证明可以由下面两个构造得到：首先，通过扩展 $\mathbf{p}'$ 的最优码构造出 $\mathbf{p}$ 的码，然后将 $\mathbf{p}$ 的典则最优码精简，构造出赫夫曼合并 $\mathbf{p}'$ 的码。比较两个码的平均码字长可以证明，通过扩展 $\mathbf{p}'$ 的最优码就可得到 $\mathbf{p}$ 的最优码。 125

基于 $\mathbf{p}'$ 的最优码构造 m 元扩展码的方法如下：取 C^*_{m-1} 中权重为 $p_{m-1}+p_m$ 的码字，对其进行扩展，在尾部加 0 形成字符 $m-1$ 的相应码字，加 1 形成字符 m 的相应码字。该编码的构造过程说明如下：

$$\begin{array}{ccccc} & C^*_{m-1}(\mathbf{p}') & & C_m(\mathbf{p}) & \\ p_1 & w_1' & l_1' & w_1=w_1' & l_1=l_1' \\ p_2 & w_2' & l_2' & w_2=w_2' & l_2=l_2' \\ \vdots & \vdots & \vdots & \vdots & \vdots \\ p_{m-2} & w'_{m-2} & l'_{m-2} & w_{m-2}=w'_{m-2} & l_{m-2}=l'_{m-2} \\ p_{m-1}+p_m & w'_{m-1} & l'_{m-1} & w_{m-1}=w'_{m-1}0 & l_{m-1}=l'_{m-1}+1 \\ & & & w_m=w'_{m-1}1 & l_m=l'_{m-1}+1 \end{array} \tag{5-65}$$

由平均长度 $\sum_i p_i' l_i'$ 的计算表明

$$L(\mathbf{p})=L^*(\mathbf{p}')+p_{m-1}+p_m \tag{5-66}$$

类似地，从 $\mathbf{p}$ 的典则码出发，将两个最小概率 p_{m-1} 和 p_m 对应的字符 $m-1$ 与 m 的码字（依照典则码的性质，这两个码字实际上是兄弟）合并，可以构造出 $\mathbf{p}'$ 的最优码。$\mathbf{p}'$ 的新码的平均长度为

$$L(\mathbf{p}')=\sum_{i=1}^{m-2} p_i l_i + p_{m-1}(l_{m-1}-1)+p_m(l_m-1) \tag{5-67}$$

$$=\sum_{i=1}^{m} p_i l_i - p_{m-1} - p_m \tag{5-68}$$

$$=L^*(\mathbf{p})-p_{m-1}-p_m \tag{5-69}$$

将式(5-66)与式(5-69)相加，得到

$$L(\mathbf{p}')+L(\mathbf{p})=L^*(\mathbf{p}')+L^*(\mathbf{p}) \tag{5-70}$$

或者

126 $$(L(\mathbf{p}')-L^*(\mathbf{p}'))+(L(\mathbf{p})-L^*(\mathbf{p}))=0 \tag{5-71}$$

下面我们考察式(5-71) 中的两项。由于 $L^*(\mathbf{p}')$ 为 $\mathbf{p}'$ 的最优码长，由假定，有 $L(\mathbf{p}')-L^*(\mathbf{p}')\geqslant 0$。同理，扩展 $\mathbf{p}'$ 的最优码得到的码的平均长度不低于 $\mathbf{p}$ 的最优码长（即 $L(\mathbf{p})-L^*(\mathbf{p})\geqslant 0$）。两个非负项之和为 0 只有当两项全为 0 时成立，因此，$L(\mathbf{p})=L^*(\mathbf{p})$（这就是说，$\mathbf{p}'$ 的最优码的扩展关于 $\mathbf{p}$ 也是最优的）。

因此，如果从 $m-1$ 个字符上的概率分布 $\mathbf{p}'$ 的一个最优码出发，通过扩展对应于 $p_{m-1}+p_m$ 的码字，就可以获得 m 个字符上的编码，且得到的新码是最优的。事实上，对于二元码，码的最优性是明显的，我们可以利用归纳法来证明如下的一般性定理。

定理 5.8.1 *赫夫曼码是最优的，即，如果 C^* 为赫夫曼码而 C' 是其他码，则 $L(C^*)\leqslant L(C')$。*

针对二元字母表情形我们已经证明了上述定理。该证明过程可以推广，对于 D 元字母表情形，赫夫曼编码算法的最优性也是成立的。顺便说一句，我们应该注意到了在每一步合并两个最小可能发生的字符时，赫夫曼编码是个“贪婪”算法。前面的证明表明这样的局部最优性可以保证最终编码的全局最优性。

5.9 Shannon-Fano-Elias 编码

在 5.4 节中，我们已经证明了码字长 $l(x)=\left\lceil \log \frac{1}{p(x)} \right\rceil$ 的集合满足 Kraft 不等式，由此可以

构造信源的惟一可译码。在本节中介绍一个简单的构造程序，基本思路是利用累积分布函数来分配码字。

不失一般性，假定取$\mathcal{X}=\{1,2,\cdots,m\}$。假设对所有的 x，有 $p(x)>0$。定义累积分布函数 $F(x)$为

$$F(x)=\sum_{a\leqslant x}p(a) \tag{5-72}$$

其函数图形见图 5-5 所示。考虑修正的累积分布函数

$$\bar{F}(x)=\sum_{a<x}p(a)+\frac{1}{2}p(x) \tag{5-73}$$

127

其中，$\bar{F}(x)$表示小于 x 的所有字符的概率和加上字符 x 概率的一半所得到的值。由于随机变量是离散的，故累积分布函数所含的阶梯高度为 $p(x)$。函数 $\bar{F}(x)$的值正好是与 x 对应的那个阶梯的中点。

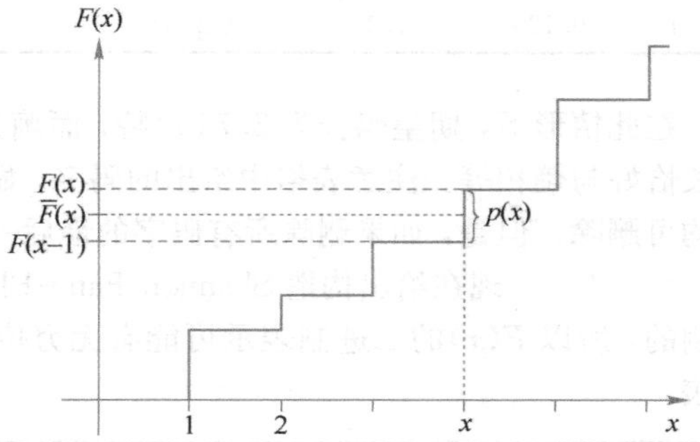

图 5-5 累积分布函数与 Shannon-Fano-Elias 编码

由于所有的概率值是正的，若 $a\neq b$，则 $\bar{F}(a)\neq\bar{F}(b)$。若已知 $\bar{F}(x)$，则可以确定 x。因此，只需通过观察累积分布函数的图形，就可找得相应的 x。故 $\bar{F}(x)$可以作为 x 的编码。

但在一般情况下，$\bar{F}(x)$需要用无限多比特才可表示的实数。所以，使用 $\bar{F}(x)$的精确值作为对 x 的编码并非切实可行。假如使用近似值，那么需要精确到什么程度呢？

假定将 $\bar{F}(x)$舍入取 $l(x)$位（记为$\lfloor\bar{F}(x)\rfloor_{l(x)}$）。于是，取 $\bar{F}(x)$的前 $l(x)$位作为 x 的码。由舍入定义，可得

$$\bar{F}(x)-\lfloor\bar{F}(x)\rfloor_{l(x)}<\frac{1}{2^{l(x)}} \tag{5-74}$$

若 $l(x)=\left\lceil\log\frac{1}{p(x)}\right\rceil+1$，则

$$\frac{1}{2^{l(x)}}<\frac{p(x)}{2}=\bar{F}(x)-F(x-1) \tag{5-75}$$

因而，$\lfloor\bar{F}(x)\rfloor_{l(x)}$位于对应 x 的阶梯之中，那么，使用 $l(x)$比特足以表示 x。 128

这里，除要求码字与字符一一对应之外，还要求码字集是无前缀的。为验证该编码是否为前缀码，考虑每个码字 $z_1z_2\cdots z_l$，注意到它实际上代表的不是一个点，而是一个区间$\left[0.z_1z_2\cdots z_l,0.z_1z_2\cdots z_l+\frac{1}{2^l}\right]$。码是无前缀的当且仅当码字对应的区间互不相交。

现在证明上述码字集合无前缀。对应任一码字的区间长度为 $2^{-l(x)}$，由式(5-75)可知所有区间长度均小于 x 对应的阶梯高度的 1/2。区间的下端位于对应阶梯的下一半中，于是区间的上端位于对应阶梯的顶部之下，故而在累积分布函数之中，任一码字对应的区间都真包含于相应字符所对应的阶梯中。所以不同码字对应的区间不相交，此码是无前缀的。注意，该程序没有要求字符按其概率大小顺序排列。在习题 5.5.28 中，给出了要求概率值排列有序的另一个编码程序。

由于使用 $l(x)=\left\lceil\log\frac{1}{p(x)}\right\rceil+1$ 比特来表示 x，则编码的期望长度为

$$L=\sum_x p(x)l(x)=\sum_x p(x)\left(\left\lceil\log\frac{1}{p(x)}\right\rceil+1\right)<H(X)+2 \tag{5-76}$$

因此，该编码方案的期望码长不会超过熵值 2 比特。

例 5.9.1　首先考虑下面的例子，其中所有概率值都是二进制的。码的构造如下表：

x	$p(x)$	$F(x)$	$\bar{F}(x)$	$\bar{F}(x)$的二进制表示	$l(x)=\left\lceil \log\frac{1}{p(x)}\right\rceil+1$	码字
1	0.25	0.25	0.125	0.001	3	001
2	0.5	0.75	0.5	0.10	2	10
3	0.125	0.875	0.8125	0.1101	4	1101
4	0.125	1.0	0.9375	0.1111	4	1111

在此情形下，期望码长为 2.75 比特，而熵为 1.75 比特。对于这个例子，赫夫曼编码的期望码长恰好与熵相等。注意表格中给出的码字，显然存在着某些无效性，如最后两个码字的最后一位均可删除。但是，如果删除所有码字的最后一位，那么所得到的码就不再是无前缀的了。
129

例 5.9.2　现在给出构造 Shannon-Fano-Elias 码的另一个例子。在此例中，由于分布不是二进制的，所以 $F(x)$的二进制表示可能有无穷位数字。用 $0.\overline{01}$表示 0.01010101…。构造的码如下表：

x	$p(x)$	$F(x)$	$\bar{F}(x)$	$\bar{F}(x)$的二进制表示	$l(x)=\left\lceil \log\frac{1}{p(x)}\right\rceil+1$	码字
1	0.25	0.25	0.125	0.001	3	001
2	0.25	0.5	0.375	0.011	3	011
3	0.2	0.7	0.6	$0.1\overline{0011}$	4	1001
4	0.15	0.85	0.775	$0.110\overline{0011}$	4	1100
5	0.15	1.0	0.925	$0.111\overline{0110}$	4	1110

上述编码的平均长度比该信源赫夫曼编码(例 5.6.1)的长度大 1.2 比特。

Shannon-Fano-Elias 编码程序也可以应用到随机变量序列。其关键思想是利用序列的累积分布函数以适当的精度表示作为该序列的编码。将此方法直接应用到长度为 n 的分组码，需要计算所有 n 长序列的概率和累积分布，且这种计算量随分组长度以指数增长。但是一种简单的技巧可以保证我们每当在分组中观察到一个字符时，可以逐次地计算出概率和累积密度函数，且保证计算量随分组长度线性增长。直接应用 Shannon-Fano-Elias 编码需要的计算精度随分组长度增长，因而处理较长的分组长度是不现实的。第 13 章将介绍算术编码，使用固定的精度对随机变量序列进行编码，是 Shannon-Fano-Elias 编码的推广，其复杂度随序列的长度线性增长。该方法是现实世界中许多压缩方案的基础，比如，JPEG 与 FAX 的压缩标准都用到了它。

5.10　香农码的竞争最优性

我们已证明赫夫曼编码是具有最小期望长度的最优码。但是，对某个特定的信源序列来说，赫夫曼编码的性能又如何呢？例如，对所有序列中来说，赫夫曼编码优于其他编码吗？显然不是，因为存在某些编码，它们分配较短的码字给不经常发生的信源字符。对于这些信源字符，这样的编码比赫夫曼编码更好。
130

在正式叙述竞争最优性问题之前，考虑下列两人间的零和游戏：有两个人，给定一个概率分布，要求他们对此分布各自设计一个即时码。现有一个信源字符来自该分布。比赛规则是：对此信源字符，如果参赛者 A 设计的码字比参赛者 B 设计的短或长，则 A 相应的得分是 1 或－1，若比个平手，则 A 的得分为 0。

用赫夫曼码的码长处理并不容易，因为它没有关于码字长度的显式表达式。相反，若考虑香农编码，其码字长度 $l(x)=\left\lceil \log \frac{1}{p(x)} \right\rceil$，问题就容易处理了。在此有如下定理。

定理 5.10.1 设 $l(x)$ 为香农码的相应码字长度，而 $l'(x)$ 表示其他唯一可译码的相应码字长度。则

$$\Pr(l(X) \geqslant l'(X)+c) \leqslant \frac{1}{2^{c-1}} \tag{5-77}$$

例如，$l'(X)$ 比 $l(X)$ 短 5 比特或更多的概率不超过 $\frac{1}{16}$。

证明：

$$\Pr(l(X) \geqslant l'(X)+c) = \Pr\left(\left\lceil \log \frac{1}{p(X)} \right\rceil \geqslant l'(X)+c\right) \tag{5-78}$$

$$\leqslant \Pr\left(\log \frac{1}{p(X)} \geqslant l'(X)+c-1\right) \tag{5-79}$$

$$= \Pr(p(X) \leqslant 2^{-l'(X)-c+1}) \tag{5-80}$$

$$= \sum_{x:\, p(x) \leqslant 2^{-l'(x)-c+1}} p(x) \tag{5-81}$$

$$\leqslant \sum_{x:\, p(x) \leqslant 2^{-l'(x)-c+1}} 2^{-l'(x)-(c-1)} \tag{5-82}$$

$$\leqslant \sum_{x} 2^{-l'(x)} 2^{-(c-1)} \tag{5-83}$$

$$\leqslant 2^{-(c-1)} \tag{5-84}$$

由 Kraft 不等式得到 $\sum 2^{-l'(x)} \leqslant 1$。 □ 131

因此，在大多数情况下，没有其他码能够比香农码更为优越。现在我们从两方面来加强这个结论。在博弈论架构中，人们常希望保证 $l(x)<l'(x)$ 而不是 $l(x)>l'(x)$。事件 $l(x) \leqslant l'(x)+1$ 成立的概率 $\geqslant \frac{1}{2}$ 不能保证这点。下面我们证明甚至对于这个更为严格的判别准则，香农码也是最优的。回顾一下，如果对所有 x，$\log \frac{1}{p(x)}$ 均为整数，则概率密度函数 $p(x)$ 是二进制。

定理 5.10.2 对二进制概率密度函数 $p(x)$，设 $l(x)=\log \frac{1}{p(x)}$ 为信源的二元香农码的码字长度，$l'(x)$ 为信源任何其他唯一可译二元码的码字长度。则

$$\Pr(l(X)<l'(X)) \geqslant \Pr(l(X)>l'(X)) \tag{5-85}$$

当且仅当对所有的 x，有 $l'(x)=l(x)$ 等号成立。于是码长分配 $l(x)=\log \frac{1}{p(x)}$ 是唯一竞争最优的。

证明：定义函数 $\mathrm{sgn}(t)$ 如下：

$$\mathrm{sgn}(t)=\begin{cases} 1 & \text{当 } t>0 \\ 0 & \text{当 } t=0 \\ -1 & \text{当 } t<0 \end{cases} \tag{5-86}$$

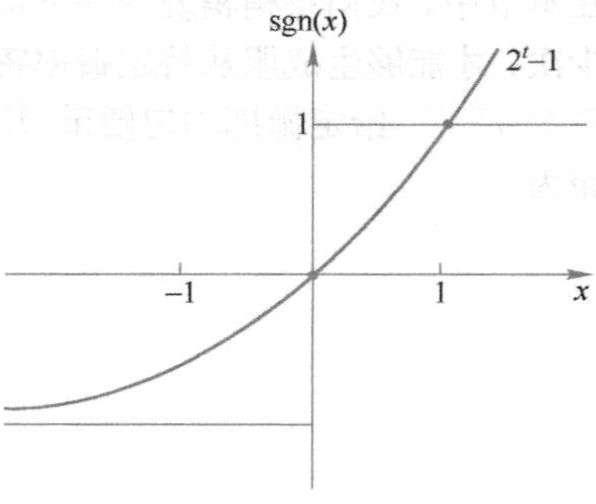

图 5-6 符号函数(sgn)与它的一个界

由图 5-6 易知

$$\mathrm{sgn}(t) \leqslant 2^t-1 \quad 对于 t=0, \pm 1, \pm 2, \cdots \tag{5-87}$$ 132

注意，尽管上述不等式对所有的实值 t 并不满足，但对所有的整值 t 却是满足的。此时可以得到

$$\Pr(l'(X)<l(X))-\Pr(l'(X)>l(X))=\sum_{x:l'(x)<l(x)}p(x)-\sum_{x:l'(x)>l(x)}p(x) \tag{5-88}$$
$$=\sum_x p(x)\operatorname{sgn}(l(x)-l'(x)) \tag{5-89}$$
$$=E\operatorname{sgn}(l(X)-l'(X)) \tag{5-90}$$
$$\overset{(a)}{\leqslant}\sum_x p(x)(2^{l(x)-l'(x)}-1) \tag{5-91}$$
$$=\sum_x 2^{-l(x)}(2^{l(x)-l'(x)}-1) \tag{5-92}$$
$$=\sum_x 2^{-l'(x)}-\sum_x 2^{-l(x)} \tag{5-93}$$
$$=\sum_x 2^{-l'(x)}-1 \tag{5-94}$$
$$\overset{(b)}{\leqslant}1-1 \tag{5-95}$$
$$=0 \tag{5-96}$$

其中(a)由 $\operatorname{sgn}(x)$的上界得到，(b)是由于 $l'(x)$满足 Kraft 不等式。

在以上的关系链中，要使等号成立，仅需(a)和(b)均取等号。为使 $\operatorname{sgn}(t)$达到它的界 2^t-1 当且仅当 $t=0$ 或 1，即为使(a)式为等号，当且仅当 $l(x)=l'(x)$或 $l(x)=l'(x)+1$。(b)式等号成立，意味着要求 $l'(x)$满足 Kraft 不等式恰好等号成立。综合这两点，对所有的 x 有 $l'(x)=l(x)$成立。□

推论 对于非二进的概率密度函数，

$$E\operatorname{sgn}(l(x)-l'(X)-1)\leqslant 0 \tag{5-97}$$

133 其中 $l(x)=\left\lceil\log\frac{1}{p(x)}\right\rceil$，$l'(x)$为信源其他任何一个编码。

证明：沿用上述定理的证明过程，命题即可得证。□

由此，我们证明了在某类判别准则下，香农码 $l(x)=\left\lceil\log\frac{1}{p(x)}\right\rceil$是最优的；且对于支付函数，香农码具有稳健性。特别地，对于二进制的 p，$E(l-l')\leqslant 0$，$E\operatorname{sgn}(l-l')\leqslant 0$，再由不等式(5-87)，可得 $E f(l-l')\leqslant 0$，其中 f 是满足 $f(t)\leqslant 2^t-1$ 的任意函数，$t=0,\pm1,\pm2,\cdots$。

5.11 由均匀硬币投掷生成离散分布

在本章的前面几节中考虑的问题是如何用比特序列表示一个随机变量，使表示的期望长度达到最小。通过讨论(习题 5.5.29)可知，这样的已编码序列基本上不能再压缩了，因此其熵率近似等于 1 比特每字符。从而，已编码序列上的比特实质上可通过抛掷均匀硬币过程来生成。

在本节中，我们将稍稍绕开一下信源编码的讨论主题，先考虑其对偶问题。需要抛掷均匀硬币多少次，才能够生成服从特定概率密度函数 **p** 的随机变量？先考虑一个简单例子。

例 5.11.1　给定抛掷均匀硬币(均匀比特)所产生的序列，假定以此导出一个随机变量 X，其分布为

$$X=\begin{cases}a & \text{概率为}\frac{1}{2}\\ b & \text{概率为}\frac{1}{4}\\ c & \text{概率为}\frac{1}{4}\end{cases} \tag{5-98}$$

答案很容易猜测。若序列的第一位是 0，令 $X=a$。若前两位是 10，令 $X=b$。如果发现前两位是

11，则令 $X=c$。显然，此时 X 服从所要求的分布。

在此情形下，计算可得生成该随机变量所需的期望均匀比特为 $\frac{1}{2}(1)+\frac{1}{4}(2)+\frac{1}{4}(2)=1.5$ 比特，这恰好等于分布的熵。这是偶然的吗？不，这正是本节所要阐述的结论。

对于一般问题，我们严格叙述如下。已知由抛掷均匀硬币所产生的序列 $Z_1, Z_2, \cdots$，以此希望生成一个离散型随机变量 $X\in\mathcal{X}=\{1,2,\cdots,m\}$，使其概率密度函数为 $\mathbf{p}=(p_1, p_2, \cdots, p_m)$。设 134
随机变量 T 表示在算法中需要的硬币抛掷次数。

用二叉树可将算法描述成从比特串 $Z_1, Z_2, \cdots$ 到可能结果 X 的映射。树的叶子表示输出字符 X，由根节点至叶子的路径表示由均匀硬币产生的比特序列。例如，关于分布 $\left(\frac{1}{2},\frac{1}{4},\frac{1}{4}\right)$ 的树如图 5-7 所示。

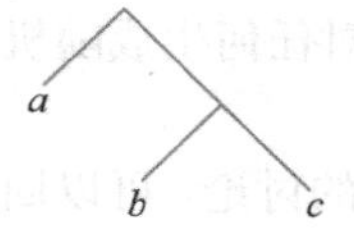

图 5-7　生成分布 $\left(\frac{1}{2},\frac{1}{4},\frac{1}{4}\right)$ 所对应的树

表示算法的树必须满足一定的性质：

1. 树必须是完全的，即每个节点或者是一片叶子，或者在树中拥有两个后代。树有可能是无限的，这我们会用几个例子来说明。
2. 深度为 k 的叶子的概率是 2^{-k}。许多叶子用相同的输出字符标记，即所有这些叶子的总概率应等于输出字符的希望概率。
3. 为生成随机变量 X 所需的均匀比特数的期望值 $E\,T$ 等于这棵树的期望深度。

在实际中，有许多可行算法能生成相同的输出分布。例如，映射 $00\to a, 01\to b, 10\to c, 11\to a$ 亦生成分布 $\left(\frac{1}{2},\frac{1}{4},\frac{1}{4}\right)$。尽管如此，这个算法使用的是两个均匀比特生成每个样本，而先前的映射仅用 1.5 比特每样本，因而没有先前给出的映射更为有效。这促使我们提出一个问题：为生成指定的分布，最有效的算法是什么，与分布熵之间的关系又如何？

我们希望所有的均匀比特至少与生成的输出样本具有相同程度的随机性。熵是随机性的度量，每个均匀比特的熵是 1 比特，我们希望均匀比特数至少等于输出分布的熵。这点由下面的定理得到证实。对于定理的证明，需要一个关于树的引理。记 $\mathcal{Y}$ 表示一棵完全树的所有叶子。考虑 135
所有叶子上的一个分布，使得在树中深度为 k 的每片叶子的概率为 2^{-k}。设 Y 是与此分布相应的随机变量，那么有如下引理。

引理 5.11.1　对任何完全树，考虑所有叶子上的概率分布，使得深度为 k 的每片叶子的概率为 2^{-k}，则树的期望深度等于该分布的熵。

证明：树的期望深度为

$$ET=\sum_{y\in\mathcal{Y}}k(y)2^{-k(y)} \tag{5-99}$$

Y 的分布的熵为

$$H(Y)=-\sum_{y\in\mathcal{Y}}\frac{1}{2^{k(y)}}\log\frac{1}{2^{k(y)}} \tag{5-100}$$

$$=\sum_{y\in\mathcal{Y}}k(y)2^{-k(y)} \tag{5-101}$$

其中 $k(y)$ 表示叶子 y 的深度。于是

$$H(Y)=ET \tag{5-102}$$ □

定理 5.11.1　对任何生成 X 的算法，期望均匀比特数的均值大于或等于熵 $H(X)$，即

$$ET\geqslant H(X) \tag{5-103}$$

证明：由均匀比特生成 X 的任何算法均可用一棵完全二叉树来表示。将树上的所有叶子标

记不同的字符 $y\in\mathcal{Y}=\{1,2,\cdots\}$。如果树是无限的，则字母表$\mathcal{Y}$亦是无限的。

现在考虑在树的所有叶子上定义的随机变量 Y，使得对深度为 k 的任一叶子 y，$Y=y$ 的概率为 2^{-k}。由引理 5.11.1，树的期望深度等于 Y 的熵，即：

$$ET=H(Y) \tag{5-104}$$

由于随机变量 X 是 Y 的函数(一片或更多的叶子对应于一个输出字符)，因此，根据习题 2.4 的结论，我们有

136

$$H(X)\leqslant H(Y) \tag{5-105}$$

于是，对任何生成随机变量 X 的算法，我们有

$$H(X)\leqslant ET \tag{5-106}$$ □

由同样的讨论，可以回答关于二进分布的最优性问题。

定理 5.11.2 *设随机变量 X 服从的分布是二进制的，则由抛掷均匀硬币生成 X 的最优算法需要的期望抛掷次数恰好等于熵，即：*

$$ET=H(X) \tag{5-107}$$

证明： 定理 5.11.1 已经证明抛掷均匀硬币次数至少需要 $H(X)$ 比特以生成 X。对于树的构造部分，使用 X 的赫夫曼码树作为生成随机变量的算法所代表的树。对于二进制分布，赫夫曼码与香农码相同，且平均码长都达到熵界。对任何 $x\in\mathcal{X}$，在码树中，x 的对应叶子的深度为相应码字的长度 $\log\dfrac{1}{p(x)}$。因此，当使用该码树生成 X 时，对应 x 的叶子将具有概率 $2^{-\log(1/p(x))}=p(x)$。期望抛掷硬币数等于树的期望深度，此时，期望深度又等于熵(由于分布是二进制的)。因此，对服从二进制分布的随机变量，其最优生成算法满足

$$ET=H(X) \tag{5-108}$$ □

如果分布不是二进制的，情况会怎样？此时，不能采用相同的思路，因为由赫夫曼码树生成的所有叶子上的分布是二进制的，已不再是开始给定的分布了。树的所有叶子上的概率具有形式 2^{-k}，由此可知我们必须将不具有这种形式的概率 p_i 分裂成具有该形式的一些原子。然后再将这些原子分配给树上的叶子。例如，如果某个结果 x 的概率 $p(x)=\dfrac{1}{4}$，那么，只需要一个原子(树的第 2 层的叶子)；如果 $p(x)=\dfrac{7}{8}=\dfrac{1}{2}+\dfrac{1}{4}+\dfrac{1}{8}$，那么，需要三个原子分别在树的第 1，2 和 3 层。

为最小化树的期望深度，使用的原子必须具有尽可能大的概率。因此，给定一个概率值 p_i，可以求具有形式 2^{-k} 且小于 p_i 的最大原子，并将此原子分配给树。然后，计算余数并同样求相应
137 于该余数的最大原子。继续此过程，最终我们可将所有的概率值分裂成许多二进制的原子。这个处理过程等价于求解概率值的二进制展开式。设概率 p_i 的二进制展开为

$$p_i=\sum_{j\geqslant 1}p_i^{(j)} \tag{5-109}$$

其中 $p_i^{(j)}=2^{-j}$ 或 0。于是展开式中的所有原子为 $\{p_i^{(j)}: i=1,2,\cdots,m,j\geqslant 1\}$。

由于 $\sum_i p_i=1$，从而，所有原子的概率的总和为 1。将概率为 2^{-j} 的原子分配给树上深度为 j 的叶子。所有原子的深度满足 Kraft 不等式，因此，由定理 5.2.1 可知，总能构造出一棵树，使得所有原子在适当深度的位置上。下面的例子可以说明上述程序：

例 5.11.2 设 X 的分布为

$$X=\begin{cases} a & \text{概率为}\dfrac{2}{3} \\ b & \text{概率为}\dfrac{1}{3} \end{cases} \tag{5-110}$$

可得以上概率值的二进制展开式为：

$$\frac{2}{3}=0.10101010\cdots_2 \tag{5-111}$$

$$\frac{1}{3}=0.01010101\cdots_2 \tag{5-112}$$

因此，展开式中的原子为

$$\frac{2}{3}\to\left(\frac{1}{2},\frac{1}{8},\frac{1}{32},\cdots\right) \tag{5-113}$$

$$\frac{1}{3}\to\left(\frac{1}{4},\frac{1}{16},\frac{1}{64},\cdots\right) \tag{5-114}$$

对这些原子进行分配，可得如图 5-8 所示的树。

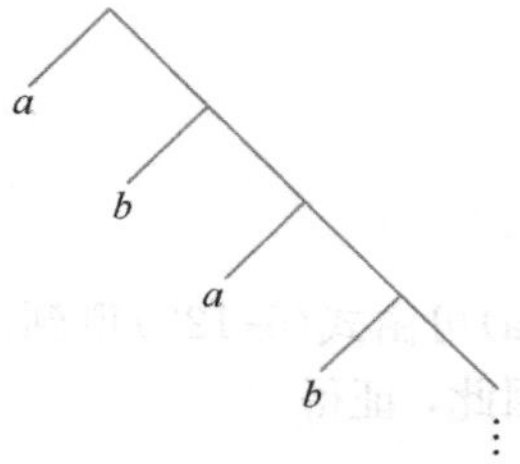

图 5-8 生成分布$\left(\frac{2}{3},\frac{1}{3}\right)$的树图

该程序可产生生成随机变量 X 的树。前面已经讨论过，此过程是最优的(给出的树具有最小期望深度)，但我们将不给出严格的证明，而是估计此程序生成的树的期望深度的取值范围。 138

定理 5.11.3 *生成随机变量 X 的最优算法所需的均匀比特数的期望值在 $H(X)$ 和 $H(X)+2$ 之间：*

$$H(X)\leqslant ET<H(X)+2 \tag{5-115}$$

证明： 关于抛掷硬币的期望次数的下界已由定理 5.11.1 得到证明。对于上界，对上面所述程序所需的硬币期望抛掷数给出一个显表达式。将概率$(p_1,p_2,\cdots,p_m)$分裂成二进制的原子，例如，

$$p_1\to(p_1^{(1)},p_1^{(2)},\cdots) \tag{5-116}$$

等等。利用这些原子(它们形成二进制分布)可以构造出一棵树，其树的叶子对应于其中的每一个原子。硬币期望抛掷数就是树的期望深度，也就是原子的二进制分布的熵。故，

$$ET=H(Y) \tag{5-117}$$

其中 Y 的分布为$(p_1^{(1)},p_1^{(2)},\cdots,p_2^{(1)},p_2^{(2)},\cdots,p_m^{(1)},p_m^{(2)},\cdots)$。由于 X 是 Y 的函数，则有

$$H(Y)=H(Y,X)=H(X)+H(Y|X) \tag{5-118}$$ 139

因此只需证明 $H(Y|X)<2$。下面给出结论的代数证明。将 Y 的熵展开，由于对每个原子，存在某个 k，使其概率为 0 或 2^{-k}，则

$$H(Y)=-\sum_{i=1}^{m}\sum_{j\geqslant 1}p_i^{(j)}\log p_i^{(j)} \tag{5-119}$$

$$=\sum_{i=1}^{m}\sum_{j:p_i^{(j)}>0}j2^{-j} \tag{5-120}$$

在展开式中考虑对应于 i 的每一项，记为 T_i：

$$T_i=\sum_{j:p_i^{(j)}>0}j2^{-j} \tag{5-121}$$

易知存在某个 n，使 $2^{-(n-1)}>p_i\geqslant 2^{-n}$，或

$$n-1<-\log p_i\leqslant n \tag{5-122}$$

于是，当 $j\geqslant n$ 时才有可能 $p_i^{(j)}>0$，因此，式(5-121)可重新写成

$$T_i=\sum_{j:j\geqslant n,p_i^{(j)}>0}j2^{-j} \tag{5-123}$$

由原子的定义，可将 p_i 展开成

$$p_i=\sum_{j:j\geqslant n,p_i^{(j)}>0}2^{-j} \tag{5-124}$$

为证明上界，首先证明 $T_i < -p_i \log p_i + 2p_i$。考虑差

$$T_i + p_i \log p_i - 2p_i \overset{(a)}{<} T_i - p_i(n-1) - 2p_i \tag{5-125}$$

$$= T_i - (n-1+2)p_i \tag{5-126}$$

140

$$= \sum_{j:j\geqslant n, p_i^{(j)}>0} j2^{-j} - (n+1) \sum_{j:j\geqslant n, p_i^{(j)}>0} 2^{-j} \tag{5-127}$$

$$= \sum_{j:j\geqslant n, p_i^{(j)}>0} (j-n-1)2^{-j} \tag{5-128}$$

$$= -2^{-n} + 0 + \sum_{j:j\geqslant n+2, p_i^{(j)}>0} (j-n-1)2^{-j} \tag{5-129}$$

$$\overset{(b)}{=} -2^{-n} + \sum_{k:k\geqslant 1, p_i^{(k+n+1)}>0} k2^{-(k+n+1)} \tag{5-130}$$

$$\overset{(c)}{\leqslant} -2^{-n} + \sum_{k:k\geqslant 1} k2^{-(k+n+1)} \tag{5-131}$$

$$= -2^{-n} + 2^{-(n+1)}2 \tag{5-132}$$

$$= 0 \tag{5-133}$$

其中(a)可由式(5-122)得到，(b)通过对求和变量进行变换即可，而(c)需扩大求和范围即可得到。因此，证得

$$T_i < -p_i \log p_i + 2p_i \tag{5-134}$$

由于 $ET = \sum_i T_i$，即可得

$$ET < -\sum_i p_i \log p_i + 2\sum_i p_i = H(X) + 2 \tag{5-135}$$

至此定理得证。 □

于是，平均抛掷 $H(X)+2$ 次硬币就足够模拟随机变量 X 了。

要点

Kraft 不等式 即时码 $\Leftrightarrow \sum D^{-l_i} \leqslant 1$。

McMillan 不等式 唯一可译码 $\Leftrightarrow \sum D^{-l_i} \leqslant 1$。

数据压缩的熵界

141

$$L \overset{\Delta}{=} \sum p_i l_i \geqslant H_D(X) \tag{5-136}$$

香农码

$$l_i = \left\lceil \log_D \frac{1}{p_i} \right\rceil \tag{5-137}$$

$$H_D(X) \leqslant L < H_D(X) + 1 \tag{5-138}$$

赫夫曼码

$$L^* = \min_{\sum D^{-l_i} \leqslant 1} \sum p_i l_i \tag{5-139}$$

$$H_D(X) \leqslant L^* < H_D(X) + 1 \tag{5-140}$$

偏码 $X \sim p(x)$，$l(x) = \left\lceil \log \frac{1}{q(x)} \right\rceil$，$L = \sum p(x) l(x)$：

$$H(p) + D(p \| q) \leqslant L < H(p) + D(p \| q) + 1 \tag{5-141}$$

随机过程

$$\frac{H(X_1,X_2,\cdots,X_n)}{n}\leqslant L_n<\frac{H(X_1,X_2,\cdots,X_n)}{n}+\frac{1}{n} \quad (5\text{-}142)$$

平稳过程

$$L_n\to H(\mathcal{X}) \quad (5\text{-}143)$$

竞争最优性 $l(x)=\left\lceil \log\frac{1}{p(x)}\right\rceil$(香农编码)与其他任何编码的 $l'(x)$ 比较：

$$\Pr(l(X)\geqslant l'(X)+c)\leqslant\frac{1}{2^{c-1}} \quad (5\text{-}144)$$

习题

5.1 唯一可译码与即时码。考虑随机变量 X 的编码，设 $L=\sum_{i=1}^{m}p_i l_i^{100}$ 为码字长度的100次幂的期望值。设 $L_1=\min L$，在所有即时码中进行；$L_2=\min L$，在所有唯一可译码上进行。L_1 和 L_2 存在怎样的不等关系？ 142

5.2 火星人有多少个手指头？设

$$S=\begin{pmatrix}S_1,\cdots,S_m\\ p_1,\cdots,p_m\end{pmatrix}$$

将所有 S_i 以唯一可译码方式编码成 D 元字母表的字符串。若 $m=6$ 并且码字长度为 $(l_1,l_2,\cdots,l_6)=(1,1,2,3,2,3)$，请估计 D 的一个好下界。至此尝试解释该习题的标题。

5.3 Kraft 不等式的减弱。即时码的码字长度 $l_1,l_2,\cdots,l_m$ 满足严格的不等式

$$\sum_{i=1}^{m}D^{-l_i}<1$$

码的字母表为 $\mathcal{D}=\{0,1,2,\cdots,D-1\}$。证明 $\mathcal{D}^*$ 中存在着任意长的编码字符序列，使其不能译为码字序列。

5.4 赫夫曼码。考虑随机变量

$$X=\begin{pmatrix}x_1 & x_2 & x_3 & x_4 & x_5 & x_6 & x_7\\ 0.49 & 0.26 & 0.12 & 0.04 & 0.04 & 0.03 & 0.02\end{pmatrix}$$

(a) 求 X 的二元赫夫曼码。

(b) 求该编码的期望码长。

(c) 求 X 的三元赫夫曼码。

5.5 一码多用的赫夫曼码。某信源的概率分布为(1/3,1/5,1/5,2/15,2/15)，试求其二元赫夫曼码。并讨论所得的码对概率分布为(1/5,1/5,1/5,1/5,1/5)的信源也是最优的。

5.6 坏码。请问下列哪些码对于任何概率分布均不可能成为赫夫曼码？

(a) {0,10,11}

(b) {00,01,10,110}

(c) {01,10}

5.7 赫夫曼20问题。考虑 n 件物品组成的集合。根据第 i 件物品合格或是次品，分别设 $X_i=1$ 或0。设 $X_1,X_2,\cdots,X_n$ 相互独立，$\Pr\{X_i=1\}=p_i$；并且 $p_1>p_2>\cdots>p_n>\frac{1}{2}$。现在利用提问方案确定所有的次品集，任何能想到的是否型问题均许可。 143

(a) 请估计所需最小期望问题数的一个好下界。

(b) 当解决我们的问题需要最长的问题序列时，那么应该问的最后一个问题是什么(用文字表述)？利用此问题可以区别开哪两个集合？假定讨论的是紧凑(具有最小期望长度)问题序列。

(c) 给出所需问题的最小平均数的上界(用不超过 1 个问题)。

5.8 马尔可夫信源的简单最优压缩。考虑三状态的马尔可夫过程 $U_1, U_2, \cdots$，其转移矩阵为

U_{n-1} \ U_n	S_1	S_2	S_3
S_1	$\frac{1}{2}$	$\frac{1}{4}$	$\frac{1}{4}$
S_2	$\frac{1}{4}$	$\frac{1}{2}$	$\frac{1}{4}$
S_3	0	$\frac{1}{2}$	$\frac{1}{2}$

由表可知，由 S_3 转移到 S_1 的概率为零。请设计 3 个编码 C_1, C_2, C_3(分别对应各状态 1，2，3)，且每个码将$\{S_1, S_2, S_3\}$中的各元素映射为 0 和 1 的序列，使得用如下方案可以最大程度压缩来发送该马尔可夫过程信号：

(a) 注意当前的字符为 $U_n = i$。

(b) 选择编码 C_i。

(c) 注意到下一个字符为 $U_{n+1} = j$，则发送编码 C_i 中对应 j 的码字。

(d) 对于下一个字符，重复以上步骤。若使用上述编码方案，在前状态 $U_n = i$ 的条件下，下一个字符的平均码长为多少？无条件期望码长为多少比特每字符？将此与马尔可夫链的熵率 $H(\mathcal{U})$联系起来。

5.9 大于熵约 1 比特的最优码长。信源编码定理表明，随机变量 X 的最优码的期望长度小于 $H(X)+1$。请列举出一个随机变量，要求其最优码的期望长度近似等于 $H(X)+1$，即对任
144 意 $\varepsilon > 0$，试构造一个分布，使其最优码的期望长度满足 $L > H(X)+1-\varepsilon$。

5.10 达到熵界的三元码。设随机变量 X 取 m 个值，熵为 $H(X)$。假定已求得该信源的三元即时码，其平均长度为

$$L = \frac{H(X)}{\log_2 3} = H_3(X) \tag{5-145}$$

(a) 证明 X 的每个字符的概率，对某个 i 均具有形式 3^{-i}。

(b) 证明 m 为奇数。

5.11 后缀条件。满足后缀条件的编码指无一码字是其他任何码字的后缀。试证明满足后缀条件的编码是唯一可译的，并证明满足后缀条件的所有编码的最小平均码长等于该随机变量的赫夫曼编码的平均长度。

5.12 香农码与赫夫曼码。设随机变量 X 取 4 个值，其概率分布为$\left(\frac{1}{3}, \frac{1}{3}, \frac{1}{4}, \frac{1}{12}\right)$。

(a) 请构造此随机变量的赫夫曼码。

(b) 证明存在两个不同的码字最优长度集，即证明码字长度分配(1,2,3,3)和(2,2,2,2)均是最优的。

(c) 由此可知，某些最优码的一些字符的相应码长有可能超过香农码的相应码长 $\left\lceil \log \frac{1}{p(x)} \right\rceil$。

5.13 20 问题。参赛者 A 在总体中抽取一物品，而参赛者 B 试图通过是否型的问题确认是什么物品。对于参赛者 A 抽取物品的分布，假定参赛者 B 足够聪明可以想出一个编码，使其编码的期望长度达到最小。注意到参赛者 B 期望需要 38.5 个问题才能确定 A 所抽取的物品。试给出总体中物品个数的一个粗略下界。

5.14 赫夫曼码。设随机变量 X 的概率为

$$p=\left(\frac{1}{21},\frac{2}{21},\frac{3}{21},\frac{4}{21},\frac{5}{21},\frac{6}{21}\right)$$

试求其(a)二元和(b)三元赫夫曼编码。

(c) 计算以上每种情形的 $L=\sum P_i l_i$。 145

5.15 *赫夫曼码*

(a) 对下列定义 5 个字符的分布：$\mathbf{p}=(0.3,0.3,0.2,0.1,0.1)$，构造一个二元赫夫曼码。并求出该码的平均长度。

(b) 构造一个 5 字符概率分布 $\mathbf{p}'$，使得(a)中构造出来的那个码关于 $\mathbf{p}'$ 的平均长度恰为熵 $H(\mathbf{p}')$。

5.16 *赫夫曼码*。考虑随机变量 X，取 6 个值 $\{A,B,C,D,E,F\}$，其概率依次为 0.5，0.25，0.1，0.05，0.05 和 0.05。

(a) 构造该随机变量的二元赫夫曼码。其期望长度是多少？

(b) 构造该随机变量的四元赫夫曼码(即在四元字母表(不妨说它们是 a，b，c 和 d)上的编码)。其期望长度是多少？

(c) 构造该随机变量的二元赫夫曼码的另一种方法是，从一个四元码出发，利用映射：$a\to 00$，$b\to 01$，$c\to 10$ 和 $d\to 11$ 将字符变换成二进制数字。那么由此过程构造出来的二元码的平均长度是多少？

(d) 对任意随机变量 X，设 L_H 为该随机变量的二元赫夫曼码的平均长度，设 L_{QB} 为先构造一个四元赫夫曼码，再变换成二元赫夫曼码所得编码的平均长度。证明

$$L_H \leqslant L_{QB} < L_H + 2 \tag{5-146}$$

(e) 该例子的下界是紧致的。举例说明由最优四元赫夫曼码变换而来的编码也是最优二元码。

(f) 上界(即 $L_{QB}<L_H+2$)并不紧致。事实上，较好的上界应该是 $L_{QB}\leqslant L_H+1$。证明这个上界，并举例说明该上界是紧致的。

5.17 *数据压缩*。对于下列每个概率密度函数的即时码，分别找出二元码字长 $l_1,l_2\cdots$(使 $\sum p_i l_i$ 最小化)的最优集。

(a) $\mathbf{p}=\left(\frac{10}{41},\frac{9}{41},\frac{8}{41},\frac{7}{41},\frac{7}{41}\right)$

(b) $\mathbf{p}=\left(\frac{9}{10},\left(\frac{9}{10}\right)\left(\frac{1}{10}\right),\left(\frac{9}{10}\right)\left(\frac{1}{10}\right)^2,\left(\frac{9}{10}\right)\left(\frac{1}{10}\right)^3,\cdots\right)$ 146

5.18 *码的种类*。考虑码 $\{0,01\}$

(a) 它是即时的吗？

(b) 它是唯一可译的吗？

(c) 它是非奇异的吗？

5.19 *高低游戏*

(a) 一台计算机根据已知概率密度函数 $p(x)$ 产生一个数 X，其中 $x\in\{1,2,\cdots,100\}$。参赛者提出问题："$X=i$ 吗？"，得到的回答有"是"，"猜高了"或"猜低了"。他连续问 6 个问题。若在此过程中，他猜对了(即他获得了一个回答"是")，就可获得奖金 $v(X)$。问这名参赛者该如何进行才能赢得最大的期望奖金额？

(b) 实际上，上述问题与信息论并没有多大关系。考虑如下变量：$X\sim p(x)$，奖金 $=v(x)$，其中 $p(x)$ 已知如前所述。现在提出任意的是否型问题直至 X 被确定为止。(这里"被确定"并不意味着参赛者获得了"是"的回答。)每个问题的成本均为 1 个单位。

问参赛者该如何进行？他能获得的期望回报是多少？

(c) 继续(b)，若 $v(x)$ 固定，但 $p(x)$ 由计算机随机确定(然后向参赛者宣布)，结果又如何？计算机希望让参赛者得到的期望回报最小，那么 $p(x)$ 该是什么？此时参赛者的期望回报是多少？

5.20 带价值的赫夫曼码。单词如 Run!，Help! 和 Fire! 很简短，不是因为它们经常被使用，而多半是因为在需要用到这些词的场合中时间宝贵的缘故。假定 $X=i$ 的概率为 p_i，$i=1,2,\cdots,m$。设 l_i 为 $X=i$ 对应码字的比特数，c_i 表示当 $X=i$ 时，码字的每字母价值。于是对 X 描述的平均价值为 $C=\sum_{i=1}^{m}p_ic_il_i$。

(a) 在满足 $\sum 2^{-l_i}\leqslant 1$ 的所有 $l_1,l_2,\cdots,l_m$ 上，对 C 进行最小化。忽略对 l_i 的默认整数限制，试求 C 达到最小值时的 $l_1^*,l_2^*,\cdots,l_m^*$ 及相应的最小值 C^*。

(b) 在所有唯一可译码范围内，如何利用赫夫曼编码程序以最小化 C？记 C_{Huffman} 表示这个
147 最小值。

(c) 请证明

$$C^*\leqslant C_{\text{Huffman}}\leqslant C^*+\sum_{i=1}^{m}p_ic_i?$$

5.21 唯一可译性的成立条件。证明：码 C 是唯一可译的充分(必要)条件是对任意的 $k\geqslant 1$，展开式

$$C^k(x_1,x_2,\cdots,x_k)=C(x_1)C(x_2)\cdots C(x_k)$$

是 $\mathcal{X}^k$ 到 $\mathcal{D}^*$ 的 1-1 映射。(“必要”性是显然的。)

5.22 最优码的平均长度。证明：对于概率分布 $\{p_1,\cdots,p_m\}$ 的最优 D 元前缀码，其期望码长 $L(p_1,\cdots,p_m)$ 必为 $p_1,\cdots,p_m$ 的连续函数。事实上，尽管概率分布变动，最优码的具体形式并不连续变化。

5.23 未利用的编码序列。设 C 为变长码，满足 Kraft 不等式且等号成立，但不满足前缀条件。

(a) 证明：存在字母表上的某个有限字符序列，它不是任何码字序列的前缀。

(b) (选做)证明或否定：C 具有无限译码延迟性质。

5.24 均匀分布的最优码。考虑拥有 m 个等概率结果的随机变量。显然此信源的熵为 $\log_2 m$ 比特。

(a) 请描述此信源的最优即时二元码，并计算其平均码长 L_m。

(b) 哪些 m 值可使平均码长 L_m 等于熵 $H=\log_2 m$？

(c) 我们已经知道对任意的概率分布，均有 $L<H+1$。定义变长码的冗余度为 $\rho=L-H$。对怎样的 m 值，编码冗余度可达到最大，其中 $2^k\leqslant m\leqslant 2^{k+1}$？当 $m\to\infty$ 时，最坏情形下冗余度的极限值是什么？

5.25 最优码长。虽然最优变长码的码字长度是消息概率分布 $\{p_1,p_2,\cdots,p_m\}$ 的复杂函数，但可
148 以说其中较小概率的字符会编码成较长的码字。假定消息的概率分布以递减的顺序给出 $p_1\geqslant p_2\geqslant\cdots\geqslant p_m$。

(a) 证明：对任意的二元赫夫曼码，如果最可能出现的消息字符的概率 $p_1>2/5$，则该字符分配的码字长度必为 1。

(b) 证明：对任意的二元赫夫曼码，如果最可能出现的消息字符的概率 $p_1<1/3$，则必须要求分配该字符的码字长度 $\geqslant 2$。

5.26 合并。将资产分别为 $W_1,W_2,\cdots,W_m$ 的公司以如下方式合并。首先合并其中的两个资产

最小的公司，于是形成 $m-1$ 个公司。合并后的资产是被合并的两个公司资产之和。继续此过程，直至仅剩一个子公司为止。设 V 等于所有合并的资产的累计和。于是 V 表示在合并过程中所呈报的资产的总和。例如，若 $\mathbf{W}=(3,3,2,2)$，合并产生 $(3,3,2,2)\to(4,3,3)\to(6,4)\to(10)$，从而 $V=4+6+10=20$。

(a) 说明对于由两两合并而终结于一个超大型公司的所有序列过程，V 是可达的最小资产。(提示：请与赫夫曼编码比较。)

(b) 设 $W=\sum W_i$，$\widetilde{W}_i=W_i/W$，证明最小合并资产累计和 V 满足

$$WH(\widetilde{\mathbf{W}})\leqslant V\leqslant WH(\widetilde{\mathbf{W}})+W \tag{5-147}$$

5.27 唯一可译性的 Sardings-Patterson 检验。当且仅当存在编码字符的一个有限序列，它能以两种不同方式分解为两个码字序列时，编码不是唯一可译的。即出现下列情形

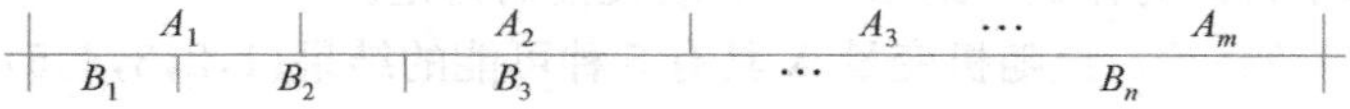

其中出现的每个 A_i 和 B_i 均表示一个码字。注意到 B_1 必定为 A_1 的前缀，而 A_1 的剩余部分为 B_1 的“悬空后缀”(dangling suffix)。每个悬空后缀依次是某个码字的前缀，或者存在某个码字以它为前缀，同时又是另一码字的悬空后缀。最后，序列中最末的悬空后缀必定是个码字。由此，按照如下方式可以设计出一个关于唯一可译性的检验(这本质上就是 Sardings-Patterson 检验[456])：构造由所有可能的悬空后缀组成的集合 S。编码是唯一可 149
译的当且仅当 S 不含任何码字。

(a) 说明求集合 S 的具体细则。

(b) 假定码字长度分别为 l_i，$i=1,2,\cdots,m$。试估计集合 S 的元素个数的一个好上界。

(c) 确定以下编码中哪些是唯一可译的：

(i) {0, 10, 11}

(ii) {0, 01, 11}

(iii) {0, 01, 10}

(iv) {0, 01}

(v) {00, 01, 10, 11}

(vi) {110, 11, 10}

(vii) {110, 11, 100, 00, 10}

(d) 对于(c)中的任意唯一可译码，若有可能，请构造出一个起始于某个已知初始点的无限编码序列，使其能以两种不同方式分解为码字序列。(这说明唯一可译性并不蕴含无限可译性)并证明这样的序列不可能在前缀码情形中出现。

5.28 香农码。设随机变量 X 取 m 个值 $\{1,2,\cdots,m\}$，概率分布为 $p_1,p_2,\cdots,p_m$。假定概率值排列序为 $p_1\geqslant p_2\geqslant\cdots\geqslant p_m$。考虑如下对 X 编码的生成方法。定义

$$F_i=\sum_{k=1}^{i-1}p_k \tag{5-148}$$

为所有小于 i 的字符的概率之和。对 $F_i\in[0,1]$ 进行舍入，保留 l_i 比特作为 i 的码字，其中 $l_i=\left\lceil\log\frac{1}{p_i}\right\rceil$。

(a) 证明由此过程构造出来的编码是无前缀的，且平均长度满足

$$H(X)\leqslant L<H(X)+1 \tag{5-149}$$

(b) 请根据上述方法构造概率分布(0.5, 0.25, 0.125, 0.125)的编码。 150

5.29 二进制分布的最优码。对于赫夫曼码树，定义节点的概率为该节点以下所有叶子的概率总和。设随机变量 X 服从一个二进制分布，即对所有的 $x\in\mathcal{X}$，存在某个 i，使 $p(x)=2^{-i}$。现在考虑该分布的二元赫夫曼码。

(a) 讨论对于树中的任何节点，其左边的孩子节点的概率等于右边孩子节点的概率。

(b) 设 $X_1,X_2,\cdots,X_n$ 为 i. i. d. $\sim p(x)$，由 $p(x)$的赫夫曼码，可将 $X_1,X_2,\cdots,X_n$ 映射成二元序列 $Y_1,Y_2,\cdots,Y_{k(X_1,X_2,\cdots,X_n)}$。(该序列的长度依赖于结果 $X_1,X_2,\cdots,X_n$。)利用(a)证明序列 $Y_1,Y_2,\cdots$形成由抛掷均匀硬币所产生的序列，即 $\Pr\{Y_i=0\}=\Pr\{Y_i=1\}=\frac{1}{2}$，而独立于 $Y_1,Y_2,\cdots,Y_{i-1}$。于是，被编码的序列的熵率为 1 比特/字符。

(c) 对于任何达到熵界的编码，其编码的比特序列是不能再被压缩的，因此其熵率也就为 1 比特每字符。为什么？给出一个有启发性的讨论。

5.30 相对熵是偏码的代价。设随机变量 X 具有 5 种可能的结果$\{1,2,3,4,5\}$，考虑该随机变量的两个分布 $p(x)$与 $q(x)$。

字符	$p(x)$	$q(x)$	$C_1(x)$	$C_2(x)$
1	$\frac{1}{2}$	$\frac{1}{2}$	0	0
2	$\frac{1}{4}$	$\frac{1}{8}$	10	100
3	$\frac{1}{8}$	$\frac{1}{8}$	110	101
4	$\frac{1}{16}$	$\frac{1}{8}$	1110	110
5	$\frac{1}{16}$	$\frac{1}{8}$	1111	111

(a) 计算 $H(p)$，$H(q)$，$D(p\parallel q)$和 $D(q\parallel p)$。

(b) 表中最后两列是随机变量的两个编码。验证 C_1 关于 p 的平均长度为熵 $H(p)$。于是，C_1 关于 p 是最优的。验证 C_2 关于 q 也是最优的。

(c) 假如分布为 p，使用编码 C_2，那么码字的平均长度是多少？超出熵 $H(p)$多少？

151 (d) 当分布为 q 时，如果使用码 C_1，那么损失多大？

5.31 非奇异码。在正文中，主要集中在即时码以及扩展为唯一可译码的讨论。这两种情形都要求码可以重复地用来编码随机变量的状态序列。但是，如果只需要编码一个状态，并且知道何时到达了码字的末端，那么就不需要唯一可译性。事实上，码是非奇异的就足够了。例如，若随机变量 X 取三个值：a,b 与 c，我们可以将它们编码为：0,1 和 00。这个码是非奇异的,但不是唯一可译码。

下面假设随机变量 X 取 m 个值，概率分别为 $p_1,p_2,\cdots,p_m$，并且其概率分布按降序排列：$p_1\geqslant p_2\geqslant\cdots\geqslant p_m$。

(a) 将非奇异二元码视为三个字符 0，1 和 STOP 的三元码，证明随机变量 X 的非奇异码的期望长度 $L_{1:1}$满足下面的不等式：

$$L_{1:1}\geqslant\frac{H_2(X)}{\log_2 3}-1 \tag{5-150}$$

其中，$H_2(X)$是 X 的熵，单位为比特。于是，非奇异码的平均长度与即时码的平均长度至少相差一个比例常数。

(b) 设 L_{INST}^* 为最佳即时码的期望长度，$L_{1:1}^*$ 为 X 的最佳非奇异码的期望长度，证明 $L_{1:1}^* \leqslant L_{\text{INST}}^* \leqslant H(X)+1$。

(c) 给出非奇异码的期望长度小于熵的一个简单例子。

(d) 对非奇异码可行的码字集为：{0,1,00,01,10,11,000,…}。证明：如果将最短的码字分配给概率最大的字符，那么 $L_{1:1}=\sum_{i=1}^{m}p_i l_i$ 达到最小值。于是，有 $l_1=l_2=1$，$l_3=l_4=l_5=l_6=2$，等等。证明码字长度的通项公式为 $l_i=\left\lceil \log\left(\frac{i}{2}+1\right)\right\rceil$，因而 $L_{1:1}^*=\sum_{i=1}^{m}p_i\left\lceil \log\left(\frac{i}{2}+1\right)\right\rceil$。

(e) 在(d)中已经表明很容易找出分布的最优非奇异码。只不过在处理平均长度时需要有点技巧。现在来估计这个平均长度的界。从(d)可以推出 $L_{1:1}^* \geqslant \tilde{L} \triangleq \sum_{i=1}^{m}p_i\left\lceil \log\left(\frac{i}{2}+1\right)\right\rceil$。考虑下面的差值 152

$$F(\mathbf{p})=H(X)-\tilde{L}=-\sum_{i=1}^{m}p_i\log p_i-\sum_{i=1}^{m}p_i\log\left(\frac{i}{2}+1\right) \tag{5-151}$$

用拉格朗日乘子法证明 $F(\mathbf{p})$ 的最大值在 $p_i=c/(i+2)$ 达到，其中 $c=1/(H_{m+2}-H_2)$，H_k 是调和级数

$$H_k \triangleq \sum_{i=1}^{k}\frac{1}{i} \tag{5-152}$$

(这也可以利用相对熵的非负性完成。)

(f) 继续证明如下不等式：

$$H(X)-L_{1:1}^* \leqslant H(X)-\tilde{L} \tag{5-153}$$

$$\leqslant \log(2(H_{m+2}-H_2)) \tag{5-154}$$

作为常识，我们知道 $H_k \approx \ln k$(见 Knuth[315])(更为精确的表达式是 $H_k=\ln k+\gamma+\frac{1}{2k}-\frac{1}{12k^2}+\frac{1}{120k^4}-\varepsilon$，其中 $0<\varepsilon<1/252n^6$，$\gamma=$欧拉常数$=0.577\cdots$)。利用该公式或者简化的近似 $H_k \leqslant \ln k+1$，此不等式可以通过 $\frac{1}{x}$ 的积分得到证明。因此，可以推出 $H(X)-L_{1:1}^*<\log\log m+2$。于是，我们得到

$$H(X)-\log\log|\mathcal{X}|-2 \leqslant L_{1:1}^* \leqslant H(X)+1 \tag{5-155}$$

这表明，非奇异码不可能比即时码表现得更好。

5.32 坏葡萄酒。有6瓶葡萄酒，已知其中的一瓶已经坏了(变味)。通过观察酒瓶，可以判定第 i 瓶是坏酒的概率为 p_i，其中 $(p_1,p_2,\cdots,p_6)=\left(\frac{8}{23},\frac{6}{23},\frac{4}{23},\frac{2}{23},\frac{2}{23},\frac{1}{23}\right)$。而且通过品尝可以完全确定哪瓶是坏酒。假如你每次品尝一瓶。请选择品尝的顺序使得找出那瓶坏酒的期望次数最小。记住，如果前5瓶品尝都通过了，那么第6瓶就不必再品尝了。 153

(a) 需要品尝的期望次数是多少?

(b) 哪瓶酒应该最先品尝?

现在你学机灵了。在第一次采样时，取几瓶酒的样本混合倒入一只干净的玻璃杯中。然后，对这个混合样本进行品尝。如此继续，混合再品尝，直到发现了坏酒后停止。

(a) 为确定哪瓶是坏酒，需要品尝的最小期望次数是多少？

(b) 该首先品尝哪种混合情形？

5.33 赫夫曼与香农。设随机变量 X 取三个值，其概率分别为 0.6，0.3 和 0.1。

(a) X 的二元赫夫曼码的码字长度是多少？X 的二元香农码的码字长度 $\left(l(x)=\left\lceil \log\left(\frac{1}{p(x)}\right)\right\rceil\right)$ 又是多少？

(b) 求最小整数 D，使得 D 元字母表的香农码与赫夫曼码的期望码字长度相等。

5.34 树构造的赫夫曼算法。考虑如下问题：假设在时刻 $T_1 \leqslant T_2 \leqslant \cdots \leqslant T_m$ 获得了 m 个二元信号 $S_1, S_2, \cdots, S_m$，通过两输入门(two-input gate)求它们的和 $S_1 \oplus S_2 \oplus \cdots \oplus S_m$，每个门都有一个时间单位滞后，尽可能快地获得最终结果。一种简单的贪婪算法是将时间最早的两个结果组合，也就是在时刻 $\max\{T_1, T_2\}+1$ 得到部分结果。这样产生了新的问题，即在时刻 $\max\{T_1, T_2\}+1, T_3, \cdots, T_m$ 获得的信号 $S_1 \oplus S_2, S_3, \cdots, S_m$。然后，对时间列表 T 进行排序，同时应用以上的合并程序，重复这个过程，直到获得最终结果。

(a) 讨论，从速度方面讲上述程序是最优的，这是因为该方法构造的线路使得最终结果的获得速度尽可能快。

(b) 证明该程序找到的树使得下列目标函数最小化

$$C(T)=\max_i (T_i + l_i) \tag{5-156}$$

154 其中，T_i 为对应于第 i 个叶子的结果的获得时间，l_i 为第 i 个叶子到根的路径长度。

(c) 证明：对于任意树 T，均有

$$C(T) \geqslant \log_2\left(\sum_i 2^{T_i}\right) \tag{5-157}$$

(d) 证明存在一棵树，使得

$$C(T) \leqslant \log_2\left(\sum_i 2^{T_i}\right)+1 \tag{5-158}$$

于是，在此问题中，$\log_2\left(\sum_i 2^{T_i}\right)$ 是与熵对应的量。

5.35 随机变量的生成。如果想生成一个随机变量 X，使得

$$X=\begin{cases}1 & \text{概率为 } p \\ 0 & \text{概率为 } 1-p\end{cases} \tag{5-159}$$

你抛掷均匀硬币得到序列 $Z_1, Z_2, \cdots, Z_N$，其中 N 是生成随机变量 X 所需要的抛掷次数(随机的)。请找出一种利用 $Z_1, Z_2, \cdots, Z_N$ 生成 X 的好方法。证明 $EN \leqslant 2$。

5.36 最优码字长度

(a) $l=(1,2,3)$ 可以作二元赫夫曼码的码字长度吗？$(2,2,3,3)$ 呢？

(b) 什么样的码字长度 $l=(l_1, l_2, \cdots)$ 来自二元赫夫曼码？

5.37 码。下列哪些码是

(a) 唯一可译的？

(b) 即时的？

$$C_1=\{00,01,0\}$$
$$C_2=\{00,01,100,101,11\}$$
$$C_3=\{0,10,110,1110,\cdots\}$$
$$C_4=\{0,00,000,0000\}$$

5.38 赫夫曼。对下列两种情形，分别求出$(p_1,p_2,\cdots,p_6)=\left(\frac{6}{25},\frac{6}{25},\frac{4}{25},\frac{4}{25},\frac{3}{25},\frac{2}{25}\right)$的赫夫曼 D 元码及其期望码长。

(a) $D=2$

(b) $D=4$ 155

5.39 编码比特的熵。设 $C:\mathcal{X}\to\{0,1\}^*$ 为非奇异码但不是唯一可译码，$H(X)$为 X 的熵。

(a) 比较 $H(C(X))$与 $H(X)$，

(b) 比较 $H(C(X^n))$与 $H(X^n)$。

5.40 码率。设 X 为字母表$\{1,2,3\}$上的随机变量且服从分布

$$X=\begin{cases}1,\text{概率为}\frac{1}{2}\\2,\text{概率为}\frac{1}{4}\\3,\text{概率为}\frac{1}{4}\end{cases}$$

对 X 的数据压缩码的码字设计为

$$C(x)=\begin{cases}0,\text{当 } x=1\\10,\text{当 } x=2\\11,\text{当 } x=3\end{cases}$$

设 $X_1,X_2,\cdots$为服从上述分布的独立同分布序列，$Z_1Z_2Z_3\cdots=C(X_1)C(X_2)\cdots$为串联相应码字所导出的二元字符串。例如，122 变成了 01010。

(a) 求熵率 $H(\mathcal{X})$与 $H(\mathcal{Z})$，量纲为比特每字符。注意，Z 是不可再压缩的。

(b) 下面设编码为

$$C(x)=\begin{cases}00,\text{当 } x=1\\10,\text{当 } x=2\\01,\text{当 } x=3\end{cases}$$

求熵率 $H(\mathcal{Z})$。

(c) 最后，设编码为

$$C(x)=\begin{cases}00,\text{当 } x=1\\1\ ,\text{当 } x=2\\01,\text{当 } x=3\end{cases}$$

求熵率 $H(\mathcal{Z})$。

5.41 最优码。设 $l_1,l_2,\cdots,l_{10}$是关于概率分布 $p_1\geqslant p_2\geqslant\cdots\geqslant p_{10}$的二元赫夫曼码的码字长度。假定将最后一个概率密度值分裂得到新分布 $p_1,p_2,\cdots,p_9,\alpha p_{10},(1-\alpha)p_{10}$，该如何叙述这个新分布的最优二元码字长度 $\tilde{l}_1,\tilde{l}_2,\cdots,\tilde{l}_{11}$？其中 $0\leqslant\alpha\leqslant 1$。 156

5.42 三元码。下列哪一组码字长度可以成为三元赫夫曼码的码字长度？哪组不能？

(a) (1,2,2,2,2)

(b) (2,2,2,2,2,2,2,2,3,3,3)

5.43 分段赫夫曼。假定用来描述随机变量 $X\sim p(x)$的码字总是起始于$\{A,B,C\}$中的某个字符，然后紧接$\{0,1\}$中的二值数字。于是，我们得到了关于第一个字符的三元码和随后的二元码。给出下列概率分布的最优唯一可译码(字符的最小期望数)。

$$p=\left(\frac{16}{69},\frac{15}{69},\frac{12}{69},\frac{10}{69},\frac{8}{69},\frac{8}{69}\right) \tag{5-160}$$

5.44 赫夫曼。求 $p=\left(\frac{1}{100},\frac{1}{100},\cdots,\frac{1}{100}\right)$的最优二元编码的码字长度。

5.45 随机20问题。设 X 为$\{1,2,3,\cdots,m\}$上的均匀分布，假定 $m=2^n$。我们随机提问：$X\in S_1$？$X\in S_2$？…，直至仅剩下一个整数为止。$\{1,2,3,\cdots,m\}$中的所有 2^m 个子集 S 被问到的概率是相同的。

(a) 不失一般性，假设 $X=1$ 是该随机目标，那么目标2与目标1对 k 个问题具有相同答案的概率为多少？

(b) 在$\{2,3,\cdots,m\}$中，与正确目标1具有相同问题答案的期望目标数是多少？

(c) 假设我们提问 $n+\sqrt{n}$个随机问题。与答案一致的错误目标期望数是多少？

(d) 利用马尔可夫不等式 $\Pr\{X\geqslant t\mu\}\leqslant\frac{1}{t}$，证明当 $n\to\infty$时，误差概率(即还剩余一个或多个错误目标)趋于0。

历史回顾

本章中有关素材的基本知识均可在香农的开创性论文[469]中找寻到，其中有香农信源编码
157 定理及有关编码的几个例子。他在论文中说明了一个简单的编码构造过程(见习题5.28所述)，这对费诺的影响很大，现在该方法已称为香农－费诺编码构造程序。

关于唯一可译码的 Kraft 不等式首先是 McMillan[385]给予证明的；而书中给出的证明归功于 Karush[306]。赫夫曼编码程序首先由赫夫曼[283]发现并给予证明其是最优的。

在最近几年中，相当多的研究兴趣集中在如何设计信源编码，使之符合特殊的应用目的，如磁记录。在这样的情形下，目的就是设计出好的编码，使得输出序列满足一定的性质。这个主题的某些结论在 Franazek[219]，Adler et al. [5]及 Marcus[370]中均有所论述。

算术编码程序对于 Elias 所论述的香农－费诺编码(未发表)起着根本性的作用，且 Jelinek [297]对此进行了分析。在文中所述的无前缀码构造程序得归功于 Gilbert 和 Moore[249]。Shannon-Fano-Elias 方法能够扩展到序列是基于 Cover[120]中提到的枚举方法，并且用来刻画 Pasco [414]以及 Rissanen [441]中提到的有限精度算法。香农码的竞争最优性已被证明，见 Cover [125]，并且推广到赫夫曼码，见 Feder[203]。5.11节中的源自抛掷均匀硬币过程的离散分布生
158 成问题得益于 Knuth 和 Yao[317]的研究工作。

第 6 章

博弈与数据压缩

乍看起来，信息论与博弈似乎风马牛不相及。然而，正如我们将要看到的，赛马中的投资增长率与赛马的熵率之间有很强的对偶性。因为增长率与熵率之和为常数。为了证明这个结论，将涉及如何证明边信息的金融价值等于赛马与边信息之间的互信息。从投资的角度看，赛马是股票市场的特殊情形，将在第 16 章讨论。

我们也将揭示如何使用两个完全相同的马民在一系列下注过程中的相对收益（简称收益）累计增长率来压缩随机变量序列。最后，我们利用这些博弈策略来估计英文的熵率。

6.1 赛马

假设在一场赛马中有 m 匹马参赛，令第 i 匹参赛马获胜的概率为 p_i。如果第 i 匹马获胜，那么机会收益为 o_i 比 1(即在第 i 匹马上每投资一美元，如果赢了，会得到 o_i 美元的收益；如果输了，那么回报为 0)。

有两种流行的马票：a 兑 1（a-for-1）和 b 赊 1（b-to-1）。第一种是指在开赛前购买的马票——马民赛前用一美元现金来购买一张机会收益为 a 美元的马票，一旦他的马票对应的马在比赛中赢了，那么他持有的那只马票在赛后兑换 a 美元，否则，他的马票分文不值。而第二种马票是在赛后交割的，机会收益为 $b:1$，一旦他的马票对应的马输了，该马民赛后必须去交纳一美元的本金。如果赢了，赛后可以领取 b 美元。所以，当 $b=a-1$ 时，a 兑 1 与 b 赊 1 两种马票的机会收益等价。例如，掷硬币的公平机会收益倍数是 2 兑 1 或者 1 赊 1，其他则认为是*平等机会收益倍数*。 159

假设某马民将其资金分散购买所有参赛的马匹的马票，b_i 表示其下注在第 i 匹马的资金占总资金的比例，那么 $b_i \geqslant 0$ 且 $\sum b_i=1$。如果第 i 匹马获胜，那么该马民获得的回报是下注在 i 匹马的资金的 o_i 倍，而下注在其他马匹上的资金全部输掉。于是，赛马结束时，如果第 i 匹马获胜，那么该马民最终所得的资产为原始财富乘以因子 $b_i o_i$，而且这样发生的概率为 p_i。为了记号方便，我们将在本章中交替使用 b_i 与 $b(i)$，而不加区别。

收益在比赛结束时是一个随机变量，马民希望该随机变量的值“最大化”。马民希望将所有资金购买其认为能够获胜的同一匹马的马票，以期获得最大的回报(此时最大回报应为 $p_i o_i$)。但这样做显然是充满风险的，很有可能将所有钱一次都输光。

考虑到马民可以在赛马中反复下注，我们可以得到一些显然的结果。假设马民把所有资金不断重复地购买马票，那么他的收益就是每次比赛中利润的乘积。令 S_n 为该马民在第 n 场赛马结束时的资产，那么

$$S_n = \prod_{i=1}^{n} S(X_i) \tag{6-1}$$

其中 $S(X)=b(X)o(X)$是当第 X 匹马获胜时，马民购买该只马票所得收益的乘积因子。

定义 *相对收益* $S(X)=b(X)o(X)$是一个乘积因子，如果马民中了 X 马票，那么他的相对收益就是原始财富乘以该因子。

定义 *一场赛马的双倍率为*

$$W(\mathbf{b},\mathbf{p})=E(\log S(X))=\sum_{k=1}^{m}p_k\log b_k o_k \tag{6-2}$$

双倍率的定义的合理性由如下定理给出。

定理 6.1.1 假设赛马的结果 $X_1,X_2,\cdots,X_n$ 为服从 $p(x)$ 的独立同分布序列，那么，该马民在策略 $\boldsymbol{b}$ 之下的相对收益将以指数因子为 $W(\mathbf{b},\mathbf{p})$ 呈指数增长，即

160 $$S_n\doteq 2^{nW(\mathbf{b},\mathbf{p})} \tag{6-3}$$

证明：由于独立的随机变量的函数仍然是独立的，从而 $\log S(X_1),\log S(X_2),\cdots,\log S(X_n)$ 也是独立同分布的。由弱大数定律可得，

$$\frac{1}{n}\log S_n=\frac{1}{n}\sum_{i=1}^{n}\log S(X_i)\to E(\log S(X))\quad 依概率 \tag{6-4}$$

于是，

$$S_n\doteq 2^{nW(\mathbf{b},\mathbf{p})} \tag{6-5}$$ □

由于马民的相对收益是按照 $2^{nW(\mathbf{b},\mathbf{p})}$ 方式增长，因此，接下来是如何在所有投资组合策略 $\mathbf{b}$ 的集合中寻找到使得 $W(\mathbf{b},\mathbf{p})$ 最大化的策略。

定义 如果选择 $\mathbf{b}$ 使得双倍率 $W(\mathbf{b},\mathbf{p})$ 达到最大值 $W^*(\mathbf{p})$，那么称该值为最优双倍率：

$$W^*(\mathbf{p})=\max_{\mathbf{b}}W(\mathbf{b},\mathbf{p})=\max_{\mathbf{b}:b_i\geqslant 0,\sum_i b_i=1}\sum_{i=1}^{m}p_i\log b_i o_i \tag{6-6}$$

$W(\mathbf{b},\mathbf{p})$ 作为 $\mathbf{b}$ 的函数，在约束条件 $\sum b_i=1$ 之下求其最大值。可以写出如下拉格朗日乘子函数并且改变对数的基底（这不影响最大化 $\mathbf{b}$），则有，

$$J(\mathbf{b})=\sum p_i\ln b_i o_i+\lambda\sum b_i \tag{6-7}$$

关于 b_i 求导得到

$$\frac{\partial J}{\partial b_i}=\frac{p_i}{b_i}+\lambda,i=1,2,\cdots,m \tag{6-8}$$

为了求得最大值，令偏导数为 0，从而得出

$$b_i=-\frac{p_i}{\lambda} \tag{6-9}$$

161 将它们带入约束条件 $\sum b_i=1$ 可得到 $\lambda=-1$ 以及 $b_i=p_i$。从而，我们得到 $\mathbf{b}=\mathbf{p}$ 为函数 $J(\mathbf{b})$ 的驻点。我们不是利用二阶导数来判定它是否为最大值点，因为那样太麻烦。取而代之，使用最平常的方法：先猜测后验证。我们将在下面定理中证明按照比例 $\mathbf{b}=\mathbf{p}$ 下注是最优的策略。按比例下注称为 Kelly 博弈[308]。

定理 6.1.2（按比例下注是对数最优化的） 最优化双倍率的公式计算如下

$$W^*(\mathbf{p})=\sum p_i\log o_i-H(\mathbf{p}) \tag{6-10}$$

并且按比例 $\mathbf{b}^*=\mathbf{p}$ 的下注策略可以达到该值。

证明：我们将函数 $W(\mathbf{b},\mathbf{p})$ 重新改写，使得容易看出何时取最大值：

$$\begin{aligned}W(\mathbf{b},\mathbf{p})&=\sum p_i\log b_i o_i &(6\text{-}11)\\&=\sum p_i\log\left(\frac{b_i}{p_i}p_i o_i\right) &(6\text{-}12)\\&=\sum p_i\log o_i-H(\mathbf{p})-D(\mathbf{p}\parallel\mathbf{b}) &(6\text{-}13)\\&\leqslant\sum p_i\log o_i-H(\mathbf{p}) &(6\text{-}14)\end{aligned}$$

等号成立的充要条件是 $\mathbf{b}=\mathbf{p}$（即马民应该按照每匹马获胜的概率按比例分散地购买马票）。 □

例 6.1.1 考虑仅有两匹马参赛的特殊情形。假设马 1 获胜的概率为 p_1，马 2 获胜的概率为 p_2。假设两匹马的机会收益率均等（即两只马票均为 2 兑 1 方式）。此时的最优下注方法为按概

率比例下注，即 $b_1=p_1, b_2=p_2$。而最优双倍率为 $W^*(\mathbf{p})=\sum p_i\log o_i-H(\mathbf{p})=1-H(\mathbf{p})$，按照这样的增长率，将导致相对收益无限增长：

$$S_n \doteq 2^{n(1-H(\mathbf{p}))} \tag{6-15}$$

于是，我们证明了对于一系列独立同分布的赛马，如果马民将其全部现金反复购买马票而不是捂住现金不动，那么按比例下注是相对收益增长最快的策略。

接下来我们考虑一种特殊情形，即关于某种分布具有公平机会收益倍率的情形。换言之，除了知道 $\sum 1/o_i=1$ 之外，无其他信息可用。此时，记 $r_i=1/o_i$，将其视为参赛马匹的一种概率密度函数（这是用来估计赛马获胜概率的所谓马民法）。在此记号之下，双倍率可以写为 162

$$W(\mathbf{b},\mathbf{p})=\sum p_i\log b_i o_i \tag{6-16}$$

$$=\sum p_i\log\left(\frac{b_i}{p_i}\frac{p_i}{r_i}\right) \tag{6-17}$$

$$=D(\mathbf{p}\|\mathbf{r})-D(\mathbf{p}\|\mathbf{b}) \tag{6-18}$$

该方程给出了相对熵距离的另一个解释：双倍率正好是马民法的估计到真实分布的距离与马民下注策略到真实分布的距离之间的差值。所以，马民要赚钱，只有当他的估计（由 $\mathbf{b}$ 表示）比马民法所得的估计更好。

一种更特殊的情形是：如果每只马票的机会收益倍率为 m 兑 1。此时，机会收益均等，服从均匀分布且最优双倍率为

$$W^*(\mathbf{p})=D\left(\mathbf{p}\|\frac{1}{m}\right)=\log m-H(\mathbf{p}) \tag{6-19}$$

在此情形下可以清楚地看出数据压缩与双倍率之间的对偶关系。

定理 6.1.3（守恒定理） *对于均匀的公平机会收益倍率，*

$$W^*(\mathbf{p})+H(\mathbf{p})=\log m \tag{6-20}$$

于是，双倍率与熵率之和为常数。

熵每减少一比特，马民的收益就翻一番。所以在熵越小的比赛中，马民的获利越丰厚。

在上述分析中，假设马民倾囊投资。一般来讲，应当允许马民有选择地保留一部分现金。令 $b(0)$ 为原始财富中预留为现金的比例，$b(1), b(2), \cdots, b(m)$ 为分别购买每匹马的马票的资金比例。那么在赛事结束时，最终资产与原始财富的比例（即相对收益）为

$$S(X)=b(0)+b(X)o(X) \tag{6-21}$$

此时的最优化策略依赖于机会收益，可能并不是按比例购买马票这种单一形式。我们将通过下面三种情况进行讨论： 163

1. 服从某种分布的公平机会收益倍率：$\sum\frac{1}{o_i}=1$。对于公平机会收益倍率，保留现金的选择并不影响分析。因为我们可以在保留现金的情况下按 $b_i=\frac{1}{o_i}, i=1,2,\cdots,m$ 比例下注在第 i 匹马得到的效果是相同的。此时 $S(X)=1$ 与到底哪只马票能够获胜没有关系。于是，马民到底保存多少现金没有什么关系，该部分现金等同于马民按比购买了每只马票。从而要求马民必须将资金全部下注的假设并不会影响分析。即按比例下注策略最优。

2. 超公平机会收益倍率：$\sum\frac{1}{o_i}<1$。这种比赛的机会收益往往优于公平机会收益倍率的赛事，所以，任何人都希望将全部资金都押进去而不必保留现金。在这种比赛中，依然是按比例下注策略最优。但是，也可以选择满足 $b_i=c\,\frac{1}{o_i}$（其中 $c=1/\sum\frac{1}{c_i}$）的策略 $\mathbf{b}$ 使其构成一个

"大弃赌"或称"荷兰赌"(Dutch book)。在不需要知道什么马会获胜的情况下就能够获得相对收益 $o_i b_i = c$。在这种分配方案下，该马民的相对收益将依概率 1（换言之，无风险地）变成 $S(X) = 1/\sum \frac{1}{o_i} = c > 1$。毋庸置疑，在现实生活中很难碰到这样的机会。顺便提一下，大弃赌提供的下注策略尽管无风险，但它并没有使得双倍率达到最优化。

3. 次公平机会收益倍率：$\sum \frac{1}{o_i} > 1$。此情形更代表现实生活。赛马组织者们总是要比所有马民技高一筹。在此种赛马中，马民只应该用一部分资金买马票，而将其他的现金捂住，这是最起码的知识。此时，按比例下注不再是对数最优了。利用库恩-塔克(Kuhn-Tucker)条件（习题 6.6.2)能够得到一个参数形式的最优策略；它有一个简单的解释是"注水式"。

6.2 博弈与边信息

假设马民具有一些关于赛马的成功和失败的信息。比如，马民或许拥有某些参赛马匹的历史记录，那么这些边信息到底有多少价值呢？

关于此类信息的经济价值的一个定义就是因此信息而导致的相对收益的增量。依照 6.1 节，我们当然采用因该信息而导致的双倍率的增量来度量信息价值。接下来导出互信息与双倍率增量之间的联系。

为了正式定义这个概念，假设 $X \in \{1,2,\cdots,m\}$ 为第 X 只马票，它获胜的概率为 $p(x)$，机会收益率为：$o(x)$ 兑 1。设 (X,Y) 的联合概率密度函数为 $p(x,y)$。用 $b(x|y) \geqslant 0$，$\sum_x b(x \mid y) = 1$ 记
164 已知边信息 Y 的条件下的下注策略。此处 $b(x|y)$ 理解为当得知信息 y 的条件下，用来买第 x 只马票的资金的比例。对照前面的记号，将 $b(x) \geqslant 0$，$\sum b(x) = 1$ 表示为无条件下注策略。

设无条件双倍率和条件双倍率分别为

$$W^*(X) = \max_{\mathbf{b}(x)} \sum_x p(x) \log b(x) o(x) \tag{6-22}$$

$$W^*(X \mid Y) = \max_{\mathbf{b}(x|y)} \sum_{x,y} p(x,y) \log b(x \mid y) o(x) \tag{6-23}$$

再设

$$\Delta W = W^*(X|Y) - W^*(X) \tag{6-24}$$

对于独立同分布的赛马序列 (X_i, Y_i)，可以看到：当具有边信息时，相对收益增长为 $2^{nW^*(X|Y)}$；当无边信息时，相对收益增长率为 $2^{nW^*(X)}$。

定理 6.2.1 由于获得某场赛马 X 中边信息 Y 而引起的双倍率的增量 ΔW 满足

$$\Delta W = I(X;Y) \tag{6-25}$$

证明：在具有边信息的条件下，按照条件比例买马票，即 $b^*(x|y) = p(x|y)$，那么关于边信息 Y 的条件双倍率 $W^*(X|Y)$ 可以达到最大值。于是，

$$W^*(X|Y) = \max_{\mathbf{b}(x|y)} E[\log S] = \max_{\mathbf{b}(x|y)} \sum p(x,y) \log o(x) b(x|y) \tag{6-26}$$

$$= \sum p(x,y) \log o(x) p(x|y) \tag{6-27}$$

$$= \sum p(x) \log o(x) - H(X|Y) \tag{6-28}$$

当无边信息时，最优双倍率为

$$W^*(X) = \sum p(x) \log o(x) - H(X) \tag{6-29}$$

从而，由于边信息 Y 的存在而导致的双倍率的增量为

165 $$\Delta W = W^*(X|Y) - W^*(X) = H(X) - H(X|Y) = I(X;Y) \tag{6-30}$$ □

此处双倍率的增量正好是边信息 Y 与赛马 X 之间的互信息。毫无疑问，独立的边信息并不

会提高双倍率。

这个关系式也可以推广到更一般的股票市场（第 16 章）。当然对于股票市场我们仅能证明不等式 $\Delta W\leqslant I$，等式成立的充分必要条件是该市场为赛马市场。

6.3 相依的赛马及其熵率

在赛马中，边信息最通常的表现形式是所有参赛马匹在过去比赛中的表现。如果各场赛马之间是独立的，那么这些信息毫无用途。如果假设各场赛马构成的序列之间存在关联关系，那么只要允许使用以前比赛的记录来决定新一轮赛马的下注策略，就可以计算出有效的双倍率。

假设由各场赛马结果组成的序列$\{X_k\}$是一个随机过程。假设每场赛马的下注策略依赖于此前的各次比赛的结果。此时，具有均匀的公平机会收益倍率的比赛的最优双倍率为

$$\begin{aligned}W^*(X_k\mid X_{k-1},X_{k-2},\cdots,X_1)&=E\left[\max_{b(\cdot\mid X_{k-1},X_{k-2},\cdots,X_1)}E[\log S(X_k)\mid X_{k-1},X_{k-2},\cdots,X_1]\right]\\&=\log m-H(X_k\mid X_{k-1},X_{k-2},\cdots,X_1)\end{aligned}\tag{6-31}$$

该最优双倍率可以在 $b^*(x_k\mid x_{k-1},\cdots,x_1)=p(x_k\mid x_{k-1},\cdots x_1)$时达到。

当第 n 场赛马结束时，马民的相对收益变成

$$S_n=\prod_{i=1}^{n}S(X_i)\tag{6-32}$$

且增长率的指数（假设为 m 兑 1 方式）为

$$\frac{1}{n}E\log S_n=\frac{1}{n}\sum E\log S(X_i)\tag{6-33}$$

$$=\frac{1}{n}\sum(\log m-H(X_i\mid X_{i-1},X_{i-2},\cdots,X_1))\tag{6-34}$$

166

$$=\log m-\frac{H(X_1,X_2,\cdots,X_n)}{n}\tag{6-35}$$

$\frac{1}{n}H(X_1,\cdots,X_n)$是 n 场赛马的平均熵。对于熵率为 $H(\mathcal{X})$ 的平稳过程，对公式 (6-35) 两边取极限可得

$$\lim_{n\to\infty}\frac{1}{n}E\log S_n+H(\mathcal{X})=\log m\tag{6-36}$$

此公式再次说明，熵率与双倍率之和为常数。

公式 (6-36) 中期望的运算在遍历过程的条件下可以去掉。第 16 章将证明一个遍历的赛马序列，

$$S_n\doteq 2^{nW}\quad 依概率 1\tag{6-37}$$

其中 $W=\log m-H(\mathcal{X})$ 且

$$H(\mathcal{X})=\lim\frac{1}{n}H(X_1,X_2,\cdots,X_n)\tag{6-38}$$

例 6.3.1（红与黑） 用扑克牌代替马匹，随着时间的流逝，结果变得越来越可以预测。考虑猜测下一张扑克牌颜色，一副扑克分成 26 张红的和 26 张黑的。猜测下一张发出的牌是红色还是黑色，直到所有牌发完。我们也假设该游戏的机会收益为 2 兑 1，即，如果猜对了，就可以得到下注于正确颜色的赌注的两倍回报。假如红色和黑色出现的概率相同，那么这种游戏是公平机会收益的。

考虑以下两种下注方案：

1. 如果顺序地下注，那么可以计算出下一张牌的条件概率并且按该条件概率为比率下注。

于是，将按照（红，黑）的概率分布为$\left(\frac{1}{2},\frac{1}{2}\right)$下注第一张，当第一张为黑色时，再以$\left(\frac{26}{51},\frac{25}{51}\right)$为概率分布下注第二张。如此下去。

2. 另一种，我们可以一次性下注 52 张牌构成的序列。那么有 26 张红色和 26 张黑色的扑克牌可以得出$\binom{52}{26}$种可能的序列，且每个序列出现的概率相等。于是，按比例下注意味着将现金分成$\binom{52}{26}$份，对每一个序列下注$1\Big/\binom{52}{26}$的资金。当然假设我们猜对或猜错每张扑克牌是红是黑的概率各占一半。

接下来讨论这两种方案是等价的。例如，52 张牌组成的所有序列中，第一张是红色的所有序
167 列恰好占一半，所以按照方案 2 赌红色也是一半资金。一般地，如果将$\binom{52}{26}$种可能的序列视为基本事件，那么可以验证：对每个基本事件下注$1\Big/\binom{52}{26}$资金，则所有下注的策略在任何场合都是与红色与黑色在此场合出现的概率成比例。既然我们只将$1\Big/\binom{52}{26}$资金下注在可能的基本事件上，而且只下注在使得相对收益增长率是 2^{52} 的因子的观测序列上，对于其他序列分文不投，那么，最终相对收益为

$$S_{52}^{*}=\frac{2^{52}}{\binom{52}{26}}=9.08 \tag{6-39}$$

更有趣的是，此回报并不依赖于具体的序列。这就像 AEP 中所说的，任何序列都有相同的回报。从这个角度来讲，所有序列都是典型的。

6.4 英文的熵

虽然英文文本是一个重要的信源，但英文到底是不是一个平稳遍历过程却并不是一目了然的。很可能不是！然而我们感兴趣的是英文的熵率。我们将讨论对英文的各种各样的随机逼近。随着逐步提高模型的复杂度，可以生成一些看起来很像英文的文本。这样的随机模型可以用来压缩英文文本。随机逼近程度越好，压缩性能越强。

为了讨论方便假设英文的字母表由 26 个字母和空格共计 27 个字符构成，也就是说，忽略标点符号和大小写。通过收集一些文本样本，根据这些文本中的字符的经验分布建立英文模型。在英文中，字母出现的频率远不是均匀的。字母 E 出现的频率最高达 13%，而频率最低的字母 Q 和 Z 大约为 0.1%。字母 E 出现频率之高以至于几乎找不到几个任意长的句子当中没有该字母(但有一个例外，那就是小说家 Ernest Vincent Wright (Lightyear 出版社，Boston，1997；1939 年首次发表)，在其共计 267 页的小说《Gadsby》中刻意回避使用字母 E)。

双字母也一样，远不是均匀分布。例如，字母 Q 后面总是跟着字母 U。但频率最高的双字母不是 QU 而是 TH，通常出现的概率为 3.7%。可以利用这些双字母出现的频率来估计一个字母后面跟随另一个字母的概率。如此还可以估计更高阶的条件概率并建立更复杂的模型。仅如此下
168 去，样本很快就会告罄。例如，建立三阶的马尔可夫逼近，必须估计条件概率 $p(x_i|x_{i-1},x_{i-2},x_{i-3})$的值，那么要建立有 $27^4=531\ 441$ 项的巨大表格，这样，要想得到这些概率的精确估计，必须处理数以百万计字母数的样本文本。

条件概率的估计可以用来生成服从这些分布的字母的一个随机样本(利用随机数生成方法)。

有另外一种较简单的办法来拟合随机性，用一段文字样本(比方说，一本书)为道具。例如，若构造二阶模型，那么随机打开书本，选定该页上的一个字母，将其作为第一个字母。再随机地翻开书本，随机地从某处开始往下读，直到出现第一个字母为止，将紧随该字母的那个字母选取为第二个字母。再翻到另一页，重复前面的过程，搜索第二个字母，当我们找到了第二个字母之后，取其后面的那个作为第三个字母。如此下去，我们可以生成一个文本，它就是英语文本的二阶统计量的拟合。

从香农的原始文章[472]中，我们抽出下列关于英文的马尔可夫逼近的几个例子：

1. 0阶逼近(字符串是独立的且等可能的)：

XFOML RXKHRJFFJUJZLPWCFWKCYJ
FFJEYVKCQSGXYD QPAAMKBZAACIBZLHJQD

2. 1阶逼近(字符串是独立的，字母的频率与英文文本吻合)：

OCRO HLI RGWR NMIELWIS EU LL NBNESEBYA TH EEI
ALHENHTTPA OOBTTVA NAH BRL

3. 2阶逼近(字母对出现的频率与英文文本吻合)：

ON IE ANTSOUTINYS ARE T INCTORE ST BE S DEAMY
ACHIN D ILONASIVE TUCOOWE AT TEASONARE FUSO
TIZIN ANDY TOBE SEACE CTISBE

4. 3阶逼近(三字母出现的频率与英文文本吻合)：

IN NO IST LAT WHEY CRATICT FRUURE BERS GROCID
PONDENOME OF DEMONSTURES OF THE REPTAGIN IS
REGOACTIONA OF CRE 169

5. 4阶逼近(四字母出现的频率与英文文本吻合，且第四个字母依赖于前面三个。下面的句子来自Lucky的书《硅谷梦》[366])：

THE GENERATED JOB PROVIDUAL BETTER TRAND THE
DISPLAYED CODE，ABOVERY UPONDULTS WELL THE
CODERST IN THESTICAL IT DO HOCK BOTHE MERG.
(INSTATES CONS ERATION. NEVER ANY OF PUBLE AND TO
THEORY. EVENTIAL CALLEGAND TO ELAST BENERATED IN
WITH PIES AS IS WITH THE)

6. 1阶单词模型(词汇是独立选择的，但频率与英文文本吻合)：

REPRESENTING AND SPEEDILY IS AN GOOD APT OR COME
CAN DIFFERENT NATURAL HERE HE THE A IN CAME THE TO
OF TO EXPERT GRAY COME TO FURNISHES THE LINE
MESSAGE HAD BE THESE

7. 2阶单词模型(词汇的转移概率与英文文本吻合)：

THE HEAD AND IN FRONTAL ATTACK ON AN ENGLISH
WRITER THAT THE CHARACTER OF THIS POINT IS
THEREFORE ANOTHER METHOD FOR THE LETTERS THAT THE
TIME OF WHO EVER TOLD THE PROBLEM FOR AN
UNEXPECTED

由此可见，随着模型的复杂度上升，逼近就越来越像英文了。例如，从最后的逼近中的长词组简直就是真实的英文句子。这表明，如果使用更复杂的模型，那么我们还可以得到更好的逼近。

这些逼近通常用来估计英文的熵。例如，使用 0 阶模型时，熵为 log27＝4.76 比特/字母。随着模型复杂度的增加，可以捕捉到英文的更多结构信息且使得下一个字母的条件不肯定度变小。使用 1 阶模型可以得到每个字母的熵的估计为 4.03 比特，而 4 阶模型所得的熵的估计则为 2.8 比特/字母。即使这样，4 阶模型也不能够捕捉到英文的所有结构。在 6.6 节中继续讨论英文的熵的估计的其他方法。

170 英文的分布对于加密的英文文本的译码十分有用。例如，在简单的替代加密(即任何一个字母都用另外一个字母替换)的密文中，可以通过搜索频率最高的字母来确定该字母替换了 E，其他类似。在一段英文中，当其他字母解密后，对于缺损的位置用一个非英文字符填补。例如，

TH_R__S_NLY_N_W_YT_F_LL_NTH_V_W_LS_NTH_SS_NT_NC_.

香农的关于信息论的原创工作的某些灵感来自第二次世界大战期间他在密码学的工作。密码学的数学理论以及密码学与语言的熵之间的关系也在香农的文章[481]中做了详细论述。

语言随机模型在某些语音识别系统中也起到了关键作用。经常使用的模型是三字符模型(也就是 2 阶马尔可夫单词模型)，它是估计在已知前面两个单词的条件下来估计出下一个单词出现的概率。从语音信号中获得的信息与模型结合可以产生一个最酷似于在被观测的语音中的词汇。虽然我们还不能清楚地看出随机模型是否有能力将支配自然语言(如英语)的复杂语法规则进行整合，但它们在语音识别中吻合的程度已经好得令人吃惊。

我们可以将这种技巧使用在其他信源，比如，语音信号和图像信号等，估计它们的熵率。关于这些内容的风趣的介绍可在 Lucky [366] 中找到。

6.5 数据压缩与博弈

本节证明一个优秀的马民也是一个优秀的数据压缩器。借此说明博弈与数据压缩的直接联系。其实，马民愿意将大笔资金下注的任何一个序列必定是可以被大幅压缩的序列。将马民视为数据压缩器的想法基于这样的事实：马民的每个下注策略可以认为是对数据的概率分布给出的估计。一个优秀的马民必然得到该概率分布的优秀估计。我们可以利用对概率分布的这种估计进行算术编码(13.3 节)。这是下述的方案的基本思想。

假设马民有一个在机械性能上完全相同的虚拟双胞胎，其专门管数据解压缩。该孪生兄弟将

171 与现实中的马民兄弟有同样的下注策略(因而投资相同的钱)。于是在所有可能的结果构成的序列集合中，对于一个给定的序列，按照字典排序法，有一些序列小于该给定的序列，马民从所有这些序列上获得的累计资金将用作该给定序列的压缩数据。解码器将利用虚拟的马民对所有可能的策略进行模拟下注，从中搜索出这样一个序列，从所有比它小的序列获得的累计资金正好就等于该压缩数据。将此序列作为压缩数据的解压序列。

令 $X_1, X_2, \cdots, X_n$ 为一个待压缩的随机变量序列。不失一般性，假设这些随机变量是二值的。于是，对一个序列的博弈可以定义为如下的一系列分步下注策略

$$b(x_{k+1} \mid x_1, x_2, \cdots, x_k) \geqslant 0, \sum_{x_{k+1}} b(x_{k+1} \mid x_1, x_2, \cdots, x_k) = 1 \tag{6-40}$$

其中 $b(x_{k+1} \mid x_1, x_2, \cdots, x_k)$ 为基于历史观测数据 $x_1, x_2, \cdots, x_k$ 之下，在 k 时刻时下注在事件 $X_{k+1} = x_{k+1}$ 的资金比例。假设均匀的机会收益是 2 兑 1，那么，博弈序列所得的相对收益就是最后一步所得的相对收益 S_n 按如下公式计算

$$S_n = 2^n \prod_{k=1}^{n} b(x_k \mid x_1, \cdots, x_{k-1}) \tag{6-41}$$

$$= 2^n b(x_1, x_2, \cdots, x_n) \tag{6-42}$$

其中

$$b(x_1,x_2,\cdots,x_n)=\prod_{k=1}^{n}b(x_k \mid x_{k-1},\cdots,x_1) \tag{6-43}$$

所以，顺序的下注可以看成是对所有 2^n 种可能序列的概率分布

$$b(x_1,x_2,\cdots,x_n)\geqslant 0,\ \sum_{x_1,x_2,\cdots,x_n}b(x_1,x_2,\cdots,x_n)=1$$

进行估计。

这个博弈不仅引出了对文本序列的真实概率的估计($\hat{p}(x_1,x_2,\cdots,x_n)=S_n/2^n$)，还带出了文本的熵($\hat{H}=-\frac{1}{n}\log\hat{p}$)的估计，据此刻画该序列。接下来希望证明相对收益 S_n 越高，对应的数据压缩比越高。特别是，讨论当问题涉及相对收益 S_n 时，那么对于任何自然形成的相关的确定性数据压缩方案中能够节约 $\log S_n$ 比特。我们还将进一步断言，如果该博弈是对数最优的，那么，数据压缩比将达到香农临界值 H。 172

考虑如下数据压缩算法，它将文本序列 $\boldsymbol{x}=x_1x_2\cdots x_n\in\{0,1\}^n$ 映射为编码序列，$c_1c_2\cdots c_n$，$c_i\in\{0,1\}$。压缩器与解压器都知道该 n。假定这 2^n 个文本序列按照字典排序。比如，0100101<0101101。编码器观测序列 $x^n=(x_1,x_2,\cdots,x_n)$之后，可以计算每个满足 $x'(n)\leqslant x(n)$的序列$x'(n)$所得的相对收益 $S_n(x'(n))$，并计算 $F(x(n))=\sum_{x'(n)\leqslant x(n)}2^{-n}S_n(x'(n))$。显然，$F(x(n))\in[0,1]$。令 $k=\lceil n-\log S_n(x(n))\rceil$，将 $F(x(n))$表示为精确到第 k 位的二进制小数：$\lfloor F(x(n))\rfloor=.c_1c_2\cdots c_k$。序列 $c(k)=(c_1,c_2,\cdots,c_k)$被传输给解码器。

孪生解码器可以计算出对应的 2^n 个序列中的任何一个 $x'(n)$所得到的相对收益 $S(x'(n))$。于是，可以知道处于任何序列 $x(n)$的所有序列 $x'(n)$所对应的 $2^{-n}S(x'(n))$的累计值。它不厌其烦地计算这些和，直到首次超过 $.c(k)$为止。当首次搜索出这样的 $x(n)$使得上述累计值落在区间$[.c_1c_2\cdots c_k,.c_1c_2\cdots c_k+(1/2)^k]$，则停止搜索。这样的 $x(n)$是唯一确定的。$S(x(n))/2^n$ 的大小保证了对 $x(n)$的编码是精确的。

于是，该虚拟孪生兄弟唯一地恢复出了 $x(n)$。所需要的长度为 $k=\lceil n-\log S(x(n))\rceil$比特。节省了 $n-k=\lfloor\log S(x(n))\rfloor$比特。若按比例下注，那么 $S(x(n))=2^np(x(n))$。从而，长度的数学期望为 $E\,k=\sum p(x(n))\lceil-\log p(x(n))\rceil\leqslant H(X_1,X_2,\cdots,X_n)+1$。

我们将会看到，当下注策略已定且编码器和解码器都知道，那么编码 $x_1,x_2,\cdots,x_n$ 所需要的长度小于 $n-\log S_n+1$ 比特。而且，假如 $p(x)$已知，并且按比例下注，那么长度的数学期望值为 $E(n-\log S_n)\leqslant H(X_1,\cdots,X_n)+1$。于是，博弈的结果精确地对应了通过一对孪生兄弟来扮演的编码器—解码器来实现的数据压缩方案。

利用一个马民来实现数据压缩方案的思想与 13.3 节中算术编码的思路是相似的，使用的分布 $b(x_1,x_2,\cdots,x_n)$不是真实分布。上述分析过程导出了博弈与数据压缩的对偶关系，涉及真实分布的估计。越好的估计，马民的相对收益增长率越高，从而数据压缩的方案就越好。

6.6 英文的熵的博弈估计

本节我们使用赌民估计概率分布的方法来估计英文的熵率。我们暂时忽略英语中的标点符号和大小写，将英语文本视为由 27 个字符组成(26 个字母和一个空格)。由此，给出如下两种估计英文的熵的方法。 173

1. *香农猜字游戏*。在此游戏中，给出一篇英文文章样本，要求猜出下一个字母是什么。一个优秀的嘉宾应该首先估计下一个可能出现的字母的概率，然后依照概率大小从大到小依

次猜测，先猜概率最大的，再猜概率次大的，依次下去。实验者记录下猜中下一个字母所需要的次数。继续此游戏，当获得相当大数量的实验记录之后，就可以计算出该对下一个字母所需要的猜测次数的经验频率分布。许多字母仅需要一次就可以猜中，但单词的第一个字母或者句子的开头的字母往往需要反复很多次才能猜中。

现在假定将嘉宾模拟成一台计算机，根据指定的文章确定猜测选择。此时，利用该机器，以及猜测次数的数据列，可以重构一个英语文本。只要将该计算机启动，并假设在任何位置上所需的猜测次数均为 k，选取机子的第 k 次猜测的字母为下一个出现的字母即可。于是，猜测次数的信息量正好是英文文本的信息量，猜测序列的熵也正好是英文文本的熵。只要我们假设所选取的样本是独立的，就可以界定猜测次数序列的熵。从而，该实验数中直方图的熵就为猜测序列的熵的上界。该实验是香农于 1950 年给出的(Shannon [482])。他获得的英文的熵为 1.3 比特/字符。

2. 博弈估计。在此游戏中，让嘉宾在一篇英语范文中猜测下一个字母出现的字母。这与前面的不同之处在于，允许有一个比猜测更为精细的评判等级。与赛马的情形一样，最优的博弈策略是与下一个字母出现的条件概率成比例。猜对了字母的机会收益是：27 兑 1。

由于一连串的分步下注等价于下注一个序列的所有项，因此，在 n 个字母之后可得到所得的收益总额为

$$S_n=(27)^n b(X_1,X_2,\cdots,X_n) \tag{6-44}$$

于是，经过 n 轮下注，相对收益的对数期望满足

174

$$E\frac{1}{n}\log S_n=\log 27+\frac{1}{n}E\log b(X_1,X_2,\cdots,X_n) \tag{6-45}$$

$$=\log 27+\frac{1}{n}\sum_{x^n}p(x^n)\log b(x^n) \tag{6-46}$$

$$=\log 27-\frac{1}{n}\sum_{x^n}p(x^n)\log\frac{p(x^n)}{b(x^n)}+\frac{1}{n}\sum_{x^n}p(x^n)\log p(x^n) \tag{6-47}$$

$$=\log 27-\frac{1}{n}D(p(x^n)\,\|\,b(x^n))-\frac{1}{n}H(X_1,X_2,\cdots,X_n) \tag{6-48}$$

$$\leqslant\log 27-\frac{1}{n}H(X_1,X_2,\cdots,X_n) \tag{6-49}$$

$$\leqslant\log 27-X(\mathcal{X}) \tag{6-50}$$

此处 $H(\mathcal{X})$是英文的熵率。于是 $\log 27-E\frac{1}{n}\log S_n$，是英文的熵率的上界。如果英文是遍历的且嘉宾使用 $b(x^n)=p(x^n)$，那么其上界估计 $\hat{H}=\log 27-\frac{1}{n}\log S_n$ 依概率 1 收敛于 $H(\mathcal{X})$。文献[131]中给出一个试验：利用 Dumas Malone 的小说《Jefferson the Virginian》为范文(香农使用的信源 Little,Brown,Boston,1948)，由 12 个参赛者针对 75 个样本字母进行实验，所得到的估计结果仍然是英文的熵为 1.34 比特/字符。

要点

双倍率 $W(\mathbf{b},\mathbf{p})=E(\log S(X))=\sum_{k=1}^{m}p_k\log b_k o_k$。

最优双倍率 $W^*(\mathbf{p})=\max_{\mathbf{b}}W(\mathbf{b},\mathbf{p})$。

按比例博弈是对数最优的

$$W^*(\mathbf{p})=\max_{\mathbf{b}}W(\mathbf{b},\mathbf{p})=\sum p_i\log o_i-H(\mathbf{p}) \tag{6-51}$$

且 $\mathbf{b}^*=\mathbf{p}$ 时达到最大值。

增长率 相对收益按 $S_n\doteq 2^{nW^*(\mathbf{p})}$ 方式增长。 175

守恒定律 对于均匀的公平机会收益倍率，

$$H(\mathbf{p})+W^*(\mathbf{p})=\log m \tag{6-52}$$

边信息 在一场赛马 X 中，由边信息 Y 导致的双倍率的增量 ΔW 为

$$\Delta W=I(X;Y) \tag{6-53}$$

习题

6.1 赛马。三匹马参赛。马民购买三匹马中每只马票，机会收益倍率均为 3 兑 1。如果三匹马在该赛事中等可能获胜，那么上述的机会收益是公平的。现已知真实的获胜概率为

$$\mathbf{p}=(p_1,p_2,p_3)=\left(\frac{1}{2},\frac{1}{4},\frac{1}{4}\right) \tag{6-54}$$

令 $\boldsymbol{b}=(b_1,b_2,b_3),b_i\geqslant 0,\sum b_i=1$ 为购买每只马票的资金比例。于是，相对收益的对数的期望为

$$W(\mathbf{b})=\sum_{i=1}^{3}p_i\log 3b_i \tag{6-55}$$

(a) 求使得 $W(\boldsymbol{b})$ 达到最大值时的 $\boldsymbol{b}^*$ 和相应的最大值 W^*。于是，重复下注，获得的收益将是依概率 1 按照 2^{nW^*} 方式增加到无穷。

(b) 证明：如果将全部资金只买马 1 的马票，那么即使买最有可能获胜的马票，最终也必然依概率 1 破产。

6.2 非公平机会收益的赛马。如果机会收益是不平等的(比如赛道引起的)，那么马民有理由不倾其钱囊下注。假设 $b(0)$ 是他保留的现金比例，而 $b(1),b(2),\cdots,b(m)$ 是他花在马匹 $1,2,\cdots,m$ 马票上的资金比例，$o(1),o(2),\cdots,o(m)$ 是机会收益，且每匹马获胜的概率分别为 $p(1),p(2),\cdots,p(m)$。于是，最后的相对收益为 $S(x)=b(0)+b(x)o(x)$，其概率分别是 $p(x),x=1,2,\cdots,m$。

(a) 求在约束条件 $\sum 1/o(i)<1$ 之下的使 $E\log S$ 最大化的 $\mathbf{b}^*$。 176

(b) 在约束条件 $\sum 1/o(i)>1$ 之下讨论 $\mathbf{b}^*$(此情形下，没有任何简单的封闭形式的解，但利用库恩一塔克条件可以导出一个“注水”解。)

6.3 扑克牌。一副普通的扑克牌中，26 张为红色，26 张为黑色。将扑克牌充分洗牌混合，每次无放回地抽出一张。用 X_i 表示抽出第 i 张牌的颜色。

(a) 试求 $H(X_1)$。

(b) 试求 $H(X_2)$。

(c) $H(X_k|X_1,X_2,\cdots,X_{k-1})$ 是增加还是减少?

(d) 试求 $H(X_1,X_2,,X_{52})$。

6.4 博弈。假设一个赌民持续地参与习题 6.3 中的扑克牌游戏，并且仍然按照 2 兑 1 的公平机会收益。于是，第 n 次的相对收益 S_n 为 $S_n=2^nb(x_1,x_2,\cdots,x_n)$，其中 $b(x_1,x_2,\cdots,x_n)$ 是下注在 $x_1,x_2,\cdots,x_n$ 上的资金占总相对收益的比例。求 $\max_{b(\cdot)}E\log S_{52}$。

6.5 挫败公开的机会收益。考虑三匹赛马，它们获胜的概率分布为：

$$(p_1,p_2,p_3)=\left(\frac{1}{2},\frac{1}{4},\frac{1}{4}\right)$$

且公平机会收益倍率服从如下(失败)分布

$$(r_1,r_2,r_3)=\left(\frac{1}{4},\frac{1}{4},\frac{1}{2}\right)$$

于是，机会收益倍率向量为

$$(o_1,o_2,o_3)=(4,4,2)$$

(a) 该场赛马的熵是多少？

(b) 找出一系列下注策略(b_1,b_2,b_3)，使得反复购买马票之后的累积相对收益增长到无穷。

6.6 赛马。三匹马赛马获胜的概率为$\mathbf{p}=(p_1,p_2,p_3)$，且机会收益向量为$\mathbf{o}=(1,1,1)$。马民选择的下注策略为$\mathbf{b}=(b_1,b_2,b_3)$，$b_i\geqslant0$，$\sum b_i=1$，其中b_i是马民下注在第i匹马的资金的比例。机会收益倍率向量相当糟糕。马民虽然从获胜的马票上得到收益但也从失败的马票上丢掉其他资金。于是，如果每次下注是独立的，记第n次时的相对收益为S_n，那么它是按指数下降到 0 的。

177 (a) 求出该指数。

(b) 找出最优下注策略$\mathbf{b}$(即，使得指数最大化的策略$\mathbf{b}^*$)。

(c) 假如$\mathbf{b}$就是(b)中选出的策略，什么样的分布$\mathbf{p}$将会使S_n以最快的速率输光？

6.7 赛马。假定一场赛马中有四匹赛马，每匹马获胜的赔付率为 4 兑 1。令马获胜的概率分别为$\left\{\frac{1}{2},\frac{1}{4},\frac{1}{8},\frac{1}{8}\right\}$。如果你以 100 美元开始你对每匹马的最优博弈来使你的长期增长率最大化，那么，在每匹赛马上的最优比例是多少？如果按照这种策略下注，20 场后你将大约获得多少钱？

6.8 乐透彩(Lotto)。下面的分析是对乐透彩游戏的各种形式的粗略描述。假设游戏参与者必须交纳一美元且每一局只允许在 1～8 中挑选一个号。每天收盘时，乐透彩代理人也从 1 到 8 中随机抽取 1 个号作为中奖号码。于是，所有头寸(即当天收取的所有钱)将分给所有与该号相同的游戏参与者。比如，如果今天有 100 人参与该游戏，其中 10 人选了 2 号，并且当天收盘时抽出的号也是 2 号，那么，这 100 美元将在这 10 人中均分(即，持有 2 号的人将获得每人 10 美元，其他 90 人将什么也没有)。

一般人群不可能均匀地选号，比如号码 3 与 7 是假定的好运气号码，远比号码 4 或 8 抢手。用$(f_1,f_2,\cdots,f_8)$表示参与者选择号码 1，2，…，8 的概率。假设每天有n个人参与，且n相当大以至于个别人的选择不会影响人们博弈某个号码的概率。

(a) 针对各种各样可能的票，需要采取什么最优策略分配你的资金才能使得你的长期增长率最大化(忽略你不可以买分数张票的要求)。

(b) 在这种游戏中，你能够达到的最优增长率是多少？

(c) 如果概率分布$(f_1,f_2,\cdots,f_8)=\left(\frac{1}{8},\frac{1}{8},\frac{1}{4},\frac{1}{16},\frac{1}{16},\frac{1}{16},\frac{1}{4},\frac{1}{16}\right)$需要用多长时间你可以用 1 美元将自己变成百万富翁？

6.9 赛马。假如某人迷恋于赛马的双倍率最大化。设$p_1,p_2,\cdots,p_m$为m匹赛马获胜的概率，什么时候$(o_1,o_2,\cdots,o_m)$的双倍率会高于$(o'_1,o'_2,\cdots,o'_m)$的双倍率？

178

6.10 依据估计的概率分布的赛马。

(a) 三马比赛。三匹马获胜概率分别为$\left(\frac{1}{2},\frac{1}{4},\frac{1}{4}\right)$，机会收益倍率分别为4兑1，3兑1和3兑1。假如你相信概率分布是$\left(\frac{1}{4},\frac{1}{2},\frac{1}{4}\right)$，而且你想将双倍率最大化，那么，你能得到的双倍率$W$会是多大？由于你对于概率分布的糟糕估计，你的双倍率降低多少？(即$\Delta W=W^*-W$)？

(b) 现在假设在m匹马的赛马中，获胜概率为$p=(p_1,p_2,\cdots,p_m)$，机会收益倍率为$o=(o_1,o_2,\cdots,o_m)$。假如你相信的真实概率分布是$q=(q_1,q_2,\cdots,q_m)$，尝试将双倍率W最大化，那么，W^*-W是多少？

6.11 两红包问题。假设一个红包里装有b美元，另一个装有$2b$美元。当然b的数量是未知的，且选择哪个红包是随机的。设X为这个红包中观测到的钱数，而Y为另一个红包中的钱数。以概率$p(x)$采用开关选择策略，其中$p(x)=\frac{e^{-x}}{e^{-x}+e^{x}}$。设$Z$为参与者收到的红包。于是，

$$(X,Y)=\begin{cases}(b,2b) & \text{概率为}\frac{1}{2}\\(2b,b) & \text{概率为}\frac{1}{2}\end{cases}\tag{6-56}$$

$$Z=\begin{cases}X & \text{概率为 }1-p(x)\\Y & \text{概率为 }p(x)\end{cases}\tag{6-57}$$

(a) 证明$E(X)=E(Y)=\frac{3b}{2}$。

(b) 证明$E(Y/X)=\frac{5}{4}$。由于另一个红包数量与看过的红包的数量的比值的数学期望为$\frac{5}{4}$，似乎总是要选择的(这是开关选择矛盾的原始意义)。但是，观察到$E(Y)\neq E(X)E(Y/X)$。虽然$E(Y/X)>1$，但它不足以推出$E(Y)>E(X)$。

(c) 令J为钱最多的红包的下标，J'是由该算法选出来的红包的下标。证明对于任何b，均有$I(J,J')>0$。于是，第一个红包装有的钱数总是包含了到底选哪个红包的部分信息。

(d) 证明$E(Z)>E(X)$。也就是说，你可以做得比始终捂着或者不停换股都好。事实上，这对于任何单调递减的选择函数$p(x)$都是对的。按照$p(x)$随机地选择，你会有更大的可能性高买低卖。 179

6.12 博弈。求下列情形对应的赛马获胜概率$p_1,p_2,\cdots,p_m$：

(a) 对于给定的机会收益率$O_1,O_2,\cdots,O_m$，使双倍率W^*最大化。

(b) 对于给定的机会收益率$O_1,O_2,\cdots,O_m$，使双倍率W^*最小化。

6.13 大弃赌。考虑一场只有$m=2$匹赛马的比赛，

$$X=1,2$$

$$p=\frac{1}{2},\frac{1}{2}$$

机会收益倍率分别为10和30。下注策略$=b,1-b$。此时机会收益倍率是超公平的。

(a) 存在这样一种下注策略b，不论哪匹马获胜均可得到相同的盈利。这种赌法就是所谓的大弃赌。求出这样的大弃赌策略b以及相应的收益系数$S(X)$。

(b) 在最优选择 b 之下的最大财富增长率是多少？将其与大弃赌的增长率比较。

6.14 公平赛马的熵。令 $X\sim p(x)$，$x=1,2,\cdots,m$ 记一场赛马的获胜者。假设机会收益率 $o(x)$ 关于概率 $p(x)$ 公平（即，$o(x)=\frac{1}{p(x)}$）。令 $b(x)$ 为下注在第 x 匹马的资金量，即 $b(x)\geqslant 0$，$\sum_1^m b(x)=1$。那么，关于概率 $p(x)$ 的收益增长因子为 $S(x)=b(x)o(x)$。

(a) 求出期望收益 $E\,S(X)$。

(b) 求收益的最优增长率 W^*。

(c) 设

$$Y=\begin{cases}1, & X=1\text{ 或 }2\\ 0, & \text{其他}\end{cases}$$

180 如果下注前得到该边信息，那么增长率 W^* 的增量是多少？

(d) 求 $I(X;Y)$。

6.15 赌输的另类赛马。考虑获胜的概率为 $p_1,p_2,\cdots,p_m$ 的 m 匹赛马参赛的一场赛马。此时，马民希望指定的某匹马输掉而不是获胜。他将资金分配为 $(b_1,b_2,\cdots,b_m)$，$\sum_{i=1}^m b_i=1$ 下注在对应的马匹上。如果第 i 匹马获胜，那么他将失去赌资 b_i 但保住了其他的赌资。于是依概率 p_i 保留了赌资 $S=\sum_{j\neq 1}b_j$（无机会收益）。现在希望在约束条件 $\sum_{i=1}^m b_i=1$ 下得出 $\sum_{i=1}^m p_i\ln(1-b_i)$ 的最大值。

(a) 求最优投资策略 b^* 的增长率。不必限制赌资必须为正，但必须限制 $\sum_{i=1}^m b_i=1$（这种策略的效果等价于允许卖空和对冲）。

(b) 最优增长率是多少？

6.16 圣彼得堡(St. Petersburg)悖论。很久以前在圣彼得堡，下述的博弈提案引起极大的骚动。交 c 单位的入场费，赌民有概率为 2^{-k} 的机会获得 2^k 单位的收益，$k=1,2,3\cdots$。

(a) 证明：该游戏的期望收益为无穷大。因此，为了保证该游戏可以持续下去，认为只有 $c=\infty$ 才是“公平”价。绝大多数人认为该答案是荒谬的。

(b) 假设赌民有能力购买该游戏的一个份额。比如，假如他只购买 $c/2$ 单位，那么他只能以概率为 $\Pr(X=2^k)=2^{-k}(k=1,2,3\cdots)$ 收到 $X/2$ 数量的回报。假设 $X_1,X_2,\cdots$ 是服从该概率分布的独立同分布序列，而赌民每次将其所有资金全部下注。于是，第 n 次时他的收益累计为 S_n 满足如下公式

$$S_n=\prod_{i=1}^n\frac{X_i}{c}\tag{6-58}$$

证明：在 $c<c^*$ 或者 $c>c^*$ 条件下，该极限分别依概率 1 收敛于 ∞ 或者 0。确定“公平”入场费 c^*。

更切合实际的是，赌民应该保留一定比例现金 $\bar{b}=1-b$，只将其余比例 b 的现金用来参与圣彼得堡游戏。于是，到了第 n 次时，他的相对收益为

$$S_n=\prod_{i=1}^n\left(\bar{b}+\frac{bX_i}{c}\right)\tag{6-59}$$

令

$$W(b,c)=\sum_{k=1}^{\infty}2^{-k}\log\left(1-b+\frac{b2^k}{c}\right) \tag{6-60}$$ 181

我们可得到

$$S_n \doteq 2^{nW(b,c)} \tag{6-61}$$

再令

$$W^*(c)=\max_{0\leqslant b\leqslant 1}W(b,c) \tag{6-62}$$

于此，有如下关于 $W^*(c)$的三个问题。

(c) 多少的入场费 c 能够使得最优化的值 b^* 低于 1?

(d) b^* 在多大程度上依赖于 c?

(e) $W^*(c)$的下跌在多大程度上依赖于 c?

注意到对于所有 c，均有 $W^*(c)>0$，于是可以说：任何入场费 c 都是公平的。

6.17 超圣彼得堡悖论。最后，我们介绍超圣彼得堡悖论，与圣彼得堡悖论相比，它只是在对应的概率分布部分改为 $\Pr(X=2^{2^k})=2^{-k}$，$k=1,2,\cdots$。此时，对于所有 $b>0$ 以及所有的 c，收益的对数的期望都趋近于无穷。而且对于任何 $b>0$，赌民的收益趋近于无穷的速度都比指数速度更快。但这并不意味着下注比例 b 是优秀的。为了看清这一点，可以看看其他投资组合所对应的增长率的最大值到底如何，比如，取 $\mathbf{b}=\left(\frac{1}{2},\frac{1}{2}\right)$。求使得

$$E\ln\frac{\bar{b}+bX/c}{\frac{1}{2}+\frac{1}{2}X/c}$$

达到最大值的 b 并且解释该答案。

历史回顾

研究赛马博弈的首创性工作者当属 Kelly，他发现了 $\Delta W=I$（参看文献[308]）。对数最优投资组合可以追溯到伯努利和 Kelly [308]、Latané [346]，及 Latané 和 Tuttle [347]。按比例下注策略有时与 Kelly 博弈策略不加区别。通过习题 6.11 中选择红包的方法来提高获胜概率的方法是基于 Cover [130]的工作。

香农关于英文的随机模型的工作可在他的原创文章[472]中找到。他的关于估计英文熵率的猜字游戏可以在文章[482]中找到。Cover 和 King 在文献[131] 中描述了英文的熵的博弈估计法。关于圣彼得堡悖论的分析可在 Bell 和 Cover[39] 中找到。在 Feller [208] 中还可以找到另一个分析。 182

第7章

信道容量

当说到“A与B通信”时，我们的真实意思是什么？我们的意思是A的物理行为使B产生一种需要的物理状态。信息的传输是一个物理过程，因此，必然受到无法控制的周边噪声以及信号处理本身缺陷的影响。如果接收者B与传输者A就所传输的内容是一致的，那么说这次通信是成功的。

在本章中，在 n 次使用信道下，将计算出可区分的信号的最大数目。该数与 n 成指数增长关系，这个指数就是所说的信道容量。信道容量(可区别的信号数目的对数值)被特征化为最大互信息，是信息论的中心问题，也是信息论中最著名的成就。

在图7-1中给出一个物理发送信号系统的数学模拟。来自某个有限字母表的信源字符被映射成一系列信道字符串，系统就得到信道的输出序列。输出序列虽然是随机的，但它的分布由输入序列决定。我们试图凭借着这些输出序列来恢复出传输的消息。

每个可能的输入序列将导出关于输出序列的概率分布。由于两个不同的输入序列可以产生相同的输出序列，于是根据输出序列不知道输入序列到底是哪个。在下面的几节中，我们将证明能够以很高的概率从输入序列中挑选出一个“不会混淆”的子集，使得对于每一个特定的输出序列，只存在唯一的一个输入最有可能导致该输出。于是，在不计较可以忽略的误差概率的情况下，可以在输出端重构输入序列。将信源映射到适合于输入信道的“足够分散的”输入序列集合，我们能够以非常低的误差概率传输一条消息，并且在信道的输出端重构出这个信源消息。可实现的最大的码率称作该信道的容量。

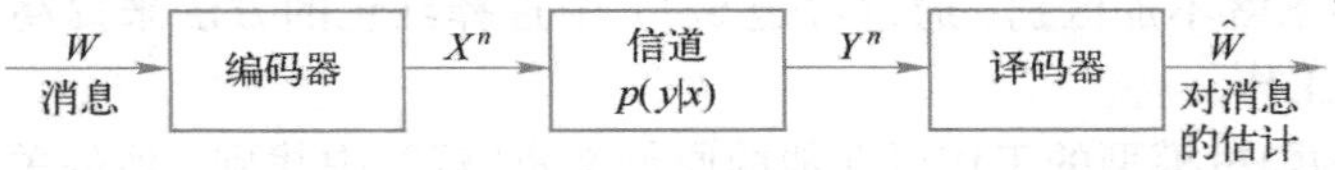

图7-1 通信系统

183 **定义** 离散信道(discret channel)是由输入字母表 $\mathcal{X}$，输出字母表 $\mathcal{Y}$ 和概率转移矩阵 $p(y|x)$ 构成的系统，其中 $p(y|x)$ 表示发送字符 x 的条件下收到输出字符 y 的概率。如果输出的概率分布仅依赖于它所对应的输入，而与先前信道的输入或者输出条件独立，就称这个信道是*无记忆的*(memoryless)。

定义 离散无记忆信道的“*信息*”*信道容量*(channel capacity)定义为

$$C=\max_{p(x)} I(X;Y) \tag{7-1}$$

这里的最大值取自所有可能的输入分布 $p(x)$。

我们稍后将给出信道容量的一个可操作性的定义，也就是将信道容量定义为信道的最高码率(单位为比特/信道使用)，在此码率下，信息能够以任意小的误差概率被传输。香农第二定理表明，信息信道容量等于这个可操作的信道容量。于是，在大多数情况下，讨论信道容量时总是略去*信息*(information)这个字眼。

在数据压缩与数据传输问题之间存在对偶性。在压缩过程中，去除数据中所有的冗余以使其得到最大程度的压缩；而在数据传输过程中，以一种受控方式加入冗余以抵抗信道传输中可能发生的错误。在 7.13 节中，我们将证明一般的通信系统可以分成两部分，而且数据压缩与数据传输问题可以分开考虑。

7.1 信道容量的几个例子

7.1.1 无噪声二元信道

假定有如图 7-2 所示的信道，它的二元输入在输出端能精确地重现。

在这种情况下，任何一个传输的比特都能被无误差地接收到。因此，每次使用该信道，都可以毫无误差地传输一个比特，信道容量就是 1 比特。当然，也可以计算得到信息容量 $C=$ 184
$\max I(X;Y)=1$ 比特，且在 $p(x)=\left(\frac{1}{2},\frac{1}{2}\right)$ 时达到。

7.1.2 无重叠输出的有噪声信道

这个信道对于两个输入中的每一个，均有两个可能的输出，如图 7-3 所示。这个信道看起来有噪声，其实不然。即使信道的输出是输入的随机结果，但输入也可以根据输出确定，于是每个传输的比特都可以准确无误地得到恢复。因此，该信道的容量仍然是 1 比特/传输。也可以计算出该信道的信息容量 $C=\max I(X;Y)=1$ 比特，且在 $p(x)=\left(\frac{1}{2},\frac{1}{2}\right)$ 时达到。 185

7.1.3 有噪声的打字机信道

在此情形中，信道输入以概率 1/2 在输出端无改变地被接收，或以概率 1/2 转变为下一个字母（如图 7-4 所示）。若输入端有 26 个字符，并以间隔的方式使用输入字符，那么在每次传输过程中，可以毫无误差地传输其中的 13 个字符。因此，该信道的容量为 log13 比特/传输。也可计算得到信道的容量 $C=\max I(X;Y)=\max[H(Y)-H(Y|X)]=\max H(Y)-1=\log 26-1=\log 13$ 比特，且当 $p(x)$ 为整个输入字母表上的均匀分布时达到该容量。

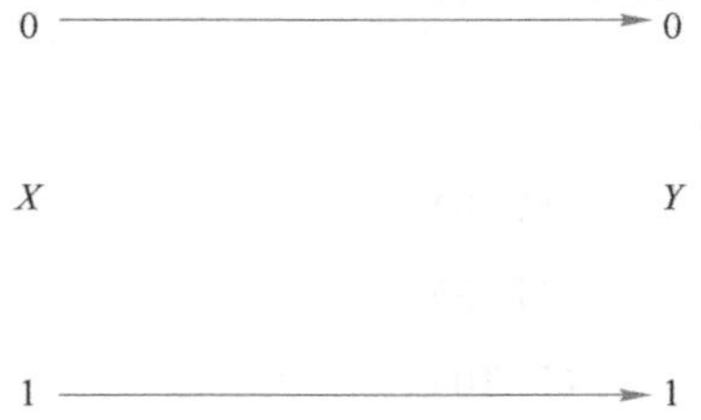

图 7-2 无噪声二元信道。$C=1$ 比特

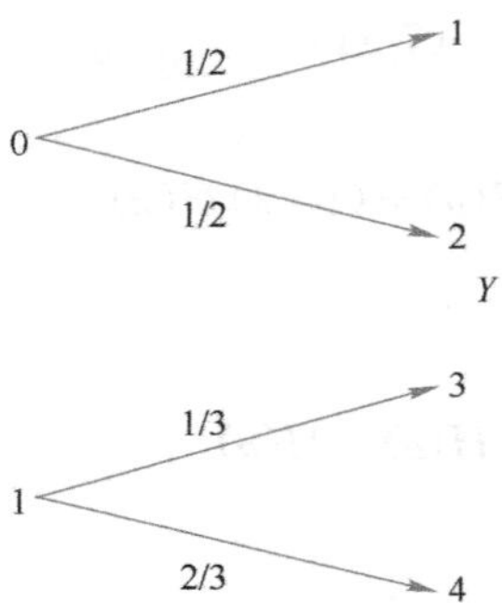

图 7-3 无重叠输出的有噪声信道。$C=1$ 比特

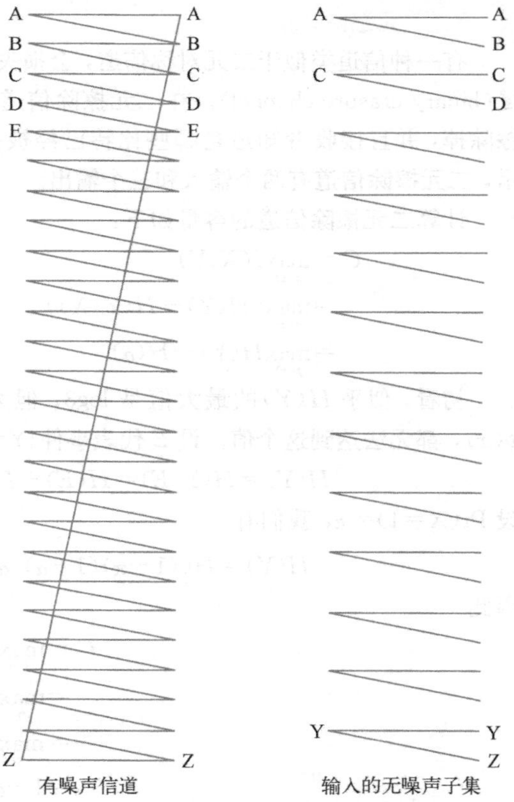

图 7-4 噪声打字机信道。$C=\log 13$ 比特 186

7.1.4 二元对称信道

考虑如图 7-5 所示的二元对称信道(Binary Symmetric Channel，BSC)。这个二元信道的输入字符以概率 p 互补。这是一个有误差信道的最简单模型，然而，它反映出了有误差信道问题的复杂度的普遍特点。

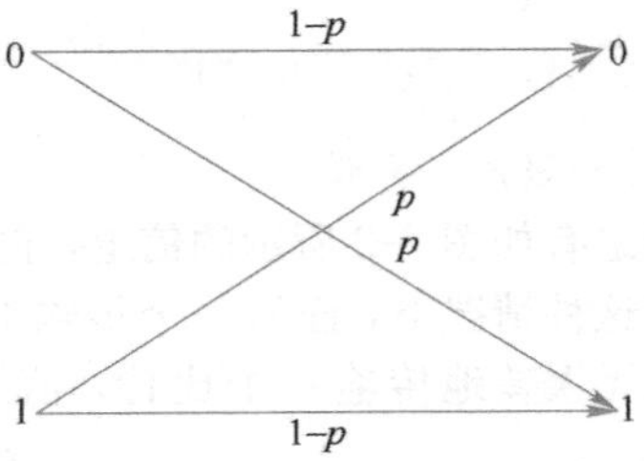

图 7-5 二元对称信道。$C=1-H(p)$比特

在出现错误时，0 作为 1 收到，或者正好相反。从接收到的比特中我们并不能看出哪里发生了错误。从某种意义上说，所有接收到的比特都不可靠。稍后将证明，我们仍然可以使用这样的通信信道以非 0 的传输码率发送信息，并且误差概率任意小。

给出互信息的一个界

$$I(X;Y)=H(Y)-H(Y|X) \tag{7-2}$$
$$=H(Y)-\sum p(x)H(Y|X=x) \tag{7-3}$$
$$=H(Y)-\sum p(x)H(p) \tag{7-4}$$
$$=H(Y)-H(p) \tag{7-5}$$
$$\leqslant 1-H(p) \tag{7-6}$$

其中最后一个不等式成立是因为 Y 是一个二元随机变量。当输入分布是均匀分布时等号成立。因此，参数为 p 的二元对称信道的信息容量是

187 $$C=1-H(p) \quad 比特 \tag{7-7}$$

7.1.5 二元擦除信道

有一种信道类似于二元对称信道，会损失一些比特(不是被损坏)，这种信道称作二元擦除信道(binary erasure channel)。在二元擦除信道中，比例为 α 的比特被擦除掉，并且接收者知道是哪些比特已经被擦除掉了。如图 7-6 所示，二元擦除信道有两个输入和三个输出。

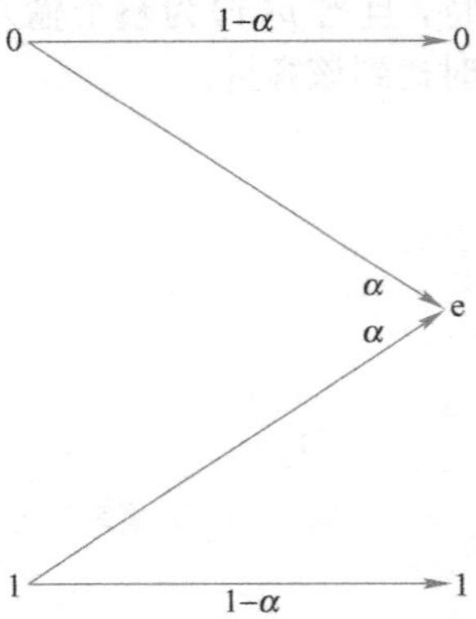

图 7-6 二元擦除信道

计算二元擦除信道的容量如下：

$$C=\max_{p(x)} I(X;Y) \tag{7-8}$$
$$=\max_{p(x)}(H(Y)-H(Y|X)) \tag{7-9}$$
$$=\max_{p(x)} H(Y)-H(\alpha) \tag{7-10}$$

初看，似乎 $H(Y)$ 的最大值是 log3，但无论选择什么输入分布 $p(x)$，都无法达到这个值。设 E 代表事件$\{Y=e\}$，并使用表达式

$$H(Y)=H(Y,E)=H(E)+H(Y|E) \tag{7-11}$$

设 $\Pr(X=1)=\pi$，我们有

188 $$H(Y)=H((1-\pi)(1-\alpha),\alpha,\pi(1-\alpha))=H(\alpha)+(1-\alpha)H(\pi) \tag{7-12}$$

因此

$$C=\max_{p(x)} H(Y)-H(\alpha) \tag{7-13}$$
$$=\max_{\pi}(1-\alpha)H(\pi)+H(\alpha)-H(\alpha) \tag{7-14}$$
$$=\max_{\pi}(1-\alpha)H(\pi) \tag{7-15}$$
$$=1-\alpha \tag{7-16}$$

其中，当 $\pi=1/2$ 时，达到该信道容量。

这个信道容量的表达式有其直观的意义：由于比例为 α 的比特在信道中损失，因而我们(至多)能够恢复比例为 $1-\alpha$ 的比特。因此，容量至多为 $1-\alpha$。但码率是否真的可以达到这个值并不十分明显，这可以从香农第二定理推出。

对于许多实际的信道，发送者会从接收者那里收到一些反馈。如果二元擦除信道中存在反馈，那么很清楚下一步该做什么：如果一个比特损失了，那么重新传输它，直到其顺利通过为止。由于所有比特以概率 $1-\alpha$ 通过，所以传输的有效码率就是 $1-\alpha$。在这种方式下，通过反馈可以容易地达到容量 $1-\alpha$。

在本章后面的部分中，将证明，无论有无反馈，$1-\alpha$ 都是信道可以达到的最高码率。这个事实令人惊讶，也就是说反馈并不能增加离散无记忆信道的容量。

7.2 对称信道

二元对称信道的容量是 $C=1-H(p)$ 比特/传输，二元擦除信道的容量是 $C=1-\alpha$ 比特/传输。下面考虑具有如下转移矩阵的信道：

$$p(y|x)=\begin{bmatrix}0.3 & 0.2 & 0.5\\ 0.5 & 0.3 & 0.2\\ 0.2 & 0.5 & 0.3\end{bmatrix} \tag{7-17}$$

上述矩阵中的第 x 行第 y 列的元素表示条件概率 $p(y|x)$，即传输 x 收到 y 的概率。在该信道中，概率转移矩阵中所有的行都可以通过其他行置换得到，每一列也如此。这样的信道称为对称的(symmetric)。另一个对称信道的例子如

$$Y=X+Z \pmod c \tag{7-18}$$ 189

其中 Z 服从整数集$\{0,1,2,\cdots,c-1\}$上的某个分布，X 与 Z 拥有相同的字母表，并且 Z 独立于 X。

在上述两种情况中，我们能够容易地求得信道容量的显表达式。设 $\mathbf{r}$ 表示转移矩阵的一行，则有

$$I(X;Y)=H(Y)-H(Y|X) \tag{7-19}$$

$$=H(Y)-H(\mathbf{r}) \tag{7-20}$$

$$\leqslant \log|\mathcal{Y}|-H(\mathbf{r}) \tag{7-21}$$

当输出是均匀分布时等号成立。而且，$p(x)=1/|\mathcal{X}|$ 可以使 Y 达到均匀分布，这可由如下式子看出

$$p(y)=\sum_{x\in\mathcal{X}}p(y\mid x)p(x)=\frac{1}{|\mathcal{X}|}\sum p(y\mid x)=c\,\frac{1}{|\mathcal{X}|}=\frac{1}{|\mathcal{Y}|} \tag{7-22}$$

其中 c 是概率转移矩阵的一列中所有元素之和。

于是，式(7-17)中的信道容量为

$$C=\max_{p(x)}I(X;Y)=\log 3-H(0.5,0.3,0.2) \tag{7-23}$$

并且当输入分布为均匀时达到上述容量 C。

如上定义的对称信道的转移矩阵是双随机的。在计算信道容量时，我们用到了转移矩阵中行与行互为置换以及各列元素之和都相等的性质。

基于这些性质，可以对对称信道的概念进行如下的推广：

定义 如果信道转移矩阵 $p(y|x)$ 的任何两行互相置换；任何两列也互相置换，那么称该信道是**对称的**(symmetric)。如果转移矩阵的每一行 $p(\cdot\mid x)$ 都是其他每行的置换，而所有列的元素和 $\sum_x p(y\mid x)$ 相等，则称这个信道是**弱对称的**(weakly symmetric)。

例如，转移矩阵为

$$p(y|x)=\begin{bmatrix}\frac{1}{3} & \frac{1}{6} & \frac{1}{2}\\ \frac{1}{3} & \frac{1}{2} & \frac{1}{6}\end{bmatrix} \tag{7-24}$$

190 的信道是弱对称的，但不对称。

上面关于对称信道的一些结论同样适用于弱对称信道。除此之外，对于弱对称信道，我们还有下列定理：

定理 7.2.1 对于弱对称信道，

$$C=\log|\mathcal{Y}|-H(\text{转移矩阵的行}) \tag{7-25}$$

当输入字母表上的分布为均匀时达到该容量。

7.3 信道容量的性质

1. 由于 $I(X;Y)\geqslant 0$，所以 $C\geqslant 0$。
2. 由于 $C=\max I(X;Y)\leqslant \max H(X)\leqslant \log|\mathcal{X}|$，所以 $C\leqslant \log|\mathcal{X}|$。
3. $C\leqslant \log|\mathcal{Y}|$，理由同上。
4. $I(X;Y)$是关于 $p(x)$的一个连续函数。
5. $I(X;Y)$是关于 $p(x)$的凹函数(定理 2.7.4)。由于 $I(X;Y)$是闭凸集上的凹函数，因而局部最大值也是全局最大值。由上述性质 2 和 3 可以看出，最大值是有限的，这证实了在容量的定义中使用 max 而不用 sup 记号是合理的。最大值可以利用标准的非线性最优化技术(如梯度搜索)求解。下面这些方法都可以考虑：

- 利用微积分和库恩—塔克条件求解带约束的最大化问题。
- Frank-Wolfe 梯度搜索算法。
- 由 Arimoto[25]和 Blahut[65]开发的迭代算法。在 10.8 节中详细叙述该算法。

一般得不到信道容量的解析解(closed-form solution)，但对于很多简单的信道，可以利用它们的特性(如对称性)来计算出信道容量。前面例子中提到过的那些信道就具有解析解。

7.4 信道编码定理预览

191 到现在为止，我们已经给出了离散无记忆信道的信息容量定义。在下一节中，我们将证明香农第二定理，它给出了容量定义的可操作性解释，即容量可以视为能够在该信道中可靠传输的比特数。但首先将尝试给出一个直观思路，解释为什么能通过信道来传输 C 比特的信息。基本思路是，对于大的分组长度，每个信道可以看作是有噪声打字机信道(图 7-4)，由此每个信道都有一个输入子集，使得在输出端接收到的序列基本上互不相交。

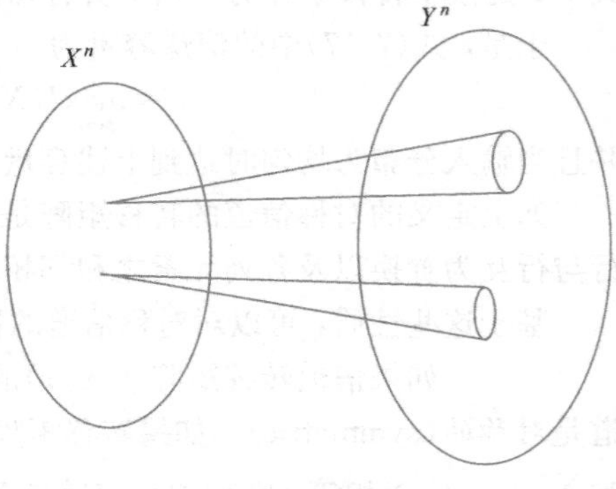

图 7-7 n 次使用下的信道

对于输入的每个(典型的)n 长序列，会有大约 $2^{nH(Y|X)}$ 个可能的 Y 序列与之对应，并且所有这些序列是等可能的(如图 7-7)。我们希望确保没有两个 X 序列能够产生相同的 Y 输出序列。否则，将无法判断到底传输的是哪个 X 序列。

所有可能的(典型的)Y 序列的总数约等于 $2^{nH(Y)}$。对应于不同的输入 X 序列，这个集合分割成大小为

$2^{nH(Y|X)}$的许多个小集合。所以不相交集的总数小于等于 $2^{n(H(Y)-H(Y|X))}=2^{nI(X;Y)}$。因此，我们至多可以传输 $\approx 2^{nI(X;Y)}$ 个可区分的 n 长序列。

虽然以上讨论只是大致描述了容量的上界，在下一节中，将用更加严格的语言来证明码率 I 是可达到的，而且误差概率可以任意低。

在开始香农第二定理的证明之前，我们需要一些定义。

7.5 定义

我们分析如图 7-8 所示的通信系统。

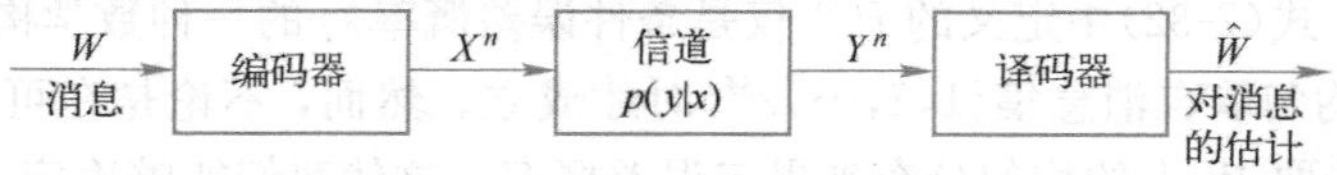

图 7-8 通信信道

取自下标集$\{1,2,\cdots,M\}$的消息 W，产生信号 $X^n(W)$，这个信号以随机序列 $Y^n\sim p(y^n|x^n)$的 192
方式被接收者收到。然后，接收者使用适当的译码规则$\hat{W}=g(Y^n)$猜测消息 W。如果$\hat{W}$与所传输的消息 W 不同，则表明接受者出错。下面我们严格定义这些思路。

定义 用$(\mathcal{X},p(y|x),\mathcal{Y})$表示的离散信道由两个有限集$\mathcal{X}$和 $\mathcal{Y}$以及一簇概率密度函数 $p(y|x)$ $(x\in\mathcal{X})$构成，其中对任意 x 与 y，有 $p(y|x)\geqslant 0$，以及对任意的 x，有 $\sum_y p(y\mid x)=1$，而 X 和 Y 分别看作信道的输入与输出。

定义 离散无记忆信道(DMC)的 n 次扩展是指信道$(\mathcal{X}^n,p(y^n|x^n),\mathcal{Y}^n)$，其中

$$p(y_k|x^k,y^{k-1})=p(y_k|x_k),k=1,2,\cdots,n \tag{7-26}$$

注释 如果信道不带反馈，也就是说，如果输入字符不依赖于过去的输出字符，即 $p(x_k|x^{k-1},y^{k-1})=p(x_k|x^{k-1})$，那么离散无记忆信道的 n 次扩展的信道转移函数就简化为

$$p(y^n\mid x^n)=\prod_{i=1}^{n}p(y_i\mid x_i) \tag{7-27}$$

在讨论离散无记忆信道时，除非明确指出，一般都是指不带反馈的离散无记忆信道。

定义 信道$(\mathcal{X},p(y|x),\mathcal{Y})$的$(M,n)$码由以下部分构成：

1. 下标集$\{1,2,\cdots,M\}$。
2. 编码函数 $X^n:\{1,2,\cdots,M\}\to\mathcal{X}^n$，生成码字 $x^n(1),x^n(2),\cdots,x^n(M)$。所有码字的集合称作码簿(codebook)。 193
3. 译码函数

$$g:\mathcal{Y}^n\to\{1,2,\cdots,M\} \tag{7-28}$$

它是一个确定性规则，为每个收到的字符向量指定一个猜测。

定义(条件误差概率) 设

$$\lambda_i=\Pr(g(Y^n)\neq i\mid X^n=x^n(i))=\sum_{y^n}p(y^n\mid x^n(i))I(g(y^n)\neq i) \tag{7-29}$$

为已知下标 i 被发送的条件下的条件误差概率(conditional probability of error)，其中 $I(\cdot)$为示性函数。

定义 (M,n)码的最大误差概率 $\lambda^{(n)}$(maximum probability of error)定义为

$$\lambda^{(n)}=\max_{i\in\{1,2,\cdots,M\}}\lambda_i \tag{7-30}$$

定义 (M,n)码的(算术)平均误差概率 $P_e^{(n)}$(average probability of error)定义为

$$P_e^{(n)} = \frac{1}{M}\sum_{i=1}^{M}\lambda_i \tag{7-31}$$

注意，如果下标 W 是从集合$\{1,2,\cdots,M\}$中的均匀分布中选出的，以及 $X^n=x^n(W)$，则

$$P_e^{(n)} \triangleq \Pr(W\neq g(Y^n)) \tag{7-32}$$

(即 $P_e^{(n)}$ 为误差概率。)显然，有

$$P_e^{(n)} \leqslant \lambda^{(n)} \tag{7-33}$$

人们一般期望，最大误差概率与平均误差概率的性质有相当大的差异。然而，在下一节中我们将
194 证明，在相同的码率下，平均误差概率很小可以推出它的最大误差概率也很小。

值得注意的是，式(7-32)中定义的 $P_e^{(n)}$ 仅是条件误差概率 λ_i 的一种数学构造，它本身成为误差概率只有当消息均匀取自消息集$\{1,2,\cdots,2^M\}$时才成立。然而，不论是在可达性的证明中，还是其逆命题中，都选取 W 上的均匀分布来界定误差概率。这使我们能够确定 $P_e^{(n)}$ 以及最大误差概率 λ^n 的行为，从而，不论信道是如何使用的，也能刻画出信道的行为(即不考虑 W 的分布是什么)。

定义 (M,n)码的*码率* R(rate)为

$$R=\frac{\log M}{n} \quad 比特/传输 \tag{7-34}$$

定义 如果存在一个($\lceil 2^{nR}\rceil,n$)码序列，满足当 $n\to 0$ 时，最大误差概率 $\lambda^{(n)}\to 0$，则称码率 R 是*可达的*(achievable)。

为简化记号，以下我们将用($2^{nR},n$)码来表示($\lceil 2^{nR}\rceil,n$)码。

定义 信道的容量定义为所有可达码率的上确界。

于是，对于充分大的分组长度，小于信道容量的码率对应的误差概率可以任意小。

7.6 联合典型序列

粗略地说，如果码字 $X^n(i)$与接收到的信号 Y^n 是“联合典型”的话，就将信道输出 Y^n 译为第 i 个下标。现在来定义联合典型这一重要的概念，并且计算当 Y^n 确实由 $X^n(i)$产生与不是由 $X^n(i)$ 产生时，这两种情况所对应的联合典型概率。

定义 服从分布 $p(x,y)$的联合典型序列$\{(x^n,y^n)\}$所构成的集合 $A_\epsilon^{(n)}$ 是指其经验熵与真实熵 ϵ 接近的 n 长序列构成的集合，即：

$$A_\epsilon^{(n)}=\{(x^n,y^n)\in\mathcal{X}^n\times\mathcal{Y}^n:$$

195
$$\left|-\frac{1}{n}\log p(x^n)-H(X)\right|<\epsilon \tag{7-35}$$

$$\left|-\frac{1}{n}\log p(y^n)-H(Y)\right|<\epsilon \tag{7-36}$$

$$\left.\left|-\frac{1}{n}\log p(x^n,y^n)-H(X,Y)\right|<\epsilon\right\} \tag{7-37}$$

其中

$$p(x^n,y^n)=\prod_{i=1}^{n}p(x_i,y_i) \tag{7-38}$$

定理 7.6.1(联合 AEP) 设 (X^n,Y^n) 为服从 $p(x^n,y^n)=\prod_{i=1}^{n}p(x_i,y_i)$ 的 i.i.d 的 n 长序列，那么：

1. 当 $n\to\infty$ 时，$\Pr((X^n,Y^n)\in A_\epsilon^{(n)})\to 1$。

2. $|A_\varepsilon^{(n)}| \leqslant 2^{n(H(X,Y)+\varepsilon)}$。

3. 如果$(\widetilde{X}^n,\widetilde{Y}^n)\sim p(x^n)p(y^n)$，即$\widetilde{X}^n$与$\widetilde{Y}^n$是独立的且与$p(x^n,y^n)$有相同的边际分布，那么

$$\Pr((\widetilde{X}^n,\widetilde{Y}^n)\in A_\varepsilon^{(n)})\leqslant 2^{-n(I(X;Y)-3\varepsilon)} \tag{7-39}$$

而且，对于充分大的n，

$$\Pr((\widetilde{X}^n,\widetilde{Y}^n)\in A_\varepsilon^{(n)})\geqslant(1-\varepsilon)2^{-n(I(X;Y)+3\varepsilon)} \tag{7-40}$$

证明：

1. 首先证明，包含在典型集中的序列具有很高的概率。由弱大数定律，

$$-\frac{1}{n}\log p(X^n)\to -E[\log p(X)]=H(X)\quad 依概率 \tag{7-41}$$

因此，给定$\varepsilon>0$，存在n_1，使得对于任意$n>n_1$，

$$\Pr\left(\left|-\frac{1}{n}\log p(X^n)-H(X)\right|\geqslant\varepsilon\right)<\frac{\varepsilon}{3} \tag{7-42}$$

类似地，由弱大数定律，

$$-\frac{1}{n}\log p(Y^n)\to -E[\log p(Y)]=H(Y)\quad 依概率 \tag{7-43}$$ 196

以及

$$-\frac{1}{n}\log p(X^n,Y^n)\to -E[\log p(X,Y)]=H(X,Y)\quad 依概率 \tag{7-44}$$

从而，存在n_2和n_3，使得对于任意$n\geqslant n_2$，

$$\Pr\left(\left|-\frac{1}{n}\log p(Y^n)-H(Y)\right|\geqslant\varepsilon\right)<\frac{\varepsilon}{3} \tag{7-45}$$

以及对任意的$n\geqslant n_3$，

$$\Pr\left(\left|-\frac{1}{n}\log p(X^n,Y^n)-H(X,Y)\right|\geqslant\varepsilon\right)<\frac{\varepsilon}{3} \tag{7-46}$$

选取$n>\max(n_1,n_2,n_3)$，则式(7-42)、式(7-45)和式(7-46)中的集合之并的概率必定小于ε。因此，对于充分大的n，集合$A_\varepsilon^{(n)}$的概率大于$1-\varepsilon$，从而证明了定理的第一部分。

2. 为证明定理的第二部分，我们注意到

$$1=\sum p(x^n,y^n) \tag{7-47}$$

$$\geqslant\sum_{A_\varepsilon^{(n)}}p(x^n,y^n) \tag{7-48}$$

$$\geqslant|A_\varepsilon^{(n)}|\,2^{-n(H(X,Y)+\varepsilon)} \tag{7-49}$$

因此

$$|A_\varepsilon^{(n)}|\leqslant 2^{n(H(X,Y)+\varepsilon)} \tag{7-50}$$

3. 现在，如果$\widetilde{X}^n$与$\widetilde{Y}^n$相互独立，但是与X^n和Y^n分别具有相同的边际分布，那么

$$\Pr((\widetilde{X}^n,\widetilde{Y}^n)\in A_\varepsilon^{(n)})=\sum_{(x^n,y^n)\in A_\varepsilon^{(n)}}p(x^n)p(y^n) \tag{7-51}$$

$$\leqslant 2^{n(H(X,Y)+\varepsilon)}2^{-n(H(X)-\varepsilon)}2^{-n(H(Y)-\varepsilon)} \tag{7-52}$$

$$=2^{-n(I(X;Y)-3\varepsilon)} \tag{7-53}$$ 197

对充分大的n，$\Pr(A_\varepsilon^{(n)})\geqslant 1-\varepsilon$，因此

$$1-\varepsilon\leqslant\sum_{(x^n,y^n)\in A_\varepsilon^{(n)}}p(x^n,y^n) \tag{7-54}$$

$$\leqslant |A_\varepsilon^{(n)}| 2^{-n(H(X,Y)-\varepsilon)} \tag{7-55}$$

以及

$$|A_\varepsilon^{(n)}| \geqslant (1-\varepsilon)2^{n(H(X,Y)-\varepsilon)} \tag{7-56}$$

类似上界估计的讨论，也可以证明，对充分大的 n，

$$\Pr((\widetilde{X}^n,\widetilde{Y}^n) \in A_\varepsilon^{(n)}) = \sum_{A_\varepsilon^{(n)}} p(x^n)p(y^n) \tag{7-57}$$

$$\geqslant (1-\varepsilon)2^{n(H(X,Y)-\varepsilon)}2^{-n(H(X)+\varepsilon)}2^{-n(H(Y)+\varepsilon)} \tag{7-58}$$

$$= (1-\varepsilon)2^{-n(I(X;Y)+3\varepsilon)} \tag{7-59}$$ □

图 7-9 是关于联合典型集的示意图。大约有 $2^{nH(X)}$ 个典型的 X 序列和大约 $2^{nH(Y)}$ 个典型的 Y 序
198 列。但是，联合典型序列只有 $2^{nH(X,Y)}$ 个，所以并不是所有典型的 X^n 与典型的 Y^n 构成的序列对都是联合典型的。随机选取的序列对是联合典型的概率大约为 $2^{-nI(X;Y)}$。因此，我们很可能需要考虑约 $2^{nI(X;Y)}$ 个这样的序列对，才可能遇到一个联合典型对。这表明存在大约 $2^{nI(X;Y)}$ 个可区分的信号 X^n。

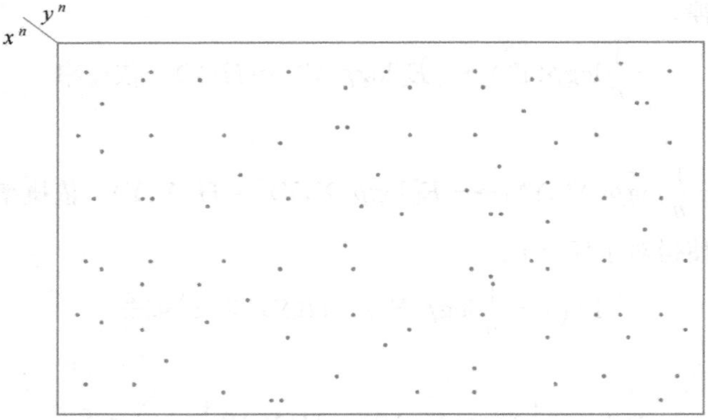

图 7-9 联合典型序列

着眼上述问题的另一种方式是考虑固定输出序列 Y^n 下的联合典型序列集，这里假定该输出序列来自真实的输入信号 X^n。对于序列 Y^n，大约存在 $2^{nH(X|Y)}$ 个条件典型的输入信号。某个随机选取的(其他) 输入信号 X^n 与 Y^n 为联合典型的概率大约等于 $2^{nH(X|Y)}/2^{nH(X)} = 2^{-nI(X;Y)}$。这再次表明，我们可能选取出大约 $2^{nI(X;Y)}$ 个码字 $X^n(W)$，才能使其中的一个码字与产生输出 Y^n 的对应码字混淆起来。

7.7 信道编码定理

我们现在证明信道容量的可达性，这也许是信息论中最基本的定理。最初的证明由香农在 1948 年的开创性论文中给出。该结果与直观感觉正好相反。如果在信道传输过程中存在误差，那么如何纠正所有误差？任何纠错过程本身也要受到误差的影响，这样将无穷无尽地进行下去。

为了证明只要码率小于信道容量，信息就可以通过该信道可靠地传输，香农使用了许多新的思想。这些思想包括：

- 允许任意小的非 0 误差概率存在，
- 连续使用信道许多次，以保证可以使用大数定律，
- 在随机选择的码簿上计算平均误差概率，这样可以使概率对称，而且可以用来证明至少存在一个好的编码。

香农的概述性证明基于典型序列的思想，其严格的证明直到很晚才给出。下面将要给出的证明利用了典型序列的性质，而且可能也是至今为止给出的最简单的证明。在所有的证明中，都使用了相同的基本思想——随机码选择，计算随机选择的码字的平均误差概率，等等。主要的差别在于译码规则。在这个证明中，我们使用联合典型性译码规则，即寻找一个与收到的序列是联合典型的码字。如果找到唯一满足该性质的码字，我们则认为这就是被发送的码字。依据前面所述的联合典型性的性质，由于发送的码字与接收到的序列是概率相关的，所以它们以很高的概率成为联合典型。并且，任意其他码字与接收到的序列是联合典型的概率是 2^{-nI}。因此，如果码字个数小于 2^{nI}，那么可以以很高的概率断定不会有其他的码字能够与被传输的码字相混淆，并且误差概率很小。 199

虽然联合典型译码仅是次优的，但它便于分析而且可以达到小于信道容量的任何码率。

下面就给出香农第二定理的完整叙述及其证明：

定理 7.7.1（信道编码定理） *对于离散无记忆信道，小于信道容量 C 的所有码率都是可达的。具体来说，对任意码率 $R<C$，存在一个 $(2^{nR},n)$ 码序列，它的最大误差概率为 $\lambda^{(n)}\to 0$。*

反之，任何满足 $\lambda^{(n)}\to 0$ 的 $(2^{nR},n)$ 码序列必定有 $R\leqslant C$。

证明：证明小于 C 的码率 R 是可达的，而将逆定理的证明放在 7.9 节。

可达性：固定 $p(x)$，根据分布 $p(x)$ 随机生成一个 $(2^{nR},n)$ 码。具体来说，根据分布

$$p(x^n)=\prod_{i=1}^{n}p(x_i) \tag{7-60}$$

独立生成 2^{nR} 个码字。将 2^{nR} 个码字展开为矩阵的行：

$$\mathcal{C}=\begin{bmatrix} x_1(1) & x_2(1) & \cdots & x_n(1) \\ \vdots & \vdots & \ddots & \vdots \\ x_1(2^{nR}) & x_2(2^{nR}) & \cdots & x_n(2^{nR}) \end{bmatrix} \tag{7-61}$$

该矩阵中的每一项都是依据 i. i. d 服从 $p(x)$ 而生成的。因此，我们生成一个特定码 $\mathcal{C}$ 的概率就是

$$\Pr(\mathcal{C})=\prod_{w=1}^{2^{nR}}\prod_{i=1}^{n}p(x_i(w)) \tag{7-62}$$ 200

考虑下面的系列事件：

1. 如式(7-62)中所述，服从分布 $p(x)$ 的随机码 $\mathcal{C}$ 生成。
2. 然后将码 $\mathcal{C}$ 告知给发送者和接收者，并且假定二者都知道该信道的信道转移矩阵 $p(y|x)$。
3. 依如下的均匀分布选取一条消息 W

$$\Pr(W=w)=2^{-nR},\ w=1,2,\cdots,2^{nR} \tag{7-63}$$

4. 第 w 个码字 $X^n(w)$ 是 $\mathcal{C}$ 的第 w 行，通过该信道被发送。
5. 接收者收到的序列 Y^n 服从分布

$$P(y^n\mid x^n(w))=\prod_{i=1}^{n}p(y_i\mid x_i(w)) \tag{7-64}$$

6. 接收者猜测所发送的消息是什么。(使误差概率达到最小的最优方法是最大似然译码，也就是说，接收者应该选择后验(*a* posteriori)概率最大的消息。但是这个过程很难分析。取而代之，使用下面描述的联合典型译码(jointly typical decoding)。这种方法易于分析而且是渐近最优的。)如果满足下面的两个条件，则接收者认为 $\hat{W}$ 就是所发送的下标。

- $(X(\hat{W}),Y^n)$ 是联合典型的。

• 不存在其他的下标 $W'\neq\hat{W}$ 满足 $(X^n(W'),Y^n)\in A_\epsilon^{(n)}$。

如果这样的 $\hat{W}$ 不存在，或者有超过一个这样的 $\hat{W}$，则断言发生了错误(在这种情况下，假定接收者给出一个哑下标，例如 0)。

7. 如果 $\hat{W}\neq W$，则说明译码错误，设 $\mathcal{E}$ 代表事件 $\{\hat{W}\neq W\}$。

误差概率分析

概述：我们首先简要分析一下。我们计算所有随机生成的码(服从式(7-62)的分布)的平均误
201 差概率，而不是某一个码的误差概率。根据编码构造的对称性，平均误差概率不依赖于被发送的具体下标。对一个典型码字，在使用联合典型译码时，存在两种不同的误差源：输出 Y^n 与被传输的码字并不是联合典型的，或者存在其他码字与 Y^n 是联合典型的。正如证明联合 AEP，被传输的码字与接收到的序列是联合典型的概率趋于 1。对任意一个竞争码字，它与接收到的序列是联合典型的概率大约为 2^{-nI}，因此，可以使用大约 2^{nI} 个码字，并且仍然保持很低的误差概率。稍后我们会推广这个论述来寻求一个码使得最大误差概率很低。

误差概率的具体计算：设 W 服从 $\{1,2,\cdots,2^{nR}\}$ 上的均匀分布，并且利用步骤 6 中描述的联合典型译码 $\hat{W}(y^n)$。设 $\mathcal{E}=\{\hat{W}(Y^n)\neq W\}$ 表示误差事件。现在计算平均误差概率，这里的平均取自码簿中的所有码字以及所有码簿。也就是计算

$$\Pr(\mathcal{E}) = \sum_{\mathcal{C}} \Pr(\mathcal{C}) P_e^{(n)}(\mathcal{C}) \tag{7-65}$$

$$= \sum_{\mathcal{C}} \Pr(\mathcal{C}) \frac{1}{2^{nR}} \sum_{w=1}^{2^{nR}} \lambda_w(\mathcal{C}) \tag{7-66}$$

$$= \frac{1}{2^{nR}} \sum_{w=1}^{2^{nR}} \sum_{\mathcal{C}} \Pr(\mathcal{C}) \lambda_w(\mathcal{C}) \tag{7-67}$$

其中 $P_e^{(n)}(\mathcal{C})$ 是针对联合典型译码定义的。根据码构造的对称性，取自所有码上的平均误差概率并不依赖于发送的具体下标，也就是说，$\sum_{\mathcal{C}} \Pr(\mathcal{C})\lambda_w(\mathcal{C})$ 不依赖于 w。于是，不失一般性，可以假定发送的消息是 $W=1$，这是由于

$$\Pr(\mathcal{E}) = \frac{1}{2^{nR}} \sum_{w=1}^{2^{nR}} \sum_{\mathcal{C}} \Pr(\mathcal{C}) \lambda_w(\mathcal{C}) \tag{7-68}$$

$$= \sum_{\mathcal{C}} \Pr(\mathcal{C}) \lambda_1(\mathcal{C}) \tag{7-69}$$

$$= \Pr(\mathcal{E} \mid W=1) \tag{7-70}$$

定义下列事件：

202

$$E_i = \{(X^n(i),Y^n) \text{ 在 } A_\epsilon^{(n)} \text{ 中}\},\ i\in\{1,2,\cdots,2^{nR}\} \tag{7-71}$$

其中 E_i 表示第 i 个码字与 Y^n 为联合典型的这一事件。回忆一下，Y^n 是在信道上发送第一个码字 $X^n(1)$ 而得到的结果。

如果 E_1^c 发生(当传输的码字与接收到的序列是非联合典型时)，或者 $E_2\cup E_3\cup\cdots\cup E_{2^{nR}}$ 发生(当一个错误的码字与接收到的序列是联合典型时)，则在译码时会出现错误。因此，设 $P(\mathcal{E})$ 表示 $\Pr(\mathcal{E}|W=1)$，根据事件之并，我们有

$$\Pr(\mathcal{E}|W=1) = P(E_1^c \cup E_2 \cup E_3 \cup \cdots \cup E_{2^{nR}} | W=1) \tag{7-72}$$

$$\leqslant P(E_1^c \mid W=1) + \sum_{i=2}^{2^{nR}} P(E_i \mid W=1) \tag{7-73}$$

由联合 AEP 的性质，$P(E_1^c)\to 0$，因而

$$P(E_1^c|W=1)\leqslant \varepsilon \quad \text{对充分大的 } n \tag{7-74}$$

从编码的生成过程可以看出，$X^n(1)$与 $X^n(i)(i\neq 1)$是独立的，所以 Y^n 与 $X^n(i)$也是独立的。因此，根据联合 AEP 的性质，$X^n(i)$与Y^n 是联合典型的概率$\leqslant 2^{-n(I(X;Y)-3\varepsilon)}$。从而，如果 n 充分大且 $R<I(X;Y)-3\varepsilon$ 时，

$$\Pr(\mathcal{E})=\Pr(\mathcal{E}\mid W=1)\leqslant P(E_1^c\mid W=1)+\sum_{i=2}^{2^{nR}}P(E_i\mid W=1) \tag{7-75}$$

$$\leqslant \varepsilon+\sum_{i=2}^{2^{nR}}2^{-n(I(X;Y)-3\varepsilon)} \tag{7-76}$$

$$=\varepsilon+(2^{nR}-1)2^{-n(I(X;Y)-3\varepsilon)} \tag{7-77}$$

$$\leqslant \varepsilon+2^{3n\varepsilon}2^{-n(I(X;Y)-R)} \tag{7-78}$$

$$\leqslant 2\varepsilon \tag{7-79}$$

因此，如果 $R<I(X;Y)$，可以选取适当的 ε 和 n，使得取自所有码簿和码字上的平均误差概率小于 2ε。

为了完成这个证明，通过选取一系列码来加强该结论。

1. 将证明中的 $p(x)$变为 $p^*(x)$，即达到信道容量时关于 X 的分布。此时，条件 $R<I(X;Y)$可由可达性条件 $R<C$ 所替代。 203
2. 去除码簿上的平均。由于在所有码簿上的平均误差概率比较小($\leqslant 2\varepsilon$)，所以至少存在一个码簿$\mathcal{C}^*$具有小的平均误差概率。于是，$P_e^n(\mathcal{E}|\mathcal{C}^*)\leqslant 2\varepsilon$。若想找到$\mathcal{C}^*$可以穷举搜索所有的$(2^{nR},n)$码。注意到

$$\Pr(\mathcal{E}\mid \mathcal{C}^*)=\frac{1}{2^{nR}}\sum_{i=1}^{2^{nR}}\lambda_i(\mathcal{C}^*) \tag{7-80}$$

   这是因为我们以式(7-63)中给定的均匀分布选取$\hat{W}$。
3. 抛弃最佳码簿$\mathcal{C}^*$中最差的一半码字。由于这个码的算术平均误差概率 $P_e^n(\mathcal{C}^*)$小于 2ε，我们有

$$\Pr(\mathcal{E}|\mathcal{C}^*)\leqslant \frac{1}{2^{nR}}\sum\lambda_i(\mathcal{C}^*)\leqslant 2\varepsilon \tag{7-81}$$

   这说明至少有一半的下标 i 及其对应的码字 $X^n(i)$的条件误差概率 λ_i 小于 4ε(否则，这些码字本身的和就将大于 2ε)。因此，所有码字中最佳的一半的最大误差概率必定小于 4ε。如果重新检索这些码字，会有 2^{nR-1}个码字。抛弃一半码字使得码率由 R 变为$R-\frac{1}{n}$，当 n 充分大时，这是可忽略的。

结合所有这些改进，我们已经构造了一个码率为 $R'=R-\frac{1}{n}$的码，它的最大误差概率 $\lambda^{(n)}\leqslant 4\varepsilon$。这就证明了任何小于信道容量的码率都是可达的。 □

可以看出，随机编码是证明定理 7.7.1 的方法，而不是发送信号的方法。在证明中码被随机选择仅是为了达到数学上的对称性以及一个好的确定性码的存在性。我们证明了分组长度为 n 的所有码上的平均有较小的误差概率。通过穷举搜索，也可以找到这个集合中的最佳码。顺便提及一下，这也表明了最佳码的科尔莫戈罗夫复杂度(见第 14 章)是一个小常数。这意味着将最佳码$\mathcal{C}^*$告知发送者和接收者(在步骤 2 中)并不需要使用信道。发送者与接收者仅需要同意在信道中使用最佳$(2^{nR},n)$码就可以了。

虽然这个定理说明了对于大的分组长度，存在误差概率任意小的好码，但它并没有提供一种
204 构造最佳码的方法。如果使用定理证明中的方法，根据适当的分布随机地生成一个码，那么对于充分大的分组长度，这样构造出来的编码可能是很好的。然而，由于该编码中缺乏某个结构，译码将是非常困难的(简单的查表方法也需要一个指数级大小的表)。因此，这个定理并不能提供一个实际的编码方案。自香农在信息论方面的开篇之作问世以来，研究者们试图发掘易于编和译的构造性编码。在 7.11 节将讨论一种最简单的代数纠错码——汉明(Hamming)码，它能在每个比特分组中纠正一个错。自香农的论文发表以来，各种各样的技术涌现出来用于构造纠错码，特别是 turbo 码接近了高斯信道容量。

7.8 零误差码

在允许完全无误差的情况下，审视上面定理的论证过程，显然可以极大地启发我们对于逆定理的简要证明。首先证明 $P_e^{(n)}=0$ 蕴含结论 $R\leqslant C$。假定有一个零误差概率的$(2^{nR},n)$码，也就是说，译码器输出的 $g(Y^n)$以概率 1 等于输入的下标 W。那么，输入下标 W 完全由输出序列决定(即 $H(W|Y^n)=0$)。为了获得更强的界，随意假定 W 服从$\{1,2,\cdots,2^{nR}\}$上的均匀分布，于是，$H(W)=nR$。从而，我们有如下的一串不等式：

$$nR=H(W)=\underbrace{H(W|Y^n)}_{=0}+I(W;Y^n) \tag{7-82}$$

$$=I(W;Y^n) \tag{7-83}$$

$$\overset{(a)}{\leqslant}I(X^n;Y^n) \tag{7-84}$$

$$\overset{(b)}{\leqslant}\sum_{i=1}^{n} I(X_i;Y_i) \tag{7-85}$$

$$\overset{(c)}{\leqslant}nC \tag{7-86}$$

其中(a)由数据处理不等式推出(由于 $W\to X^n(W)\to Y^n$ 形成马尔可夫链)，(b)会在引理 7.9.2 中借助离散无记忆假设得到证明，(c)直接由(信息)容量的定义推出。因此，对任何零误差的$(2^{nR},n)$ 码及所有的 n，

205

$$R\leqslant C \tag{7-87}$$

7.9 费诺不等式与编码定理的逆定理

下面将零误差码的证明过程推广到具有非常小误差概率的编码。证明中需要的新工具就是费诺不等式，它依据条件熵给出误差概率的下界。回忆一下费诺不等式的证明，为便于参考，将它重述如下。

先给出一些定义。下标 W 服从集合$\mathcal{W}=\{1,2,\cdots,2^{nR}\}$上的均匀分布，序列 Y^n 与 W 是概率相关的。通过 Y^n 来估计被发送的下标 W。设$\hat{W}=g(Y^n)$为其估计，那么，$W\to X^n(W)\to Y^n\to\hat{W}$形成马尔可夫链。注意到误差概率为

$$\Pr(\hat{W}\neq W)=\frac{1}{2^{nR}}\sum_i\lambda_i=P_e^{(n)} \tag{7-88}$$

我们先给出下面的引理，它的证明在 2.10 节中。

引理 7.9.1(费诺不等式) *设离散无记忆信道的码簿为 $\mathcal{C}$，且输入消息 W 服从 2^{nR} 上的均匀分布，则有*

$$H(W|\hat{W})\leqslant 1+P_e^{(n)}nR \tag{7-89}$$

证明：由于 W 服从均匀分布，则有 $P_e^{(n)}=\Pr(W\neq\hat{W})$。对大小为 2^{nR} 的字母表中的 W 应用费诺不等式(定理 2.10.1)，可得到引理的证明。 □

现在证明下面的引理，它说明如果多次使用离散无记忆信道，每次传输的容量并不增加。

引理 7.9.2 设 Y^n 为 X^n 经过容量 C 离散无记忆信道传输所得到的输出信号。则

$$I(X^n;Y^n)\leqslant nC \quad \text{对于任意的 } p(x^n) \tag{7-90}$$

证明：由离散无记忆信道的定义，Y_i 仅依赖于 X_i 而与其他所有变量都是条件独立的。所以有

$$I(X^n;Y^n) = H(Y^n) - H(Y^n \mid X^n) \tag{7-91}$$

$$= H(Y^n) - \sum_{i=1}^{n} H(Y_i \mid Y_1,\cdots,Y_{i-1},X^n) \tag{7-92}$$

$$= H(Y^n) - \sum_{i=1}^{n} H(Y_i \mid X_i) \tag{7-93}$$ 206

继续该系列不等式，我们有

$$I(X^n;Y^n) = H(Y^n) - \sum_{i=1}^{n} H(Y_i \mid X_i) \tag{7-94}$$

$$\leqslant \sum_{i=1}^{n} H(Y_i) - \sum_{i=1}^{n} H(Y_i \mid X_i) \tag{7-95}$$

$$= \sum_{i=1}^{n} I(X_i;Y_i) \tag{7-96}$$

$$\leqslant nC \tag{7-97}$$

其中式(7-95)基于如下事实得到：一族随机变量的熵小于各自熵的和。式(7-97)直接由容量的定义推出。这样，就证明了多次使用信道并不增加每次传输的信息容量比特。 □

现在我们已经有充分的准备来证明信道编码定理中的逆定理。

证明：定理 7.7.1(信道编码定理)的逆定理。我们要证明，对任何满足 $\lambda^{(n)}\to 0$ 的 $(2^{nR},n)$ 码序列，必有 $R\leqslant C$。如果最大误差概率趋于 0，那么这个码序列的平均误差概率也趋于 0，即 $\lambda^{(n)}\to 0$ 蕴含 $P_e^{(n)}\to 0$，其中 $P_e^{(n)}$ 的定义见式(7-32)。对固定的编码规则 $X^n(\cdot)$ 和固定的译码规则 $\hat{W}=g(Y^n)$，我们有 $W\to X^n(W)\to Y^n\to\hat{W}$。对每个 n，设 W 服从 $\{1,2,\cdots,2^{nR}\}$ 上的一个均匀分布。由于 W 服从均匀分布，故 $\Pr(\hat{W}\neq W)=P_e^{(n)}=\frac{1}{2^{nR}}\sum_i \lambda_i$。因此，

$$nR \overset{(a)}{=} H(W) \tag{7-98}$$

$$\overset{(b)}{=} H(W\mid\hat{W})+I(W;\hat{W}) \tag{7-99}$$

$$\overset{(c)}{\leqslant} 1+P_e^{(n)}nR+I(W;\hat{W}) \tag{7-100}$$

$$\overset{(d)}{\leqslant} 1+P_e^{(n)}nR+I(X^n;Y^n) \tag{7-101}$$ 207

$$\overset{(e)}{\leqslant} 1+P_e^{(n)}nR+nC \tag{7-102}$$

其中，(a)由 W 服从 $\{1,2,\cdots,2^{nR}\}$ 上的均匀分布假设推出，(b)是一个恒等式，(c)是由于 W 至多可取 2^{nR} 个值而获得的费诺不等式，(d)为数据处理不等式，而(e)由引理 7.9.2 推出。两边同除 n，得到

$$R\leqslant P_e^{(n)}R+\frac{1}{n}+C \tag{7-103}$$

现在令 $n\to\infty$，则不等式右边的前两项趋于 0，因此

$$R \leqslant C \tag{7-104}$$

可以将式(7-103)改写为

$$P_e^{(n)} \geqslant 1 - \frac{C}{R} - \frac{1}{nR} \tag{7-105}$$

该式表明，当 $R>C$ 时，对充分大的 n，误差概率无法接近于 0(从而对所有的 n 都是成立的，因为如果对小的 n 有 $P_e^{(n)}=0$，那么通过串联这些码来构造对大的 n 也满足 $P_e^{(n)}=0$ 的码)。因此，当码率大于容量时，不可能达到任意低的误差概率。 □

上述逆定理有时称作信道编码定理的*弱逆定理*(weak converse)。也可以证明一个*强逆定理*(strong converse)，它说明当码率大于容量时，误差概率以指数级趋于 1。因此，信道容量很明显是一个分界点——当码率小于容量时，以指数级有 $P_e^{(n)}\to 0$；而当码率大于容量时，以指数级有 $P_e^{(n)}\to 1$。

7.10 信道编码定理的逆定理中的等式

我们已经证明了信道编码定理和它的逆定理。从本质上讲，这些定理表明当 $R<C$ 时，可以以任意低的误差概率传输信息；而当 $R>C$ 时，误差概率将远离 0。

探讨逆定理中的等式成立的结果是一件很有趣而且有价值的事情，这有望启发我们找出达到信道容量的编码。在 $P_e=0$ 的情况下，重复逆定理中的步骤，我们有

208

$$\begin{aligned}
nR &= H(W) && (7\text{-}106)\\
&= H(W \mid \hat{W}) + I(W;\hat{W}) && (7\text{-}107)\\
&= I(W;\hat{W})) && (7\text{-}108)\\
&\overset{(a)}{\leqslant} I(X^n(W);Y^n) && (7\text{-}109)\\
&= H(Y^n) - H(Y^n \mid X^n) && (7\text{-}110)\\
&= H(Y^n) - \sum_{i=1}^{n} H(Y_i \mid X_i) && (7\text{-}111)\\
&\overset{(b)}{\leqslant} \sum_{i=1}^{n} H(Y_i) - \sum_{i=1}^{n} H(Y_i \mid X_i) && (7\text{-}112)\\
&= \sum_{i=1}^{n} I(X_i;Y_i) && (7\text{-}113)\\
&\overset{(c)}{\leqslant} nC && (7\text{-}114)
\end{aligned}$$

只有当 $I(Y^n;X^n(W)|W)=0$ 以及 $I(X^n;Y^n|\hat{W})=0$ 时，数据处理不等式(a)中的等号才成立。如果所有码字都不同，而且 $\hat{W}$ 是译码的一个充分统计量，这是成立的。只有当 Y_i 相互独立时，(b)中等式才能成立；只有当 X_i 的分布是 $p^*(x)$ 时，即达到信道容量的 X 上的分布时，(c)中等式才能成立。所以，只有当所有这些条件都满足时，才能得到逆定理中的等式。这说明对于达到信道容量的零误差码，其码字必须互不相同，且所有 Y_i 的分布 i. i. d. 服从

$$p^*(y) = \sum_x p^*(x)p(y \mid x) \tag{7-115}$$

这是由 X 的最优分布导出的 Y 分布。在逆定理中涉及的分布是由码字上的均匀分布诱导出的 X 和 Y 的经验分布，即

$$p(x_i, y_i) = \frac{1}{2^{nR}} \sum_{w=1}^{2^{nR}} I(X_i(w) = x_i)p(y_i \mid x_i) \tag{7-116}$$

我们可以用一些达到信道容量的编码例子来检验这一结果：

1. 有噪声打字机信道。此时，输入字母表是由 26 个英文字母构成的，每一个字母能够正确地输出，或者变为下一个字母的概率均是 1/2。达到信道容量(log13 比特)的一个简单码是使用间隔的输入字母，这样就不会使两个字母相互混淆。此时，就有了 13 个分组长度为 1 的码字。如果挑选出其中一些码字的 i. i. d 服从$\{1,3,5,7,\cdots,25\}$上的均匀分布，那么正如我们所期望的，这个信道的输出也是 i. i. d. 服从$\{1,2,\cdots,26\}$上的均匀分布。 209
2. 二元对称信道。由于对给定任意输入序列，每一个可能的输出序列都具有正的概率，所以即使只有两个码字也不可能以零误差概率区分开它们。故 BSC 的零误差容量是 0。然而，即使在这种情况下，还是可以得出一些有用的结论。有效码仍然可以导出关于 Y 的分布，使得 Y 看起来是 i. i. d. 服从 Bernoulli$\left(\frac{1}{2}\right)$。并且，从逆定理的证明中也可以看出，当码率接近信道容量时，利用对应于码字的译码集，已经几乎完全覆盖了所有可能的输出序列的集合。当码率大于信道容量时，译码集变得相互重叠，并且误差概率不可能再任意小。

7.11 汉明码

信道编码定理使用分组码的方案。如果分组长度足够大的话，当码率小于信道容量时，可以用分组码以任意低的误差概率传输信息。自香农开创性的论文[471]问世以来，人们一直在寻找这样的码。除了要达到低的误差概率之外，实用的编码应该是“简单”的，以保证它们可以有效地编码和译码。

自香农 1948 年开创性的论文发表以来，为了寻找简单而优秀的编码工作已经持续了很长的时间。在寻找的过程中，人们发展出了一套完整的编码理论。我们无法逐一描述自从 1948 年以来所发明的众多精致而且复杂的编码方案。在这里仅介绍由汉明开发的一种最简单的方案[266]。它可以说明大多数码所共有的一些最基本的思想。

编码的目的是通过增加冗余使得在一些信息损失或者损坏的情况下仍可能由接收者恢复出原始的消息。最显而易见的一种编码方案是重复信息。例如，为发送一个 1，我们发送 11111，为发送一个 0，我们发送 00000。这一方案使用 5 个字符来传输 1 比特，因此码率为 1/5 比特/字符。如果在二元对称信道中使用这样的码，最优的译码方案就是将接收到的每个 5 比特分组译为其中占多数的比特。如果 3 个或者更多的比特是 1，我们则将这个分组译为 1；否则将其译为 0。当且仅当超过 3 个比特发生改变时，才会出现错误。通过使用更长的重复码，可以达到任意小的误差概率。但是，随着分组长度的增加，码率也趋于 0，因此，一个“简单的”编码，不一定是一个非常实用的编码。 210

替代这种简单的重复比特方法，可以用某种巧妙的方式将比特联合起来，使得每一个额外的比特都可以用来检验某个信息比特子集中是否发生错误。一个简单的例子就是奇偶校验码。从 $n-1$ 个信息比特的分组出发，选取第 n 个比特，使得整个分组的奇偶校验数为 0(分组中 1 的个数为偶数)。这样，如果在传输过程中发生了奇数次错误，那么接收者将能够注意到奇偶性的变化，并察觉到错误。这是检错码(error-detecting code)的最简单的例子。该编码既不能察觉到出现偶数次错误，也不能提供任何有关纠正这些错误的信息。

我们可以推广奇偶校验的思想，允许存在多个奇偶校验位，也可以允许奇偶校验依赖于各种各样的信息比特子集。下面将描述的汉明码是奇偶校验码的一个例子。利用线性代数中的一些简单思想来描述它。

为说明汉明码的基本思想，考虑分组长度为 7 的二元码。所有的运算都是模 2 运算。考虑所有长度为 3 的非 0 二元向量的集合，以它们为列向量构成一个矩阵：

$$H=\begin{bmatrix}0&0&0&1&1&1&1\\0&1&1&0&0&1&1\\1&0&1&0&1&0&1\end{bmatrix} \tag{7-117}$$

考虑 H 的零空间(即与 H 相乘得到 000 的向量)中长度为 7 的向量的集合。由线性空间理论，因为 H 的秩为 3，故期望 H 的零空间的维数为 4。这 2^4 个码字如下

0000000	0100101	1000011	1100110
0001111	0101010	1001100	1101001
0010110	0110011	1010101	1110000
0011001	0111100	1011010	1111111

由于这个码字集是矩阵的零空间，所以从任意两个码字的和仍是一个码字的意义上看，这是
211 线性的。因此，码字集形成 7 维向量空间中的一个 4 维线性子空间。

观察这些码字，不难注意到除了全是 0 的码字外，任何码字中 1 的最小数目为 3。该最小数称为码的**最小重量**(minimun weight)。可以看出，由于 H 的所有列互不相同，没有两列的和可以为 000，因此码的最小重量至少为 3。基于任意两列的和必然为该矩阵中某一列的事实，我们可以推出最小距离恰好为 3。

由于该码是线性的，任意两个码字的差仍是一个码字，因此，任意两个码字之间至少在 3 个位置上有所不同。两个码字不同的最小位置数称为该码的**最小距离**(minimum distance)。码的最小距离是用来表示码字之间相隔多远的一个度量，并且可以决定在信道的输出端码字之间差异的程度。对线性码来说，最小距离等于最小重量。我们的目的是设计出最小距离尽可能大的码。

上述码的最小距离是 3。因此，如果码字 $\mathbf{c}$ 仅占一个位置损坏，那么产生的新字符串将与其他任何码字之间至少在两个位置上是不同的，它与 $\mathbf{c}$ 更加接近。但是，是否可以不通过穷举搜索就可以发现哪一个是距离最近的码字呢?

回答是肯定的，可以利用矩阵 H 的结构译码。矩阵 H 称作**奇偶校验矩阵**(parity check matrix)并具有如下性质：对任意码字 $\mathbf{c}$ 均有 $H\mathbf{c}=0$。设 $\mathbf{e}_i$ 是第 i 个位置为 1 其余位置为 0 的向量。如果码字的第 i 个位置损坏，则接收到的向量为 $\mathbf{r}=\mathbf{c}+\mathbf{e}_i$。如果将矩阵 H 与这个接收到的向量相乘，则得到

$$H\mathbf{r}=H(\mathbf{c}+\mathbf{e}_i)=H\mathbf{c}+H\mathbf{e}_i=H\mathbf{e}_i \tag{7-118}$$

这正好是 H 的第 i 列向量。因此，通过计算 $H\mathbf{r}$，就可以发现接收向量的哪一个位置损坏了。还原该位置上的值就得到一个码字。这样就有了一个简单的程序用来纠正接收序列中的一个错误。我们已经构造出分组长度为 7 的 16 个码字组成的码簿，它能纠正至多一个错误。这个码就是**汉明码**(Hamming code)。

至此，我们还没有给出一个简单的编码程序；可以考虑 16 条消息的集合到码字集合的映射。但是，当仔细检查表中所有码字的前 4 位之后，将会观察到它们正好构成了 4 个比特的所有 2^4 种组合。于是，可以将这 4 个比特看作是要发送消息的 4 个比特，而另 3 个比特由编码决定。对于
212 一般情形，将线性码进行修改，可以使得映射更加明显：让码字中的前 k 个比特代表消息，而后面 $n-k$ 个比特留作奇偶校验位。这样得到的编码称作**系统码**(systematic code)。该码往往由它的分组长度 n，信息比特数 k 以及最小距离 d 三个参数来确定。例如，上述编码称作(7,4,3)汉明码，即 $n=7$，$k=4$ 和 $d=3$。

可以利用简单的文氏图(Venn Diagram)表示来解释汉明码的工作原理。考虑如下文氏图，它有三个圆和四个相交区域，如图 7-10 所示。为了发送信息序列 1101，将序列中的 4 个信息比

特分别放在图中四个相交的区域中。然后在三个剩余的区域中各放置一个校验位使得每个圆中的校验为偶数(即每个圆中有偶数个1)。于是，校验位就变成如图7-11中所示。

现在不妨设其中的一个比特被改变了。例如，图7-12中有一个信息比特从1变成了0。此时，有两个圆违背了原先的校验约束(图中加黑部分)。因而，当我们知道了这两个约束违背，不难看出，导致产生约束违背的这个单一的比特错误只可能在两圆的相交部分发生(即改变的那个比特)。类似地，通过分析其他情形，也不难看出，这种码可以检测并纠正发生在接收到码字中的任何单个比特错误。

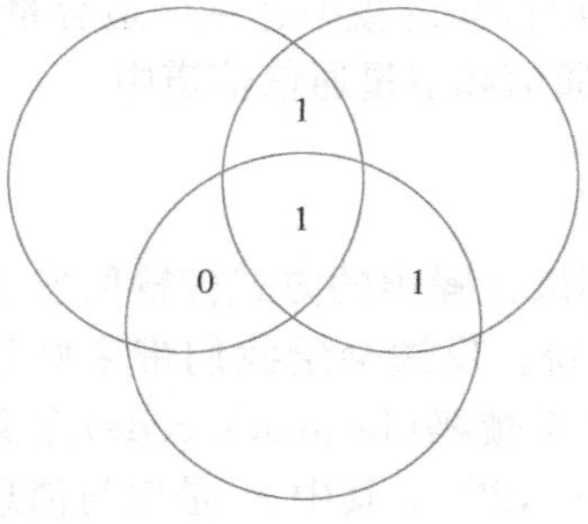

图7-10 信息比特的文氏图

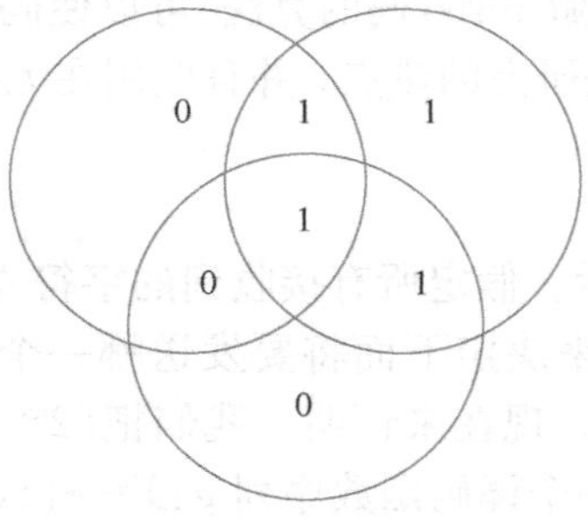

图7-11 每个圆的信息比特与带偶校验的校验位的文氏图

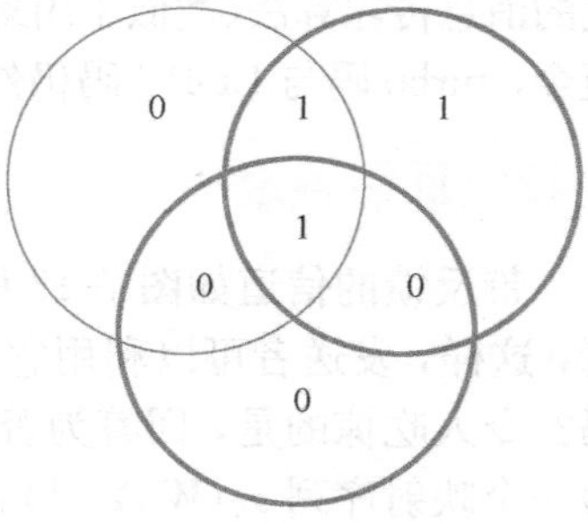

图7-12 一个信息比特改变后的文氏图

很容易推广这一程序来构造更大的矩阵 H。一般来说，如果使用矩阵 H 中的 l 行，那么所得编码的分组长度为 $n=2^l-1$，$k=2^l-l-1$，以及最小距离为3。所有这些码都称作汉明码，并可以纠正一个错误。 213

汉明码是所有线性奇偶校验码中最简单的例子。通过汉明码说明了构造其他线性码的基本原则。但是，当分组长度较大时，分组中很可能会出现不止一个错误。在20世纪50年代早期，里德(Reed)和所罗门(Solomon)针对非二元信道，发明了一类多重纠错码。20世纪50年代后期，Bose，Ray-Chaudhuri [72]和Hocquenghem [278]利用伽罗瓦(Galois)域论推广了汉明码的思想，从而构造出针对任意 t 的 t 纠错码(称作BCH码)。自那时起，许多作者开发出了许多其他的编码以及这些码的有效译码算法。随着集成电路技术的发展，现在已经可以在硬件中实施相当复杂的编码，并且 214
能够部分实现香农的信道容量定理中所预言的纠错能力。例如，所有CD播放器都配置有基于两个交织的(interleaved)(32,28,5)和(28,24,5)R-S码的纠错电路，可以纠正大约4000个脉冲错误。

上面描述的所有码都是分组码(block code)——将一组信息比特映射成一个信道码字，且不依赖于过去的信息比特。也可以设计出这样的码：每个输出组不仅依赖于当前的输入组，而且依赖于过去的一些输入组。这种码的一个高级结构化的形式称作卷积码(convolutional code)。卷积码理论在过去的40年里得到了相当大的发展。这里不再深入讨论，但是有兴趣的读者可以参考编码理论的教科书[69,356]。

在设计出的编码算法当中，经历了很多年，没有一种编码算法能够接近香农信道容量定理中所给出的界。对一个交叉概率为 p 的二元对称信道，我们需要一种码，它能在长度为 n 且占 $n(1-H(p))$ 个信息比特的分组中纠正多达 np 个错误。例如，在长度为 n 的分组中，前面提及的重复码可以纠正多达 $n/2$ 个错误，但是它的码率随着 n 的增大而趋于0。在1972年以前，对于能够在长度为 n 的分组中纠正 $n\alpha$ 个错误的编码，它们的码率都渐近于0。而到1972年，Justesen [301]设计出了一类码，具有正的渐近码率和正的渐近最小距离，并且都与分组长度成正比。

到了 1993 年，Berrou 等人在文章[57]中提出了下列观点：将两个交织卷积码与一个并行协作的译码器组合起来能获得远比此前任何码更好的效果。每个译码器将自身对每个比特值的“意见”反馈给另一个译码器，并利用该译码器的意见来帮助确定自身的这个比特值。这种迭代过程不停地重复，直到两个译码器都对比特的取值达成共识为止。令人惊讶的是，这个迭代程序对于许多信道都能在接近于容量的码率下进行有效地译码。这也重新提升了学者们对 Robert Gallager 在其学位论文[231，232]中引入的低密度奇偶性校验(low-density parity check，LDPC)码的研究兴趣。1997 年，MacKay 与 Neal [368]证明了对于 LDPC 码，迭代的消息传输算法(类似于用来译解 turbo 码的算法)可以使码率以很高的概率达到信道容量。
215 至今，turbo 码与 LDPC 码仍然是研究的热点，并且应用在无线通信和卫星通信信道中。

7.12 反馈容量

带反馈的信道如图 7-13 所示。假定所有接收到的字符立即以无噪声的方式传输回发送者，这样，发送者可以利用它们来决定下面将要发送哪一个字符。反馈会给我们带来好处吗？令人吃惊的是，回答为否定。现在来证明。我们把$(2^{nR},n)$反馈码(feedback code)定义为一个映射序列 $x_i(W,Y^{i-1})$和一个译码函数序列 $g:\mathcal{Y}^n\to\{1,2,\cdots,2^{nR}\}$，其中 x_i 是仅与消息 $W\in 2^{nR}$和先前接收到的值 $Y_1,Y_2,\cdots,Y_{i-1}$的函数。于是，当 W 服从$\{1,2,\cdots,2^{nR}\}$上的均匀分布时，有

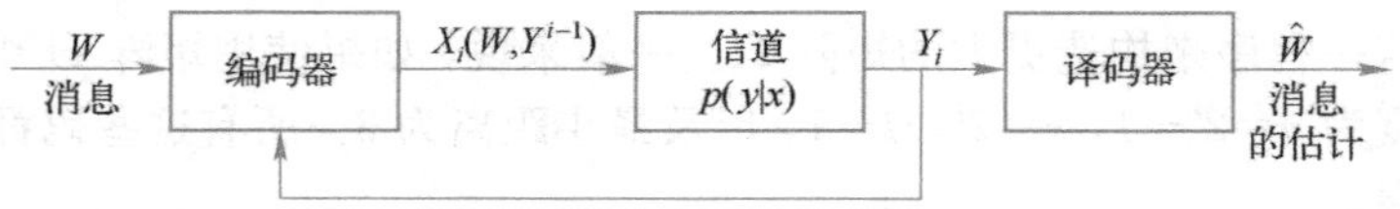

图 7-13 带反馈的离散无记忆信道

$$P_e^{(n)}=\Pr\{g(Y^n)\neq W\} \tag{7-119}$$

定义 离散无记忆信道的带反馈容量 C_{FB}(capacity with feedback)定义为反馈码可以达到的所有码率的上确界。

定理 7.12.1(反馈容量)

$$C_{\mathrm{FB}}=C=\max_{p(x)}I(X;Y) \tag{7-120}$$

证明：由于非反馈码是反馈码的特例，不带反馈能够达到的任何码率也可以通过带反馈的方式达到，因此

$$C_{\mathrm{FB}}\geqslant C \tag{7-121}$$

证明相反的不等式稍微复杂一些。无法再直接使用证明不带反馈的编码逆定理中给出的方法。由于 X_i 依赖于过去接收到的字符，引理 7.9.2 不再成立，而且式(7-93)中的结论(即 Y_i 仅依赖于
216 X_i 且条件独立于未来的 X 的结论)也不再成立。

但是，只要经过简单的修改，原来的方法依然起作用；取代 X^n，我们使用下标 W，则可以证明类似的系列不等式。设 W 服从$\{1,2,\cdots,2^{nR}\}$上的均匀分布，则 $\Pr\{W\neq\hat{W}\}=P_e^{(n)}$，根据费诺不等式和数据处理不等式，我们有

$$nR=H(W)=H(W|\hat{W})+I(W;\hat{W}) \tag{7-122}$$

$$\leqslant 1+P_e^{(n)}nR+I(W;\hat{W}) \tag{7-123}$$

$$\leqslant 1+P_e^{(n)}nR+I(W;Y^n) \tag{7-124}$$

下面我们可以估计 $I(W;Y^n)$的界如下：

$$I(W;Y^n)=H(Y^n)-H(Y^n\mid W) \tag{7-125}$$

$$=H(Y^n)-\sum_{i=1}^{n}H(Y_i\mid Y_1,Y_2,\cdots,Y_{i-1},W) \tag{7-126}$$

$$=H(Y^n)-\sum_{i=1}^{n}H(Y_i\mid Y_1,Y_2,\cdots,Y_{i-1},W,X_i) \tag{7-127}$$

$$=H(Y^n)-\sum_{i=1}^{n}H(Y_i\mid X_i) \tag{7-128}$$

这是由于 X_i 是关于$Y_1,Y_2,\cdots,Y_{i-1}$ 和 W 的函数；以及在给定 X_i 的条件下，Y_i 独立于 W 和 Y 的过去样本。由离散无记忆信道容量的定义，我们可以得到

$$I(W;Y^n)=H(Y^n)-\sum_{i=1}^{n}H(Y_i\mid X_i) \tag{7-129}$$

$$\leqslant\sum_{i=1}^{n}H(Y_i)-\sum_{i=1}^{n}H(Y_i\mid X_i) \tag{7-130}$$

$$=\sum_{i=1}^{n}I(X_i;Y_i) \tag{7-131}$$

$$\leqslant nC \tag{7-132}$$

综合上述，可得

$$nR\leqslant P_e^{(n)}nR+1+nC \tag{7-133}$$ 217

两边同时除以 n 并令 $n\to\infty$，得到

$$R\leqslant C \tag{7-134}$$

于是，使用反馈并不能带给我们更高的码率，即

$$C_{FB}=C \tag{7-135}$$ □

正如我们在二元擦除信道的例子中看到的那样，反馈在简化编码和译码方面可以起到很大的作用。然而，它并不能增加信道的容量。

7.13 信源信道分离定理

现在是将已经证明的两个主要结果结合在一起的时候了：数据压缩($R>H$：定理 5.4.2)和数据传输($R<C$：定理 7.7.1)。为了通过信道传输信源，条件 $H<C$ 是充分必要的吗？例如，考虑通过离散无记忆信道传输数字语音或音乐。设计一个码将语音样本序列直接映射成信道的输入信号，或者先将语音压缩成最有效的格式，然后使用适当的信道编码从该信道将它发送出去。由于数据压缩不依赖于信道，而信道编码又不依赖于信源分布，因此，如果使用两步骤方法，我们并不十分清楚会不会损失一些信息。

在这节中我们将证明：在有噪声信道中，两步骤方法与其他传输信息的方法一样有效。该结果有一些重要的实际应用。这意味着可以将通信系统的设计转化成信源编码与信道编码两个部分的组合。为数据最有效的表达设计信源码，也能够分离独立地设计适合于信道的信道码。这种组合的方法与将两个问题一起考虑所能设计出的任何方法一样有效。

数据的通常表示是使用二元字母表。最现代的通信系统是数字化的，并且为了能在通常的信道上传输，数据简化为二进制表示。这使复杂度大大减小。像 ATM 和因特网这样的网络系统允许语音、视频和数字数据共用相同的通信信道。 218

两步骤处理与任何一步骤处理都一样有效。虽然这一结论看上去是那么显然，但有必要提

醒读者，这未必总是正确的。例如，在某些多用户信道中，这种分解是不可行的。我们也将考虑两个简单的情形，这时定理看上去会有误导性。简单的例子是通过擦除信道发送英文文本。首先找出文本最有效的二进制表示，然后通过信道发送它。这时，发生的错误将很难译码。如果直接发送这个英文文本，虽然会损失大约一半的字母，但仍然可以知道文本的含义。类似地，人类的耳朵有一些非同寻常的能力，如果噪声是白色的，可以在非常高的噪声水平下分辨出语音。在这种情况下，直接通过有噪声信道发送未被压缩的语音会比发送压缩的语音更加合适。明显地，信源中的冗余适应于信道。

现在对上述问题做个严格的定义。假设有一个信源 V，从字母表$\mathcal{V}$中生成字符。对于由 V 生成的随机过程，除了要求其取值于有限字母表且满足 AEP 之外，不做任何假设。这种过程的例子包括独立同分布的随机变量序列和平稳不可约马尔可夫链的状态序列。任何平稳遍历信源均满足 AEP，这将在 6.8 节中证明。

现在想通过信道发送字符序列 $V^n=V_1,V_2,\cdots,V_n$，并且保证接收者可以重构序列。为了达到这个目的，将序列映射成码字 $X^n(V^n)$，通过信道发送这个码字。接收者观察接收到的序列 Y^n后，给出发送序列 V^n 的估计$\hat{V}^n$。如果 $V^n\neq\hat{V}^n$，则接收者犯了错误。我们定义误差概率为

$$\Pr(V^n\neq\hat{V}^n)=\sum_{y^n}\sum_{v^n}p(v^n)p(y^n\mid x^n(v^n))I(g(y^n)\neq v^n) \tag{7-136}$$

其中 I 为示性函数，$g(y^n)$是译码函数。这个系统如图 7-14 所示。

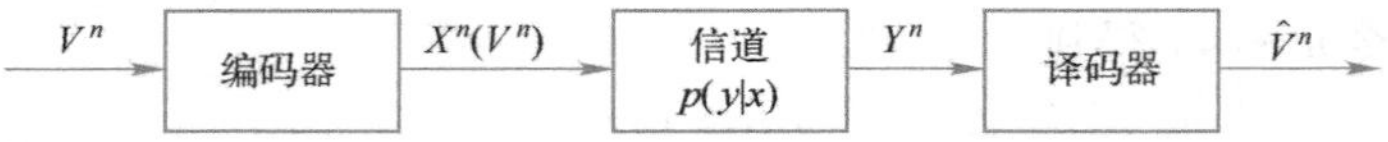

图 7-14 联合信源信道编码

219 下面给出联合信源信道编码定理：

定理 7.13.1（信源信道编码定理） *如果 $V_1,V_2,\cdots,V_n$ 为有限字母表上满足 AEP 和 $H(\mathcal{V})<C$ 的随机过程，则存在一个信源信道编码使得误差概率 $\Pr(\hat{V}^n\neq V^n)\to 0$。反之，对任意平稳随机过程，如果 $H(\mathcal{V})>C$，那么误差概率远离 0，从而不可能以任意低的误差概率通过信道发送这个过程。*

证明：可达性。证明前半部分的精髓就是此前描述的两步骤编码。由于已经假定随机过程满足 AEP，所以必然存在一个元素个数$\leqslant 2^{n(H(\mathcal{V})+\epsilon)}$的典型集 $A_\epsilon^{(n)}$，它拥有概率的绝大部分。仅对属于这个典型集的信源序列进行编码；其余所有序列将产生一个错误。它对误差概率的贡献不会超过 ϵ。

给 $A_\epsilon^{(n)}$ 中的所有序列加上下标。由于至多有 $2^{n(H+\epsilon)}$ 个这样的序列，$n(H+\epsilon)$比特足以给出它们的下标了。如果

$$H(\mathcal{V})+\epsilon=R<C \tag{7-137}$$

我们能以小于 ϵ 的误差概率将需要的下标发送给接收者。接收者可以通过穷举典型集 $A_\epsilon^{(n)}$，选择与被估计下标相应的序列，从而重构出 V^n。这个序列将以很高的概率与传输序列相一致。具体来说，对充分大的 n，我们有

$$P(V^n\neq\hat{V}^n)\leqslant P(V^n\notin A_\epsilon^{(n)})+P(g(Y^n)\neq V^n\mid V^n\in A_\epsilon^{(n)}) \tag{7-138}$$

$$\leqslant \epsilon+\epsilon=2\epsilon \tag{7-139}$$

因此，如果

$$H(\mathcal{V})<C \tag{7-140}$$

那么对充分大的 n，我们能够以低的误差概率重构出序列。

逆定理。我们希望证明，对于任意的信源信道码序列

$$X^n(V^n):\mathcal{V}^n\to\mathcal{X}^n \tag{7-141}$$

$$g_n(Y^n):\mathcal{Y}^n\to\mathcal{V}^n \tag{7-142}$$ 220

$\Pr(\hat{V}^n\neq V^n)\to 0$ 蕴含结论 $H(\mathcal{V})\leqslant C$。$X^n(\cdot)$是数据序列 V^n 的任意（也许是随机的）码字分配，$g_n(\cdot)$是任何译码函数(对输出序列 Y^n 的估计分配 $\hat{V}^n$)。根据费诺不等式，必有

$$H(V^n|\hat{V}^n)\leqslant 1+\Pr(\hat{V}^n\neq V^n)\log|\mathcal{V}^n|=1+\Pr(\hat{V}^n\neq V^n)n\log|\mathcal{V}| \tag{7-143}$$

因此，对于这个码，

$$H(\mathcal{V})\overset{(a)}{\leqslant}\frac{H(V_1,V_2,\cdots,V_n)}{n} \tag{7-144}$$

$$=\frac{H(V^n)}{n} \tag{7-145}$$

$$=\frac{1}{n}H(V^n|\hat{V}^n)+\frac{1}{n}I(V^n;\hat{V}^n) \tag{7-146}$$

$$\overset{(b)}{\leqslant}\frac{1}{n}(1+\Pr(\hat{V}^n\neq V^n)n\log|\mathcal{V}|)+\frac{1}{n}I(V^n;\hat{V}^n) \tag{7-147}$$

$$\overset{(c)}{\leqslant}\frac{1}{n}(1+\Pr(\hat{V}^n\neq V^n)n\log|\mathcal{V}|)+\frac{1}{n}I(X^n;Y^n) \tag{7-148}$$

$$\overset{(d)}{\leqslant}\frac{1}{n}+\Pr(\hat{V}^n\neq V^n)\log|\mathcal{V}|+C \tag{7-149}$$

其中(a)由平稳过程熵率的定义推出，(b)由费诺不等式得到，(c)由数据处理不等式(由于 $V^n\to X^n\to Y^n\to\hat{V}^n$ 构成马尔可夫链)得到，(d)由信道的无记忆性得出。令 $n\to\infty$，我们有 $\Pr(\hat{V}^n\neq V^n)\to 0$，因此

$$H(\mathcal{V})\leqslant C \tag{7-150}$$ □

于是，我们能够通过信道传输平稳遍历信源当且仅当它的熵率小于信道容量。联合信源信道分离定理促使我们将信源编码问题从信道编码问题中独立出来考虑。信源编码器试图找到信源的最有效表示，而信道编码器编码消息要具备能够对抗信道中产生的噪声和错误的能力。分离定理表明，分离编码器(如图 7-15)与联合编码器(如图 7-14)能够达到相同的码率。

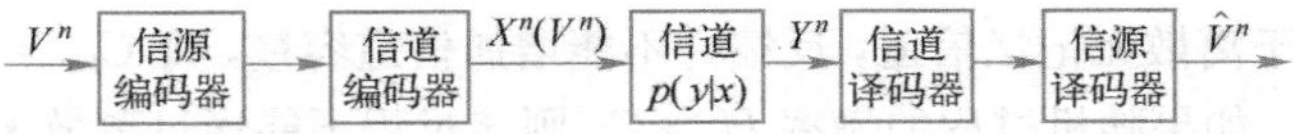

图 7-15　分离信源信道编码

由此结论，我们已经将信息论中的两个基本定理(数据压缩与数据传输定理)联系在了一起。接下来用几句话概括这两个结果的证明过程。数据压缩定理来源于 AEP，表明全部信源序列存在 221
一个拥有了绝大部分概率的“小型”的子集(大小为 2^{nH})，根据这个子集使用 H 比特/字符并以很小的误差概率来表示这个信源。数据传输定理基于联合的 AEP；它依据的事实是：对于大的分组长度，信道的输出序列非常有可能与输入码字是联合典型的，而任何其他码字是联合典型的概率约为 2^{-nI}。因而，我们可以使用大约 2^{nI} 个码字而保持可忽略的误差概率。信源信道分离定理说明，我们可以独立地设计信源码和信道码，然后结合两者的结果以达到最优的效果。

要点

信息容量 可区分的输入信号数量的对数值由下面等式给出

$$C=\max_{p(x)} I(X;Y)$$

例子

- 二元对称信道：$C=1-H(p)$。
- 二元擦除信道：$C=1-\alpha$。
- 对称信道：$C=\log|\mathcal{Y}|-H$(转移矩阵的行)。

C的性质

1. $0\leqslant C\leqslant \min\{\log|\mathcal{X}|,\log|\mathcal{Y}|\}$。
2. $I(X;Y)$是关于$p(x)$的连续凹函数。

联合典型性 服从分布$p(x,y)$的联合典型序列$\{(x^n,y^n)\}$的集合$A_\varepsilon^{(n)}$为

$$A_\varepsilon^{(n)}=\{(x^n,y^n)\in\mathcal{X}^n\times\mathcal{Y}^n: \tag{7-151}$$

222

$$\left|-\frac{1}{n}\log p(x^n)-H(X)\right|<\varepsilon \tag{7-152}$$

$$\left|-\frac{1}{n}\log p(y^n)-H(Y)\right|<\varepsilon \tag{7-153}$$

$$\left|-\frac{1}{n}\log p(x^n,y^n)-H(X,Y)\right|<\varepsilon\} \tag{7-154}$$

其中$p(x^n,y^n)=\prod_{i=1}^{n}p(x_i,y_i)$。

联合AEP：设(X^n,Y^n)为i.i.d.服从分布$p(x^n,y^n)=\prod_{i=1}^{n}p(x_i,y_i)$且长度为$n$的序列，则

1. $\Pr((X^n,Y^n)\in A_\varepsilon^{(n)})\to 1, n\to\infty$。
2. $|A_\varepsilon^{(n)}|\leqslant 2^{n(H(X,Y)+\varepsilon)}$。
3. 如果$(\tilde{X}^n,\tilde{Y}^n)\sim p(x^n)p(y^n)$，则$\Pr((\tilde{X}^n,\tilde{Y}^n)\in A_\varepsilon^{(n)})\leqslant 2^{-n(I(X;Y)-3\varepsilon)}$。

信道编码定理 所有小于信道容量C的码率都是可达的，而所有大于信道容量的码率是不可达的；也就是说，对任意的码率$R<C$，存在误差概率满足$\lambda^{(n)}\to 0$的一个$(2^{nR},n)$码序列。反之，如果码率$R>C$，那么$\lambda^{(n)}$将远离0。

反馈容量 对于离散无记忆信道，反馈并不能增加信道容量，即$C_{FB}=C$。

信源信道定理 如果随机过程的熵率$H>C$，则该过程不能通过离散无记忆信道被可靠地传输。相反，如果随机过程满足AEP，且$H<C$，则信源可以被可靠地传输。

习题

7.1 输出的预处理。如果一个统计学家面对具有转移概率为$p(y|x)$且信道容量$C=\max_{p(x)}I(X,Y)$的通信信道，他会对输出做出很有帮助的预处理：$\tilde{Y}=g(Y)$，并且断定这样做能够严格地改进容量。

(a) 请证明他错了。

223 (b) 在什么条件下他不会严格地减小容量？

7.2 可加噪声信道。求下列离散无记忆信道的信道容量：

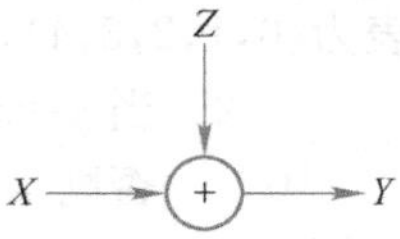

其中 $\Pr(Z=0)=\Pr\{Z=a\}=\frac{1}{2}$。$X$ 的字母表为 $\mathcal{X}=\{0,1\}$。假设 Z 与 X 相互独立。注意：信道容量依赖于 a 的取值。

7.3 有记忆信道具有较高的容量。考虑满足 $Y_i=X_i\oplus Z_i$ 的二元对称信道，其中 $\oplus$ 表示模 2 加法运算，且 $X_i, Y_i\in\{0,1\}$。假设 $\{Z_i\}$ 具有常边际分布 $\Pr\{Z_i=1\}=p=1-\Pr\{Z_i=0\}$，但 $Z_1, Z_2, \cdots, Z_n$ 不一定相互独立。假定 Z^n 与输入 X^n 相互独立，$C=1-H(p,1-p)$。证明 $\max\limits_{p(x_1,x_2,\cdots,x_n)} I(X_1,X_2,\cdots,X_n;Y_1,Y_2,\cdots,Y_n)\geqslant nC$。

7.4 信道容量。考虑离散无记忆信道 $Y=X+Z(\bmod 11)$。其中

$$Z=\begin{pmatrix}1, & 2, & 3\\ \frac{1}{3}, & \frac{1}{3}, & \frac{1}{3}\end{pmatrix}$$

以及 $X\in\{0,1,2,\cdots,10\}$。假定 X, Z 相互独立，那么

(a) 求出该信道的容量。

(b) 使得容量最大化的 $p^*(x)$ 是什么？

7.5 同时使用两个信道。考虑信道容量分别为 C_1 与 C_2 的两个离散无记忆信道 $(\mathcal{X}_1, p(y_1|x_1), \mathcal{Y}_1)$ 与 $(\mathcal{X}_2, p(y_2|x_2), \mathcal{Y}_2)$。由这两个信道可以构造出一个新的信道 $(\mathcal{X}_1\times\mathcal{X}_2, p(y_1|x_1)\times p(y_2|x_2), \mathcal{Y}_1\times\mathcal{Y}_2)$，对于任何 $x_1\in\mathcal{X}_1$ 以及 $x_2\in\mathcal{X}_2$，这个新的信道可以同时发送它们并且收到 y_1, y_2。计算该信道的容量。

7.6 有噪声的打字机信道。考虑 26 个键的打字机。

(a) 如果每敲击一个键，它就准确地输出相应的字符，那么该容量 C 是多少比特？ 224

(b) 如果假设敲击一个键都会导致输出该键对应的字母或者下一个字母等概率出现，即，$A\to A$ 或 B，$\cdots$，$Z\to Z$ 或 A。那么此时的容量如何？

(c) 对于(b)中所述的信道，对于分组长度为 1 的编码的最高码率是多少？此时你可以看出该编码达到 0 误差概率。

7.7 二元对称信道的串联。如下是 n 个完全相同的独立二元对称信道的串联示意图，

$$X_0\to\boxed{\text{BSC}}\to X_1\to\cdots\to X_{n-1}\to\boxed{\text{BSC}}\to X_n$$

其中每个信道的原始误差概率为 p。证明该串联的信道等价于具有误差概率为 $\frac{1}{2}(1-(1-2p)^n)$ 的一个二元对称信道。因此，当 $p\neq 0,1$ 时，$\lim_{n\to\infty} I(X_0;X_n)=0$。假设在中转端口 $X_1, X_2, \cdots, X_{n-1}$ 处不再设置编码或译码方案，于是该串联信道的容量趋近于 0。

7.8 Z 信道。Z 信道是具有二元输入和输出字母表的信道，其转移概率 $p(y|x)$ 矩阵如下：

$$Q=\begin{pmatrix}1 & 0\\ 1/2 & 1/2\end{pmatrix},\quad x,y\in\{0,1\}$$

求 Z 信道的容量以及最大化时的输入概率分布。

7.9 次优码。对于习题 7.8 中的 Z 信道，假设随机选择一个 $(2^{nR}, n)$ 码，其中每个码字是一个抛掷均匀硬币的序列。这将不会达到容量。求出当分组长度 n 趋向无穷时，使得误差概率

$P_e^{(n)}$（在所有随机生成的码上的平均）趋向 0 的最大码率 R。

7.10 零误差容量。假设某信道的字母表为{0,1,2,3,4}，转移概率为如下形式

$$p(y|x)=\begin{cases}1/2 & 当\ y=x\pm1(\bmod 5)\\ 0 & 否则\end{cases}$$

225 (a) 计算该信道的容量，以比特为单位。

(b) 信道的零误差容量是指每次以误差概率 0 传输信息的每信道比特数量。显然，该五元信道的零误差容量至少是 1 比特（传输 0 或 1 的概率均为 $\frac{1}{2}$）。找出一个分组码来说明该信道的零误差容量大于 1 比特。你能估计出该零误差容量的精确值吗？（提示：考虑该信道的分组长度为 2 的码。）Lovasz 获得了该信道的零误差容量，具体可以参看 Lovasz[365]。

7.11 时变信道。考虑一个时变离散无记忆信道。

令 $Y_1,Y_2,\cdots,Y_n$ 在已知 $X_1,X_2,\cdots,X_n$ 的条件下是条件独立的，并且条件概率分布为 $p(\mathbf{y}\mid\mathbf{x})=\prod_{i=1}^{n}p_i(y_i\mid x_i)$。设 $\mathbf{X}=(X_1,X_2,\cdots,X_n)$，$\mathbf{Y}=(Y_1,Y_2,\cdots,Y_n)$。求 $\max_{p(\mathbf{x})}I(\mathbf{X};\mathbf{Y})$。

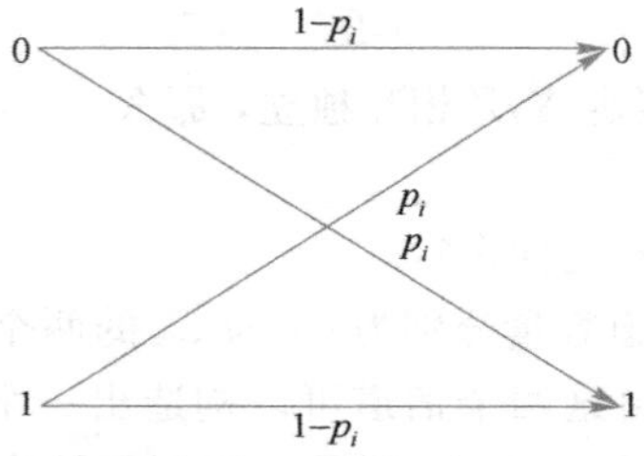

7.12 未使用字符。假设信道的转移概率矩阵如下

$$P_{y|x}=\begin{bmatrix}\frac{2}{3} & \frac{1}{3} & 0\\ \frac{1}{3} & \frac{1}{3} & \frac{1}{3}\\ 0 & \frac{1}{3} & \frac{2}{3}\end{bmatrix}\tag{7-155}$$

证明：该信道容量可以由某个输入字符概率为 0 的输入分布达到。该信道容量是多少？并从直观上解释为何这个字符没有被使用。

226

7.13 二元信道中的擦除与出错。考虑一个既有擦除又有出错的二元输入信道。设出错的概率为 ε，擦除的概率为 α，因此，信道的示意图如下：

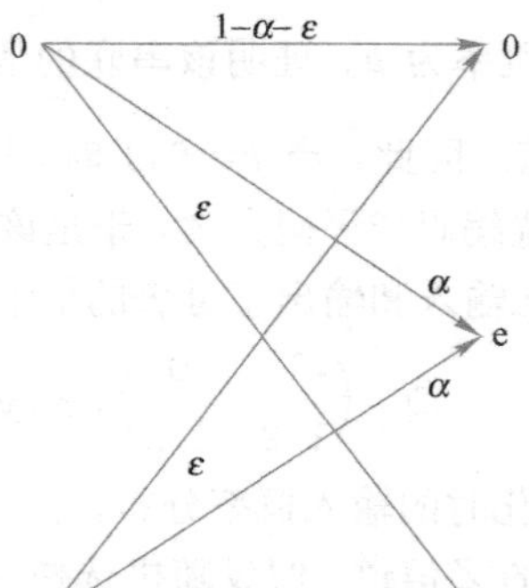

(a) 求该信道的容量。

(b) 当该信道为二元对称信道时($\alpha = 0$)，容量为多少?

(c) 当该信道为二元擦除信道时($\varepsilon = 0$)，容量为多少?

7.14 字符相依信道。考虑二元字母表上的信道。该信道接收多个 2 比特字符，并产生一个 2 比特输出，确定满足映射关系如下：$00 \to 01, 01 \to 10, 10 \to 11$ 和 $11 \to 00$。那么，如果信道的输入为 2 比特序列 01，则输出为 10 的概率为 1。设 X_1, X_2 表示两个输入字符，Y_1, Y_2 表示两个相应的输出字符。

(a) 计算互信息 $I(X_1, X_2; Y_1, Y_2)$，它是四个可能输入对上的输入分布的函数。

(b) 证明在该信道上传输一对字符的容量为 2 比特。

(c) 证明，对于达到信道容量的最大化输入分布，$I(X_1; Y_1) = 0$。由此说明，达到容量的输入序列分布不一定同时使得单个字符与相应输出之间的互信息达到最大值。

7.15 联合典型序列。如同在习题 3.13 中计算单个随机变量的典型集一样，我们将计算由二元对称信道所连接在一起的一对随机变量的联合典型集，以及针对该信道的联合典型译码的误差概率。 227

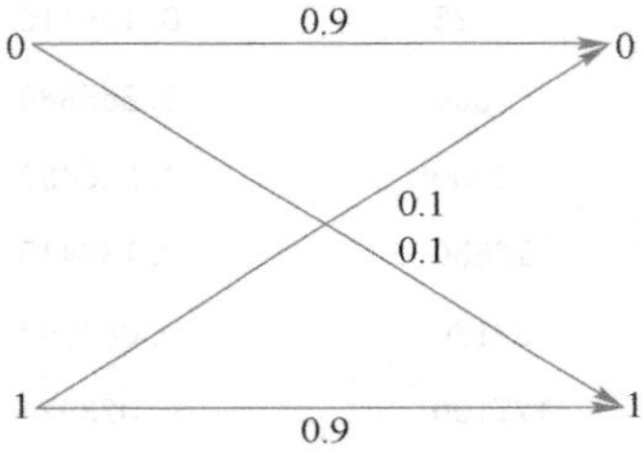

设二元对称信道的交叉概率为 0.1。达到信道容量的输入分布为均匀分布[即 $p(x) = \left(\frac{1}{2}, \frac{1}{2}\right)$]，此时产生的联合分布 $p(x, y)$ 为

X \ Y	0	1
0	0.45	0.05
1	0.05	0.45

Y 的边际分布也为$\left(\frac{1}{2}, \frac{1}{2}\right)$。

(a) 在以上联合分布下，计算 $H(X), H(Y), H(X,Y)$ 和 $I(X;Y)$。

(b) 设 $X_1, X_2, \cdots, X_n$ 为 i. i. d 服从 Bernoulli$\left(\frac{1}{2}\right)$分布。在长度为 n 的 2^n 个可能的输入序列中，哪些是典型的(即 $\varepsilon = 0.2$ 时，$A_\varepsilon^{(n)}(X)$ 中的元素)? $A_\varepsilon^{(n)}(Y)$ 中的典型序列又是什么?

(c) 联合典型集 $A_\varepsilon^{(n)}(X,Y)$ 定义为满足方程组(7-35)～(7-37)的序列构成的集合。前两个方程对应于 x^n 和 y^n 分别属于 $A_\varepsilon^{(n)}(X)$ 和 $A_\varepsilon^{(n)}(Y)$ 的条件。最后一个条件可以重新写为 $-\frac{1}{n}\log p(x^n, y^n) \in (H(X,Y) - \varepsilon, H(X,Y) + \varepsilon)$。设 k 为序列 x^n 与 y^n 中出现差异的位置数目(k 为两序列的函数)。因此，我们有

$$p(x^n, y^n) = \prod_{i=1}^{n} p(x_i, y_i) \qquad (7\text{-}156)$$ 228

$$= (0.45)^{n-k}(0.05)^k \qquad (7\text{-}157)$$

$$=\left(\frac{1}{2}\right)^n(1-p)^{n-k}p^k \qquad (7\text{-}158)$$

对于计算上述概率值，另一种做法是将二元对称信道视为可加信道 $Y=X\oplus Z$，其中 Z 为二元随机变量，等于 1 的概率为 p，且独立于 X。此时，

$$p(x^n,y^n)=p(x^n)p(y^n|x^n) \qquad (7\text{-}159)$$

$$=p(x^n)p(z^n|x^n) \qquad (7\text{-}160)$$

$$=p(x^n)p(z^n) \qquad (7\text{-}161)$$

$$=\left(\frac{1}{2}\right)^n(1-p)^{n-k}p^k \qquad (7\text{-}162)$$

证明(x^n,y^n)是联合典型的条件等价于 x^n 与 $z^n=y^n-x^n$ 都是典型的。

(d) 现在对 $n=25$，$\varepsilon=0.2$，计算 $A_\varepsilon^{(n)}(Z)$的大小。如习题 3.13，含 k 个 1 的序列的概率与数目一览表如下：

k	$\binom{n}{k}$	$\binom{n}{k}p^k(1-p)^{n-k}$	$-\frac{1}{n}\log p(x^n)$
0	1	0.071790	0.152003
1	25	0.199416	0.278800
2	300	0.265888	0.405597
3	2300	0.226497	0.532394
4	12650	0.138415	0.659191
5	53130	0.064594	0.785988
6	177100	0.023924	0.912785
7	480700	0.007215	1.039582
8	1081575	0.001804	1.166379
9	2042975	0.000379	1.293176
10	3268760	0.000067	1.419973
11	4457400	0.000010	1.546770
12	5200300	0.000001	1.673567

229 (在表格中，超过 12 个 1 的序列没有列出，因为它们的总概率可以忽略不计，而且也不在典型集中。)集合 $A_\varepsilon^{(n)}(Z)$的大小为多少？

(e) 如信道编码定理的证明中所述，考虑信道的随机编码。假定 2^{nR} 个码字 $X^n(1)$，$X^n(2)$，…，$X^n(2^{nR})$均匀取自长度为 n 的可能二元序列。选取其中一个码字，并在该信道上发送。接收器观察接收到的序列，并试图在码簿中找到一个与接收的序列联合典型的码字。如上所述，这对应于找出一个码字 $X^n(i)$，使 $Y^n-X^n(i)\in A_\varepsilon^{(n)}(Z)$。对于固定的码字 $x^n(i)$，使 $(x^n(i),Y^n)$为联合典型的接收的序列 Y^n 的概率为多少？

(f) 考虑特定的接收序列 $y^n=000000\cdots0$。假定在长度为 n 的所有 2^n 个可能的二元序列上，随机均匀地选取一个序列 X^n。选取的序列与这个 y^n 为联合典型的概率是多少？(提示：这等于使得 $y^n-x^n(i)\in A_\varepsilon^{(n)}(Z)$成立的全体序列 x^n 的概率。)

(g) 现在考虑一个码，它由长度为 12 的 $2^9=215$ 个码字组成，且这些码字随机均匀取自所有长度为 $n=25$ 的 2^n 个序列。称其中的一个码字对应于 $i=1$，就是说该码字被选取并且在信道上被发送。如(e)中计算可知，接收到的序列具有很高的概率与发送的

码字是联合典型的。其余的码字(一个或更多，随机选择且独立于已发送的码字)与接收到的序列是联合典型的概率为多少?(提示：可以利用联合界，但也可以由(f)中的结论与码字的独立性精确地计算出这个概率。)

(h) 假定一个码字被发送出去，其误差概率(平均值取自信道的概率分布和其余码字的随机选取)可以写为

$$\Pr(\text{误差} \mid x^n(1)\text{被发送}) = \sum_{y^n:\text{致使产生误差的}y^n} p(y^n \mid x^n(1)) \tag{7-163}$$

这里有两类错误：如果接收到的序列 y^n 与传输的码字不是联合典型的，就会产生第一类错误；如果存在另一个码字与接收到的序列是联合典型的，就会产生第二类错误。利用前面的结论，可以计算出这个误差概率。由随机编码的对称性可知，这个值不依赖于发送的是哪个码字。 230

以上计算结果表明，相对于交叉概率为 0.1 的二元对称信道而言，该信道上由长度为 25 的 512 个码字组成的随机码的平均误差大约为 0.34。这个值看起来非常高，但其中缘由主要是因为我们选取的 ϵ 值太大了。若在 $A_\epsilon^{(n)}$ 的定义中选取较小的 ϵ 值与较大的 n 值，那么，只要在码率小于 $I(X;Y)-3\epsilon$ 的条件下，就可以使误差概率变得要多小就能多小。

同时注意到，习题中叙述的译码程序并不是最优的。最优的译码程序是最大似然译码(即选取与接收到的序列最接近的码字)。如果对最大似然译码方法做近似处理，就可以计算出随机码的平均误差概率。这里的方法是将接收到的序列译为唯一与其相差 $\leqslant 4$ 比特的码字，否则就宣布出错。与以上所述的联合典型译码法相比，当码字等于接收序列时情形会有所不一样，这是两者的唯一区别！可以证明，这个译码方案的平均误差概率大约为 0.285。

7.16 *编码器与解码器作为信道的一部分*。考虑交叉概率为 0.1 的二元对称信道。对于这个信道，考虑两个长度为 3 的码字。可能的方案是将消息 a_1 编码为 000，将消息 a_2 编码为 111。对此编码方案，进一步将编码器、信道和译码器组合起来考虑，从而形成一个新的 BSC，其两个输入为 a_1 和 a_2，两个输出也为 a_1 和 a_2。

(a) 计算该信道的交叉概率。

(b) 该信道的信道容量为多少?(量纲为比特/原信道传输)

(c) 交叉概率为 0.1 的原始 BSC 的信道容量为多少?

(d) 证明下面关于信道的一般结论：将编码器、信道和译码器组合考虑，形成一个消息到被估计消息的新信道，这种方式不会增加信道容量(量纲为比特/原信道传输)。

7.17 *BSC 和 BEC 上的长度为 3 的编码*。在习题 7.16 中，对于交叉概率为 ϵ 的二元对称信道，我们设计了在该信道上发送长度为 3 的两个码字 000 和 111，并计算了这个编码的误差概率。对本习题，我们取 $\epsilon=0.1$。 231

(a) 对于此信道，找出长度为 3 且只含四个码字的最优码。该编码的误差概率为多少?(注意，所有可能的接收到的序列都必须映射为可能的码字。)

(b) 如果使用长度为 3 的所有 8 个可能的序列作为码字，那么误差概率为多少?

(c) 现在考虑擦除概率为 0.1 的二元擦除信道。若使用两码字编码 000 和 111，则接收的序列 00E，0E0，E00，0EE，E0E，EE0 可能都将译为 0；类似地，11E，1E1，E11，1EE，E1E，EE1 都译为 1。如果接收到的序列是 EEE，则我们并不清楚发送的是 000 还是 111，因而，我们随机地选取其一，而且发生错误的几率各占一半。请问，对于这样的擦除信道，该编码的误差概率为多少?

(d) 对于(a)和(b)，如果也考虑的是二元擦除信道，那么相应编码的误差概率是多少?

7.18 信道容量。计算如下概率转移矩阵已知的信道容量：

(a) $\mathcal{X}=\mathcal{Y}=\{0,1,2\}$

$$p(y|x)=\begin{bmatrix}\frac{1}{3}&\frac{1}{3}&\frac{1}{3}\\\frac{1}{3}&\frac{1}{3}&\frac{1}{3}\\\frac{1}{3}&\frac{1}{3}&\frac{1}{3}\end{bmatrix}\tag{7-164}$$

(b) $\mathcal{X}=\mathcal{Y}=\{0,1,2\}$

$$p(y|x)=\begin{bmatrix}\frac{1}{2}&\frac{1}{2}&0\\0&\frac{1}{2}&\frac{1}{2}\\\frac{1}{2}&0&\frac{1}{2}\end{bmatrix}\tag{7-165}$$

(c) $\mathcal{X}=\mathcal{Y}=\{0,1,2,3\}$

232

$$p(y|x)=\begin{bmatrix}p&1-p&0&0\\1-p&p&0&0\\0&0&q&1-q\\0&0&1-q&q\end{bmatrix}\tag{7-166}$$

7.19 信鸽的信道容量。假定某支军队的指挥官被围困在一个军事要塞里。对于他来讲，只剩下一批信鸽可以向他的盟军传达信息。假设每只信鸽能传送的信息为 1 个字母(8 比特)，他每隔 5 分钟放飞一批信鸽，并且每只信鸽达到目的地所需的时间恰好为 3 分钟。

(a) 假定所有信鸽都能安全地到达目的地，则这种联系方式的容量为多少比特/小时?

(b) 现在假设敌人试图击落这些鸽子，并假设他们能击中目标的比例为 α。由于鸽子是以恒定的速率被放飞的，接收者知道什么时候有鸽子未能到达目的地。这种联系方式的容量为多少?

(c) 假设现在敌人变得更加狡猾，每次射落一只鸽子时，就放出一只假鸽子，让它携带一个随机字母(均匀取自所有 8 比特的字母)。对此情形，这种联系方式的容量为多少比特/小时?

给上述每种情形建立一个合适的模型，并简要说明信道容量是如何计算得到的。

7.20 在输出 Y 上带两个独立观察的信道。设在给定 X 下，Y_1 和 Y_2 条件独立且条件同分布。

(a) 证明 $I(X;Y_1,Y_2)=2I(X;Y_1)-I(Y_1;Y_2)$。

(b) 推断信道的容量

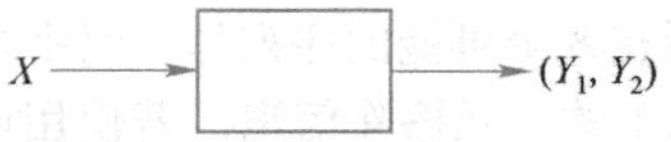

不超过信道的容量的两倍。

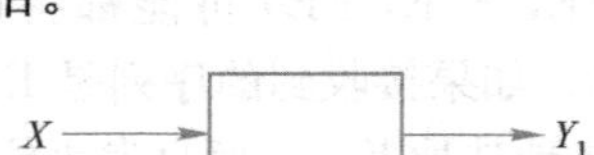

7.21 高而胖的人。假设屋子里的人平均身高为 5 英尺，平均体重为 100 磅。

(a) 请说明不会超过 1/3 的人的身高在 15 英尺。

(b) 估计屋子里体重 300 磅，身高 10 英尺的人的比例的上界。 233

7.22 添加信号会降低容量吗？证明，添加一行到信道转移矩阵不会降低容量。

7.23 二元乘法信道

(a) 考虑信道 $Y=XZ$，其中 X 和 Z 为相互独立的二元随机变量，取值均为 0 和 1。Z 服从 Bernoulli(α)，即 $P(Z=1)=\alpha$。计算该信道的容量，求得容量达到最大时的 X 的分布。

(b) 假定现在接收器能像观察到 Y 一样也能观察到 Z，则此时容量为多少？

7.24 有噪声的字母表。考虑如下信道

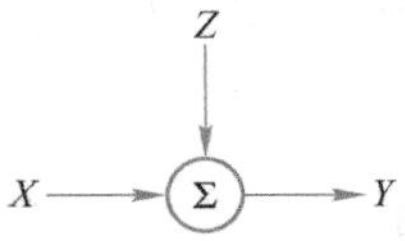

$\mathcal{X}=\{0,1,2,3\}$，其中 $Y=X+Z$，Z 服从三个不同整数值 $\mathcal{Z}=\{z_1,z_2,z_3\}$上的均匀分布。

(a) 若字母表 $\mathcal{Z}$可以任意选取，则最大信道容量是多少？并给出达到该值时的不同整数 z_1,z_2,z_3，以及$\mathcal{X}$上的分布。

(b) 若字母表$\mathcal{Z}$可以任意选取，则最小信道容量为多少？并给出达到该值时的不同整数 z_1,z_2,z_3，以及 $\mathcal{X}$上的分布。

7.25 瓶颈信道。假设信号 $X\in\mathcal{X}=\{1,2,\cdots,m\}$要通过一个中间转移 $X\to V\to Y$：

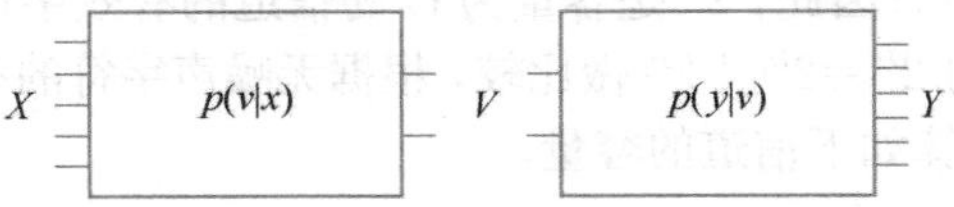

其中 $x=\{1,2,\cdots,m\}$，$y=\{1,2,\cdots,m\}$以及 $v=\{1,2,\cdots,k\}$。这里 $p(v|x)$和 $p(y|v)$任意，信道的转移概率为 $p(y\mid x)=\sum_v p(v\mid x)p(y\mid v)$。证明 $C\leqslant \log k$。 234

7.26 有噪声的打字机信道。设信道满足 $x,y\in\{0,1,2,3\}$，转移概率 $p(y|x)$以如下矩阵给出：

$$\begin{bmatrix} \frac{1}{2} & \frac{1}{2} & 0 & 0 \\ 0 & \frac{1}{2} & \frac{1}{2} & 0 \\ 0 & 0 & \frac{1}{2} & \frac{1}{2} \\ \frac{1}{2} & 0 & 0 & \frac{1}{2} \end{bmatrix}$$

(a) 求该信道的容量。

(b) 定义随机变量 $z=g(y)$，其中

$$g(y)=\begin{cases} A & 如果\ y\in\{0,1\} \\ B & 如果\ y\in\{2,3\} \end{cases}$$

对下面两个 x 的概率密度函数，计算 $I(X;Z)$：

(i)
$$p(x)=\begin{cases} \frac{1}{2} & 如果\ x\in\{1,3\} \\ 0 & 如果\ x\in\{0,2\} \end{cases}$$

(ii)

$$p(x)=\begin{cases}0 & 如果\ x\in\{1,3\}\\ \frac{1}{2} & 如果\ x\in\{0,2\}\end{cases}$$

(c) 计算 x 与 z 之间的信道容量，其中 $x\in\{0,1,2,3\}$，$z\in\{A,B\}$，转移概率 $p(z|x)$ 为

$$p(Z=z\mid X=x)=\sum_{g(y_0)=z}P(Y=y_0\mid X=x)$$

(d) 对于(b)中(i)的 X 分布，$X\to Y\to Z$ 构成一个马尔可夫链吗？

7.27 擦除信道。设 $\{\mathcal{X},p(y|x),\mathcal{Y}\}$ 是容量为 C 的离散无记忆信道，并假定立即让这个信道与擦除字符比例为 α 的擦除信道 $\{\mathcal{Y},p(s|y),\mathcal{S}\}$ 串联。

235

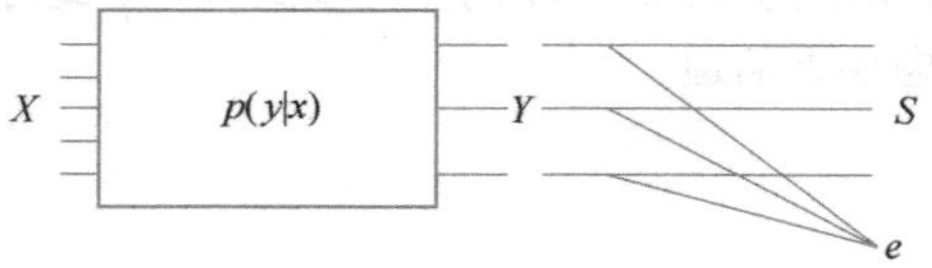

具体讲，$\mathcal{S}=\{y_1,y_2,\cdots,y_m,e\}$，且

$$\Pr\{S=y|X=x\}=\bar{\alpha}p(y|x),\ y\in\mathcal{Y}$$
$$\Pr\{S=e|X=x\}=\alpha$$

求该信道的容量。

7.28 信道的选取。求两信道 $\{\mathcal{X}_1,p_1(y_1|x_1),\mathcal{Y}_1\}$ 和 $\{\mathcal{X}_2,p_2(y_2|x_2),\mathcal{Y}_2\}$ 联合后的信道容量 C，其中要求每次发送字符时，要么是在信道 1，要么是在信道 2 上发送，而不能同时发送。假定两者的输出字母表不相同且不相交。

(a) 证明 $2^C=2^{C_1}+2^{C_2}$。因此，2^C 是容量为 C 的信道的有效字母表大小。

(b) 与习题 2.10 中的 $2^H=2^{H_1}+2^{H_2}$ 做比较，根据无噪声字符的有效大小解释(a)中的结论。

(c) 利用上述结论计算如下信道的容量。

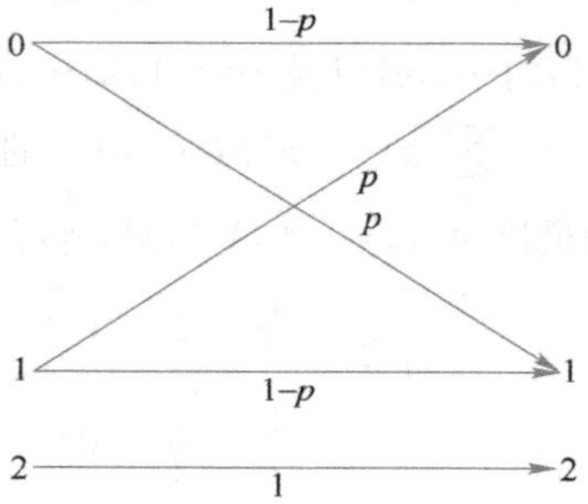

236

7.29 信源与信道。设二元对称信道的交叉概率为 p，希望编码在该信道上传输的 Bernoulli(α) 过程 $V_1,V_2,\cdots$。

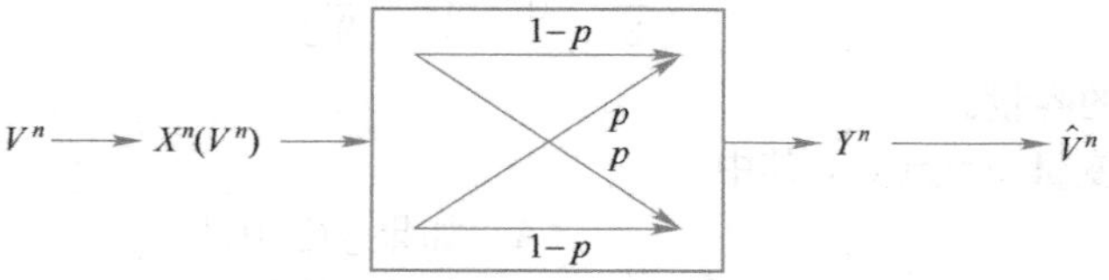

找出当 $n\to\infty$，误差概率 $P(\hat{V}^n\neq V^n)$ 趋于 0 时，α 和 p 应该满足的条件。

7.30 随机 20 问题。设 X 服从 $\{1,2,\cdots,m\}$ 上的均匀分布。假定 $m=2^n$。现在随机提问：$X\in S_1$ 吗？$X\in S_2$？……直到只剩下一个整数为止。$\{1,2,\cdots,m\}$ 的所有 2^m 个子集 S 都是等可能的。

(a) 确定 X 需要多少个确定性的问题？

(b) 不失一般性，假设 $X=1$ 就是这样的随机目标。对于 k 个问题，目标 2 与目标 1 都具有相同答案的概率是多少？

(c) $\{2,3,\cdots,m\}$ 中与正确目标 1 具有相同问题答案的期望目标数为多少？ 237

(d) 假设随机提出了 $n+\sqrt{n}$ 个问题。那么与答案一致的错误目标数的期望值为多少？

(e) 利用马尔可夫不等式 $\Pr\{X\geqslant t\mu\}\leqslant\frac{1}{t}$ 证明，当 $n\to\infty$ 时，误差概率（还剩下一个或更多的错误目标）趋于 0。

7.31 带反馈的 BSC。假定参数为 p 的二元对称信道是带反馈的。每次 Y 被接收到的同时，它也成为下一个传输。于是，X_1 服从 $\text{Bern}\left(\frac{1}{2}\right)$，$X_2=Y_1, X_3=Y_2,\cdots,X_n=Y_{n-1}$。

(a) 求 $\lim_{n\to\infty}\frac{1}{n}I(X^n;Y^n)$。

(b) 证明存在某些 p 值，使得上述极限值比容量大。

(c) 利用这种反馈传输方案 $X^n(W,Y^n)=(X_1(W),Y_1,Y_2,\cdots,Y_{n-1})$，可达的渐近通信码率为多少，即 $\lim_{n\to\infty}\frac{1}{n}I(W;Y^n)$ 等于多少？

7.32 信道容量。分别求出以下信道的容量

(a) 两个并联 BSC：

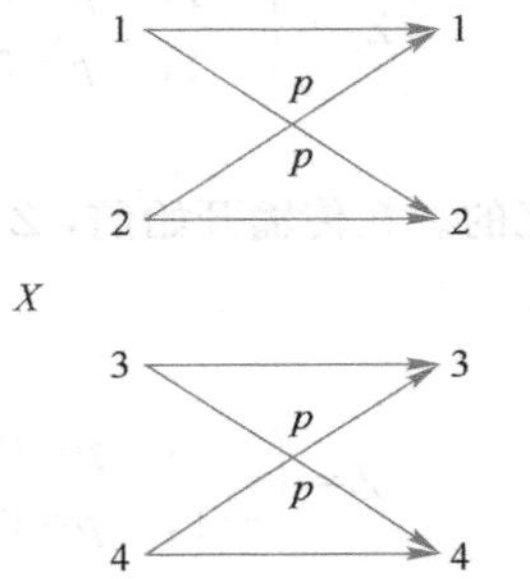

(b) BSC 与单字符信道：

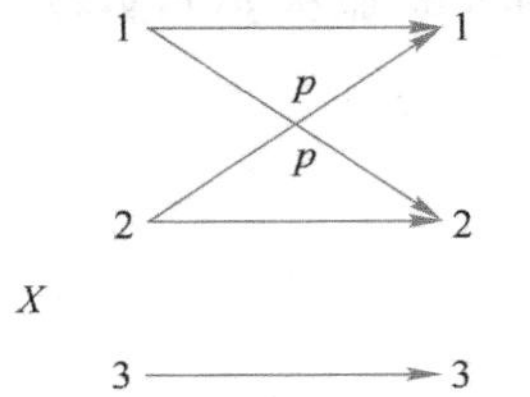

238

(c) BSC 与三元信道：

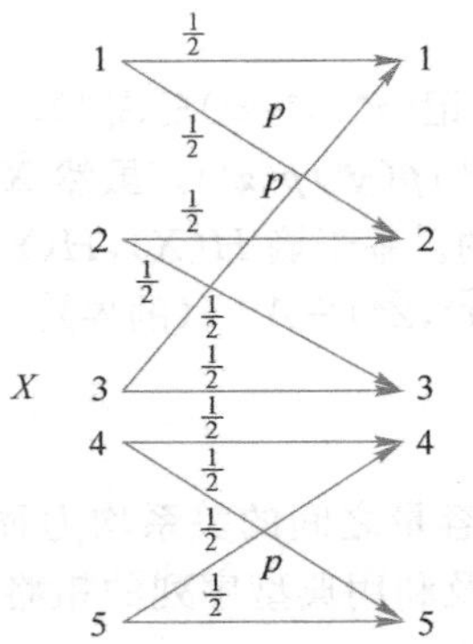

(d) 三元信道：

$$p(y|x)=\begin{bmatrix}\frac{2}{3} & \frac{1}{3} & 0\\ 0 & \frac{1}{3} & \frac{2}{3}\end{bmatrix} \tag{7-167}$$

7.33 信道容量。假定信道$\mathcal{P}$的容量为 C，其中 $\mathcal{P}$表示一个 $m\times n$ 的信道矩阵。

(a) 信道

$$\tilde{\mathcal{P}}=\begin{bmatrix}\mathcal{P} & 0\\ 0 & 1\end{bmatrix}$$

的容量为多少？

(b) 信道

$$\hat{\mathcal{P}}=\begin{bmatrix}\mathcal{P} & 0\\ 0 & I_k\end{bmatrix}$$

的容量为多少？其中 I_k 为 $k\times k$ 单位阵。

7.34 有记忆信道。考虑输入字母表为 $X_i\in\{-1,1\}$的离散无记忆信道 $Y_i=Z_iX_i$。

(a) 若$\{Z_i\}$为 i. i. d. 序列，且服从如下分布

239

$$Z_i=\begin{cases}1, & p=0.5\\ -1, & p=0.5\end{cases} \tag{7-168}$$

那么该信道的容量为多少？

现在我们考虑信道是有记忆的。在传输开始前，Z 随机选取并在任何时刻都固定。于是，$Y_i=ZX_i$。

(b) 当

$$Z=\begin{cases}1, & p=0.5\\ -1, & p=0.5\end{cases} \tag{7-169}$$

时，信道容量为多少？

7.35 联合典型性。设 (X_i,Y_i,Z_i)为 i. i. d. 服从 $p(x,y,z)$。如果

- $p(x^n)\in 2^{-n(H(X)\pm\varepsilon)}$
- $p(y^n)\in 2^{-n(H(Y)\pm\varepsilon)}$
- $p(z^n)\in 2^{-n(H(Z)\pm\varepsilon)}$
- $p(x^n,y^n)\in 2^{-n(H(X,Y)\pm\varepsilon)}$
- $p(x^n,z^n)\in 2^{-n(H(X,Z)\pm\varepsilon)}$
- $p(y^n,z^n)\in 2^{-n(H(Y,Z)\pm\varepsilon)}$
- $p(x^n,y^n,z^n)\in 2^{-n(H(X,Y,Z)\pm\varepsilon)}$

则称 (x^n,y^n,z^n)是联合典型的(记$(x^n,y^n,z^n)\in A_\varepsilon^{(n)}$)。

现在假定 $(\tilde{X}^n,\tilde{Y}^n,\tilde{Z}^n)$服从 $p(x^n)p(y^n)p(z^n)$。虽然 $\tilde{X}^n,\tilde{Y}^n,\tilde{Z}^n$ 具有与$p(x^n,y^n,z^n)$相同的边际分布，但它们是相互独立的。基于熵 $H(X),H(Y),H(Z),H(X,Y),H(X,Z),H(Y,Z)$与 $H(X,Y,Z)$，求 $\Pr\{(\tilde{X}^n,\tilde{Y}^n,\tilde{Z}^n)\in A_\varepsilon^{(n)}\}$(的界)。

历史回顾

互信息的概念以及互信息与信道容量之间的关系均为香农在其开创性论文[472]中首次提出。他给出了信道容量定理的描述以及利用典型序列的粗略证明，但思路与本章所描述的基本

相似。而该定理的初次严格证明归功于 Feinstein[205]，他利用了一种令人感到费劲的“切甜饼”的方法计算能够以低误差概率发送的码字的数目。Gallager[224]利用随机编码指数给出了一个比较简单的证明。我们的证明是基于 Cover[121]和 Forney 的没有发表的讲义[216]得出的。

费诺[201]利用冠以自己名字的不等式给出了逆定理的证明。强逆定理是由 Wolfowitz[565]首次给出证明的，他使用的技巧与典型序列非常相近。随后，Arimoto[25]和 Blahut [65]分别独立地开发出了计算信道容量的一个迭代算法。 240

零误差容量的概念是香农在[474]中提出来的，在该文章中，他还证明了反馈并不会给离散无记忆信道的信道容量带来增长。求解零误差容量问题本质上是组合学的问题，该领域中第一个重要的结果当属 Lovasz [365]。求解零误差容量的一般问题仍然没有解决，有关结果的评论可参看 Körner 和 Orlitsky[327]。

量子信息论，对应于本章中经典理论的量子力学，已经独树一帜形成了一个重大的研究领域。相关知识可以参看一篇出色的综述性文章 Bennett 和 Shor[49]，以及 Nielsen 和 Chuang 的著作 [395]。 241

第8章 微分熵

我们现在介绍微分熵的概念，它是一个连续随机变量的熵。微分熵与最短描述长度也存在着联系，并且在许多方面与离散随机变量的熵相类似。但是它们之间仍然存在一些重要的差别，所以，在使用这些概念时需要加以注意。

8.1 定义

定义 设 X 是一个随机变量，其累积分布函数为 $F(x)=\Pr(X\leqslant x)$。如果 $F(x)$ 是连续的，则称该随机变量是连续的。当 $F(x)$ 的导数存在时，令 $f(x)=F'(x)$。若 $\int_{-\infty}^{\infty} f(x)=1$，则称 $f(x)$ 是 X 的*概率密度函数*。另外，使 $f(x)>0$ 的所有 x 构成的集合称为 X 的*支撑集*(Support set)。

定义 一个以 $f(x)$ 为密度函数的连续型随机变量 X 的*微分熵*(differential entropy)$h(X)$ 定义为

$$h(X)=-\int_S f(x)\log f(x)\,\mathrm{d}x \tag{8-1}$$

其中 S 是这个随机变量的支撑集。

242~243 与离散情形一样，微分熵仅依赖于随机变量的概率密度，因此，有时候我们将微分熵写成 $h(f)$ 而不是 $h(X)$。

注释 当每次给出的例子涉及积分或者密度函数时，都应该说明它们是否存在。因为容易构造出随机变量的例子，使它的密度函数不存在，或者上述的积分不存在。

例 8.1.1（均匀分布） 考虑一个服从[0, a]上均匀分布的随机变量，它的密度函数在[0, a]上为 $1/a$，而在其他地方为 0。此时，该随机变量的微分熵是

$$h(X)=-\int_0^a \frac{1}{a}\log\frac{1}{a}\,\mathrm{d}x=\log a \tag{8-2}$$

注：当 $a<1$ 时，$\log a<0$，此时的微分熵为负。因此，与离散熵不同，微分熵可以为负值。然而，如我们所期望的那样，$2^{h(X)}=2^{\log a}=a$，这正好是支撑集的长度，所以它总是非负的。

例 8.1.2（正态分布） 设 $X\sim\phi(x)=(1/\sqrt{2\pi\sigma^2})\mathrm{e}^{-x^2/2\sigma^2}$。若以奈特(nat)为单位计算微分熵，我们有

$$h(\phi)=-\int\phi\ln\phi \tag{8-3}$$

$$=-\int\phi(x)\left[-\frac{x^2}{2\sigma^2}-\ln\sqrt{2\pi\sigma^2}\right] \tag{8-4}$$

$$=\frac{EX^2}{2\sigma^2}+\frac{1}{2}\ln 2\pi\sigma^2 \tag{8-5}$$

$$=\frac{1}{2}+\frac{1}{2}\ln 2\pi\sigma^2 \tag{8-6}$$

$$=\frac{1}{2}\ln \mathrm{e}+\frac{1}{2}\ln 2\pi\sigma^2 \tag{8-7}$$

$$=\frac{1}{2}\ln 2\pi\mathrm{e}\sigma^2 \quad \text{奈特} \tag{8-8}$$

改变对数的底，可得

$$h(\phi)=\frac{1}{2}\log 2\pi e\sigma^2 \quad 比特 \tag{8-9}$$ 244

8.2 连续随机变量的 AEP

离散随机变量熵扮演的一个重要作用体现在 AEP 中，它指出对于一个独立同分布的随机变量序列，$p(X_1,X_2,\cdots,X_n)$将以高概率接近于 $2^{-nH(X)}$。这促使我们定义典型集的概念并且将典型序列的习性特征化。

对于连续随机变量，我们依然可以这样做。

定理 8.2.1 设 $X_1,X_2,\cdots,X_n$ 是一个服从于密度函数 $f(x)$的独立同分布的随机变量序列。那么下面的极限依概率收敛。

$$-\frac{1}{n}\log f(X_1,X_2,\cdots,X_n)\to E[-\log f(X)]=h(X) \quad 依概率 \tag{8-10}$$

证明：该定理的证明可由弱大数定律定理直接推出。 □

这启发我们给出如下的典型集定义。

定义 对 $\varepsilon>0$ 及任意的 n，定义 $f(x)$的典型集 $A_\varepsilon^{(n)}$ 如下：

$$A_\varepsilon^{(n)}=\left\{(x_1,x_2,\cdots,x_n)\in S^n:\left|-\frac{1}{n}\log f(x_1,x_2,\cdots,x_n)-h(X)\right|\leqslant\varepsilon\right\} \tag{8-11}$$

其中 $f(x_1,x_2,\cdots,x_n)=\prod_{i=1}^{n}f(x_i)$。

连续随机变量的典型集的性质与离散随机变量的典型集的性质相似。只不过离散情形下典型集的情形用基数，而连续随机变量典型集的情况用体积。

定义 集合 $A\subset\mathcal{R}^n$ 的体积 Vol(A)定义为

$$\text{Vol}(A)=\int_A dx_1dx_2\cdots dx_n \tag{8-12}$$

定理 8.2.2 典型集 $A_\varepsilon^{(n)}$ 有如下的性质：

1. 对于充分大的 n，$\Pr(A_\varepsilon^{(n)})>1-\varepsilon$。
2. 对于所有的 n，$\text{Vol}(A_\varepsilon^{(n)})\leqslant 2^{n(h(X)+\varepsilon)}$。 245
3. 对于充分大的 n，$\text{Vol}(A_\varepsilon^{(n)})\geqslant(1-\varepsilon)2^{n(h(X)-\varepsilon)}$。

证明：根据 AEP(定理 8.2.1)，依概率有$-\frac{1}{n}\log f(X^n)=-\frac{1}{n}\sum\log f(x_i)\to h(X)$，故性质 1 获证。另外，

$$1=\int_{S^n}f(x_1,x_2,\cdots,x_n)dx_1dx_2\cdots dx_n \tag{8-13}$$

$$\geqslant\int_{A_\varepsilon^{(n)}}f(x_1,x_2,\cdots,x_n)dx_1dx_2\cdots dx_n \tag{8-14}$$

$$\geqslant\int_{A_\varepsilon^{(n)}}2^{-n(h(X)+\varepsilon)}dx_1dx_2\cdots dx_n \tag{8-15}$$

$$=2^{-n(h(X)+\varepsilon)}\int_{A_\varepsilon^{(n)}}dx_1dx_2\cdots dx_n \tag{8-16}$$

$$=2^{-n(h(X)+\varepsilon)}\text{Vol}(A_\varepsilon^{(n)}) \tag{8-17}$$

因此，性质 2 获证。我们进一步论证该典型集的体积至少是这么大。如果 n 足够大使得性质 1 成立，那么

$$1-\varepsilon \leqslant \int_{A_\varepsilon^{(n)}} f(x_1,x_2,\cdots,x_n)\mathrm{d}x_1\mathrm{d}x_2\cdots\mathrm{d}x_n \tag{8-18}$$

$$\leqslant \int_{A_\varepsilon^{(n)}} 2^{-n(h(X)-\varepsilon)}\mathrm{d}x_1\mathrm{d}x_2\cdots\mathrm{d}x_n \tag{8-19}$$

$$= 2^{-n(h(X)-\varepsilon)}\int_{A_\varepsilon^{(n)}} \mathrm{d}x_1\mathrm{d}x_2\cdots\mathrm{d}x_n \tag{8-20}$$

$$=2^{-n(h(X)-\varepsilon)}\mathrm{Vol}(A_\varepsilon^{(n)}) \tag{8-21}$$

故性质 3 获证。因此，对充分大的 n，有

$$(1-\varepsilon)2^{n(h(X)-\varepsilon)}\leqslant \mathrm{Vol}(A_\varepsilon^{(n)})\leqslant 2^{n(h(X)+\varepsilon)} \tag{8-22}$$ □

定理 8.2.3 在一阶指数意义下，在所有概率$\geqslant 1-\varepsilon$的集合中，$A_\varepsilon^{(n)}$ 是体积最小者。

证明：具体证明过程与离散情形相同。 □

该定理表明拥有大部分概率的最小集合的体积大约为 2^{nh}。这是 n 维正方体，因而，对应的边
246 长为$(2^{nh})^{1/n}=2^h$。这给微分熵概念提供了一个解释：熵就是拥有大部分概率的最小集的边长的对数值。因此，较低的熵意味着随机变量被限于一个狭小的有效正方体内，而较高的熵意味着该随机变量是高度分散的。

注意：正如熵与典型集的体积相关一样，另有一个称为费希尔信息(Fisher information)的量正好与典型集的表面积相关。我们将于 11.10 节和 17.8 节详细讨论。

8.3 微分熵与离散熵的关系

考虑图 8-1 中所示的一个密度函数为 $f(x)$ 的随机变量 X。假定将 X 的定义域等长度分割成长度为 Δ 的若干小区间，并且假定密度函数在这些小区间内是连续的。由中值定理可知，在每个小区间内存在一个值 x_i 使得

$$f(x_i)\Delta=\int_{i\Delta}^{(i+1)\Delta} f(x)\mathrm{d}x \tag{8-23}$$

考虑量化后的随机变量 X^Δ，其定义是

247 $$X^\Delta=x_i \quad 当\ i\Delta\leqslant X<(i+1)\Delta \tag{8-24}$$

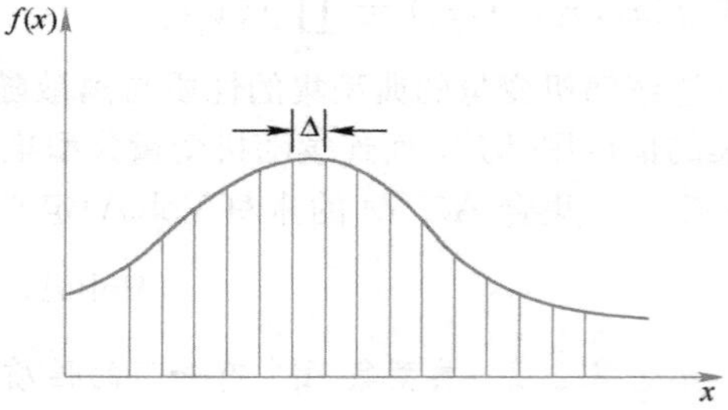

图 8-1 连续随机变量的量化

则 $X^\Delta=x_i$ 的概率为

$$p_i=\int_{i\Delta}^{(i+1)\Delta} f(x)\mathrm{d}x=f(x_i)\Delta \tag{8-25}$$

由于$\sum f(x_i)\Delta=\int f(x)=1$，所以，量化后的随机变量 X^Δ 的熵为

$$H(X^\Delta)=-\sum_{-\infty}^{\infty} p_i\log p_i \tag{8-26}$$

$$=-\sum_{-\infty}^{\infty} f(x_i)\Delta\log(f(x_i)\Delta) \tag{8-27}$$

$$=-\sum\Delta f(x_i)\log f(x_i)-\sum f(x_i)\Delta\log\Delta \tag{8-28}$$

$$=-\sum\Delta f(x_i)\log f(x_i)-\log\Delta \tag{8-29}$$

如果 $f(x)\log f(x)$是黎曼(Riemann)可积的(确保上述极限存在的一个条件[556])，则根据黎曼可积的定义 $\Delta\to 0$ 时，式(8-29)中的第一项趋近于$-f(x)\log f(x)$的积分。综上所述，得到如下定理。

定理 8.3.1 如果随机变量 X 的密度函数 $f(x)$ 是黎曼可积的，那么

$$H(X^{\Delta})+\log\Delta \to h(f)=h(X),\text{当 } \Delta\to 0 \tag{8-30}$$

于是，连续随机变量 X 经过 n 比特量化处理(此时分割的小区间长度为 $\frac{1}{2^n}$。——译者注)后的熵大约为 $h(X)+n$。

例 8.3.1

1. 如果 X 服从 $[0,1]$ 上的均匀分布，取 $\Delta=2^{-n}$，则 $h=0, H(X^{\Delta})=n$，于是，在精确到 n 位的意义下，使用 n 比特足以描述 X。

2. 如果 X 服从 $\left[0,\frac{1}{8}\right]$ 上的均匀分布，那么在二进制表示中，X 取值的小数点右边的前 3 位必定为 0。因而，在精确到 n 位的意义下，描述 X 仅需 $n-3$ 比特，这与 $h(X)=n-3$ 相一致。

3. 如果 $X\sim\mathcal{N}(0,\sigma^2)$ 且 $\sigma^2=100$，那么，在精确到 n 位的意义下，描述 X 需要的平均长度为 248
$n+\frac{1}{2}\log(2\pi e\sigma^2)=n+5.37$ 比特。

一般来讲，在精确到 n 位的意义下，$h(X)+n$ 是为了描述 X 所需要的平均比特数。

一个离散随机变量的微分熵可以看成 $-\infty$。注意到 $2^{-\infty}=0$，这与离散随机变量支撑集的体积为零的思想相一致。

8.4 联合微分熵与条件微分熵

与离散情形相同，可以将单个随机变量的微分熵的定义推广到多个随机变量的情形。

定义 联合密度函数为 $f(x_1,x_2,\cdots,x_n)$ 的一组随机变量 $X_1,X_2,\cdots,X_n$ 的联合微分熵定义为

$$h(X_1,X_2,\cdots,X_n)=-\int f(x^n)\log f(x^n)\mathrm{d}x^n \tag{8-31}$$

定义 如果 X,Y 的联合密度函数为 $f(x,y)$，定义条件微分熵 $h(X|Y)$ 为

$$h(X\mid Y)=-\int f(x,y)\log f(x\mid y)\mathrm{d}x\mathrm{d}y \tag{8-32}$$

由于通常 $f(x|y)=f(x,y)/f(y)$，所以，可以改写为

$$h(X|Y)=h(X,Y)-h(Y) \tag{8-33}$$

但我们必须注意是否有微分熵为无穷。

下面的关于熵的估计在本书中经常用到。

定理 8.4.1(多元正态分布的熵) 设 $X_1,X_2,\cdots,X_n$ 服从均值为 μ，协方差矩阵为 K 的多元正态分布，(使用 $\mathcal{N}_n(\mu,K)$ 或 $\mathcal{N}(\mu,K)$ 来记该分布。——译者注)则

$$h(X_1,X_2,\cdots,X_n)=h(\mathcal{N}_n(\mu,K))=\frac{1}{2}\log(2\pi e)^n|K| \quad \text{比特} \tag{8-34}$$ 249

其中 $|K|$ 表示 K 的行列式。

证明：$X_1,X_2,\cdots,X_n$ 的联合概率密度函数为

$$f(\boldsymbol{x})=\frac{1}{(\sqrt{2\pi})^n|K|^{\frac{1}{2}}}e^{-\frac{1}{2}(\boldsymbol{x}-\mu)^T K^{-1}(\boldsymbol{x}-\mu)} \tag{8-35}$$

则

$$h(f)=-\int f(\boldsymbol{x})\left[-\frac{1}{2}(\boldsymbol{x}-\mu)^T K^{-1}(\boldsymbol{x}-\mu)-\ln(\sqrt{2\pi})^n\mid K\mid^{\frac{1}{2}}\right]\mathrm{d}\boldsymbol{x} \tag{8-36}$$

$$= \frac{1}{2}E\Big[\sum_{i,j}(X_i-\mu_i)(K^{-1})_{ij}(X_j-\mu_j)\Big]+\frac{1}{2}\ln(2\pi)^n\ |K| \tag{8-37}$$

$$= \frac{1}{2}E\Big[\sum_{i,j}(X_i-\mu_i)(X_j-\mu_j)(K^{-1})_{ij}\Big]+\frac{1}{2}\ln(2\pi)^n\ |K| \tag{8-38}$$

$$= \frac{1}{2}\sum_{i,j}E[(X_j-\mu_j)(X_i-\mu_i)](K^{-1})_{ij}+\frac{1}{2}\ln(2\pi)^n\ |K| \tag{8-39}$$

$$= \frac{1}{2}\sum_j\sum_i K_{ji}(K^{-1})_{ij}+\frac{1}{2}\ln(2\pi)^n\ |K| \tag{8-40}$$

$$= \frac{1}{2}\sum_j (KK^{-1})_{jj}+\frac{1}{2}\ln(2\pi)^n\ |K| \tag{8-41}$$

$$= \frac{1}{2}\sum_j I_{jj}+\frac{1}{2}\ln(2\pi)^n\ |K| \tag{8-42}$$

$$= \frac{n}{2}+\frac{1}{2}\ln(2\pi)^n\ |K| \tag{8-43}$$

$$= \frac{1}{2}\ln(2\pi e)^n\ |K| \quad \text{奈特} \tag{8-44}$$

$$= \frac{1}{2}\log(2\pi e)^n |K| \quad \text{比特} \tag{8-45}$$ □

8.5 相对熵与互信息

250 现在将两个熟悉的量 $D(f\|g)$和 $I(X;Y)$的定义推广到连续型随机变量的概率密度上。

定义 两个密度函数 f 和 g 之间的相对熵(或 Kullback-Leibler 距离)$D(f\|g)$定义为

$$D(f\|g)=\int f\log\frac{f}{g} \tag{8-46}$$

注意到只有当 f 的支撑集包含在 g 的支撑集中时，$D(f\|g)$才是有限的。(受连续性的启发，我们令 $0\log\frac{0}{0}=0$。)

定义 联合密度函数为 $f(x,y)$的两个随机变量间的互信息 $I(X;Y)$定义为

$$I(X;Y)=\int f(x,y)\log\frac{f(x,y)}{f(x)f(y)}\mathrm{d}x\mathrm{d}y \tag{8-47}$$

由定义，显然有

$$I(X;Y)=h(X)-h(X|Y)=h(Y)-h(Y|X)=h(X)+h(Y)-h(X,Y) \tag{8-48}$$

和

$$I(X;Y)=D(f(x,y)\|f(x)f(y)) \tag{8-49}$$

$D(f\|g)$和 $I(X;Y)$具有与离散情形时相同的性质。特别地，两个随机变量间的互信息是经过量化处理后的随机变量间的互信息的极限，这是由于

$$I(X^\Delta;Y^\Delta)=H(X^\Delta)-H(X^\Delta|Y^\Delta) \tag{8-50}$$

$$\approx h(X)-\log\Delta-(h(X|Y)-\log\Delta) \tag{8-51}$$

$$=I(X;Y) \tag{8-52}$$

更一般地，我们可以从随机变量的值域的有限分割的角度来定义互信息。设$\mathcal{X}$为随机变量 X 的值域，$\mathcal{P}$为$\mathcal{X}$的一个分割是指存在有限个不相交的集合 P_i 使得$\cup_i P_i=\mathcal{X}$。X 关于$\mathcal{P}$的量化(记为$[X]_\mathcal{P}$)是定义如下的离散随机变量：

$$\Pr([X]_\mathcal{P}=i)=\Pr(X\in P_i)=\int_{P_i}\mathrm{d}F(x) \tag{8-53}$$

对于任何两个分割分别为$\mathcal{P}$与$\mathcal{Q}$的随机变量 X 与 Y，可以利用式(2-28)来计算它们对应的量化随

机变量的互信息。于是，对于任意成对的随机变量，其互信息可以定义如下 251

定义 任何随机变量 X 与 Y 间的互信息如下

$$I(X;Y)=\sup_{\mathcal{P},\mathcal{Q}} I([X]_{\mathcal{P}};[Y]_{\mathcal{Q}}) \tag{8-54}$$

其中上确界遍历所有可能的有限分割$\mathcal{P}$与$\mathcal{Q}$。

这是定义互信息非常明智的方式，也适应于含有原子的联合分布，密度函数和奇异部分。更进一步，如果不停地加细划分$\mathcal{P}$与$\mathcal{Q}$，那么可以获得一个单增序列 $I([X]_{\mathcal{P}},[Y]_{\mathcal{Q}})\nearrow I$。

类似于式(8-52)的讨论，可以证明如此定义的互信息对于具有相同密度函数的两个连续型随机变量而言，正好与式(8-47)等价。而对于离散型随机变量来说，正好与式(2-28)等价。

例 8.5.1（两个相关系数为 ρ 的相关高斯随机变量之间的互信息） 令(X,Y)服从$\mathcal{N}(0,K)$，其中，

$$K=\begin{bmatrix}\sigma^2 & \rho\sigma^2\\ \rho\sigma^2 & \sigma^2\end{bmatrix} \tag{8-55}$$

那么，$h(X)=h(Y)=\frac{1}{2}\log(2\pi e)\sigma^2$，而 $h(X,Y)=\frac{1}{2}\log(2\pi e)^2|K|=\frac{1}{2}\log(2\pi e)^2\sigma^4(1-\rho^2)$。

因此，

$$I(X;Y)=h(X)+h(Y)-h(X,Y)=-\frac{1}{2}\log(1-\rho^2) \tag{8-56}$$

所以，当 $\rho=0$ 时，X 与 Y 相互独立以及互信息为 0。当 $\rho=\pm 1$ 时，X 与 Y 完全相关且互信息为无穷大。

8.6 微分熵、相对熵以及互信息的性质

定理 8.6.1

$$D(f\|g)\geqslant 0 \tag{8-57}$$

当且仅当 $f=g$，几乎处处(a.e.)等号成立。

证明：设 f 的支撑集为 S。则

$$-D(f\|g)=\int_S f\log\frac{g}{f} \tag{8-58}$$

$$\leqslant \log\int_S f\frac{g}{f}\quad（由 Jensen 不等式） \tag{8-59}$$ 252

$$=\log\int_S g \tag{8-60}$$

$$\leqslant \log 1=0 \tag{8-61}$$

当且仅当 Jensen 不等式中的等号成立，即当且仅当 $f=g$ a.e. 等号成立。 □

推论 $I(X;Y)\geqslant 0$，当且仅当 X 与 Y 相互独立等号成立。

推论 $h(X|Y)\leqslant h(X)$，当且仅当 X 与 Y 相互独立等号成立。

定理 8.6.2（微分熵的链式规则）

$$h(X_1,X_2,\cdots,X_n)=\sum_{i=1}^{n} h(X_i\mid X_1,X_2,\cdots,X_{i-1}) \tag{8-62}$$

证明：可由定义直接得到。 □

推论

$$h(X_1,X_2,\cdots,X_n)\leqslant\sum h(X_i) \tag{8-63}$$

当且仅当 $X_1,X_2,\cdots,X_n$ 相互独立等号成立。

证明：可由定理 8.6.2 和定理 8.6.1 的推论直接得到。 □

应用(阿达玛(Hadamard)不等式) 设 $\boldsymbol{X}\sim\mathcal{N}(0,K)$ 是一个多元正态分布，那么将熵的定义公式代入上面的不等式中，我们就可以得到

$$|K|\leqslant\prod_{i=1}^{n}K_{ii} \tag{8-64}$$

此即为阿达玛不等式。许多有关行列式的不等式可以由信息论中的不等式通过这种方式推导而得到(见第 17 章)。

定理 8.6.3

$$h(X+c)=h(X) \tag{8-65}$$

平移变换不会改变微分熵。

253 证明：可由微分熵的定义直接得到。 □

定理 8.6.4

$$h(aX)=h(X)+\log|a| \tag{8-66}$$

证明：令 $Y=aX$。则 $f_Y(y)=\frac{1}{|a|}f_X\left(\frac{y}{a}\right)$，且经过积分变量替换，有

$$h(aX)=-\int f_Y(y)\log f_Y(y)\mathrm{d}y \tag{8-67}$$

$$=-\int\frac{1}{|a|}f_X\left(\frac{y}{a}\right)\log\left(\frac{1}{|a|}f_X\left(\frac{y}{a}\right)\right)\mathrm{d}y \tag{8-68}$$

$$=-\int f_X(x)\log f_X(x)\mathrm{d}x+\log|a| \tag{8-69}$$

$$=h(X)+\log|a| \tag{8-70}$$ □

类似地，对于取值为向量的随机变量，可以证明下面的推论。

推论

$$h(A\boldsymbol{X})=h(\boldsymbol{X})+\log|\det(A)| \tag{8-71}$$

我们现在将证明在具有相同协方差阵的所有随机向量中，多元正态分布使熵达到最大。

定理 8.6.5 设随机向量 $\boldsymbol{X}\in\boldsymbol{R}^n$ 的均值为零，协方差矩阵为 $K=E\boldsymbol{XX}^t$(即 $K_{ij}=EX_iX_j,1\leqslant i,j\leqslant n$)，则 $h(\boldsymbol{X})\leqslant\frac{1}{2}\log(2\pi\mathrm{e})^n|K|$，当且仅当 $\boldsymbol{X}\sim\mathcal{N}(0,K)$ 等号成立。

证明：设 $g(\boldsymbol{x})$ 是对任意的 i 和 j 均满足 $\int g(\boldsymbol{x})x_ix_j\,\mathrm{d}\boldsymbol{x}=K_{ij}$ 的密度函数。令 ϕ_K 是服从如式(8-35)中所给出的 $\mathcal{N}(0,K)$ 随机向量的密度函数，这里令 $\mu=0$。注意到 $\log\phi_K(\boldsymbol{x})$ 是一个二次型，并且 $\int x_ix_j\phi_K(\boldsymbol{x})\mathrm{d}\boldsymbol{x}=K_{ij}$，则

$$0\leqslant D(g\,\|\,\phi_K) \tag{8-72}$$

$$=\int g\log(g/\phi_K) \tag{8-73}$$

254

$$=-h(g)-\int g\log\phi_K \tag{8-74}$$

$$=-h(g)-\int\phi_K\log\phi_K \tag{8-75}$$

$$=-h(g)+h(\phi_K) \tag{8-76}$$

其中所作的替换 $\int g\log\phi_K=\int\phi_K\log\phi_K$ 是由于二次型 $\log\phi_K(\boldsymbol{x})$ 关于 g 和 ϕ_K 具有相同的矩。 □

特别，在所有具有相同方差的分布中，高斯分布使得熵最大化。这就可引出一个与费诺不等

式极其相似的估计。设随机变量 X 的微分熵为 $h(X)$，$\hat{X}$ 为 X 的估计，$E(X-\hat{X})^2$ 表示期望预测误差。以下 $h(X)$ 的量纲为奈特。

定理 8.6.6（估计误差与微分熵） 对任意随机变量 X 及其估计 $\hat{X}$，

$$E(X-\hat{X})^2 \geqslant \frac{1}{2\pi e} e^{2h(X)}$$

其中等号成立的充分必要条件是 X 为高斯分布而 $\hat{X}$ 为其均值。

证明：令 $\hat{X}$ 为 X 的一个估计，此时

$$E(X-\hat{X})^2 \geqslant \min_{\hat{X}} E(X-\hat{X})^2 \tag{8-77}$$

$$= E(X-E(X))^2 \tag{8-78}$$

$$= var(X) \tag{8-79}$$

$$\geqslant \frac{1}{2\pi e} e^{2h(X)} \tag{8-80}$$

其中，式(8-77)成立是因为 X 的均值是最佳估计，而最后一个不等式是由于高斯分布在给定方差的条件下具有最大熵。所以，式(8-77)变成等式仅当 $\hat{X}=E(X)$ 是最佳估计而式(8-80)变成等式仅当 X 是高斯分布。 □

推论 当边信息 Y 以及估计 $\hat{X}(Y)$ 已知时，可以推出 255

$$E(X-\hat{X}(Y))^2 \geqslant \frac{1}{2\pi e} e^{2h(X|Y)}$$

要点

$$h(X) = h(f) = -\int_S f(x)\log f(x)\,dx \tag{8-81}$$

$$f(X^n) \doteq 2^{-nh(X)} \tag{8-82}$$

$$\mathrm{Vol}(A_\epsilon^{(n)}) \doteq 2^{nh(X)} \tag{8-83}$$

$$H([X]_{2^{-n}}) \approx h(X)+n \tag{8-84}$$

$$h(\mathcal{N}(0,\sigma^2)) = \frac{1}{2}\log 2\pi e\sigma^2 \tag{8-85}$$

$$h(\mathcal{N}_n(\mu,K)) = \frac{1}{2}\log(2\pi e)^n|K| \tag{8-86}$$

$$D(f\parallel g) = \int f\log\frac{f}{g} \geqslant 0 \tag{8-87}$$

$$h(X_1,X_2,\cdots,X_n) = \sum_{i=1}^{n} h(X_i \mid X_1,X_2,\cdots,X_{i-1}) \tag{8-88}$$

$$h(X|Y) \leqslant h(X) \tag{8-89}$$

$$h(aX) = h(X)+\log|a| \tag{8-90}$$

$$I(X;Y) = \int f(x,y)\log\frac{f(x,y)}{f(x)f(y)} \geqslant 0 \tag{8-91}$$

$$\max_{EXX^t=K} h(\mathbf{X}) = \frac{1}{2}\log(2\pi e)^n|K| \tag{8-92}$$

$$E(X-\hat{X}(Y))^2 \geqslant \frac{1}{2\pi e} e^{2h(X|Y)}$$

$2^{nH(X)}$ 是一个离散随机变量的有效的字母表大小。

$2^{nh(X)}$ 是一个连续随机变量的有效的支撑集大小。
2^C 是一个容量为 C 的信道的有效的字母表大小。

习题

8.1 微分熵。计算下列各密度函数的微分熵 $h(X)=-\int f\ln f$：

256 (a) 指数密度函数 $f(x)=\lambda e^{-\lambda x}, x\geqslant 0$ 。

(b) 拉普拉斯密度函数 $f(x)=\frac{1}{2}\lambda e^{-\lambda|x|}$ 。

(c) X_1 与 X_2 的和的密度函数，其中 X_1 与 X_2 是独立的正态分布，均值为 μ_i，方差为 $\sigma_i^2, i=1,2$。

8.2 行列式的凹性。设 K_1 和 K_2 为两个 $n\times n$ 对称非负定矩阵。证明下列由樊畿(Ky Fan)[199]给出的结果：

$$|\lambda K_1+\bar{\lambda}K_2|\geqslant|K_1|^{\lambda}|K_2|^{\bar{\lambda}}, \text{对于 } 0\leqslant\lambda\leqslant 1, \bar{\lambda}=1-\lambda$$

其中 $|K|$ 表示 K 的行列式。[提示：先假设 $\boldsymbol{X}_1\sim N(0,K_1)$，$\boldsymbol{X}_2\sim N(0,K_2)$，以及 $\theta=$Bernoulli(λ)，令 $\boldsymbol{Z}=\boldsymbol{X}_\theta$，然后利用结论 $h(\boldsymbol{Z}|\theta)\leqslant h(\boldsymbol{Z})$。]

8.3 均匀分布噪声。设一个信道的输入随机变量 X 服从区间 $-1/2\leqslant x\leqslant 1/2$ 上的均匀分布，而信道的输出信号为 $Y=X+Z$，其中 Z 是噪声随机变量，服从区间 $-a/2\leqslant z\leqslant a/2$ 上的均匀分布。

(a) 求 $I(X;Y)$ 作为 a 的函数。

(b) 对于 $a=1$，当输入信号 X 是峰值约束的时候，即 X 的取值范围限制于 $-1/2\leqslant x\leqslant 1/2$ 时，求信道容量。为使得互信息 $I(X;Y)$ 达到最大值，X 应该服从什么概率分布？

(c)（选做）当 a 的取值没有限制时，求信道容量。这里仍然假定 X 的范围限制于 $-1/2\leqslant x\leqslant 1/2$。

8.4 量化的随机变量。已知镭元素的半衰期为 80 年，我们欲描述镭原子的衰变时间（以年计算），如果精确到 3 位数字，这样的描述平均大概需要多少比特？注意半衰期就是分布的中位数。

8.5 尺度性质。设 $h(\boldsymbol{X})=-\int f(\boldsymbol{x})\log f(\boldsymbol{x})\mathrm{d}\boldsymbol{x}$，证明 $h(A\boldsymbol{X})=\log|\det(A)|+h(\boldsymbol{X})$。

8.6 变分不等式。对于正随机变量 X，验证

$$\log E_P(X)=\sup_Q[E_Q(\log X)-D(Q\|P)] \tag{8-93}$$

其中 $E_P(X)=\sum_x xP(x)$ 以及 $D(Q\|P)=\sum_x Q(x)\log\frac{Q(x)}{P(x)}$，并且上确界是取遍所有 $Q(x)\geqslant 0$，$\sum_x Q(x)=1$。使得 $J(Q)=E_Q(\ln X)-D(Q\|P)+\lambda(\sum_x Q(x)-1)$ 极端化的

257 Q 就足够了。

8.7 微分熵界定离散熵。令 X 为集合 $\mathcal{X}=\{a_1,a_2,\cdots\}$ 上的离散随机变量，$\Pr(X=a_i)=p_i$。证明

$$H(p_1,p_2,\cdots)\leqslant\frac{1}{2}\log(2\pi e)\Big(\sum_{i=1}^{\infty}p_i i^2-\big(\sum_{i=1}^{\infty}ip_i\big)^2+\frac{1}{12}\Big) \tag{8-94}$$

更进一步，对于任何置换 σ，

$$H(p_1,p_2,\cdots)\leqslant\frac{1}{2}\log(2\pi e)\Big(\sum_{i=1}^{\infty}p_{\sigma(i)} i^2-\big(\sum_{i=1}^{\infty}ip_{\sigma(i)}\big)^2+\frac{1}{12}\Big) \tag{8-95}$$

（提示：构造一个随机变量 X'，使得 $\Pr(X'=i)=p_i$。令 U 为(0，1]上的均匀分布随机变量，再令 $Y=X'+U$，其中 X' 与 U 相互独立。利用最大熵界定 Y 来获得该问题的两个界。该界归功于 Massey 与 Williams 的未发表的文章。）

8.8 有均匀干扰噪声的信道。设一个可加信道的输入字母表 $\mathcal{X}=\{0,\pm1,\pm2\}$ 而输出为 $Y=X+Z$，其中，Z 是区间$[-1,1]$上的均匀分布。于是，信道的输入是一个离散的随机变量，否则输出是连续型的。计算该信道的容量 $C=\max_{p(x)} I(X,Y)$。

8.9 高斯互信息。假设(X,Y,Z)是联合高斯分布，并且 $X\to Y\to Z$ 构成一个马尔可夫链。令(X,Y)与(Y,Z)的相关系数分别为 ρ_1 与 ρ_2。求 $I(X;Z)$。

8.10 典型集的形态。令 X_i 为服从 $f(x)$的独立同分布序列，其中

$$f(x)=c\mathrm{e}^{-x^4}$$

令 $h=-\int f\ln f$。描述典型集 $A_\varepsilon^{(n)}=\{x^n\in\mathcal{R}^n: f(x^n)\in 2^{-n(h\pm\varepsilon)}\}$的形态。

8.11 非遍历高斯过程。考虑在具有独立同分布白噪声$\{Z_i\}$干扰背景的信道中的一个常信号 V。于是，$X_i=V+Z_i$ 为接收信号。假定 V 与$\{Z_i\}$独立，那么考虑下列问题： 258

(a) $\{X_i\}$平稳吗？

(b) 求极限 $\lim_{n\to\infty}\frac{1}{n}\sum_{i=1}^{n}X_i$。它是随机的吗？

(c) $\{X_i\}$的熵率 h 是多少？

(d) 求它的最小均方误差估计 $\hat{X}_{n+1}(X^n)$，并求出 $\sigma_\infty^2=\lim_{n\to\infty}E(\hat{X}_n-X_n)^2$。

(e) $\{X_i\}$有没有 AEP？即 $-\frac{1}{n}\log f(X^n)\to h$ 成立吗？

历史回顾

香农在他的原创性论文[472]中对微分熵与离散熵进行了介绍。关于任意随机变量的相对熵和互信息的一般化的严格定义，是由科尔莫戈罗夫[319]和 Pinsker [425]发展的，他们将互信息定义成 $\sup_{\mathcal{P},\mathcal{Q}} I([X]_{\mathcal{P}};[Y]_{\mathcal{Q}})$，其中的上确界是关于所有有限的分割$\mathcal{P}$和$\mathcal{Q}$取得的。 259

第 9 章

高斯信道

最重要的连续字母表信道是如图 9-1 中所描述的高斯信道。它是一个时间离散信道，在时刻 i，输出信号是输入信号 X_i 与噪声 Z_i 之和 Y_i，其中 Z_i 为独立同分布序列且服从方差为 N 的高斯分布。于是，

$$Y_i = X_i + Z_i, \qquad Z_i \sim \mathcal{N}(0, N) \tag{9-1}$$

假设噪声 Z_i 与信号 X_i 相互独立。该信道是对于许多普通的通信信道的概括，比如有线与无线电话信道和卫星链接信道。若无进一步的条件限制，该信道的容量可以为无穷。如果噪声的方差为零，接收者可以完全无误地收到每一个被传输的字符。由于 X 可以取任意实值，所以这个信道可以准确无误地传输任何一个实数。

如果噪声方差不为 0 且对输入信号没有限制，可以选择输入信号的一个任意分散的无穷子集，使得我们可以在输出端口以任意小的误差概率识别它们。该方案也具有无穷的容量。于是，如果噪声方差为 0 或者对输入信号没有限制，则信道的容量为无穷。

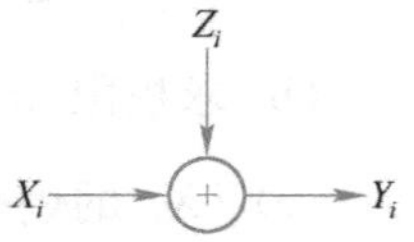

图 9-1　高斯信道

对输入最通常的限制是在能量或者功率方面的约束。假定对于平均功率的约束，即对于在信道上传输的任意码字 $(x_1, x_2, \cdots, x_n)$，我们要求

260~261

$$\frac{1}{n}\sum_{i=1}^{n} x_i^2 \leqslant P \tag{9-2}$$

这样的通信信道模拟许多实际的信道，包括无线电和卫星通信。信道中的可加噪声可能源于各种各样的因素。然而，根据中心极限定理可知，大量的小随机事件的累积效果渐近于正态分布，所以在许多情形下高斯假设都是有效的。

首先分析一个简单的次优方法来使用该信道。假定使用该信道一次发送 1 比特消息。在额定功率限制下，最佳方案是发送 $+\sqrt{P}$ 和 $-\sqrt{P}$ 之中的一个。接收者根据接收到的 Y 来揣测发送的是两个中哪一个。假定二者是等可能的(若我们想发送 1 比特的消息，这恰好相符)，则最优的译码规则为：当 $Y>0$ 时认为发送的是 $+\sqrt{P}$，而当 $Y<0$ 时认为发送的是 $-\sqrt{P}$。此译码方案的误差概率是

$$P_e = \frac{1}{2}\Pr(Y<0 \mid X=+\sqrt{P}) + \frac{1}{2}\Pr(Y>0 \mid X=-\sqrt{P}) \tag{9-3}$$

$$= \frac{1}{2}\Pr(Z<-\sqrt{P} \mid X=+\sqrt{P}) + \frac{1}{2}\Pr(Z>\sqrt{P} \mid X=-\sqrt{P}) \tag{9-4}$$

$$= \Pr(Z>\sqrt{P}) \tag{9-5}$$

$$= 1-\Phi(\sqrt{P/N}) \tag{9-6}$$

其中 $\Phi(x)$ 是累积正态分布函数

$$\Phi(x) = \int_{-\infty}^{x} \frac{1}{\sqrt{2\pi}} \mathrm{e}^{\frac{-t^2}{2}} \mathrm{d}t \tag{9-7}$$

262 若使用如此的方案，将一个高斯信道转换成一个交叉概率为 P_e 的离散二元对称信道。类似地，如果使用四输入信号，可将高斯信道转换成一个离散四元输入信道。在一些实际的调制方案中，

类似的思想也应用于将连续信道转换为离散信道的情况。离散信道的主要优点是易于对输出符号做纠错处理，但是在量化的过程中某些信息会丢失。

9.1 高斯信道：定义

我们现在定义信道的(信息)容量，它是输入和输出之间的互信息关于满足功率限制的所有输入分布的最大值。

定义 功率限制为 P 的高斯信道的信息容量为

$$C=\max_{f(x):EX^2\leqslant P} I(X;Y) \tag{9-8}$$

计算该信息容量的方法如下：将 $I(X;Y)$ 展开，由于 Z 与 X 相互独立，我们可得

$$I(X;Y)=h(Y)-h(Y\mid X) \tag{9-9}$$
$$=h(Y)-h(X+Z\mid X) \tag{9-10}$$
$$=h(Y)-h(Z\mid X) \tag{9-11}$$
$$=h(Y)-h(Z) \tag{9-12}$$

此时，$h(Z)=\frac{1}{2}\log 2\pi eN$。又由于 X 与 Z 独立以及 $E\,Z=0$，所以

$$EY^2=E(X+Z)^2=EX^2+2EXEZ+EZ^2=P+N \tag{9-13}$$

假设给定 $EY^2=P+N$，则由定理 8.6.5(在给定方差下，正态分布使熵达到最大)可知，Y 的熵的上界为 $\frac{1}{2}\log 2\pi e(P+N)$。

利用上述结果可以获得关于互信息的上界，我们得到

$$I(X;Y)=h(Y)-h(Z) \tag{9-14}$$
$$\leqslant\frac{1}{2}\log 2\pi e(P+N)-\frac{1}{2}\log 2\pi eN \tag{9-15}$$
$$=\frac{1}{2}\log\left(1+\frac{P}{N}\right) \tag{9-16}$$ 263

因此，高斯信道的信息容量为

$$C=\max_{EX^2\leqslant P} I(X;Y)=\frac{1}{2}\log\left(1+\frac{P}{N}\right) \tag{9-17}$$

并且最大值在 $X\sim\mathcal{N}(0,P)$ 时达到。

下面将证明这个容量也等于该信道的所有可达码率的上确界。证明过程与离散信道情形相类似。首先给出相应的定义。

定义 一个功率限制为 P 的高斯信道所对应的 (M,n) 码由以下几个要素构成：

1. 下标集 $\{1,2,\cdots,M\}$。
2. 编码函数 $x:\{1,2,\cdots,M\}\to\mathcal{X}^n$，其相应的码字为 $x^n(1),x^n(2),\cdots,x^n(M)$，且满足功率限制 P，即对每个码字

$$\sum_{i=1}^{n}x_i^2(w)\leqslant nP,\quad w=1,2,\cdots,M \tag{9-18}$$

3. 译码函数

$$g:\mathcal{Y}^n\to\{1,2,\cdots,M\} \tag{9-19}$$

该编码的码率和误差概率的定义与第 7 章中离散情形相同。误差概率的算术平均定义为

$$P_e^{(n)}=\frac{1}{2^{nR}}\sum\lambda_i \tag{9-20}$$

定义 对于一个功率限制为 P 的高斯信道，如果存在码字满足功率限制的一个 $(2^{nR},n)$ 码序

列，使得最大误差概率 $\lambda^n \to 0$，则称码率 R 关于该功率限制为 P 的高斯信道是可达的。可以证明高斯信道的容量即是所有可达码率的上确界。

定理 9.1.1 一个功率限制为 P 且噪声方差为 N 的高斯信道的容量为

264

$$C = \frac{1}{2}\log\left(1+\frac{P}{N}\right) \quad 比特 / 传输 \tag{9-21}$$

注释 我们首先给出为什么能够构造出低误差概率的 $(2^{nC}, n)$ 码的直观论述。考虑长度为 n 的一个任意码字，则接收到的向量信号服从正态分布，并且其均值与真实的码字相等，方差等于噪声的方差。所以，接收到的向量将以很高的概率落在以真实的码字为中心，半径为 $\sqrt{n(N+\epsilon)}$ 的球内。如果我们将该球中的所有向量指定给这个真实的码字，则当发送该码字时，只有当接收到的向量落在该球外时，译码才会出现错误，而且发生的概率很低。

类似地，可以选择其他的码字及其对应的译码球。能够选择多少个这样的码字呢？一个 n 维球的体积公式是 $C_n r^n$，其中 r 表示球的半径。在这种情况下，每个译码球有半径 $\sqrt{nN}$。这些球遍布于接收向量空间。接收到的向量的能量不会大于 $n(P+N)$，所以它们落于半径为 $\sqrt{n(P+N)}$ 的球内。在这个体积内互不相交的译码球的最大数目不会超过

$$\frac{C_n(n(P+N))^{\frac{n}{2}}}{C_n(nN)^{\frac{n}{2}}} = 2^{\frac{n}{2}\log\left(1+\frac{P}{N}\right)} \tag{9-22}$$

265 于是，该码的码率为 $\frac{1}{2}\log\left(1+\frac{P}{N}\right)$。图 9-2 可以说明这个思想。

这个填球模型说明不能期望以高于 C 的码率而以低误差概率发送信号。然而，实际上能办到的也几乎就是下面我们能够证明的。

证明（可达性）：我们将利用与离散信道情形时的信道编码定理的相同证明思路，即随机码和联合典型性译码方案来证明可达性。然而，考虑到功率的限制以及变量为连续的而非离散的，我们必须做一定的修改。

1. 码簿的生成。我们希望生成一个所有码字都满足功率限制的码簿。为达此目的，生成的码字必须是服从于方差为 $P-\epsilon$ 的正态分布的 i. i. d. 序列。由于对充分大的 n，有 $\frac{1}{n}\sum X_i^2 \to P-\epsilon$，所以一个码字不满足功率限制的概率将会很小。令 $X_i(w), i=1,2,\cdots,n, w=1,2,\cdots,2^{nR}$ 为 i. i. d～$\mathcal{N}(0,P-\epsilon)$，形成码字 $X^n(1), X^n(2), \cdots, X^n(2^{nR}) \in \mathcal{R}^n$。

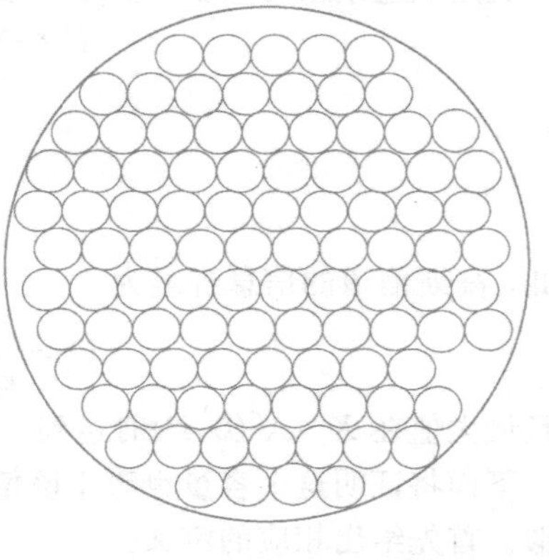

图 9-2 关于高斯信道的填球模型

2. 编码。码簿生成之后，将其告之发送者和接收者。为了发送消息下标 w，发送器则发送码簿中的第 w 个码字 $X^n(w)$。

3. 译码。接收者在码字列表 $\{X^n(w)\}$ 中寻找与接收到的向量是联合典型的码字。如果存在且仅存在一个这样的码字 $X^n(w)$，则接收者断定 $\hat{W}=X^n(w)$ 就是所传输的码字。否则，接收者断定出现错误。如果被选择的码字不满足功率限制，则接收者也断定它出现错误。

4. 误差概率。不失一般性，假定码字 1 被发送。于是，$Y^n=X^n(1)+Z^n$。定义下列事件：

$$E_0 = \left\{\frac{1}{n}\sum_{j=1}^{n} X_j^2(1) > P\right\} \tag{9-23}$$

和

$$E_i=\{(X^n(i),Y^n)\text{ 在 }A_\varepsilon^{(n)}\text{ 中}\} \tag{9-24}$$

如果 E_0 出现(违反了功率限制)，或者 E_1^C 出现(所传输的码字与接收到的序列不是联合典型的)，或者$E_2\cup E_3\cup\cdots\cup E_{2^{nR}}$ 出现(某个错误码字与接收到的序列是联合典型的)，则会出现错误。令$\mathcal{E}$代表事件 $\hat{W}\neq W$，P 表示在给定 $W=1$ 时$\mathcal{E}$的条件概率。因此，根据事件的并的概率不等式， 266

$$\Pr(\mathcal{E}\mid W=1)=P(\mathcal{E})=P(E_0\cup E_1^c\cup E_2\cup E_3\cup\cdots\cup E_{2^{nR}}) \tag{9-25}$$

$$\leqslant P(E_0)+P(E_1^c)+\sum_{i=2}^{2^{nR}}P(E_i) \tag{9-26}$$

由大数定律，当 $n\to\infty$时 $P(E_0)\to 0$。现在，根据联合 AEP(它的证明与离散情形的证明相同)，有 $P(E_1^C)\to 0$，因此

$$P(E_1^c)\leqslant\varepsilon\quad n\text{ 足够大} \tag{9-27}$$

由码的生成过程可以看出 $X^n(1)$与 $X^n(i)$是独立的，所以，Y^n 与 $X^n(i)$也是独立的。因此，根据联合 AEP，$X^n(i)$与 Y^n 为联合典型的概率$\leqslant 2^{-n(I(X;Y)-3\varepsilon)}$。

现在令 W 是$\{1, 2 ,\cdots, 2^{nR}\}$上的均匀分布，因此，

$$\Pr(\mathcal{E})=\frac{1}{2^{nR}}\sum\lambda_i=P_e^{(n)} \tag{9-28}$$

此时，对充分大的 n 和$R<I(X;Y)-3\varepsilon$，有

$$P_e^{(n)}=\Pr(\mathcal{E})=\Pr(\mathcal{E}\mid W=1) \tag{9-29}$$

$$\leqslant P(E_0)+P(E_1^c)+\sum_{i=2}^{2^{nR}}P(E_i) \tag{9-30}$$

$$\leqslant\varepsilon+\varepsilon+\sum_{i=2}^{2^{nR}}2^{-n(I(X;Y)-3\varepsilon)} \tag{9-31}$$

$$=2\varepsilon+(2^{nR}-1)2^{-n(I(X;Y)-3\varepsilon)} \tag{9-32}$$

$$\leqslant 2\varepsilon+2^{3n\varepsilon}2^{-n(I(X;Y)-R)} \tag{9-33}$$

$$\leqslant 3\varepsilon \tag{9-34}$$

267

这证明了一个好的$(2^{nR}, n)$码的存在性。

现在选择一个好的码簿，并删除其中最坏的一半码字，获得一个新的码，它具有低的最大误差概率。特别地，剩下的每一个码字都满足功率限制(这是由于不满足功率限制的码字的误差概率为 1，它必定属于码字中最坏的那一半)。因此我们已经构造出一个码，它的码率可以任意接近信道容量。至此，完成了定理前半部分的证明。在下一节中，我们证明可达码率不会超过信道容量。 □

9.2 高斯信道编码定理的逆定理

在这节中，通过证明码率 $R>C$ 是不可达的，来完成高斯信道的容量是 $C=\frac{1}{2}\log\left(1+\frac{P}{N}\right)$的证明。该证明与离散信道情形下的证明相类似。主要的区别在于引入了功率限制这个新因素。

证明(定理 9.1.1 的逆)：我们必须证明，对于功率限制为 P 的高斯信道中的一个$(2^{nR}, n)$序列，当 $P_e^{(n)}\to 0$ 时，则

$$R\leqslant C=\frac{1}{2}\log\left(1+\frac{P}{N}\right) \tag{9-35}$$

考虑满足功率限制的任意一个$(2^{nR}, n)$码，即对 $w=1, 2, \cdots, 2^{nR}$，满足

$$\frac{1}{n}\sum_{i=1}^{n}x_i^2(w)\leqslant P \tag{9-36}$$

与离散情形时对于逆定理的处理一样，令 W 为 $\{1,2,\cdots,2^{nR}\}$ 上的均匀分布。下标集 $W=\{1,2,\cdots,2^{nR}\}$ 上的均匀分布诱导出输入码字集的分布，进而诱导出输入信号字母表上的分布。这指定了关于链 $W\to X^n(W)\to Y^n\to\hat{W}$ 的一个联合分布。我们可以用费诺不等式得到

268

$$H(W\mid\hat{W})\leqslant 1+nRP_e^{(n)}=n\varepsilon_n \tag{9-37}$$

其中当 $P_e^{(n)}\to 0$ 时 $\varepsilon_n\to 0$。从而，

$$nR=H(W)=I(W;\hat{W})+H(W\mid\hat{W}) \tag{9-38}$$

$$\leqslant I(W;\hat{W})+n\varepsilon_n \tag{9-39}$$

$$\leqslant I(X^n;Y^n)+n\varepsilon_n \tag{9-40}$$

$$=h(Y^n)-h(Y^n\mid X^n)+n\varepsilon_n \tag{9-41}$$

$$=h(Y^n)-h(Z^n)+n\varepsilon_n \tag{9-42}$$

$$\leqslant\sum_{i=1}^{n}h(Y_i)-h(Z^n)+n\varepsilon_n \tag{9-43}$$

$$=\sum_{i=1}^{n}h(Y_i)-\sum_{i=1}^{n}h(Z_i)+n\varepsilon_n \tag{9-44}$$

$$=\sum_{i=1}^{n}I(X_i;Y_i)+n\varepsilon_n \tag{9-45}$$

其中 $X_i=x_i(W)$，而 W 服从于 $\{1,2,\cdots,2^{nR}\}$ 上的均匀分布。现在令 P_i 表示码簿中第 i 列的平均功率，即，

$$P_i=\frac{1}{2^{nR}}\sum_{w}x_i^2(w) \tag{9-46}$$

那么，由于 $Y_i=X_i+Z_i$ 且 X_i 与 Z_i 是相互独立的，则 Y_i 的平均功率 EY_i^2 是 P_i+N。因此，由正态分布使熵达到最大值，可得

$$h(Y_i)\leqslant\frac{1}{2}\log 2\pi e(P_i+N) \tag{9-47}$$

继续考虑相反的不等式，我们得到

$$nR\leqslant\sum(h(Y_i)-h(Z_i))+n\varepsilon_n \tag{9-48}$$

$$\leqslant\sum\left(\frac{1}{2}\log(2\pi e(P_i+N))-\frac{1}{2}\log 2\pi eN\right)+n\varepsilon_n \tag{9-49}$$

$$=\sum\frac{1}{2}\log\left(1+\frac{P_i}{N}\right)+n\varepsilon_n \tag{9-50}$$

269

由于每个码字都满足功率限制，自然它们的平均也满足功率限制，因此

$$\frac{1}{n}\sum_i P_i\leqslant P \tag{9-51}$$

由于 $f(x)=\frac{1}{2}\log(1+x)$ 是一个关于 x 的凹函数，可以应用 Jensen 不等式获得

$$\frac{1}{n}\sum_{i=1}^{n}\frac{1}{2}\log\left(1+\frac{P_i}{N}\right)\leqslant\frac{1}{2}\log\left(1+\frac{1}{n}\sum_{i=1}^{n}\frac{P_i}{N}\right) \tag{9-52}$$

$$\leqslant\frac{1}{2}\log\left(1+\frac{P}{N}\right) \tag{9-53}$$

于是，$R\leqslant\frac{1}{2}\log\left(1+\frac{P}{N}\right)+\varepsilon_n$，$\varepsilon_n\to 0$。至此，完成了所欲证明的逆命题。

注意功率限制条件是在式(9-46)中才正式进入证明过程的。

9.3 带宽有限信道

对于在无线电网络或者电话线上进行的通信来说，通用的模型是带白噪声的带宽有限信道。这是一种时间连续信道。这种信道的输出可以描述为

$$Y(t)=(X(t)+Z(t))*h(t) \tag{9-54}$$

其中 $X(t)$ 是信号的波形，$Z(t)$ 是高斯白噪声的波形，$h(t)$ 是一个理想低通滤波器的冲击响应，它的作用是将大于 W 的所有频率过滤掉。在这节中，我们给出计算这种信道容量的简化论述。

首先论述由 Nyquist [396]和香农[480]给出的表示定理，它说明了以采样频率 $\frac{1}{2W}$ 对一个带宽有限信号进行采样足以从这些样本中重构信号。直观上来看，这是由于如果一个信号的最大截频是 W，那么它在信号最大截频的半周期时间内不会发生很大的变化，也就是说，信号在小于 270
$\frac{1}{2W}$ 秒的时间间隔内不会发生很大变化。

定理 9.3.1 假定信号 $f(t)$ 的最大截频为 W，即对所有大于 W 的频率，该信号的谱为 0。那么该信号可由间隔为 $\frac{1}{2W}$ 秒的采样序列完全决定。

证明：设 $F(\omega)$ 表示 $f(t)$ 的傅里叶(Fourier)变换。由于 $F(\omega)$ 在带宽 $-2\pi W\leqslant\omega\leqslant 2\pi W$ 之外为 0，则

$$f(t)=\frac{1}{2\pi}\int_{-\infty}^{\infty}F(\omega)e^{i\omega t}\,\mathrm{d}\omega \tag{9-55}$$

$$=\frac{1}{2\pi}\int_{-2\pi W}^{2\pi W}F(\omega)e^{i\omega t}\,\mathrm{d}\omega \tag{9-56}$$

如果考虑间隔为 $\frac{1}{2W}$ 秒的采样序列，则信号在采样点的值可写为

$$f\left(\frac{n}{2W}\right)=\frac{1}{2\pi}\int_{-2\pi W}^{2\pi W}F(\omega)e^{i\omega\frac{n}{2W}}\,\mathrm{d}\omega \tag{9-57}$$

若将区间 $(-2\pi W, 2\pi W)$ 作为基本周期，上述等式右边也是信号 $F(\omega)$ 的视为以 $[-2\pi W, 2\pi W]$ 为第一主周期的周期信号的傅里叶级数展开式中的系数。因此，采样值 $f\left(\frac{n}{2W}\right)$ 决定了该傅里叶展开式的系数。由于一个函数可由它的傅里叶变换所唯一决定，并且 $F(\omega)$ 在带宽 W 之外为 0，因此，可以由采样序列来唯一决定该信号。

考虑函数

$$\mathrm{sinc}(t)=\frac{\sin(2\pi Wt)}{2\pi Wt} \tag{9-58}$$

该函数在 $t=0$ 时为 1，在 $t=n/2W$，$n\neq0$ 时为 0。这个函数的频谱在频带 $(-W, W)$ 之内为常数，在该频带之外为 0。现在定义

$$g(t)=\sum_{n=-\infty}^{\infty}f\left(\frac{n}{2W}\right)\mathrm{sinc}\left(t-\frac{n}{2W}\right) \tag{9-59}$$

由函数 sinc 的性质可知，$g(t)$ 的最大截频为 W，且在 $t=n/2W$ 时等于 $f(n/2W)$。由于满足这些 271
限制条件的信号只有一个，则必有 $g(t)=f(t)$。于是得出了 $f(t)$ 可由采样序列重构的一个显性表达式。□

一般来讲，一个信号具有无限个自由度，即信号在任意采样点的值是独立选取的。而 Nyquist-Shannon 采样定理说明一个具有最大截频的信号仅有每秒 $2W$ 个自由度。信号在采样点上的数值可以独立选取，这些特定的值就决定了整个信号。

如果一个信号是带宽有限的，那么在时间域上，它就不可能再是有限的。但是我们可以考虑这样的信号：它们的绝大部分能量都集中在带宽 W 内，且在一个有限时间区间内，例如在$(0, T)$内。我们可以用长球函数(prolate spheroidal function)组成的基底来描述这些信号。我们并不在此深入讨论该理论的细节，而只需知道对于几乎时间有限且几乎带宽有限的信号的集合，存在大约 $2TW$ 个规范正交函数基底，我们可以在这个基底下用坐标来描述上述集合内的任意函数。想进一步了解的读者，可以参阅 Slepian，Landau 和 Pollak 的一系列论文[340，341，500]。而且，白噪声在这些基向量上的投影构成一个独立同分布的高斯过程。综上所述，可以将带宽有限，时间有限的信号视作一个 $2TW$ 维向量空间中的向量。

接下来回到带宽有限信道的通信问题上来。假定信道的带宽为 W，可以使用 $1/2W$ 秒的时间间隔的采样序列来表示输入和输出信号。每一个输入采样值被噪声污染后得到相应的输出采样值。由于噪声是高斯白噪声，所以每噪声的采样序列是一个独立同分布的高斯随机变量列。

如果噪声具有功率谱密度 $N_0/2$ 瓦特/赫兹且带宽为 W 赫兹，那么噪声的功率为$\frac{N_0}{2}2W=N_0W$，并且在时间 T 内，该噪声的这 $2WT$ 个采样值中的任何一个的方差均为 $N_0WT/2WT=N_0/2$。如果将输入信号视作 $2WT$ 维空间中的一个向量，可以看到接收到的信号围绕着输入向量服从协方差矩阵为$\frac{N_0}{2}I$ 的球状正态分布。

下面可以应用前面得出的关于离散时间高斯信道的理论，其中信道的容量为

$$C=\frac{1}{2}\log\left(1+\frac{P}{N}\right) \qquad \text{比特 / 传输} \tag{9-60}$$

272 假设使用信道的时间区间为$[0, T]$。在该情形下，每个样本的功率为 $PT/2WT=P/2W$，每样本的噪声方差为$\frac{N_0}{2}2W\,\frac{T}{2WT}=\frac{N_0}{2}$，因此每样本容量是

$$C=\frac{1}{2}\log\left(\frac{1+\frac{P}{2W}}{\frac{N_0}{2}}\right)=\frac{1}{2}\log\left(1+\frac{P}{N_0W}\right) \qquad \text{比特 / 样本} \tag{9-61}$$

由于每秒内存在 $2W$ 个样本，所以信道的容量可以重新写成

$$C=W\log\left(1+\frac{P}{N_0W}\right) \qquad \text{比特 / 秒} \tag{9-62}$$

上述方程是信息论中最著名的公式之一。它利用噪声谱密度$\frac{N_0}{2}$(瓦特/赫兹)和功率 P(瓦特)给出了一个带宽有限的高斯信道的容量。

关于信道争论的一个更准确的版本见[576]，它考虑当信号在带宽为 W 的情况下，只考虑能量在信道的带宽之外很小，以及在时间段$(0, T)$之外的能量也很小。也就是说，当处于带外的能量趋于 0 时上面所说的容量也可以达到。

如果令式(9-62)中的 $W\to\infty$，则可以得到

$$C=\frac{P}{N_0}\log_2 e \qquad \text{比特 / 秒} \tag{9-63}$$

它是具有无限带宽，功率为 P，噪声谱密度是 $N_0/2$ 的信道的容量。所以，对于无限带宽信道，信道容量与功率成线性增长关系。

例 9.3.1(电话线) 为了实现许多信道的多路传输，往往限制电话信号的带宽为 3300 Hz。在式(9-62)中使用 3300 Hz 的带宽和 33 dB(即 $P/N_0W=2000$)的 SNR(信噪比)，我们发现电话信

道的容量大约为 36000 比特/秒。实际的调制解调器可以在电话信道的双方向上达到至多 33600 比特/秒的传输率。在现实的电话信道中，存在着许多其他的因素，例如串线，干扰，回声和非平坦信道等。为达到上述的容量，必须对这些因素进行补偿。

利用一个纯数字信道来实现网络中服务器到终端电话开关之间的转换，可以使 V.90 式调制解调器在电话信道的一个方向上达到 56 kb/s。在这种情况下，损害仅在于数字到模拟之间的转换和从开关传送到用户的铜线连接噪声。这些损害减少了最大比特传输率，从在网络中数字信 273
号的传输速率 64 kb/s 锐减到电话线路中的 56 kb/s（且是最好情形）。

连接家庭与程控交换器的铜线实际可以获得几兆赫的带宽希求，这取决于线路长度。频率响应在这个频带上是完全不平坦的。如果整个带宽都被利用，那么通过这种信道每秒可以传输几兆。一些方案，如 DSL（数字专用线）通过在电话线的两端安装上特殊的装置（不像调制解调，在电话开关中不需要调制）可以达到这个传输水平。

9.4 并联高斯信道

在本节中，我们考虑具有一个公共功率限制的 k 个独立的并联高斯信道。我们的目标是将总功率分配于这些信道之中以使容量达到最大。该信道是可加高斯非白噪声信道的模型，其中每个并联的组件代表一个不同的频率。

假设有一组如图 9-3 所示的并联高斯信道。每个信道的输出是输入与高斯噪声之和。对于信道 j，

$$Y_j = X_j + Z_j, j = 1,2,\cdots,k, \tag{9-64}$$

其中

$$Z_j \sim \mathcal{N}(0, N_j) \tag{9-65}$$

并且假设噪声在信道与信道之间是相互独立的。假定在所使用的总功率方面存在一个公共的功率限制，即，

$$E\sum_{j=1}^{k} X_j^2 \leqslant P \tag{9-66}$$

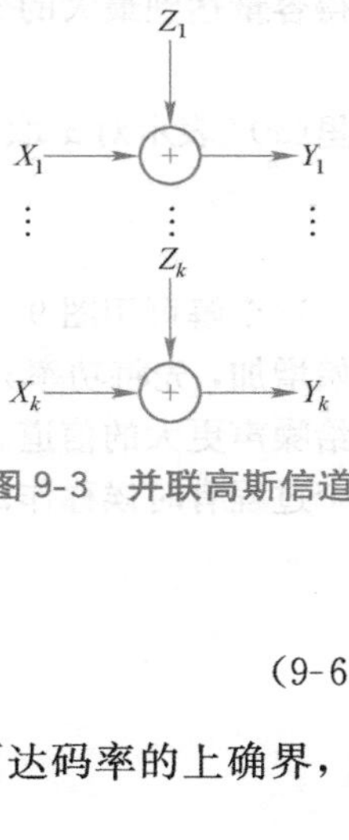

图 9-3 并联高斯信道

我们希望将功率分配于各信道之中以使总容量达到最大。

信道的信息容量 C 为

$$C = \max_{f(x_1,x_2,\cdots,x_k):\sum EX_i^2 \leqslant P} I(X_1,X_2,\cdots,X_k;Y_1,Y_2,\cdots,Y_k) \tag{9-67}$$ 274

我们来计算当该信道达到信息容量时所应服从的分布。信息容量是所有可达码率的上确界，这一事实的证明与单个高斯信道的容量定理的证明方法相同，故略去。

由于 Z_1，Z_2，$\cdots$，Z_k 是相互独立的，

$$\begin{aligned}
& I(X_1,X_2,\cdots,X_k;Y_1,Y_2,\cdots,Y_k) \\
&= h(Y_1,Y_2,\cdots,Y_k) - h(Y_1,Y_2,\cdots,Y_k \mid X_1,X_2,\cdots,X_k) \\
&= h(Y_1,Y_2,\cdots,Y_k) - h(Z_1,Z_2,\cdots,Z_k \mid X_1,X_2,\cdots,X_k) \\
&= h(Y_1,Y_2,\cdots,Y_k) - h(Z_1,Z_2,\cdots,Z_k) && \text{(9-68)} \\
&= h(Y_1,Y_2,\cdots,Y_k) - \sum_i h(Z_i) && \text{(9-69)} \\
&\leqslant \sum_i h(Y_i) - h(Z_i) && \text{(9-70)} \\
&\leqslant \sum_i \frac{1}{2}\log\left(1+\frac{P_i}{N_i}\right) && \text{(9-71)}
\end{aligned}$$ 275

其中 $P_i = E X_i^2$，$\sum P_i = P$。等号在如下条件达到时成立

$$(X_1, X_2, \cdots, X_k) \sim \mathcal{N}\left(0, \begin{bmatrix} P_1 & 0 & \cdots & 0 \\ 0 & P_2 & \cdots & 0 \\ \vdots & \vdots & \ddots & \vdots \\ 0 & 0 & \cdots & P_k \end{bmatrix}\right) \tag{9-72}$$

由此，问题简化为在满足约束条件 $\sum P_i = P$ 下，寻求一个功率分配方法使得容量达到最大。这是一个标准的最优化问题，可以利用拉格朗日乘子法得到解决。相应的函数为

$$J(P_1, \cdots, P_k) = \sum \frac{1}{2} \log\left(1 + \frac{P_i}{N_i}\right) + \lambda\left(\sum P_i\right) \tag{9-73}$$

对 P_i 求导，我们有

$$\frac{1}{2} \frac{1}{P_i + N_i} + \lambda = 0 \tag{9-74}$$

或者

$$P_i = v - N_i \tag{9-75}$$

然而，由于 P_i 必须非负，所以，并不总能找到一个如此形式的解。这样，可利用库恩－塔克条件来验证如下解

$$P_i = (v - N_i)^+ \tag{9-76}$$

使得容量达到最大的分配方法，其中 v 的选取满足

$$\sum (v - N_i)^+ = P \tag{9-77}$$

这里 $(x)^+$ 表示对 x 取正的部分：

$$(x)^+ = \begin{cases} x & 若\ x \geqslant 0 \\ 0 & 若\ x < 0 \end{cases} \tag{9-78}$$

这个解可用图 9-4 中的图形说明。纵向层表明了不同信道的噪声等级。由于信号功率由零
276 开始增加，先将功率分配给噪声水平最低的信道。当进一步增加可获得的功率时，一部分功率分配给噪声更大的信道。总功率在各个小隔断中分配的过程类似于水在容器中的分配方式。因此，这个过程有时候称作注水法(water filling)。

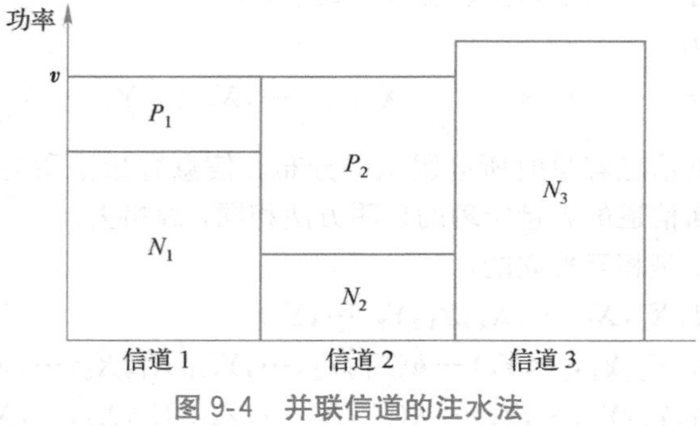

图 9-4　并联信道的注水法

9.5 高斯彩色噪声信道

在 9.4 节中，考虑了一组并联独立高斯信道的情况，其中不同信道的噪声样本是相互独立的。现在来考虑噪声互相相关的情形。这不仅代表了并联信道情形，也代表了有记忆高斯噪声信道的情况。对于有记忆的信道，可把连续 n 次使用同一个信道的效果视作使用一次由噪声相关

的 n 个信道并联所得的信道。与 9.4 节中一样，仅计算该信道的信息容量。

设 K_Z 为噪声的协方差阵，K_X 为输入信号的协方差阵。那么，对于输入信号的功率限制可以写为

$$\frac{1}{n}\sum_i EX_i^2 \leqslant P \tag{9-79}$$

或等价地

$$\frac{1}{n}\operatorname{tr}(K_X) \leqslant P \tag{9-80}$$ 277

不同于 9.4 节，这里的功率限制依赖于 n，因此，我们不得不对每个 n 单独计算容量。

与独立信道情形相同，我们有

$$I(X_1,X_2,\cdots,X_n;Y_1,Y_2,\cdots,Y_n) = h(Y_1,Y_2,\cdots,Y_n) - h(Z_1,Z_2,\cdots,Z_n) \tag{9-81}$$

这里 $h(Z_1,Z_2,\cdots,Z_n)$ 由噪声分布唯一决定，而不依赖于输入信号分布的选择。所以，计算信道容量等价于将 $h(Y_1,Y_2,\cdots,Y_n)$ 最大化。当 Y 服从正态分布时，输出信号的熵达到最大，这情形在输入分布是正态分布时达到。由于输入信号和噪声是相互独立的，所以，输出 Y 的协方差矩阵为 $K_Y=K_X+K_Z$，且熵为

$$h(Y_1,Y_2,\cdots,Y_n)=\frac{1}{2}\log((2\pi e)^n|K_X+K_Z|) \tag{9-82}$$

于是，问题简化为在 K_X 的迹约束条件下，选取 K_X 使得 $|K_X+K_Z|$ 达到最大。为达此目的，将 K_Z 分解成对角型，

$$K_Z = Q\Lambda Q^t,\text{其中 } QQ^t = I \tag{9-83}$$

那么

$$|K_X+K_Z| = |K_X+Q\Lambda Q^t| \tag{9-84}$$

$$= |Q||Q^tK_XQ+\Lambda||Q^t| \tag{9-85}$$

$$= |Q^tK_XQ+\Lambda| \tag{9-86}$$

$$= |A+\Lambda| \tag{9-87}$$

其中 $A=Q^tK_XQ$。由于对任意矩阵 B 和 C，

$$\operatorname{tr}(BC) = \operatorname{tr}(CB) \tag{9-88}$$

则

$$\operatorname{tr}(A) = \operatorname{tr}(Q^tK_XQ) \tag{9-89}$$

$$= \operatorname{tr}(QQ^tK_X) \tag{9-90}$$

$$= \operatorname{tr}(K_X) \tag{9-91}$$ 278

于是问题简化为在迹约束条件 $\operatorname{tr}(A)\leqslant nP$ 之下，求 $|A+\Lambda|$ 的最大值。

现在利用第 8 章中提及的阿达马不等式。此不等式说明任意正定阵 K 的行列式一定小于它的对角元素的乘积，即

$$|K| \leqslant \prod_i K_{ii} \tag{9-92}$$

当且仅当矩阵为对角型等号成立。于是，

$$|A+\Lambda| \leqslant \prod_i (A_{ii}+\lambda_i) \tag{9-93}$$

当且仅当 A 为对角型等号成立。由于 A 受到迹的约束，

$$\frac{1}{n}\sum_i A_{ii} \leqslant P \tag{9-94}$$

且 $A_{ii} \geqslant 0$，所以，$\prod_i (A_{ii}+\lambda_i)$ 的最大值在

$$A_{ii}+\lambda_i = v \tag{9-95}$$

时达到。然而，考虑到约束条件，不可能总是存在正的 A_{ii} 满足上述方程。在不满足的情形下，根据标准库恩－塔克条件可以证明最优解对应于取

$$A_{ii} = (v-\lambda_i)^+ \tag{9-96}$$

时的解。其中选取 v 使得 $\sum A_{ii}=nP$。此时 A 的值使 Y 的熵达到最大，因此，互信息达到最大。我们可以从图 9-4 中看出上述方法与注水法之间的联系。

考虑这样一个信道，它的可加高斯噪声构成一个具有有限维协方差阵 $K_Z^{(n)}$ 的随机过程。如果该过程是平稳的，则协方差阵是特普利茨(Toeplitz)矩阵，并且当 $n\to\infty$ 时所有特征根都有个极限。而特征值在实轴上凝聚出来的包络函数趋近于该随机过程的功率谱[126]。因此，在频域中，也可以得到相应的注水法。

因此，对于噪声为一个平稳随机过程的信道而言，输入信号应选为一个高斯过程使得在噪声的频
279 谱小的频率上它的频谱大。图 9-5 说明了这个情况。可以证明一个噪声功率谱为 $N(f)$ 的可加高斯噪声信道的容量为[233]

$$C=\int_{-\pi}^{\pi}\frac{1}{2}\log\left(1+\frac{(v-N(f))^+}{N(f)}\right)\mathrm{d}f \tag{9-97}$$

其中 v 的选取满足 $\int (v-N(f))^+\,\mathrm{d}f = P$。

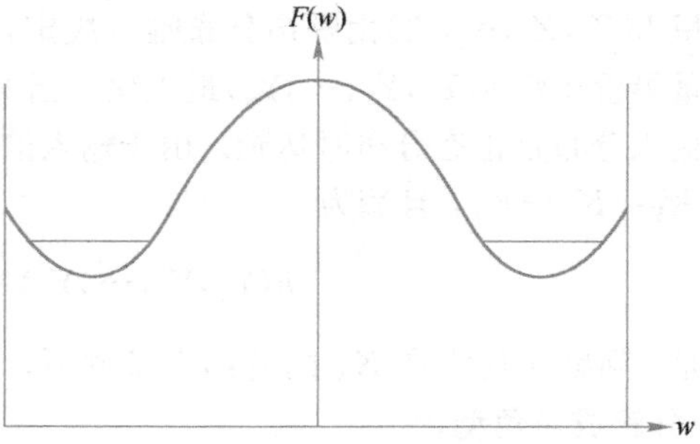

图 9-5 频域注水法

9.6 带反馈的高斯信道

在第 7 章中证明了反馈不会增加离散无记忆信道的容量，这对减少编码或译码复杂度很有帮助。对于可加白噪声信道，上述结论依然成立。与离散情形一样，反馈不增加无记忆高斯信道的容量。

然而，如果信道有记忆，即噪声在两个不同的瞬间是相关的，反馈确实会增加容量。不带反馈的容量可以用注水法计算，而带反馈的容量，还没有给出任何清晰的刻画。在这节中，我们将根据噪声 Z 的协方差阵来给出这种容量的表达式，证明关于该容量表达式的逆定理。然后，推导出因反馈引起的容量增加的一个简单的界估计。

如图 9-6 所示一个带反馈的高斯信道。信道的输出信号 Y_i 为

280

$$Y_i = X_i + Z_i,\ Z_i \sim \mathcal{N}(0, K_Z^{(n)}) \tag{9-98}$$

反馈允许信道的输入依赖于过去的输出值。

带反馈的高斯信道的 $(2^{nR}, n)$ 码由映射序列 $x_i(W, Y^{i-1})$ 构成，其中 $W\in\{1, 2, \cdots, 2^{nR}\}$ 是输入消息，Y^{i-1} 是过去的输出值序列。所以，$x(W, \cdot)$ 是一个码函数而非一个码字。除此之外，要求该编码满足一个功率限制，

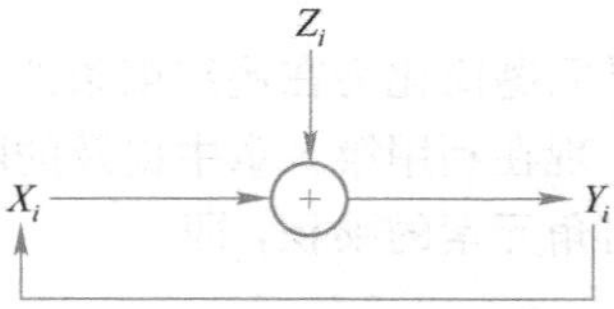

图 9-6 带反馈的高斯信道

$$E\left[\frac{1}{n}\sum_{i=1}^{n} x_i^2(w, Y^{i-1})\right] \leqslant P,\ w\in\{1, 2, \cdots, 2^{nR}\} \tag{9-99}$$

其中期望关于所有可能的噪声序列取值。

利用输入 X 和噪声 Z 的协方差阵刻画高斯信道的容量。由于反馈的存在，X^n 与 Z^n 不再独立，因而，X_i 依赖于过去的 Z 值。在下一节中，我们证明带反馈的高斯信道的逆定理，并且证

明，如果将 X 取为高斯的，能够达到容量(在书中并无对应的内容。——译者注)。

下面针对有无反馈两种情况，给出信道容量的非正式描述。

1. 带反馈。对于带反馈的时变高斯信道，其以比特/传输为单位的容量 $C_{n,\mathrm{FB}}$ 是

$$C_{n,\mathrm{FB}} = \max_{\frac{1}{n}\mathrm{tr}(K_X^{(n)})\leqslant P} \frac{1}{2n}\log\frac{|K_{X+Z}^{(n)}|}{|K_Z^{(n)}|} \tag{9-100}$$ 281

其中，最大值是在所有满足如下形式

$$X_i = \sum_{j=1}^{i-1} b_{ij} Z_j + V_i,\ i = 1, 2, \cdots, n \tag{9-101}$$

的 X^n 的集合中取得的，上式中 V^n 与 Z^n 相互独立。为了验证在式(9-101)上所取的最大值不失一般性，注意使熵达到最大的 X^n+Z^n 的分布是高斯的最大熵分布。由于 Z^n 也是高斯的，所以，(X^n, Z^n, X^n+Z^n)是一个联合高斯分布且关于它的分布可达到式(9-100)中的最大值。又由于 $Z^n=Y^n-X^n$，那么由 X^n 与 Y^n 导出的大多数一般联合正态分布就是式(9-101)，其中 V^n 起到了更改这个过程的作用。用 $X=BZ+V$ 和 $Y=X+Z$ 重新改写式(9-100)和式(9-101)，我们可得

$$C_{n,\mathrm{FB}} = \max \frac{1}{2n}\log\frac{|(B+I)K_Z^{(n)}(B+I)^t + K_V|}{|K_Z^{(n)}|} \tag{9-102}$$

其中最大值取自所有非负定矩阵 K_V 以及满足

$$\mathrm{tr}(BK_Z^{(n)}B^t + K_V) \leqslant nP \tag{9-103}$$

的严格下三角矩阵 B。不带反馈时，B 必定为 0。

2. 不带反馈。不带反馈的时变高斯信道的容量 C_n 为

$$C_n = \max_{\frac{1}{n}\mathrm{tr}(K_X^{(n)})\leqslant P} \frac{1}{2n}\log\frac{|K_X^{(n)} + K_Z^{(n)}|}{|K_Z^{(n)}|} \tag{9-104}$$

这可以简化为 $K_Z^{(n)}$ 的特征值$\{\lambda_i^{(n)}\}$上的注水过程。于是，

$$C_n = \frac{1}{2n}\sum_{i=1}^{n}\log\left(1+\frac{(\lambda-\lambda_i^{(n)})^+}{\lambda_i^{(n)}}\right) \tag{9-105}$$

其中$(y)^+=\max\{y, 0\}$，且对 λ 的选取满足

$$\sum_{i=1}^{n}(\lambda-\lambda_i^{(n)})^+ = nP \tag{9-106}$$ 282

现在我们来证明带反馈高斯信道的容量的上界。这个上界实际上是可达的[136]，因此就是信道容量，但是我们不在这里给出证明。

定理 9.6.1 对于带反馈的高斯信道，使得 $P_e^{(n)}\to 0$ 的任意$(2^{nR_n}, n)$码的码率 R_n 满足

$$R_n \leqslant C_{n,\mathrm{FB}} + \varepsilon_n \tag{9-107}$$

其中当 $n\to\infty$ 时，$\varepsilon_n\to 0$，其中 $C_{n,\mathrm{FB}}$在式(9-100)中定义。

证明：令 W 在 2^{nR} 上是均匀的，因此，误差概率 $P_e^{(n)}$ 满足费诺不等式，

$$H(W\mid\hat{W}) \leqslant 1 + nR_nP_e^{(n)} = n\varepsilon_n \tag{9-108}$$

其中当 $P_e^{(n)}\to 0$ 时，$\varepsilon_n\to 0$。此时，可以对码率界定如下：

$$\begin{aligned} nR_n &= H(W) && (9\text{-}109)\\ &= I(W;\hat{W}) + H(W\mid\hat{W}) && (9\text{-}110)\\ &\leqslant I(W;\hat{W}) + n\varepsilon_n && (9\text{-}111)\\ &\leqslant I(W;Y^n) + n\varepsilon_n && (9\text{-}112)\end{aligned}$$

$$=\sum I(W;Y_i|Y^{i-1})+n\epsilon_n \tag{9-113}$$
$$\overset{(a)}{=}\sum(h(Y_i|Y^{i-1})-h(Y_i|W,Y^{i-1},X_i,X^{i-1},Z^{i-1}))+n\epsilon_n \tag{9-114}$$
$$\overset{(b)}{=}\sum(h(Y_i|Y^{i-1})-h(Z_i|W,Y^{i-1},X_i,X^{i-1},Z^{i-1}))+n\epsilon_n \tag{9-115}$$
$$\overset{(c)}{=}\sum(h(Y_i|Y^{i-1})-h(Z_i|Z^{i-1}))+n\epsilon_n \tag{9-116}$$
$$=h(Y^n)-h(Z^n)+n\epsilon_n \tag{9-117}$$

其中(a)是由 X_i 为 W 和过去的 Y_i 的函数以及 Z^{i-1} 等于 $Y^{i-1}-X^{i-1}$ 推出的，(b)可由 $Y_i=X_i+Z_i$
283 和 $h(X+Z|X)=h(Z|X)$ 得到，(c)是因为在给定 Z^{i-1} 时，Z_i 与(W, Y^{i-1}, X^i)是条件独立的。对上面不等式的两边同除 n，再由正态分布使熵达到最大的性质，承接前面不等式链，可得

$$R_n\leqslant\frac{1}{n}(h(Y^n)-h(Z^n))+\epsilon_n \tag{9-118}$$
$$\leqslant\frac{1}{2n}\log\frac{|K_Y^{(n)}|}{|K_Z^{(n)}|}+\epsilon_n \tag{9-119}$$
$$\leqslant C_{n,FB}+\epsilon_n \tag{9-120}$$ □

我们已经证明了由协方差阵 $K_{X+Z}^{(n)}$ 表达的带反馈的高斯信道容量的一个上界。现在来推导由 $K_X^{(n)}$ 和 $K_Z^{(n)}$ 表达的带反馈的信道容量的上界，从而可以导出由不带反馈信道容量的界估计。为记号简便起见，省去协方差阵符号中的上标 n。

首先证明有关矩阵和行列式的一系列引理。

引理 9.6.1 设 X 和 Z 是 n 维随机向量，则

$$K_{X+Z}+K_{X-Z}=2K_X+2K_Z \tag{9-121}$$

证明：

$$K_{X+Z}=E(X+Z)(X+Z)^t \tag{9-122}$$
$$=EXX^t+EXZ^t+EZX^t+EZZ^t \tag{9-123}$$
$$=K_X+K_{XZ}+K_{ZX}+K_Z \tag{9-124}$$

类似地，

$$K_{X-Z}=K_X-K_{XZ}-K_{ZX}+K_Z \tag{9-125}$$

将以上两个等式相加即可完成证明。 □

引理 9.6.2 对于两个 $n\times n$ 的非负定阵 A 和 B，如果 $A-B$ 是非负定的，那么 $|A|\geqslant|B|$。

证明：令 $C=A-B$。由于 B 和 C 是非负定的，可以将它们看作是协方差矩阵。考虑两个独
284 立的正态分布 $\mathbf{X}_1\sim\mathcal{N}(0, B)$ 和 $\mathbf{X}_2\sim\mathcal{N}(0, C)$。令 $\mathbf{Y}=\mathbf{X}_1+\mathbf{X}_2$，则

$$h(\mathbf{Y})\geqslant h(\mathbf{Y}\mid\mathbf{X}_2) \tag{9-126}$$
$$=h(\mathbf{X}_1\mid\mathbf{X}_2) \tag{9-127}$$
$$=h(\mathbf{X}_1) \tag{9-128}$$

其中的不等式是由于条件作用使微分熵减小这一事实，最后的等式可由 $\mathbf{X}_1$ 和 $\mathbf{X}_2$ 的相互独立性得到。将正态分布的微分熵计算公式代入上式中，我们得到

$$\frac{1}{2}\log(2\pi e)^n\mid A\mid\geqslant\frac{1}{2}\log(2\pi e)^n\mid B\mid \tag{9-129}$$

这等价于欲证明的引理。 □

引理 9.6.3 对两个 n 维随机向量 X 和 Z，

$$\mid K_{X+Z}\mid\leqslant 2^n\mid K_X+K_Z\mid \tag{9-130}$$

证明：由引理 9.6.1 知，

$$2(K_X+K_Z)-K_{X+Z}=K_{X-Z}\geqslant 0 \tag{9-131}$$

其中记号 $A\geqslant 0$ 表示 A 是非负定的。因此，利用引理 9.6.2，我们有

$$|K_{X+Z}|\leqslant|2(K_X+K_Z)|=2^n|K_X+K_Z| \tag{9-132}$$

此即所欲证明的结论。□

引理 9.6.4 对两个任意非负定矩阵 A 与 B，以及 $0\leqslant\lambda\leqslant 1$，

$$|\lambda A+(1-\lambda)B|\geqslant|A|^{\lambda}|B|^{1-\lambda} \tag{9-133}$$

证明：令 $\mathbf{X}$ 服从 $\mathcal{N}_n(0, A)$，$\mathbf{Y}$ 服从 $\mathcal{N}_n(0, B)$，令 $\mathbf{Z}$ 为如下形式的混合随机向量

$$\mathbf{Z}=\begin{cases}\mathbf{X} & 当\ \theta=1\\ \mathbf{Y} & 当\ \theta=2\end{cases} \tag{9-134}$$

285

其中

$$\theta=\begin{cases}1 & 概率为\ \lambda\\ 2 & 概率为\ 1-\lambda\end{cases} \tag{9-135}$$

假设 $\mathbf{X}$, $\mathbf{Y}$ 及 θ 独立，那么

$$K_Z=\lambda A+(1-\lambda)B \tag{9-136}$$

我们观察如下不等式系列

$$\frac{1}{2}\ln(2\pi e)^n|\lambda A+(1-\lambda)B|\geqslant h(\mathbf{Z}) \tag{9-137}$$

$$\geqslant h(\mathbf{Z}|\theta) \tag{9-138}$$

$$=\lambda h(\mathbf{X})+(1-\lambda)h(\mathbf{Y}) \tag{9-139}$$

$$=\frac{1}{2}\ln(2\pi e)^n|A|^{\lambda}|B|^{1-\lambda} \tag{9-140}$$

其中第一个不等式由协方差约束条件下的高斯分布的最大熵性质得出。这样就完成了证明。□

定义 称随机向量 X^n 与 Z^n 是因果关系，如下面等式成立

$$f(x^n,z^n)=f(z^n)\prod_{i=1}^{n}f(x_i|x^{i-1},z^{i-1}) \tag{9-141}$$

注意，反馈码必定导出因果关系（X^n，Z^n）。

引理 9.6.5 如果 X^n 与 Z^n 是因果关系，那么

$$h(X^n-Z^n)\geqslant h(Z^n) \tag{9-142}$$

以及

$$|K_{X-Z}|\geqslant|K_Z| \tag{9-143}$$

成立。其中 K_{X-Z} 与 K_Z 分别是 X^n-Z^n 与 Z^n 的协方差矩阵。

证明：首先观察下列系列不等式

286

$$h(X^n-Z^n)\overset{(a)}{=}\sum_{i=1}^{n}h(X_i-Z_i|X^{i-1}-Z^{i-1}) \tag{9-144}$$

$$\overset{(b)}{\geqslant}\sum_{i=1}^{n}h(X_i-Z_i|X^{i-1},Z^{i-1},X_i) \tag{9-145}$$

$$\overset{(c)}{=}\sum_{i=1}^{n}h(Z_i|X^{i-1},Z^{i-1},X_i) \tag{9-146}$$

$$\overset{(d)}{=}\sum_{i=1}^{n}h(Z_i|Z^{i-1}) \tag{9-147}$$

$$\overset{(e)}{=}h(Z^n) \tag{9-148}$$

其中，等式(a) 由链式法则推出；(b) 由条件 $h(A|B)\geqslant h(A|B,C)$推出；(c) 由 X_i 的条件决定论以及微分熵的平移不变性得出；(d) 由 X^n 与 Z^n 的因果关系推出；最后 (e) 再次由链式法则推出。

最后，假设 X^n 与 Z^n 是因果关系且伴随 X^n-Z^n 与 Z^n 的协方差矩阵分别为 K_{X-Z} 与 K_Z，那么显然存在具有相同的协方差矩阵的多元正态(因果关系的)随机向量对 $\widetilde{X}^n$ 与 $\widetilde{Z}^n$。于是，由式(9-148)，我们有

$$\frac{1}{2}\ln(2\pi e)^n\mid K_{X-Z}\mid=h(\widetilde{X}^n-\widetilde{Z}^n) \tag{9-149}$$

$$\geqslant h(\widetilde{Z}^n) \tag{9-150}$$

$$=\frac{1}{2}\ln(2\pi e)^n\mid K_Z\mid \tag{9-151}$$

从而，式(9-143)得证。□

我们现在从一个角度来证明反馈能够增强可加高斯非白噪声信道的信道容量至多半个比特。

定理 9.6.2

$$C_{n,\mathrm{FB}}\leqslant C_n+\frac{1}{2}\qquad \text{比特 / 传输} \tag{9-152}$$

证明： 结合所有的引理，我们有

287

$$C_{n,\mathrm{FB}}\leqslant\max_{\operatorname{tr}(K_X)\leqslant nP}\frac{1}{2n}\log\frac{\mid K_Y\mid}{\mid K_Z\mid} \tag{9-153}$$

$$\leqslant\max_{\operatorname{tr}(K_X)\leqslant nP}\frac{1}{2n}\log\frac{2^n\mid K_X+K_Z\mid}{\mid K_Z\mid} \tag{9-154}$$

$$=\max_{\operatorname{tr}(K_X)\leqslant nP}\frac{1}{2n}\log\frac{\mid K_X+K_Z\mid}{\mid K_Z\mid}+\frac{1}{2} \tag{9-155}$$

$$\leqslant C_n+\frac{1}{2}\qquad \text{比特 / 传输} \tag{9-156}$$

其中的不等式分别可由定理 9.6.1、引理 9.6.3 和不带反馈的容量定义得到。□

我们现在证明平斯克(Pinsker)的观点，即反馈至多能使彩色噪声信道的容量加倍。

定理 9.6.3　$C_{n,\mathrm{FB}}\leqslant 2C_n$

证明： 只要能够证明如下不等式

$$\frac{1}{2}\frac{1}{2n}\log\frac{\mid K_{X+Z}\mid}{\mid K_Z\mid}\leqslant\frac{1}{2n}\log\frac{\mid K_X+K_Z\mid}{\mid K_Z\mid} \tag{9-157}$$

就足够了，因为有了它之后，先对右边取最大，然后再对左边取最大就得到了

$$\frac{1}{2}C_{n,\mathrm{FB}}\leqslant C_n \tag{9-158}$$

检验下列不等式

$$\frac{1}{2n}\log\frac{\mid K_X+K_Z\mid}{\mid K_Z\mid}\overset{(a)}{=}\frac{1}{2n}\log\frac{\left|\frac{1}{2}K_{X+Z}+\frac{1}{2}K_{X-Z}\right|}{\mid K_Z\mid} \tag{9-159}$$

$$\overset{(b)}{\geqslant}\frac{1}{2n}\log\frac{\mid K_{X+Z}\mid^{\frac{1}{2}}\mid K_{X-Z}\mid^{\frac{1}{2}}}{\mid K_Z\mid} \tag{9-160}$$

$$\overset{(c)}{\geqslant}\frac{1}{2n}\log\frac{\mid K_{X+Z}\mid^{\frac{1}{2}}\mid K_Z\mid^{\frac{1}{2}}}{\mid K_Z\mid} \tag{9-161}$$

$$\overset{(d)}{=}\frac{1}{2}\frac{1}{2n}\log\frac{\mid K_{X+Z}\mid}{\mid K_Z\mid} \tag{9-162}$$

其中，(a)由引理 9.6.1 推出；(b)恰为引理 9.6.4 的不等式；(c)由引理 9.6.5 在因果关系假设之

下推出。 □ 288

总之，我们已经证明了当增加反馈之后，高斯信道容量的增加量不会超过半个比特，或者不会超出两倍。也就是说，反馈虽然有帮助，但并不很大。

要点

最大熵 $\max_{EX^2=\alpha} h(X) = \frac{1}{2}\log 2\pi e\alpha$。

高斯信道 $Y_i = X_i + Z_i$，$Z_i \sim \mathcal{N}(0, N)$，且满足功率限制 $\frac{1}{n}\sum_{i=1}^{n} x_i^2 \leqslant P$，

$$C = \frac{1}{2}\log\left(1+\frac{P}{N}\right) \quad \text{比特 / 传输} \tag{9-163}$$

带宽有限的可加高斯白噪声信道 带宽为 W，双边功率谱密度为 $N_0/2$，信号功率为 P，

$$C = W\log\left(1+\frac{P}{N_0W}\right) \quad \text{比特 / 秒} \tag{9-164}$$

注水法（k 级并联高斯信道） $Y_j = X_j + Z_j$，$j = 1,2,\cdots,k$，$Z_j \sim \mathcal{N}(0, N_j)$，$\sum_{j=1}^{k} X_j^2 \leqslant P$，

$$C = \sum_{i=1}^{k} \frac{1}{2}\log\left(1+\frac{(v-N_i)^+}{N_i}\right) \tag{9-165}$$

其中对 v 的选取满足 $\sum(v-N_i)^+ = nP$。

可加高斯非白噪声信道 $Y_i = X_i + Z_i$，$Z^n \sim \mathcal{N}(0, K_Z)$，

$$C = \frac{1}{n}\sum_{i=1}^{n} \frac{1}{2}\log\left(1+\frac{(v-\lambda_i)^+}{\lambda_i}\right) \tag{9-166}$$

其中 λ_1，λ_2，…，λ_n 是 K_Z 的特征值，且对 v 的选取满足 $\sum_i (v-\lambda_i)^+ = P$。

不带反馈容量

$$C_n = \max_{\mathrm{tr}(K_X)\leqslant nP} \frac{1}{2n}\log\frac{|K_X+K_Z|}{|K_Z|} \tag{9-167}$$ 289

带反馈容量

$$C_{n,\mathrm{FB}} = \max_{\mathrm{tr}(K_X)\leqslant nP} \frac{1}{2n}\log\frac{|K_{X+Z}|}{|K_Z|} \tag{9-168}$$

反馈界

$$C_{n,\mathrm{FB}} \leqslant C_n + \frac{1}{2} \tag{9-169}$$

$$C_{n,\mathrm{FB}} \leqslant 2C_n \tag{9-170}$$

习题

9.1 在输出 Y 上带两个独立观察的信道。设在给定 X 下，Y_1 和 Y_2 条件独立且条件同分布。

(a) 证明 $I(X;Y_1,Y_2) = 2I(X;Y_1) - I(Y_1;Y_2)$。

(b) 推断信道

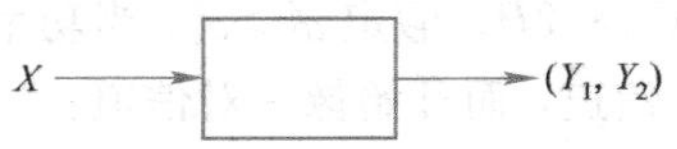

的容量不超过信道

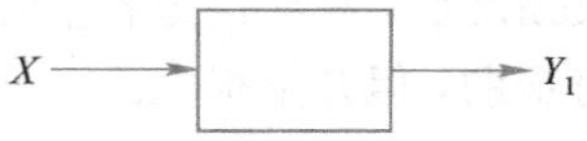

的容量的两倍。

9.2 双输出的高斯信道

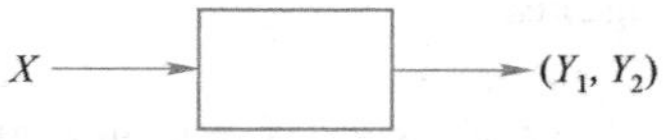

考虑在 X 上带两个相关观察的普通高斯信道，即 $Y=(Y_1,Y_2)$，其中

$$Y_1 = X + Z_1 \tag{9-171}$$

290 $$Y_2 = X + Z_2 \tag{9-172}$$

并且对 X 的功率限制为 P，以及 $(Z_1,Z_2)\sim\mathcal{N}_2(0,K)$，其中

$$K=\begin{bmatrix} N & N_\rho \\ N_\rho & N \end{bmatrix} \tag{9-173}$$

分别计算满足如下条件的容量 C

(a) $\rho=1$

(b) $\rho=0$

(c) $\rho=-1$

9.3 输出功率约束。考虑期望输出功率约束条件 P 的可加高斯白噪声信道，即，$Y=X+Z$，$Z\sim N(0,\sigma^2)$，Z 和 X 相互独立，并且 $E\,Y^2\leqslant P$。求其信道容量。

9.4 指数噪声信道。$Y_i=X_i+Z_i$，其中 Z_i 是服从均值为 μ 的 i. i. d. 噪声为指数分布。假设信号有一个平均约束(即 $E\,X_i\leqslant\lambda$)。证明该信道的容量是 $C=\log\left(1+\frac{\lambda}{\mu}\right)$。

9.5 衰退信道。考虑一个可加噪声衰退信道

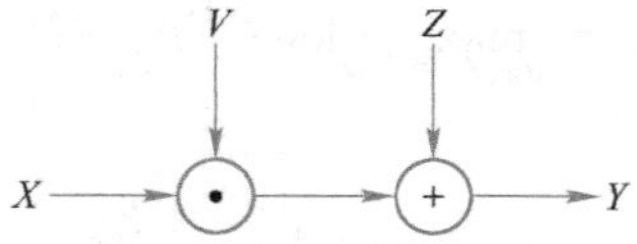

$Y=XV+Z$

其中 Z 是可加噪声，V 是表示衰退的随机变量，并且 Z 与 V 及 X 都相互独立。证明 $I(X;Y|V)\geqslant I(X;Y)$，并讨论衰退因子 V 能够提高信道容量。

9.6 并联信道与注水法。考虑一对并联高斯信道：

291 $$\begin{pmatrix} Y_1 \\ Y_2 \end{pmatrix}=\begin{pmatrix} X_1 \\ X_2 \end{pmatrix}+\begin{pmatrix} Z_1 \\ Z_2 \end{pmatrix} \tag{9-174}$$

其中

$$\begin{pmatrix} Z_1 \\ Z_2 \end{pmatrix}\sim\mathcal{N}\left(0,\begin{bmatrix} \sigma_1^2 & 0 \\ 0 & \sigma_2^2 \end{bmatrix}\right) \tag{9-175}$$

同时满足功率限制 $E(X_1^2+X_2^2)\leqslant 2P$。假定 $\sigma_1^2>\sigma_2^2$，当功率 P 为多大时，该信道的性质不再像一个噪声方差为 σ_2^2 的单个信道，而开始像一对信道？

9.7 多路高斯信道。考虑一个有功率约束 P 的可加高斯噪声信道，在该信道中，信号通过两条

不同的路径。在天线的一端接收到的信号是由两条路径上传输过来的噪声污染了的信号叠加而成的。

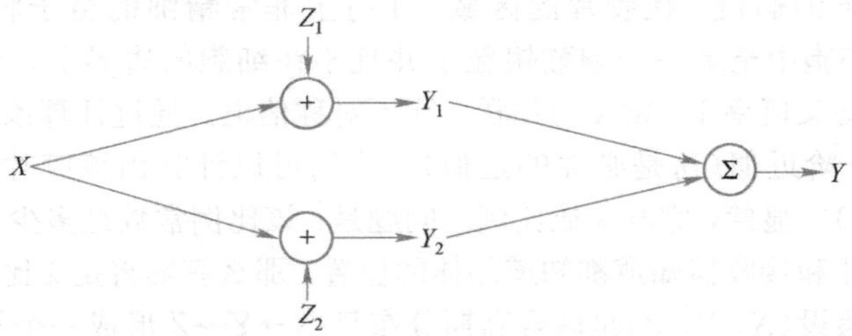

(a) 当 Z_1 与 Z_2 为联合正态分布，其协方差矩阵为

$$K_Z=\begin{bmatrix}\sigma^2 & \rho\sigma^2\\ \rho\sigma^2 & \sigma^2\end{bmatrix}$$

求出该信道的容量。

(b) 对于 $\rho=0$，$\rho=1$，$\rho=-1$ 三种特殊情形，信道容量分别是多少？

9.8 并联高斯信道。考虑如下的并联高斯信道：

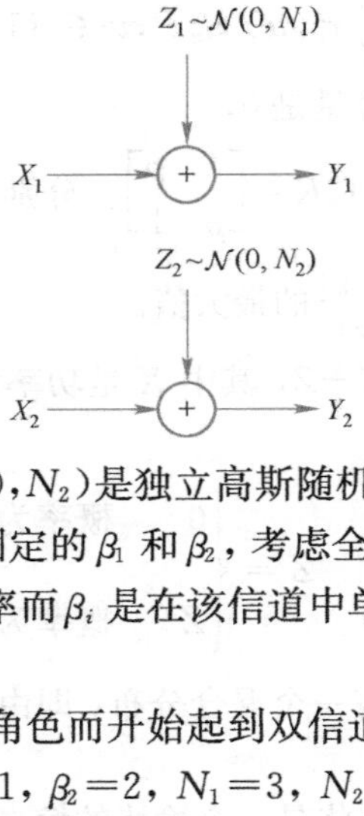

292

其中 $Z_1\sim\mathcal{N}(0,N_1)$ 与 $Z_2\sim\mathcal{N}(0,N_2)$ 是独立高斯随机变量，而 $Y_i=X_i+Z_i$。我们希望将功率分配给两个并联信道。选取固定的 β_1 和 β_2，考虑全部代价的约束条件 $\beta_1P_1+\beta_2P_2\leqslant\beta$，其中 P_i 是分配到第 i 个信道的功率而 β_i 是在该信道中单位功率的代价。于是，$P_1\geqslant0$，$P_2\geqslant0$ 的选取受到代价 β 的约束。

(a) β 取何值时信道停止单信道角色而开始起到双信道的作用？

(b) 估计信道容量，求出在 $\beta_1=1$，$\beta_2=2$，$N_1=3$，$N_2=2$ 以及 $\beta=10$ 是达到信道容量的 P_1 和 P_2。

9.9 向量高斯信道。考虑向量高斯噪声信道 $Y=X+Z$，其中 $X=(X_1,X_2,X_3)$，$Z=(Z_1,Z_2,Z_3)$，$Y=(Y_1,Y_2,Y_3)$，$E\|X\|^2\leqslant P$，且

$$Z\sim\mathcal{N}\left(0,\begin{bmatrix}1&0&1\\0&1&1\\1&1&2\end{bmatrix}\right)$$

求出信道容量。答案或许有点意外。

9.10 照片胶片的信道容量。这是一个顺手可得的具有漂亮答案的问题。我们感兴趣的是电影胶片的信道容量。胶片是由碘酸银晶体按照泊松(Poisson)分布组成，每平方英寸的 λ 粒子密度函数已知。胶片感光不需要知道碘酸银粒子的位置。于是，当其感光后，接收者看到的只是曝光了的碘酸银粒子。附着在细胞上且暴露的颗粒假设落在或这或那而导致空

白出现。没有被感光的碘酸银粒子与空位置仍是空白。现在的问题是：这种胶片的信道容量是多少？

我们做如下的假设，在胶片的区域 dA 打上非常精细的格子将其划分成为许多细胞，假设每个细胞中至多一个碘酸银粒子并且不在细胞的边界上。于是，胶片可以看作是一系列具有交叉概率 $1-\lambda dA$ 的并联二元不对称信道。通过计算该二元不对称信道的容
293 量关于 dA 的一阶近似(这是必要的近似)。我们可以计算出该胶片的信道容量(量纲为比特/平方英寸)。显然，它与 λ 成比例。问题是：该比例常数是多少？

如果照明器和接收器知道都知道晶体的位置，那么答案将是 λ 比特/单位面积。

9.11 高斯互信息。假设(X, Y, Z)是联合高斯分布且 $X\to Y\to Z$ 形成一个马尔可夫链，令 X 和 Y 的相关系数为 ρ_1，而 Y 和 Z 有相关系数为 ρ_2。求 $I(X;Z)$。

9.12 时变信道。一列火车匀速驶离火车站，接收到的信号能量随时间衰减为 $1/i^2$。在时间 i 接收到的总体信号为

$$Y_i = \frac{1}{i}X_i + Z_i$$

其中 $Z_1, Z_2, \cdots$为服从 $N(0, N)$的 i. i. d.，分组长度为 n 时的传送器约束为

$$\frac{1}{n}\sum_{i=1}^{n} x_i^2(w) \leqslant P, w \in \{1,2,\cdots,2^{nR}\}$$

利用费诺不等式，证明该信道容量是 0。

9.13 反馈信道。令$(Z_1,Z_2)\sim N(0,K)$,$K=\begin{bmatrix}1 & \rho\\ \rho & 1\end{bmatrix}$。分别求出在迹(功率)约束 $\mathrm{tr}(K_X)\leqslant 2P$ 情形下有与没有反馈的$\frac{1}{2}\log\frac{|K_{X+Z}|}{|K_Z|}$的最大值。

9.14 可加噪声信道。考虑信道 $Y=X+Z$，其中 X 是功率约束为 P 的发射信号，Z 是独立可加噪声，Y 是接收到的信号，令

$$Z=\begin{cases}0 & \text{概率为}\dfrac{1}{10}\\ Z^* & \text{概率为}\dfrac{9}{10}\end{cases}$$

其中 $Z^*\sim N(0,N)$。因此，Z 有一个混合分布，即由高斯分布与一个在 0 点概率密度为 1
294 的退化分布混合而成。

(a) 这个信道的容量是多少？这将是一个愉快的惊喜。

(b) 你怎样得到信道的容量？

9.15 离散输入，连续输出信道。令 $\Pr\{X=1\}=p$, $\Pr\{X=0\}=1-p$ 以及 $Y=X+Z$，其中 Z 是区间$[0,a]$，$a>1$ 上的均匀分布，且 Z 与 X 相互独立。

(a) 计算 $I(X;Y)=H(X)-H(X|Y)$。

(b) 通过 $I(X;Y)=h(Y)-h(Y|X)$来计算 $I(X;Y)$。

(c) 通过求关于 p 的最大值来计算信道容量。

9.16 脉冲功率。考虑可加高斯白噪声信道

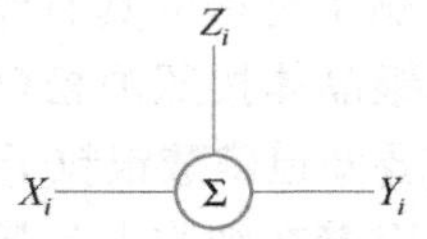

其中 $Z_i \sim N(0,N)$，并且输入信号具有平均功率约束条件 P。

(a) 假设在时刻 1 用所有的功率(即，$E X_1^2 = nP$，$E X_i^2 = 0$，$\forall i=2,3,\cdots,n$)。试求

$$\max_{f(x^n)} \frac{I(X^n;Y^n)}{n}$$

其中，最大值是在约束条件 $E X_1^2 = nP$，$E X_i^2 = 0$，$i=2,3,\cdots n$ 下遍历所有的分布 $f(x^n)$。 295

(b) 求 $\max\limits_{f(x^n):E\left(\frac{1}{n}\sum_{i=1}^n X_i^2\right)\leqslant P} \frac{1}{n} I(X^n;Y^n)$，并且与(a)的结果做比较。

9.17 时变均值的高斯信道。求下列高斯信道的信道容量：

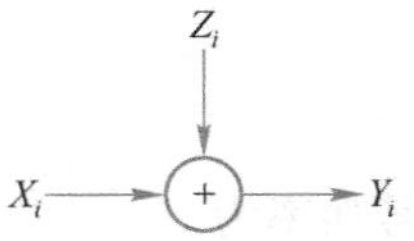

令 $Z_1, Z_2, \cdots$ 是相互独立的，并且令在 $x^n(W)$ 上的功率约束条件为 P，分别求满足下列条件时的信道容量：

(a) 对所有的 i，$\mu_i = 0$。

(b) $\mu_i = \mathrm{e}^i$，$i=1,2,\cdots$，假设传输者和接收者都知道 μ_i。

(c) μ_i 不确定，但对所有的 i，μ_i 为独立同分布且 $\mu_i \sim N(0,N_1)$。

9.18 信道容量的参数形式。考虑 m 个并联高斯信道 $Y_i = X_i + Z_i$，其中 $Z_i \sim N(0,\lambda_i)$，噪声 X_i 是相互独立的随机变量。因此，$C = \sum_{i=1}^m \frac{1}{2}\log\left(1+\frac{(\lambda-\lambda_i)^+}{\lambda_i}\right)$，其中选取 λ 以满足 $\sum_{i=1}^m (\lambda - \lambda_i)^+ = P$。证明可以写为下面的形式

$$P(\lambda) = \sum_{i:\lambda_i \leqslant \lambda} (\lambda - \lambda_i)$$

$$C(\lambda) = \sum_{i:\lambda_i \leqslant \lambda} \frac{1}{2}\log\frac{\lambda}{\lambda_i}$$

这里 $P(\lambda)$ 是逐段线性，而 $C(\lambda)$ 是 λ 的逐段取对数。

9.19 鲁棒译码。考虑一个可加噪声信道，它的输出 Y 为 $Y=X+Z$，其中信道输入 X 有平均功率约束条件 $E X^2 \leqslant P$，并且噪声过程 $\{Z_k\}_{k=-\infty}^{\infty}$ 是独立同分布序列且具有功率 N 的边际分布 $p_Z(z)$(不必是高斯分布)， 296

$$E Z^2 = N$$

(a) 证明信道容量 $C = \max_{E X^2 \leqslant P} I(X;Y)$ 的下界 C_G 满足 $C_G = \frac{1}{2}\log\left(1+\frac{P}{N}\right)$。

(b) 如果噪声是非高斯的，就按照在欧几里得距离意义下最接近该向量的码字，将接收到的向量解码成码字一般来讲是次优解。但是，即使严格遵守最邻近译码(即最小欧几里得距离译码)，码率 C_G 也是可达的，而最优最大似然译码或者联合典型译码(关于真实的噪声分布)则不然。

(c) 扩展结果到下列条件：噪声不是独立同分布的，但关于功率 N 是平稳且遍历的。

(关于(b)与(c)的提示：考虑大小为 2^{nR} 的随机码簿。其中的码字是相互独立的，并且服从半径为 $\sqrt{nP}$ 的 n 维球上的均匀分布。)

(a) 用对称方法，证明噪声向量经过条件作用后，其平均误差概率仅通过它的欧几里得范数 $\|\mathbf{z}\|$ 间接依赖于噪声向量。

(b) 利用几何方法证明这个依赖性是单调的。

(c) 已知码率 $R<C_G$，选择某个 $N'>N$，使得

$$R<\frac{1}{2}\log\left(1+\frac{P}{N'}\right)$$

将其与噪声为独立同分布且服从$\mathcal{N}(0,N')$时的结果做比较。

297 (d) 利用上述码簿能达到高斯信道的容量这一事实(无须证明)总结出证明过程。

9.20 互信息游戏。考虑下列信道：

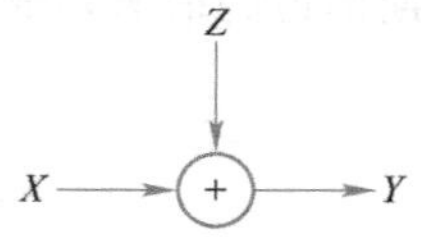

在整个问题中，我们均将限制信号功率为

$$EX=0, EX^2=P \tag{9-176}$$

而噪声功率为

$$EZ=0, EZ^2=N \tag{9-177}$$

并且假定 X 和 Z 相互独立。信道容量由 $I(X;X+Z)$给出。

现来考虑，要求噪声扮演者选择一个关于 Z 的分布，使得 $I(X;X+Z)$达到最小，而要求信号扮演者选取一个关于 X 的分布，使得 $I(X;X+Z)$达到最大。令 $X^*\sim\mathcal{N}(0,P)$，$Z^*\sim\mathcal{N}(0,N)$，证明 X^* 和 Z^* 满足鞍点条件

$$I(X;X+Z^*)\leqslant I(X^*;X^*+Z^*)\leqslant I(X^*;X^*+Z) \tag{9-178}$$

于是，

$$\min_Z \max_X I(X;X+Z)=\max_X \min_Z I(X;X+Z) \tag{9-179}$$

$$=\frac{1}{2}\log\left(1+\frac{P}{N}\right) \tag{9-180}$$

因而，该游戏有一个值。特别是，对于任何一方的选手而言，如果选取的分布偏离了正态分布，那么该选手就会损失互信息。讨论这意味着什么？

注：证明的关键部分要用到 17.8 节中所论述的熵幂不等式。该不等式是指当 n 维随机向量 $\mathbf{X}$ 和 $\mathbf{Y}$ 相互独立且密度函数均已知时，则

298

$$2^{\frac{2}{n}h(\mathbf{X}+\mathbf{Y})}\geqslant 2^{\frac{2}{n}h(\mathbf{X})}+2^{\frac{2}{n}h(\mathbf{Y})} \tag{9-181}$$

9.21 恢复噪声。考虑一个标准高斯信道$Y^n=X^n+Z^n$，其中Z_i是i. i. d. $\sim\mathcal{N}(0,N)$，$i=1,2,\cdots,n$，并且$\frac{1}{n}\sum_{i=1}^{n}X_i^2\leqslant P$。这里，我们感兴趣的是恢复出该高斯噪声 Z^n，而并不关心信号 X^n。发送 $X^n=(0, 0, \cdots, 0)$，接收者得到 $Y^n=Z^n$，便能够完全决定 Z^n 的值。我们想知道 X^n 中有多大的可变度时依然可以恢复出高斯噪声 Z^n。利用下图所示的信道

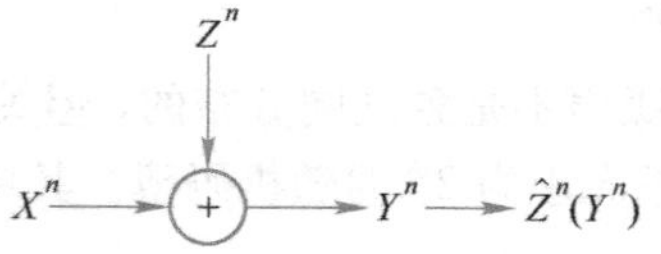

讨论对某个 $R>0$，发送者可以任意地发送 2^{nR}个 x^n 中的不同序列，在

$$\Pr\{\hat{Z}^n\neq Z^n\}\to 0 \qquad 当\ n\to\infty$$

的意义下，并不会影响对噪声的恢复。什么样的 R 有这种可能？

历史回顾

对高斯信道的分析首先是香农在原创性论文[472]中给出的。针对高斯彩色噪声信道的容量的注水解是香农在［480］中发展出来的，而精细化的处理则是平斯克给出的[425]。模拟高斯信道的处理是 Wyner 在[576]，Gallager 在[233]，以及 Landau，Pollak 与 Slepian 分别在[340，341，500]给出的。

平斯克[421］与 Ebert［178］讨论了反馈至多能够使得高斯非白信道的容量翻倍；而本文中的证明过程来自 Cover 与 Pombra［136］，他们也证明了反馈至多能够使得高斯非白信道的容量提高半个比特。关于高斯非白噪声信道的最新反馈容量结果当属 Kim［314］。 299

第 10 章

率失真理论

描述一个任意的实数一般需要无穷比特，因此，对连续随机变量的有限表示永远不可能完美。问题在于我们到底可以做得多好？为了给这个问题清晰的构架，首先给出关于信源表示的“优良程度”的定义。为此，引入失真度量的概念。失真度量是指随机变量和它的表示之间的距离的度量。因此，率失真理论的基本问题可以归结如下：对于一个给定的信源分布与失真度量，在特定的码率下，可达到的最小期望失真是多少？或者等价地说，为满足一定的失真限制，最小描述码率可以是多少？

正如将大象与小鸡放在一起描述比单独描述它们更有效率，率失真理论一个诱人的方面在于联合描述比单个描述更为有效。这种观点甚至适用于独立随机变量的情形。比如，对 X_1 和 X_2 进行联合描述(在各自给定的失真度量下)比逐个描述更为简单。为什么独立的问题没有独立的答案呢？从几何中可以得到答案。显然矩形网格点(源自独立的描述)并不能够有效地装填整个空间。

率失真理论不仅适用于连续随机变量，也适用于离散随机变量。第 5 章的零误差数据压缩理论是率失真理论可以应用于离散信源的一个重要例子，此时率失真为零。下面首先考虑一种简单情形，即用有限的比特数表示单个的连续随机变量。

300~301

10.1 量化

本节我们会看到，精确地解决单个随机变量的量化问题相当复杂，这激励我们完善率失真理论。由于一个连续的随机信源需要无限的精确度才可准确地表示。因此，不可能通过一个码率有限的编码使之精确地再生。我们需要解决的问题是对于任何给定的数据码率，寻求最好的可能表示。

首先考虑信源中单个样本的表示问题。设 X 是表示的随机变量，记 X 的表示为 $\hat{X}(X)$。如果使用 R 比特表示 X，则函数 $\hat{X}$ 可以有 2^R 个取值。要寻找 $\hat{X}$ 的最优取值(称作*再生点*(reproductiou point)或者*码点*(code point))集合以及每个取值所对应的原像区域。

例如，设 $X\sim\mathcal{N}(0,\sigma^2)$，假定失真度量为平方误差。则要寻找不超过 2^R 个取值的函数 $\hat{X}(X)$，使 $E(X-\hat{X}(X))^2$ 最小。如果仅给定 1 比特表示 X，显然，必须能够用这一比特来将 $X>0$ 与否区分开来。为使平方误差达到最小，函数 $\hat{X}(X)$ 应该取其所在区域上 X 的条件均值，如图 10-1 所示。于是，

$$\hat{X}(x)=\begin{cases}\sqrt{\dfrac{2}{\pi}}\sigma & \text{当 } x\geqslant 0\\ -\sqrt{\dfrac{2}{\pi}}\sigma & \text{当 } x<0\end{cases}\tag{10-1}$$

当用 2 比特表示这个样本时，问题就并不这么简单了。显然，需要把实轴分成四个区域，并
302 选取每个区域上的一个点表示样本。但是这些表示区域应该如何划分，以及再生点应该怎样选取？要解决这些问题却并不明显。然而，对于单个随机变量的量化问题，我们可以断言最优的区域划分以及再生点有以下两个简单的性质：

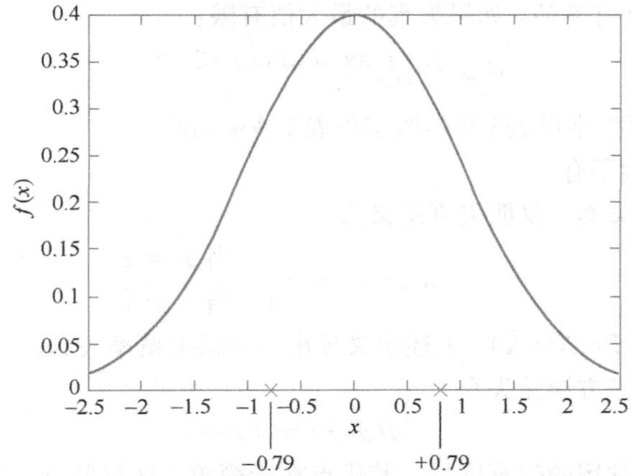

图 10-1 高斯随机变量的 1 比特量化

- 当再生点集合$\{\hat{X}(w)\}$给定时，可通过将信源随机变量 X 映射为再生点集中最接近于它的表示$\hat{X}(w)$，使失真最小化。于是，该映射定义一个$\mathcal{X}$的区域构成的集合，称为由再生点定义的 Voronoi 划分或狄利克雷划分(Dirichlet partition)。
- 再生点应该在各自划分到的区域上使条件期望失真最小化。

这两个性质使我们能够构造出获得“好”的量化器的一种简单算法：从某个再生点集合开始，找到最优的再生区域集(在失真度量下的最邻近的区域)，然后再确定出这些区域的相应最优再生点(如果失真度量是平方误差，则再生点即是这些区域的质心)。如此继续对这个新的再生点集合重复以上迭代过程。在算法的每一步中，期望失真是逐步递减的，因此，算法将收敛于失真的一个局部极小值。该算法称为 *Lloyd 算法*[363](针对实值随机变量)或*推广的 Lloyd 算法*[358](针对向量值随机变量)，是设计量化系统的常用算法。

如果要量化的并非单个随机变量，而是服从高斯分布的 n 个独立同分布的随机变量集合，用 nR 比特表示它们。由于信源是独立同分布的，于是信源符也是独立的。因此，假如分开处理的话，每个元素的表示都显得像是一个独立的问题。然而，随后的率失真理论的结果将表明这是不对的。我们将用取 2^{nR} 个值的一个下标表示整个序列。在相同的码率下，这种对整个序列同时处理的方法比对于单个样本独立量化所得的失真更低。

10.2 定义

假设某信源产生序列 $X_1, X_2, \cdots, X_n$，是 i. i. d. $\sim p(x)$，$x \in \mathcal{X}$。在本章的证明中，假设字母表是有限的，但大多数离散情形下的证明都可以推广到连续的随机变量。信源序列 X^n 的编码用下标 $f_n(X^n) \in \{1,2,\cdots,2^{nR}\}$表示，$X^n$ 的译码用估计形式 $\hat{X}^n \in \hat{\mathcal{X}}$表示，如图 10-2 所示。 303

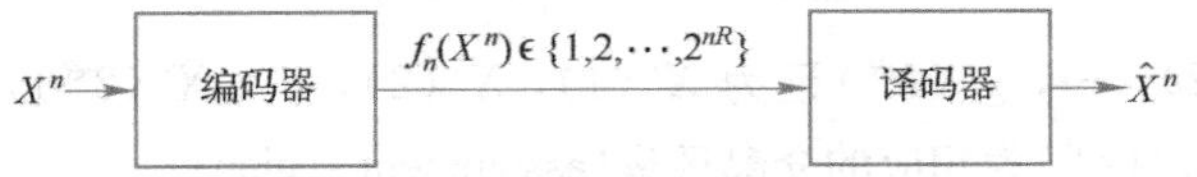

图 10-2 率失真编码器与译码器

定义 **失真函数**(distortion function)或者**失真度量**(distortion measure)指从信源字母表与再生字母表的乘积空间到非负实数集上的映射 $d: \mathcal{X} \times \hat{\mathcal{X}} \rightarrow \mathcal{R}^+$ (10-2)

失真 $d(x, \hat{x})$是用来刻画使用 $\hat{x}$ 表示 x 时的代价度量。

定义 称失真度量是有界的，如果失真的最大值有限：

$$d_{\max} \stackrel{\text{def}}{=} \max_{x\in\mathcal{X},\hat{x}\in\hat{\mathcal{X}}} d(x,\hat{x}) < \infty \tag{10-3}$$

在大多数情形下，再生字母表$\hat{\mathcal{X}}$和信源字母表$\mathcal{X}$是相同的。

常用的失真函数的例子有

- **汉明(误差概率)失真**。汉明失真定义为

$$d(x,\hat{x}) = \begin{cases} 0 & 当\ x=\hat{x} \\ 1 & 当\ x\neq\hat{x} \end{cases} \tag{10-4}$$

304 由于 $\mathrm{E}d(X,\hat{X})=\Pr(X\neq\hat{X})$，上述定义导出一个误差概率失真。

- **平方误差失真**。平方误差失真

$$d(x,\hat{x}) = (x-\hat{x})^2 \tag{10-5}$$

是连续字母表最常用的失真度量。其优点在于简单，且与最小二乘法联系紧密。但在某些应用中，例如图像编码和语音编码，许多作者指出，从人的观测角度看来，均方误差并非是恰当的失真度量。例如，语音波形与同一波形的另一版在小的时间差异下将会有很大的平方误差失真，即使对于同一个观察者来讲，这两个声音听起来是一样的。

有许多替代的方案已经被提出。在语音编码中常用的一种失真度量为 *Itakura-Saito* 距离，它是多元正态随机过程之间的相对熵。然而，在图像编码中，到目前为止还没有真正找到一种好的失真度量去替代均方误差度量。

失真度量概念是定义在字符×字符上的。下面我们把这个定义推广到下面的序列上去。

定义 x^n 与 $\hat{x}^n$ 序列间的失真定义为

$$d(x^n,\hat{x}^n) = \frac{1}{n}\sum_{i=1}^{n} d(x_i,\hat{x}_i) \tag{10-6}$$

因此，一个序列的失真是序列中每个分量失真的平均值。这并非唯一合理的定义。例如，可以将两个序列间的失真度量定义为每字符失真的最大值。下面所获得的理论并非直接适用于更一般情形的失真度量。

定义 一个$(2^{nR},n)$率失真码(rate distortion code)包括一个编码函数

$$f_n:\mathcal{X}^n \to \{1,2,\cdots,2^{nR}\} \tag{10-7}$$

和一个译码(再生)函数

305

$$g_n:\{1,2,\cdots,2^{nR}\} \to \hat{\mathcal{X}}^n \tag{10-8}$$

关于这个$(2^{nR},n)$码的失真定义为

$$D = \mathrm{E}d(X^n,g_n(f_n(X^n))) \tag{10-9}$$

其中所取的期望是针对 X 的概率分布而言的：

$$D = \sum_{x^n} p(x^n)d(x^n,g_n(f_n(x^n))) \tag{10-10}$$

将 n 元组 $g_n(1)$，$g_n(2)$，…，$g_n(2^{nR})$记为 $\hat{X}^n(1)$，$\hat{X}^n(2)$，…，$\hat{X}^n(2^{nR})$，它构成一个码簿，且 $f_n^{-1}(1)$，$f_n^{-1}(2)$，…，$f_n^{-1}(2^{nR})$为相应的分配区域(assignment region)。

有多种术语可以用来表达这种量化形式 $\hat{X}^n(w)$来替代 X^n。常见的有 X^n 的向量量化、再生、重构、表示、信源编码以及估计。

定义 称率失真对(R, D)是可达的，若存在一个$(2^{nR},n)$率失真码序列(f_n,g_n)，满足 $\lim_{n\to\infty}\mathrm{E}d(X^n,g_n(f_n(X^n)))\leqslant D$。

定义 全体可达率失真对(R,D)所成的集合闭包称为信源的**率失真区域**。

定义 对于给定的失真 D，满足 (R,D) 包含于信源的率失真区域中的所有码率 R 的下确界称为**率失真函数**(rate distortion function) $R(D)$。

定义 对于给定的码率 R，满足 (R,D) 包含于信源的率失真区域中的所有失真 D 的下确界称为**失真率函数**(distortion rate function) $D(R)$。

失真率函数给出了另一种观察率失真区域的边界的方法。尽管两种描述方法是等价的，但是，习惯上通常用率失真函数而不是用失真率函数来描述其边界。

现在定义关于信源的一个数学函数，称为**信息率失真函数**。本章的主要结果是证明信息率失真函数与上述定义的率失真函数是等价的，即可达某一特定失真的所有码率的下确界。 306

定义 设信源 X 的失真度量为 $d(x,\hat{x})$，定义其信息率失真函数 $R^{(I)}(D)$ 为

$$R^{(I)}(D) = \min_{p(\hat{x}|x):\ \sum_{(x,\hat{x})} p(x)p(\hat{x}|x)d(x,\hat{x})\leqslant D} I(X;\hat{X}) \tag{10-11}$$

其中的最小值取自使联合分布 $p(x,\hat{x})=p(x)p(\hat{x}|x)$ 满足期望失真限制的所有条件分布 $p(\hat{x}|x)$。

与第 7 章中对信道容量的讨论类似，先考虑信息率失真函数的性质，并对一些简单信源与失真度量，计算它们的信息率失真函数。然后证明，这个函数是可以达到的，即存在一个失真 D 而码率为 $R^{(I)}(D)$ 的编码。

下面给出的是率失真理论的一个主要定理：

定理 10.2.1 *对于独立同分布的信源 X，若公共分布为 $p(x)$ 且失真函数 $d(x,\hat{x})$ 有界，那么其率失真函数与对应的信息率失真函数相等。于是，*

$$R(D) = R^{(I)}(D) = \min_{p(\hat{x}|x):\ \sum_{(x,\hat{x})} p(x)p(\hat{x}|x)d(x,\hat{x})\leqslant D} I(X;\hat{X}) \tag{10-12}$$

为在失真 D 下的最小可达码率。

该定理表明率失真函数的可操作性定义与信息方式的定义是等价的。因此，从现在开始，对这两个率失真函数不加区分，都用 $R(D)$ 表示。在证明定理前，先对一些简单的信源与失真度量，计算它们的信息率失真函数。

10.3 率失真函数的计算

10.3.1 二元信源

下面计算在期望误差失真小于或等于 D 下，描述 Bernoulli(p) 信源所需的码率 $R(D)$。

定理 10.3.1 *Bernoulli(p) 信源在汉明失真度量下的率失真函数为*

$$R(D) = \begin{cases} H(p) - H(D), & 0 \leqslant D \leqslant \min\{p, 1-p\} \\ 0, & D > \min\{p, 1-p\} \end{cases} \tag{10-13}$$ 307

证明：考虑在汉明失真度量下的二元信源 $X\sim$Bernoulli(p)。不失一般性，假定 $p<1/2$。计算率失真函数

$$R(D) = \min_{p(\hat{x}|x):\ \sum_{(x,\hat{x})} p(x)p(\hat{x}|x)d(x,\hat{x})\leqslant D} I(X;\hat{X}) \tag{10-14}$$

用 $\oplus_2$ 表示模 2 加法运算，则 $X\oplus_2\hat{X}=1$ 等价于 $X\neq\hat{X}$。我们无法直接最小化 $I(X;\hat{X})$，而是先获得率失真函数的一个下界，然后证明这个下界是可达的。对于任何一个满足失真限制的联合分布，我们有

$$\begin{aligned} I(X;\hat{X}) &= H(X) - H(X \mid \hat{X}) && (10\text{-}15)\\ &= H(p) - H(X \oplus \hat{X} \mid \hat{X}) && (10\text{-}16)\\ &\geqslant H(p) - H(X \oplus \hat{X}) && (10\text{-}17)\\ &\geqslant H(p) - H(D) && (10\text{-}18) \end{aligned}$$

由于 $\Pr(X\neq\hat{X})\leqslant D$ 且 $H(D)$ 在 $D\leqslant 1/2$ 时是单增的。于是，

$$R(D)\geqslant H(p)-H(D) \tag{10-19}$$

我们下面说明，若能找到一个满足失真限制且有 $I(X;\hat{X})=R(D)$ 的联合分布，则这个下界实际上是率失真函数。由于 $0\leqslant D\leqslant p$，选取 $(X,\hat{X})$ 使其联合分布满足如图 10-3 所示的二元对称信道，则可以达到式(10-19)中的率失真函数值。

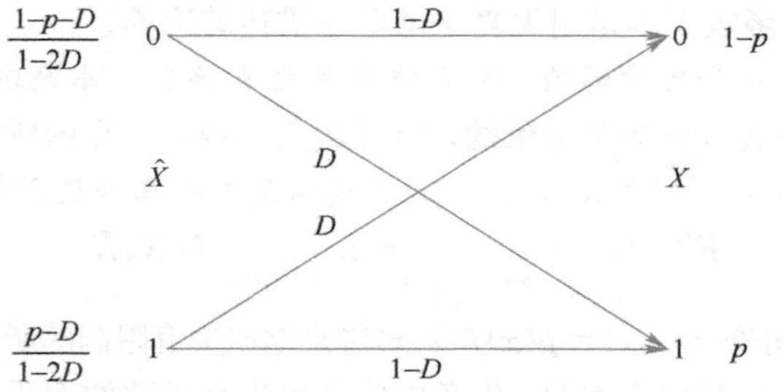

308 图 10-3 二元信源的联合分布

我们选取在信道输入处 $\hat{X}$ 的分布，使输出分布 X 服从图 10-3 中指定的分布。令 $r=\Pr(\hat{X}=1)$，并且对 r 的选取满足

$$r(1-D)+(1-r)D=p \tag{10-20}$$

或

$$r=\frac{p-D}{1-2D} \tag{10-21}$$

若 $D\leqslant p\leqslant 1/2$，则 $\Pr(\hat{X}=1)\geqslant 0$，且 $\Pr(\hat{X}=0)\geqslant 0$。于是我们有

$$I(X;\hat{X})=H(X)-H(X\mid\hat{X})=H(p)-H(D) \tag{10-22}$$

且期望失真为 $\Pr(X\neq\hat{X})=D$。

若 $D\geqslant p$，则可通过令 $\hat{X}=0$ 的概率为 1 而达到码率 $R(D)=0$。此时，$I(X;\hat{X})=0$，且期望失真为 $D=p$。同样地，若 $D\geqslant 1-p$，则可通过令 $\hat{X}=1$ 的概率为 1 而达到码率 $R(D)=0$。因此，二元信源的率失真函数为

$$R(D)=\begin{cases}H(p)-H(D), & 0\leqslant D\leqslant\min\{p,1-p\}\\ 0, & D>\min\{p,1-p\}\end{cases} \tag{10-23}$$

其函数图像如图 10-4 所示。 □

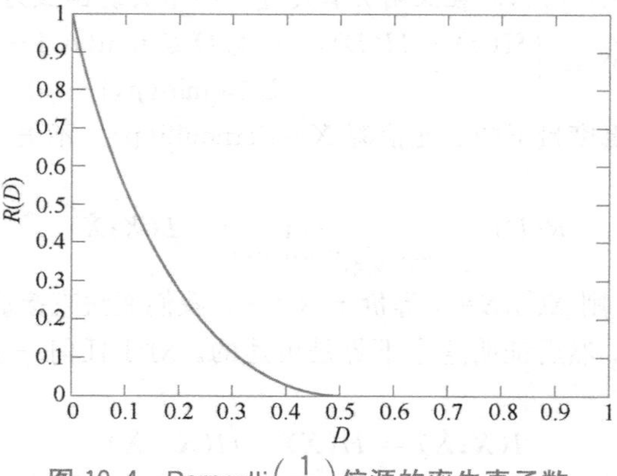

309 图 10-4 Bernoulli$\left(\frac{1}{2}\right)$信源的率失真函数

以上的计算似乎并无完整合理的动机，最小化互信息为什么和量化有关系？这个问题必须等到定理 10.2.1 的证明以后才能给以回答。

10.3.2 高斯信源

尽管定理 10.2.1 仅对具有有界失真测度的离散信源给出了证明，但它的方法可以推广到对于具有良好行为的连续型信源以及无界失真测度。假定该一般性定理成立，那么，在平方误差失真度量下来计算高斯信源的率失真函数。

定理 10.3.2 *一个$\mathcal{N}(0,\sigma^2)$信源在平方误差失真度量下的率失真函数为*

$$R(D)=\begin{cases}\frac{1}{2}\log\frac{\sigma^2}{D}, & 0\leqslant D\leqslant\sigma^2\\ 0, & D>\sigma^2\end{cases} \tag{10-24}$$

证明：设 $X\sim\mathcal{N}(0,\sigma^2)$，由推广到连续型字母表情形的率失真定理，我们有

$$R(D)=\min_{f(\hat{x}|x):E(\hat{X}-X)^2\leqslant D} I(X;\hat{X}) \tag{10-25}$$

与前面的例子类似，首先获得率失真函数的一个下界，然后证明这个下界是可达的。由于 $E(X-\hat{X})^2\leqslant D$，我们有

$$I(X;\hat{X})=h(X)-h(X\mid\hat{X}) \tag{10-26}$$

$$=\frac{1}{2}\log(2\pi e)\sigma^2-h(X-\hat{X}\mid\hat{X}) \tag{10-27}$$

$$\geqslant\frac{1}{2}\log(2\pi e)\sigma^2-h(X-\hat{X}) \tag{10-28}$$

$$\geqslant\frac{1}{2}\log(2\pi e)\sigma^2-h(\mathcal{N}(0,E(X-\hat{X})^2)) \tag{10-29}$$

$$=\frac{1}{2}\log(2\pi e)\sigma^2-\frac{1}{2}\log(2\pi e)E(X-\hat{X})^2 \tag{10-30}$$

$$\geqslant\frac{1}{2}\log(2\pi e)\sigma^2-\frac{1}{2}\log(2\pi e)D \tag{10-31}$$

$$=\frac{1}{2}\log\frac{\sigma^2}{D} \tag{10-32}$$ 310

其中式(10-28)是由于加入条件使熵减小的事实，式(10-29)是由于在给定二阶矩下，正态分布使熵最大化(定理 8.6.5)。因此，

$$R(D)\geqslant\frac{1}{2}\log\frac{\sigma^2}{D} \tag{10-33}$$

为了求得达到这个下界时的条件密度 $f(\hat{x}|x)$，通常更为简便的办法是着眼考虑条件密度函数 $f(x|\hat{x})$，对此，有时称作测试信道(*test channel*)(为了强调率失真与信道容量的对偶性)。如在二元信源情形中一样，构造使等号成立的 $f(x|\hat{x})$。选取如图 10-5 所示的联合分布。如果 $D\leqslant\sigma^2$，取

$$X=\hat{X}+Z,\hat{X}\sim\mathcal{N}(0,\sigma^2-D),Z\sim\mathcal{N}(0,D) \tag{10-34}$$

其中 $\hat{X}$ 与 Z 独立。对于该联合分布，计算可得

$$I(X;\hat{X})=\frac{1}{2}\log\frac{\sigma^2}{D} \tag{10-35}$$

以及 $E(X-\hat{X})^2=D$，于是这个联合分布可以达到式(10-33)中的下界。若 $D>\sigma^2$，以概率 1 选取 $\hat{X}=0$，则由此可得 $R(D)=0$。因此，高斯信源在平方误差失真下的率失真函数为

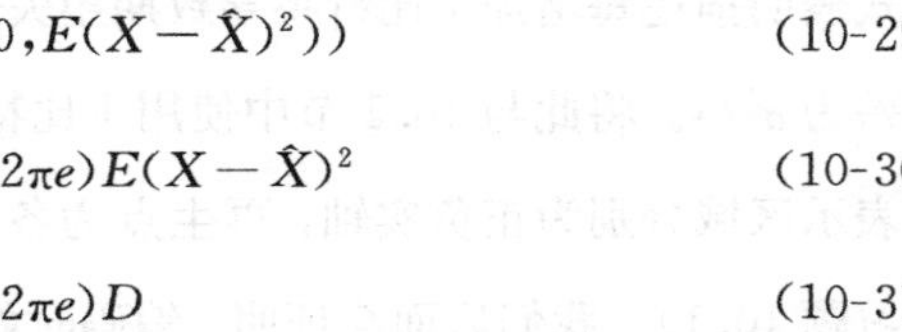

图 10-5 高斯信源的联合分布

$$R(D)=\begin{cases}\frac{1}{2}\log\frac{\sigma^2}{D}, & 0\leqslant D\leqslant\sigma^2\\ 0, & D>\sigma^2\end{cases} \tag{10-36}$$

其函数图像如图10-6所示。 □

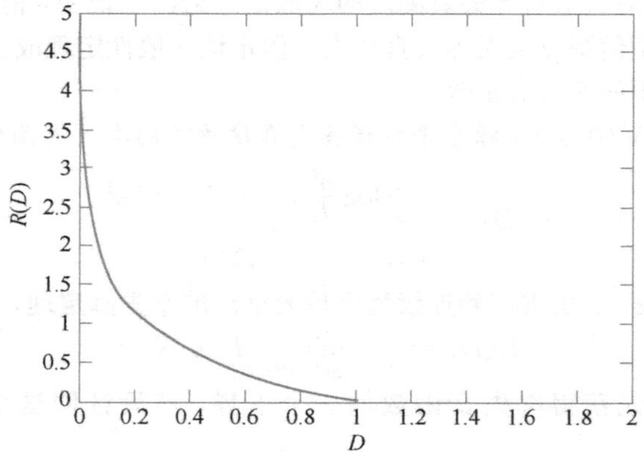

图10-6 高斯信源的率失真函数

我们可将式(10-36)改写为用码率来表示失真的表达式，

311 $$D(R)=\sigma^2 2^{-2R} \tag{10-37}$$

此式表明描述每增加1比特将导致期望失真以$\frac{1}{4}$倍减小。当描述使用1比特时，最佳的期望平方误差为$\sigma^2/4$。将此与10.1节中使用1比特量化随机变量$\mathcal{N}(0,\sigma^2)$这个简单结果做个比较。用两个表示区域分别为正负实轴，再生点为各自表示区域的质心，期望失真为$\frac{\pi-2}{\pi}\sigma^2=0.3633\sigma^2$(参看习题10.1)。我们后面会证明，编码时如果考虑足够的分组长度，率失真限度$R(D)$是可达的。这个例子表明，如果将几个失真问题连在一起考虑(具有足够的分组长度)，则可获得比单个分开来考虑时更低的失真。这多少令人有点惊讶，因为我们量化的是独立的随机变量。

10.3.3 独立高斯随机变量的同步描述

本小节考虑m个独立(但服从不同的分布)的正态随机信源$X_1,\cdots,X_m$的表示问题，其中X_i
312 是$\sim\mathcal{N}(0,\sigma_i^2)$，为平方误差失真。假设用$R$比特来表示这个随机向量。自然有这样一个问题：如何分配这些比特到各成员，才能使总失真最小？将信息率失真函数的定义推广到向量情形，我们有

$$R(D)=\min_{f(\hat{x}^m|x^m):Ed(X^m,\hat{X}^m)\leqslant D} I(X^m;\hat{X}^m) \tag{10-38}$$

其中$d(x^m,\hat{x}^m)=\sum_{i=1}^{m}(x_i-\hat{x}_i)^2$。由前面例子的讨论，我们有

$$I(X^m;\hat{X}^m)=h(X^m)-h(X^m\mid\hat{X}^m) \tag{10-39}$$

$$=\sum_{i=1}^{m}h(X_i)-\sum_{i=1}^{m}h(X_i\mid X^{i-1},\hat{X}^m) \tag{10-40}$$

$$\geqslant\sum_{i=1}^{m}h(X_i)-\sum_{i=1}^{m}h(X_i\mid\hat{X}_i) \tag{10-41}$$

$$=\sum_{i=1}^{m}I(X_i;\hat{X}_i) \tag{10-42}$$

$$\geqslant\sum_{i=1}^{m}R(D_i) \tag{10-43}$$

$$=\sum_{i=1}^{m}\left(\frac{1}{2}\log\frac{\sigma_i^2}{D_i}\right)^+ \tag{10-44}$$

其中 $D_i=E(X_i-\hat{X}_i)^2$ 以及式(10-41)是因为加入条件使熵减小。式(10-41)与式(10-43)中的等号可由前面例子类似地选取 $f(x^m\mid\hat{x}^m)=\prod_{i=1}^{m}f(x_i\mid\hat{x}_i)$ 和分别选取分布 $\hat{X}_i\sim\mathcal{N}(0,\sigma_i^2-D_i)$ 得到。因此，求解率失真函数问题可简化为如下的最优化问题(为了简便起见，使用奈特为单位)：

$$R(D)=\min_{\sum D_i=D}\sum_{i=1}^{m}\max\left\{\frac{1}{2}\ln\frac{\sigma_i^2}{D_i},0\right\} \tag{10-45}$$

用拉格朗日乘子法，我们建立函数

$$J(D)=\sum_{i=1}^{m}\frac{1}{2}\ln\frac{\sigma_i^2}{D_i}+\lambda\sum_{i=1}^{m}D_i \tag{10-46}$$ 313

同时关于 D_i 求偏导数，并令其等于 0，我们有

$$\frac{\partial J}{\partial D_i}=-\frac{1}{2}\frac{1}{D_i}+\lambda=0 \tag{10-47}$$

或

$$D_i=\lambda' \tag{10-48}$$

因此，对于各种描述的最佳比特分配方案是让各个随机变量具有相等的失真。如果对所有的 i，式(10-48)中常量 λ' 都比 σ_i^2 小，要达到这一目标是可能的。当总的可容许的失真 D 增大时，常量 λ' 也随之增大，直到对某个 λ_i 超过了 σ_i^2。此时，式(10-48)的解处于可容许的失真区域的边界上。若继续增加总的失真，必须运用库恩-塔克条件求解式(10-46)中的最小值。此时，由库恩-塔克条件可导出

$$\frac{\partial J}{\partial D_i}=-\frac{1}{2}\frac{1}{D_i}+\lambda \tag{10-49}$$

其中 λ 的选取满足

$$\frac{\partial J}{\partial D_i}\begin{cases}=0 & \text{如果 } D_i<\sigma_i^2\\ \leqslant 0 & \text{如果 } D_i\geqslant\sigma_i^2\end{cases} \tag{10-50}$$

容易验证，库恩—塔克方程组的解可由下面的定理给出：

定理 10.3.3(并联高斯信源的率失真) *设 $X_i\sim\mathcal{N}(0,\sigma_i^2)(i=1,2,\cdots,m)$ 为独立的高斯随机变量，假定失真度量为 $d(x^m,\hat{x}^m)=\sum_{i=1}^{m}(x_i-\hat{x}_i)^2$，则率失真函数为*

$$R(D)=\sum_{i=1}^{m}\frac{1}{2}\log\frac{\sigma_i^2}{D_i} \tag{10-51}$$

其中

$$D_i=\begin{cases}\lambda & \text{如果 } \lambda<\sigma_i^2\\ \sigma_i^2 & \text{如果 } \lambda\geqslant\sigma_i^2\end{cases} \tag{10-52}$$

其中对 λ 的选取满足 $\sum_{i=1}^{m}D_i=D$。 314

这引出了如图 10-7 所示的一种反注水法。选定一个常量 λ，只描述方差比 λ 大的随机变量，而方差比 λ 小的随机变量不用比特描述。总之，如果

$$X\sim\mathcal{N}\left(0,\begin{bmatrix}\sigma_1^2 & \cdots & 0\\ \vdots & \ddots & \vdots\\ 0 & \cdots & \sigma_m^2\end{bmatrix}\right)$$

成立，那么

$$\hat{X} \sim \mathcal{N}\left(0, \begin{bmatrix} \hat{\sigma}_1^2 & \cdots & 0 \\ \vdots & \ddots & \vdots \\ 0 & \cdots & \hat{\sigma}_m^2 \end{bmatrix}\right)$$

成立，且 $E(X_i-\hat{X}_i)^2=D_i$，其中 $D_i=\min\{\lambda,\sigma_i^2\}$。更一般地，多元正态向量的率失真函数可利用反注水法并依据协方差阵的特征值得到。也可以对高斯随机过程进行相同的讨论。由谱表示定理，高斯随机过程可由在多个频带上的独立高斯过程的积分表示。将反注水法应用于频谱，可以得到率失真函数。

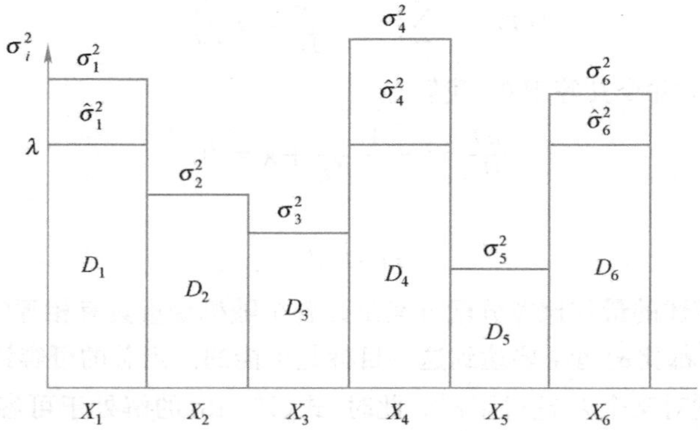

图 10-7 独立高斯随机变量的反注水法

10.4 率失真定理的逆定理

本节证明，如果用小于 $R(D)$ 的码率描述 X，则不能达到比 D 小的失真，由此来证明定理 10.2.1 中的逆命题，其中

315

$$R(D)=\min_{p(\hat{x}|x):\ \sum_{(x,\hat{x})}p(x)p(\hat{x}|x)d(x,\hat{x})\leqslant D} I(X;\hat{X}) \tag{10-53}$$

上述最小值取自所有使联合分布 $p(x,\hat{x})=p(x)p(\hat{x}|x)$ 满足期望失真限制的条件分布 $p(\hat{x}|x)$。在证明逆定理之前，首先给出有关信息率失真函数的一些简单性质。

引理 10.4.1（$R(D)$ 的凸性） 由式(10-53)给出的率失真函数 $R(D)$ 是关于 D 的非增凸函数。

证明：由于当 D 增大时，$R(D)$ 是随之增大的集合上的互信息的最小值，因此，$R(D)$ 关于 D 非增。为证明 $R(D)$ 是凸的，考虑率失真曲线上的两个率失真对 (R_1,D_1) 与 (R_2,D_2)。记达到这两个率失真对的联合分布为 $p_1(x,\hat{x})=p(x)p_1(\hat{x}|x)$ 和 $p_2(x,\hat{x})=p(x)p_2(\hat{x}|x)$。考虑分布 $p_\lambda=\lambda p_1+(1-\lambda)p_2$。由于失真是关于分布的线性函数，则我们有 $D(p_\lambda)=\lambda D_1+(1+\lambda)D_2$。另一方面，互信息为条件分布的凸函数(定理 2.7.4)，于是

$$I_{p\lambda}(X;\hat{X})\leqslant \lambda I_{p1}(X;\hat{X})+(1-\lambda)I_{p2}(X;\hat{X}) \tag{10-54}$$

因此，由率失真函数的定义，

$$R(D_\lambda)\leqslant I_{p\lambda}(X;\hat{X}) \tag{10-55}$$

$$\leqslant \lambda I_{p1}(X;\hat{X})+(1-\lambda)I_{p2}(X;\hat{X}) \tag{10-56}$$

$$=\lambda R(D_1)+(1-\lambda)R(D_2) \tag{10-57}$$

这证明了 $R(D)$ 为 D 的凸函数。 □

现在，已做好了对逆定理证明的准备。

证明(定理 10.2.1 中的逆定理)：对于失真度量 $d(x,\hat{x})$，且 i.i.d. 服从 $p(x)$的任何信源 X，以及失真$\leqslant D$ 的任何一个$(2^{nR},n)$率失真码，我们需要证明该编码的码率必定满足 $R\geqslant R(D)$。事实上，要证明 $R\geqslant R(D)$对于随机化映射 f_n 与 g_n，两者长度相同不超过 2^{nR}个取值。

考虑由式(10-7)和式(10-8)给出的函数 f_n 和 g_n 定义的某个$(2^{nR},n)$率失真码。设 $\hat{X}^n=\hat{X}^n(X^n)=g_n(f_n(X^n))$为相应于 X^n 的再生序列，对于此码字，假设 $E\,d(X_n,\hat{X}_n)\geqslant D$，则我们有下面的不等式串： 316

$$nR \overset{(a)}{\geqslant} H(f_n(X^n)) \tag{10-58}$$

$$\overset{(b)}{\geqslant} H(f_n(X^n)) - H(f_n(X^n) \mid X^n) \tag{10-59}$$

$$= I(X^n; f_n(X^n)) \tag{10-60}$$

$$\overset{(c)}{\geqslant} I(X^n;\hat{X}^n) \tag{10-61}$$

$$= H(X^n) - H(X^n \mid \hat{X}^n) \tag{10-62}$$

$$\overset{(d)}{=} \sum_{i=1}^{n} H(X_i) - H(X^n \mid \hat{X}^n) \tag{10-63}$$

$$\overset{(e)}{=} \sum_{i=1}^{n} H(X_i) - \sum_{i=1}^{n} H(X_i \mid \hat{X}^n, X_{i-1}, \cdots, X_1) \tag{10-64}$$

$$\overset{(f)}{\geqslant} \sum_{i=1}^{n} H(X_i) - \sum_{i=1}^{n} H(X_i \mid \hat{X}_i) \tag{10-65}$$

$$= \sum_{i=1}^{n} I(X_i;\hat{X}_i) \tag{10-66}$$

$$\overset{(g)}{\geqslant} \sum_{i=1}^{n} R(Ed(X_i,\hat{X}_i)) \tag{10-67}$$

$$= n\left(\frac{1}{n}\sum_{i=1}^{n} R(Ed(X_i,\hat{X}_i))\right) \tag{10-68}$$

$$\overset{(h)}{\geqslant} nR\left(\frac{1}{n}\sum_{i=1}^{n} Ed(X_i,\hat{X}_i)\right) \tag{10-69}$$

$$\overset{(i)}{=} nR(Ed(X^n,\hat{X}^n)) \tag{10-70}$$

$$\overset{(j)}{\geqslant} nR(D) \tag{10-71}$$

其中

(a) 基于事实：f_n 的值域最多是 2^{nR}，

(b) 基于事实：$H(f_n(\hat{X}^n)|X^n)\geqslant 0$，

(c) 基于数据处理不等式，

(d) 基于 X_i 的相互独立性，

(e) 基于熵的链式法则，

(f) 基于事实：加入条件总能使熵减小，

(g) 基于率失真函数的定义，

(h) 基于率失真函数的凸性(引理 10.4.1)及 Jensen 不等式，

(i) 基于分组长度为 n 的失真函数的定义，

(j) 基于事实：R(D)关于 D 是非增函数以及 $E\,d(X_n,\hat{X}_n)\leqslant D$。

317

这说明了任意率失真码的码率 R 比在失真水平 $D=E\,d(X^n,\hat{X}^n)$下计算出的率失真函数 $R(D)$要大。 □

类似的讨论方法也可以应用到被编码的信源是从有噪声的信道传输过来的情形，从而可以得到一个等价于带失真的信源信道分离定理：

定理 10.4.1(带失真的信源信道分离定理) 令 $V_1, V_2, \cdots, V_n$ 为有限个独立同分布字母表的信源，编码为容量 C 的离散无记忆信道中的 n 个输入字符序列 X^n。而信道的输出 Y^n 映射为重构字母表 $\hat{V}^n = g(Y^n)$。令 $D = Ed(V^n,\hat{V}^n) = \frac{1}{n}\sum_{i=1}^{n} Ed(V_i,\hat{V}_i)$ 为由该组合信源与信道编码方案构成的平均失真。该失真 D 可达当且仅当 $C > R(D)$ 成立。

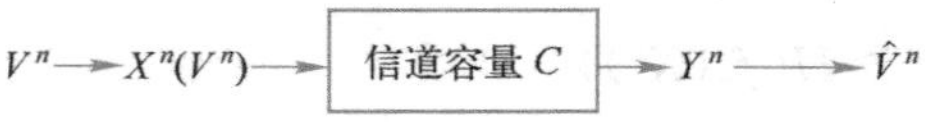

证明：见习题 10.17。 □

10.5 率失真函数的可达性

下面证明率失真函数的可达性。首先考虑联合 AEP 的修正情形，在给定失真度量下，增加
318 条件为考虑的序列对是典型的。

定义 设 $p(x,\hat{x})$为$\mathcal{X}\times\hat{\mathcal{X}}$上的一个联合概率分布，$d(x,\hat{x})$是$\mathcal{X}\times\hat{\mathcal{X}}$上的失真度量。对任意$\varepsilon>0$，称序列对$(x^n,\hat{x}^n)$是失真 ε 典型的，或简称失真典型的(distortion typical)，如果

$$\left|-\frac{1}{n}\log p(x^n) - H(X)\right| < \varepsilon \tag{10-72}$$

$$\left|-\frac{1}{n}\log p(\hat{x}^n) - H(\hat{X})\right| < \varepsilon \tag{10-73}$$

$$\left|-\frac{1}{n}\log p(x^n,\hat{x}^n) - H(X,\hat{X})\right| < \varepsilon \tag{10-74}$$

$$|d(x^n,\hat{x}^n) - Ed(X,\hat{X})| < \varepsilon \tag{10-75}$$

由所有失真典型序列构成的集合称为失真典型集，记为 $A_{d,\varepsilon}^{(n)}$。

注意，这是存在附加限制条件即失真接近期望值时的联合典型集(7.6 节)的定义。因此，失真典型集是联合典型集的子集，即 $A_{d,\varepsilon}^{(n)} \subset A_{\varepsilon}^{(n)}$。若$(X_i,\hat{X}_i)$为 i. i. d. 的且$\sim p(x,\hat{x})$，则两个随机序列间的失真

$$d(X^n,\hat{X}^n) = \frac{1}{n}\sum_{i=1}^{n} d(X_i,\hat{X}_i) \tag{10-76}$$

为这些独立同分布随机变量的平均，由大数定律可知，它将以极大的概率趋于它的期望值。因此，我们有下面的引理。

引理 10.5.1 设$(X_i,\hat{X}_i)$为独立同分布的序列且$\sim p(x,\hat{x})$，那么当 $n\to\infty$时，$\Pr(A_{d,\varepsilon}^{(n)})\to 1$。

证明：由于定义 $A_{d,\varepsilon}^{(n)}$中的 4 个条件求和具有 i. i. d. 随机变量的标准化的求和形式，因此由大数定律，这些求和值均将以概率 1 收敛于它们各自的期望值。于是，当 $n\to\infty$时，满足 4 个条件的所有序列构成的集合的概率将趋于 1。 □

319 下面的引理是失真典型集定义的直接结果。

引理 10.5.2 对任意$(x^n,\hat{x}^n)\in A_{d,\varepsilon}^{(n)}$，

$$p(\hat{x}^n) \geqslant p(\hat{x}^n \mid x^n)2^{-n(I(X;\hat{X})+3\varepsilon)} \tag{10-77}$$

证明：由 $A_{d,\varepsilon}^{(n)}$的定义，可以对任意的$(x^n,\hat{x}^n)\in A_{d,\varepsilon}^{(n)}$的概率值 $p(x^n)$，$p(\hat{x}^n)$与 $p(x^n,\hat{x}^n)$做出界估计，即有

$$p(\hat{x}^n \mid x^n) = \frac{p(x^n,\hat{x}^n)}{p(x^n)} \tag{10-78}$$

$$= p(\hat{x}^n)\frac{p(x^n,\hat{x}^n)}{p(x^n)p(\hat{x}^n)} \tag{10-79}$$

$$\leqslant p(\hat{x}^n)\frac{2^{-n(H(X,\hat{X})-\varepsilon)}}{2^{-n(H(X)+\varepsilon)}2^{-n(H(\hat{X})+\varepsilon)}} \tag{10-80}$$

$$= p(\hat{x}^n)2^{n(I(X;\hat{X})+3\varepsilon)} \tag{10-81}$$

由此可知引理成立。□

我们还需要如下这个很有意思的不等式。

引理 10.5.3 对 $0\leqslant x,\ y\leqslant 1,\ n>0$，

$$(1-xy)^n \leqslant 1-x+e^{-yn} \tag{10-82}$$

证明：设 $f(y)=e^{-y}-1+y$，则有 $f(0)=0$，并且当 $y>0$ 时，$f'(y)=-e^{-y}+1>0$，因此，当 $y>0$，可得 $f(y)>0$。于是，对 $0\leqslant y\leqslant 1$，我们有 $1-y\leqslant e^{-y}$，并在该式两边同时取 n 次幂，可得

$$(1-y)^n \leqslant e^{-yn} \tag{10-83}$$

于是，当 $x=1$ 时，引理成立。由检验可知，当 $x=0$ 时，不等式也是成立的。通过求导容易看出，$g_y(x)=(1-xy)^n$ 是 x 的凸函数，因此，对 $0\leqslant x\leqslant 1$，有

$$(1-xy)^n = g_y(x) \tag{10-84}$$

$$\leqslant (1-x)g_y(0)+xg_y(1) \tag{10-85}$$

$$= (1-x)1+x(1-y)^n \tag{10-86}$$

$$\leqslant 1-x+xe^{-yn} \tag{10-87}$$

$$\leqslant 1-x+e^{-yn} \tag{10-88}$$

□

由此来证明定理 10.2.1 中的可达性。 320

证明（定理 10.2.1 中的可达性）：设 $X_1, X_2, \cdots, X_n$ 为 i. i. d. $\sim p(x)$，该信源的失真度量 $d(x,\hat{x})$ 有界。记该信源的率失真函数为 $R(D)$，那么对任意的 D 以及任意的 $R>R(D)$，我们通过证明具有码率 R 和渐近失真 D 的率失真码序列的存在性，以说明率失真对 (R,D) 是可达的。选定 $p(\hat{x}\mid x)$，使 $p(\hat{x}\mid x)$ 满足式(10-53)的等号成立。于是，$I(X;\hat{X})=R(D)$。计算 $p(\hat{x})=\sum_x p(x)p(\hat{x}|x)$。选取 $\delta>0$。我们证明码率为 R 且失真小于等于 $D+\delta$ 的率失真码的存在性。

码簿的生成。随机生成由 2^{nR} 个 i. i. d. $\sim \prod_{i=1}^{n} p(\hat{x}_i)$ 的序列 $\hat{X}_n$ 组成的率失真码簿 $\mathcal{C}$。为这些码字做下标 $w\in\{1,2,\cdots,2^{nR}\}$，并将该码簿告知于编码器与译码器。

编码。若存在一个 w 使 $(X^n,\hat{X}^n(w))\in A_{d,\varepsilon}^{(n)}$（即失真典型集），则将 X^n 编码为 w。如果这样的 w 不是唯一的，则选取最小的一个。若不存在这样的 w，则令 $w=1$。于是 nR 比特足以描述联合典型码字的下标 w。

译码。再生序列即为 $\hat{X}^n(w)$。

失真计算。正如信道编码定理情形，我们计算在所有随机选取的码簿 $\mathcal{C}$ 上的期望失真为

$$\overline{D} = E_{X^n,\mathcal{C}}\, d(X^n,\hat{X}^n) \tag{10-89}$$

其中所取的期望是针对码簿的随机选取和 X^n 而言的。

对于选定的码簿 $\mathcal{C}$ 与 $\varepsilon>0$，将所有序列 x^n 分为两类：

- 存在一个码字 $\hat{X}^n(w)$ 与序列 x^n 是失真典型，即 $d(x^n,\hat{x}^n(\omega))<D+\varepsilon$。由于这些序列的总概率至多为 1，故这些序列对期望失真的贡献不会超过 $D+\varepsilon$。
- 不存在上述要求的码字 $\hat{X}^n(w)$ 的序列 x^n。记 P_e 为所有这样的序列的总概率。由于任何单个序列的上界为 $d_{\max}$，故这些序列对期望失真的贡献不会超过 $P_e d_{\max}$。

因此，我们可将总失真定界如下

321 $$Ed(X^n,\hat{X}^n(X^n))\leqslant D+\varepsilon+P_e d_{\max} \tag{10-90}$$

若 P_e 足够小，则当适当选取 ε 后能使上式左边小于 $D+\delta$。因此，若能证明 P_e 是很小的，则期望失真就可接近 D，定理就得到了证明。

P_e 的计算。 对于随机选取的码簿$\mathcal{C}$和随机选取的信源序列，要估计不存在与该信源序列失真典型的码字的概率的界。记 $J(\mathcal{C})$为满足$\mathcal{C}$中至少存在一个码字与 x^n 是失真典型的序列 x^n 全体构成的集合。于是

$$P_e=\sum_{\mathcal{C}}P(\mathcal{C})\sum_{x^n:x^n\notin J(\mathcal{C})}p(x^n) \tag{10-91}$$

这是没有被一个编码很好地表示的所有序列的概率，其均值取自所有随机选取的码。改变求和顺序，也可以将其解释为选取的码簿不能很好表示序列 x^n 的概率，此时，取均值是相对于$p(x^n)$而言的，即

$$P_e=\sum_{x^n}p(x^n)\sum_{\mathcal{C}:x^n\notin J(\mathcal{C})}p(\mathcal{C}) \tag{10-92}$$

我们定义

$$K(x^n,\hat{x}^n)=\begin{cases}1 & \text{如果}(x^n,\hat{x}^n)\in A_{d,\varepsilon}^{(n)}\\ 0 & \text{如果}(x^n,\hat{x}^n)\notin A_{d,\varepsilon}^{(n)}\end{cases} \tag{10-93}$$

于是，单个随机选取的码字 $\hat{X}^n$ 不能很好地表示某选定的 x^n 的概率为

$$\Pr((x^n,\hat{X}^n)\notin A_{d,\varepsilon}^{(n)})=\Pr(K(x^n,\hat{X}^n)=0)=1-\sum_{\hat{x}^n}p(\hat{x}^n)K(x^n,\hat{x}^n) \tag{10-94}$$

所以，独立选取的 2^{nR} 个码字不能很好表示 x^n 的概率，关于 $p(x^n)$取平均，得到

$$P_e=\sum_{x^n}p(x^n)\sum_{\mathcal{C}:x^n\notin J(\mathcal{C})}p(\mathcal{C}) \tag{10-95}$$

322 $$=\sum_{x^n}p(x^n)\Big[1-\sum_{\hat{x}^n}p(\hat{x}^n)K(x^n,\hat{x}^n)\Big]^{2^{nR}} \tag{10-96}$$

我们现在应用引理 10.5.2 来估计中括号里的和式的界。由引理 10.5.2，可得

$$\sum_{\hat{x}^n}p(\hat{x}^n)K(x^n,\hat{x}^n)\geqslant\sum_{\hat{x}^n}p(\hat{x}^n\mid x^n)2^{-n(I(X;\hat{X})+3\varepsilon)}K(x^n,\hat{x}^n) \tag{10-97}$$

因此，

$$P_e\leqslant\sum_{x^n}p(x^n)\Big(1-2^{-n(I(X;\hat{X})+3\varepsilon)}\sum_{\hat{x}^n}p(\hat{x}^n\mid x^n)K(x^n,\hat{x}^n)\Big)^{2^{nR}} \tag{10-98}$$

下面利用引理 10.5.3 估计式 (10-98)右边的项的界，可得

$$\begin{aligned}&\Big(1-2^{-n(I(X;\hat{X})+3\varepsilon)}\sum_{\hat{X}^n}p(\hat{x}^n\mid x^n)K(x^n,\hat{x}^n)\Big)^{2^{nR}}\\ &\leqslant 1-\sum_{\hat{x}^n}p(\hat{x}^n\mid x^n)K(x^n,\hat{x}^n)+e^{-(2^{-n(I(X;\hat{X})+3\varepsilon)}2^{nR})}\end{aligned} \tag{10-99}$$

将此不等式代入式(10-98)，我们有

$$P_e\leqslant 1-\sum_{x^n}\sum_{\hat{x}^n}p(x^n)p(\hat{x}^n\mid x^n)K(x^n,\hat{x}^n)+e^{-2^{-n(I(X;\hat{X})+3\varepsilon)}2^{nR}} \tag{10-100}$$

该不等式的最后一项等于

$$e^{-2^{n(R-I(X;\hat{X})-3\varepsilon)}} \tag{10-101}$$

当 $R>I(X;\hat{X})+3\varepsilon$ 时，它随 n 以指数级快速衰减于 0。因此，如果我们选取 $p(\hat{x}|x)$为达到率失真函数的最小值时的条件分布，则 $R>R(D)$意味着 $R>I(X;\hat{X})$，并且只要选取足够小的 ε 就可

以使式(10-100)的最后一项趋于 0。

式(10-100)中的前两项给出了在联合分布 $p(x^n,\hat{x}^n)$下序列对不是失真典型的概率。因此，由引理 10.5.1 可知，当 n 充分大时，有

$$1-\sum_{x^n}\sum_{\hat{x}^n}p(x^n,\hat{x}^n)K(x^n,\hat{x}^n)=\Pr((X^n,\hat{X}^n)\notin A_{d,\varepsilon}^{(n)})<\varepsilon \tag{10-102}$$ 323

所以，适当的选取 ε 和 n，能使 P_e 任意小。

于是，对任意选取的 $\delta>0$，存在 ε 和 n，对于分组长度为 n 且码率为 R 的所有随机选取的编码，期望失真小于 $D+\delta$。因此，必定存在一个具有该码率与分组长度的编码$\mathcal{C}^*$，其平均失真小于 $D+\delta$。由于 δ 是任意的。于是证明了当 $R>R(D)$时(R,D)是可达的。□

我们已经证明了期望失真接近于 D，码率接近于 $R(D)$的率失真码的存在性。率失真定理的随机编码证明与信道编码定理的随机编码证明显然是非常类似的。我们以高斯分布为例进一步讨论它们之间的相似性，并以此提供该问题的某些几何解释。信道编码对应填球模型，而率失真编码对应球覆盖模型。

*高斯信道的信道编码。*考虑高斯信道 $Y_i=X_i+Z_i$，其中 Z_i 为 i. i. d. $\sim\mathcal{N}(0,N)$，且该信道在传输码字上的单符号功率上的功率限制为 P。考虑一个 n 长的传输序列。功率限制使传输序列限制在$\mathcal{R}^n$ 中半径为 $\sqrt{nP}$的球内。编码问题等价于在该球内找到一个由 2^{nR} 个序列构成的集合，使其中的任何一个序列被误认为其他序列的概率尽可能地小，即使以每个序列为中心，半径是 $\sqrt{nN}$的球体几乎是互不相交的。这相当于用半径为 $\sqrt{nN}$的球体去填塞半径为 $\sqrt{n(P+N)}$的球。我们期望能容纳的球的最大数量为它们体积的比值，或者等价地，为它们半径比值的 n 次幂。于是，若 M 为能有效传送的码字的数量，则有

$$M\leqslant\frac{(\sqrt{n(P+N)})^n}{(\sqrt{nN})^n}=\left(\frac{P+N}{N}\right)^{\frac{n}{2}} \tag{10-103}$$

信道编码定理的结果已经说明，当 n 很大时，要有效地实现这一目标是可能的。大约可以找到

$$2^{nC}=\left(\frac{P+N}{N}\right)^{\frac{n}{2}} \tag{10-104}$$

个码字，使以它们为中心的有噪声球邻域是几乎不相交的(它们相交的总体积可以任意小)。 324

*高斯信源的率失真。*考虑方差为 σ^2 的高斯信源。该信源具有失真 D 的某$(2^{nR},n)$率失真码为$\mathcal{R}^n$ 中 2^{nR}个序列组成的集合，其中大多数长度为 n 的信源序列(即所有位于半径是 $\sqrt{n\sigma^2}$的球内的信源序列)在某个码字的 $\sqrt{nD}$邻域内。再次使用填球模型的方法，显然，最少所需的码字数量为

$$2^{nR(D)}=\left(\frac{\sigma^2}{D}\right)^{\frac{n}{2}} \tag{10-105}$$

率失真定理说明这个最小码率是渐近可达的，即存在一族半径为 $\sqrt{nD}$的球，它们能够覆盖除去其概率可以任意小的一个集合之外的空间。

以上关于几何性质的讨论使我们能够将一个好的信道传输码转变为一个好的率失真码。在两种情形下，其主要的思想都是对信源序列空间的填充：在信道传输中，希望找到其码字间具有较大的最小距离的最大码字集；然而在率失真中，却希望找到能覆盖整个空间的最小码字集。若能找到某个码字集使得其中的情形之一满足由填球模型获得的界，则它对于另一情形也必然满足由填球模型得到的界。在高斯情形下，对于率失真编码与信道编码，选取码字为高斯且具有适当方差的方案都是渐近最佳的。

10.6 强典型序列与率失真

10.5 节证明了具有码率 $R(D)$且平均失真接近于 D 的率失真码的存在性。不仅平均失真可接近于 D，而且失真大于 $D+\delta$ 的总概率接近于 0。证明方法与 10.5 节的论述类似，主要的区别在于使用强典型序列而不再是弱典型序列。这能够使我们对未被式(10-94)中随机选取的码字很好地表示的典型信源序列的概率定出上界。基于强典型性，我们现在可以给出一个等价证明的提纲。这将提供一个更强更直观手段来理解率失真定理。

我们首先给出强典型性的定义，并且引用一个关于估计两个序列是联合典型的概率的界的
325 基本定理。强典型序列的性质在 Berger[53]中已有介绍，且在 Csiszár 与 Körner 所著的书[149]中有详尽的论述。我们将定义强典型性(参见第 11 章)，然后给出基本的引理(引理 10.6.2)。

定义 称序列 $x^n\in\mathcal{X}^n$关于$\mathcal{X}$上的分布 $p(x)$是 ε **强典型的**，如果满足：

1. 对任意 $a\in\mathcal{X}$，且 $p(a)>0$，则有

$$\left|\frac{1}{n}N(a\mid x^n)-p(a)\right|<\frac{\varepsilon}{|\mathcal{X}|} \tag{10-106}$$

2. 对任意 $a\in\mathcal{X}$，且 $p(a)=0$，则 $N(a|x^n)=0$。

其中 $N(a|x^n)$表示字符 a 在序列 x^n 中出现的次数。

由强典型序列 $x^n\in\mathcal{X}^n$ 组成的集合称为**强典型集**，并记为 $A_\varepsilon^{*(n)}(X)$，或当随机变量可以根据上下文确定时简记为 $A_\varepsilon^{*(n)}$。

定义 称序列对$(x^n, y^n)\in\mathcal{X}^n\times\mathcal{Y}^n$ 关于$\mathcal{X}\times\mathcal{Y}$上的分布 $p(x,y)$是 ε **强典型的**，如果满足：

1. 对任意$(a, b)\in\mathcal{X}\times\mathcal{Y}$，且 $p(a, b)>0$，则有

$$\left|\frac{1}{n}N(a,b\mid x^n,y^n)-p(a,b)\right|<\frac{\varepsilon}{|\mathcal{X}||\mathcal{Y}|} \tag{10-107}$$

2. 对任意$(a, b)\in\mathcal{X}\times\mathcal{Y}$，且 $p(a, b)=0$，则 $N(a, b|x^n, y^n)=0$。

其中 $N(a,b|x^n,y^n)$为(a,b)在序列对(x^n,y^n)中出现的次数。

由所有强典型序列$(x^n,y^n)\in\mathcal{X}^n\times\mathcal{Y}^n$ 构成的集合称为**强典型集**，并记为 $A_\varepsilon^{*(n)}(X,Y)$，或 $A_\varepsilon^{*(n)}$。从定义可知，若$(x^n,y^n)\in A_\varepsilon^{*(n)}(X,Y)$，则 $x^n\in A_\varepsilon^{*(n)}(X)$。由强大数定律，立即可得下面的引理。

引理 10.6.1 设(X_i,Y_i)为 i.i.d. $\sim p(x,y)$，则当 $n\to\infty$时，$\Pr(A_\varepsilon^{*(n)})\to 1$。

326 我们将用到一个基本的结论，该结论估计了给定序列与另一独立抽取的序列是联合强典型的概率的界。定理 7.6.1 说明，如果独立地选取 X^n 与 Y^n，那么它们为弱联合典型的概率$\approx 2^{-nI(X;Y)}$。下面的引理将该结果推广至强典型序列情形，这比以前给出的结论，即随机选取的序列与固定典型序列 x^n 的联合典型的概率的下界估计要强。

引理 10.6.2 设 $Y_1,Y_2,\cdots,Y_n$ 为 i.i.d$\sim p(y)$，则对 $x^n\in A_\varepsilon^{*(n)}(X)$，$(x^n,Y^n)\in A_\varepsilon^{*(n)}(x)$的概率的界为

$$2^{-n(I(X;Y)+\varepsilon_1)}\leqslant \Pr((x^n,Y^n)\in A_\varepsilon^{*(n)})\leqslant 2^{-n(I(X;Y)-\varepsilon_1)} \tag{10-108}$$

其中当 $\varepsilon\to 0$，$n\to\infty$时，ε_1 趋向于 0。

证明：此处我们并不证明该引理，而本章后面的习题 10.16 中给出证明的要点。其实，该证明涉及找到关于条件典型集的大小的一个下界估计。 □

我们将直接进入率失真函数的可达性证明。仅给出一个框架来说明主要的思想。码簿的构造、编码与译码过程都与 10.5 节的证明是类似的。

证明：选定 $p(\hat{x}, x)$，计算 $p(\hat{x})=\sum_x p(x)p(\hat{x}\mid x)$。固定 $\varepsilon>0$，将适当选取 ε 以达到小于

$D+\delta$ 的期望失真。

码簿的生成。生成一个由 2^{nR} 个 i. i. d. $\sim \prod_i p(\hat{x}_i)$ 的序列 $\hat{X}^n$ 构成的率失真码簿 $\mathcal{C}$。记这些序列为 $\hat{X}^n(1)$，…，$\hat{X}^n(2^{nR})$。

编码。给定序列 X^n，若存在 w，使 $(X^n,\hat{X}^n(w))\in A_\epsilon^{*(n)}$（即联合强典型集），则将 X^n 标上下标 w。若这样的 w 不唯一，则以字典序顺序第一个发送。若这样的 w 不存在，则令 $w=1$。

译码。令再生序列为 $\hat{X}^n(w)$。

失真计算。与 10.5 节中证明的情况类似，我们计算在随机选取的码簿上的期望失真如下

$$D = E_{X^n,\mathcal{C}}\, d(X^n,\hat{X}^n) \tag{10-109}$$

$$= E_{\mathcal{C}}\sum_{x^n} p(x^n)\, d(x^n,\hat{X}^n(x^n)) \tag{10-110}$$

$$= \sum_{x^n} p(x^n) E_{\mathcal{C}}\, d(x^n,\hat{X}^n) \tag{10-111}$$ 327

其中所取的期望是针对随机选取的码簿。对于一个固定的码簿 $\mathcal{C}$，将序列 $x^n\in\mathcal{X}^n$ 分成如图 10-8 所示的三类。

- **非典型序列** $x^n\notin A_\epsilon^{*(n)}$。选取 n 足够大时，这些序列的总概率小于 ϵ。由于任何两个序列间的失真有上界 $d_{\max}$，那么非典型序列对期望失真的贡献至多为 $\epsilon d_{\max}$。
- **典型序列** $x^n\in A_\epsilon^{*(n)}$ **且存在码字** $\hat{X}^n(\omega)$ **与** x^n **是联合典型的**。此时，由于信源序列与码字为强联合典型的，失真作为联合分布的函数的连续性保证了它们也是失真典型的。因此，这些 x^n 与它们的码字间的失真有界 $D+\epsilon d_{\max}$，且由于这些序列的总概率最多为 1，所以，这些序列对期望失真的贡献最多为 $D+\epsilon d_{\max}$。

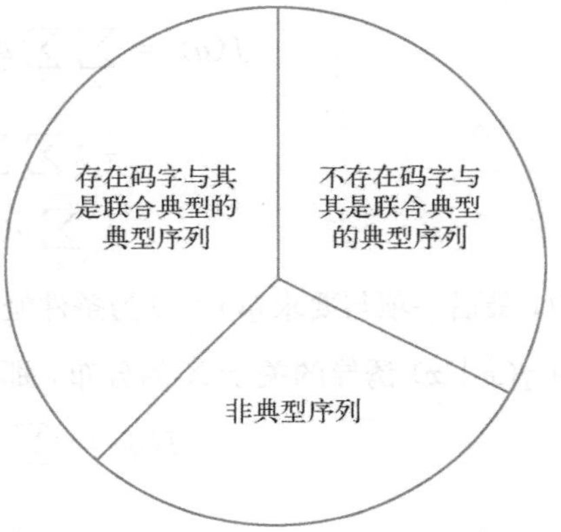

图 10-8 率失真定理中信源序列的分类 328

- **典型序列** $x^n\in A_\epsilon^{*(n)}$ **但不存在码字** $\hat{X}^n$ **与** x^n **是联合典型的**。记 P_e 为这些序列的总概率。由于任何两个序列间的失真有上界 $d_{\max}$，那么这些序列对期望失真的贡献至多为 $P_e d_{\max}$。

第一类和第三类中的序列为不能被该率失真码很好地表示的序列。第一类序列的概率当 n 足够大时是小于 ϵ 的。最后一类的概率为 P_e，我们将会证明其可以变得很小。于是将通过证明不能被很好地表示的序列的总概率很小而证得定理。我们将再以此证明平均失真接近于 D。

P_e 的计算。假设给定序列 X^n，必须对不存在码字与其是联合典型的概率做出界估计。由联合 AEP 可知，X^n 与任何 $\hat{X}^n$ 是联合典型的概率 $\approx 2^{-nI(X;\hat{X})}$。因此，与 X^n 为联合典型的序列 $\hat{X}^n(w)$ 的期望数目为 $2^{nR}2^{-nI(X;\hat{X})}$。如果 $R>I(X;\hat{X})$，这个数值是随 n 以指数级增大的。

但上述理由并不足以证明 $P_e\to 0$。我们必须说明不存在码字与 X^n 构成联合典型序列的概率趋向于 0。联合典型码字的期望数量随 n 以指数级增大的事实并不能保证具有极大的概率至少存在一个码字与序列 X^n 是联合典型的。正如式(10-94)，我们将误差概率展开为

$$P_e = \sum_{x^n\in A_\epsilon^{*(n)}} p(x^n)\left[1-\Pr((x^n,\hat{X}^n)\in A_\epsilon^{*(n)})\right]^{2^{nR}} \tag{10-112}$$

由引理 10.6.2，我们有

$$\Pr((x^n,\hat{X}^n)\in A_\epsilon^{*(n)}) \geqslant 2^{-n(I(X;\hat{X})+\epsilon_1)} \tag{10-113}$$

将此代入式(10-112)，且由不等式 $(1-x)^n\leqslant e^{-nx}$，可得

$$P_e \leqslant e^{-(2^{nR}2^{-n(I(X;\hat{X})+\epsilon_1)})} \tag{10-114}$$

若 $R>I(X;\hat{X})+\varepsilon_1$，则当 $n\to\infty$时，P_e 趋向于 0。因此，适当选取 ε 与 n，能使所有糟糕地表示的序列的总概率任意地小。由此不仅证明了期望失真接近于 D，而且能够找到一个码字使其与给定序列间的失真小于 $D+\delta$ 的概率趋于 1。 □

10.7 率失真函数的特征

我们已经定义信息率失真函数为

329

$$R(D) = \min_{q(\hat{x}|x):\sum_{(x,\hat{x})} p(x)q(\hat{x}|x)d(x,\hat{x})\leqslant D} I(X;\hat{X}) \tag{10-115}$$

其中最小值取自使联合分布 $p(x)q(\hat{x}\mid x)$ 满足期望失真限制的所有条件分布 $q(\hat{x}\mid x)$。这是关于凸函数的标准的最小化问题，其中最小化区域是对于任意的 x，满足 $\sum_{\hat{x}} q(\hat{x}\mid x)=1$ 且 $\sum q(\hat{x}|x)p(x)d(x,\hat{x})\leqslant D$ 的所有 $q(\hat{x}|x)\geqslant 0$ 构成的凸集。

我们可利用拉格朗日乘子法求解。先构造泛函

$$J(q) = \sum_x \sum_{\hat{x}} p(x)q(\hat{x}\mid x)\log \frac{q(\hat{x}\mid x)}{\sum_x p(x)q(\hat{x}\mid x)} + \lambda \sum_x \sum_{\hat{x}} p(x)q(\hat{x}\mid x)d(x,\hat{x}) \tag{10-116}$$

$$+ \sum_x v(x)\sum_{\hat{x}} q(\hat{x}\mid x) \tag{10-117}$$

其中，最后一项与要求 $q(\hat{x}\mid x)$ 为条件概率密度函数的约束相对应。如果令 $q(\hat{x})=\sum_x p(x)q(\hat{x}\mid x)$ 为由 $q(\hat{x}\mid x)$ 诱导的关于 $\hat{X}$ 的分布，那么，可以改写 $J(q)$ 为

$$J(q) = \sum_x \sum_{\hat{x}} p(x)q(\hat{x}\mid x)\log \frac{q(\hat{x}\mid x)}{q(\hat{x})} + \lambda \sum_x \sum_{\hat{x}} p(x)q(\hat{x}\mid x)d(x,\hat{x}) \tag{10-118}$$

$$+ \sum_x v(x)\sum_{\hat{x}} q(\hat{x}\mid x) \tag{10-119}$$

将上式关于 $q(\hat{x}|x)$求偏导，我们有

$$\frac{\partial J}{\partial q(\hat{x}\mid x)} = p(x)\log\frac{q(\hat{x}\mid x)}{q(\hat{x})} + p(x) - \sum_{x'} p(x')q(\hat{x}\mid x')\frac{1}{q(\hat{x})}p(x) + \lambda p(x)d(x,\hat{x}) + v(x) = 0 \tag{10-120}$$

令 $\log\mu(x)=v(x)/p(x)$，我们得到

330

$$p(x)\left[\log\frac{q(\hat{x}\mid x)}{q(\hat{x})} + \lambda d(x,\hat{x}) + \log\mu(x)\right] = 0 \tag{10-121}$$

或

$$q(\hat{x}\mid x) = \frac{q(\hat{x})e^{-\lambda d(x,\hat{x})}}{\mu(x)} \tag{10-122}$$

由于$\sum_{\hat{x}} q(\hat{x}\mid x)=1$，则必有

$$\mu(x) = \sum_{\hat{x}} q(\hat{x})e^{-\lambda d(x,\hat{x})} \tag{10-123}$$

或

$$q(\hat{x}\mid x) = \frac{q(\hat{x})e^{-\lambda d(x,\hat{x})}}{\sum_{\hat{x}} q(\hat{x})e^{-\lambda d(x,\hat{x})}} \tag{10-124}$$

两边同乘以 $p(x)$，并且关于所有 x 求和，可得

$$q(\hat{x}) = q(\hat{x}) \sum_x \frac{p(x)e^{-\lambda d(x,\hat{x})}}{\sum_{\hat{x}'} q(\hat{x}')e^{-\lambda d(x,\hat{x}')}} \tag{10-125}$$

若 $q(\hat{x})>0$，我们可在两边同除以 $q(\hat{x})$，从而对任意的 $\hat{x}\in\hat{\mathcal{X}}$，有

$$\sum_x \frac{p(x)e^{-\lambda d(x,\hat{x})}}{\sum_{\hat{x}'} q(\hat{x}')e^{-\lambda d(x,\hat{x}')}} = 1 \tag{10-126}$$

将这 $|\hat{\mathcal{X}}|$ 个方程与失真的定义方程联合，可以计算出 λ，以及 $|\hat{\mathcal{X}}|$ 个未知的 $q(\hat{x})$。由此以及式(10-124)可求得最优化的条件分布。

如果 $q(\hat{x})$ 是无约束的，即对所有的 $\hat{x}$，$q(\hat{x})>0$，则以上的分析是有效可行的。不等式条件 $q(\hat{x})>0$ 可由库恩一塔克条件来表述，则减化为

$$\frac{\partial J}{\partial q(\hat{x} \mid x)} = 0 \text{ 若 } q(\hat{x} \mid x) > 0$$

$$\geqslant 0 \text{ 若 } q(\hat{x} \mid x) = 0 \tag{10-127}$$

将求导的值代入，我们得到最小值条件为

$$\sum_x \frac{p(x)e^{-\lambda d(x,\hat{x})}}{\sum_{\hat{x}'} q(\hat{x}')e^{-\lambda d(x,\hat{x}')}} = 1 \quad \text{若 } q(\hat{x}) > 0 \tag{10-128}$$

$$\leqslant 1 \quad \text{若 } q(\hat{x}) = 0 \tag{10-129}$$ 331

该特性使我们将问题转变为检验 $q(\hat{x})$ 是否为最小化问题的一个解。然而，要从这些方程中解出最优输出分布却很困难。下一节，我们提出一个计算率失真函数的迭代算法。该算法是关于计算两个概率密度凸集间的最小相对熵距离的一般算法的一个特殊情形。

10.8 信道容量与率失真函数的计算

考虑下面的问题：给定 $\mathcal{R}^n$ 中两个凸集 A 与 B，如图 10-9 所示，希望计算它们之间的最小距离：

$$d_{\min} = \min_{a\in A, b\in B} d(a,b) \tag{10-130}$$

其中 $d(a,b)$ 表示 a 和 b 之间的欧几里得距离。显而易见的一种算法是任取一点 $x\in A$，找出与它距离最近的一点 $y\in B$。然后再固定 y，找出 A 中距离它最近的一点，重复该过程，很明显，该距离随着重复次数的增加而递减。其是否收敛到两个集合间的最小距离？Csiszár 与 Tusnády [155]已经说明，如果集合是凸的，以及距离度量满足一定的条件，则这个交替最小化算法确实将收敛到该最小值。特别地，若两个集合为概率分布之集，而距离度量是相对熵，那么该算法的结果确实收敛到两个分布集合间的最小相对熵。 332

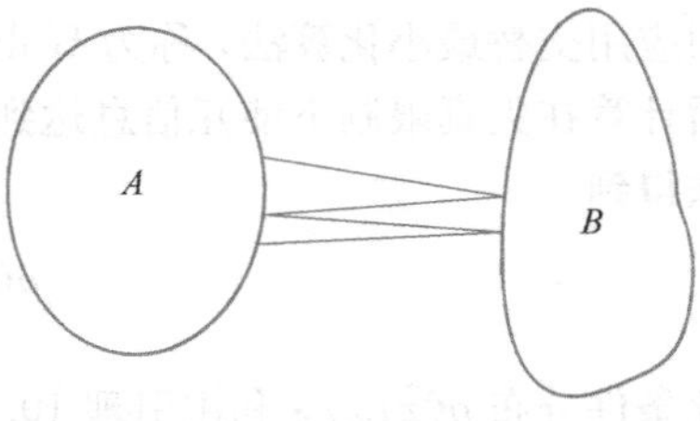

图 10-9 凸集间的距离

要将此算法应用于率失真，我们还需将率失真函数改写为两个集合间的相对熵的最小值形式。先给出一个简单的引理。该引理的另一种形式还将在定理 13.1.1 中再次出现，它建立了信道容量与通用数据压缩的对偶性。

引理 10.8.1 设 $p(x)p(y|x)$ 是给定的联合分布，则使相对熵 $D(p(x)p(y|x)\|p(x)r(y))$ 最小化的分布 $r(y)$ 是对应于 $p(y|x)$ 的边际分布 $r^*(y)$，即：

$$D(p(x)p(y \mid x) \| p(x)r^*(y)) = \min_{r(y)} D(p(x)p(y \mid x) \| p(x)r(y)) \tag{10-131}$$

其中 $r^*(y)=\sum_x p(x)p(y\mid x)$。同时，

$$\max_{r(x|y)}\sum_{x,y}p(x)p(y\mid x)\log\frac{r(x\mid y)}{p(x)}=\sum_{x,y}p(x)p(y\mid x)\log\frac{r^*(x\mid y)}{p(x)} \tag{10-132}$$

其中

$$r^*(x\mid y)=\frac{p(x)p(y\mid x)}{\sum_x p(x)p(y\mid x)} \tag{10-133}$$

证明：

$$D(p(x)p(y\mid x)\parallel p(x)r(y))-D(p(x)p(y\mid x)\parallel p(x)r^*(y))$$

$$=\sum_{x,y}p(x)p(y\mid x)\log\frac{p(x)p(y\mid x)}{p(x)r(y)} \tag{10-134}$$

$$-\sum_{x,y}p(x)p(y\mid x)\log\frac{p(x)p(y\mid x)}{p(x)r^*(y)} \tag{10-135}$$

$$=\sum_{x,y}p(x)p(y\mid x)\log\frac{r^*(y)}{r(y)} \tag{10-136}$$

$$=\sum_y r^*(y)\log\frac{r^*(y)}{r(y)} \tag{10-137}$$

$$=D(r^*\parallel r) \tag{10-138}$$

333 $$\geqslant 0 \tag{10-139}$$

引理第二部分的证明留作练习。 □

利用该引理，可将率失真函数的定义中的最小化改写为双重最小化，

$$R(D)=\min_{r(\hat{x})}\min_{q(\hat{x}|x):\sum p(x)q(\hat{x}|x)d(x,\hat{x})\leqslant D}\sum_x\sum_{\hat{x}}p(x)q(\hat{x}\mid x)\log\frac{q(\hat{x}\mid x)}{r(\hat{x})} \tag{10-140}$$

若 A 为其边际分布 $p(x)$ 满足失真限制的所有联合分布构成的集合，B 为乘积分布 $p(x)r(\hat{x})$ 全体构成的集合，其中 $r(\hat{x})$ 为任意，则我们有

$$R(D)=\min_{q\in B}\min_{p\in A}D(p\parallel q) \tag{10-141}$$

下面应用交替最小化算法，称为 Blahut-Arimoto 算法。先选定某个 λ，以及初始输出分布 $r(\hat{x})$，然后计算在失真限制下使互信息达到最小的 $q(\hat{x}|x)$。对于该最小化问题，可以利用拉格朗日乘子法得到

$$q(\hat{x}\mid x)=\frac{r(\hat{x})e^{-\lambda d(x,\hat{x})}}{\sum_{\hat{x}}r(\hat{x})e^{-\lambda d(x,\hat{x})}} \tag{10-142}$$

由此条件分布 $q(\hat{x}|x)$，利用引理 10.8.1 可计算得到使互信息达到最小的输出分布 $r(\hat{x})$ 为

$$r(\hat{x})=\sum_x p(x)q(\hat{x}\mid x) \tag{10-143}$$

以此输出分布为下次迭代的起点。对于迭代的每一步，首先关于 $q(\cdot\mid\cdot)$ 最小化，然后关于 $r(\cdot)$ 最小化，均使得式(10-140)的右边减小。于是，这个最小化过程必然存在一个极限，且 Csiszár[139]已证明该极限为 $R(D)$，其中 D 与 $R(D)$ 的值依赖于 λ。因此，适当地选取 λ，就可以描绘出 $R(D)$ 曲线。

类似的过程可以应用于信道容量的计算。我们再次写出信道容量的定义，

334 $$C=\max_{r(x)}I(X;Y)=\max_{r(x)}\sum_x\sum_y r(x)p(y\mid x)\log\frac{r(x)p(y\mid x)}{r(x)\sum_{x'}r(x')p(y\mid x')} \tag{10-144}$$

由引理 10.8.1 可将上式写成双重最大化的形式，

$$C=\max_{q(x|y)}\max_{r(x)}\sum_x\sum_y r(x)p(y\mid x)\log\frac{q(x\mid y)}{r(x)} \tag{10-145}$$

此时，Csiszár-Tusnády 算法为一种交替最大化：先猜测最大化分布 $r(x)$，然后求出最佳的条件分布，即由引理 10.8.1 可知，这个条件分布即

$$q(x\mid y)=\frac{r(x)p(y\mid x)}{\sum_x r(x)p(y\mid x)} \tag{10-146}$$

对此条件分布，利用拉格朗日乘子法求解带约束的最大化问题，从而求得最佳的输入分布 $r(x)$。最佳输入分布为

$$r(x)=\frac{\prod_y (q(x\mid y))^{p(y|x)}}{\sum_x\prod_y (q(x\mid y))^{p(y|x)}} \tag{10-147}$$

我们可以此作为下次迭代的基础。

关于信道容量与率失真函数计算的这些算法是由 Blahut[65]与 Arimoto[25]创立起来的，Csiszár [139]证明了率失真计算的收敛性。Csiszár 和 Tusnády 的交替最小化算法还可用于许多其他情形，其中包括 EM 算法[166]以及股市中寻求对数最优投资组合的算法[123]。

要点

率失真 设信源为 $X\sim p(x)$，率失真度量为 $d(x,\hat{x})$，则率失真函数为

$$R(D)=\min_{p(\hat{x}|x):\sum_{(x,\hat{x})}p(x)p(\hat{x}|x)d(x,\hat{x})\leqslant D} I(X;\hat{X}) \tag{10-148}$$

其中，最小值取自使联合分布 $p(x,\hat{x})=p(x)p(\hat{x}|x)$满足期望失真限制的所有条件分布 $p(\hat{x}|x)$。 335

率失真定理 如果 $R>R(D)$，则存在码字数目为 $|\hat{X}^n(\cdot)|\leqslant 2^{nR}$ 的码序列 $\hat{X}^n(X^n)$，使 $E\,d(X^n,\hat{X}^n(X^n))\to D$。若 $R<R(D)$，则这样的码序列不存在。

伯努利信源 在汉明失真度量意义下，对于伯努利信源，有

$$R(D)=H(p)-H(D) \tag{10-149}$$

高斯信源 在失真度量是平方误差的意义下，对于高斯信源，有

$$R(D)=\frac{1}{2}\log\frac{\sigma^2}{D} \tag{10-150}$$

信源信道分离性 率失真为 $R(D)$的信源能够在信道容量为 C 的信道中传输并且失真为 D，当且仅当 $R(D)<C$。

多元高斯信源 对于失真度量是欧几里得均方误差的多元正态向量，其率失真函数可由反注水法并依据协方差阵的特征值给出。

习题

10.1 单个高斯随机变量的 1 比特量化。设 $X\sim\mathcal{N}(0,\sigma^2)$，失真度量为平方误差。不允许分组描述。试证明：1 比特量化的最佳再生点为 $\pm\sqrt{\frac{2}{\pi}}\sigma$，且 1 比特量化的期望失真为 $\frac{\pi-2}{\pi}\sigma^2$。将此与 $R=1$ 时的失真率上界 $D=\sigma^2 2^{-2R}$ 做比较。

10.2 具有无限失真的率失真函数。求率失真函数 $R(D)=\min I(X;\hat{X})$，其中，$X\sim$ Bernoulli $\left(\frac{1}{2}\right)$且失真度量为

$$d(x,\hat{x})=\begin{cases}0, & x=\hat{x}\\ 1, & x=1,\hat{x}=0\\ \infty, & x=0,\hat{x}=1\end{cases}$$

336

10.3 具有非对称失真的二元信源的率失真。在固定的 $p(x|\hat{x})$ 下计算 $I(X;\hat{X})$ 与 D，其中

$$X\sim \text{Bernoulli}\left(\frac{1}{2}\right)$$

$$d(x,\hat{x})=\begin{bmatrix}0 & a\\ b & 0\end{bmatrix}$$

(注：率失真函数 $R(D)$ 没有解析表达式。)

10.4 $R(D)$ 的性质。考虑离散信源 $X\in\mathcal{X}=\{1,2,\cdots,m\}$，其分布为 $p_1,p_2,\cdots,p_m$，失真度量是 $d(i,j)$。设 $R(D)$ 是关于该信源与失真度量的率失真函数。令 $d'(i,j)=d(i,j)-w_i$ 为一个新的失真度量，$R'(D)$ 为相应的率失真函数。证明 $R'(D)=R(D+\overline{w})$，其中 $\overline{w}=\sum p_iw_i$，并由此说明假设 $\min_{\hat{x}}d(i,\hat{x})=0$，本质上不失一般性，即对每个 $x\in\mathcal{X}$，存在一个以零失真再生信源的字符 $\hat{x}$。这个结果得归功于 Pinkston[420]。

10.5 具有汉明失真度量的均匀分布信源的率失真。考虑在集合 $\{1,2,\cdots,m\}$ 上均匀分布的信源 X。若失真度量为汉明失真，即

$$d(x,\hat{x})=\begin{cases}0, \text{如果 } x=\hat{x}\\ 1, \text{如果 } x\neq\hat{x}\end{cases}$$

求该信源的率失真函数。

10.6 率失真函数的香农下界。考虑失真度量为 $d(x,\hat{x})$ 的信源 X(满足下列性质)，且失真矩阵的所有列均为集合 $\{d_1,d_2,\cdots,d_m\}$ 的置换。定义函数

$$\phi(D)=\max_{\mathbf{p}:\sum_{i=1}^{m}p_id_i\leqslant D}H(\mathbf{p}) \tag{10-151}$$

关于率失真函数的香农下界[485]可依照以下步骤证明：

(a) 证明 $\phi(D)$ 是关于 D 的凹函数。

(b) 若 $E\,d(X,\hat{X})\leqslant D$，验证以下关于 $I(X;\hat{X})$ 的一系列不等式，

337

$$\begin{aligned}I(X;\hat{X})&=H(X)-H(X\mid\hat{X}) && (10\text{-}152)\\ &=H(X)-\sum_{\hat{x}}p(\hat{x})H(X\mid\hat{X}=\hat{x}) && (10\text{-}153)\\ &\geqslant H(X)-\sum_{\hat{x}}p(\hat{x})\phi(D_{\hat{x}}) && (10\text{-}154)\\ &\geqslant H(X)-\phi\Big(\sum_{\hat{x}}p(\hat{x})D_{\hat{x}}\Big) && (10\text{-}155)\\ &\geqslant H(X)-\phi(D) && (10\text{-}156)\end{aligned}$$

其中 $D_{\hat{x}}=\sum_x p(x\mid\hat{x})d(x,\hat{x})$。

(c) 证明

$$R(D)\geqslant H(X)-\phi(D) \tag{10-157}$$

此即率失真函数的香农下界。

(d) 另外，如果假设信源具有均匀分布，且失真矩阵的所有行互为置换，则 $R(D)=H(X)-\phi(D)$，即说明下确界是可以严格达到的。

10.7 擦除失真。考虑 $X\sim\text{Bernoulli}\left(\frac{1}{2}\right)$，设失真度量由下列矩阵给出

$$d(x,\hat{x})=\begin{bmatrix}0 & 1 & \infty\\ \infty & 1 & 0\end{bmatrix}\tag{10-158}$$

计算该信源的率失真函数。你能给出一个简单的方案来达到该信源的率失真函数的某个值吗？

10.8 平方误差失真度量意义下的率失真函数的界。考虑连续型随机变量 X，其均值为 0，方差为 σ^2，失真度量是平方误差失真度量，证明

$$h(X)-\frac{1}{2}\log(2\pi eD)\leqslant R(D)\leqslant\frac{1}{2}\log\frac{\sigma^2}{D}\tag{10-159}$$

对于前半不等式，考虑图中所示的联合分布。 338

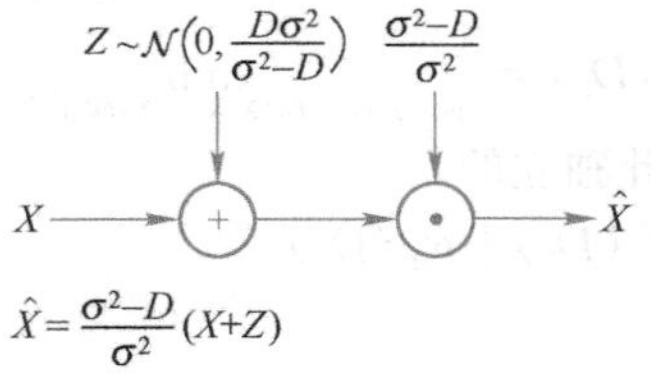

在相同方差的情况下，对高斯随机变量的描述比其他随机变量更难还是更容易？

10.9 最优率失真码的性质。满足 $R\approx R(D)$ 的好的 (R,D) 率失真码对于信源 X^n 与表示 $\hat{X}^n$ 的相互关系有很严格的限制。分析不等式链(10-58)～(10-71)，考虑取等号时的条件，由此可对一个好的码所应具有的性质进行解释。例如，式(10-59)中取等号意味着 $\hat{X}^n$ 为 X^n 的一个确定性函数。

10.10 率失真。设 $\mathcal{X}=\{1,2,\cdots,2m\}$ 上的均匀分布，并且

$$d(x,\hat{x})=\begin{cases}1 & \text{当 } x-\hat{x} \text{ 为奇数}\\ 0 & \text{当 } x-\hat{x} \text{ 为偶数}\end{cases}$$

找出并检验关于 X 的率失真函数 $R(D)$（可能要用到香农下界）。

10.11 下界。设 $X\sim\dfrac{e^{-x^4}}{\int_{-\infty}^{\infty}e^{-x^4}\,dx}$，并且 $\dfrac{\int x^4e^{-x^4}\,dx}{\int e^{-x^4}\,dx}=c$。定义所有密度上的 $g(a)=\max h(X)$，保证 $EX^4\leqslant a$。$R(D)$ 是有以上密度以及失真标准 $d(x,\hat{x})=(x-\hat{x})^4$ 的 X 的率失真函数。证明 $R(D)\geqslant g(c)-g(D)$。 339

10.12 对失真矩阵增加一列。设 $R(D)$ 是一个 i. i. d. 过程的率失真函数。在这个过程中，概率密度函数为 $p(x)$ 以及失真函数为 $d(x,\hat{x})$，$x\in\mathcal{X}$，$\hat{x}\in\hat{\mathcal{X}}$。现在假设用附加失真 $d(x,\hat{x}_0)$，$x\in\mathcal{X}$ 给 $\hat{\mathcal{X}}$ 增加一个新再生符号 $\hat{x}_0$。$R(D)$ 是增还是减？为什么？

10.13 简化。假设 $\mathcal{X}=\{1,2,3,4\}$，$\hat{\mathcal{X}}=\{1,2,3,4\}$，$p(i)=\frac{1}{4}$，$i=1,2,3,4$，并且 X_1，X_2，…为 i. i. d. $\sim p(x)$。失真矩阵 $d(x,\hat{x})$ 如下

	1	2	3	4
1	0	0	1	1
1	0	0	1	1
3	1	1	0	0
4	1	1	0	0

(a) 求出描述零失真过程所必需的率 $R(0)$.

(b) 求出率失真函数 $R(D)$。在字母表$\mathcal{X}$和$\hat{\mathcal{X}}$中有一些不相关特性会导致问题失败。

(c) 假设有一个不均匀分布 $p(i)=p_i$，$i=1,2,3,4$。求此时的 $R(D)$。

10.14 两个独立信源的率失真。同时压缩两个独立信源会比分开压缩好吗？下面的问题阐述了这个问题。令$\{X_i\}$为 i. i. d. $\sim p(x)$，失真为 $d(x,\hat{x})$，率失真函数为 $R_X(D)$。同时，令$\{Y_i\}$为 i. i. d. $\sim p(y)$，失真为 $d(y,\hat{y})$，率失真函数为 $R_Y(D)$。假设希望在失真 $E\,d(X,\hat{X})\leqslant D_1$ 和 $E\,d(Y,\hat{Y})\leqslant D_2$ 的条件下描述过程$\{(X_i,Y_i)\}$。于是，率 $R_{X,Y}(D_1,D_2)$足够了，其中

$$R_{X,Y}(D_1,D_2)=\min_{p(\hat{x},\hat{y}|x,y):Ed(X,\hat{X})\leqslant D_1,Ed(Y,\hat{Y})\leqslant D_2} I(X,Y;\hat{X},\hat{Y})$$

假设过程$\{X_i\}$和$\{Y_i\}$是彼此独立的。

340 (a) 证明 $R_{X,Y}(D_1,D_2)\geqslant R_X(D_1)+R_Y(D_2)$

(b) 等式成立吗？

现在回答这个问题。

10.15 率失真函数。率失真函数定义为

$$D(R)=\min_{p(\hat{x}|x):I(X;\hat{X})\leqslant R} Ed(X,\hat{X}) \tag{10-160}$$

(a) $D(R)$关于 R 的增减性如何？

(b) $D(R)$关于 R 是凸函数还是凹函数？

(c) 逆率失真函数：通过 $D(R)$来证明率失真函数的逆。$X_1,X_2,\cdots,X_n$ 是 i. i. d. $\sim p(x)$。假设已知$(2^{nR},n)$率失真码 $X^n\to i(X^n)\to\hat{X}^n(i(X^n))$，且 $i(X^n)\in 2^{nR}$。假设以失真 $D=E\,d(X^n,\hat{X}^n(i(X^n)))$为结果。我们必须证明 $D\geqslant D(R)$。给出下面证明步骤的原因：

$$D=Ed(X^n,\hat{X}^n(i(X^n))) \tag{10-161}$$

$$\overset{(a)}{=}E\frac{1}{n}\sum_{i=1}^{n}d(X_i,\hat{X}_i) \tag{10-162}$$

$$\overset{(b)}{=}\frac{1}{n}\sum_{i=1}^{n}\mathrm{E}d(X_i,\hat{X}_i) \tag{10-163}$$

$$\overset{(c)}{\geqslant}\frac{1}{n}\sum_{i=1}^{n}D(I(X_i;\hat{X}_i)) \tag{10-164}$$

$$\overset{(d)}{\geqslant}D\left(\frac{1}{n}\sum_{i=1}^{n}I(X_i;\hat{X}_i)\right) \tag{10-165}$$

$$\overset{(e)}{\geqslant}D\left(\frac{1}{n}I(X^n;\hat{X}^n)\right) \tag{10-166}$$

$$\overset{(f)}{\geqslant}D(R) \tag{10-167}$$

10.16 条件典型序列的概率。在第 7 章中，我们计算了两个独立抽取的序列 X^n 与 Y^n 为弱联合典型的概率。然而，为了证明当其中一个序列固定而另一个序列随机的率失真定理，我
341 们需要计算该概率。弱典型性技巧允许我们仅计算条件典型集的平均集合大小就足够了。而另一方面，利用强典型性的思想，可以得到针对所有典型的 x^n 序列的更强的界。我们将会给出对所有典型的 x^n，$\Pr\{(x^n,Y^n)\in A_\epsilon^{*(n)}\}\approx 2^{-nI(X;Y)}$ 的证明框架。该手段是由 Berger[53]提出的，并在 Csiszár 与 Körner 的书[149]中得到了完全的发展。

设(X_i,Y_i)为 i. i. d. $\sim p(x,y)$，X 与 Y 的边际分布分别为 $p(x)$与 $p(y)$。

(a) 设 $A_\epsilon^{*(n)}$ 为 X 的强典型集。证明

$$|A_\varepsilon^{*(n)}| \doteq 2^{nH(X)} \tag{10-168}$$

（提示：利用定理 11.1.1 与定理 11.1.3。）

(b) 序列对 (x^n, y^n) 的联合型是指 $(x_i, y_i)=(a,b)$ 在序列对中出现次数的比例，即：

$$p_{x^n,y^n}(a,b)=\frac{1}{n}N(a,b\mid x^n,y^n)=\frac{1}{n}\sum_{i=1}^{n}I(x_i=a,y_i=b) \tag{10-169}$$

在给定 x^n 下，序列 y^n 的条件型指一个随机矩阵，其中的元素代表着 $\mathcal{Y}$ 的字符 b 与 $\mathcal{X}$ 中字符 a 在二重序列 (x^n, y^n) 中出现次数与 a 在序列 x^n 中出现次数之比。具体讲，条件型 $V_{y^n|x^n}(b|a)$ 定义为

$$V_{y^n|x^n}(b\mid a)=\frac{N(a,b\mid x^n,y^n)}{N(a\mid x^n)} \tag{10-170}$$

证明条件型的总数有上界 $(n+1)^{|\mathcal{X}||\mathcal{Y}|}$。

(c) 关于序列 x^n 具有条件型 V 的所有序列 $y^n\in\mathcal{Y}^n$ 构成的集合称为条件型类，记作 $T_V(x^n)$。证明

$$\frac{1}{(n+1)^{|\mathcal{X}||\mathcal{Y}|}}2^{nH(Y|X)}\leqslant|T_V(x^n)|\leqslant 2^{nH(Y|X)} \tag{10-171}$$

(d) 称序列 $y^n\in\mathcal{Y}^n$ 在给定序列 x^n 下关于条件分布 $V(\cdot|\cdot)$ 是 ε 强条件典型的，如果条件型接近于 V。具体讲，条件型应满足下列两个条件： 342

(i) 对任意 $(a,b)\in\mathcal{X}\times\mathcal{Y}$，且 $V(b|a)>0$，则

$$\frac{1}{n}|N(a,b\mid x^n,y^n)-V(b\mid a)N(a\mid x^n)|\leqslant\frac{\varepsilon}{|\mathcal{Y}|+1} \tag{10-172}$$

(ii) 对任意 $(a,b)\in\mathcal{X}\times\mathcal{Y}$，且 $V(b|a)=0$，则 $N(a,b|x^n,y^n)=0$。

满足上述条件的全体序列 y^n 构成的集合称为条件典型集，记为 $A_\varepsilon^{*(n)}(Y|x^n)$。证明当给定 $x^n\in\mathcal{X}^n$ 时，关于条件典型的序列 y^n 的数目可以定界如下

$$\frac{1}{(n+1)^{|\mathcal{X}||\mathcal{Y}|}}2^{n(H(Y|X)-\varepsilon_1)}\leqslant|A_\varepsilon^{*(n)}(Y\mid x^n)|\leqslant(n+1)^{|\mathcal{X}||\mathcal{Y}|}2^{n(H(Y|X)+\varepsilon_1)} \tag{10-173}$$

其中当 $\varepsilon\to0$ 时，$\varepsilon_1\to0$。

(e) 对于联合分布为 $p(x,y)$ 的一对随机变量 (X,Y)，ε 强联合典型集 $A_\varepsilon^{*(n)}$ 定义为满足下列条件的序列 $(x^n,y^n)\in\mathcal{X}^n\times\mathcal{Y}^n$ 构成的集合

(i) 对于每一对 $(a,b)\in\mathcal{X}\times\mathcal{Y}$，且 $p(a,b)>0$，则

$$\left|\frac{1}{n}N(a,b\mid x^n,y^n)-p(a,b)\right|<\frac{\varepsilon}{|\mathcal{X}||\mathcal{Y}|} \tag{10-174}$$

(ii) 对于任意 $(a,b)\in\mathcal{X}\times\mathcal{Y}$，且 $p(a,b)=0$，则 $N(a,b|x^n,y^n)=0$。

所有 ε 强联合典型序列构成的集合称为 ε 强联合典型集，记为 $A_\varepsilon^{*(n)}(X,Y)$。令 (X,Y) 为服从 $p(x,y)$ 且独立同分布。对于任何 x^n，如果至少存在二重序列 $(x^n,y^n)\in A_\varepsilon^{*(n)}(X,Y)$，使得 $(x^n,y^n)\in A_\varepsilon^{*(n)}$ 的全体序列 y^n 构成的集合满足

$$\frac{1}{(n+1)^{|\mathcal{X}||\mathcal{Y}|}}2^{n(H(Y|X)-\delta(\varepsilon))}\leqslant|\{y^n:(x^n,y^n)\in A_\varepsilon^{*(n)}\}|\leqslant(n+1)^{|\mathcal{X}||\mathcal{Y}|}2^{n(H(Y|X)+\delta(\varepsilon))} \tag{10-175}$$

其中当 $\varepsilon\to0$ 时，$\delta(\varepsilon)\to0$。特别地，我们有

$$2^{n(H(Y|X)-\varepsilon_2)}\leqslant|\{y^n:(x^n,y^n)\in A_\varepsilon^{*(n)}\}|\leqslant 2^{n(H(Y|X)+\varepsilon_2)} \tag{10-176}$$ 343

其中，适当选取 ε 与 n，可以使 ε_2 任意地小。

(f) 设 $Y_1, Y_2, \cdots, Y_n$ 为 i. i. d. $\sim \prod p(y_i)$。对 $x^n \in A_\epsilon^{*(n)}$，证明 $(x^n, Y^n) \in A_\epsilon^{*(n)}$ 的概率可以定界为

$$2^{-n(I(X;Y)+\epsilon_3)} \leqslant \Pr((x^n, Y^n) \in A_\epsilon^{*(n)}) \leqslant 2^{-n(I(X;Y)-\epsilon_3)} \tag{10-177}$$

其中当 $\epsilon \to 0$，$n \to \infty$ 时，ϵ_3 趋于 0。

10.17 带失真的信源信道分离定理。$V_1, V_2, \cdots, V_n$ 是有限字母表 i. i. d. 信源，编码为离散无记忆信道的一列 n 个输入信号 X^n。信道 Y^n 的输出映射为重构字母表 $\hat{V}^n = g(Y^n)$。这个联合信源和信道编码方法的平均失真为 $D = E\,d(V^n, \hat{V}^n) = \frac{1}{n}\sum_{i=1}^{n} E\,d(V_i, \hat{V}_i)$。

(a) 证明：如果 $C > R(D)$，$R(D)$ 是 V 的率失真函数，可能找到编码器和译码器得到一个任意接近于 D 的平均失真。

(b)（逆）证明：如果平均失真等于 D，信道的容量 C 一定大于 $R(D)$。

10.18 率失真。$d(x, \hat{x})$ 是一个失真函数，信源 $X \sim p(x)$，$R(D)$ 是相应的率失真函数。

(a) 对于常数 $a > 0$，与失真 $\tilde{d}(x, \hat{x}) = d(x, \hat{x}) + a$ 相关的率失真函数是 $\tilde{R}(D)$。用 $R(D)$ 来表示 $\tilde{R}(D)$（它们不相等）。

(b) 假设对所有的 x 和 $\hat{x}$，$d(x, \hat{x}) \geqslant 0$，定义一个新率失真函数 $d^*(x, \hat{x}) = bd(x, \hat{x})$，其中 $b \geqslant 0$。用 $R(D)$ 表示相应的率失真函数 $R^*(D)$。

344 (c) 令 $X \sim N(0, \sigma^2)$，$d(x, \hat{x}) = 5(x - \hat{x})^2 + 3$，求 $R(D)$。

10.19 带两个限制的率失真。令 X_i 为 i. i. d. $\sim p(x)$。给出两个失真函数 $d_1(x, \hat{x})$ 和 $d_2(x, \hat{x})$。我们希望用码率 R 来描述 X^n，并且用失真 $E\,d_1(X^n, \hat{X}_1^n) \leqslant D_1$ 和 $E\,d_2(X^n, \hat{X}_2^n) \leqslant D_2$ 重构如下：

$$X^n \to i(X^n) \to (\hat{X}_1^n(i), \hat{X}_2^n(i))$$
$$D_1 = Ed_1(X_1^n, \hat{X}_1^n)$$
$$D_2 = Ed_2(X_1^n, \hat{X}_2^n)$$

这里 $i(\cdot)$ 取 2^{nR} 个值。求出率失真函数 $R(D_1, D_2)$。

10.20 率失真。考虑标准率失真问题，令 X_i 为 i. i. d. $\sim p(X)$，$X^n \to i(X^n) \to \hat{X}^n$。考虑两个失真标准 $d_1(x, \hat{x})$ 和 $d_2(x, \hat{x})$。假设对于所有的 $x \in \mathcal{X}$，$\hat{x} \in \hat{\mathcal{X}}$ 有 $d_1(x, \hat{x}) \leqslant d_2(x, \hat{x})$。$R_1(D)$ 和 $R_2(D)$ 是响应率失真函数。

(a) 求出 $R_1(D)$ 和 $R_2(D)$ 之间的不等式关系。

(b) 假设必须以 $d_1(X^n, \hat{X}_1^n) \leqslant D$ 和 $d_2(X^n, \hat{X}_2^n) \leqslant D$ 的最小码率 R 描述源 $\{X_i\}$，那么

$$X^n \to i(X^n) \to \begin{cases} \hat{X}_1^n(i(X^n)) \\ \hat{X}_2^n(i(X^n)) \end{cases}$$

以及 $|i(\cdot)| = 2^{nR}$。求出最小码率 R。

历史回顾

率失真的思想来源于香农的开创性论文[472]。他在 1959 年的文章[485]中又回顾该问题，并作了详尽的论述，证明了率失真第一定理。同时，在苏联，科尔莫戈罗夫和他的学派从 1956 年也开始研究率失真理论。对更一般的信源，关于率失真定理的更强的结论已经在综合性著作

Berger[52]中得到了证明。

McDonald 与 Schultheiss [381]给出了关于并联高斯信源的率失真函数的反注水法解。对于一般的独立同分布信源与任意的失真度量，Blahut[65]，Arimoto[25] 与 Csiszár[139]给出了计算率失真函数的迭代算法。该算法是一般交替最小化算法的一个特殊情形，也是 Csiszár 与 Tusnády 在[155]中提出的。 345 346

第 11 章

信息论与统计学

本章将阐述信息论与统计学之间的关系。我们从型方法的描述入手，它是研究大偏差理论的一个强有力的工具。我们不仅要使用型方法来计算稀有事件的概率以及证明通用信源码的存在性，还要考虑它在假设检验问题中的应用，利用它可获得此类检验的最佳可能误差指数(Chernoff- Stein 引理)。最后，我们讨论分布的参数估计问题，并且描述费希尔信息在统计学中的重要作用。

11.1 型方法

离散型随机变量序列的 AEP(第 3 章)将我们的注意力集中于由典型序列构成的一个小子集上。一种更强有力的方法是型方法，将考虑具有相同经验分布的序列集合。在此限制之下，可以对具有特定经验分布的全体序列构成的集合的数目以及该集合中每个序列的概率都给出很强的界估计。于是，我们不仅可以导出信道编码定理的强误差界，而且可以证明一系列率失真的结果。Csiszár 和 Körner[149]给予了型方法充分的发展，他们在该领域中的大部分研究成果都是基于这种观点获得的。

设 $X_1, X_2\cdots, X_n$ 为来自字母表$\mathcal{X}=\{a_1, a_2, \cdots, a_{|\mathcal{X}|}\}$的 n 个字符所成的序列。我们将交替使用记号 x^n 和 $\mathbf{x}$ 来表示序列 $x_1, x_2, \cdots, x_n$。

347 **定义** 序列 $x_1, x_2, \cdots, x_n$ 的型(type)$P_{\mathbf{x}}$(或经验概率分布)是$\mathcal{X}$中的每个字符在该序列中出现次数的相对比例(对任意的 $a\in\mathcal{X}$，$P_{\mathbf{x}}(a)=N(a|\mathbf{x})/n$，其中 $N(a|\mathbf{x})$表示字符 a 在序列 $\mathbf{x}\in\mathcal{X}^n$ 中出现的次数)。

一个序列 $\mathbf{x}$ 的型记为 $P_{\mathbf{x}}$。它是$\mathcal{X}$上的一个概率密度函数。(注意在本章中，我们使用大写字母表示型和分布，而用不太精确的词分布来表示概率密度函数。)

定义 $\mathcal{R}^m$ 中的概率单纯形(probability simplex)是所有满足 $\mathbf{x}=(x_1, x_2, \cdots, x_m)\in\mathcal{R}^m$，$x_i\geqslant 0$，$\sum_{i=1}^{m} x_i = 1$ 的点组成的集合。

概率单纯形是 m 维空间中的 $m-1$ 维流形。当 $m=3$ 时，该概率单纯形是集合$\{(x_1, x_2, x_3)：x_1\geqslant 0, x_2\geqslant 0, x_3\geqslant 0, x_1+x_2+x_3=1\}$(图 11-1)。由于在$\mathcal{R}^3$ 中该单纯形正好是平面三角形，因此，在本章的下面内容中我们以三角形表示概率单纯形。

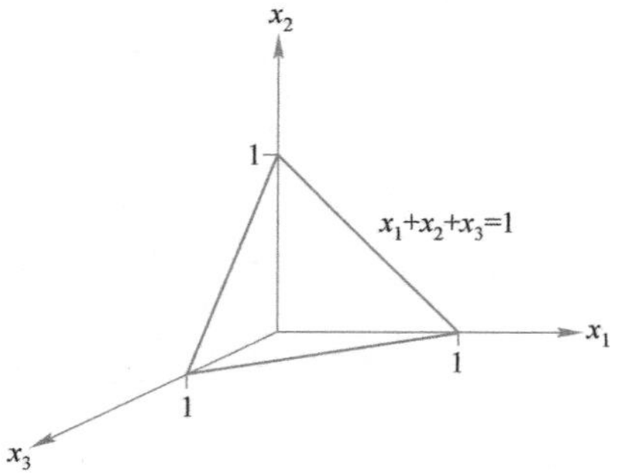

图 11-1 $\mathcal{R}^3$ 中的概率单纯型

定义 记$\mathcal{P}_n$ 表示分母为 n 的所有型构成的集合。

例如，若$\mathcal{X}=\{0, 1\}$，那么分母是 n 的所有可能的型所成之集为

$$\mathcal{P}_n=\left\{(P(0), P(1))：\left(\frac{0}{n}, \frac{n}{n}\right), \left(\frac{1}{n}, \frac{n-1}{n}\right), \cdots, \left(\frac{n}{n}, \frac{0}{n}\right)\right\} \tag{11-1}$$

定义 若 $P\in\mathcal{P}_n$，那么长度是 n 且型为 P 的序列全体称为 P 的型类(type class)，记为 $T(P)$：

$$T(P)=\{\mathbf{x}\in\mathcal{X}^n:P_{\mathbf{x}}=P\}\tag{11-2}$$

型类有时称作 P 的组分类(composition class)。 348

例 11.1.1 设$\mathcal{X}=\{1,2,3\}$是一个三元字母表。令 $\mathbf{x}=11321$，则型 $P_{\mathbf{x}}$ 为

$$P_{\mathbf{x}}(1)=\frac{3}{5},P_{\mathbf{x}}(2)=\frac{1}{5},P_{\mathbf{x}}(3)=\frac{1}{5}\tag{11-3}$$

易知，型 $P_{\mathbf{x}}$ 的型类为长度是 5 且含有 3 个 1，1 个 2 和 1 个 3 的所有序列构成的集合。在此型类中，有 20 个不同的序列，即

$$T(P_{\mathbf{x}})=\{11123,11132,11213,\cdots,32111\}\tag{11-4}$$

$T(P)$的元素个数为

$$|T(P)|=\binom{5}{3,1,1}=\frac{5!}{3!\ 1!\ 1!}=20\tag{11-5}$$

型方法的基本功能可由下面的定理得到体现，它表明型的数目至多是关于 n 的多项式。

定理 11.1.1

$$|\mathcal{P}_n|\leqslant(n+1)^{|\mathcal{X}|}\tag{11-6}$$

证明：若用向量来表示 $P_{\mathbf{x}}$，那么向量含$|\mathcal{X}|$个分量。每个分量可取 $n+1$ 个不同的值，因此，对于型向量至多有$(n+1)^{|\mathcal{X}|}$种选取。当然，这些选取并不是独立的(例如，向量的最后一个分量的选取由其余分量而确定)。但是，这对我们的实际需要来说已是一个相当好的上界估计了。 □

以上的关键之处是型的数目关于长度 n 是多项式级的。由于长度为 n 的序列的总数关于 n 以指数级变化，所以，至少存在一个型，使它的型类中的序列个数是指数级的。事实上，在一阶指数意义下，最大的型类与全体序列所成之集的元素个数本质上相同。

下面假定序列 $X_1,X_2,\cdots,X_n$ 为 i.i.d. 且服从分布 $Q(x)$。如下的定理表明对于具有相同型的全体序列，它们的概率均相等。其中令 $Q^n(x^n)=\prod_{i=1}^{n}Q(x_i)$，表示关于 Q 的乘积分布。

定理 11.1.2 若 $X_1,X_2,\cdots,X_n$ 为 i.i.d. 且服从分布 $Q(x)$，则 $\mathbf{x}$ 的概率仅依赖于它的型，且有等式 349

$$Q^n(\mathbf{x})=2^{-n(H(P_{\mathbf{x}})+D(P_{\mathbf{x}}\|Q))}\tag{11-7}$$

证明：

$$\begin{aligned}
Q^n(\mathbf{x})&=\prod_{i=1}^{n}Q(x_i) &(11\text{-}8)\\
&=\prod_{a\in\mathcal{X}}Q(a)^{N(a|\mathbf{x})} &(11\text{-}9)\\
&=\prod_{a\in\mathcal{X}}Q(a)^{nP_{\mathbf{x}}(a)} &(11\text{-}10)\\
&=\prod_{a\in\mathcal{X}}2^{nP_{\mathbf{x}}(a)\log Q(a)} &(11\text{-}11)\\
&=\prod_{a\in\mathcal{X}}2^{n(P_{\mathbf{x}}(a)\log Q(a)-P_{\mathbf{x}}(a)\log P_{\mathbf{x}}(a)+P_{\mathbf{x}}(a)\log P_{\mathbf{x}}(a))} &(11\text{-}12)\\
&=2^{n\sum_{a\in\mathcal{X}}(-P_{\mathbf{x}}(a)\log\frac{P_{\mathbf{x}}(a)}{Q(a)}+P_{\mathbf{x}}(a)\log P_{\mathbf{x}}(a))} &(11\text{-}13)\\
&=2^{n(-D(P_{\mathbf{x}}\|Q)-H(P_{\mathbf{x}}))} &(11\text{-}14)
\end{aligned}$$
□

推论 若 $\mathbf{x}$ 在 Q 的型类中，则

$$Q^n(\mathbf{x})=2^{-nH(Q)}\tag{11-15}$$

证明：若 $\mathbf{x}\in T(Q)$，则 $P_{\mathbf{x}}=(Q)$，将此代入式(11-14) 即可得推论的结果。 □

例 11.1.2 现掷一颗均匀骰子，产生长度是 n 的特定序列，其骰子每个面所出现的次数恰好

都是 $n/6$(n 为 6 的倍数)，则显然该序列的概率为 $2^{-nH(\frac{1}{6},\frac{1}{6},\cdots,\frac{1}{6})}=6^{-n}$。若骰子的概率密度函数为 $\left(\frac{1}{3},\frac{1}{3},\frac{1}{6},\frac{1}{12},\frac{1}{12},0\right)$，$n$ 是 12 的倍数，则要观察到一个特定的序列使得骰子每面出现频率恰好与概率密度一致，这一事件的概率正好为 $2^{-nH(\frac{1}{3},\frac{1}{3},\frac{1}{6},\frac{1}{12},\frac{1}{12},0)}$。这是相当有意思的事。

下面给出关于型类 $T(P)$大小的估计。

定理 11.1.3(型类 $T(P)$的大小) 对于任意型 $P\in\mathcal{P}_n$，

$$\frac{1}{(n+1)^{|\mathcal{X}|}}2^{nH(P)}\leqslant|T(P)|\leqslant 2^{nH(P)} \tag{11-16}$$

350 **证明**：$T(P)$的精确大小很容易计算，它只是个简单的组合计数问题——在序列中分别排列 $nP(a_1),nP(a_2),\cdots,nP(a_{|\mathcal{X}|})$个相同物体的排列方式数，即

$$|T(P)|=\binom{n}{nP(a_1),nP(a_2),\cdots,nP(a_{|\mathcal{X}|})} \tag{11-17}$$

但以上这个数操作起来是困难的，因此，我们给予该值一个简洁的指数界估计。

对于指数界，推荐使用如下的两种不同证明方法。对于第一个证明，使用斯特林公式[208]，对阶乘函数进行界估计，然后通过代数运算，可得到定理中给出的界。现给出另一个证明。先来证明上界。因为一个型类的概率必$\leqslant 1$，则由定理 11.1.2，可得

$$1\geqslant P^n(T(P)) \tag{11-18}$$

$$=\sum_{\mathbf{x}\in T(P)}P^n(\mathbf{x}) \tag{11-19}$$

$$=\sum_{\mathbf{x}\in T(P)}2^{-nH(P)} \tag{11-20}$$

$$=|T(P)|2^{-nH(P)} \tag{11-21}$$

于是

$$|T(P)|\leqslant 2^{nH(P)} \tag{11-22}$$

而对于下界，首先证明在概率分布 P 下，型类 $T(P)$在所有的型类中具有最高的概率：

$$P^n(T(P))\geqslant P^n(T(\hat{P}))\text{对任意 }\hat{P}\in\mathcal{P}_n \tag{11-23}$$

考虑对概率比值进行下界估计，

$$\frac{P^n(T(P))}{P^n(T(\hat{P}))}=\frac{|T(P)|\prod_{a\in\mathcal{X}}P(a)^{nP(a)}}{|T(\hat{P})|\prod_{a\in\mathcal{X}}P(a)^{n\hat{P}(a)}} \tag{11-24}$$

$$=\frac{\binom{n}{nP(a_1),nP(a_2),\cdots,nP(a_{|\mathcal{X}|})}\prod_{a\in\mathcal{X}}P(a)^{nP(a)}}{\binom{n}{n\hat{P}(a_1),n\hat{P}(a_2),\cdots,n\hat{P}(a_{|\mathcal{X}|})}\prod_{a\in\mathcal{X}}P(a)^{n\hat{P}(a)}} \tag{11-25}$$

351 $$=\prod_{a\in\mathcal{X}}\frac{(n\hat{P}(a))!}{(nP(a))!}P(a)^{n(P(a)-\hat{P}(a))} \tag{11-26}$$

用一个简单的不等式(通过对 $m\geqslant n$ 和 $m<n$ 分别讨论容易得证)

$$\frac{m!}{n!}\geqslant n^{m-n} \tag{11-27}$$

由此可得

$$\frac{P^n(T(P))}{P^n(T(\hat{P}))}\geqslant\prod_{a\in\mathcal{X}}(nP(n))^{n\hat{P}(a)-nP(a)}P(a)^{n(P(a)-\hat{P}(a))} \tag{11-28}$$

$$= \prod_{a\in\mathcal{X}} n^{n(\hat{P}(a)-P(a))} \tag{11-29}$$
$$= n^{n(\sum_{a\in\mathcal{X}}\hat{P}(a)-\sum_{a\in\mathcal{X}}P(a))} \tag{11-30}$$
$$= n^{n(1-1)} \tag{11-31}$$
$$=1 \tag{11-32}$$

因此，$P^n(T(P))\geqslant P^n(T(\hat{P}))$。现在根据这个结论就容易得到下界，这是因为

$$1 = \sum_{Q\in\mathcal{P}_n} P^n(T(Q)) \tag{11-33}$$
$$\leqslant \sum_{Q\in\mathcal{P}_n} \max_Q P^n(T(Q)) \tag{11-34}$$
$$= \sum_{Q\in\mathcal{P}_n} P^n(T(P)) \tag{11-35}$$
$$\leqslant (n+1)^{|\mathcal{X}|} P^n(T(P)) \tag{11-36}$$
$$= (n+1)^{|\mathcal{X}|} \sum_{\mathbf{x}\in T(P)} P^n(\mathbf{x}) \tag{11-37}$$
$$= (n+1)^{|\mathcal{X}|} \sum_{\mathbf{x}\in T(P)} 2^{-nH(P)} \tag{11-38}$$
$$= (n+1)^{|\mathcal{X}|} |T(P)| 2^{-nH(P)} \tag{11-39}$$

其中式(11-36)可由定理 11.1.1 得到，式(11-38)由定理 11.1.2 得到。 □

对于二元情形，我们给出一个稍微好些的近似估计。 352

例 11.1.3(二元字母表) 在此情形，型可由序列中出现 1 的个数完全确定下来，因此，型类的元素个数为$\binom{n}{k}$，现来证明

$$\frac{1}{n+1}2^{nH(\frac{k}{n})} \leqslant \binom{n}{k} \leqslant 2^{nH(\frac{k}{n})} \tag{11-40}$$

若使用阶乘函数的斯特林近似公式(引理 17.5.1)，以上不等式得到证明。但我们给出如下的更为直观的证明。

首先证明上界部分。由二项公式，对任意的 p，

$$\sum_{k=0}^{n} \binom{n}{k} p^k (1-p)^{n-k} = 1 \tag{11-41}$$

对 $0\leqslant p\leqslant 1$，上述和式中的所有项均为正，故每项必然不超过 1。令 $p=\frac{k}{n}$，且取第 k 项，可得

$$1 \geqslant \binom{n}{k}\left(\frac{k}{n}\right)^k\left(1-\frac{k}{n}\right)^{n-k} \tag{11-42}$$
$$= \binom{n}{k} 2^{k\log\frac{k}{n}+(n-k)\log\frac{n-k}{n}} \tag{11-43}$$
$$= \binom{n}{k} 2^{n\left(\frac{k}{n}\log\frac{k}{n}+\frac{n-k}{n}\log\frac{n-k}{n}\right)} \tag{11-44}$$
$$= \binom{n}{k} 2^{-nH(\frac{k}{n})} \tag{11-45}$$

因此，

$$\binom{n}{k} \leqslant 2^{nH(\frac{k}{n})} \tag{11-46}$$

而对于下界部分，设 S 为随机变量，它服从参数 n 和 p 的二项分布。S 的最可能取值是 $S=$

$\langle np \rangle$，这易由下面的事实

$$\frac{P(S=i+1)}{P(S=i)}=\frac{n-i}{i+1}\frac{p}{1-p} \tag{11-47}$$

353 及分别考虑 $i<np$ 和 $i>np$ 情形得到证明。由于二项和式中有 $n+1$ 项，则

$$1=\sum_{k=0}^{n}\binom{n}{k}p^k(1-p)^{n-k}\leqslant(n+1)\max_k\binom{n}{k}p^k(1-p)^{n-k} \tag{11-48}$$

$$=(n+1)\binom{n}{\langle np\rangle}p^{\langle np\rangle}(1-p)^{n-\langle np\rangle} \tag{11-49}$$

令 $p=\frac{k}{n}$，则有

$$1\leqslant(n+1)\binom{n}{k}\left(\frac{k}{n}\right)^k\left(1-\frac{k}{n}\right)^{n-k} \tag{11-50}$$

由式(11-45)中给出的论证，这等价于

$$\frac{1}{n+1}\leqslant\binom{n}{k}2^{-nH(\frac{k}{n})} \tag{11-51}$$

或

$$\binom{n}{k}\geqslant\frac{2^{nH(\frac{k}{n})}}{n+1} \tag{11-52}$$

综合以上两个结果，可知

$$\binom{n}{k}\doteq 2^{nH(\frac{k}{n})} \tag{11-53}$$

当 $k\neq 0$ 或 n 时，可以得到更精细的界，见定理 17.5.1。

定理 11.1.4（型类的概率） 对任意 $P\in\mathcal{P}_n$ 及任意分布 Q，型类 $T(P)$ 关于 Q^n 的概率在一阶指数意义下等于 $2^{-nD(P\|Q)}$。更确切地讲，

$$\frac{1}{(n+1)^{|\mathcal{X}|}}2^{-nD(P\|Q)}\leqslant Q^n(T(P))\leqslant 2^{-nD(P\|Q)} \tag{11-54}$$

证明：由定理 11.1.2，可得

$$Q^n(T(P))=\sum_{\mathbf{x}\in T(P)}Q^n(\mathbf{x}) \tag{11-55}$$

$$=\sum_{\mathbf{x}\in T(P)}2^{-n(D(P\|Q)+H(P))} \tag{11-56}$$

354

$$=|T(P)|2^{-n(D(P\|Q)+H(P))} \tag{11-57}$$

再利用定理 11.1.3 获得的关于 $|T(P)|$ 的界估计，可知

$$\frac{1}{(n+1)^{|\mathcal{X}|}}2^{-nD(P\|Q)}\leqslant Q^n(T(P))\leqslant 2^{-nD(P\|Q)} \tag{11-58}$$ □

我们可以把有关型的基本定理用如下的四个方程来概括：

$$|\mathcal{P}_n|\leqslant(n+1)^{|\mathcal{X}|} \tag{11-59}$$

$$Q^n(\mathbf{x})=2^{-n(D(P_{\mathbf{x}}\|Q)+H(P_{\mathbf{x}}))} \tag{11-60}$$

$$|T(P)|\doteq 2^{nH(P)} \tag{11-61}$$

$$Q^n(T(P))\doteq 2^{-nD(P\|Q)} \tag{11-62}$$

这些方程表明：型的数量仅是多项式级的，而每个型对应的序列的数量是指数级的。对于任意的型为 P 的序列关于分布 Q 的概率，我们给出了它的精确公式。而对于一个型类的概率，我们给出的是一个近似公式。

基于序列的型的性质，这些方程使得我们可以计算出长序列的行为。例如，对于服从某个分布的 i. i. d. 长序列，序列的型接近于产生该序列的分布，因而，我们可以使用这个分布的性质来估计序列的有关性质。在接下来的几节中将处理一些应用问题，讨论的主题如下：

- 大数定律
- 通用信源编码
- Sanov 定理
- Chernoff-Stein 引理与假设检验
- 条件概率与极限定理

11.2 大数定律

有了型和型类的概念，我们可以给出大数定律的另一种陈述。事实上，利用它们可给出离散情形时一种弱大数定律形式的证明。型的最重要的性质是：型的数量仅为多项式级，而每个型的序列数量为指数级。由于每个型类的概率以指数依赖于型 P 和分布 Q 之间的相对熵距离，所以，对于远离真实分布的型类的概率依指数衰减。 355

给定 $\varepsilon>0$，对于分布 Q^n，定义由序列构成的典型集 T_Q^ε 为

$$T_Q^\varepsilon=\{x^n: D(P_{x^n}\|Q)\leqslant\varepsilon\} \tag{11-63}$$

则不是典型序列的 x^n 的概率是

$$\begin{aligned}1-Q^n(T_Q^\varepsilon) &= \sum_{P:D(P\|Q)>\varepsilon} Q^n(T(P)) & (11\text{-}64)\\ &\leqslant \sum_{P:D(P\|Q)>\varepsilon} 2^{-nD(P\|Q)} \quad (\text{定理 } 11.1.4) & (11\text{-}65)\\ &\leqslant \sum_{P:D(P\|Q)>\varepsilon} 2^{-n\varepsilon} & (11\text{-}66)\\ &\leqslant (n+1)^{|\mathcal{X}|}2^{-n\varepsilon} \quad (\text{定理 } 11.1.1) & (11\text{-}67)\\ &= 2^{-n\left(\varepsilon-|\mathcal{X}|\frac{\log(n+1)}{n}\right)} & (11\text{-}68)\end{aligned}$$

当 $n\to\infty$ 时，上式趋于 0。因此，当 $n\to\infty$ 时，典型集 T_Q^ε 的概率趋于 1。这类似于第 3 章中所证明的 AEP，它是弱大数定律的又一形式。现在来证明经验分布 P_{X^n} 收敛于 P。

定理 11.2.1 设 $X_1,X_2,\cdots,X_n$ 为 i. i. d $\sim p(x)$，则

$$\Pr\{D(P_{x^n}\|P)>\varepsilon\}\leqslant 2^{-n\left(\varepsilon-|\mathcal{X}|\frac{\log(n+1)}{n}\right)} \tag{11-69}$$

进一步可知，$D(P_{x^n}\|P)\to 0$ 依概率 1 成立。

证明：不等式(11-69)已于式(11-68)得到证明。现在关于 n 求和，可得

$$\sum_{n=1}^{\infty}\Pr\{D(P_{x^n}\|P)>\varepsilon\}<\infty \tag{11-70}$$ 356

于是，对于所有的 n，出现事件$\{D(P_{x^n}\|P)>\varepsilon\}$次数的期望值是有限的，也就是说事件$\{D(P_{x^n}\|P)>\varepsilon\}$的出现次数依概率 1 是有限的(Borel-Cantelli 引理)。因此，依概率 1 有 $D(P_{x^n}\|P)\to 0$。 □

我们下面定义一个比第 3 章中更强的典型性。

定义 将强典型集 $A_\varepsilon^{*(n)}$ 定义为在$\mathcal{X}^n$ 中所有样本频率接近于真实频率的序列构成的集合：

$$A_\varepsilon^{*(n)}=\left\{\mathbf{x}\in\mathcal{X}^n: \begin{array}{ll}\left|\frac{1}{n}N(a|\mathbf{x})-P(a)\right|<\frac{\varepsilon}{|\mathcal{X}|}, & \text{如果}\quad P(a)>0\\ N(a|\mathbf{x})=0 & \text{如果}\quad P(a)=0\end{array}\right\} \tag{11-71}$$

于是，该典型集包含所有这样的序列，它们的型的任何组分与相应的真实概率值的误差不超过 $\varepsilon/|\mathcal{X}|$。由强大数定律，可以得到当 $n\to\infty$ 时，强典型集的概率趋于 1。在证明更强的结果中，特

别是在通用编码、率失真理论和大偏差理论中，由强典型性所能提供的附加功能是很实用的。

11.3 通用信源编码

利用赫夫曼编码将已知分布为 $p(x)$的 i. i. d. 信源压缩至熵临界值 $H(X)$。如果针对某个不正确的分布 $q(x)$进行的编码，那么将招致 $D(p\|q)$的处罚。因此，赫夫曼编码对分布的假定是敏感的。

若真实分布 $p(x)$未知，那么压缩可达到何种程度？是否存在速率为 R 的通用码，使它可以充分描述熵 $H(X)<R$ 的任何 i. i. d. 信源？答案令人惊奇的是，确实存在。该思路基于型方法。型为 P 的序列有 $2^{nH(P)}$ 个。由于长度为 n 的型的总数仅是多项式级的，所以，将所有型为 P_{x^n} 且满足 $H(P_{x^n})<R$ 的序列 x^n 枚举出来只需要大约 nR 比特。于是，为了描述所有这样的序列，给出一个可以描述任何可能来自任意分布 Q 且熵 $H(Q)<R$ 的序列的模式。下面先给出一个定义。

定义 对于一个服从未知分布 Q 的信源 $X_1,X_2,\cdots,X_n$，码率为 R 的分组码包括两个映射，即编码器

357 $$f_n:\mathcal{X}^n\to\{1,2,\cdots,2^{nR}\}\tag{11-72}$$

和译码器

$$\phi_n:\{1,2,\cdots,2^{nR}\}\to\mathcal{X}^n\tag{11-73}$$

这里的 R 称作码率。关于分布 Q 的编码的误差概率为

$$P_e^{(n)}=Q^n(X^n:\phi_n(f_n(X^n))\neq X^n)\tag{11-74}$$

定义 对于某个信源，称其速率为 R 的分组码是通用的(universal)，若函数 f_n 和 ϕ_n 不依赖于分布 Q，且若 $R>H(Q)$，则当 $n\to\infty$时，$P_e^{(n)}\to 0$。

现在我们叙述由 Csiszár 和 Körner[149]给出的通用编码方案，所依据的事实是：型为 P 的序列个数是以熵为指数增长的；而型的个数仅是多项式方式增长的。

定理 11.3.1 *存在一列通用信源码$(2^{nR},n)$，使得对满足 $H(Q)<R$ 的任何信源 Q，有$P_e^{(n)}\to 0$。*

证明：固定编码速率 R，令

$$R_n=R-|\mathcal{X}|\frac{\log(n+1)}{n}\tag{11-75}$$

考虑序列集

$$A=\{\mathbf{x}\in\mathcal{X}^n:H(P_{\mathbf{x}})\leqslant R_n\}\tag{11-76}$$

则

$$|A|=\sum_{P\in\mathcal{P}_n:H(P)\leqslant R_n}|T(P)|\tag{11-77}$$

$$\leqslant\sum_{P\in\mathcal{P}_n:H(P)\leqslant R_n}2^{nH(P)}\tag{11-78}$$

$$\leqslant\sum_{P\in\mathcal{P}_n:H(P)\leqslant R_n}2^{nR_n}\tag{11-79}$$

$$\leqslant(n+1)^{|\mathcal{X}|}2^{nR_n}\tag{11-80}$$

$$=2^{n\left(R_n+|\mathcal{X}|\frac{\log(n+1)}{n}\right)}\tag{11-81}$$

358 $$=2^{nR}\tag{11-82}$$

将 A 中的全体元素编下标，定义编码函数 f_n 如下

$$f_n(\mathbf{x})=\begin{cases}\mathbf{x}\text{ 在 }A\text{ 中的下标} & \text{如果 }\mathbf{x}\in A\\ 0 & \text{否则}\end{cases}\tag{11-83}$$

译码函数则是将每个下标映射为 A 中的相应元素。因此，A 中的所有元素可准确无误地被恢复，而其余所有序列都将产生一个误差。能被准确恢复的序列组的示意见图 11-2。

现来证明此编码方案是通用的。假定 $X_1, X_2, \cdots, X_n$ 服从分布 Q，且 $H(Q)<R$，则译码误差概率为

$$P_e^{(n)}=1-Q^n(A) \tag{11-84}$$

$$=\sum_{P:H(P)<R_n} Q^n(T(P)) \tag{11-85}$$

$$\leqslant(n+1)^{|\mathcal{X}|}\max_{P:H(P)>R_n} Q^n(T(P)) \tag{11-86}$$

$$\leqslant(n+1)^{|\mathcal{X}|}2^{-n\min_{P:H(P)>R_n} D(P\|Q)} \tag{11-87}$$

由于 $R_n \uparrow R$ 且 $H(Q)<R$，则存在 n_0，对所有 $n\geqslant n_0$，有 $R_n>H(Q)$。于是，对 $n\geqslant n_0$，$\min_{P:H(P)>R_n} D(P\|Q)$ 必大于 0，故而当 $n\to\infty$ 时，误差概率 $P_e^{(n)}$ 以指数衰减到 0。 359

另一方面，若分布 Q 的熵 $H(Q)$ 大于码率，那么序列所拥有的型在集合 A 之外这个事件将以极大的概率成立。因此，此时的误差概率接近于 1。

误差概率的指数为

$$D_{R,Q}^*=\min_{P:H(P)>R} D(P\|Q) \tag{11-88}$$

如图 11-3 所示。 □

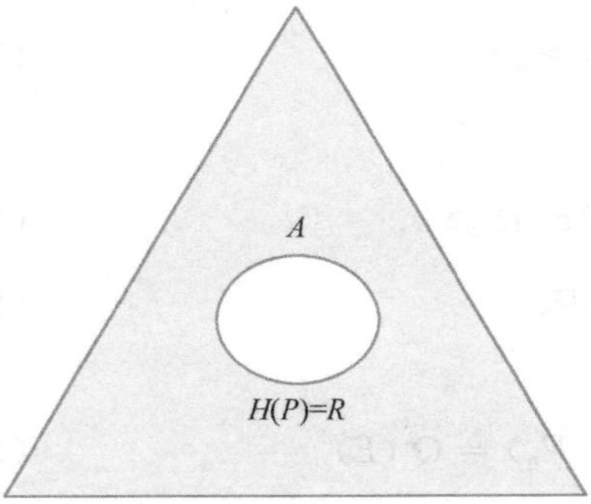

图 11-2 通用编码与概率单纯形

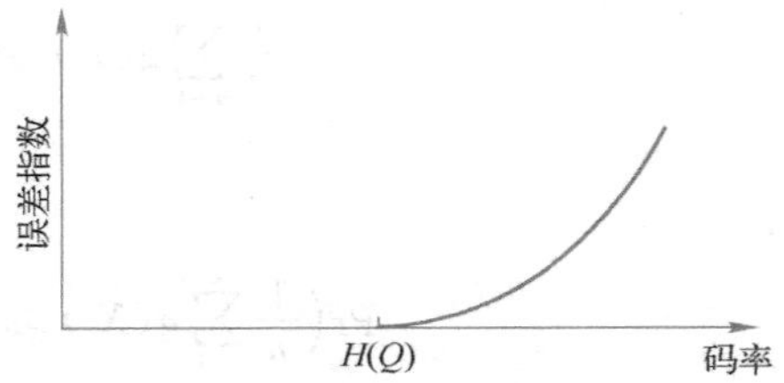

图 11-3 通用码的误差指数

以上所述的通用编码方案仅是许多通用方案中的一种，它的通用性是在所有的 i. i. d. 分布上考虑的。另外，还有其他方案如 Lempel-Ziv 算法，它针对所有遍历信源上的变速率通用码。在实际中，Lempel-Ziv 算法经常应用于不能简单建模的数据压缩，如英文文本或计算机信源码，我们将在 13.4 节再讨论。

有人可能想知道为什么对于一个特定的概率分布，往往有必要使用赫夫曼码。若使用通用码会有什么损失？一般地，通用码需要很长的分组长度下才能获得与针对特定的概率分布所设计的码具有相同的功效。而增加分组长度的代价是增加编码器和译码器的复杂度。因此，若事先已知道信源的分布，分布特定码是最佳的。

11.4 大偏差理论

大偏差理论的主题可用一个例子来说明。若 $X_1, X_2, \cdots, X_n$ 是 i. i. d. 服从 Bernoulli(1/3)，那么 $\frac{1}{n}\sum X_i$ 接近 1/3 的概率是多少？这是一个小的偏差（偏离期望值），所以，该概率接近于为 1。 360

如果假定 $X_1, X_2, \cdots, X_n$ 为 i. i. d. 且服从 Bernoulli(1/3)，$\frac{1}{n}\sum X_i$ 大于 3/4 的概率是多少呢？这是一个较大的偏差，所以，该概率按指数衰减。我们虽然可以利用中心极限定理估计出这个指数，但对于不少的标准的偏差来讲，这样的逼近效果很差。我们注意到$\frac{1}{n}\sum X_i = 3/4$ 等价于 $P_{\mathbf{x}} = \left(\frac{1}{4}, \frac{3}{4}\right)$。于是，$\overline{X}_n$ 靠近 3/4 的概率等价于型 P_X 接近于$\left(\frac{3}{4}, \frac{1}{4}\right)$的概率，产生如此大的偏差的概率约等于 $2^{-nD\left(\left(\frac{3}{4}, \frac{1}{4}\right) \| \left(\frac{1}{3}, \frac{2}{3}\right)\right)}$。在本节中，我们来估计由非典型序列的型构成的集合的概率。

设 E 为全体概率密度函数之集的一个子集。例如，E 可以是均值为 μ 的所有概率密度构成的集合。用一个稍微有点混淆的记号，我们记

$$Q^n(E) = Q^n(E \cap \mathcal{P}_n) = \sum_{\mathbf{x}: P_{\mathbf{x}} \in E \cap \mathcal{P}_n} Q^n(\mathbf{x}) \tag{11-89}$$

如果 E 包含 Q 的一个相对熵邻域，则根据弱大数定律(定理 11.2.1)可知，$Q^n(E) \to 1$。另一方面，若 E 不包含 Q 或 Q 的邻域，则由弱大数定律可知，$Q^n(E) \to 0$ 以指数衰减。我们将利用型方法计算这个指数。

首先给出所要考虑的一类集合 E 的几个例子。例如，假定通过观察，发现 $g(X)$ 的样本均值大于或等于 α[即，$\frac{1}{n}\sum_i g(X_i) \geqslant \alpha$]。该事件等价于事件 $P_{\mathbf{x}} \in E \cap \mathcal{P}_n$，其中

$$E = \left\{P: \sum_{a \in \mathcal{X}} g(a) P(a) \geqslant \alpha\right\} \tag{11-90}$$

这是因为

$$\frac{1}{n}\sum_{i=1}^{n} g(x_i) \geqslant \alpha \Leftrightarrow \sum_{a \in \mathcal{X}} P_{\mathbf{x}}(a) g(a) \geqslant \alpha \tag{11-91}$$

$$\Leftrightarrow P_{\mathbf{x}} \in E \cap \mathcal{P}_n \tag{11-92}$$

于是，

361
$$\Pr\left(\frac{1}{n}\sum_{i=1}^{n} g(X_i) \geqslant \alpha\right) = Q^n(E \cap \mathcal{P}_n) = Q^n(E) \tag{11-93}$$

这里的 E 是概率向量空间中的半个空间，如图 11-4 所示。

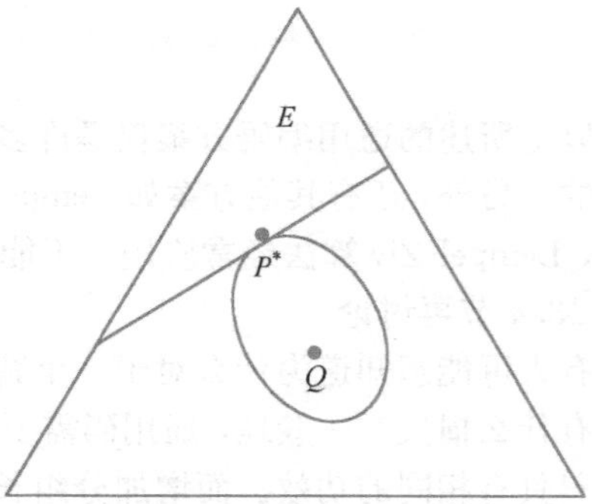

图 11-4 概率单纯形与 Sanov 定理

定理 11.4.1(Sanov 定理) 设 $X_1, X_2, \cdots, X_n$ 为 i. i. d. $\sim Q(x)$，记 $\mathcal{P}$ 为全体概率分布，若 $E \subseteq \mathcal{P}$，则

$$Q^n(E) = Q^n(E \cap \mathcal{P}_n) \leqslant (n+1)^{|\mathcal{X}|} 2^{-nD(P^* \| Q)} \tag{11-94}$$

其中

$$P^* = \arg\min_{P \in E} D(P \| Q) \tag{11-95}$$

是在相对熵意义下 E 中最接近于 Q 的分布。

另外，若集合 E 是自身内部的闭包，则

$$\frac{1}{n}\log Q^n(E) \to -D(P^* \| Q) \tag{11-96}$$

证明：首先证明上界：

$$Q^n(E) = \sum_{P \in E \cap \mathcal{P}_n} Q^n(T(P)) \tag{11-97}$$

$$\leqslant \sum_{P \in E \cap \mathcal{P}_n} 2^{-nD(P \| Q)} \tag{11-98}$$ 362

$$\leqslant \sum_{P \in E \cap \mathcal{P}_n} \max_{P \in E \cap \mathcal{P}_n} 2^{-nD(P \| Q)} \tag{11-99}$$

$$= \sum_{P \in E \cap \mathcal{P}_n} 2^{-n \min_{P \in E \cap \mathcal{P}_n} D(P \| Q)} \tag{11-100}$$

$$\leqslant \sum_{P \in E \cap \mathcal{P}_n} 2^{-n \min_{P \in E} D(P \| Q)} \tag{11-101}$$

$$= \sum_{P \in E \cap \mathcal{P}_n} 2^{-nD(P^* \| Q)} \tag{11-102}$$

$$\leqslant (n+1)^{|\mathcal{X}|} 2^{-nD(P^* \| Q)} \tag{11-103}$$

其中最后一个不等式可由定理 11.1.1 得到。注意，P^* 不必是$\mathcal{P}_n$ 中的元素。现考虑下界，为此，需有一个“良好”的集合 E，对于足够大的 n，可以在 $E \cap \mathcal{P}_n$ 中找到一个接近于 P^* 的分布。如果假定 E 是其自身内部的闭包(因此，内部为非空集)，则由于$\bigcup_n \mathcal{P}_n$ 在所有分布构成的集合中是稠密的，可得存在某个 n_0，对所有的 $n \geqslant n_0$，$E \cap \mathcal{P}_n$ 是非空的。因此，可以找出一列分布 P_n，使 $P_n \in E \cap \mathcal{P}_n$ 且 $D(P_n \| Q) \to D(P^* \| Q)$。对一切 $n \geqslant n_0$，

$$Q^n(E) = \sum_{P \in E \cap \mathcal{P}_n} Q^n(T(P)) \tag{11-104}$$

$$\geqslant Q^n(T(P_n)) \tag{11-105}$$

$$\geqslant \frac{1}{(n+1)^{|\mathcal{X}|}} 2^{-nD(P_n \| Q)} \tag{11-106}$$

从而，

$$\liminf \frac{1}{n} \log Q^n(E) \geqslant \liminf \left(-\frac{|\mathcal{X}| \log(n+1)}{n} - D(P_n \| Q) \right) = -D(P^* \| Q) \tag{11-107}$$

与已证明的上界结合，可得知定理成立。□ 363

利用量化的方法，可将上述讨论推广到连续型分布情形。

11.5 Sanov 定理的几个例子

假定计算 $\Pr\left\{\frac{1}{n}\sum_{i=1}^{n} g_j(X_i) \geqslant \alpha_j, j = 1,2,\cdots,k\right\}$，则集合 E 定义为

$$E = \left\{P: \sum_a P(a) g_j(a) \geqslant \alpha_j, j = 1,2,\cdots,k\right\} \tag{11-108}$$

为在 E 中找到最接近于 Q 的分布，在约束条件式(11-108)之下，求 $D(P \| Q)$的最小值。利用拉格朗日乘子法，构造泛函

$$J(P) = \sum_x P(x) \log \frac{P(x)}{Q(x)} + \sum_i \lambda_i \sum_x P(x) g_i(x) + \nu \sum_x P(x) \tag{11-109}$$

然后对其求微分，可以计算出最接近于 Q 的分布具有形式

$$P^*(x) = \frac{Q(x) e^{\sum_i \lambda_i g_i(x)}}{\sum_{a \in \mathcal{X}} Q(a) e^{\sum_i \lambda_i g_i(a)}} \tag{11-110}$$

其中常数 λ_i 根据满足约束条件选定。注意，若 Q 是均匀的，则 P^* 是最大熵分布。用第 12 章中所述的同样方法，可以验证 P^* 的确是使 $D(P \| Q)$达到最小值时的分布。

下面考虑几个特殊的例子。

例 11.5.1(骰子) 假定掷均匀骰子 n 次，骰子出现点数的平均值大于或等于 4 的概率为多少？由 Sanov 定理，可知

$$Q^n(E) \doteq 2^{-nD(P^* \| Q)} \tag{11-111}$$

其中 P^* 是在所有满足

364

$$\sum_{i=1}^{6} iP(i) \geqslant 4 \tag{11-112}$$

的分布 P 上，使 $D(P \| Q)$ 达到最小值时的分布。由式(11-110)，可得 P^* 具有形式

$$P^*(x) = \frac{2^{\lambda x}}{\sum_{i=1}^{6} 2^{\lambda i}} \tag{11-113}$$

其中 λ 可根据条件 $\sum iP^*(i)=4$ 确定。求其数值解，可得 $\lambda=0.2519$，$P^*=(0.1031, 0.1227, 0.1461, 0.1740, 0.2072, 0.2468)$，故 $D(P^* \| Q)=0.0624$ 比特。因此，掷 10000 次骰子，其出现点数的平均值大于或等于 4 的概率 $\approx 2^{-624}$。

例 11.5.2(硬币) 假定有一枚均匀硬币，掷 1000 次。要估计观察到出现正面多于 700 次的概率。这个问题类似于例 11.5.1，其概率为

$$P(\overline{X}_n \geqslant 0.7) \doteq 2^{-nD(P^* \| Q)} \tag{11-114}$$

其中 P^* 为(0.7, 0.3)分布，而 Q 是(0.5, 0.5)分布。此时，$D(P^* \| Q)=1-H(P^*)=1-H(0.7)=0.119$。因此，在 1000 次的试验中，出现 700 次以上的正面的概率约等于 2^{-119}。

例 11.5.3(相互依赖) 设 $Q(x,y)$ 为给定的联合分布，令 $Q_0(x,y)=Q(x)Q(y)$ 为由 Q 的边际分布形成的乘积分布。要知道服从分布 Q_0 的样本"表现"出服从联合分布 Q 的似然性。相应地，设 (X_i,Y_i) 为 i.i.d. $\sim Q_0(x,y)=Q(x)Q(y)$。如 7.6 节定义的联合典型性，即 (x^n,x^n) 关于联合分布 $Q(x,y)$ 是联合典型的当且仅当样本熵接近于它们的真实熵：

$$\left| -\frac{1}{n}\log Q(x^n) - H(X) \right| \leqslant \varepsilon \tag{11-115}$$

$$\left| -\frac{1}{n}\log Q(y^n) - H(Y) \right| \leqslant \varepsilon \tag{11-116}$$

且

$$\left| -\frac{1}{n}\log Q(x^n, y^n) - H(X,Y) \right| \leqslant \varepsilon \tag{11-117}$$

365 我们希望计算"发现一对 (x^n, y^n) 似乎关于 Q 是联合典型"的概率(在乘积分布下)[即 (x^n,y^n) 满足式(11-115)～式(11-117)]。若 $P_{x^n,y^n} \in E \cap \mathcal{P}_n(X,Y)$，则 (x^n,y^n) 关于 $Q(x,y)$ 是联合典型的，其中

$$\begin{aligned} E = \{P(x,y): & \left| -\sum_{x,y} P(x,y)\log Q(x) - H(X) \right| \leqslant \varepsilon, \\ & \left| -\sum_{x,y} P(x,y)\log Q(y) - H(Y) \right| \leqslant \varepsilon, \\ & \left| -\sum_{x,y} P(x,y)\log Q(x,y) - H(X,Y) \right| \leqslant \varepsilon\} \end{aligned} \tag{11-118}$$

利用 Sanov 定理，可知它的概率为

$$Q_0^n(E) \doteq 2^{-nD(P^* \| Q_0)} \tag{11-119}$$

其中 P^* 是满足在相对熵意义下最接近于 Q_0 约束条件的分布。此时，当 $\varepsilon \to 0$ 时，可以证明(习题 11.10)P^* 是联合分布 Q，Q_0 为乘积分布，故其概率为 $2^{-nD(Q(x,y) \| Q(x)Q(y))}=2^{-nI(X;Y)}$，这与第 7 章所得的关于联合 AEP 的结论一致。

在下一节中将要考虑，当序列的型属于特定的分布集 E 时该序列的经验分布。我们将证明：不仅集合 E 的概率由 $D(P^* \| Q)$ 本质地决定，而且条件型本质上就是 P^*，其中 $D(P^* \| Q)$

是 E 中元素与 Q 之间的最近距离。因此，若考虑序列的型在 E 中，则该型是非常可能接近于 P^* 的。

11.6 条件极限定理

我们已经证明了服从分布 Q 的序列的型构成的集合的概率本质上由该集合中最接近于 Q 的元素的概率所决定；该概率值在一阶指数意义下等于 2^{-nD^*}，其中

$$D^*=\min_{P\in E}D(P\|Q) \tag{11-120}$$

这是因为型的集合的概率等于每个型的概率之和，它超过最大项与项数的乘积。由于项数关于序列长度是多项式级的，故在一阶指数意义下，该和等于最大项。 366

现在将上述讨论加强，使得它不仅能够证明集合 E 的概率基本上与最接近型 P^* 的概率一致，而且也可以证明其他远离 P^* 的型的总概率可以忽略不计。这表明实际观察到的型以非常高的概率接近于 P^*。我们称此为*条件极限定理*。

在证明这个结论之前，先来证明"毕达哥拉斯"(Pythageorean)定理，它可以让我们了解 $D(P\|Q)$ 的几何性质。由于 $D(P\|Q)$ 不是真正的度量，许多有关距离的直观性质对 $D(P\|Q)$ 来讲都将失效。而下面的定理表明 $D(P\|Q)$ 在某种意义下类似于欧几里得度量平方的性质(图 11-5)。

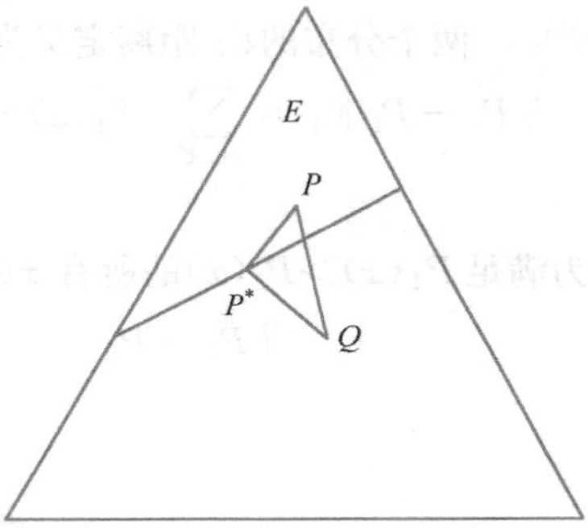

图 11-5 关于相对熵的毕达哥拉斯定理

定理 11.6.1 *对于闭凸集 $E\subset\mathcal{P}$ 及分布 $Q\notin E$，设 $P^*\in E$ 是与 Q 的距离达到最小值时的分布，即，*

$$D(P^*\|Q)=\min_{P\in E}D(P\|Q) \tag{11-121}$$

则对任意的 $P\in E$，有

$$D(P\|Q)\geqslant D(P\|P^*)+D(P^*\|Q) \tag{11-122}$$ 367

注：该定理的主要用途如下：假定有一列 $P_n\in E$ 使 $D(P_n\|Q)\to D(P^*\|Q)$，则由毕达哥拉斯定理知，亦有 $D(P_n\|P^*)\to 0$。

证明：考虑任意 $P\in E$，设

$$P_\lambda=\lambda P+(1-\lambda)P^* \tag{11-123}$$

则当 $\lambda\to 0$ 时 $P_\lambda\to P^*$。又由于 E 是凸集，则对 $0\leqslant\lambda\leqslant 1$，$P_\lambda\in E$。而 $D(P^*\|Q)$ 为 $D(P_\lambda\|Q)$ 沿路径 $P^*\to P$ 上的最小值，从而 $D(P_\lambda\|Q)$ 关于 λ 的导数在 $\lambda=0$ 点处非负。令

$$D_\lambda=D(P_\lambda\|Q)=\sum P_\lambda(x)\log\frac{P_\lambda(x)}{Q(x)} \tag{11-124}$$

则

$$\frac{\mathrm{d}D_\lambda}{\mathrm{d}\lambda}=\sum\left((P(x)-P^*(x))\log\frac{P_\lambda(x)}{Q(x)}+(P(x)-P^*(x))\right) \tag{11-125}$$

令 $\lambda=0$，此时 $P_\lambda=P^*$，同时利用 $\sum P(x)=\sum P^*(x)=1$，可得

$$0\leqslant\left(\frac{\mathrm{d}D_\lambda}{\mathrm{d}\lambda}\right)_{\lambda=0} \tag{11-126}$$

$$=\sum(P(x)-P^*(x))\log\frac{P^*(x)}{Q(x)} \tag{11-127}$$

$$=\sum P(x)\log\frac{P^*(x)}{Q(x)}-\sum P^*(x)\log\frac{P^*(x)}{Q(x)} \tag{11-128}$$

$$=\sum P(x)\log \frac{P(x)}{Q(x)}\frac{P^*(x)}{P(x)}-\sum P^*(x)\log \frac{P^*(x)}{Q(x)} \tag{11-129}$$

$$=D(P\|Q)-D(P\|P^*)-D(P^*\|Q) \tag{11-130}$$

至此定理得证。 □

可注意到相对熵 $D(P\|Q)$ 具有如欧几里得距离的平方的性质。假定在$\mathcal{R}^n$ 中有一凸集 E。设 A 为集合外一点，B 是集合中最接近于 A 的点，而 C 为集合中的任意点。线段 BA 和 BC 之间的夹角必为钝角，即 $l_{AC}^2\geqslant l_{AB}^2+l_{BC}^2$，与定理 11.6.1 具有相同的形式。见图 11-6 所示。

368

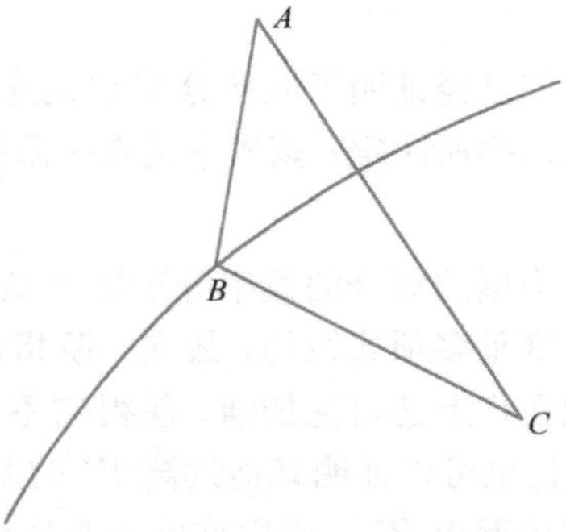

图 11-6 关于距离平方的三角形不等式

下面证明一个有用的引理，它表明相对熵收敛蕴涵$\mathcal{L}_1$ 范数的收敛。

定义 两个分布的$\mathcal{L}_1$ 距离定义为

$$\|P_1-P_2\|_1=\sum_{a\in\mathcal{X}}|P_1(a)-P_2(a)| \tag{11-131}$$

令 A 为满足 $P_1(x)>P_2(x)$ 的所有 $x\in\mathcal{X}$构成的集合，则

$$\|P_1-P_2\|_1=\sum_{x\in\mathcal{X}}|P_1(x)-P_2(x)| \tag{11-132}$$

$$=\sum_{x\in\mathcal{X}}(P_1(x)-P_2(x))+\sum_{x\in A^c}(P_2(x)-P_1(x)) \tag{11-133}$$

$$=P_1(A)-P_2(A)+P_2(A^c)-P_1(A^c) \tag{11-134}$$

369

$$=P_1(A)-P_2(A)+1-P_2(A)-1+P_1(A) \tag{11-135}$$

$$=2(P_1(A)-P_2(A)) \tag{11-136}$$

又注意到

$$\max_{B\subseteq\mathcal{X}}(P_1(B)-P_2(B))=P_1(A)-P_2(A)=\frac{\|P_1-P_2\|_1}{2} \tag{11-137}$$

式(11-137)的左边称为 P_1 和 P_2 之间的*变差距离*(variational distance)。

引理 11.6.1

$$D(P_1\|P_2)\geqslant\frac{1}{2\ln 2}\|P_1-P_2\|_1^2 \tag{11-138}$$

证明：首先证明二元情形。考虑两个二元分布，其参数分别为 p 和 q，且 $p\geqslant q$。下面证明

$$p\log\frac{p}{q}+(1-p)\log\frac{1-p}{1-q}\geqslant\frac{4}{2\ln 2}(p-q)^2 \tag{11-139}$$

上式两边的差值 $g(p,q)$ 为

$$g(p,q)=p\log\frac{p}{q}+(1-p)\log\frac{1-p}{1-q}-\frac{4}{2\ln 2}(p-q)^2 \tag{11-140}$$

则由 $q(1-q)\leqslant\frac{1}{4}$，$q\leqslant p$，可知

$$\frac{\mathrm{d}g(p,q)}{\mathrm{d}q}=-\frac{p}{q\ln 2}+\frac{1-p}{(1-q)\ln 2}-\frac{4}{2\ln 2}2(q-p) \tag{11-141}$$

$$=\frac{q-p}{q(1-q)\ln 2}-\frac{4}{\ln 2}(q-p) \tag{11-142}$$

$$\leqslant 0 \tag{11-143}$$

若 $q=p$，则 $g(p,q)=0$，因此，对 $q\leqslant p$，有 $g(p,q)\geqslant 0$，从而对二元情形引理获证。

对一般情形，若有两个任意分布 P_1 和 P_2，设

$$A=\{x: P_1(x)>P_2(x)\} \tag{11-144}$$

定义一个新的二元随机变量 $Y=\phi(X)$ 为 A 的示性函数，设 $\hat{P}_1$ 和 $\hat{P}_2$ 构成 Y 的分布。于是 $\hat{P}_1$ 和 $\hat{P}_2$ 对应于 P_1 和 P_2 的量化形式。此时，将数据处理不等式应用于相对熵(由互信息的数据处理不等式的相同证明方法得到)，并且使用式(11-137)，我们可得 370

$$D(P_1\parallel P_2)\geqslant D(\hat{P}_1\parallel \hat{P}_2) \tag{11-145}$$

$$\geqslant \frac{4}{2\ln 2}(P_1(A)-P_2(A))^2 \tag{11-146}$$

$$=\frac{1}{2\ln 2}\parallel P_1-P_2\parallel_1^2 \tag{11-147}$$

从而引理获证。 □

现在可以对条件极限定理进行证明了。首先简单介绍一下所用的证明方法。如本章开头所叙述，在分布 Q 下，一个型的概率指数依赖于该型到 Q 的距离，因而，一个远离 Q 的型出现的概率以指数衰减。这是核心思想。将 E 中的型划分成两个类：第一类是到 Q 的距离与 P^* 到 Q 的距离差不多(不超过 $D^*+2\delta$)的集合，第二类是到 Q 的距离超出 $D^*+2\delta$(如图 12-6 所示)。第二类的概率与第一类的概率相比，是按指数衰减的。因此，第一类的条件概率趋于 1。利用毕达哥拉斯定理可以证明第一类中的所有元素均近似为 P^*，从而定理可以得到证明。

下面的定理是最大熵原理的一个重要的加强形式。

定理 11.6.2(条件极限定理) *设 E 为 $\mathcal{P}$ 的一个闭凸子集，而 Q 是不在 E 中的分布。设 $X_1, X_2, \cdots, X_n$ 是 i.i.d. $\sim Q$ 的离散型随机变量序列，P^* 为达最小值 $\min_{P\in E} D(P\parallel Q)$ 时的分布。则当 $n\to\infty$ 时，依概率有*

$$\Pr(X_1=a\mid P_{X^n}\in E)\to P^*(a) \tag{11-148}$$

即在假定序列的型为 E 中元素，对于足够大的 n，X_1 的条件分布近似为 P^*。

例 11.6.1 若 X_i 是 i.i.d. $\sim Q$，则

$$\Pr\left\{X_1=a\left|\frac{1}{n}\sum X_i^2\geqslant\alpha\right.\right\}\to P^*(a) \tag{11-149}$$ 371

其中 $P^*(a)$ 是满足 $\sum P(a)a^2\geqslant\alpha$ 条件的所有 P 中使 $D(P\parallel Q)$ 达到最小值时的分布。此最小化的结果为

$$P^*(a)=Q(a)\frac{e^{\lambda a^2}}{\sum\limits_a Q(a)e^{\lambda a^2}} \tag{11-150}$$

其中 λ 根据条件 $\sum P^*(a)a^2=\alpha$ 确定。于是，在给定关于平方和的约束条件下，X_1 的条件分布是起初的概率密度函数和最大熵概率密度函数(在此情形下，它是高斯型的)的(标准化)乘积。

定理的证明： 定义集合

$$S_t=\{P\in\mathcal{P}: D(P\parallel Q)\leqslant t\} \tag{11-151}$$

由 $D(P\parallel Q)$ 是关于 P 的凸函数，可知集合 S_t 是凸集。令

$$D^*=D(P^*\parallel Q)=\min_{P\in E} D(P\parallel Q) \tag{11-152}$$

由于 $D(P\parallel Q)$ 关于 P 是严格凸的，则 P^* 唯一。现定义集合

$$A=S_{D^*+2\delta}\cap E \tag{11-153}$$

以及

$$B=E-S_{D^*+2\delta}\cap E \tag{11-154}$$

于是，$A\cup B=E$。这些集合的关系如图 11-7 所示。由于仅存在多项式级数目的型，可得

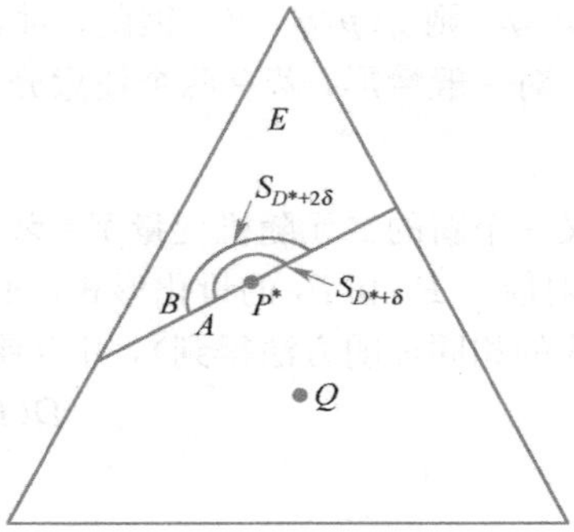

图 11-7 条件极限定理

$$Q^n(B)=\sum_{P\in E\cap\mathcal{P}_n:D(P\|Q)>D^*+2\delta} Q^n(T(P)) \tag{11-155}$$

$$\leqslant\sum_{P\in E\cap\mathcal{P}_n:D(P\|Q)>D^*+2\delta} 2^{-nD(P\|Q)} \tag{11-156}$$

$$\leqslant\sum_{P\in E\cap\mathcal{P}_n:D(P\|Q)>D^*+2\delta} 2^{-n(D^*+2\delta)} \tag{11-157}$$

372 $$\leqslant(n+1)^{|\mathcal{X}|}2^{-n(D^*+2\delta)} \tag{11-158}$$

另一方面，

$$Q^n(A)\geqslant Q^n(S_{D^*+\delta}\cap E) \tag{11-159}$$

$$=\sum_{P\in E\cap\mathcal{P}_n:D(P\|Q)>D^*+\delta} Q^n(T(P)) \tag{11-160}$$

$$\geqslant\sum_{P\in E\cap\mathcal{P}_n:D(P\|Q)\leqslant D^*+\delta} \frac{1}{(n+1)^{|\mathcal{X}|}}2^{-nD(P\|Q)} \tag{11-161}$$

$$\geqslant\frac{1}{(n+1)^{|\mathcal{X}|}}2^{-n(D^*+\delta)}\quad 当 n 充分大时 \tag{11-162}$$

不等式成立是由于所有项的和大于或等于其中的一项，当 n 充分大时，至少存在一个型在 $S_{D^*+\delta}\cap E\cap\mathcal{P}_n$ 中，于是当 n 充分大时，

$$\Pr(P_{X^n}\in B|P_{X^n}\in E)=\frac{Q^n(B\cap E)}{Q^n(E)} \tag{11-163}$$

$$\leqslant\frac{Q^n(B)}{Q^n(A)} \tag{11-164}$$

$$\leqslant\frac{(n+1)^{|\mathcal{X}|}2^{-n(D^*+2\delta)}}{\frac{1}{(n+1)^{|\mathcal{X}|}}2^{-n(D^*+\delta)}} \tag{11-165}$$

373 $$=(n+1)^{2|\mathcal{X}|}2^{-n\delta} \tag{11-166}$$

当 $n\to\infty$ 时，它趋于 0。因此，当 $n\to\infty$ 时，B 的条件概率趋于 0，此蕴涵 A 的条件概率趋于 1。

现来证明在相对熵意义下，A 中的所有元素均近似为 P^*。对 A 中的所有元素，

$$D(P\|Q)\leqslant D^*+2\delta \tag{11-167}$$

因此，由“毕达哥拉斯”定理(定理 11.6.1)，可得

$$D(P\|P^*)+D(P^*\|Q)\leqslant D(P\|Q)\leqslant D^*+2\delta \tag{11-168}$$

由 $D(P^*\|Q)=D^*$，上式蕴涵

$$D(P\|P^*)\leqslant 2\delta \tag{11-169}$$

于是，若 $P_{\mathbf{x}}\in A$，则 $D(P_{\mathbf{x}}\|Q)\leqslant D^*+2\delta$，从而，$D(P_{\mathbf{x}}\|P^*)\leqslant 2\delta$。故而，由 $\Pr\{P_{X^n}\in A|P_{X^n}\in E\}\to 1$，当 $n\to\infty$ 时，可得

$$\Pr(D(P_{X^n}\|P^*)\leqslant 2\delta|P_{X^n}\in E)\to 1 \tag{11-170}$$

由引理 11.6.1 可知，若相对熵较小，则可推出$\mathcal{L}_1$ 距离较小，从而 $\max_{a\in\mathcal{X}}|P_{X^n}(a)-P^*(a)|$ 也较小。于是，当 $n\to\infty$ 时，$\Pr(|P_{X^n}(a)-P^*(a)|\geqslant\varepsilon|P_{X^n}\in E)\to 0$。等价地，这可写成

$$\Pr(X_1=a|P_{X^n}\in E)\to P^*(a)\quad 依概率, a\in\mathcal{X} \tag{11-171}$$

在这个定理中，我们仅证明了当 $n\to\infty$ 时边际分布趋于 P^*。利用类似的讨论，可以证明该

定理的一个更强的形式：

$$\Pr(X_1=a_1,X_2=a_2,\cdots,X_m=a_m \mid P_{X^n}\in E)\to\prod_{i=1}^{m}P^*(a_i)\quad \text{依概率} \tag{11-172}$$

这对固定的 m，当 $n\to\infty$ 时是成立的。但当 $m=n$ 时，结论并不一定成立，因为存在终端效应，序列的尾部的各项可由其余的项来确定。假定序列的型在 E 中，这说明各元素之间不再独立。条件极限定理表明起初的一些元是依公共分布 P^* 渐近独立的。 374

例 11.6.2 作为条件极限定理的一个例子，考虑掷 n 次均匀骰子。假定结果出现的点数和超过 $4n$，那么由条件极限定理可知，第一次骰子出现点数 $a\in\{1,2,\cdots,6\}$ 的概率近似等于 $P^*(a)$，其中 $P^*(a)$ 是 E 中最接近于均匀分布的一个分布，这里 $E=\{P:\sum P(a)a\geqslant 4\}$。此时的最大熵分布为

$$P^*(x)=\frac{2^{\lambda x}}{\sum_{i=1}^{6}2^{\lambda i}} \tag{11-173}$$

其中 λ 可根据条件 $\sum iP^*(i)=4$ 确定(见第 12 章)。此时，P^* 即为第一个(或其他任一个)骰子的条件分布。显然，所观察到的起初一些骰子的行为似乎相互独立且服从一个指数分布。

11.7 假设检验

在统计学中，一个标准的问题是根据观察数据，确定两种可选解释中该选取哪一种。如在医药测试中，人们要测试一种新药物是否有效。类似地，掷硬币过程所产生的一个序列可揭示该硬币是有偏的还是均匀的。

这些是一般假设检验问题中的例子。在最简单情形，我们考虑如何确定两个 i. i. d. 分布中的一个。一般的问题可表述如下：

问题 11.7.1 设 $X_1,X_2,\cdots,X_n$ 为 i. i. d. $\sim Q(x)$。考虑两个假设：

- $H_1:Q=P_1$。
- $H_2:Q=P_2$。

考虑一般的判决函数 $g(x_1,x_2,\cdots,x_n)$，其中 $g(x_1,x_2,\cdots,x_n)=1$ 表示假设 H_1 被接受，而 $g(x_1,x_2,\cdots,x_n)=2$ 表示假设 H_2 被接受。由于函数仅取两个值，则通过鉴定满足 $g(x_1,x_2,\cdots,x_n)=1$ 的序列构成的集合 A，也可将检验结果确定下来；该集合的补集即是由满足 $g(x_1,x_2,\cdots,x_n)=2$ 的全体序列构成。定义两类误差概率：

$$\alpha=\Pr(g(X_1,X_2,\cdots,X_n)=2\mid H_1\text{真})=P_1^n(A^c) \tag{11-174}$$ 375

和

$$\beta=\Pr(g(X_1,X_2,\cdots,X_n)=1\mid H_2\text{真})=P_2^n(A) \tag{11-175}$$

通常，希望同时最小化这两类概率，但往往它们之间存在着均衡关系。因此，一般对这两类误差概率中的一个给予约束条件而对另一个进行最小化。对此问题，Chernoff-Stein 引理可给出关于误差概率的最佳可达误差指数。

首先证明奈曼-皮尔逊(Neyman-Pearson)引理，它是两个假设之间的最佳检验形式。下面我们仅对离散分布情形给出结果；而对连续分布情形，同样可以得到相同的结论。

定理 11.7.1(奈曼-皮尔逊引理) 设 $X_1,X_2,\cdots,X_n$ 为 i. i. d. 服从概率密度 Q。考虑相应的假设 $Q=P_1$ 与 $Q=P_2$ 的判定问题。对于 $T\geqslant 0$，定义一个区域

$$A_n(T)=\left\{x^n:\frac{P_1(x_1,x_2,\cdots,x_n)}{P_2(x_1,x_2,\cdots,x_n)}>T\right\} \tag{11-176}$$

设

$$\alpha^* = P_1^n(A_n^c(T)),\quad \beta^* = P_2^n(A_n(T)) \tag{11-177}$$

为判决区域是 A_n 的相应误差概率。设 B_n 为另一判定区域，相应的误差概率为 α 和 β。若 $\alpha \leqslant \alpha^*$，则 $\beta \geqslant \beta^*$。

证明：设 $A=A_n(T)$ 为由式(11-176)所定义的区域，$B\subseteq\mathcal{X}^n$ 为其他接受域。令 ϕ_A 和 ϕ_B 分别为决策域 A 和 B 的示性函数。则对任意的 $\mathbf{x}=(x_1,x_2,\cdots,x_n)\in\mathcal{X}^n$，

$$(\phi_A(\mathbf{x})-\phi_B(\mathbf{x}))(P_1(\mathbf{x})-TP_2(\mathbf{x}))\geqslant 0 \tag{11-178}$$

这可通过分别考虑 $\mathbf{x}\in A$ 和 $\mathbf{x}\notin A$ 两种情形得到。将上式乘积展开并在全空间上求和，可得

376

$$0\leqslant\sum(\phi_A P_1 - T\phi_A P_2 - P_1\phi_B + TP_2\phi_B) \tag{11-179}$$

$$= \sum_A (P_1 - TP_2) - \sum_B (P_1 - TP_2) \tag{11-180}$$

$$=(1-\alpha^*) - T\beta^* - (1-\alpha) + T\beta \tag{11-181}$$

$$=T(\beta-\beta^*) - (\alpha^* - \alpha) \tag{11-182}$$

由于 $T\geqslant 0$，至此完成该定理的证明。 □

奈曼-皮尔逊引理表明两假设的最佳检验具有形式

$$\frac{P_1(X_1,X_2,\cdots,X_n)}{P_2(X_1,X_2,\cdots,X_n)} > T \tag{11-183}$$

此为似然比检验，其中的量 $\frac{P_1(X_1,X_2,\cdots,X_n)}{P_2(X_1,X_2,\cdots,X_n)}$ 称为似然比。例如，在对两个高斯分布之间的检验中[即对 $f_1=\mathcal{N}(1,\sigma^2)$ 和 $f_2=\mathcal{N}(-1,\sigma^2)$]，似然比为

$$\frac{f_1(X_1,X_2,\cdots,X_n)}{f_2(X_1,X_2,\cdots,X_n)} = \frac{\prod_{i=1}^n \frac{1}{\sqrt{2\pi\sigma^2}} e^{-\frac{(X_i-1)^2}{2\sigma^2}}}{\prod_{i=1}^n \frac{1}{\sqrt{2\pi\sigma^2}} e^{-\frac{(X_i+1)^2}{2\sigma^2}}} \tag{11-184}$$

$$= e^{+\frac{2\sum_{i=1}^n X_i}{\sigma^2}} \tag{11-185}$$

$$= e^{+\frac{2n\overline{X}_n}{\sigma^2}} \tag{11-186}$$

这时的似然比检验仅需将样本均值 $\overline{X}_n$ 与阈值做个比较。若使两类误差概率相等，则必须令 $T=1$。见图 11-8 所示。

定理 11.7.1 表明最佳检验是似然比检验。可将对数似然比改写成

$$L(X_1,X_2,\cdots,X_n) = \log\frac{P_1(X_1,X_2,\cdots,X_n)}{P_2(X_1,X_2,\cdots,X_n)} \tag{11-187}$$

$$= \sum_{i=1}^n \log\frac{P_1(X_i)}{P_2(X_i)} \tag{11-188}$$

$$= \sum_{a\in\mathcal{X}} nP_{X^n}(a)\log\frac{P_1(a)}{P_2(a)} \tag{11-189}$$

377

$$= \sum_{a\in\mathcal{X}} nP_{X^n}(a)\log\frac{P_1(a)}{P_2(a)}\frac{P_{X^n}(a)}{P_{X^n}(a)} \tag{11-190}$$

$$= \sum_{a\in\mathcal{X}} nP_{X^n}(a)\log\frac{P_{X^n}(a)}{P_2(a)} - \sum_{a\in\mathcal{X}} nP_{X^n}(a)\log\frac{P_{X^n}(a)}{P_1(a)} \tag{11-191}$$

$$=nD(P_{X^n}\parallel P_2) - nD(P_{X^n}\parallel P_1) \tag{11-192}$$

即对数似然比是样本的型分别到两个分布的相对熵距离之间的差值。因此，似然比检验

$$\frac{P_1(X_1,X_2,\cdots,X_n)}{P_2(X_1,X_2,\cdots,X_n)}>T \tag{11-193}$$

等价于

$$D(P_{X^n}\parallel P_2)-D(P_{X^n}\parallel P_1)>\frac{1}{n}\log T \tag{11-194}$$

我们考虑与上述检验等价的问题：确定与假设 H_1 相对应的型的单纯形区域。最优区域具有式(11-194)的形式，该区域的边界是由距离之差为常数的型构成的集合。这个边界类似于欧几里得几何中的垂直平分线，其检验的说明如图 11-9 所示。

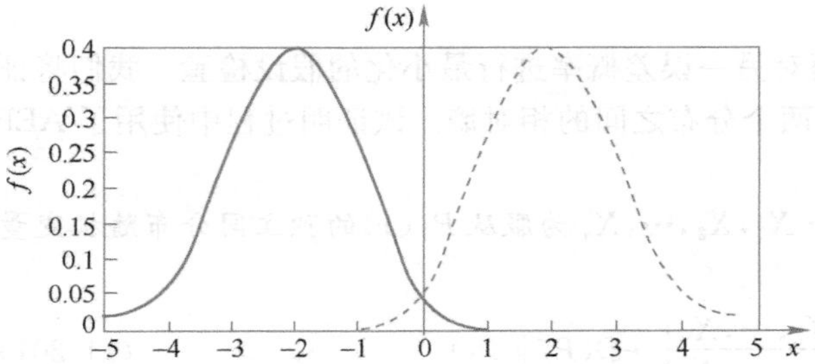

图 11-8 两个高斯分布之间的检验

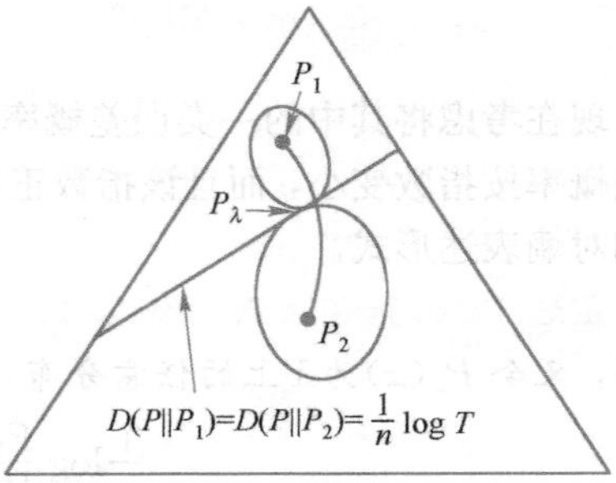

图 11-9 在概率单纯形上的似然比检验

基于 Sanov 定理，现在非正式地给出如何选取阈值来获得不同的误差概率。记 B 表示假设 1 被接受的集合。则第一类误差概率为 378

$$\alpha_n=P_1^n(P_{X^n}\in B^c) \tag{11-195}$$

由于集合 B^c 是凸的，则利用 Sanov 定理可证明误差概率基本上可由 B^c 中的最接近 P_1 的元素的相对熵确定下来。所以，

$$\alpha_n\doteq 2^{-nD(P_1^*\parallel P_1)} \tag{11-196}$$

其中 P_1^* 为 B^c 中最接近于分布 P_1 的元素。类似地，

$$\beta_n\doteq 2^{-nD(P_2^*\parallel P_2)} \tag{11-197}$$

其中 P_2^* 为 B 中最接近于分布 P_2 的元素。

在约束条件 $D(P\parallel P_2)-D(P\parallel P_1)\geqslant\frac{1}{n}\log T$ 下最小化 $D(P\parallel P_2)$，可得到 B 中最接近于 P_2 的一个型。利用拉格朗日乘子法，在约束条件 $D(P\parallel P_2)-D(P\parallel P_1)=\frac{1}{n}\log T$ 下最小化 $D(P\parallel P_2)$，可得

$$J(P)=\sum P(x)\log\frac{P(x)}{P_2(x)}+\lambda\sum P(x)\log\frac{P_1(x)}{P_2(x)}+\nu\sum P(x) \tag{11-198}$$

关于 $P(x)$ 求偏导，并令其值为 0，得 379

$$\log\frac{P(x)}{P_2(x)}+1+\lambda\log\frac{P_1(x)}{P_2(x)}+\nu=0 \tag{11-199}$$

解此方程组，可得最小化参数 P 具有形式

$$P_2^*=P_{\lambda^*}=\frac{P_1^{\lambda}(x)P_2^{1-\lambda}(x)}{\sum\limits_{a\in\mathcal{X}}P_1^{\lambda}(a)P_2^{1-\lambda}(a)} \tag{11-200}$$

其中 λ 由满足条件 $D(P_{\lambda^*}\|P_2)-D(P_{\lambda^*}\|P_1)=\frac{\log T}{n}$ 来选定。

因式(11-200)的对称性，显然 $P_1^*=P_2^*$，且误差概率按指数衰减，其中的指数可由相对熵 $D(P^*\|P_1)$ 和 $D(P^*\|P_2)$ 表征。从方程式中可注意到，当 $\lambda\to 1$ 时，$P_\lambda\to P_1$，而当 $\lambda\to 0$ 时，$P_\lambda\to P_2$。当 λ 变化而 P_λ 描绘出的曲线是单纯形中的一条测地线。这里 P_λ 是个标准化的凸组合，其中所说的组合是指在指数上考虑的(图 11-9)。

在下一节中，我们计算当两类误差概率中的一个任意缓慢地趋于 0 时的最佳误差指数(Chernoff-Stein 引理)。我们会对两类误差概率的加权和进行最小化，从而得到 Chernoff 信息界。

11.8 Chernoff-Stein 引理

现在考虑将其中的一类误差概率固定而对另一误差概率进行最小化的假设检验。我们将证明该概率按指数变小，而且该指数正好是这两个分布之间的相对熵。该证明过程中使用了 AEP 的相对熵表述形式。

定理 11.8.1(相对熵的渐近均分性) 令 $X_1,X_2,\cdots,X_n$ 为服从 $P_1(x)$ 的独立同分布随机变量序列，又令 $P_2(x)$ 为 $\mathcal{X}$ 上的任意分布，那么

$$\frac{1}{n}\log\frac{P_1(X_1,X_2,\cdots,X_n)}{P_2(X_1,X_2,\cdots,X_n)}\to D(P_1\|P_2) \tag{11-201}$$

依概率收敛。

证明：这直接由弱大数定律推出。

380

$$\frac{1}{n}\log\frac{P_1(X_1,X_2,\cdots,X_n)}{P_2(X_1,X_2,\cdots,X_n)}=\frac{1}{n}\log\frac{\prod_{i=1}^{n}P_1(X_i)}{\prod_{i=1}^{n}P_2(X_i)} \tag{11-202}$$

$$=\frac{1}{n}\sum_{i=1}^{n}\log\frac{P_1(X_i)}{P_2(X_i)} \tag{11-203}$$

$$\to E_{P_1}\log\frac{P_1(X)}{P_2(X)}\quad \text{依概率} \tag{11-204}$$

$$=D(P_1\|P_2) \tag{11-205}$$ □

与通常的渐近均分性一样，也可以定义相对熵的典型序列，使其经验相对熵趋于其期望值。

定义 对于固定的 n 以及 $\varepsilon>0$，序列 $(x_1,x_2,\cdots,x_n)\in\mathcal{X}^n$ 称为相对熵典型的(relative entropy typical)，当且仅当

$$D(P_1\|P_2)-\varepsilon\leqslant\frac{1}{n}\log\frac{P_1(x_1,x_2,\cdots,x_n)}{P_2(x_1,x_2,\cdots,x_n)}\leqslant D(P_1\|P_2)+\varepsilon \tag{11-206}$$

所有相对熵典型序列之集称为相对熵典型集，记为 $A_\varepsilon^n(P_1\|P_2)$。

作为相对熵的渐近均分性的一个推论，可以证明相对熵典型集满足下列性质：

定理 11.8.2

1. 对任意 $(x_1,x_2,\cdots,x_n)\in A_\varepsilon^{(n)}(P_1\|P_2)$，

$$\begin{aligned}&P_1(x_1,x_2,\cdots,x_n)2^{-n(D(P_1\|P_2)+\varepsilon)}\\&\leqslant P_2(x_1,x_2,\cdots,x_n)\\&\leqslant P_1(x_1,x_2,\cdots,x_n)2^{-n(D(P_1\|P_2)-\varepsilon)}\end{aligned} \tag{11-207}$$

2. 对于充分大的 n，$P_1(A_\varepsilon^{(n)}(P_1\|P_2))>1-\varepsilon$。
3. $P_2(A_\varepsilon^{(n)}(P_1\|P_2))<2^{-n(D(P_1\|P_2)-\varepsilon)}$。

4. 对于充分大的 n，$P_2(A_\epsilon^{(n)}(P_1\|P_2))>(1-\epsilon)2^{-n(D(P_1\|P_2)+\epsilon)}$。

证明：该定理的证明可以直接由定理 3.1.2 相同的手法得到，在这里只需将计数度量换成概率测度 P_2。性质 1 的证明可以直接从相对熵典型集的定义推出。第二条性质可由相对熵的渐近均分性(定理 11.8.1)得到。为了证明第三条性质，我们给出如下连锁关系式 381

$$P_2(A_\epsilon^{(n)}(P_1\|P_2))=\sum_{x^n\in A_\epsilon^{(n)}(P_1\|P_2)}P_2(x_1,x_2,\cdots,x_n) \tag{11-208}$$

$$\leqslant\sum_{x^n\in A_\epsilon^{(n)}(P_1\|P_2)}P_1(x_1,x_2,\cdots,x_n)2^{-n(D(P_1\|P_2)-\epsilon)} \tag{11-209}$$

$$=2^{-n(D(P_1\|P_2)-\epsilon)}\sum_{x^n\in A_\epsilon^{(n)}(P_1\|P_2)}P_1(x_1,x_2,\cdots,x_n) \tag{11-210}$$

$$=2^{-n(D(P_1\|P_2)-\epsilon)}P_1(A_\epsilon^{(n)}(P_1\|P_2)) \tag{11-211}$$

$$\leqslant 2^{-n(D(P_1\|P_2)-\epsilon)} \tag{11-212}$$

其中，第一个不等式可由性质 1 推出。第二个不等式基于任何集合关于 P_1 的概率不会超过 1 这个事实。

为了证明相对熵典型集的概率的下界，讨论如下的关于概率下界的一个平行的结果：

$$P_2(A_\epsilon^{(n)}(P_1\|P_2))=\sum_{x^n\in A_\epsilon^{(n)}(P_1\|P_2)}P_2(x_1,x_2,\cdots,x_n) \tag{11-213}$$

$$\geqslant\sum_{x^n\in A_\epsilon^{(n)}(P_1\|P_2)}P_1(x_1,x_2,\cdots,x_n)2^{-n(D(P_1\|P_2)+\epsilon)} \tag{11-214}$$

$$=2^{-n(D(P_1\|P_2)+\epsilon)}\sum_{x^n\in A_\epsilon^{(n)}(P_1\|P_2)}P_1(x_1,x_2,\cdots,x_n) \tag{11-215}$$

$$=2^{-n(D(P_1\|P_2)+\epsilon)}P_1(A_\epsilon^{(n)}(P_1\|P_2)) \tag{11-216}$$

$$\geqslant(1-\epsilon)2^{-n(D(P_1\|P_2)+\epsilon)} \tag{11-217}$$

其中，第二个不等式直接从 $A_\epsilon^{(n)}(P_1\|P_2)$ 的第二个性质推出。 □

由第 3 章中的标准渐近均分性，也可以证明任何具有高概率的集合与该典型集有大的交集。因此，拥有约 2^{nH} 个元素。我们接下来证明相对熵的对应结果。 382

引理 11.8.1 令 $B_n\subset\mathcal{X}^n$ 为序列 $x_1,x_2,\cdots,x_n$ 构成的集合且 $P_1(B_n)>1-\epsilon$。再令 P_2 满足 $D(P_1\|P_2)<+\infty$ 的一个分布。那么，$P_2(B_n)>(1-2\epsilon)2^{-n(D(P_1\|P_2)+\epsilon)}$。

证明：为了简洁起见，将 $A_\epsilon^{(n)}(P_1\|P_2)$ 改记为 A_n。由于 $P_1(B_n)>1-\epsilon$ 以及 $P(A_n)>1-\epsilon$(定理 11.8.2)，利用事件之并的不等式，有 $P_1(B_n^c\cup A_n^c)<2\epsilon$，等价地，$P_1(B_n\cap A_n)>1-2\epsilon$。于是，

$$P_2(B_n)\geqslant P_2(A_n\cap B_n) \tag{11-218}$$

$$=\sum_{x^n\in A_n\cap B_n}P_2(x^n) \tag{11-219}$$

$$\geqslant\sum_{x^n\in A_n\cap B_n}P_1(x^n)2^{-n(D(P_1\|P_2)+\epsilon)} \tag{11-220}$$

$$=2^{-n(D(P_1\|P_2)+\epsilon)}\sum_{x^n\in A_n\cap B_n}P_1(x^n) \tag{11-221}$$

$$=2^{-n(D(P_1\|P_2)+\epsilon)}P_1(A_n\cap B_n) \tag{11-222}$$

$$\geqslant 2^{-n(D(P_1\|P_2)+\epsilon)}(1-2\epsilon) \tag{11-223}$$

其中，第二个不等式由相对熵典型序列的性质推出(定理 11.8.2)，而最后一个不等式由上述关于并的不等式推出。 □

我们现在来考虑两个假设 P_1 与 P_2 的假设检验问题。在固定误差概率的情况下，让另一个

误差概率最小化。我们证明相对熵是误差概率的最佳指数。

定理 11.8.3(Chernoff-Stein 引理) 设 $X_1, X_2, \cdots, X_n$ 为 i.i.d. $\sim Q$。考虑两种选择 $Q=P_1$ 和 $Q=P_2$ 的假设检验问题，其中 $D(P_1 \| P_2)<\infty$。设 $A_n \subseteq \mathcal{X}^n$ 为假设 H_1 的接受域，误差概率为

$$\alpha_n = P_1^n(A_n^c) \quad \beta_n = P_2^n(A_n) \tag{11-224}$$

且对于 $0<\epsilon<\frac{1}{2}$，定义

$$\beta_n^\epsilon = \min_{\substack{A_n \subseteq \mathcal{X}^n \\ \alpha_n < \epsilon}} \beta_n \tag{11-225}$$

383 则

$$\lim_{n\to\infty} \frac{1}{n} \log \beta_n^\epsilon = -D(P_1 \| P_2) \tag{11-226}$$

证明：

分两步来证明。第一步给出一列集合 A_n，其误差概率 B_n 按指数系数 $D(P_1 \| P_2)$ 下降到 0。第二步证明根本没有其他集合列的误差概率能够比该列集合所对应的误差序列收敛得更快。

在第一步中，选取 $A_n = A_\epsilon^{(n)}(P_1 \| P_2)$。正如定理 11.8.2 中证明的那样，该列集合对于充分大的 n，满足 $P_1(A_n^c)<\epsilon$。并且由定理 11.8.2 中的性质 3，我们还有

$$\lim_{n\to\infty} \frac{1}{n} \log P_2(A_n) \leqslant -(D(P_1 \| P_2)-\epsilon) \tag{11-227}$$

从而，相对熵典型集合达到该引理的界。

为了证明没有更好的其他序列，考虑任意列集合 B_n，使 $P_1(B_n)>1-\epsilon$。此时，由引理 11.8.1，得到 $P_2(B_n)>(1-2\epsilon)2^{-n(D(P_1 \| P_2)+\epsilon)}$，从而

$$\lim_{n\to\infty} \frac{1}{n} \log P_2(B_n) > -(D(P_1 \| P_2)+\epsilon) + \lim_{n\to\infty} \frac{1}{n} \log(1-2\epsilon) = -(D(P_1 \| P_2)+\epsilon) \tag{11-228}$$

这表明没有任何集合序列能够使误差概率收敛于 0 的指数速度比 $D(P_1 \| P_2)$ 更好。于是，集合序列 $A_n = A_\epsilon^{(n)}(P_1 \| P_2)$ 在概率意义下按指数渐近最优。 □

尽管相对熵典型序列集是渐近最优，即可以达到最佳渐近速率，相对于给定的假设检验问题，但它却不是最优的。最优集是奈曼-皮尔逊引理给出的使误差概率最小化的集合。

11.9 Chernoff 信息

我们已考虑过经典处理方式的假设检验问题，对其中的两类误差概率是分别进行处理的。
384 在推导 Chernoff-Stein 引理过程中，令 $\alpha_n \leqslant \epsilon$，从而得到 $\beta_n \doteq 2^{-nD}$。但这个方法缺乏对称性。如果考虑的两个假设存在先验概率，则可得到一个贝叶斯(Bayesian)方法。此时，我们要最小化的是总误差概率，它是单个误差概率的加权和。由此方法得到的误差指数即 Chernoff 信息。

具体设置如下：$X_1, X_2, \cdots, X_n$ 为 i.i.d. $\sim Q$。有两个假设：$Q=P_1$ 的先验概率为 π_1 以及 $Q=P_2$ 的先验概率为 π_2。则总误差概率为

$$P_e^{(n)} = \pi_1 \alpha_n + \pi_2 \beta_n \tag{11-229}$$

令

$$D^* = \lim_{n\to\infty} -\frac{1}{n} \log \max_{A_n \subseteq \mathcal{X}^n} P_e^{(n)} \tag{11-230}$$

定理 11.9.1 (Chernoff)贝叶斯误差概率的最佳可达指数是 D^*，其中

$$D^* = D(P_{\lambda^*} \| P_1) = D(P_{\lambda^*} \| P_2) \tag{11-231}$$

而

$$P_\lambda=\frac{P_1^\lambda(x)P_2^{1-\lambda}(x)}{\sum\limits_{a\in\mathcal{X}}P_1^\lambda(a)P_2^{1-\lambda}(a)} \tag{11-232}$$

且 λ^* 为满足

$$D(P_{\lambda^*}\parallel P_1)=D(P_{\lambda^*}\parallel P_2) \tag{11-233}$$

的 λ 值。

证明：基本的详细证明过程在 11.8 节中给出。我们已证明了最优检验为似然比检验，它可以认为是具有形式

$$D(P_{X^n}\parallel P_2)-D(P_{X^n}\parallel P_1)>\frac{1}{n}\log T \tag{11-234}$$

此时检验将概率单纯形划分成了分别对应于假设 1 和假设 2 的两个区域，如图 11-10 所示。

设 A 为相应于假设 1 的型所成的集合。根据前面讨论过的式(11-200)，在集合 A^c 中最接近于 P_1 的元素在 A 的边界上，它具有式(11-232)的形式。然后由 11.8 节的讨论易知，P_λ 是 A 中最接近于 P_2 的分布；它也是 A^c 中最接近于 P_1 的分布。由 Sanov 定理，可计算相应的误差概率为 385

$$\alpha_n=P_1^n(A^c)\doteq 2^{-nD(P_{\lambda^*}\parallel P_1)} \tag{11-235}$$

及

$$\beta_n=P_2^n(A)\doteq 2^{-nD(P_{\lambda^*}\parallel P_2)} \tag{11-236}$$

对于贝叶斯情形，总误差概率为两类误差概率的加权和，

$$P_e\doteq\pi_1 2^{-nD(P_\lambda\parallel P_1)}+\pi_2 2^{-nD(P_\lambda\parallel P_2)}\doteq 2^{-n\min\{D(P_\lambda\parallel P_1),D(P_\lambda\parallel P_2)\}} \tag{11-237}$$

因为指数变化率取决于最坏的指数。由于 $D(P_\lambda\parallel P_1)$随 λ 递增，$D(P_\lambda\parallel P_2)$随 λ 是递减的，当$\{D(P_\lambda\parallel P_1),D(P_\lambda\parallel P_2)\}$中的两者相等时，则恰好达到它们的最小值中的最大值。见图 11-11 所示。因此，可选取 λ，使得

$$D(P_\lambda\parallel P_1)=D(P_\lambda\parallel P_2) \tag{11-238}$$

于是，$C(P_1,P_2)$即是误差概率的最高可达指数，称为 Chernoff 信息。 □

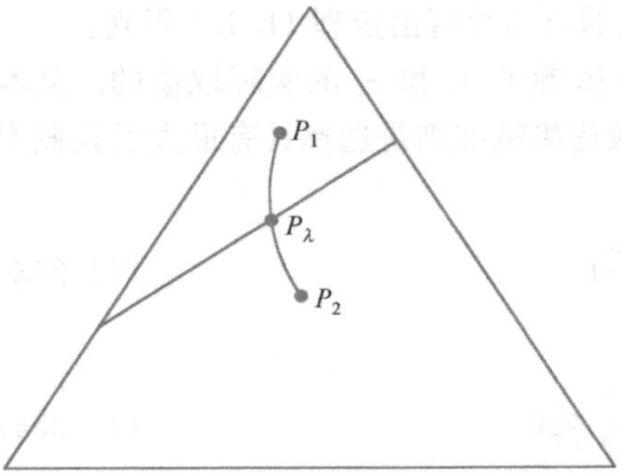

图 11-10 概率单纯形和 Chernoff 信息

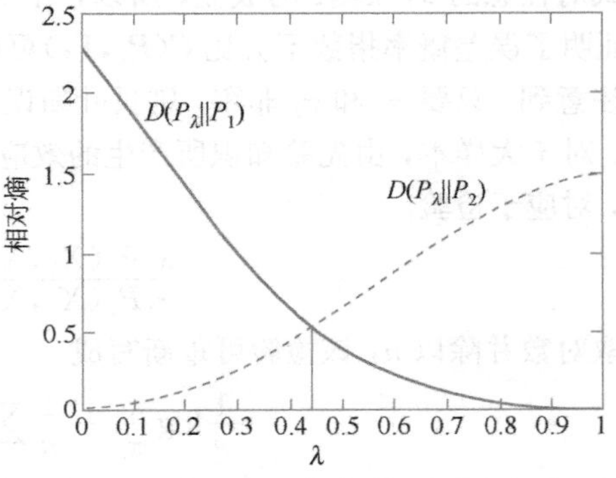

图 11-11 作为 λ 的函数的相对熵 $D(P_\lambda\parallel P_1)$和 $D(P_\lambda\parallel P_2)$ 386

定义 $D^*=D(P_{\lambda^*}\parallel P_1)=D(P_{\lambda^*}\parallel P_2)$等价于标准的 Chernoff 信息定义，

$$C(P_1,P_2)\triangleq-\min_{0\leqslant\lambda\leqslant1}\log\Big(\sum_x P_1^\lambda(x)P_2^{1-\lambda}(x)\Big) \tag{11-239}$$

关于式(11-231)和式(11-239)的等价性证明，留给读者作为练习。

下面简要介绍一下通常的对 Chernoff 信息界的推导过程。利用最大后验概率决策准则来最小化贝叶斯误差概率。对于最大后验概率准则，假设 H_1 对应的决策域 A 为

$$A=\left\{\mathbf{x}:\frac{\pi_1 P_1(\mathbf{x})}{\pi_2 P_2(\mathbf{x})}>1\right\} \tag{11-240}$$

该结果集合表示假设 H_1 的后验概率比假设 H_2 的后验概率大。在此准则下，误差概率为

$$P_e=\pi_1\alpha_n+\pi_2\beta_n \tag{11-241}$$

$$=\sum_{A^c}\pi_1 P_1+\sum_{A}\pi_2 P_2 \tag{11-242}$$

387 $$=\sum\min\{\pi_1 P_1,\pi_2 P_2\} \tag{11-243}$$

对任意两个正数 a 和 b，有

$$\min\{a,b\}\leqslant a^\lambda b^{1-\lambda}\quad 对任意的\ 0\leqslant\lambda\leqslant 1 \tag{11-244}$$

承接前面的等式，我们得

$$P_e=\sum\min\{\pi_1 P_1,\pi_2 P_2\} \tag{11-245}$$

$$\leqslant\sum(\pi_1 P_1)^\lambda(\pi_2 P_2)^{1-\lambda} \tag{11-246}$$

$$\leqslant\sum P_1^\lambda P_2^{1-\lambda} \tag{11-247}$$

对于一列 i. i. d. 观察样本，$P_k(\mathbf{x})=\prod_{i=1}^{n}P_k(x_i)$，从而

$$P_e^{(n)}\leqslant\sum\pi_1^\lambda\pi_2^{1-\lambda}\prod_i P_1^\lambda(x_i)P_2^{1-\lambda}(x_i) \tag{11-248}$$

$$=\pi_1^\lambda\pi_2^{1-\lambda}\prod_i\sum P_1^\lambda(x_i)P_2^{1-\lambda}(x_i) \tag{11-249}$$

$$\leqslant\prod_{x_i}\sum P_1^\lambda P_2^{1-\lambda} \tag{11-250}$$

$$=\left(\sum_x P_1^\lambda P_2^{1-\lambda}\right)^n \tag{11-251}$$

其中式(11-250)由 $\pi_1\leqslant 1,\pi_2\leqslant 1$ 可得。因此，我们进一步有

$$\frac{1}{n}\log P_e^{(n)}\leqslant\log\sum P_1^\lambda(x)P_2^{1-\lambda}(x) \tag{11-252}$$

由于上式对任意的 $0\leqslant\lambda\leqslant 1$ 均成立，所以，在 $0\leqslant\lambda\leqslant 1$ 上取最小值，即可得到 Chernoff 信息界。于是，证明了误差概率指数不会比 $C(P_1,P_2)$ 更佳。该指数的可达性可由定理 11.9.1 得到。

可注意到，只要 π_1 和 π_2 非零，则贝叶斯误差指数是不依赖于 π_1 和 π_2 的实际取值的。从本质上说，对于大样本，由先验知识所产生的效应会消失。最优决策准则是选择具有最大后验概率的假设，对应于检验

388 $$\frac{\pi_1 P_1(X_1,X_2,\cdots,X_n)}{\pi_2 P_2(X_1,X_2,\cdots,X_n)}\lesseqgtr 1 \tag{11-253}$$

对上式取对数并除以 n，该检验可重新写成

$$\frac{1}{n}\log\frac{\pi_1}{\pi_2}+\frac{1}{n}\sum_i\log\frac{P_1(X_i)}{P_2(X_i)}\lesseqgtr 0 \tag{11-254}$$

其中，第二项趋于 $D(P_1\|P_2)$或$-D(P_2\|P_1)$取决于真实分布为 P_1 或 P_2。而第一项趋于 0，因而，由先验分布所产生的效应消失。

最后，为完善对大偏差理论和假设检验的讨论，考虑关于条件极限定理的例子。

例 11.9.1 假定棒球联合总会的棒球选手的击球平均得分数为 260，其标准偏差是 15，而假定小俱乐部联合会的棒球选手的击球平均得分数为 240，其标准偏差是 15。现有来自某一俱乐部(俱乐部是随机选取的)的 100 名选手组成一支球队，发现该队的击球平均得分数超过 250，因而

判定是棒球联合会的成员。但我们被告知这个判定是错误的，即这些选手是小俱乐部联合会的成员。对于这100名选手，我们可否知晓击球平均得分数的分布该是什么呢？从条件极限定理可知关于这些选手的击球平均得分数的分布的均值为250而标准偏差是15。为清楚此事，将问题抽象如下。

考虑关于两个高斯分布 $f_1=\mathcal{N}(1,\sigma^2)$ 和 $f_2=\mathcal{N}(-1,\sigma^2)$ 间的检验情况，它们具有不同的均值但方差相同。如11.8节所讨论的，此情形下似然比检验等价于比较样本均值与阈值。贝叶斯检验是"若 $\frac{1}{n}\sum_{i=1}^{n}X_i>0$，则接受假设 $f=f_1$"。假定在检验中我们犯的是第一类错误(即接受 $f=f_1$，但实际上 $f=f_2$)。在已知犯错误的情形下，样本的条件分布怎样？

我们可能会猜测各种各样的可能性：

- 样本看起来如两个正态分布的 $\left(\frac{1}{2},\frac{1}{2}\right)$ 混合。这似乎合理，但是不正确的。
- 对所有的 i，$X_i\approx 0$。尽管从条件上看好像 $\overline{X}_n$ 近似为0，但这显然是极其不可能的。
- 正确的答案可由条件极限定理给出。若真实分布为 f_2，而样本的型在集合 A 中，则条件分布接近于 f^*，其中 f^* 为 A 中最接近于 f_2 的分布。由对称性，这等价于在式(11-232)中令 $\lambda=\frac{1}{2}$。计算相应的分布，可得 389

$$f^*(x)=\frac{\left(\frac{1}{\sqrt{2\pi\sigma^2}}e^{-\frac{(x-1)^2}{2\sigma^2}}\right)^{\frac{1}{2}}\left(\frac{1}{\sqrt{2\pi\sigma^2}}e^{-\frac{(x+1)^2}{2\sigma^2}}\right)^{\frac{1}{2}}}{\int\left(\frac{1}{\sqrt{2\pi\sigma^2}}e^{-\frac{(x-1)^2}{2\sigma^2}}\right)^{\frac{1}{2}}\left(\frac{1}{\sqrt{2\pi\sigma^2}}e^{-\frac{(x+1)^2}{2\sigma^2}}\right)^{\frac{1}{2}}dx} \tag{11-255}$$

$$=\frac{\frac{1}{\sqrt{2\pi\sigma^2}}e^{-\frac{x^2+1}{2\sigma^2}}}{\int\frac{1}{\sqrt{2\pi\sigma^2}}e^{-\frac{x^2+1}{2\sigma^2}}dx} \tag{11-256}$$

$$=\frac{1}{\sqrt{2\pi\sigma^2}}e^{-\frac{x^2}{2\sigma^2}} \tag{11-257}$$

$$=\mathcal{N}(0,\sigma^2) \tag{11-258}$$

有趣的是，注意到条件分布是均值为0且方差与初始分布相同的正态分布。这让人感到奇怪，但的确如此；若我们将一正态总体误认为另一正态总体，则该总体的"形状"似乎看上去仍然是正态的，方差相同但均值不同。显然，如此的稀有事件不可能由古怪的观察数据产生。

例 11.9.2(大偏差理论与橄榄球) 考虑一个形式非常简单的橄榄球比赛，其得分机制直接与赢得的码数相关。假定教练可在两种策略中选择：带球跑或传球。每种策略都有赢得码数的分布。例如，一般情形下，带 390
球跑往往以极大的概率赢得较少的码数，而传球通常会以小概率赢得较多的码数。分布实例如图11-12所示。

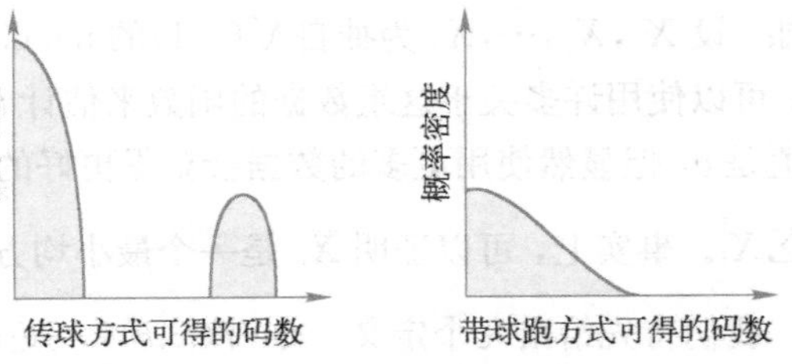

图 11-12 带球跑或传球方式赢得码数的分布

在比赛开始时，教练运用能赢得最大的期望得分数的策略。假设在比赛将结束的几分钟里，一支球队以大比分处于领先地位。(可忽略起初的界外球和适应性防卫球。)因此，落后的球队只能靠运气才有可能赢得比赛。若存在可能赢得比赛所需的幸运机会，则可以假定该球队将是幸运的，并依此继续进行比赛。那么，什么策略合适？

假设该球队仅剩下 n 次比赛，但必须赢得 l 个码数，其中 l 远远大于每次比赛期望得分数的 n 倍。该球队成功地赢得 l 个码数的概率是指数级的小；因此，可利用大偏差的结论及 Sanov 定理来计算这个事件的概率。精确讲，我们要计算 $\sum_{i=1}^{n} Z_i \geqslant n\alpha$ 的概率，其中 Z_i 为相互独立的随机变量，且 Z_i 的分布与所选取的策略相关。

具体情形如图 11-13 所示。设 E 是满足约束条件的所有型构成的集合，

$$E = \left\{P : \sum_{a\in\mathcal{X}} P(a)a \geqslant \alpha\right\} \tag{11-259}$$

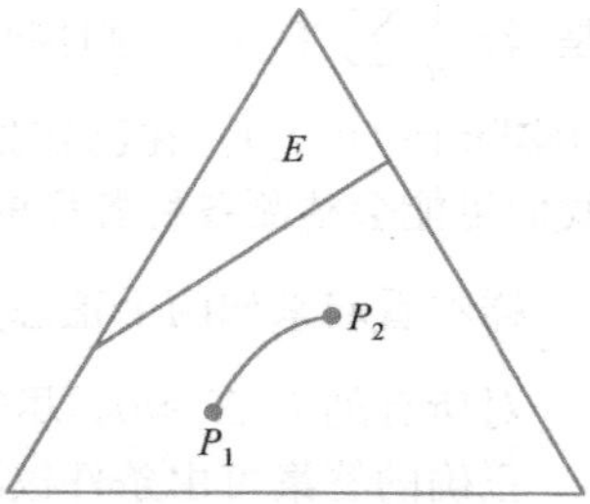

图 11-13 橄榄球赛事的概率单纯形

若 P_1 表示始终都在传球所对应的分布，则获胜的概率为样本的型含于 E 这个事件的概率，由 Sanov 定理可知，此概率为 $2^{-nD(P_1^* \| P_1)}$，其中 P_1^* 为 E 中最接近于 P_1 的分布。类似地，
391 若教练始终使用带球跑策略，则获胜的概率为 $2^{-nD(P_2^* \| P_2)}$。然而，如果他将两种策略混合使用，结果会怎样？对于混合策略 $P_\lambda = \lambda P_1 + (1-\lambda)P_2$，获胜的概率 $2^{-nD(P_\lambda^* \| P_\lambda)}$ 可能会比使用单纯的传球或单纯的带球跑策略而获胜的概率更大吗？让人有点惊奇的是，答案是肯定的，可用例子来说明。这给优先使用混合策略而非胡乱的防守提供了依据。

本节以 Chernoff 给出的另一个不等式结束，它是马尔可夫不等式的一个特殊形式。称此不等式为 Chernoff 界估计。

引理 11.9.1 设 Y 为任意随机变量，$\Psi(s)$ 为 Y 的矩母函数，

$$\Psi(s) = E\mathrm{e}^{sY} \tag{11-260}$$

则对任意的 $s \geqslant 0$，

$$\Pr(Y \geqslant a) \leqslant \mathrm{e}^{-sa}\Psi(s) \tag{11-261}$$

于是

$$\Pr(Y \geqslant a) \leqslant \min_{s\geqslant 0} \mathrm{e}^{-sa}\Psi(s) \tag{11-262}$$

证明：将马尔可夫不等式应用于非负随机变量情形，即可得引理成立。 □

11.10 费希尔信息与 Cramér-Rao 不等式

在统计估计中，一个标准的问题是根据抽自某一分布的样本数据如何确定该分布的参数。例如，设 $X_1, X_2, \cdots, X_n$ 为抽自 $\mathcal{N}(\theta, 1)$ 的 i. i. d. 样本。假定要估计样本大小为 n 时的参数 θ 是多少，可以使用许多关于这组数据的函数来估计 θ。比如，可以利用第一个样本 X_1。尽管 X_1 的期望值是 θ，但显然使用更多的数据会获得更好的估计。先不妨猜测 θ 的最佳估计是样本均值 $\overline{X}_n = \frac{1}{n}\sum X_i$。事实上，可以证明 $\overline{X}_n$ 是一个最小均方误差无偏估计量。

我们首先给出几个定义。令 $\{f(x;\theta)\}$，$\theta \in \Theta$ 表示一个带下标的密度函数族，即

$$f(x;\theta) \geqslant 0, \int f(x;\theta)\mathrm{d}x = 1, \quad \forall\, \theta \in \Theta$$

此处，Θ 称为参数集。

392 **定义** 关于 θ 在样本量为 n 的估计是映射函数 $T : \mathcal{X}^n \to \Theta$。

估计指关于参数值的逼近。因此，我们必须想办法评判逼近的好坏程度。我们称差值 $T-\theta$

为估计的误差，这里的误差是个随机变量。

定义 关于参数 θ 的估计 $T(X_1,X_2,\cdots,X_n)$ 的偏定义为估计的误差的期望值[即偏等于 $E_\theta T(X_1,X_2,\cdots,X_n)-\theta$]。其中的下标 θ 表示取期望是相对于密度函数 $f(\cdot;\theta)$ 而言的。若对于所有的 $\theta\in\Theta$，偏为 0，则称它为无偏估计。即，无偏估计的期望值正好等于参数值。

例 11.10.1 设 $X_1,X_2,\cdots,X_n$ 为抽自 $f(x)=(1/\lambda)e^{-x/\lambda}(x\geqslant 0)$ 的 i. i. d. 样本，是一个服从指数分布的随机变量序列。λ 的估计量包括 X_1 或 $\overline{X}_n$，它们均是无偏的。

由定义知，偏是误差的期望值，而事实上，它等于 0 并不能保证误差以极大的概率是低的。因此，我们有必要考虑误差的某个损失函数。通常最受欢迎的损失函数是均方误差。一个好的估计量必须要求具有低的均方误差，并且当样本量趋于无穷大时，误差应该接近于 0。这促使我们给出如下的定义：

定义 称关于 θ 的估计 $T(X_1,X_2,\cdots,X_n)$ 是依概率一致的，如果当 $n\to\infty$ 时，依概率有 $T(X_1,X_2,\cdots,X_n)\to\theta$。

一致性是一种可以期盼的渐近性质，但我们感兴趣的是小样本时也有该性质成立。对此，可以利用均方误差为尺度来衡量各种估计。

定义 称估计 $T_1(X_1,X_2,\cdots,X_n)$ 优越于估计 $T_2(X_1,X_2,\cdots,X_n)$，若对所有的 θ，有

$$E(T_1(X_1,X_2,\cdots,X_n)-\theta)^2\leqslant E(T_2(X_1,X_2,\cdots,X_n)-\theta)^2 \tag{11-263}$$

由此自然会产生一个问题：是否存在 θ 的最佳估计能够控制其他所有估计？为解决这个问题，我们得到了关于任意统计量的均方误差的 Cramér-Rao 下界。首先定义分布 $f(x;\theta)$ 的得分函数，利用柯西-施瓦茨(Cauchy-Schwarz)不等式可证明关于任意无偏估计量的方差的 Cramér-Rao 下界。 393

定义 得分 V 是个随机变量，定义为

$$V=\frac{\partial}{\partial\theta}\ln f(X;\theta)=\frac{\frac{\partial}{\partial\theta}f(X;\theta)}{f(X;\theta)} \tag{11-264}$$

其中 $X\sim f(x;\theta)$。

得分的均值是

$$EV=\int\frac{\frac{\partial}{\partial\theta}f(x;\theta)}{f(x;\theta)}f(x;\theta)\,\mathrm{d}x \tag{11-265}$$

$$=\int\frac{\partial}{\partial\theta}f(x;\theta)\,\mathrm{d}x \tag{11-266}$$

$$=\frac{\partial}{\partial\theta}\int f(x;\theta)\,\mathrm{d}x \tag{11-267}$$

$$=\frac{\partial}{\partial\theta}1 \tag{11-268}$$

$$=0 \tag{11-269}$$

因此，$EV^2=\mathrm{var}(V)$。得分的方差具有特殊的重要意义。

定义 费希尔信息 $J(\theta)$ 是得分的方差：

$$J(\theta)=E_\theta\left[\frac{\partial}{\partial\theta}\ln f(X;\theta)\right]^2 \tag{11-270}$$

若考虑抽自 $f(x;\theta)$ 的 n 个随机变量 i. i. d. 样本 $X_1,X_2,\cdots,X_n$，则有

$$f(x_1,x_2,\cdots,x_n;\theta)=\prod_{i=1}^{n}f(x_i;\theta) \tag{11-271}$$

从而，总的得分函数为单个得分函数之和，

$$V(X_1,X_2,\cdots,X_n)=\frac{\partial}{\partial\theta}\ln f(X_1,X_2,\cdots,X_n;\theta) \tag{11-272}$$

$$=\sum_{i=1}^{n}\frac{\partial}{\partial\theta}\ln f(X_i;\theta) \tag{11-273}$$

394 $$=\sum_{i=1}^{n}V(X_i) \tag{11-274}$$

其中 $V(X_i)$ 独立同分布且均值为 0。因而，n 个样本的费希尔信息为

$$J_n(\theta)=E_\theta\left(\frac{\partial}{\partial\theta}\ln f(X_1,X_2,\cdots,X_n;\theta)\right)^2 \tag{11-275}$$

$$=E_\theta V^2(X_1,X_2,\cdots,X_n) \tag{11-276}$$

$$=E_\theta\left(\sum_{i=1}^{n}V(X_i)\right)^2 \tag{11-277}$$

$$=\sum_{i=1}^{n}E_\theta V^2(X_i) \tag{11-278}$$

$$=nJ(\theta) \tag{11-279}$$

由此可知，i. i. d. 的 n 个样本的费希尔信息是单个样本的费希尔信息的 n 倍。费希尔信息的重要意义可由如下定理充分体现。

定理 11.10.1（Cramér-Rao 不等式） *费希尔信息的倒数是参数 θ 的任何无偏估计量 $T(X)$ 的均方误差的下界：*

$$\operatorname{var}(T)\geqslant\frac{1}{J(\theta)} \tag{11-280}$$

证明： 设 V 为得分函数，T 是估计量。由柯西-施瓦茨不等式，可得

$$(E_\theta[(V-E_\theta V)(T-E_\theta T)])^2\leqslant E_\theta(V-E_\theta V)^2E_\theta(T-E_\theta T)^2 \tag{11-281}$$

由于 T 是无偏估计，所以对于任意 θ，均有 $E_\theta T=\theta$。由式(11-269)知 $E_\theta V=0$，因而，$E_\theta(V-E_\theta V)(T-E_\theta T)=E_\theta VT$。再由定义得到，$\operatorname{var}(V)=J(\theta)$。将这些条件代入式(11-281)，可得

$$[E_\theta(VT)]^2\leqslant J(\theta)\operatorname{var}(T) \tag{11-282}$$

而，

395 $$E_\theta(VT)=\int\frac{\frac{\partial}{\partial\theta}f(x;\theta)}{f(x;\theta)}T(x)f(x;\theta)\mathrm{d}x \tag{11-283}$$

$$=\int\frac{\partial}{\partial\theta}f(x;\theta)T(x)\mathrm{d}x \tag{11-284}$$

$$=\frac{\partial}{\partial\theta}\int f(x;\theta)T(x)\mathrm{d}x \tag{11-285}$$

$$=\frac{\partial}{\partial\theta}E_\theta T \tag{11-286}$$

$$=\frac{\partial}{\partial\theta}\theta \tag{11-287}$$

$$=1 \tag{11-288}$$

对于具有良好性质的 $f(x;\theta)$，式(11-285)中的微分和积分号互换可利用控制收敛定理得到，而式(11-287)是由于估计量 T 是无偏的。将此代入式(11-282)，即得

$$\operatorname{var}(T)\geqslant\frac{1}{J(\theta)} \tag{11-289}$$

此即关于无偏估计量的 Cramér-Rao 不等式。 □

通过基本上相同的讨论，可以证明对任意估计量

$$E(T-\theta)^2 \geqslant \frac{(1+b_T'(\theta))^2}{J(\theta)}+b_T^2(\theta) \tag{11-290}$$

其中 $b_T(\theta)=E_\theta T-\theta$，$b_T'(\theta)$是 $b_T(\theta)$关于 θ 的导数。此结论的证明留作本章末的习题。

例 11.10.2 设 $X_1, X_2\cdots, X_n$ 为 i. i. d. $\sim\mathcal{N}(\theta,\sigma^2)$，$\sigma^2$ 已知。此时，$J(\theta)=\frac{n}{\sigma^2}$。令 $T(X_1, X_2,\cdots,X_n)=\overline{X}_n=\frac{1}{n}\sum X_i$，则 $E_\theta(\overline{X}_n-\theta)^2=\frac{\sigma^2}{n}=\frac{1}{J(\theta)}$。由于 $\overline{X}_n$ 达到 Cramér-Rao 下界，故 $\overline{X}_n$ 为关于 θ 的最小方差无偏估计量。

Cramér-Rao 不等式给出了关于所有无偏估计的关于方差的下界。当该下界达到时，称此估计是有效估计。

定义 称无偏估计量 T 是有效的(efficient)，若它达到 Cramér-Rao 下界［即，若 $\mathrm{var}(T)=\frac{1}{J(\theta)}$］。 396

因此，费希尔信息可以度量在当前的数据中含有关于 θ 的“信息”量。它可给出由数据估计 θ 产生的误差的下界。然而，可能不存在一个估计量恰好达到这个下界。

我们可以将费希尔信息的概念推广到多参数情形，此时，需要定义费希尔信息矩阵 $J(\theta)$，其元素为

$$J_{ij}(\theta)=\int f(x;\theta)\frac{\partial}{\partial\theta_i}\ln f(x;\theta)\frac{\partial}{\partial\theta_j}\ln f(x;\theta)\mathrm{d}x \tag{11-291}$$

同时，Cramér-Rao 不等式变成矩阵不等式，

$$\Sigma\geqslant J^{-1}(\theta) \tag{11-292}$$

其中Σ为关于参数 θ 的一组无偏估计量的协方差矩阵，$\Sigma\geqslant J^{-1}$表示矩阵的差$\Sigma-J^{-1}$是非负定矩阵。我们不再给予多参数情形详细的证明，其基本思路是类似的。

费希尔信息 $J(\theta)$和某些量(如前面定义过的熵)存在着一定的联系吗？注意，费希尔信息是针对以参数为指标的一族分布而定义的，与熵不同，它的定义针对所有的分布。但对于任何分布，如 $f(x)$，总可以利用位置参数 θ 将其参数化，从而定义关于分布族密度 $f(x-\theta)$的费希尔信息。我们将在 17.8 节更细致地阐述它们之间的关系，将证明当使用典型集的体积表述熵时，费希尔信息可以看成是典型集的表面积。而费希尔信息与相对熵之间的进一步联系将在习题中进行说明。

要点

基本的恒等式

$$Q^n(\mathbf{x})=2^{-n(D(P_{\mathbf{x}}\|Q)+H(P_{\mathbf{x}}))} \tag{11-293}$$

$$|\mathcal{P}_n|\leqslant(n+1)^{|\mathcal{X}|} \tag{11-294}$$

$$|T(P)|\doteq 2^{nH(P)} \tag{11-295}$$

$$Q^n(T(P))\doteq 2^{-nD(P\|Q)} \tag{11-296}$$

397

通用数据压缩

$$P_e^{(n)}\leqslant 2^{-nD(P_R^*\|Q)} \quad 对任意的 Q \tag{11-297}$$

其中

$$D(P_R^*\|Q)=\min_{P:H(P)\geqslant R}D(P\|Q) \tag{11-298}$$

大偏差(Sanov 定理)

$$Q^n(E)=Q^n(E\cap\mathcal{P}_n)\leqslant(n+1)^{|\mathcal{X}|}2^{-nD(P^*\parallel Q)} \tag{11-299}$$

$$D(P^*\parallel Q)=\min_{P\in E}D(P\parallel Q) \tag{11-300}$$

若 E 为它自身的闭包，则

$$Q^n(E)\doteq 2^{-nD(P^*\parallel Q)} \tag{11-301}$$

相对熵的 $\mathcal{L}_1$ 界

$$D(P_1\parallel P_2)\geqslant\frac{1}{2\ln 2}\parallel P_1-P_2\parallel_1^2 \tag{11-302}$$

毕达哥拉斯定理 若 E 是由型构成的一个凸集，分布 $Q\notin E$，且 P^* 达到 $D(P^*\parallel Q)=\min_{P\in E}D(P\parallel Q)$，则对任意的 $P\in E$，有

$$D(P\parallel Q)\geqslant D(P\parallel P^*)+D(P^*\parallel Q) \tag{11-303}$$

条件极限定理 若 $X_1,X_2,\cdots,X_n$ 为 i. i. d. $\sim Q$，则

$$\Pr(X_1=a\,|\,P_{X^n}\in E)\to P^*(a)\text{依概率} \tag{11-304}$$

其中 P^* 使 $D(P\parallel Q)$ 在所有 $P\in E$ 上达到最小值。特别地，

$$\Pr\left\{X_1=a\left|\frac{1}{n}\sum_{i=1}^{n}X_i\geqslant\alpha\right.\right\}\to\frac{Q(a)e^{\lambda a}}{\sum_x Q(x)e^{\lambda x}} \tag{11-305}$$

398 **奈曼-皮尔逊引理** 两个密度 P_1 和 P_2 之间的最优检验有如下形式的决策域：“若 $\frac{P_1(x_1,x_2,\cdots,x_n)}{P_2(x_1,x_2,\cdots,x_n)}>T$，则接受 $P=P_1$。”

Chernoff-Stein 引理 若 $\alpha_n\leqslant\varepsilon$，则最佳可达误差指数满足：

$$\beta_n^\varepsilon=\min_{\substack{A_n\subseteq\mathcal{X}^n\\ \alpha_n<\varepsilon}}\beta_n \tag{11-306}$$

$$\lim_{n\to\infty}\frac{1}{n}\log\beta_n^\varepsilon=-D(P_1\parallel P_2) \tag{11-307}$$

Chernoff 信息 贝叶斯误差概率的最佳可达指数为

$$D^*=D(P_{\lambda^*}\parallel P_1)=D(P_{\lambda^*}\parallel P_2) \tag{11-308}$$

其中

$$P_\lambda=\frac{P_1^\lambda(x)P_2^{1-\lambda}(x)}{\sum_{a\in\mathcal{X}}P_1^\lambda(a)P_2^{1-\lambda}(a)} \tag{11-309}$$

并由满足

$$D(P_\lambda\parallel P_1)=D(P_\lambda\parallel P_2) \tag{11-310}$$

选取 $\lambda=\lambda^*$。

费希尔信息

$$J(\theta)=E_\theta\left[\frac{\partial}{\partial\theta}\ln f(x;\theta)\right]^2 \tag{11-311}$$

Cramér-Rao 不等式 对于 θ 的任意无偏估计量 T，

$$E_\theta(T(X)-\theta)^2=\mathrm{var}(T)\geqslant\frac{1}{J(\theta)} \tag{11-312}$$

习题

11.1 *Chernoff-Stein* 引理。考虑两个假设检验：

$$H_1: f=f_1 \quad 与 \quad H_2: f=f_2$$ 399

试求 $D(f_1 \| f_2)$，若

(a) $f_i(x)=N(0,\sigma_i^2), i=1,2$。

(b) $f_i(x)=\lambda_i e^{-\lambda_i x}, x\geqslant 0, i=1,2$。

(c) $f_1(x)$为区间[0，1]上的均匀密度函数，而 $f_2(x)$是$[a,a+1]$上的均匀密度函数，假定 $0<a<1$。

(d) f_1 对应于一枚均匀硬币，而 f_2 对应于两面都是人头的硬币。

11.2 $D(P\|Q)$与$\mathcal{X}^2$之间的关系。证明在 $D(P\|Q)$关于 Q 的泰勒级数展开式中，第一项(的 2 倍)即$\mathcal{X}^2$ 统计量

$$\mathcal{X}^2=\sum_x \frac{(P(x)-Q(x))^2}{Q(x)}$$

于是，$D(P\|Q)=\frac{1}{2}\mathcal{X}^2+\cdots$。(提示：$\frac{P}{Q}=1+\frac{P-Q}{Q}$，并将其对数函数展开)。

11.3 通用码的误差指数。速率为 R 的通用信源码达到的误差概率为 $P_e^{(n)}\approx e^{-nD(P^*\|Q)}$，其中 Q 为真实分布，而 P^* 使 $D(P\|Q)$在所有满足 $H(P)\geqslant R$ 的 P 上达到最小值。

(a) 根据 Q 和 R 求 P^*。

(b) 设 X 为二元随机变量。求信源概率分布是 $Q(x)(x\in\{0,1\})$的区域，对此区域，速率 R 对于通用信源码达到 $P_e^{(n)}\to 0$ 是充分的。

11.4 顺序投射。我们要证明将 Q 投射到$\mathcal{P}_1$ 中，然后将其投影 $\hat{Q}$ 投射到$\mathcal{P}_1\cap\mathcal{P}_2$，所得的投影与 Q 直接投影到$\mathcal{P}_1\cap\mathcal{P}_2$ 中的投影相同。设$\mathcal{P}_1$ 为$\mathcal{X}$上满足

$$\sum_x p(x)=1 \tag{11-313}$$

$$\sum_x p(x)h_i(x)\geqslant\alpha_i, \quad i=1,2,\cdots,r \tag{11-314}$$

的所有概率密度函数构成的集合，而$\mathcal{P}_2$ 为$\mathcal{X}$上满足

$$\sum_x p(x)=1 \tag{11-315}$$

$$\sum_x p(x)gj(x)\geqslant\beta_j, \quad j=1,2,\cdots,s \tag{11-316}$$ 400

的所有概率密度函数所成之集。假定 $Q\notin\mathcal{P}_1\cup\mathcal{P}_2$，设 P^* 使 $D(P\|Q)$在所有 $P\in\mathcal{P}_1$ 上达到最小值，R^* 使 $D(P\|D)$在所有 $R\in\mathcal{P}_1\cap\mathcal{P}_2$ 上达到最小值。证明 R^* 使 $D(R\|P^*)$在所有 $R\in\mathcal{P}_1\cap\mathcal{P}_2$ 上达到最小值。

11.5 计数。设$\mathcal{X}=\{1,2,\cdots,m\}$。证明：在一阶指数意义下，当 n 充分大时，满足 $\frac{1}{n}\sum_{i=1}^n g(x_i)\geqslant\alpha$ 的序列 $x^n\in\mathcal{X}^n$ 的个数近似等于 2^{nH^*}，其中

$$H^*=\max_{P:\sum_{i=1}^m P(i)g(i)\geqslant\alpha} H(P) \tag{11-317}$$

11.6 有偏估计可能更佳。抽自$\mathcal{N}(\mu,\sigma^2)$分布的 n 个数据样本 i.i.d.，考虑其 μ 和 σ^2 的估计问题。

(a) 证明 $\overline{X}$ 为 μ 的无偏估计量。

(b) 证明估计量

$$S_n^2=\frac{1}{n}\sum_{i=1}^{n}(X_i-\overline{X}_n)^2 \tag{11-318}$$

是 σ^2 的有偏估计量，而估计量

$$S_{n-1}^2=\frac{1}{n-1}\sum_{i=1}^{n}(X_i-\overline{X}_n)^2 \tag{11-319}$$

是无偏的。

(c) 证明 S_n^2 具有比 S_{n-1}^2 更小的均方误差。说明有偏估计量会比无偏估计量“更佳”。

11.7 费希尔信息与相对熵。证明对于一族参数分布 $\{p_\theta(x)\}$，有

$$\lim_{\theta'\to\theta}\frac{1}{(\theta-\theta')^2}D(p_\theta\parallel p_{\theta'})=\frac{1}{\ln 4}J(\theta) \tag{11-320}$$

11.8 费希尔信息的例子。分布族 $f_\theta(x)(\theta\in\mathbf{R})$ 的费希尔信息 $J(\Theta)$ 定义为

$$J(\theta)=E_\theta\left(\frac{\partial f_\theta(X)/\partial\theta}{f_\theta(X)}\right)^2=\int\frac{(f'_\theta)^2}{f_\theta}$$

401 求如下分布族的费希尔信息：

(a) $f_\theta(x)=N(0,\theta)=\frac{1}{\sqrt{2\pi\theta}}e^{-\frac{x^2}{2\theta}}$。

(b) $f_\theta(x)=\theta e^{-\theta x},x\geqslant 0$。

(c) $E_\theta(\hat{\theta}(X)-\theta)^2$ 的 Cramér-Rao 下界是什么？其中 $\hat{\theta}(X)$ 为(a)和(b)情形关于 θ 的无偏估计量。

11.9 两条件独立分布族的联合使费希尔信息倍增。设 $g_\theta(x_1,x_2)=f_\theta(x_1)f_\theta(x_2)$，试证明 $J_g(\theta)=2J_f(\theta)$。

11.10 联合分布与乘积分布。考虑联合分布 $Q(x,y)$，其边际分布为 $Q(x)$ 和 $Q(y)$。设 E 为所有这样的型，它们看上去与 Q 成为联合典型的：

$$\begin{aligned}E=\{P(x,y):&-\sum_{x,y}P(x,y)\log Q(x)-H(X)=0\\&-\sum_{x,y}P(x,y)\log Q(y)-H(Y)=0\\&-\sum_{x,y}P(x,y)\log Q(x,y)\\&-H(X,Y)=0\}\end{aligned} \tag{11-321}$$

a) 设 $Q_0(x,y)$ 为 $\mathcal{X}\times\mathcal{Y}$ 上的另一分布。证明在 E 中最接近于 Q_0 的分布 P^* 具有形式

$$P^*(x,y)=Q_0(x,y)e^{\lambda_0+\lambda_1\log Q(x)+\lambda_2\log Q(y)+\lambda_3\log Q(x,y)} \tag{11-322}$$

其中 $\lambda_0,\lambda_1,\lambda_2$ 和 λ_3 由满足约束条件而定。并说明该分布是唯一的。

b) 令 $Q_0(x,y)=Q(x)Q(y)$。证明：$Q(x,y)$ 具有式(11-322)的形式且满足约束条件。于是，$P^*(x,y)=Q(x,y)$，即在 E 中最接近于乘积分布的分布是联合分布。

11.11 存在偏项的 *Cramér-Rao* 不等式。设 $X\sim f(x;\theta)$，$T(X)$ 为关于 θ 的估计量。令 $b_T(\theta)=$
402 $E_\theta T-\theta$ 为估计量的偏。试证明

$$E(T-\theta)^2\geqslant\frac{[1+b'_T(\theta)]^2}{J(\theta)}+b_T^2(\theta) \tag{11-323}$$

11.12 假设检验。$X_1,X_2,\cdots,X_n$ 为 i. i. d. $\sim p(x)$。考虑假设检验 $H_1: p=p_1$ 与 $H_2: p=p_2$。令

$$p_1(x)=\begin{cases}\frac{1}{2},x=-1\\ \frac{1}{4},x=0\\ \frac{1}{4},x=1\end{cases} \quad 和 \quad p_2(x)=\begin{cases}\frac{1}{4},x=-1\\ \frac{1}{4},x=0\\ \frac{1}{2},x=1\end{cases}$$

在约束条件 Pr{判定 $H_1 \mid H_2$ 真}$\leqslant\frac{1}{2}$之下，求出 Pr{判定 $H_2 \mid H_1$ 真}关于 H_1 与 H_2 的假设检验的最佳误差指数。

11.13 *Sanov 定理*。对 Beroulli(q)随机变量情形，证明 Sanov 定理的简单形式。

令 1 在序列 $X_1,X_2,\cdots,X_n$ 中出现的比例为

$$\overline{X}_n=\frac{1}{n}\sum_{i=1}^{n}X_i \tag{11-324}$$

由大数定理，当 n 足够大时，我们预料 $\overline{X}_n$ 接近于 q。Sanov 定理处理 $\overline{X}_n$ 远离 q 的概率。特别地，如果，$p>q>\frac{1}{2}$，Sanov 定理表明

$$\begin{aligned}&-\frac{1}{n}\log\Pr\{(X_1,X_2,\cdots,X_n):\overline{X}_n\geqslant p\}\\ &\to p\log\frac{p}{q}+(1-p)\log\frac{1-p}{1-q}\\ &=D((p,1-p)\parallel(q,1-q))\end{aligned} \tag{11-325}$$

证明下面的步骤：

- $$\Pr\{(X_1,X_2,\cdots,X_n):\overline{X}_n\geqslant p\}\leqslant\sum_{i=\lfloor np\rfloor}^{n}\binom{n}{i}q^i(1-q)^{n-i} \tag{11-326}$$ 403
- 证明:在最后一个等式右边的和式中的最大项正好是对应于 $i=\lfloor np\rfloor$ 的项。
- 证明该项大约是 2^{-nD}。
- 利用上面的步骤证明 Sanov 定理中概率的上界。利用相似的讨论证明下界，完成 Sanov 定理的证明。

11.14 *Sanov*。令 X_i 是独立同分布的且服从 $N(0,\sigma^2)$。

(a) 依据 $\Pr\left\{\frac{1}{n}\sum_{i=1}^{n}X_i^2\geqslant\alpha^2\right\}$ 的行为，求出其指数。可以使用第一条原理(因为正态分布很漂亮)或者 Sanov 定理来做。

(b) 如果 $\frac{1}{n}\sum_{i=1}^{n}X_i^2\geqslant\alpha^2$，此时的数据看似什么？即，使 $D(P\parallel Q)$最小的 P^* 是什么？

11.15 *计数状态*。假设一个原子等概率地取六种状态 $X\in\{s_1,s_2,\cdots,s_6\}$。观察 n 个独立且服从该均匀分布的原子 $X_1,X_2,\cdots,X_n$。假设观察到状态 s_1 出现的频数是状态 s_2 出现频数的 2 倍。

(a) 在一阶指数意义下，求出观察到此事件的概率是多大?

(b) 假设 n 足够大，求出第一个原子 X_1 在此观测下的条件分布。

11.16 *假设检验*。令$\{X_i\}$为 i. i. d. $\sim p(x),x\in\{1,2,\cdots\}$。考虑两个假设：

$$H_0:p(x)=p_0(x) \quad 与 \quad H_1:p(x)=p_1(x)$$

其中 $p_0(x)=\left(\frac{1}{2}\right)^x,p_1(x)=qp^{x-1},x=1,2,3\cdots$

(a) 求 $D(p_0\parallel p_1)$。

(b) 令 $\Pr\{H_0\}=\frac{1}{2}$，并假设数据 $X_1,X_2,\cdots,X_n\sim p(x)$，求检验 H_0 与 H_1 的最小误差概率。

11.17 最大似然估计。令 $f_\theta(x)$表示参变量 $\theta\in\mathcal{R}$的密度参变量簇。令 $X_1,X_2,\cdots,X_n$ 为独立同分布且服从 $f_\theta(x)$。那么函数

$$l_\theta(x^n)=\ln\left(\prod_{i=1}^{n}f_\theta(x_i)\right)$$

404 为熟知的对数似然函数。令 θ_0 表示真参变量值。

(a) 令对数似然的期望为

$$E_{\theta_0}l_\theta(X^n)=\int\left(\ln\prod_{i=1}^{n}f_\theta(x_i)\right)\prod_{i=1}^{n}f_{\theta_0}(x_i)\mathrm{d}x^n$$

证明

$$E_{\theta_0}(l(x^n))=(-h(f_{\theta_0})-D(f_{\theta_0}\parallel f_\theta))n$$

(b) 证明对数似然的期望关于 θ 的最大值在 $\theta=\theta_0$ 处取得。

11.18 大偏差。令 $X_1,X_2,\cdots,X_n$ 是独立同分布随机变量，且为几何分布

$$\Pr\{X=k\}=p^{k-1}(1-p),k=1,2,\cdots$$

针对下面的情形，找出(在一阶指数意义下)好的估计：

(a) $\Pr\left\{\frac{1}{n}\sum_{i=1}^{n}X_i\geqslant\alpha\right\}$。

(b) $\Pr\left\{X_1=k\mid\frac{1}{n}\sum_{i=1}^{n}X_i\geqslant\alpha\right\}$。

(c) 当 $p=\frac{1}{2}$，$\alpha=4$ 时，计算(a)和(b)。

11.19 费希尔信息的另一种表示。用部分积分法证明

$$J(\theta)=-E\frac{\partial^2\ln f_\theta(x)}{\partial\theta^2}$$

11.20 斯特林近似值。推导关于阶乘的斯特林近似值的一种弱形式；即，用积分的近似求和证明

$$\left(\frac{n}{e}\right)^n\leqslant n!\leqslant n\left(\frac{n}{e}\right)^n \tag{11-327}$$

评判下面的步骤：

405 $$\ln(n!)=\sum_{i=2}^{n-1}\ln(i)+\ln(n)\leqslant\int_2^{n-1}\ln x\mathrm{d}x+\ln n=\cdots \tag{11-328}$$

以及

$$\ln(n!)=\sum_{i=1}^{n}\ln(i)\geqslant\int_0^n\ln x\mathrm{d}x=\cdots \tag{11-329}$$

11.21 $\binom{n}{k}$的渐近值。利用习题 11.20 的简单近似证明：如果 $0\leqslant p\leqslant 1$，$k=\lfloor np\rfloor$(即 k 是小于或者等于 np 的最大整数)，则

$$\lim_{n\to\infty}\frac{1}{n}\log\binom{n}{k}=-p\log p-(1-p)\log(1-p)=H(p) \tag{11-330}$$

用 $p_i(i=1,\cdots,m)$表示 m 个符号的概率分布(即 $p_i\geqslant 0$，$\sum_i p_i=1$)。那么下面的极限值是多少？

$$\frac{1}{n}\log\binom{n}{\lfloor np_1\rfloor\lfloor np_2\rfloor\cdots\lfloor np_{m-1}\rfloor\; n-\sum_{j=0}^{m-1}\lfloor np_j\rfloor}$$

$$=\frac{1}{n}\log\frac{n!}{\lfloor np_1\rfloor!\lfloor np_2\rfloor!\cdots\lfloor np_{m-1}\rfloor!(n-\sum_{j=0}^{m-1}\lfloor np_j\rfloor)!} \tag{11-331}$$

11.22 累积差。令 $X_1,X_2,\cdots,X_n$ 为 i. i. d. $\sim Q_1(x)$，$Y_1,Y_2,\cdots,Y_n$ 为 i. i. d. $\sim Q_2(y)$。假设 X^n 与 Y^n 是相互独立的。求 $\Pr\left\{\sum_{i=1}^{n}X_i-\sum_{i=1}^{n}Y_i\geqslant nt\right\}$ 在一阶指数意义下的表达式。当然，该答案可以保留参变量形式。

11.23 大似然。令 $X_1,X_2,\cdots,X_n$ 为 i. i. d. $\sim Q(x)$，$x\in\{1,2,\cdots,m\}$，且 $P(x)$ 为某概率分布函数。我们构造序列 X^n 的对数似然比为

$$\frac{1}{n}\log\frac{P^n(X_1,X_2,\cdots,X_n)}{Q^n(X_1,X_2,\cdots,X_n)}=\frac{1}{n}\sum_{i=1}^{n}\log\frac{P(X_i)}{Q(X_i)}$$

并求超过某一阈值的概率。特别地，(在一阶指数意义下，)求

$$Q^n\left(\frac{1}{n}\log\frac{P(X_1,X_2,\cdots,X_n)}{Q(X_1,X_2,\cdots,X_n)}>0\right)$$

答案里可能存在一个不确定的参变量。 406

11.24 混合的费希尔信息。设 $f_1(x)$ 和 $f_0(x)$ 是两个给定的概率密度，Z 是 Bernoulli(θ)，其中 θ 是未知的。当 $Z=1$ 时，$X\sim f_1(x)$；当 $Z=0$ 时，$X\sim f_0(x)$。

(a) 找出被观察 X 的密度 $f_\theta(x)$。

(b) 求费希尔信息 $J(\theta)$。

(c) 求 θ 的无偏估计均方误差的 Cramér-Rao 下界。

(d) 你能给出一个 θ 的无偏估计吗?

11.25 非均匀硬币。令 $\{X_i\}$ 为 i. i. d. $\sim Q$，其中

$$Q(k)=\Pr(X_i=k)=\binom{m}{k}q^k(1-q)^{m-k},k=0,1,2,\cdots,m$$

于是，X_i 为 i. i. d. $\sim$Bernoulli(m,q)。证明当 $n\to\infty$ 时，

$$\Pr\left(X_1=k\mid\frac{1}{n}\sum_{i=1}^{n}X_i\geqslant\alpha\right)\to P^*(k)$$

其中 P^* 服从二项式分布 Bernoulli(m,λ)(即 $P^*(k)=\binom{m}{k}\lambda^k(1-\lambda)^{m-k}$，$\lambda\in[0,1]$)。找出这个 λ。

11.26 条件极限分布

(a) 如果 $X_1,X_2,\cdots$ 是 Bernoulli(2/3)，n 是 4 的倍数，计算

$$\Pr\left\{X_1=1\,\middle|\,\frac{1}{n}\sum_{i=1}^{n}X_i=\frac{1}{4}\right\} \tag{11-332}$$

的精确值。

(b) 令 $X_i\in\{-1,0,1\}$，$X_1,X_2,\cdots$ 为 $\{-1,0,+1\}$ 上的独立同分布序列，且为均匀分布。当 $n=2k$，$k\to\infty$ 时，求下面概率的极限

$$\Pr\left\{X_1=+1\,\middle|\,\frac{1}{n}\sum_{i=1}^{n}X_i^2=\frac{1}{2}\right\} \tag{11-333}$$ 407

11.27 变分不等式。对于正随机变量 X，证明

$$\log E_P(X)=\sup_Q[E_Q(\log X)-D(Q\|P)] \tag{11-334}$$

其中，$E_P(X)=\sum_x xP(x)$，而 $D(Q\|P)=\sum_x Q(x)\log\frac{Q(x)}{P(x)}$，并且上确界遍取所有 $Q(x)\geqslant 0$，$\sum Q(x)=1$。只要检验如下极值足矣：

$$J(Q)=E_Q\ln X-D(Q\|P)+\lambda(\sum Q(x)-1)$$

11.28 型约束条件

(a) 给出型 P_{x^n} 的约束条件，使得样本方差 $\overline{X_n^2}-(\overline{X}_n)^2\leqslant\alpha$，其中 $\overline{X_n^2}=\frac{1}{n}\sum_{i=1}^n X_i^2$，$\overline{X}_n=\frac{1}{n}\sum_{i=1}^n X_i$。

(b) 求出概率 $Q^n(\overline{X_n^2}-(\overline{X}_n)^2\leqslant\alpha)$的衰减指数。可以保留答案为参数形式。

11.29 单纯形上的均匀分布。下列哪种方法可以基于单纯形$\left\{x\in R^n: x_i\geqslant 0, \sum_{i=1}^n x_i=1\right\}$上的均匀分布生成一个样本？

(a) 令 Y_i 为独立同分布序列且服从[0,1]上的均匀分布，取 $X_i=Y_i/\sum_{j=1}^n Y_j$。

(b) 令 Y_i 为独立同分布序列且服从指数分布 $\lambda e^{-\lambda y}, y\geqslant 0$，取 $X_i=Y_i/\sum_{j=1}^n Y_j$。

(c)（劈成 n 块碎片）令 $Y_1,Y_2,\cdots,Y_{n-1}$为独立同分布序列且服从[0,1]上的均匀分布，令 X_i 为第 i 个区间的长度。

历史回顾

型方法是由强典型性发展而来，Wolfowitz[566]利用其中的某些思想证明了信道容量定理。Csiszár 和 Köner[149]充分发展了这个方法，由此得到了信息论中的许多重要定理。11.1 节中所描述的型方法是按照 Csiszár 和 Köner 的论述。相对熵的下界$\mathcal{L}_1$ 也归功于 Csiszár[138]，库尔贝克

408 [336]和 Kemperman[309]。Csiszár[141]还利用型方法得到了 Sanov 定理 [455] 的一般化形式。

第12章 最大熵

气体的温度与该气体中分子的平均动能相对应。在给定温度下，我们能对该气体的速度分布有多少了解呢？物理学告诉我们，该分布正好是给定温度下的最大熵分布，也就是著名的麦克斯韦-玻尔兹曼(Maxwell-Boltzmann)分布。最大熵分布对应于具有最多微观状态（各种气体的速度）数目的宏观状态(可由经验分布来刻画)。因而，在物理学中使用最大熵方法而得到的结果都是一类 AEP，即所有微观状态都是等可能的。

12.1 最大熵分布

考虑下面的优化问题：求满足如下条件的所有概率密度函数 f 的熵 $h(f)$ 的最大值

1. $f(x)\geqslant 0$，当 x 在支撑集 S 的外部时，等号成立，
2. $\int_S f(x)\mathrm{d}x = 1$ (12-1)
3. $\int_S f(x)r_i(x)\mathrm{d}x = \alpha_i$，对所有 $1\leqslant i\leqslant m$。

于是，f 为一个定义在支撑集 S 上，满足一定的矩约束条件 $\alpha_1,\alpha_2,\cdots,\alpha_m$ 的密度函数。

方法 1(微积分法) 微分熵 $h(f)$ 是定义在一个凸集上的凹函数。我们构造以下泛函

$$J(f) = -\int f\ln f + \lambda_0\int f + \sum_{i=1}^{m}\lambda_i\int fr_i \tag{12-2}$$

由变分法，可以得到该泛函关于 $f(x)$ 的“导数”为

$$\frac{\partial J}{\partial f(x)} = -\ln f(x) - 1 + \lambda_0 + \sum_{i=1}^{m}\lambda_i r_i(x) \tag{12-3}$$ 409

令上式等于 0，得到最大化的密度函数的解析表达式

$$f(x) = \mathrm{e}^{\lambda_0 - 1 + \sum_{i=1}^{m}\lambda_i r_i(x)}, \quad x\in S \tag{12-4}$$

其中 $\lambda_0,\lambda_1,\cdots,\lambda_m$ 是要求 f 满足约束条件的待定系数。

利用微积分知识只能建议给出熵达到最大时对应的密度函数所应具有的形式。为证明这样的密度函数的确使熵达到最大，可以求它的二阶变分。但使用信息不等式 $D(g\parallel f)\geqslant 0$，问题将变得很简单。

方法 2(信息不等式) 若密度函数 g 满足约束条件(12-1)，而 f^* 是形如式(12-4)的解，则 $0\leqslant D(g\parallel f^*) = -h(g)+h(f^*)$。从而，对任何满足约束条件的密度函数 g，均有 $h(g)\leqslant h(f^*)$。我们通过下面的定理证明。

定理 12.1.1(最大熵分布) 设 $f^*(x) = f_\lambda(x) = \mathrm{e}^{\lambda_0 + \sum_{i=1}^{m}\lambda_i r_i(x)}$，$x\in S$，其中 $\lambda_0,\lambda_1,\cdots,\lambda_m$ 是使 f^* 满足约束条件(12-1)的待定系数。则 f^* 是所有满足约束条件(12-1)的概率密度函数中唯一能够使得 $h(f)$ 最大化的概率密度函数。

证明：设 g 满足约束条件(12-1)，那么

$$h(g) = -\int_S g\ln g \tag{12-5}$$

$$= -\int_S g \ln \frac{g}{f^*} f^* \tag{12-6}$$

$$= -D(g \| f^*) - \int_S g \ln f^* \tag{12-7}$$

$$\overset{(a)}{\leqslant} -\int_S g \ln f^* \tag{12-8}$$

$$\overset{(b)}{=} -\int_S g\,(\lambda_0 + \sum \lambda_i r_i) \tag{12-9}$$

$$\overset{(c)}{=} -\int_S f^*\,(\lambda_0 + \sum \lambda_i r_i) \tag{12-10}$$

$$= -\int_S f^* \ln f^* \tag{12-11}$$

$$= h(f^*) \tag{12-12}$$

其中(a)是由相对熵的非负性得出的，(b)可由 f^* 的定义直接看出，(c)是由于 f^* 和 g 都满足约
410 束条件而得到。注意，(a)中等号成立当且仅当对于除一个 0 测集之外的所有 x，有 $f^*(x) = g(x)$。从而唯一性得到证明。□

该方法也适用于离散熵以及多变量分布情形。

12.2 几个例子

例 12.2.1（温度约束下的一维气体） 假定约束条件为 $EX=0$，且 $EX^2=\sigma^2$。此时最大熵分布的形式为

$$f(x) = e^{\lambda_0 + \lambda_1 x + \lambda_2 x^2} \tag{12-13}$$

为了找到适当的常系数 $\lambda_0, \lambda_1, \lambda_2$，首先可以看出该分布与正态分布具有相同的形式。因此，既满足约束条件又使熵最大化的密度函数为$\mathcal{N}(0,\sigma^2)$分布：

$$f(x) = \frac{1}{\sqrt{2\pi\sigma^2}} e^{-\frac{x^2}{2\sigma^2}} \tag{12-14}$$

例 12.2.2（骰子，无约束） 设 $S=\{1,2,3,4,5,6\}$，那么使得熵取最大值的分布是均匀分布，即对任意 $x\in S$，$p(x)=\frac{1}{6}$。

例 12.2.3（骰子，具有约束条件 $EX=\sum i p_i = \alpha$） 这是物理学家玻尔兹曼使用过的一个重要例子。假设掷 n 个骰子于桌上，所有出现的点数之和是 $n\alpha$。出现 i 点（$i=1,2,\cdots,6$）的骰子的比例是多大？

回答该问题的方法之一就是计算这 n 个骰子中有 n_i 骰子出现 i 点的投掷方式数。共有 $\binom{n}{n_1, n_2, \cdots, n_6}$ 种这样的方式。也就是说，由 $(n_1, n_2, \cdots, n_6)$ 所决定的一个宏观状态对应于 $\binom{n}{n_1, n_2, \cdots, n_6}$ 个微观状态，且每个微观状态的概率均为 $\frac{1}{6^n}$。为了寻求最可能的宏观状态，我们希望能够在对总点数约束的条件

$$\sum_{i=1}^{6} i n_i = n\alpha \tag{12-15}$$

之下求出 $\binom{n}{n_1, n_2, \cdots, n_6}$ 的最大值。

利用原始的斯特林近似公式，$n! = \left(\frac{n}{e}\right)^n$，我们可得

$$\binom{n}{n_1, n_2, \cdots, n_6} \approx \frac{\left(\frac{n}{e}\right)^n}{\prod_{i=1}^{6}\left(\frac{n_i}{e}\right)^{n_i}} \tag{12-16}$$ 411

$$= \prod_{i=1}^{6}\left(\frac{n}{n_i}\right)^{n_i} \tag{12-17}$$

$$= e^{nH\left(\frac{n_1}{n}, \frac{n_2}{n}, \cdots, \frac{n_6}{n}\right)} \tag{12-18}$$

于是，在约束条件(12-15)之下求$\binom{n}{n_1, n_2, \cdots, n_6}$的最大值几乎等价于在约束条件$\sum ip_i = \alpha$之下求$H(p_1, p_2, \cdots, p_6)$的最大值。在此约束条件下，使用定理 12.1.1，可以得出最大熵概率密度函数为

$$p_i^* = \frac{e^{\lambda i}}{\sum_{i=1}^{6} e^{\lambda i}} \tag{12-19}$$

其中λ是满足$\sum ip_i^* = \alpha$的待定参数。于是，最可能的宏观状态为$(np_1^*, np_2^*, \cdots, np_6^*)$，并且我们期望有$n_i^* = np_i^*$个骰子出现$i$点。

在第 11 章中，我们给出推理以及近似的基本合理。事实上，我们不仅证明达到最大熵的宏观状态是最有可能发生的，而且该状态也包含了几乎全部的概率。例如，对于任何有理数α，当$n \to \infty$时，

$$\Pr\left\{\left|\frac{N_i}{n} - p_i^*\right| < \varepsilon, i = 1, 2, \cdots, 6 \,\middle|\, \sum_{i=1}^{n} X_i = n\alpha\right\} \to 1 \tag{12-20}$$

沿着使得$n\alpha$为一个整数列的子列上成立。

例 12.2.4 设$S = [a, b]$，无其他约束条件。此时，最大熵分布就是该区间上的均匀分布。

例 12.2.5 设$S = [0, +\infty)$且$EX = \mu$。则最大熵分布为

$$f(x) = \frac{1}{\mu} e^{-\frac{x}{\mu}}, \qquad x \geqslant 0 \tag{12-21}$$

该问题有一个物理解释。考虑分子在大气中的高度X的分布。分子的平均势能是固定的，气体趋向在$E[mgX]$是固定的约束条件下使得熵最大的分布。这是一个指数分布，其密度函数为：$f(x) = \lambda e^{-\lambda x}, x \geqslant 0$。在实际中，大气的密度函数的确具有这种分布。 412

例 12.2.6 设$S = (-\infty, +\infty)$且$EX = \mu$。那么，最大熵等于无穷，所以没有最大熵分布(考虑方差越来越大的正态分布。)

例 12.2.7 设$S = (-\infty, \infty)$，$EX = \alpha_1$且$EX^2 = \alpha_2$。则最大熵分布为$\mathcal{N}(\alpha_1, \alpha_2 - \alpha_1^2)$。

例 12.2.8 设$S = \mathcal{R}^n$，$EX_iX_j = K_{ij}$，$1 \leqslant i, j \leqslant n$。这是一个多元的例子，上述分析方法依然适用并且最大熵分布的形式为

$$f(\mathbf{x}) = e^{\lambda_0 + \sum_{i,j} \lambda_{ij} x_i x_j} \tag{12-22}$$

由于指数二次型，不难看出它是一个 0 均值的多元正态分布。由于必须满足二阶矩约束条件，必然是一个以K_{ij}为协方差阵的多元正态分布，因此其密度函数为

$$f(\mathbf{x}) = \frac{1}{(\sqrt{2\pi})^n |K|^{1/2}} e^{-\frac{1}{2}\mathbf{x}^T K^{-1} \mathbf{x}} \tag{12-23}$$

如第 8 章推导的那样，可以得到它的熵为

$$h(\mathcal{N}_n(0, K)) = \frac{1}{2} \log(2\pi e)^n |K| \tag{12-24}$$

例 12.2.9 假定约束条件依然与例 12.2.8 一样，但 $EX_iX_j=K_{ij}$ 仅对特定的 $(i,j)\in A$。例如，对于 $i=j\pm 2$，我们可能只知道 K_{ij}。此时，将式(12-22)与式(12-23)比较，能得到 $(K^{-1})_{ij}=0((i,j)\in A^c$，即当 (i,j) 落在该约束集之外时，协方差阵的逆矩阵中的对应项是 0)。

12.3 奇异最大熵问题

我们已经证明了在约束条件

$$\int_S h_i(x)f(x)\mathrm{d}x=\alpha_i \tag{12-25}$$

之下，最大熵分布是如下形式

$$f(x)=\mathrm{e}^{\lambda_0+\Sigma\lambda_i h_i(x)} \tag{12-26}$$

413 如果存在满足约束条件(12-25)的参数 $\lambda_0,\lambda_1,\cdots,\lambda_p$。

我们现在考虑一个棘手的问题：没有满足约束条件(12-25)的参数 λ_i。虽然如此，“最大”熵仍然可以求得。例如，在约束条件

$$\int_{-\infty}^{\infty} f(x)\mathrm{d}x=1 \tag{12-27}$$

$$\int_{-\infty}^{\infty} xf(x)\mathrm{d}x=\alpha_1 \tag{12-28}$$

$$\int_{-\infty}^{\infty} x^2f(x)\mathrm{d}x=\alpha_2 \tag{12-29}$$

$$\int_{-\infty}^{\infty} x^3f(x)\mathrm{d}x=\alpha_3 \tag{12-30}$$

之下，求最大熵问题。此时，只要最大熵分布存在，它必为如下形式

$$f(x)=\mathrm{e}^{\lambda_0+\lambda_1x+\lambda_2x^2+\lambda_3x^3} \tag{12-31}$$

但当 λ_3 为非零时，有 $\int_{-\infty}^{+\infty}f=\infty$，从而密度函数不能标准化。所以 λ_3 必须为 0。而此时有四个方程但只有三个变量，一般来说，这不可能选择到合适的常数。上述求最大熵的方法似乎已经失效了。

方法失效的理由很简单：在这些约束条件下，熵有一个上确界，但不可能达到该上确界。考虑仅对一阶矩和二阶矩约束的问题，此时，例 12.2.1 的结果表明使得熵最大化的分布必是具有相应的矩的正态分布。如果再加上三阶矩约束，最大熵就不可能更大。那么到底有没有可能达到该最大熵呢?

虽然不能达到，但可以任意接近它。考虑一个正态分布，当 x 取值很大时，对分布做个很小的“扰动”。得到新分布的各阶矩与原分布的各阶矩几乎相同，而改变最大的是三阶矩。我们甚至可以再添加新的扰动来抵消第一次扰动所引起的变化，使一阶矩和二阶矩恢复到原来的值。同时，通过适当选择扰动位置，可以在新的分布的熵没有明显减少(相对正态分布的熵而言)的情况下，三阶矩可以取到任意值。利用该方法，可以任意接近于最大熵分布的上确界。我们概括为

414
$$\sup h(f)=h(\mathcal{N}(0,\alpha_2-\alpha_1^2))=\frac{1}{2}\ln 2\pi\mathrm{e}(\alpha_2-\alpha_1^2) \tag{12-32}$$

这个例子说明最大熵只能是 ε 可达。

12.4 谱估计

假设 $\{X_i\}$ 是一个 0 均值的平稳随机过程，定义它的自相关函数为

$$R(k)=EX_iX_{i+k} \tag{12-33}$$

0 均值过程的自相关函数的傅里叶变换是该过程的功率谱密度函数 $S(\lambda)$：

$$S(\lambda)=\sum_{m=-\infty}^{\infty}R(m)\mathrm{e}^{-im\lambda},\quad -\pi<\lambda\leqslant\pi \tag{12-34}$$

其中 $i=\sqrt{-1}$。由于功率谱密度函数揭示过程的结构，所以通过过程样本直接估计功率谱密度是非常实用的。

有很多种方法可以估计功率谱，但最简单的方式是通过取长度为 n 的样本数据的样本平均来估计自相关函数，

$$\hat{R}(k)=\frac{1}{n-k}\sum_{i=1}^{n-k}X_iX_{i+k} \tag{12-35}$$

如果我们利用样本自相关函数 $\hat{R}(\cdot)$的所有值来计算功率谱，那么对于充分大的 n，利用公式(12-34)所得到的功率谱的估计其实并不收敛于真实的功率谱。从而，该方法称为*周期图方法*，极少使用。其理由之一是，周期图方法，利用观测数据估计自相关函数时会有不同的精度。对于较小的 k(称为时滞)所作的估计是基于较大的样本量，而随着 k 增大时，使用到的样本越来越少。所以，只有对于较小的 k，估计才是较准确的。该方法可以修正为，对于较小的 k 时用估计值作为其自相关系数，而对于较大的 k，令它的自相关系数为 0。但由于存在零自相关的突变，这样做会带入人为的因素。为此，提出了各种各样的加窗处理方案，旨在平滑这种突变。但是，加窗处理不仅降低了频谱的分辨率，而且会导致负功率谱估计。

20 世纪 60 年代后期，正当研究谱估计在地球物理学中的应用问题时，Burg 提出了另外一种方法。该方法不是令大步长的自相关系数为 0，而是取为在对数据作最少的假设之下可以得到的值(比如，取使过程的熵率最大化的数值)。这与 Jaynes[143]中所清晰论述的最大熵原理一致。Burg 假设过程是平稳高斯的，发现了满足一定的自相关约束条件下使熵最大化的过程就是适当阶的自回归高斯过程。在某些应用中，可以假定一个自回归模型作为数据的底过程，该方法已被证明在确定模型的参数时很有用(例如，语音中的线性可预测编码)。该方法(*最大熵方法*或者 *Burg 方法*)广泛用来估计谱密度。在 12.6 节中证明 Burg 定理。 415

12.5 高斯过程的熵率

在第 8 章中我们定义了连续型随机变量的微分熵。现在可以将熵率的定义推广到实值随机过程。

定义 设$\{X_i\}$，$X_i\in R$ 为一个随机过程，如果下面极限存在，那么该过程的*微分熵率*定义为

$$h(\mathcal{X})=\lim_{n\to\infty}\frac{h(X_1,X_2,\cdots,X_n)}{n} \tag{12-36}$$

与离散情形相同，可以证明平稳过程的上述极限是存在的，且可以用两种形式表示

$$h(\mathcal{X})=\lim_{n\to\infty}\frac{h(X_1,X_2,\cdots,X_n)}{n} \tag{12-37}$$

$$=\lim_{n\to\infty}h(X_n|X_{n-1},\cdots,X_1) \tag{12-38}$$

对于平稳高斯随机过程，我们有

$$h(X_1,X_2,\cdots,X_n)=\frac{1}{2}\log(2\pi\mathrm{e})^n|K^{(n)}| \tag{12-39}$$

其中协方差矩阵 $K^{(n)}$ 是第一行元素为 $R(0),R(1),\cdots,R(n-1)$的特普利茨矩阵。于是 $K_{ij}^{(n)}=R(|i-j|)=E(X_i-EX_i)(X_j-EX_j)$。当 $n\to\infty$时，该协方差矩阵的特征值的包络存在且正好是 416

该随机过程的功率谱密度函数。其实，科尔莫戈罗夫已经证明了平稳高斯随机过程的熵率可以表示为

$$h(\mathcal{X})=\frac{1}{2}\log 2\pi e+\frac{1}{4\pi}\int_{-\pi}^{\pi}\log S(\lambda)\mathrm{d}\lambda \tag{12-40}$$

熵率又可以表示为 $\lim_{n\to\infty}h(X_n|X^{n-1})$。由于随机过程是高斯的，所以条件分布依然是高斯的，从而其条件熵率为 $\frac{1}{2}\log 2\pi e\sigma_{\infty}^2$，其中 σ_{∞}^2 是在已知无穷过去的条件下对 X_n 的最佳估计的误差的方差。于是

$$\sigma_{\infty}^2=\frac{1}{2\pi e}2^{2h(\mathcal{X})} \tag{12-41}$$

其中 $h(\mathcal{X})$ 由式(12-40)给出。至此，在已知无穷过去条件下，熵率对应着该过程的一个样本的最佳估计的最小均方差。

12.6 Burg最大熵定理

定理 12.6.1 满足如下约束条件

$$EX_iX_{i+k}=\alpha_k,k=0,1,\cdots,p\quad 对所有的\ i \tag{12-42}$$

的最大熵率随机过程$\{X_i\}$必是如下形式的 p 阶高斯-马尔可夫过程，

$$X_i=-\sum_{k=1}^{p}a_kX_{i-k}+Z_i \tag{12-43}$$

其中 Z_i 为 i. i. d. $\sim\mathcal{N}(0,\sigma^2)$，而 $a_1,a_2,\cdots,a_p,\sigma^2$ 是满足条件(12-42)的待定参数。

注释 在该定理中，我们并没有假设过程$\{X_i\}$是(a)零均值过程，或者(b)高斯过程，或者(c)宽平稳过程。

证明：设 $X_1,X_2,\cdots,X_n$ 是满足约束条件(12-42)的随机过程，令 $Z_1,Z_2,\cdots Z_n$ 为一个与 $X_1,X_2,\cdots,X_n$ 具有相同协方差矩阵的高斯过程。此时，由于多元正态分布满足协方差约束的所有随
417 机向量的熵达到最大值，根据链式法则以及加入条件可以减小熵的事实，我们得到

$$h(X_1,X_2,\cdots,X_n)\leqslant h(Z_1,Z_2,\cdots,Z_n) \tag{12-44}$$

$$=h(Z_1,\cdots,Z_p)+\sum_{i=p+1}^{n}h(Z_i\mid Z_{i-1},Z_{i-2},\cdots,Z_1) \tag{12-45}$$

$$\leqslant h(Z_1,\cdots,Z_p)+\sum_{i=p+1}^{n}h(Z_i\mid Z_{i-1},Z_{i-2},\cdots,Z_{i-p}) \tag{12-46}$$

接下来，定义一个 p 阶高斯-马尔可夫过程 $Z_1',Z_2',\cdots,Z_n'$，使得它与 $Z_1,Z_2,\cdots,Z_n$ 具有直到 p 阶的相同的分布。(该过程的存在性利用 Yule-Walker 方程立即可证。)此时，由于 $h(Z_i|Z_{i-1},Z_{i-2},\cdots,Z_{i-p})$仅与 p 阶分布有关，于是，$h(Z_i|Z_{i-1},Z_{i-2},\cdots,Z_{i-p})=h(Z_i'|Z_{i-1}',Z_{i-2}',\cdots,Z_{i-p}')$。于是承接前面的不等式，我们得到

$$h(X_1,X_2,\cdots,X_n)\leqslant h(Z_1,\cdots,Z_p)+\sum_{i=p+1}^{n}h(Z_i\mid Z_{i-1},Z_{i-2},\cdots,Z_{i-p}) \tag{12-47}$$

$$=h(Z_1',\cdots,Z_p')+\sum_{i=p+1}^{n}h(Z_i'\mid Z_{i-1}',Z_{i-2}',\cdots,Z_{i-p}') \tag{12-48}$$

$$=h(Z_1',Z_2',\cdots,Z_n') \tag{12-49}$$

上述的最后等式利用了过程$\{Z_i'\}$的 p 阶马尔可夫性。两边同除以 n，并取极限，可得

$$\overline{\lim}\frac{1}{n}h(X_1,X_2,\cdots,X_n)\leqslant\lim\frac{1}{n}h(Z_1',Z_2',\cdots,Z_n')=h^* \tag{12-50}$$

其中

$$h^{*}=\frac{1}{2}\log 2\pi e\sigma^{2} \tag{12-51}$$

该值是该高斯-马尔可夫过程的熵率。因而，满足约束条件的最大熵率随机过程为一个满足约束条件的 p 阶高斯-马尔可夫过程。 □

该证明过程的精髓是：对于任何一个随机过程的有限片段的熵，必有一个高斯随机过程的片段与它具有相同的协方差结构，而对应的熵大于原来片段的熵。该原始片段的熵其实可以被一个满足已知协方差约束的极小阶高斯-马尔可夫过程的熵来控制。这样的过程不仅存在，而且利用 Yule-Walker 方程的手段可以获得一个便捷形式，具体如下。 418

注意参数 $a_1,a_2,\cdots,a_p$ 和 σ^2 的选取：给定自相关序列 $R(0),R(1),\cdots,R(p)$，是否存在具有这些协方差的 p 阶高斯-马尔可夫过程？假定一个式(12-43)形式的过程，我们能否选择一组参数 a_k，满足约束条件？将式(12-43)两边同乘 X_{i-l} 之后取期望，注意(自相关函数的关系式) $R(k)=R(-k)$，可得

$$R(0)=-\sum_{k=1}^{p}a_kR(-k)+\sigma^2 \tag{12-52}$$

以及

$$R(l)=-\sum_{k=1}^{p}a_kR(l-k),\quad l=1,2,\cdots \tag{12-53}$$

这就是所谓的 Yule-Walker 方程组，共有 $p+1$ 个方程恰有 $p+1$ 个未知量 $a_1,a_2,\cdots,a_p,\sigma^2$。因此，我们可以通过协方差解出过程中的这些参数。

利用一些快速的算法比如 Levinson 算法和 Durbin 算法[433]，根据方程的特殊结构和协方差数据很有效地将参数 $a_1,a_2,\cdots,a_p$ 求解出来(为了记号一致，设 $a_0=1$。)。Yule-Walker 方程的方法不仅提供计算参数 $a_1,a_2,\cdots,a_p$ 和 σ^2 的方便算法，也揭示了当时滞超过了 p 之后自相关函数的行为特征。大时滞的自相关函数是所有时滞不超过 p 的自相关系数值的一种延拓。这些值称为自相关函数的 Yule-Walker 延拓。可以看出，最大熵过程的功率谱为

$$S(\lambda)=\sum_{m=-\infty}^{\infty}R(m)e^{-im\lambda} \tag{12-54}$$

$$=\frac{\sigma^2}{\left|1+\sum_{k=1}^{p}a_ke^{-ik\lambda}\right|^2},\qquad -\pi\leqslant\lambda\leqslant\pi \tag{12-55}$$

这是在约束条件 $R(0),R(1),\cdots,R(p)$ 之下最大熵的谱密度。

但是，如果仅求 p 阶高斯-马尔可夫过程的熵率，那么，可以不计算所有 a_i 而直接得到它。令 K_p 为该过程的自相关矩阵(该矩阵的第一行为 $R(0),R(1),\cdots,R(p)$)。对于该过程，熵率等于 419

$$h^{*}=h(X_p\mid X_{p-1},\cdots,X_0)=h(X_0,\cdots,X_p)-h(X_0,\cdots,X_{p-1}) \tag{12-56}$$

$$=\frac{1}{2}\log(2\pi e)^{p+1}|K_p|-\frac{1}{2}\log(2\pi e)^{p}|K_{p-1}| \tag{12-57}$$

$$=\frac{1}{2}\log(2\pi e)\frac{|K_p|}{|K_{p-1}|} \tag{12-58}$$

在处理实际问题时，一般先得到一个样本序列 $X_1,X_2,\cdots,X_n$，通过该数据，将自相关函数估计出来。一个重要的问题是，究竟应该考虑多少个自相关步长？换言之，最佳的 p 应该是多少？从逻辑上讲，漂亮的方法是选择合适的 p，使对于数据的两步骤描述的总描述长度最小。该方法是由 Rissanen[442，447]和 Barron[33]分别提出的，很接近科尔莫戈罗夫复杂度的思想。

要点

最大熵分布 设 f 为概率密度函数且满足如下约束条件

$$\int_S f(x)r_i(x)=\alpha_i \quad 对 \quad 1\leqslant i\leqslant m \tag{12-59}$$

令 $f^*(x)=f_\lambda(x)=e^{\lambda_0+\sum_{i=1}^{m}\lambda_i r_i(x)}$，$x\in S$，再选择 $\lambda_0,\cdots,\lambda_m$ 使得 f^* 满足式(12-59)，那么，在所有满足这些约束条件的密度函数 f 中，f^* 是唯一使得 $h(f)$ 达到最大值的分布函数。

最大熵谱密度估计 一个随机过程的熵率在自相关约束条件 $R(0),R(1),\cdots,R(p)$ 之下可以被满足相同约束条件的 p 阶 0 均值的高斯-马尔可夫过程最大化，那么最大熵率是

420 $$h^*=\frac{1}{2}\log(2\pi e)\frac{|K_p|}{|K_{p-1}|} \tag{12-60}$$

且最大熵谱密度为

$$S(\lambda)=\frac{\sigma^2}{\left|1+\sum_{k=1}^{p}a_k e^{-ik\lambda}\right|^2} \tag{12-61}$$

习题

12.1 最大熵。在 $x\geqslant 0$，$EX=\alpha_1$，$E\ln X=\alpha_2$ 的条件下，求达到最大熵的密度函数 f。即，在约束条件 $\int xf(x)dx=\alpha_1$，$\int(\ln x)f(x)dx=\alpha_2$ 之下，求 $\max\{-\int f\ln f\}$，其中积分区间是 $0\leqslant x<+\infty$。求得的密度函数属何分布族？

12.2 约束 P 下的最小相对熵 $D(P\|Q)$。欲求得满足约束条件

$$\sum P(x)g_i(x)=\alpha_i, i=1,2,\cdots$$

的离散概率密度函数 $P(x)$，$x\in\{1,2,\cdots\}$（的参数形式），使得相对熵 $D(P\|Q)$ 关于所有满足 $\sum P(x)g_i(x)=\alpha_i(i=1,2,\cdots)$ 的 P 达到最小。

(a) 使用拉格朗日乘子法可猜测

$$P^*(x)=Q(x)e^{\sum_{i=1}^{\infty}\lambda_i g_i(x)+\lambda_0} \tag{12-62}$$

如果存在满足关于 α_i 的约束条件的 λ_i，就可以保证最小化。这是约束条件下的最大熵分布定理的推广。

(b) 验证 P^* 的确使得相对熵 $D(P\|Q)$ 达到最小。

12.3 最大熵过程。求满足如下约束条件的最大熵率随机过程 $\{X_i\}_{-\infty}^{\infty}$：

(a) $EX_i^2=1, i=1,2,\cdots$

(b) $EX_i^2=1, EX_iX_{i+1}=\frac{1}{2}, i=1,2,\cdots$

(c) 对于(a)与(b)中的过程，求出其最大熵频谱。

12.4 已知边际分布的最大熵问题。边际分布如下表的最大熵分布 $p(x,y)$ 是什么？

$x \backslash y$	1	2	3	
1	p_{11}	p_{12}	p_{13}	$\frac{1}{2}$
2	p_{21}	p_{22}	p_{23}	$\frac{1}{4}$
3	p_{31}	p_{32}	p_{33}	$\frac{1}{4}$
	$\frac{2}{3}$	$\frac{1}{6}$	$\frac{1}{6}$	

421

提示：可以猜测并验证更一般的结果。

12.5 具有固定边际分布的过程。考虑固定的成对边际密度

$$f_{X_1,X_2}(x_1,x_2),f_{X_2,X_3}(x_2,x_3),\cdots,f_{X_{n-1},X_n}(x_{n-1},x_n)$$

的全体密度函数。证明具有这些边际分布的最大熵过程是具有如此边际分布的一阶（可能随时间变化的）马尔可夫过程。并确定最大化的分布 $f^*(x_1,x_2,\cdots,x_n)$ 的表达式。

12.6 每一个密度函数均是最大熵密度。设 $f_0(x)$ 为一个给定的密度函数。已知函数 $r(x)$，假设 $g_\alpha(x)$ 是满足 $\int f(x)r(x)\mathrm{d}x=\alpha$ 的全体 f 中使 $h(f)$ 最大化的密度函数。现在令 $r(x)=\ln f_0(x)$。证明可以选取适当的 $\alpha=\alpha_0$，使得 $g_\alpha(x)=f_0(x)$。于是，$f_0(x)$ 是在约束条件 $\int f\ln f_0=\alpha_0$ 之下的最大熵密度。

12.7 均方误差。令 $\{X_i\}_{i=1}^n$ 满足 $EX_iX_{i+k}=R_k,k=0,1,\cdots,P$。考虑 X_n 的线性预测，即

$$\hat{X}_n=\sum_{i=1}^{n-1}b_iX_{n-i}$$

假定 $n>p$，求

$$\max_{f(x^n)}\min_b E(X_n-\hat{X}_n)^2$$

其中，最小值取自所有的线性预测 b，最大值取自所有满足 $R_0,\cdots,R_p$ 的密度函数 f。

12.8 最大熵特征函数。在关于特征函数 $\Psi(u)=\int_0^a \mathrm{e}^{iux}f(x)\mathrm{d}x$ 的约束条件下，求最大熵密度函数 $f(x)$，$0\leqslant x\leqslant a$。答案只能给出参数形式。

(a) 在特定点 u_0，求满足 $\int_0^a f(x)\cos(u_0x)\mathrm{d}x=\alpha$ 的最大熵密度 $f(x)$。

(b) 求满足 $\int_0^a f(x)\sin(u_0x)\mathrm{d}x=\beta$ 的最大熵密度 f。

(c) 已知特征函数在特定点 u_0 的值 $\Psi(u_0)$，求最大熵密度函数 $f(x)(0\leqslant x\leqslant a)$。 422

(d) 当 $a=\infty$ 时会有什么情况发生？

12.9 最大熵过程

(a) 求出对任意的 i，均满足 $\Pr\{X_i=X_{i+1}\}=\frac{1}{3}$ 的最大熵率二值随机过程 $\{X_i\}_{i=-\infty}^{\infty}$，$X_i\in\{0,1\}$。

(b) 最大熵率是多少？

12.10 和的最大熵。令 $Y=X_1+X_2$，分别根据 X_1 与 X_2 的条件求出在约束条件 $EX_1^2=P_1$，$EX_2^2=P_2$ 下 Y 的最大熵密度。其中，X_1 与 X_2 满足下列条件：

(a) 若 X_1 与 X_2 相互独立。

(b) 若 X_1 与 X_2 相互相关。

(c) 证明(a)。

12.11 马尔可夫链的最大熵。令 $\{X_i\}$ 是一个平稳的马尔可夫链 $X_i\in\{1,2,3\}$。令 $I(X_n;X_{n+2})=0$，$\forall n$。

(a) 满足此约束的最大熵率过程是什么？

(b) 对于给定的值 α，$0\leqslant\alpha\leqslant\log 3$，如果 $I(X_n;X_{n+2})=\alpha$，$\forall n$，会怎样？

12.12 预测误差的熵界。令$\{X_n\}$是一个实值随机过程，而$\hat{X}_{n+1}=E\{X_{n+1}|X^n\}$。因此，条件均值$\hat{X}_{n+1}$是依赖前面 n 个变量 X^n 的随机变量。这里，$\hat{X}_{n+1}$是 X_{n+1}的最小均方差准则下基于历史 X^n 的预测值。

(a) 用条件微分熵$h(X_{n+1}|X^n)$给出条件方差$E\{E\{(X_{n+1}-\hat{X}_{n+1})^2|X^n\}\}$的下界。

(b) 当$\{X_n\}$是一个高斯随机过程时，等式成立吗？

12.13 最大熵率。设$\{X_i\}$是字符集$\{0,1\}$上的随机过程且出现 00 序列的概率为 0。那么，该过程的最大熵率是多少？

12.14 最大熵

(a) 满足下面两个条件：

$$EX^8=a,\quad EX^{16}=b$$

的最大熵密度$f(x)$的参数形式是什么？

(b) 满足条件$E(X^8+X^{16})=a+b$的最大熵密度$f(x)$的参数形式又是什么？

423 (c) 哪个熵更大？

12.15 最大熵。求满足拉普拉斯变换条件

$$\int f(x)\mathrm{e}^{-x}\mathrm{d}x=\alpha$$

的最大熵密度$f(x)$的参数形式。并给出参数的取值范围。

12.16 最大熵过程。考虑随机过程集合$\{X_i\}$，$X_i\in\mathcal{R}$。满足

$$R_0=EX_i^2=1,\quad R_1=EX_iX_{i+1}=\frac{1}{2}$$

求最大熵率。

12.17 二元最大熵。考虑一个二值随机过程$\{X_i\}$，$X_i\in\{-1,+1\}$，且

$$R_0=EX_i^2=1,\quad R_1=EX_iX_{i+1}=\frac{1}{2}$$

(a) 求满足这些条件的最大熵过程。

(b) 熵率是多少？

(c) 是否有伯努利过程满足这些条件？

12.18 最大熵。在能量约束$E\left(\frac{1}{2}m\|V\|^2+mgZ\right)=E_0$下，最大化$h(Z,V_x,V_y,V_z)$。证明得到的分布满足

$$E\left(\frac{1}{2}m\|V\|^2\right)=\frac{3}{5}E_0\quad EmgZ=\frac{2}{5}E_0$$

424 因此，不考虑强度 g 时，能量的$\frac{2}{5}$储存在势能场中。

12.19 熵率

(a) 求出满足$EX_i^2=1,EX_iX_{i+2}=\alpha,i=1,2,\cdots$的最大熵率随机过程$\{X_i\}$。

(b) 最大熵率为多少？

(c) 这个过程的EX_iX_{i+1}是多少？

12.20 最小期望值

(a) 满足下面三个条件

(i) $f(x)=0, \forall x \leqslant 0$

(ii) $\int_{-\infty}^{\infty} f(x)\mathrm{d}x = 1$

(iii) $h(f)=h$

的所有的概率密度函数 $f(x)$ 上求 EX 的最小值。

(b) 若条件(i)替换为 $f(x)=0$，$\forall x \leqslant a$，求 EX 的最小值。

历史回顾

最大熵原理是 19 世纪在统计力学领域中产生的，Jaynes[294]的工作拓宽了其用途，Burg [80]又将其应用于谱估计领域。而给出 Burg 定理的信息论方法的证明者则是 Choi 和 Cover [98]。 425

第 13 章

通用信源编码

本章我们讨论通用信源编码的基本知识。首先给出最小最大遗憾(minimax regret)数据压缩的定义，然后证明通用性的描述成本为包含所有信源分布的相对熵球的信息半径。最小最大定理表明，这个半径为给定信源分布后的相应信道的信道容量。算术码的优势体现在对于信源分布使用，而这种分布可以通过走马观花地学习得到。最后，给出单序列压缩的定义，并通过一系列的 Lempel-Ziv 解析算法可以达到这个压缩。

在第 5 章，我们曾介绍过如何获得信源的最简洁表示的问题，并证明了任何唯一可译码的期望长度都以它的熵为下界。同时也证明了如果已知信源的概率分布，就可以利用赫夫曼算法构造出这个概率分布的最优码(具有最小期望长度)。

然而在实际中，对于多数情形，我们并不知道信源服从的概率分布，因而也就不能直接应用第 5 章中的方法。反之，我们所知道的仅是一簇分布。一个可行的办法是等观察完所有的数据后，从数据中估计出这个分布，并利用该分布去构造最优码，然后再回到起点，利用构造出的编码去压缩数据。当数据量相当少的时候，这样的两阶段程序才在实际中有一定的应用。但是，实际情形往往使得我们用两阶段对数据进行处理变得不可行，因而对于数据压缩，很有必要设计一个流程(或称在线)算法，它能够“学习”数据的概率分布，并用这个分布去压缩即将出现的数据。本章我们将说明存在这样的算法，而且对一簇分布中的任何分布都能表现得很好。

427 至于其他情形，也就是说完全不知道数据的概率分布，所能知道的仅是单个结果序列。例如，文本和音乐数据就是这样的信源。至此，大家会问，对这样的序列我们能够压缩得多好？如果在算法中不加入任何的限制，我们会得到一个毫无意义的答案：总是存在一个函数，可将一个特定的序列压缩成 1 比特，而其他每个序列得不到任何压缩。显然，该函数对数据是“过拟合”的。尽管如此，如果与伯努利分布或 k 阶马尔可夫过程的最优码字匹配做个比较，我们就能得到许多有趣的结果，它们在许多方面与通过概率或平均情形分析所得到的结论非常类似。要解决单序列的可压缩性问题最终得归结于序列的科尔莫戈罗夫复杂度，这个问题将在第 14 章中讨论。

本章开始，我们将信源编码问题看成一个游戏，编码者选择一个码，试图最小化表示的平均长度，同时自然地会选取信源序列上的一个分布。这个游戏具有一个同信道容量相关的值，而该信道的转移矩阵的行就是信源序列的可能分布。然后讨论在给定已知或“估计”分布下的信源序列的编码算法。特别地，我们描述算法编码，它是 5.9 节中允许信源符字符序列增量式编码和译码的 Shannon-Fano-Elias 编码的推广。

然后，我们讨论一类自适应字典式压缩算法中的两个基本版本，这基于 Ziv 和 Lempel 的文章[603, 604]，称为 Lempel-Ziv 算法。对于这些算法，我们给出渐近最优性的证明，由此表明在界限方面，它们能达到任何平稳遍历信源的熵率。在第 16 章，我们将通用性的概念推广到股票市场中的投资理论，并阐述类似于数据压缩通用方法的在线投资组合选择程序。

13.1 通用码与信道容量

假定随机变量 X 服从分布族 $\{P_\theta\}$ 中的某个分布，其中参数 $\theta \in \{1, 2, \cdots, m\}$ 未知。我们要找到该信源的一个有效码。

由第 5 章的结论可知，如果知道 θ，能构造出码长为 $l(x)=\log\frac{1}{p_\theta(x)}$ 的码，其平均码长等于 $H_\theta(x)=-\sum_x p_\theta(x)\log p_\theta(x)$，这是我们最为希望的结果。我们都知道，在期望长度上，$l(x)$ 需为整数的代价至多是 1 比特，因而为方便起见，本节叙述中，我们忽略 $l(x)$ 需为整数的限制。由此， 428

$$\min_{l(x)} E_{p_\theta}[l(X)]=E_{p_\theta}\left[\log\frac{1}{p_\theta(X)}\right]=H(p_\theta) \tag{13-1}$$

然而，如果我们并不知道真实分布 p_θ，但同时希望得到同样有效的编码，问题该如何处理？这时，如果使用的码的码长为 $l(x)$，相应的概率为 $q(x)=2^{-l(x)}$，我们定义码的冗余度为编码的期望长度与期望长度的下界之差：

$$R(p_\theta,q)=E_{p_\theta}[l(X)]-E_{p_\theta}\left[\log\frac{1}{p_\theta(X)}\right] \tag{13-2}$$

$$=\sum_x p_\theta(x)\left(l(x)-\log\frac{1}{p(x)}\right) \tag{13-3}$$

$$=\sum_x p_\theta(x)\left(\log\frac{1}{q(x)}-\log\frac{1}{p(x)}\right) \tag{13-4}$$

$$=\sum_x p_\theta(x)\log\frac{p_\theta(x)}{q(x)} \tag{13-5}$$

$$=D(p_\theta\,\|\,q) \tag{13-6}$$

其中 $q(x)=2^{-l(x)}$ 为对应于码字长度是 $l(x)$ 的分布。

无论真实分布 p_θ 如何，我们总希望找到一个码，能始终表现得很好，由此，我们定义最小最大冗余度(minimax redundancy)的概念如下

$$R^*=\min_q\max_{p_\theta} R(p_\theta,q)=\min_q\max_{p_\theta} D(p_\theta\,\|\,q) \tag{13-7}$$

当分布 q 位于包含所有分布 p_θ 的信息球的“中心”时，上述最小最大冗余度就能达到。也就是说，这时 q 到任何分布 p_θ 的最大距离得到了最小化(图 13-1)。

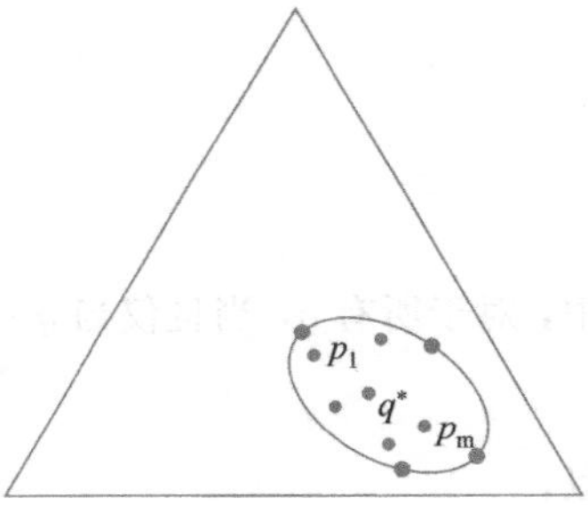

图 13-1 包含所有 p_θ 的最小半径信息球

为求得分布 q，使它在相对熵意义下尽可能与所有可能的 p_θ 接近，考虑如下的信道： 429

$$\theta\rightarrow\begin{bmatrix}\cdots p_1\cdots\\ \cdots p_2\cdots\\ \vdots\\ \cdots p_\theta\cdots\\ \vdots\\ \cdots p_m\cdots\end{bmatrix}\rightarrow X \tag{13-8}$$

对于信道 $\{\theta,p_\theta(x),\mathcal{X}\}$ 的转移矩阵，它的行等于信源的可能分布 p_θ。可以证明，最小最大冗余度 R^* 等于该信道的容量，且达到信道容量时的输入分布导出该信道的输出分布，即是此时的最优码分布。信道容量为

$$C=\max_{\pi(\theta)} I(\theta;X)=\max_{\pi(\theta)}\sum_\theta \pi(\theta)p_\theta(x)\log\frac{p_\theta(x)}{q_\pi(x)} \tag{13-9}$$

其中

$$q_\pi(x)=\sum_\theta \pi(\theta)p_\theta(x) \tag{13-10}$$

下面的定理体现了 R^* 和 C 的等价性：

定理 13.1.1 (Gallager[229]，Ryabko[450]) 设信道 $p(x|\theta)$ 的各行分别为 $p_1, p_2, \cdots, p_m$，则它的容量为

430
$$C=R^*=\min_q \max_\theta D(p_\theta \| q) \tag{13-11}$$

其中，达到式(13-11)中最小值时的分布 q 为达到信道容量时的输入分布 $\pi^*(\theta)$ 所导出的输出分布 $q^*(x)$：

$$q^*(x)=q_{\pi^*}(x)=\sum_\theta \pi^*(\theta)p_\theta(x) \tag{13-12}$$

证明：设 $\pi(\theta)$ 为 $\theta\in\{1,2,\cdots,m\}$ 上的输入分布，导出的输出分布为 q_π：

$$(q_\pi)_j=\sum_{i=1}^m \pi_i p_{ij} \tag{13-13}$$

其中 $p_{ij}=p_\theta(x), \theta=i, x=j$。对输出端上的任意分布 q，有

$$I_\pi(\theta;X)=\sum_{i,j}\pi_i p_{ij}\log\frac{p_{ij}}{(q_\pi)_j} \tag{13-14}$$

$$=\sum_i \pi_i D(p_i \| q_\pi) \tag{13-15}$$

$$=\sum_{i,j}\pi_i p_{ij}\log\frac{p_{ij}}{q_j}\frac{q_j}{(q_\pi)_j} \tag{13-16}$$

$$=\sum_{i,j}\pi_i p_{ij}\log\frac{p_{ij}}{q_j}+\sum_{i,j}\pi_i p_{ij}\log\frac{q_j}{(q_\pi)_j} \tag{13-17}$$

$$=\sum_{i,j}\pi_i p_{ij}\log\frac{p_{ij}}{q_j}+\sum_j (q_\pi)_j\log\frac{q_j}{(q_\pi)_j} \tag{13-18}$$

$$=\sum_{i,j}\pi_i p_{ij}\log\frac{p_{ij}}{q_j}-D(q_\pi \| q) \tag{13-19}$$

$$=\sum_i \pi_i D(p_i \| q)-D(q_\pi \| q) \tag{13-20}$$

$$\leqslant \sum_i \pi_i D(p_i \| q) \tag{13-21}$$

其中，对于所有 q，当且仅当 $q=q_\pi$ 等号成立。于是，对任意的 q，

431
$$\sum_i \pi_i D(p_i \| q) \geqslant \sum_i \pi_i D(p_i \| q_\pi) \tag{13-22}$$

所以，

$$I_\pi(\theta;X)=\min_q \sum_i \pi_i D(p_i \| q) \tag{13-23}$$

且当 $q=q_\pi$ 时达到最小值。因此，与转移矩阵的所有行的平均距离达到最小化时的输出分布为由信道导出的输出分布(引理 10.8.1)。

此时，信道容量可写为

$$C=\max_\pi I_\pi(\theta;X) \tag{13-24}$$

$$=\max_\pi \min_q \sum_i \pi_i D(p_i \| q) \tag{13-25}$$

现在，我们需要应用博弈论中的一个基本定理，即，对于任意的连续函数 $f(x,y), x\in\mathcal{X}, y\in\mathcal{Y}$，如果 $f(x,y)$ 关于 x 为凸而关于 y 为凹，且 $\mathcal{X}, \mathcal{Y}$ 为紧凸集，那么

$$\min_{x\in\mathcal{X}} \max_{y\in\mathcal{Y}} f(x,y)=\max_{y\in\mathcal{Y}} \min_{x\in\mathcal{X}} f(x,y) \tag{13-26}$$

最小最大定理的证明可参见[305,392]。

根据相对熵的凸性(定理 2.7.2)，$\sum_i \pi_i D(p_i \| q)$ 关于 q 为凸，而关于 π 为凹，因此

$$C=\max_{\pi}\min_{q}\sum_{i}\pi_i D(p_i\|q) \tag{13-27}$$
$$=\min_{q}\max_{\pi}\sum_{i}\pi_i D(p_i\|q) \tag{13-28}$$
$$=\min_{q}\max_{i} D(p_i\|q) \tag{13-29}$$

其中最后一个等式的成立，是在式(13-28)中，将全部权重赋给下标 i，并最大化 $D(p_i\|q)$，从而获得最大值。因此，也可以得到 $q^*=q_{\pi^*}$。至此，完成定理的证明。□

由此，从 θ 到 X 的信道的信道容量为信源编码中的最小最大期望冗余度。

例 13.1.1 考虑$\mathcal{X}=\{1,2,3\}$，θ 只取 1 和 2 这两个值，并且相应的分布为 $p_1=(1-\alpha,\alpha,0)$和 $p_2=(0,\alpha,1-\alpha)$。现在欲编码来自$\mathcal{X}$的一个字符序列，但并不知道分布是 p_1 还是 p_2。上面的讨 432
论表明，最坏情形下的最优码码长对应的分布与 p_1 和 p_2 都具有极小的相对熵距离，即两个分布的中点。若使用分布 $q=\left\{\frac{1-\alpha}{2},\alpha,\frac{1-\alpha}{2}\right\}$，我们得到的冗余度为

$$D(p_1\|q)=D(p_2\|q)=(1-\alpha)\log\frac{1-\alpha}{(1-\alpha)/2}+\alpha\log\frac{\alpha}{\alpha}+0=1-\alpha \tag{13-30}$$

转移概率矩阵的行等于 p_1 和 p_2 的信道等价于擦除信道(见 7.1.5 节)，且容易计算出该信道的容量为$(1-\alpha)$，并当输入端是均匀分布时达到该容量。对于达到容量的输入分布，相应的输出分布为$\left\{\frac{1-\alpha}{2},\alpha,\frac{1-\alpha}{2}\right\}$(即等同于上述分布 q)。因此，如果并不知道这类信源的分布，编码时就使用 q，而非 p_1 或 p_2，同时付出的代价为 $1-\alpha$ 比特/信源字符，它在理想的熵界之上。

13.2 二元序列的通用编码

现在考虑编码二元信源 $x^n\in\{0,1\}^n$ 的一个重要的特殊情形。对于 $x_1,x_2,\cdots,x_n$ 的概率分布，我们不做任何假定。

先来估计$\binom{n}{k}$的大小。依据 Wozencraft 和 Reiffen[567](见引理 17.5.1 的证明)，对于 $k\neq 0$ 或 n，有

$$\sqrt{\frac{n}{8k(n-k)}}\leqslant\binom{n}{k}2^{-nH(k/n)}\leqslant\sqrt{\frac{n}{\pi k(n-k)}} \tag{13.31}$$

首先，我们给出一个脱机算法以描述序列：计算出序列中 1 的个数，并且当已经看到整个序列后，发送序列的两阶段描述。第一阶段为序列中 1 的数目，即 $k=\sum_i x_i$(使用$\lceil\log(n+1)\rceil$比特)，第二阶段是在所有具有 k 个 1 的序列中这个序列的下标$\left(使用\left\lceil\log\binom{n}{k}\right\rceil比特\right)$。由此，该两阶段描述需要的总长度为

$$l(x^n)\leqslant\log(n+1)+\log\binom{n}{k}+2 \tag{13-32}$$
$$\leqslant\log n+nH\left(\frac{k}{n}\right)-\frac{1}{2}\log n-\frac{1}{2}\log\left(\pi\frac{k}{n}\frac{(n-k)}{n}\right)+3 \tag{13-33}$$
433
$$=nH\left(\frac{k}{n}\right)+\frac{1}{2}\log n-\frac{1}{2}\log\left(\pi\frac{k}{n}\frac{n-k}{n}\right)+3 \tag{13-34}$$

于是，描述序列的代价大约等于$\frac{1}{2}\log n$ 比特，与对应于$\left(\frac{k}{n}\right)$的伯努利分布的香农码的最优代价相比，上述描述的代价更大。当 $k=0$ 或 $k=n$ 时，最后一项无界，因此，该情形时，上述给出的界无意义(当 $k=0$ 或 $k=n$ 时，尽管熵 $H(k/n)=0$，但实际的描述长度 $\log(n+1)$比特。)

这样的计数方法需要压缩器耐心等待到看完整个序列。下面我们给出另一种方法，编码时使用总体上达到上述相同结果的混合分布。选取编码分布 $q(x_1,x_2,\cdots,x_n)=2^{-l(x_1,x_2,\cdots,x_n)}$，为 $x_1,x_2,\cdots,x_n$ 上所有 Bernoulli(θ)分布的均匀混合。然后，我们分析使用该分布的码的性能，并说明对于任意的输入序列，这些码都表现得相当好。

若假定伯努利分布的参数 θ 服从[0,1]上的均匀分布，构造出这个分布。对于 Bernoulli(θ)分布，具有 k 个 1 的序列 $x_1,x_2,\cdots,x_n$ 的概率为 $\theta^k(1-\theta)^{n-k}$。因此，序列的混合概率为

$$p(x_1,x_2,\cdots,x_n)=\int_0^1\theta^k(1-\theta)^{n-k}\mathrm{d}\theta\triangleq A(n,k) \tag{13-35}$$

利用分部积分，令 $u=(1-\theta)^{n-k}$ 和 $\mathrm{d}v=\theta^k\mathrm{d}\theta$，我们有

$$\int_0^1\theta^k(1-\theta)^{n-k}\mathrm{d}\theta=\left[\frac{1}{k+1}\theta^{k+1}(1-\theta)^{n-k}\right]_0^1+\frac{n-k}{k+1}\int_0^1\theta^{k+1}(1-\theta)^{n-k-1}\mathrm{d}\theta \tag{13-36}$$

或

$$A(n,k)=\frac{n-k}{k+1}A(n,k+1) \tag{13-37}$$

又由于 $A(n,n)=\int_0^1\theta^n\mathrm{d}\theta=\dfrac{1}{n+1}$，通过递归容易证明

434

$$p(x_1,x_2,\cdots,x_n)=A(n,k)=\frac{1}{n+1}\frac{1}{\binom{n}{k}} \tag{13-38}$$

由此，混合分布的码字长度满足

$$\left\lceil\log\frac{1}{q(x^n)}\right\rceil\leqslant\log(n+1)+\log\binom{n}{k}+1 \tag{13-39}$$

这与上述的两阶段描述相比，长度相差在 1 比特之内。因此，对于所有序列 $x_1,x_2,\cdots,x_n$ 的码字长度，有一个类似的界估计

$$l(x_1,x_2,\cdots,x_n)\leqslant nH\left(\frac{k}{n}\right)+\frac{1}{2}\log n-\frac{1}{2}\log\left(\pi\frac{k}{n}\frac{(n-k)}{n}\right)+2 \tag{13-40}$$

若实际信源服从 Bernoulli$\left(\dfrac{k}{n}\right)$，则最优码的码长需要 $nH(k/n)$，但对于没有任何假设的信源分布而言，上述混合分布达到的码字长度与之相比超出的代价在$\dfrac{1}{2}\log n$ 比特之间。

对于给定 $x_1,x_2,\cdots,x_n$ 中的前面字符下，下一个字符出现的条件概率通过该混合分布可以获得一个非常好的表达。设 k_i 为 $x_1,x_2,\cdots,x_n$ 的前 i 个字符中 1 的个数。利用式(13-38)，我们有

$$q(x_{i+1}=1\mid x^i)=\frac{q(x^i,1)}{q(x^i)} \tag{13-41}$$

$$=\left(\frac{1}{i+2}\frac{1}{\binom{i+1}{k_i+1}}\right)\Bigg/\left(\frac{1}{i+1}\frac{1}{\binom{i}{k_i}}\right) \tag{13-42}$$

$$=\frac{1}{i+2}\frac{(k_i+1)!\ (n-k_i)!}{(i+1)!}(i+1)\frac{k_i!\ (i-k_i)!}{i!} \tag{13-43}$$

$$=\frac{k_i+1}{i+2} \tag{13-44}$$

此即在给定 θ 的均匀先验下 1 的贝叶斯后验概率，称为下一个字符出现概率的拉普拉斯估计。对于算术编码，可以将此后验概率作为下一个字符出现的概率，并且码字长度在有限精度内以循序

渐进达到 $\log\frac{1}{q(x^n)}$。这在水平方向上是一个无限制的结果，整个过程并不依赖序列的长度。

需要注意的问题是，当 $k=0$ 或 $k=n$ 时，均匀混合方法或两阶段方法得到的界不再成立。仅对于均匀界，能够给予的额外冗余度为 $\log n$，对此，可以利用式(11-40)中的界获得。现在的问 435
题是，当 $k=0$ 或 $k=n$ 时，不可能匹配足够的概率给序列。若不使用 θ 上的均匀分布，而用 Dirichlet$\left(\frac{1}{2},\frac{1}{2}\right)$分布(也称为 Beta$\left(\frac{1}{2},\frac{1}{2}\right)$分布)，则序列 $x_1,x_2,\cdots,x_n$ 的概率为

$$q_{\frac{1}{2}}(x^n)=\int_0^1\theta^k(1-\theta)^{n-k}\frac{1}{\pi\sqrt{\theta(1-\theta)}}\mathrm{d}\theta \tag{13-45}$$

可以证明，对于任意 $x^n\in\{0,1\}^n$，该分布达到的描述长度为

$$\log\frac{1}{q_{\frac{1}{2}}(x^n)}\leqslant H(k/n)+\frac{1}{2}\log n+\log\frac{\pi}{8} \tag{13-46}$$

它达到的是关于通用混合码冗余度的均匀界。如均匀先验情形，可以计算出当已知前面观察结果时，下一字符的条件分布，为

$$q_{\frac{1}{2}}(x_{i+1}=1\,|\,x^i)=\frac{k_i+\frac{1}{2}}{i+1} \tag{13-47}$$

在算术编码中，利用此结果可以提供一个在线算法来编码序列。16.7 节在分析万能投资组合中，我们将更详细地分析混合算法的性能。

13.3 算术编码

对于编码分布已知的随机变量，只需一个字符接一个字符地进行，那么第 5 章中叙述的赫夫曼编码是最优的。尽管如此，赫夫曼编码受到码长必须是整数的限制，在编码的有效性方面存在多达 1 比特/字符的损失。若通过对输入字符进行分组，可以降低这样的损失——然而，这种方法的复杂度将随分组长度以指数增加。下面叙述一种不会产生这种无效性的编码方法。在算术编码中，不使用比特序列表示一个字符，而用单位区间的子区间来表示字符。

字符序列的编码是一个区间，它的长度随着增加更多的字符到序列中而减少。这个性质启发
我们给出一个增量式编码方案(扩展序列的编码容易由初始序列的编码得到)，并且码字长度不必 436
限制为整数。提出算术编码的动机是基于 Shannon-Fano-Elias 编码(5.9 节)以及以下的引理：

引理 13.3.1 *设 Y 为服从连续概率分布函数 $F(y)$ 的随机变量，$U=F(Y)$，即 U 是由 Y 的分布函数定义的 Y 的函数。那么 U 服从$[0,1]$上的均匀分布。*

证明： 因 $F(y)\in[0,1]$，则 U 的取值范围为$[0,1]$。同样，对于 $u\in[0,1]$，有

$$F_U(u)=\Pr(U\leqslant u) \tag{13-48}$$
$$=\Pr(F(Y)\leqslant u) \tag{13-49}$$
$$=\Pr(Y\leqslant F^{-1}(u)) \tag{13-50}$$
$$=F(F^{-1}(u)) \tag{13-51}$$
$$=u \tag{13-52}$$

由此说明，U 服从$[0,1]$上的均匀分布。□

设有限字母表 $\mathcal{X}=0,1,2,\cdots,m$，考虑来自该字母表的无限随机变量序列 $X_1,X_2,\cdots$。对于来自该字母表的任意序列 $x_1,x_2,\cdots$，将 0. 放置在该序列的前面，并把它看作 0 与 1 之间的一个实数($m+1$ 进制)。设 X 为实值随机变量 $X=0.X_1X_2\cdots$。那么，X 的分布函数如下：

$$F_X(x)=\Pr\{X\leqslant x=0.x_1x_2\cdots\} \tag{13-53}$$

$$=\Pr\{0.X_1X_2\cdots\leqslant 0.x_1x_2\cdots\} \tag{13-54}$$
$$=\Pr\{X_1<x_1\}+\Pr\{X_1=x_1,X_2<x_2\}+\cdots. \tag{13-55}$$

现在，设$U=F_X(X)=F_X(0.X_1X_2\cdots)=0.F_1F_2\cdots$。如果无限序列集 X^∞ 上的分布没有原子(atom)，则由以上引理可知，U 服从$[0,1]$上的均匀分布，所以，U 的二进制展开式中的比特序列 $F_1F_2\cdots$服从 Bernoulli$\left(\frac{1}{2}\right)$(即服从$\{0,1\}$上的独立均匀分布)。所以，这些比特不能再被压缩，从而成为序列 $0.X_1X_2\cdots$的压缩表示。对于伯努利或马尔可夫模型，容易计算出累积分布函数，见下例说明。

437 例 13.3.1 设 $X_1,X_2,\cdots,X_n$ 服从 Bernoulli(p)，则序列 $x^n=110101$ 映射成

$$\begin{aligned}F(x^n)=&\Pr(X_1<1)+\Pr(X_1=1,X_2<1)\\&+\Pr(X_1=1,X_2=1,X_3<0)\\&+\Pr(X_1=1,X_2=1,X_3=0,X_4<1)\\&+\Pr(X_1=1,X_2=1,X_3=0,X_4=1,X_5<0)\\&+\Pr(X_1=1,X_2=1,X_3=0,X_4=1,X_5=0,X_6<1)\end{aligned} \tag{13-56}$$
$$=q+pq+p^2\cdot 0+p^2q\cdot q+p^2qp\cdot 0+p^2qpqq \tag{13-57}$$
$$=q+pq+p^2q^2+p^3q^3 \tag{13-58}$$

注意到，上面的每一项均容易从前面各项计算得到。一般地，对任意二元过程$\{X_i\}$，

$$F(x^n)=\sum_{k=1}^{n}p(x^{k-1}0)x_k \tag{13-59}$$

由此，概率变换实际是从无限信源序列到不可压缩无限二元序列的一个可逆映射。下面考虑在有限序列上这种变换所能达到的压缩。设 $X_1,X_2,\cdots,X_n$ 是长度为 n 的二元随机变量序列，$x_1,x_2,\cdots,x_n$ 为特定的结果。可以将该序列视为区间$[0.x_1x_2\cdots x_n000\cdots,0.x_1x_2\cdots x_n1111\cdots)$，或等价地视为区间$\left[0.x_1x_2\cdots x_n,0.x_1x_2\cdots x_n+\left(\frac{1}{2}\right)^n\right)$。实际上，这是起始于 $0.x_1x_2\cdots x_n$ 的无限序列集。经概率变换后，该区间映射成另一个区间，$\left[F_Y(0.x_1x_2\cdots x_n),F_Y\left(0.x_1x_2\cdots x_n+\left(\frac{1}{2}\right)^n\right)\right)$，其长度等于 $P_X(x_1,x_2,\cdots,x_n)$，它为所有起始于 $0.x_1x_2\cdots x_n$ 的无限序列的概率之和。又经概率逆变换后，在这个区间内的任意实数 u 映射为起始于 $x_1,x_2,\cdots,x_n$ 的序列，因而在给定 u 和 n 下，可以重构出 $x_1,x_2,\cdots,x_n$。前面叙述过的 Shannon-Fano-Elias 编码方案允许构造一个长度为 $\log\frac{1}{p(x_1,x_2,\cdots,x_n)}+2$比特的无前缀码，因而对于序列 $x_1,x_2,\cdots,x_n$，有可能获得具有该长度的编码。请注意，$\log\frac{1}{p(x_1,x_2,\cdots,x_n)}$为 x^n 在理想情形下的码字长度。

在处理服从上述累积分布函数的序列进行编码时，假定计算具有任意的精度。而实践中，我
438 们不得不以有限的精度执行所有的数，因此要描述该执行环境。关键在于考虑的是单位区间中的子区间而不是累积分布函数的无限精度点。任意一个有限长字符序列都对应于单位区间的一个子区间。算术编码算法的目标就是将一个随机变量序列表示成$[0,1]$中的某个子区间。随着算法观察到的输入字符变多，对应于输入序列的子区间长度变小。当子区间的顶端与底端越来越接近时，两个端点的二进制表示的前几个比特开始一致，这些相同的前几个比特也将是最终输出序列对应的前几个比特。为了高效地计算以及刻画往下的子区间，使得全部计算能够在给定的有限精度限制下实现，应该避免带着这些相同的首位往下传。为此，子区间两端点的二进制表示的首位一旦相同，立即清理并输出，然后对剩余的比特再进行计算。这里，我们不再详细讨论

(在算法和性能方面叙述比较好的文章参看 Bell 等[41])。

例 13.3.2(三元输入字母表的算术编码) 考虑三元字母表$\{A,B,C\}$的一个随机变量 X,假定概率分别为 0.4,0.4 和 0.2。设序列编码成 ACAA。于是,$F_l(\cdot)=(0,0.4,0.8)$与 $F_h=(0.4,0.8,1.0)$。起初,输入序列为空,相应的区间为$[0,1)$。第一个字符输入后面的累积分布函数如图 13-2 所示。第一个字符 A 出现时,容易计算出算法中的区间为$[0,0.4)$;输入第二个字符 C 后,区间变成$[0.32,0.4)$(图 13-3);输入第三个字符 A 时,区间为$[0.32,0.352)$;而当输入第四 439
个字符 A 后,区间变成$[0.32,0.3328)$。由于序列发生的概率为 0.0128,对于编码由 Shannon-Fano-Elias 码所得到的区间序列的中点(0.3264,二进制展开为 0.010100111),我们使用 $\log(1/0.0128)+2$(即 9 比特)。

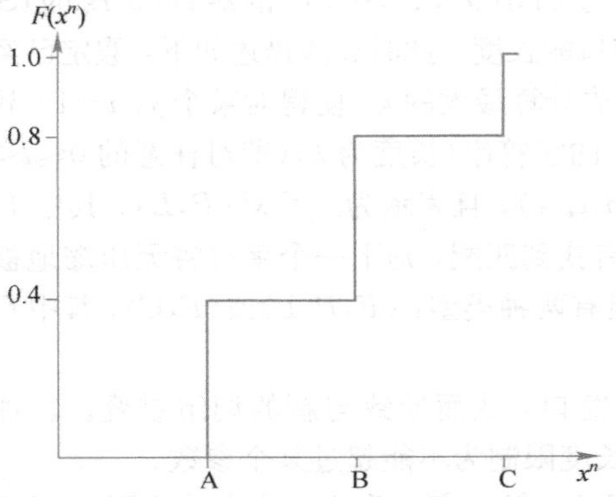

图 13-2 第一个字符出现后的累积分布函数

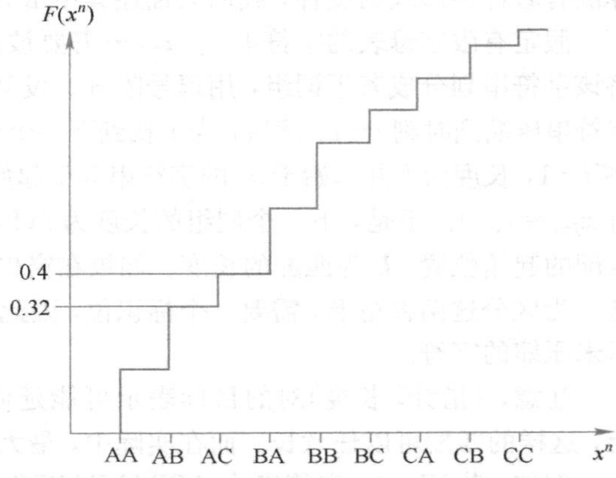

图 13-3 第二个字符出现后的累积分布函数

总之,给定任意长度 n 和概率密度函数 $q(x_1,x_2,\cdots,x_n)$,算术编码程序能够以长度 $\log\dfrac{1}{q(x_1,x_2,\cdots,x_n)}+2$比特编码序列 $x_1,x_2,\cdots,x_n$ 进行编码。如果信源为 i.i.d.,并假定分布 q 等于数据的真实分布 p,这个程序能达到的平均分组长度与熵相比超出的部分在 2 比特之内。尽管对固定的分组长度,此程序不一定是最优的(针对分布设计的赫夫曼码可能会有较短的平均码长),但这个程序是增量式的,而且对任意分组长度都适用。

13.4 Lempel-Ziv 编码

在 13.3 节讨论了算术编码的基本思想,并在编码来自未知分布的序列时,对于最坏情形下冗余度给出了一些结论。下面讨论有关信源编码的一类非常流行的技术,它们是通用最优的(即 440
对于任意平稳遍历信源,渐近压缩率接近信源的熵率),而且容易实现。这类算法称为 Lempel-Ziv 算法,以两篇开创性论文[603, 604]的作者命名,在这两篇文章中,作者提出了奠定这类算法的两个基本算法。这些算法也称为自适应字典式压缩算法。

使用字典式数据压缩的概念可以追溯到电报的发明。在那个时候,公司的日常通信是按所用字符数计费,许多大型公司为常用词组编制码簿,使用相应的码字进行电报通信。另一个例子是流行于 India 的问候语电报,有一个标准的问候语集合,例如"25:圣诞节快乐"和"26:愿新婚夫妇沐浴在上帝最美好的祝福中"。当人们希望发送问候时,只需确定指定的数字,由此在目的地生成实际的问候语。

基于自适应字典式方案的思想直到 Ziv 和 Lempel 于 1977 年和 1978 年发表文章后才被人们

广泛采用。这两篇文章描述了算法的两个不同版本。我们称为 LZ77 或滑动窗 Lempel-Ziv 算法与 LZ78 或树结构 Lempel-Ziv 算法。(有时，它们各自分别简称为 LZ1 与 LZ2。)

下面首先叙述两种情形各自的基本算法，并给出一些简单的变形。过后，我们将证明算法的最优性，并在最后讨论一些实际的问题。Lempel-Ziv 算法的关键思想是将字符串解析成一个个词组，并利用指针替换词组，而这些指针指向过去出现相同字符串的位置。两种算法的区别在于各算法允许的可能匹配位置(和匹配长度)集合之间的差别。

13.4.1 带滑动窗口的 Lempel-Ziv 算法

在 1977 年的文章中提出的算法，其主要思想是在一个过去字符窗口的任何地方通过查找最长匹配进行字符串编码，同时利用指向窗中匹配位置和匹配长度的指针表示字符串。这个基本算法有着许多形式的变种，我们只描述其中由 Storer 和 Szymanski[507]给出的一种。

假定有限字母表的字符串 $x_1,x_2,\cdots$ 需要被压缩。字符串 $x_1,x_2,\cdots,x_n$ 的解析(parsing)S 是将该字符串划分成若干词组，用逗号隔开。设 W 为窗口的长度。此时算法描述如下：假定已经将字符串压缩到时刻 $i-1$，然后，为了找到下一个词组，先计算最大的 k，使得对某个 j，$i-1-W\leqslant$
441 $j\leqslant i-1$，长度为 k 并起始于 x_j 的字符串等于起始于 x_i 的字符串(长度为 k)(即对任意的 $0\leqslant l<k$，有 $x_{j+l}=x_{i+l}$)。于是，下一个词组的长度为 k(即 $x_i\cdots x_{i+k-1}$)，且表示为二元对(P,L)，其中 P 为匹配的起始位置，L 为匹配的长度。如果在窗口中没有找到匹配，则下一个字符将无压缩地被发送。为区分这两种情形，需要一个标识位，因此，词组有两种类型：(F,P,L)或(F,C)，其中 C 表示未压缩的字符。

注意，(指针，长度)对的目标表示可能延伸超出窗口，从而导致与新的词组重叠。在理论上，这样的匹配可以任意长。而在实际中，最大词组长度限制为不能超过某个参数。

例如，若 $W=4$，字符串为 ABBABBABBBAABABA，起初窗口为空，该字符串可以解析如下：A,B,B,ABBABB,BA,A,BA,BA，用“指针”序列表示就是：(0,A)，(0,B)，(1,1,1)，(1,3,6)，(1,4,2)，(1,1,1)，(1,3,2)，(1,2,2)，其中当没有匹配时标识位为 0，有匹配时标识位为 1，并且匹配的位置是从窗口的末端向后开始测量的。(在此例中，使用二元对(P,L)表示窗口内的每个匹配。尽管如此，或许将短匹配表示为未压缩字符显得更加有效。细节见习题 13.8。)

这个算法好比使用了一个字典，它由窗中字符串的所有子串与所有单字符构成。算法是要找到字典内的最长匹配，并且分配一个指针给这个匹配。此后，我们会证明 LZ77 的这个版本的简单变形是渐近最优的。大多数 LZ77 的实际实现，例如 gzip 和 pkzip，都是基于 LZ77 这个版本。

13.4.2 树结构 Lempel-Ziv 算法

Ziv 和 Lempel 在 1978 年的文章中提出的算法是将字符串分解成一个个词组，其中每个词组均是此前未曾出现过的最短词组。该算法可以视为构建了一个具有树形式的字典，其中的节点对应于目前已经出现的词组。该算法特别容易实现，由于它的快速与高效，它作为计算机中文件压缩的早期标准算法之一，非常流行。在高速调制解调器中的数据压缩也采用该算法。

将信源序列顺序地分解成直到目前还未出现过的最短的字符串。例如，假设一个字符串为 ABBABBABBBAABABAA⋯，将其分解为 A,B,BA,BB,AB,BBA,ABA,BAA⋯。在每个逗号后，沿着输入序列观察，直到发现此前还未被划分出的最短字符串为止。由于这个字符串是最短的，
442 它的所有前缀均在前面出现过。(因此，可以构建出这些词组的一棵树。)特别地，由此字符串的最后一位除外的所有位构成的字符串必在前面已经出现。通过给出前缀的位置和最后一个字符的值确定这个词组的编码。因此，上述字符串可以表示为(0,A)，(0,B)，(2,A)，(2,B)，(1,B)，(4,A)，(5,A)，(3,A)，⋯

在每个词组中，发送一个未压缩字符会降低有效性。将延长字符(当前词组的最后一个字

符)考虑为下一个词组的一部分，可以解决该问题。这个变异是由 Welch[554]提出，已经是许多 LZ78 实际实现压缩的基础，例如 Unix 下的，在调制解调器中以及 GIF 格式的图形文件中的压缩(compress)。

13.5 Lempel-Ziv 算法的最优性

13.5.1 带滑动窗口的 Lempel-Ziv 算法

在 Ziv 和 Lempel 的最初文章[603]中，作者提出了基本的 LZ77 算法，并证明对于任意字符串，这个算法与任何有限状态压缩器相比都能压缩的一样好。尽管如此，他们并没有证明该算法所能达到的渐近最优性(即对于遍历信源，压缩率收敛于熵)。Wyner 和 Ziv[591]给出了这个结论的证明。

该证明依赖于 Kac 发现的一个简单引理，等待看到一个特定字符所需时间的平均长度为该字符概率的倒数。于是，我们希望看到窗口范围内的高概率字符串，并有效地编码这些字符串。没有在窗口内找到的字符串概率很小，因而在渐近意义上，它们不会影响可达压缩。

下面我们并不证明 LZ77 实际版本的最优性，而是先来说明该算法的一个不同形式的简易证明，它虽然不实用，但能抓住一些基本思想。这个算法假定发送器和接收器均能访问字符串的无限过去，同时利用指向在过去出现字符串的最后时刻表示长度为 n 的字符串。

假设一个平稳遍历过程，其时间从 $-\infty$ 到 ∞，编码器和译码器均知道序列的无限过去…，X_{-2},X_{-1}。为了编码 $X_0,X_1,\cdots,X_{n-1}$(长度为 n 的分组)，在过去我们找到出现这 n 个字符的最后时刻。设

$$\begin{aligned}R_n(X_0,X_1,\cdots,X_{n-1})=\max\{j<0:(X_{-j},X_{-j+1}\cdots X_{-j+n-1})\\=(X_0,\cdots,X_{n-1})\}\end{aligned}\tag{13-60}$$ 443

为了表示 $X_0,X_1,\cdots,X_{n-1}$，只需将 R_n 发送给接收器，然后它在过去反向观测 R_n，从而恢复 $X_0,X_1,\cdots,X_{n-1}$。因此，编码的成本是表示 R_n 的成本。下面将证明这个成本近似于 $\log R_n$，而且渐近地有 $\frac{1}{n}E\log R_n\to H(\mathcal{X})$，由此证明上述算法的渐近最优性。

先来证明以下引理。

引理 13.5.1 *存在整数的无前缀码，使整数 k 的码字长度为 $\log k+2\log\log k+O(1)$。*

证明：如果已知 $k\leqslant m$，可以用 $\log m$ 比特对 k 编码。尽管如此，由于并不知道 k 的上界，需要将 k 的编码长度告诉接收器(即，需要确定 $\log k$)。考虑如下整数 k 的编码：首先用一进制表示 $\lceil\log k\rceil$，紧接着是 k 的二进制表示：

$$C_1(k)=\underbrace{00\cdots0}_{\lceil\log k\rceil\text{个}0}1\ \underbrace{xx\cdots x}_{k\text{的二进制表示}}\tag{13-61}$$

容易看出，这个表示的长度为 $2\lceil\log k\rceil+1\leqslant 2\log k+3$。由于使用低效的一元码发送 $\log k$，使得长度远超出我们所期待的。虽然如此，若使用 C_1 表示 $\log k$，就容易看到，这个表示的长度不超过 $\log k+2\log\log k+4$，引理得证。类似的方法在定理 14.2.3 之后也有所讨论。 □

Kac 引理是 LZ77 最优性的证明过程中的关键结果，它表明对任何平稳遍历过程，一个字符的平均重复出现次数与该字符的概率相关。例如，若 $X_1,X_2,\cdots,X_n$ 为 i.i.d. 过程，我们要问，在 $X_1=a$ 的条件下，再次观察到字符 a 的期望等待时间为多少？对此情形，等待时间服从参数 $p=p(X_0=a)$ 的几何分布，从而期望等待时间为 $1/p(X_0=a)$。让人有点惊讶的是，当该过程不满足独立性，仅为平稳和遍历时，结论同样成立。一个简单而直接的理由是，在长度为 n 的大样本中，我们希望能观察到 a 大约 $np(a)$ 次，这些出现 a 的结果之间的平均距离为 $n/(np(a))$

(即 $1/p(a)$)。

444 **引理 13.5.2(Kac)** 设$\cdots,U_{-2},U_{-1},U_0,U_1,\cdots$为可数字母表上的平稳遍历过程。对任意 u,有 $p(u)>0$ 以及对 $i=1,2,\cdots$,设

$$Q_u(i)=\Pr\{U_{-i}=u;U_j\neq u\text{ 对于 }-i<j<0|U_0=u\} \tag{13-62}$$

(即已知 $U_0=u$, $Q_u(i)$是此前出现字符 u 的最近时刻为 i 的条件概率。)从而,

$$E(R_1(U)\mid X_0=u)=\sum_i iQ_u(i)=\frac{1}{p(u)} \tag{13-63}$$

因此,从 0 处反向观察,再次观察到字符 u 的条件期望等待时间为 $1/p(u)$。

注意如下有趣的结果,期望再现时间为

$$ER_1(U)=\sum p(u)\frac{1}{p(u)}=m \tag{13-64}$$

其中 m 为字母表的大小。

证明: 设 $U_0=u$。对 $j=1,2,\cdots$和 $k=0,1,2,\cdots$,定义事件:

$$A_{jk}=\{U_{-j}=u,U_l\neq u,-j<l<k,U_k=u\} \tag{13-65}$$

事件 A_{jk} 表示这样的事件:在 0 时刻之前而距 0 时刻最近的时刻$-j$ 过程等于u 的事件,在 0 时刻之后且距 0 时刻最近的 k 最近时刻过程等于的事件 u。这些事件互不相交,且根据遍历性可知,概率 $\Pr\{\bigcup_{j,k}A_{jk}\}=1$。于是,

$$1=\Pr\{\bigcup_{j,k}A_{jk}\} \tag{13-66}$$

$$\overset{(a)}{=}\sum_{j=1}^{\infty}\sum_{k=0}^{\infty}\Pr\{A_{jk}\} \tag{13-67}$$

$$=\sum_{j=1}^{\infty}\sum_{k=0}^{\infty}\Pr(U_k=u)\Pr\{U_{-j}=u,U_l\neq u,-j<l<k\mid U_k=u\} \tag{13-68}$$

445

$$\overset{(b)}{=}\sum_{j=1}^{\infty}\sum_{k=0}^{\infty}\Pr(U_k=u)Q_u(j+k) \tag{13-69}$$

$$\overset{(c)}{=}\sum_{j=1}^{\infty}\sum_{k=0}^{\infty}\Pr(U_0=u)Q_u(j+k) \tag{13-70}$$

$$=\Pr(U_0=u)\sum_{j=1}^{\infty}\sum_{k=0}^{\infty}Q_u(j+k) \tag{13-71}$$

$$\overset{(d)}{=}\Pr(U_0=u)\sum_{i=1}^{\infty}iQ_u(i) \tag{13-72}$$

其中,(a)成立是因为 A_{jk} 互不相交,(b)可由 $Q_u(\cdot)$的定义得到,(c)是由于平稳性,(d)是因为在和式中,满足 $j+k=i$ 的(j,k)有 i 对。根据这个等式,立即可得 Kac 引理。 □

推论 设$\cdots,X_{-1},X_0,X_1,\cdots$为平稳遍历过程,$R_n(X_0,\cdots,X_{n-1})$为式(13-60)定义的反向观察的重现时间,则

$$E[R_n(X_0,\cdots,X_{n-1})|(X_0,\cdots,X_{n-1})=x_0^{n-1}]=\frac{1}{p(x_0^{n-1})} \tag{13-73}$$

证明: 定义新过程 $U_i=(X_i,X_{i+1},\cdots,X_{i+n-1})$是平稳遍历的,从而根据 Kac 引理可知,给定 $U_0=u$, U 的平均再现时间为 $1/p(u)$。然后将此转化为 X 过程就可证得该推论。 □

现在来证明主要结果,也就是利用再现时间证明简单形式的 Lempel-Ziv 算法的压缩率趋于熵。算法利用 $R_n(X_0^{n-1})$来描述 X_0^{n-1},根据引理 13.5.1 可知,这个描述需要 $\log R_n+2\log\log R_n+4$ 比特。我们可以证明如下定理。

定理 13.5.1 设 $L_n(X_0^{n-1})=\log R_n+2\log\log R_n+O(1)$为上述简单算法中的 X_0^{n-1} 的描述长

度，当 $n\to\infty$ 时，有

$$\frac{1}{n}EL_n(X_0^{n-1})\to H(\mathcal{X}) \tag{13-74}$$

其中 $H(\mathcal{X})$ 为过程 $\{X_i\}$ 的熵率。 446

证明：我们首先估计 EL_n 的上下界。下界可以直接由标准的信源编码结论得到(即对任何无前缀码，$EL_n\geqslant nH$)。为了估计上界，我们首先证明

$$\overline{\lim}\frac{1}{n}E\log R_n\leqslant H \tag{13-75}$$

然后估计 L_n 表达式中其他项的界。为证明关于 $E\log R_n$ 的不等式，我们把以 X_0^{n-1} 的值为条件将期望展开，然后利用 Jensen 不等式，有

$$\frac{1}{n}E\log R_n=\frac{1}{n}\sum_{x_0^{n-1}}p(x_0^{n-1})E[\log R_n(X_0^{n-1})\mid X_0^{n-1}=x_0^{n-1}] \tag{13-76}$$

$$\leqslant\frac{1}{n}\sum_{x_0^{n-1}}p(x_0^{n-1})\log E[R_n(X_0^{n-1})\mid X_0^{n-1}=x_0^{n-1}] \tag{13-77}$$

$$=\frac{1}{n}\sum_{x_0^{n-1}}p(x_0^{n-1})\log\frac{1}{p(x_0^{n-1})} \tag{13-78}$$

$$=\frac{1}{n}H(X_0^{n-1}) \tag{13-79}$$

$$\searrow H(\mathcal{X}) \tag{13-80}$$

L_n 表达式中的第二项为 $\log\log R_n$，希望证得

$$\frac{1}{n}E[\log\log R_n(X_0^{n-1})]\to 0 \tag{13-81}$$

再次利用 Jensen 不等式，可得

$$\frac{1}{n}E\log\log R_n\leqslant\frac{1}{n}\log E[\log R_n(X_0^{n-1})] \tag{13-82}$$

$$\leqslant\frac{1}{n}\log H(X_0^{n-1}) \tag{13-83}$$

其中最后一个不等式可由式(13-79)得到。对任意 $\varepsilon>0$，当 n 充分大时，$H(X_0^{n-1})<n(H+\varepsilon)$，所以 $\frac{1}{n}\log\log R_n<\frac{1}{n}\log n+\frac{1}{n}\log(H+\varepsilon)\to 0$。定理得证。 □

因此，通过编码过去观察到的最近时刻来表示字符串，这样的压缩方案是渐近最优的。显然，由于事先假定发送器和接收器都能访问序列的无限过去，其实这个方案很不实用。对更长的 447 字符串，人们需要向后观察得愈来愈远，才能找到相应的匹配。例如，若熵率为 $\frac{1}{2}$，字符串的长度为 200 比特，平均需要在过去向后观察 $2^{100}\approx 10^{30}$ 比特，才能找到一个匹配。尽管这个方案不可行，但算法表明匹配过去的基本思想是渐近最优的。带有限窗口的 LZ77 实用版本的最优性证明也基于类似的思想。我们不再叙述其中的细节，读者可以参看[591]中的原始证明。

13.5.2 树结构 Lempel-Ziv 压缩的最优性

考虑 Lempel-Ziv 算法的树结构形式，其中输入序列解析成词组，每个词组是到目前为止未出现过的最短字符串。这个算法的最优性证明不同于 LZ77 的证明，有自身的特点；证明的关键是讨论计数，表明如果所有词组都不相同，那么词组数目不可能很大，而且任何字符序列的概率可以由序列解析中的不同词组数的函数界定。

13.4.2 节中叙述的算法对字符串的处理需要两个过程——第一个过程为解析字符串，并计算解析字符串中的词组数 $c(n)$。然后确定需要多少比特($\lceil \log c(n) \rceil$)分配给算法中的指针。在第二个过程中，计算指针并生成如上所述的编码字符串。通过改进，可以使算法在处理字符串时只需一个过程，而且能使用更少的比特匹配给初始指针。这些修改不会影响算法的渐近有效性。其中的一些实现细节可以参看 Welch[554]和 Bell et al. [41]。

下面将证明，如 Lempel-Ziv 滑动窗版本一样，这个算法也渐近达到未知的遍历信源的熵率。首先定义字符串的解析为字符串的一个分解。

定义 二元字符串 $x_1x_2\cdots x_n$ 的解析指字符串的划分，利用逗号将字符串隔开，分解成词组。如果任何两个词组均不同，就称该解析为相异解析(distinct parsing)。例如，0，111，1 是 01111 的一个相异解析，而 0，11，11 也是它的解析，但不相异。

以上所述的 LZ78 算法给出了信源序列的相异解析。设 $c(n)$表示长度为 n 的序列的 LZ78 解
448 析中的词组个数。当然，$c(n)$依赖于序列 X^n。压缩后序列(应用 Lempel-Ziv 算法所得)由 $c(n)$个二元对构成，每个二元对的第一个分量表示一个指针，指向该词组前缀的先前出现位置，第二个分量为词组的最后一位。每个指针需要 $\log c(n)$ 比特，因此，压缩后的序列总长度为 $c(n)[\log c(n)+1]$比特。下面证明，对于平稳遍历序列 $X_1, X_2, \cdots, X_n$，有 $\frac{c(n)(\log c(n)+1)}{n} \to H(\mathcal{X})$。证明基于 Wyner 和 Ziv[575]有关 LZ78 编码的渐近最优性的简单证明。

在详细叙述证明之前，先给出证明所需的关键地方。第一个引理表明，序列的相异解析中的词组数不会超过 $n/\log n$；证明的关键在于要知道不会存在充分相异的短词组。另外，这个界对序列的任何相异解析都成立，不只对 LZ78 解析成立。

第二个关键点是利用相异词组数给出序列概率的界估计。为说明此点，考虑 i. i. d. 随机变量序列 X_1, X_2, X_3, X_4，它们的可能取值为$\{A, B, C, D\}$，其概率分别为 p_A, p_B, p_C 和 p_D。现在考虑序列的概率 $P(D, A, B, C) = p_D p_A p_B p_C$。由于 $p_A + p_B + p_C + p_D = 1$，则当各概率值相等时，积 $p_D p_A p_B p_C$ 达到最大值(也即，四个相异字符所成序列的概率的最大值为 1/256)。另一方面，若考虑序列 A, B, A, B，那么它的概率当 $p_A = p_B = \frac{1}{2}$，$p_C = p_D = 0$，序列 A, B, A, B 的概率的最大值为 $\frac{1}{16}$。形如 A, A, A, A 的序列的概率可以取到 1。所有这些例子说明一个基本观点——具有大量相异字符串(或词组)的序列不可能具有大的概率。Ziv 不等式(引理 13.5.5)就是马尔可夫情形下这个思想的推广，其中相异字符串即指信源序列的相异解析中的词组。

由于经解析后，序列的描述长度随 $c\log c$ 递增，含少量相异词组的序列有效地压缩，且这样的序列对应于具有较高概率的字符串。另一方面，具有大量相异词组的字符串不会压缩得很好；而且根据 Ziv 不等式可知，这些序列的概率不会很大。因此，Ziv 不等式使我们将序列概率的对数与解析中的词组数联系起来，并可由此证明树结构 Lempel-Ziv 算法是渐近最优的。

下面先证明几个定理证明过程中需要的引理。第一个是关于长度为 n 的二元序列的相异解
449 析中可能的词组数的界估计。

引理 13.5.3 (Lempel 与 Ziv[604]) 二元序列 $X_1, X_2, \cdots, X_n$ 的相异解析的词组数 $c(n)$满足

$$c(n) \leqslant \frac{n}{(1-\varepsilon_n)\log n} \tag{13-84}$$

其中当 $n \to \infty$ 时，$\varepsilon_n = \min\left\{1, \frac{\log(\log n)+4}{\log n}\right\} \to 0$。

证明：设

$$n_k=\sum_{j=1}^{k} j2^j=(k-1)2^{k+1}+2 \tag{13-85}$$

表示长度小于或等于 k 的所有相异字符串的长度总和。对于长度为 n 的序列，当所有的词组都尽可能短时，其相异解析的词组数 c 达到最大。若 $n=n_k$，则当所有词组的长度$\leqslant k$，这种情况发生，因此

$$c(n_k)\leqslant\sum_{j=1}^{k}2^j=2^{k+1}-2<2^{k+1}\leqslant\frac{n_k}{k-1} \tag{13-86}$$

若 $n_k\leqslant n<n_{k+1}$，记 $n=n_k+\Delta$，其中 $\Delta<(k+1)2^{k+1}$。于是分解成最短词组的解析就由长度$\leqslant k$的词组和长度为 $k+1$ 的 $\Delta/(k+1)$个词组组成。因此

$$c(n)\leqslant\frac{n_k}{k-1}+\frac{\Delta}{k+1}\leqslant\frac{n_k+\Delta}{k-1}=\frac{n}{k-1} \tag{13-87}$$

对于给定的 n，界定 k 的大小。设 $n_k\leqslant n<n_{k+1}$，则

$$n\geqslant n_k=(k-1)2^{k+1}+2\geqslant 2^k \tag{13-88}$$

所以，

$$k\leqslant\log n \tag{13-89}$$

从而，由式(13-89)可得

$$n\leqslant n_{k+1}=k2^{k+2}+2\leqslant(k+2)2^{k+2}\leqslant(\log n+2)2^{k+2} \tag{13-90}$$

所以，

$$k+2\geqslant\log\frac{n}{\log n+2} \tag{13-91}$$ 450

或对任意 $n\geqslant 4$，有

$$k-1\geqslant\log n-\log(\log n+2)-3 \tag{13-92}$$

$$=\left(1-\frac{\log(\log n+2)+3}{\log n}\right)\log n \tag{13-93}$$

$$\geqslant\left(1-\frac{\log(2\log n)+3}{\log n}\right)\log n \tag{13-94}$$

$$=\left(1-\frac{\log(\log n)+4}{\log n}\right)\log n \tag{13-95}$$

$$=(1-\varepsilon_n)\log n \tag{13-96}$$

注意，$\varepsilon_n=\min\left\{1,\frac{\log(\log n)+4}{\log n}\right\}$。联合式(13-96)和式(13-87)，即可得到引理。 □

在关键定理的证明中，需要利用有关最大熵的一个简单结论。

引理 13.5.4 *设 Z 为非负整数值随机变量，其均值为 μ，则熵 $H(Z)$ 满足*

$$H(Z)\leqslant(\mu+1)\log(\mu+1)-\mu\log\mu \tag{13-97}$$

证明：此引理可由定理 12.1.1 的结论直接得到。这个结论表明，在均值已知条件下，使非负整数值随机变量的熵达到最大的概率密度是几何分布。 □

设$\{X_i\}_{i=-\infty}^{\infty}$是概率密度为 $P(x_1,x_2,\cdots,x_n)$的平稳遍历过程。（对遍历过程的细致讨论见 16.8 节。）对固定的整数 k，定义 P 的 k 阶马尔可夫近似为

$$Q_k(x_{-(k-1)},\cdots,x_0,x_1,\cdots,x_n)\triangleq P(x_{-(k-1)}^0)\prod_{j=1}^{n}P(x_j\mid x_{j-k}^{j-1}) \tag{13-98}$$

其中 $x_i^j\triangleq(x_i,x_{i+1},\cdots,x_j)$，$i\leqslant j$，初始状态 $x_{-(k-1)}^0$ 可部分体现 Q_k 的具体情况。由于 $P(X_n\mid X_{n-k}^{n-1})$ 自身也是遍历过程，则有 451

$$-\frac{1}{n}\log Q_k(X_1,X_2,\cdots,X_n \mid X_{-(k-1)}^0)=-\frac{1}{n}\sum_{j=1}^{n}\log P(X_j \mid X_{j-k}^{j-1}) \tag{13-99}$$

$$\to -E\log P(X_j \mid X_{j-k}^{j-1}) \tag{13-100}$$

$$=H(X_j \mid X_{j-k}^{j-1}) \tag{13-101}$$

对于任意的 k，利用 k 阶马尔可夫近似的熵率估计出 LZ78 码的码率。当 $k\to\infty$时，马尔可夫近似的熵率 $H(X_j|X_{j-k}^{j-1})$收敛于原随机过程的熵率，由此可知结论成立。

假定 $X_{-(k-1)}^n=x_{-(k-1)}^n$，$x_1^n$ 被分解成 c 个相异词组 $y_1y_2,\cdots,y_c$。设 v_i 表示第 i 个词组的起始字符的下标，即 $y_i=x_{v_i}^{v_{i+1}-1}$。对每个 $i=1,2,\cdots,c$，定义 $s_i=x_{v_i-k}^{v_i-1}$。于是，s_i 表示在 y_i 前的 x_1^n 的 k 比特。显然有 $s_1=x_{-(k-1)}^0$。

设 c_{ls}表示长度为 l，前面状态 $s_i=s$ 的词组 y_i 的个数，其中 $l=1,2,\cdots$，以及 $s\in\mathcal{X}^k$，则有

$$\sum_{l,s}c_{ls}=c \tag{13-102}$$

和

$$\sum_{l,s}lc_{ls}=n \tag{13-103}$$

基于字符串的解析，可以得到字符串概率的一个上界。这个结果非常令人惊奇。现在我们来证明。

引理 13.5.5(Ziv 不等式) 对于字符串 $x_1x_2\cdots x_n$ 的任何相异解析(特别是 LZ78 解析)，我们有

$$\log Q_k(x_1,x_2,\cdots,x_n \mid s_1)\leqslant-\sum_{l,s}c_{ls}\log c_{ls} \tag{13-104}$$

注意，上式右边不依赖于 Q_k。

证明：有

452

$$Q_k(x_1,x_2,\cdots,x_n|s_1)=Q_k(y_1,y_2,\cdots,y_c|s_1) \tag{13-105}$$

$$=\prod_{i=1}^{c}P(y_i \mid s_i) \tag{13-106}$$

或

$$\log Q_k(x_1,x_2,\cdots,x_n \mid s_1)=\sum_{i=1}^{c}\log P(y_i \mid s_i) \tag{13-107}$$

$$=\sum_{l,s}\sum_{i:|y_i|=l,s_i=s}\log P(y_i \mid s_i) \tag{13-108}$$

$$=\sum_{l,s}c_{ls}\sum_{i:|y_i|=l,s_i=s}\frac{1}{c_{ls}}\log P(y_i \mid s_i) \tag{13-109}$$

$$\leqslant\sum_{l,s}c_{ls}\log\Big(\sum_{i:|y_i|=l,s_i=s}\frac{1}{c_{ls}}P(y_i \mid s_i)\Big) \tag{13-110}$$

其中不等式成立可由 Jensen 不等式和对数函数的凹性得到。

由于 y_i 是各不相同的，则 $\sum_{i:|y_i|=l,s_i=s}P(y_i \mid s_i)\leqslant 1$。于是，

$$\log Q_k(x_1,x_2,\cdots,x_n \mid s_1)\leqslant\sum_{l,s}c_{ls}\log\frac{1}{c_{ls}} \tag{13-111}$$

引理得证。 □

下面我们来证明本节的关键定理。

定理 13.5.2 设$\{X_n\}$为平稳遍历过程，熵率为 $H(\mathcal{X})$。对于来自该过程且长度为 n 的样本，设其相异解析中的词组数为 $c(n)$，则依概率 1，有

$$\limsup_{n\to\infty}\frac{c(n)\log c(n)}{n}\leqslant H(\mathcal{X}) \tag{13-112}$$

证明：先利用 Ziv 不等式，可得

$$\log Q_k(x_1,x_2,\cdots,x_n \mid s_1) \leqslant -\sum_{l,s} c_{ls}\log\frac{c_{ls}c}{c} \quad (13\text{-}113)$$ 453

$$=-c\log c-c\sum_{ls}\frac{c_{ls}}{c}\log\frac{c_{ls}}{c} \quad (13\text{-}114)$$

记 $\pi_{ls}=\frac{c_{ls}}{c}$，则由式(13-102)和式(13-103)，可得

$$\sum_{l,s}\pi_{ls}=1,\quad \sum_{l,s}l\pi_{ls}=\frac{n}{c} \quad (13\text{-}115)$$

现在定义两个随机变量 U 和 V，使得

$$\Pr(U=l,V=s)=\pi_{ls} \quad (13\text{-}116)$$

于是 $EU=\frac{n}{c}$，且

$$\log Q_k(x_1,x_2,\cdots,x_n \mid s_1)\leqslant cH(U,V)-c\log c \quad (13\text{-}117)$$

或

$$-\frac{1}{n}\log Q_k(x_1,x_2,\cdots,x_n \mid s_1)\geqslant\frac{c}{n}\log c-\frac{c}{n}H(U,V) \quad (13\text{-}118)$$

而

$$H(U,V)\leqslant H(U)+H(V) \quad (13\text{-}119)$$

且 $H(V)\leqslant\log|\mathcal{X}|^k=k$。由引理 13.5.4，有

$$H(U)\leqslant(EU+1)\log(EU+1)-(EU)\log(EU) \quad (13\text{-}120)$$

$$=\left(\frac{n}{c}+1\right)\log\left(\frac{n}{c}+1\right)-\frac{n}{c}\log\frac{n}{c} \quad (13\text{-}121)$$

$$=\log\frac{n}{c}+\left(\frac{n}{c}+1\right)\log\left(\frac{c}{n}+1\right) \quad (13\text{-}122)$$

因此，

$$\frac{c}{n}H(U,V)\leqslant\frac{c}{n}k+\frac{c}{n}\log\frac{n}{c}+o(1) \quad (13\text{-}123)$$

对给定的 n，当 c 取最大值时（对于 $\frac{c}{n}\leqslant\frac{1}{\mathrm{e}}$），$\frac{c}{n}\log\frac{n}{c}$ 达到最大值。而由引理 13.5.3，$c\leqslant\frac{n}{\log n}(1+o(1))$。于是

$$\frac{c}{n}\log\frac{n}{c}\leqslant O\left(\frac{\log\log n}{\log n}\right) \quad (13\text{-}124)$$ 454

因此，当 $n\to\infty$ 时，$\frac{c}{n}H(U,V)\to 0$。所以，

$$\frac{c(n)\log c(n)}{n}\leqslant-\frac{1}{n}\log Q_k(x_1,x_2,\cdots,x_n \mid s_1)+\varepsilon_k(n) \quad (13\text{-}125)$$

其中，$n\to\infty$ 时，$\varepsilon_k(n)\to 0$。因而依概率 1，有

$$\limsup_{n\to\infty}\frac{c(n)\log c(n)}{n}\leqslant\lim_{n\to\infty}-\frac{1}{n}\log Q_k(X_1,X_2,\cdots,X_n \mid X_{-(k-1)}^0) \quad (13\text{-}126)$$

$$=H(X_0 \mid X_{-1},\cdots,X_{-k}) \quad (13\text{-}127)$$

$$\to H(\mathcal{X})\quad \text{当 } k\to\infty \text{ 时} \quad (13\text{-}128)\ \square$$

现在来证明 LZ78 编码是渐近最优的。

定理 13.5.3 设 $\{X_i\}_{-\infty}^{\infty}$ 为平稳遍历随机过程，$l(X_1,X_2,\cdots,X_n)$ 为序列 $X_1,X_2,\cdots,X_n$ 的 LZ78 码长，则

$$\limsup_{n\to\infty}\frac{1}{n}l(X_1,X_2,\cdots,X_n)\leqslant H(\mathcal{X}) \quad \text{依概率 1 成立} \tag{13-129}$$

其中 $H(\mathcal{X})$ 表示过程的熵率。

证明：我们已经证明 $l(X_1,X_2,\cdots,X_n)=c(n)(\log c(n)+1)$，其中 $c(n)$ 表示字符串 X_1，$X_2,\cdots,X_n$ 的 LZ78 解析中的词组数。由引理 13.5.3 可知，$\limsup c(n)/n=0$，于是，由定理 13.5.2 即可证得

$$\limsup\frac{l(X_1,X_2,\cdots,X_n)}{n}=\limsup\left(\frac{c(n)\log c(n)}{n}+\frac{c(n)}{n}\right)$$
$$\leqslant H(\mathcal{X}) \quad \text{依概率 1 成立} \tag{13-130}$$□

由此可知，对于遍历信源，LZ78 码的每信源字符长度渐近不大于信源的熵率。对于 LZ78 的最优性证明，有几个有趣的特征值得注意。相异词组数的上界和 Ziv 不等式都适用于字符串的任
455 何相异解析，不仅对算法中所用的增量式解析形式适用。对于解析算法的各种变形，上述证明过程在许多方面都可以得到推广。例如，当上下文或状态相互依赖时，使用多重树就可解决问题[218,426]。Ziv 不等式(引理 13.5.5)是一个非常有趣的结果，这是因为不等式一侧是概率，而另一侧是序列解析的一个纯确定性函数，Ziv 不等式将它们完美地联系了起来。

Lempel-Ziv 码是通用码的简单实例(即编码不依赖于信源的具体分布)。这种编码在未知信源分布的情况下就可使用，而且可达的渐近压缩率等于信源的熵率。

要点

理想化的码字长度

$$l^*(x)=\log\frac{1}{p(x)} \tag{13-131}$$

平均描述长度

$$E_p l^*(x)=H(p) \tag{13-132}$$

概率估计分布 $\hat{p}(x)$ 如果 $\hat{l}(x)=\log\frac{1}{\hat{p}(x)}$，则

$$E_p\hat{l}(x)=H(p)+D(p\parallel\hat{p}) \tag{13-133}$$

平均冗余度

$$R_p=E_pl(X)-H(p) \tag{13-134}$$

最小最大冗余度 对 $X\sim p_\theta(x)$，$\theta\in\theta$，

$$D^*=\min_l\max_p R_p=\min_q\max_\theta D(p_\theta\parallel q) \tag{13-135}$$

最小最大定理 $D^*=C$，其中 C 为信道 $\{\theta,p_\theta(x),\mathcal{X}\}$ 的容量。

伯努利序列 对于 $X^n\sim\text{Bernoulli}(\theta)$，冗余度为

$$D_n^*=\min_q\max_\theta D(p_\theta(x^n)\parallel q(x^n))\approx\frac{1}{2}\log n+o(\log n) \tag{13-136}$$

456 **算术编码** $F(x^n)$ 的 nH 比特近似显示了 x^n 的 n 比特。

Lemple-Ziv 编码(再现时间编码) 设 $R_n(X^n)$ 表示我们在过去观察到 n 长字符组 X^n 的最近时刻，则 $\frac{1}{n}\log R_n\to H(\mathcal{X})$，且描述再现时间的编码是渐近最优的。

Lemple-Ziv 编码(序列解析) 如果序列可以解析为此前未出现过的最短词组(例如，011011101

解析为 0，1，10，11，101，…)，$l(x^n)$为解析序列的描述长度，则对任意平稳遍历过程$\{X_i\}$，均有

$$\limsup \frac{1}{n}l(X^n) \leqslant H(\mathcal{X}) \quad \text{依概率 1 成立} \tag{13-137}$$

习题

13.1 最小最大遗憾数据压缩与信道容量。首先考虑两个信源分布的通用数据压缩。设字母表 $V=\{1,e,0\}$，离散密度 $p_1(v)$当 $v=1$ 时为 $1-\alpha$；当 $v=e$ 时为 α；离散密度 $p_2(v)$当 $v=0$ 时为 $1-\alpha$，当 $v=e$ 时为 α。灵活地选取概率密度函数 $p(v)$，并用理想的码字长度 $l(v)=\log\dfrac{1}{p(v)}$来匹配 V 的码字长度。在最坏情况下，额外所需的描述长度(即超出真实分布熵的那部分)为

$$\max_i\left(E_{p_i}\log\frac{1}{p(V)}-E_{p_i}\log\frac{1}{p_i(V)}\right)=\max_i D(p_i\parallel p) \tag{13-138}$$

由此，最小最大遗憾为 $D^*=\min_p\max_i D(p_i\parallel p)$。

(a) 求 D^*。

(b) 求达到 D^* 时的 $p(v)$。

(c) 比较 D^* 和二元擦除信道的容量，

$$\begin{bmatrix}1-\alpha & \alpha & 0\\ 0 & \alpha & 1-\alpha\end{bmatrix}$$

并给出讨论。

13.2 通用数据压缩。考虑$\mathcal{X}$上的三种可能信源分布， 457

$$P_a=(0.7,0.2,0.1),\ P_b=(0.1,0.7,0.2),\ P_c=(0.2,0.1,0.7)$$

(a) 试求压缩的最小增量式成本

$$D^*=\min_P\max_\theta D(P_\theta\parallel P)$$

其中相应的密度函数为 $P=(p_1,p_2,p_3)$，理想的码字长度为 $l_i=\log(1/p_i)$。

(b) 以 P_a,P_b,P_c 为三行的信道矩阵的信道容量是多少？

13.3 算术编码。设$\{X_i\}_{i=0}^{\infty}$为平稳二元马尔可夫链，转移矩阵为

$$p_{ij}=\begin{bmatrix}\frac{3}{4} & \frac{1}{4}\\ \frac{1}{4} & \frac{3}{4}\end{bmatrix} \tag{13-139}$$

若 $X^\infty=1010111\cdots$，计算 $F(X^\infty)=0.F_1F_2\cdots$的前 3 比特。这确定了 X^∞ 的多少位？

13.4 算术编码。设 X_i 为二元平稳马尔可夫链，转移矩阵为$\begin{bmatrix}\frac{1}{3} & \frac{2}{3}\\ \frac{2}{3} & \frac{1}{3}\end{bmatrix}$。

(a) 求 $F(01110)=\Pr\{.X_1X_2X_3X_4X_5<.01110\}$。

(b) 如果不知道 $X=01110$ 将如何继续，则多少比特的 $.F_1F_2\cdots$可以被确定。

13.5 Lempel-Ziv。给出 00000011010100000110101 的 LZ78 解析和编码。

13.6 常序列的压缩。假设给定常序列 $x^n=11111\cdots$，

(a) 给出这个序列的 LZ78 解析。

(b) 证明当 $n\to\infty$时，这个序列每字符编码比特数趋于零。

13.7 另一个理想化的 Lempel-Ziv 编码版本。我们已经证明理想化的 LZ 版本是最优的：编码器

458 和译码器都可以访问过程$\cdots,X_{-1},X_0$产生的“无限过去”，并且对于字符串$(X_1,X_2,\cdots,X_n)$的描述，编码器将过去该字符串首次再现的位置告诉译码器。这大约要花费$\log R_n+2\log\log R_n$比特。下面考虑如下的变化：编码器不描述R_n，而描述R_{n-1}和最后一个字符X_n。从这两个分量，译码器可以重构出字符串$(X_1,X_2,\cdots,X_n)$。

(a) 在上述情形下，编码$(X_1,X_2,\cdots,X_n)$所需的每字符比特数为多少？

(b) 修改正文中的证明过程，据此说明这个版本也是渐近最优的：即，每字符期望比特数收敛于熵率。

13.8 LZ77 中的指针长度。对 LZ77 版本，根据 Storer 和 Szymanski[507]的阐述(见 13.4.1 节)，较短的匹配可以表示为(F,P,L)(标识，指针，长度)或者(F,C)(标识，字符)。假定窗口长度为W，最大匹配长度为M。

(a) 为表达P需要多少比特？表达L又需要多少比特？

(b) 假定字符表示C的长度为 8 比特。如果P加上L的表示长度超过 8 比特，那么,将单字符匹配表示为未压缩字符比起表示为字典内匹配的效果更好。但是，必须将其表示为字典内的一个匹配而非未压缩字符时，这样的最短匹配为多少(为W和M的函数)？

(c) 设$W=4096$，$M=256$，如果将其表示为一个匹配而非未压缩字符，最短匹配为多少？

13.9 Lemple-Ziv78

(a) 继续序列 0，00，001，00000011010111 的 Lemple-Ziv 分解。

(b) 给出一个序列，使得 LZ 解析中词组数的增长尽可能快。

(c) 给出一个序列，使得 LZ 解析中词组数的增长尽可能慢。

13.10 固定数据库的两个 Lemple-Ziv 版本。考虑信源$(\mathcal{A},P)$。为简单起见，假设字母表有限，$|\mathcal{A}|=A<\infty$，且字符串为 i. i. d～P。固定数据库$\mathcal{D}$已知并对译码器开放。编码器将目标
459 序列x_1^n解析成许多长度为l的字符组，并且对它们在数据库中的最近出现进行二元描述，从而依序编码它们。如果找不到这样的匹配，则不经过压缩就发送整个字符组，这需要$l\log A$比特。利用标识告诉译码器，匹配位置是经过描述的还是序列本身。在(a)和(b)中，给出了(c)中固定数据库 LZ 的最优性证明所需的准备知识。

(a) 设x_l是长度为l且起始于 0 的δ典型序列，$R_l(x^l)$为无限过去$\cdots,X_{-2},X_{-1}$中相应的再现下标。证明

$$E[R_l(X^l)\mid X^l=x^l]\leqslant 2^{l(H+\delta)}$$

其中H为信源的熵率。

(b) 证明：对任意$\epsilon>0$，当$l\to\infty$时，$\Pr(R_l(X^l)>2^{l(H+\epsilon)})\to 0$。(提示：以字符串$x^l$为条件，将题中概率展开，并将事件分成典型的和非典型的两类。然后利用马尔可夫不等式和 AEP 可以轻松证得该结论。)

(c) 考虑以下两个固定数据库：(i)$\mathcal{D}_1$为所有δ典型的l向量构成；(ii)$\mathcal{D}_2$为无限过去(即$X_{-\tilde{L}},\cdots,X_{-1}$)中最近的$\tilde{L}=2^{l(H+\delta)}$个字符构成。结合数据库$\mathcal{D}_1$或$\mathcal{D}_2$，讨论上述算法是渐近最优的，即每字符期望比特数收敛于熵率。

13.11 Tunstall 编码。信源编码的通常做法是将来自有限字母表的字符(或一组字符)映射成变长的字符串。赫夫曼码就是这样的例子，它是从字符集到无前缀码字集的一个最优映射(从最小期望长度上讲)。V-F 编码是将不定长的信源字符串变成定长的二元(或D元)串的编码。下面考虑 V-F 码的对偶问题，对于 i. i. d. 随机变量序列$X_1,X_2,\cdots,X_n,X_i\sim p(x),x\in\mathcal{X}=\{0,1,\cdots,m-1\}$，V-F 码定义为无前缀词组集$A_D\subset\mathcal{X}^*$，其中$\mathcal{X}^*$表示所有

$\mathcal{X}$的有限长字符串集合，$|A_D|=D$。给定任意序列 $X_1,X_2,\cdots,X_n$，字符串解析为 A_D 中的词组（由 A_D 的无前缀性可知，这样的解析是唯一的），并表示为来自 D 元字母表上的一个字符序列。定义该编码方案的有效性为

$$R(A_D)=\frac{\log D}{EL(A_D)} \tag{13-140}$$ 460

其中 $EL(A_D)$表示 A_D 中词组的期望长度。

(a) 证明 $R(A_D)\geqslant H(X)$。

(b) 构造 A_D 的过程可以视为构造 m 叉树的过程，树的叶子为 A_D 中的词组。假定存在整数 $k\geqslant1$，使 $D=1+k(m-1)$。考虑如下 Tunstall 给出的算法：

(i) 初始化 $A=\{0,1,\cdots,m-1\}$，其概率分别为 $p_0,p_1,\cdots,p_{m-1}$。这对应于深度为 1 的完全 m 叉树。

(ii) 将概率最高的节点展开。例如，若 p_0 是概率最高的节点，则新产生集合。

$$A=\{00,01,\cdots,0(m-1),1,\cdots,(m-1)\}$$

(iii) 重复第二步，直至叶子数（词组数）达到所需值。

证明：对于给定的 D，若从构造具有最佳 $R(A_D)$的 V-F 码方面看（即，对于给定的 D，$EL(A_D)$具有最大值），Tunstall 算法是最优的。

(c) 证明：存在 D，使得 $R(A_D^*)<H(X)+1$。

历史回顾

Fitingof[211]和 Davisson[159]中分别分析了未知分布的信源编码问题，并证明了存在几类信源，它们的通用信源编码是渐近最优的。将通用码的平均冗余度和信道容量联系起来的结论归功于 Gallager[229]和 Ryabko[450]。证明见 Csiszár 给出的结果。将这个结论推广，可以证明 Merhav 和 Feder[387]给出的结论：对于类中的“大部分”信源，信道容量就是冗余度的下界，这个结果是推广了 Rissanen[444,448]给出的关于参数情形的结论。

提出算术编码程序的根源是 Elias 发展起来的香农－费诺码（未发表），Jelinek 对此曾做过分析[297]。书中所述的无前缀码构造程序源自 Gilbert 和 Moore[249]。算术编码本身由 Rissanen [441]和 Pasco[414]提出，Langdon 和 Rissanen[343]进行了推广。读者也可以参考 Cover[120]中的穷举方法。有关算术编码的介绍手册可参看 Langdon[342]和 Witten et al. [564]。结合 Willems et al. [560，561]给出的上下文的树形加权算法（context-tree weighting algorithm），算术编码 461 可以达到 Rissanen 下界[444]，因而也具有最优速率收敛到具有两个未知参数的树形信源的熵。

Lempel-Ziv 算法最初出现在 Lempel 和 Ziv 的开创性论文[603,604]中。虽然原始的结论非常有趣，但直到 Welch[554]发表了简单而又有效的算法版本之后，实现压缩算法的工作者才对此引起了足够的重视。自此，算法的多种版本相继出现，其中许多都获得了专利。当前，许多压缩软件均采用了该算法的某种版本，这包括图像压缩的 GIF 文件和调制解调器中压缩的 CCITT 标准。Lempel-Ziv 滑动窗版本（LZ77）的最优性证明归功于 Wyner 和 Ziv[575]。LZ78 的最优性证明的推广[426]证明 LZ78 的冗余度的阶为 $1/\log(n)$，恰好与 $\log(n)/n$ 的下界相反。尽管对于所有平稳遍历信源，LZ78 是渐近最优的，但相对于有限状态马尔可夫信源的下界而言，熵率收敛得非常慢。然而，对于各种遍历信源，通用码的冗余度下界并不存在，Shields[492]以及 Shields 和 Weiss[494]通过例子说明了这点。Effros et al. [181]详细分析了无失真压缩算法，这个算法主要基于 Burrows 和 Wheeler[81]提出的分组排序和使用简单的游程编码。有关通用的预测方法可以参看 Feder，Merhav 与 Gutman [204,386,388]。 462

第 14 章

科尔莫戈罗夫复杂度

伟大的数学家科尔莫戈罗夫毕生致力于数学、复杂度和信息论的研究，1965 年他给出一个对象的内在描述复杂度的定义，研究生涯达到了顶峰。在目前所讨论的范围内，对象 X 总是假设为一个服从于概率密度函数 $p(x)$的随机变量。如果 X 是随机的，从某种意义上说事件 $X=x$ 的描述复杂度是 $\log\frac{1}{p(x)}$，这是由于$\left\lceil\log\frac{1}{p(x)}\right\rceil$是用香农码描述 x 所需要的比特数。由此，我们直接看出这种对象的描述复杂度依赖于概率分布。

科尔莫戈罗夫的研究更广泛。他把一个对象的算法(描述)复杂度定义为能够描述该对象的二元计算机程序的最短长度(明显地，计算机作为最一般形式的数据解压缩器，经过有限步的计算之后，利用这个描述来展示被描述的对象)。于是，一个对象的科尔莫戈罗夫复杂度不涉及概率分布。科尔莫戈罗夫做出了一个至关重要的观察，即，复杂度的定义本质上是独立于计算机的。更令人惊讶的事实是一个随机变量的最短二元计算机描述的期望长度近似等于它的熵。所以，最短计算机描述的作用就像一个通用码，它对所有的概率分布都一样好。从这种意义上说，算法复杂度在概念上是熵的前身。

也许对本章的作用的最恰当的理解是把科尔莫戈罗夫复杂度当作一种思维模式来考虑。在现实中，我们并不使用最短的计算机程序，这是因为找到这种最小程序可能要花费无限长的时间。然而，在现实中我们可以使用很短但不是最短的程序；而且，寻找这种短程序的思想可以启迪人们去构造通用码，它是归纳推理的一个很好基础，奥卡姆剃刀(“最简单的解释是最好的”)的
463 一种公式化，同时也有助于加深对物理学、计算机科学和通信理论中的基本思想的理解。

在正式给出科尔莫戈罗夫复杂度的概念之前，作为例子，我们先给出 3 个字符串。它们是

1. 0101010101010101010101010101010101010101010101010101010101010101
2. 0110101000001001111001100110011111110011101111001100100100001000
3. 1101111001110101111101101111101110101101111000101110010100111011

这些序列中的每一个所对应的最短二元计算机程序是什么？第一个序列肯定非常简单。它由 32 个 01 对构成。第二个序列看上去是随机序列，并且也通得过绝大多数的随机性检验，然而它实际上是无理数$\sqrt{2}-1$ 的二进制展开的起始程序段。所以，这仍然是一个简单序列。第三个序列仍然看起来像一个随机序列，只是 1 所占的比例不接近于 1/2。我们将假定它在其他方面是随机的。已经证明通过描述序列中 1 的数目 k，然后以字典序给出在所有具有相同数目 1 的序列中该序列的下标，可以用大约 $\log n+nH\left(\frac{k}{n}\right)$比特给出该序列的一个描述。这仍然大大少于序列中的 n 比特。我们再次推断虽然该序列是随机的，但它仍然是简单的。然而，在这种情况下，其简单程度与前两个序列并不一样，前两个序列的程序长度是常数。实际上，第三个序列的复杂度是与 n 成比例的。最后，我们可以想像由投掷硬币生成的真实的随机序列。这样的序列共计 2^n 个，它们都是等可能的。很可能如此一个随机序列是不能被压缩的(也就是，对于这样的序列，不可能找到简单到比指令“输出下面的 0101100111010…0”更短的程序，再短的程序将无法运行了)。所以，真正的随机二元序列的描述复杂度至少要与序列本身一样长。

这些是最基本的思想。剩下需要证明的是内在复杂度的概念是独立于计算机的，即最短程序的长度不依赖于计算机。乍一看，该问题似乎无意义。在不计较一个附加常数的意义下，它是正确的。对于高复杂度的长序列，这个附加常数(它是允许一个计算机模拟另一个计算机的预编程序的长度)是可忽略的。

14.1 计算模型

为给出算法复杂度的正式概念，我们首先讨论关于计算机的可接受模型。绝大多数计算机都能够模仿其他计算机的行为。从这意义上说，除了最普通的计算机外，所有计算机都是通用的。我 464
们会简略地叙述一下最典型的通用计算机，*即通用图灵机*，它也是概念上最简单的通用计算机。

在 1936 年，图灵(Turing)反复思考着这样一个问题，即一个有生命的大脑中的思想是否可以等价地用无生命部件的组合来把握。简单地说，就是一台机器能否思考？通过分析人类的计算过程，他对于这种计算机做了一些限制。明显地，人类思考，创作，再思考，再创作，如此循环往复。他将计算机考虑成一个在有限符号集上进行运算的有限状态机(一个无限符号集中的符号在有限空间内不能被区分)。一个存储了二元程序的程序磁带被从左向右地传入到这个有限状态机。在每一个时间单元，机器检查这个程序磁带，在工作磁带上做出标记，根据它的转换表转换它的状态并且调用更多的程序。这种机器的操作可以用一个有限的转换列表来描述。图灵论证了这个机器可以模拟人类的计算能力。

继图灵的工作之后，人们证明了每一个新的计算体系都可以简化为一个图灵机，反之亦然。特别地，我们所熟悉的带有 CPU，内存和输入输出配置的数字计算机可以由一个图灵机来模拟，并且反过来也可以模拟一个图灵机。这启发 Church 撰写出了现在被誉为 *Church 命题*的论文，该文章指出：在可以计算相同函数族的意义下，所有(充分复杂的)计算模型都是等价的。它们可计算的函数类与我们直觉上的可有效计算的函数类概念相一致，即对于这类函数，均存在一个有限的命令或者程序使得计算机在机械既定的有限个计算步骤内产生出需要的计算结果。

在本章中，我们要始终记住图 14-1 中所示的计算机。在计算的每一步，计算机从输入磁带
上读取一个符号，根据本身的状态转换表改变状态，可能在工作磁带或输出磁带上写入一些东西，然后移动程序读取磁头到程序读取磁带的下一个单元。机器仅从右向左读取该程序，从不逆向读取，因此所有程序形成了一个无前缀集。不存在一个可以导致计算停止的程序是另一个这种程序的前缀。对于无前缀程序的限制直接导出在形式上类似与信息论的科尔莫戈罗夫复杂度的理论。 465

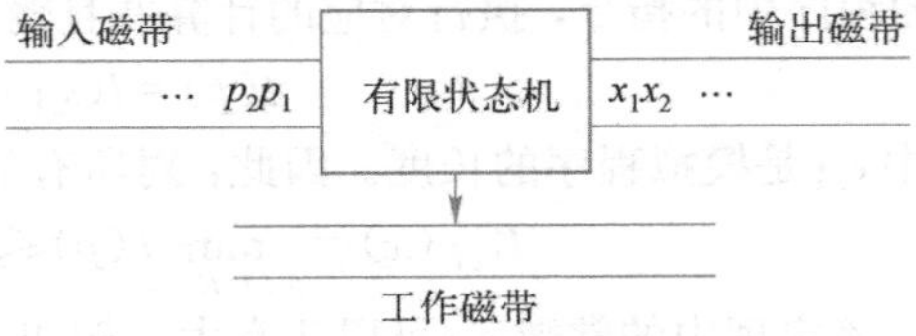

图 14-1 图灵机

我们可以将图灵机看作一个从有限长度二元串的集合到有限或无限长度二元串的集合的映射。在一些情况下，计算并不停止，并且在这种情况下，函数的值被说成是*无定义的*。由图灵机可计算的函数 $f:\{0,1\}^* \rightarrow \{0,1\}^* \cup \{0,1\}^\infty$ 构成的集合称为*部分递归函数集*。

14.2 科尔莫戈罗夫复杂度：定义与几个例子

设 x 是一个有限长度的二元串，$\mathcal{U}$是一个通用计算机。$l(x)$表示二元串 x 的长度。当给定一个程序 p 时，令$\mathcal{U}(p)$表示计算机$\mathcal{U}$关于程序 p 的输出。

我们定义二元字符串 x 的科尔莫戈罗夫(或算法)复杂度为 x 的最小描述长度。

定义 关于一个通用计算机$\mathcal{U}$，二元串 x 的科尔莫戈罗夫复杂度$K_{\mathcal{U}}(x)$定义为

$$K_{\mathcal{U}}(x)=\min_{p:\mathcal{U}(p)=x} l(p) \tag{14-1}$$

即能够输出 x 并且停止的所有程序的最小长度。于是，$K_{\mathcal{U}}(x)$就是所有可由计算机$\mathcal{U}$说明的 x 的描述中的最短描述长度。

为了理解科尔莫戈罗夫复杂度，我们叙述一个有用的技巧：如果某人能够向另一人描述一个序列，他的方法明确地给出在有限步骤内完成该序列的一个计算，则二人交流过程中所使用的比特数是科尔莫戈罗夫复杂度的一个上界。例如，指令“Print out the first 1，239，875，981，825，931 bits of the square root of e.”假设每个字符 8 比特(ASCII)，可以看出这 73 个确切的字符的程序揭示了这个天文数字的科尔莫戈罗夫复杂度不会超过(8)(73)=584 比特。在具有该长度(大于
466 千的五次方比特)的数字中，绝大多数的科尔莫戈罗夫复杂度为 1，239，875，981，825，931 比特。存在计算 e 的平方根的简便算法这一事实提供了一种降低描述复杂度的方法。

在上面的定义中，并没有提及任何关于 x 的长度的话题。如果计算机已经知道 x 的长度，则我们能够定义已知 $l(x)$下的条件科尔莫戈罗夫复杂度为

$$K_{\mathcal{U}}(x|l(x))=\min_{p:\mathcal{U}(p,l(x))=x} l(p) \tag{14-2}$$

此即在 x 的长度固定条件下，计算机$\mathcal{U}$可得到 x 的最短描述长度。

需要注意的是，$K_{\mathcal{U}}(x|y)$通常定义为 $K_{\mathcal{U}}(x|y,y^*)$，其中 y^* 表示 y 的最短程序。这是为了回避某些轻微的不对称性，但是这里我们并不使用这个定义。

我们首先证明科尔莫戈罗夫复杂度的一些基本性质，然后考虑各种各样的例子。

定理 14.2.1(科尔莫戈罗夫复杂度的通用性) *如果$\mathcal{U}$是一个通用计算机，那么对于任意其他的计算机$\mathcal{A}$，对所有的二元串 $x\in\{0,1\}^*$，均有*

$$K_{\mathcal{U}}(x)\leqslant K_{\mathcal{A}}(x)+c_{\mathcal{A}} \tag{14-3}$$

其中常数 $c_{\mathcal{A}}$ 不依赖于 x。

证明：假定对于计算机$\mathcal{A}$我们有一个输出 x 的程序 $p_{\mathcal{A}}$。于是$\mathcal{A}(p_{\mathcal{A}})=x$。在我们可以在该程序之前增加一个模拟程序 $s_{\mathcal{A}}$，它告诉计算机$\mathcal{U}$如何模拟计算机$\mathcal{A}$。然后，计算机$\mathcal{U}$将解释关于$\mathcal{A}$的程序中的指令，执行对应的计算并且输出 x。该程序$\mathcal{U}$是 $p=s_{\mathcal{A}}\ p_{\mathcal{A}}$，它的长度是

$$l(p)=l(s_{\mathcal{A}})+l(p_{\mathcal{A}})=c_{\mathcal{A}}+l(p_{\mathcal{A}}) \tag{14-4}$$

其中 $c_{\mathcal{A}}$是模拟程序的长度。因此，对所有的二元串 x，有

$$K_{\mathcal{U}}(x)=\min_{p:\mathcal{U}(p)=x} l(p)\leqslant \min_{p:\mathcal{A}(p)=x}(l(p)+c_{\mathcal{A}})=K_{\mathcal{A}}(x)+c_{\mathcal{A}} \tag{14-5}$$ □

该定理中的常数 $c_{\mathcal{A}}$可以非常大。例如，$\mathcal{A}$可以是一个安装了具有大量功能的软件系统的大
467 型计算机。计算机$\mathcal{U}$可以是一个非常简单的微处理器。模拟程序要包含所有这些函数的实施细节，事实上，就是大型计算机上所有可获得的软件。至关重要的一点是该模拟程序的长度独立于将被压缩的二元串 x 的长度。对于充分长的 x，这个模拟程序的长度可以忽略，并且当我们讨论科尔莫戈罗夫复杂度的时候，可以根本不提这个常数。

如果$\mathcal{A}$和$\mathcal{U}$都是通用的，则对所有的 x，我们有

$$|K_{\mathcal{U}}(x)-K_{\mathcal{A}}(x)|<c \tag{14-6}$$

因此，在后面所有进一步的定义中，我们将省略所有关于$\mathcal{U}$的下标，而假定未指明的计算机$\mathcal{U}$是一个固定的通用计算机。

定理 14.2.2(条件复杂度小于序列的长度)

$$K(x|l(x))\leqslant l(x)+c \tag{14-7}$$

证明：输出 x 的一个程序可以是

Print the following l-bit sequence: $x_1x_1\cdots x_{l(x)}$

注意由于给定 l，所以不需要额外的比特来描述它。由于给出了 $l(x)$，故该程序是自定界的，于是程序何时结束也就明确定义了。这个程序的长度是 $l(x)+c$。□

如果不知道串的长度，需要一个额外的停止符号或者使用一个如下面定理的证明中所描述的自动断句方案。

定理 14.2.3（科尔莫戈罗夫复杂度的上界）

$$K(x)\leqslant K(x|l(x))+2\log l(x)+c \tag{14-8}$$

证明：如果计算机不知道 $l(x)$，定理 14.2.2 的方法就不再适用。我们必须有某种方法来通知计算机什么时候到描述序列的比特串的结尾处。我们来描述一个简单但低效的方法，它使用序列 01 作为一个"逗号"。

假定 $l(x)=n$。为了描述 $l(x)$，将 n 的二进制展开中的每一位重复两次；然后用一个 01 结束这个描述，以便计算机知道已经到了 n 的描述的结尾处。例如，数字 5（二进制表示为 101）将描述为 11001101。这个描述需要 $2\lceil\log n\rceil+2$ 比特。于是，含有 $l(x)$ 的二进制表示的程序不会使原有的程序长度增多超过 $2\log l(x)+c$ 比特，由此我们得到定理中的上界。□ 468

描述 n 的一种更有效的方法是如下的递归方式。首先指定 n 的二元表达中的比特数（$\log n$），然后指定 n 的实际比特。为了指定 n 的二元表达的长度 $\log n$，可以使用低效的方法（$2\log\log n$）或者有效的方法（$\log\log n+\cdots$）。如果在每一层都使用有效的方法，直到我们需要指定的数很小，则我们可以用 $\log n+\log\log n+\log\log\log n+\cdots$ 比特来描述 n，其中加法一直持续到最后的正项。有时候将这个迭代的对数和写作 $\log^* n$。因此，定理 14.2.3 可以改进为

$$K(x)\leqslant K(x|l(x))+\log^* l(x)+c \tag{14-9}$$

下面我们要证明只存在极少数的具有低复杂度的序列。

定理 14.2.4（科尔莫戈罗夫复杂度的下界） 复杂度 $K(x)<k$ 的字符串 x 的数目满足

$$|\{x\in\{0,1\}^*:K(x)<k\}|<2^k \tag{14-10}$$

证明：短程序并不很多。如果要将所有长度小于 k 的程序列出的话，我们有

$$\underbrace{\Lambda}_{1},\underbrace{0,1}_{2}\underbrace{00,01,10,11}_{4},\cdots,\underbrace{\cdots,\overbrace{11\cdots1}^{k-1}}_{2^{k-1}} \tag{14-11}$$

而这样的程序的总数是

$$1+2+4+\cdots+2^{k-1}=2^k-1<2^k \tag{14-12}$$

由于每个程序仅产生一个可能的输出序列，所以复杂度 $<k$ 的序列的数目小于 2^k。□

既为了避免混淆，也为了本章剩余的部分的叙述方便，我们需要对二元熵函数引入一个特殊的记号

$$H_0(p)=-p\log p-(1-p)\log(1-p) \tag{14-13}$$ 469

于是，当我们写出 $H_0\left(\frac{1}{n}\sum_{i=1}^{n}X_i\right)$ 时，其意思是 $-\overline{X}_n\log\overline{X}_n-(1-\overline{X}_n)\log(1-\overline{X}_n)$ 而不是随机变量 $\overline{X}_n$ 的熵。在不发生混淆的情况下，将简单地用 $H(p)$ 代替 $H_0(p)$。

现在来考虑科尔莫戈罗夫复杂度的各种各样的例子。虽然复杂度依赖于计算机，但仅是依赖一个附加常数。为明确起见，考虑一个能够接受没有歧义的英语指令（二进制格式数字）的计算机。我们使用即将在引理 17.5.1 中证明的不等式

$$\sqrt{\frac{n}{8k(n-k)}}2^{nH(k/n)}\leqslant\binom{n}{k}\leqslant\sqrt{\frac{n}{\pi k(n-k)}}2^{nH(k/n)},k\neq0,n \tag{14-14}$$

例 14.2.1（n 个 0 的序列） 如果假定计算机知道 n，那么输出该字符串的一个短程序是

Print the specified number of zeros

这个程序的长度是固定的比特数，从而不依赖于 n。因此该序列的科尔莫戈罗夫复杂度为 c，并且

$$K(000\cdots0|n)=c \quad \forall n \tag{14-15}$$

例 14.2.2（π 的科尔莫戈罗夫复杂度） π 的前 n 个位可以利用简单的级数表达式计算。如果计算机已经知道 n，则这个程序的长度是一个很小的常数。因此，

$$K(\pi_1\pi_2\cdots\pi_n|n)=c \tag{14-16}$$

例 14.2.3（Gotham 的天气） 假设让计算机输出 Gotham 镇（纽约市的别名）n 天的天气。可以写一个包含完整序列 $x=x_1x_2\cdots x_n$ 的程序，其中 $x_i=1$ 表示第 i 天下雨。但是，由于各天天气之间高度相关，所以这种方法是低效的。我们可以为该序列设计各种各样的编码方案以便将这种依赖因素考虑在内。一个简单的方法是找到一个马尔可夫模型来逼近该序列（使用经验转移概率），然后使用针对这个概率分布的香农码来对该序列进行编码。我们可以用 $O(\log n)$ 比特来描
470 述经验马尔可夫转移概率，然后使用 $\log\frac{1}{p(x)}$ 比特来描述 x，其中 p 是特定的马尔可夫概率。假定天气的熵是 1/5 比特/天，我们可以使用大约 $n/5$ 比特来描述 n 天的天气，因此

$$K(\text{Gotham 的天气}|n)\approx\frac{n}{5}+O(\log n)+c \tag{14-17}$$

例 14.2.4（形如 01010101…01 的重复序列） 对于这样的序列，一个短程序足矣。仅需输出 01 对的数目。因此，

$$K(010101010\cdots01|n)=C \tag{14-18}$$

例 14.2.5（分形） 分形是芒德布罗（Mandelbrot）集的一部分，由一个简单的计算机程序生成。对复平面中不同的点 c，给定映射 $z_{n+1}=z_n^2+c$（初始点 $z_0=0$），我们来计算使 $|z|$ 超过一个特定阈值所需要的迭代次数。然后根据需要的迭代次数将 c 涂上颜色。所以该分形作为例子可表达这样一个信息：一个对象看上去似乎非常复杂但实际上却非常简单。它的科尔莫戈罗夫复杂度本质上为零。

例 14.2.6（蒙娜丽莎） 我们可以从这幅油画的布局和点缀物中获得许多有用的信息。我们可以一个大约为 1/3 的压缩比或者利用一些已经存在且容易描述的图像压缩算法来压缩该图像。因此，如果蒙娜丽莎这幅画中像素的数目是 n，那么

$$K(\text{蒙娜丽莎}|n)\leqslant\frac{n}{3}+c \tag{14-19}$$

例 14.2.7（整数 n） 如果计算机知道整数的二进制表示的位数，则只需要提供这些位置上的值。该程序的长度将为 $c+\log n$。

通常计算机并不知道该整数的二进制表示的长度。所以，我们必须以某种方式通知计算机在什么时候描述结束。利用推导出式（14-9）时所使用的描述整数的方法，可以看出一个整数的科尔莫戈罗夫复杂度的一个上界为

$$K(n)\leqslant\log^* n+c \tag{14-20}$$

例 14.2.8（含有 k 个 1 的 n 比特长度序列） 我们能够将一个含有 k 个 1 的 n 比特长的序列进行压缩吗？

我们首先会猜测不能，这是因为我们要求该序列中的比特必须具有精确的重复规律。然而
471 考虑下面的程序：

Generate, in lexicographic order, all sequences with k ones;
Of these sequences, print the i th sequence.

该程序将输出所需的序列。该程序中仅有的两个变量是 k(范围是$\{0,1,\cdots,n\}$)和 i(条件范围是$\left\{1,2,\cdots,\binom{n}{k}\right\}$)。这个程序的总长度是

$$l(p)=c+\underbrace{\log n}_{\text{为表达}k}+\underbrace{\log\binom{n}{k}}_{\text{为表达}i} \tag{14-21}$$

$$\leqslant c'+\log n+nH\left(\frac{k}{n}\right)-\frac{1}{2}\log n \tag{14-22}$$

根据式(14.14) 有$\binom{n}{k}\leqslant\frac{1}{\sqrt{\pi npq}}2^{nH_0(p)}$，其中 $p=k/n$, $q=1-p$, $k\neq 0, k\neq n$。我们已经使用 $\log n$ 比特来表达 k。于是，如果$\sum_{i=1}^{n}x_i=k$，那么

$$K(x_1,x_2,\cdots,x_n|n)\leqslant nH_0\left(\frac{k}{n}\right)+\frac{1}{2}\log n+c \tag{14-23}$$

我们可以将例 14.2.8 概括成下面的定理。

定理 14.2.5 二元串 x 的科尔莫戈罗夫复杂度的上界为

$$K(x_1x_2\cdots x_n\mid n)\leqslant nH_0\left(\frac{1}{n}\sum_{i=1}^{n}x_i\right)+\frac{1}{2}\log n+c \tag{14-24}$$

证明：利用例 14.2.8 中所描述的程序，立即可得该结论。 □

注释：假定 $x\in\{0,1\}^*$ 是我们所希望压缩的数据，并且考虑使用程序 p 来压缩该数据。只有当 $l(p)<l(x)$或

$$K(x)<l(x) \tag{14-25}$$

时，我们才可能成功地压缩该数据。一般来讲，当序列 x 的长度 $l(x)$较小时，科尔莫戈罗夫复杂度的表达式中所出现的常数将超过 $l(x)$的贡献。因此，只有当 $l(x)$非常大时，这个理论才是有用的。在这种情况下，我们可以放心地忽略掉不依赖于 $l(x)$的常数。 472

14.3 科尔莫戈罗夫复杂度与熵

现在我们考虑一个随机变量序列的科尔莫戈罗夫复杂度与它的熵之间的关系。一般地，我们证明随机序列的科尔莫戈罗夫复杂度的期望值接近于香农熵。首先，证明所有程序的长度满足 Kraft 不等式。

引理 14.3.1 对任意的计算机$\mathcal{U}$，

$$\sum_{p:\,\mathcal{U}(p)\text{停止}}2^{-l(p)}\leqslant 1 \tag{14-26}$$

证明：对于任意程序，计算机一旦停止运行，那么它不再理会任何其他输入。因此，不存在任何其他的停止程序以这个程序作为前缀。因此，所有的停止程序形成一个无前缀集，并且它们的长度满足 Kraft 不等式(定理 5.2.1)。

下面证明对于有限字母表的独立同分布过程，$\frac{1}{n}EK(X^n|n)\approx H(X)$。

定理 14.3.1(科尔莫戈罗夫复杂度与熵的关系) 假设随机过程$\{X_i\}$为 i.i.d 且服从概率密度函数 $f(x), x\in\mathcal{X}$，其中$\mathcal{X}$是一个有限字母表。令 $f(x^n)=\prod_{i=1}^{n}f(x_i)$，那么对于任意的 n，存在一个常数 c，使得

$$H(X) \leqslant \frac{1}{n}\sum_{x^n} f(x^n)K(x^n \mid n) \leqslant H(X) + \frac{(|\mathcal{X}|-1)\log n}{n} + \frac{c}{n} \tag{14-27}$$

从而

$$E\frac{1}{n}K(X^n|n) \to H(X) \tag{14-28}$$

证明：先考虑下界。容许的程序必须满足前缀性质，这样它们的长度满足 Kraft 不等式。我们将满足 $U(p,n)=x^n$ 的最短程序 p 的长度分配给每个 x^n。这些最短的程序也满足 Kraft 不等式。从信源编码理论我们知道期望码字长度不小于熵。因此，

473 $$\sum_{x^n} f(x^n)K(x^n \mid n) \geqslant H(X_1,X_2,\cdots,X_n) = nH(X) \tag{14-29}$$

接下来我们讨论$\mathcal{X}$是二元字母表时的上界，即 $X_1,X_2,\cdots,X_n$ 是 i. i. d～Bernoulli(θ)。使用定理 14.2.5 的方法，我们可以给出二元串的复杂度的上界

$$K(x_1x_2\cdots x_n \mid n) \leqslant nH_0\left(\frac{1}{n}\sum_{i=1}^{n} x_i\right) + \frac{1}{2}\log n + c \tag{14-30}$$

因此，

$$EK(X_1X_2\cdots X_n \mid n) \leqslant nEH_0\left(\frac{1}{n}\sum_{i=1}^{n} X_i\right) + \frac{1}{2}\log n + c \tag{14-31}$$

$$\overset{(a)}{\leqslant} nH_0\left(\frac{1}{n}\sum_{i=1}^{n} EX_i\right) + \frac{1}{2}\log n + c \tag{14-32}$$

$$= nH_0(\theta) + \frac{1}{2}\log n + c \tag{14-33}$$

其中(a)可以由 Jensen 不等式以及熵的凹性得到。于是对于二元过程，我们已经证明了定理中的上界。

对于非二元情形的有限字母表，我们可以使用相同的技巧。我们首先用$(|\mathcal{X}|-1)\log n$ 比特(因为最后一个符号的频率可以通过其余符号的频率计算出来)来描述序列的型(每个字母表符号出现的经验频率在第 11.1 节中定义过)。然后，我们描述具有相同型的序列之集中的序列的指标。(正如第 11 章中所讲的)由于这个型类中的元素数目少于 $2^{nH(P_{x^n})}$(其中 P_{x^n} 是序列 x^n 的型)，因而，串 x^n 的两步骤描述法的长度满足

$$K(x^n|n) \leqslant nH(P_{x^n}) + (|\mathcal{X}|-1)\log n + c \tag{14-34}$$

接下来与二元情形中一样，对不等式两边取期望并且应用 Jensen 不等式，有

$$EK(X^n|n) \leqslant nH(X) + (|\mathcal{X}|-1)\log n + c \tag{14-35}$$

474 两边同除 n 给出定理中的上界。 □

去掉关于序列长度的条件作用是直截了当的。使用类似的手法，可以证明，对于所有的 n，下面不等式成立

$$H(X) \leqslant \frac{1}{n}\sum_{x^n} f(x^n)K(x^n) \leqslant H(X) + \frac{(|\mathcal{X}|+1)\log n}{n} + \frac{c}{n} \tag{14-36}$$

下界是基于 $K(x^n)$ 也是信源的无前缀码这个事实推出的，而上界则是基于不等式

$$K(x^n) \leqslant K(x^n|n) + 2\log n + c$$

推出的。于是，

$$E\frac{1}{n}K(X^n) \to H(X) \tag{14-37}$$

并且当计算机到达熵界时，可压缩性也就达到了。

14.4 整数的科尔莫戈罗夫复杂度

在 14.3 节中，定义了二元串的科尔莫戈罗夫复杂度是在通用计算机上输出该二元串的最短程序的长度。推广这个定义，可以定义整数的科尔莫戈罗夫复杂度为它所对应的二元串的科尔莫戈罗夫复杂度。

定义 整数 n 的科尔莫戈罗夫复杂度为

$$K(n)=\min_{p:\mathcal{U}(p)=n} l(p) \tag{14-38}$$

整数的科尔莫戈罗夫复杂度的性质与比特串的科尔莫戈罗夫复杂度的性质非常相似。下面的性质是对应的字符串的性质的直接推论。

定理 14.4.1 对于通用计算机$\mathcal{A}$和$\mathcal{U}$

$$K_{\mathcal{U}}(n)\leqslant K_{\mathcal{A}}(n)+c_{\mathcal{A}} \tag{14-39}$$

另外，由于任何数字都可以由它的二进制展开式给出，我们有下面的定理。

定理 14.4.2

$$K(n)\leqslant \log^{*} n+c \tag{14-40}$$ 475

定理 14.4.3 存在无穷多个整数 n 满足 $K(n)>\log n$。

证明：由引理 14.3.1 知

$$\sum_{n} 2^{-K(n)}\leqslant 1 \tag{14-41}$$

且

$$\sum_{n} 2^{-\log n}=\sum_{n}\frac{1}{n}=\infty \tag{14-42}$$

但是，如果对于所有的 $n>n_0$ 有 $K(n)<\log n$，则

$$\sum_{n=n_0}^{\infty} 2^{-K(n)}>\sum_{n=n_0} 2^{-\log n}=\infty \tag{14-43}$$

这是一个矛盾。 □

14.5 算法随机序列与不可压缩序列

从 14.2 节中的例子可以很明显地看出，存在一些很容易描述的长序列，如 π 的二进制展开的前 100 万位。同样，也存在着一些很容易描述的大整数，例如

$$2^{2^{2^{2^{2^{2^{2}}}}}}$$

或(100!)!。

我们接下来证明：虽然存在一些简单的序列，但是大多数的序列并没有简单的描述。类似地，大多数的整数并非简单的。因此，如果我们随机选取一个序列，我们很可能选取的是一个复杂序列。下面的定理说明一个序列可以被压缩超过 k 比特的概率不会超过 2^{-k}。

定理 14.5.1 设 $X_1,X_2,\cdots,X_n$ 为服从 Bernoulli$\left(\frac{1}{2}\right)$的一个随机过程。则

$$P(K(X_1X_2\cdots X_n|n)<n-k)<2^{-k} \tag{14-44}$$ 476

证明：

$$P(K(X_1X_2\cdots X_n|n)<n-k)$$

$$= \sum_{x_1x_2\cdots x_n: K(x_1x_2\cdots x_n|n)<n-k} p(x_1,x_2,\cdots,x_n) \tag{14-45}$$

$$= \sum_{x_1x_2\cdots x_n: K(x_1x_2\cdots x_n|n)<n-k} 2^{-n} \tag{14-46}$$

$$= |\{x_1x_2\cdots x_n: K(x_1x_2\cdots x_n \mid n) < n-k\}| \, 2^{-n}$$

$$< 2^{n-k}2^{-n} \quad (\text{由定理 14.2.4}) \tag{14-47}$$

$$= 2^{-k} \tag{14-48}$$

□

因此大多数序列的复杂度接近于它们的长度。例如，复杂度小于 $n-5$ 的长度为 n 的序列的比例小于 1/32。这促使我们给出下面的定义：

定义 称一个序列 $x_1,x_2,\cdots x_n$ 是算法随机的(algorithmically random)，如果

$$K(x_1x_2\cdots x_n|n) \geqslant n \tag{14-49}$$

通过计数上的讨论，可注意到对每一个 n 至少存在一个序列 x^n，满足

$$K(x^n|n) \geqslant n \tag{14-50}$$

定义 我们称无限串 x 是不可压缩的(incompressible)，如果

$$\lim_{n\to\infty}\frac{K(x_1x_2x_3\cdots x_n|n)}{n} = 1 \tag{14-51}$$

定理 14.5.2（关于不可压缩序列的强大数定律） 如果串 $x_1x_2\cdots$ 是不可压缩的，则在

$$\frac{1}{n}\sum_{i=1}^{n} x_i \to \frac{1}{2} \tag{14-52}$$

477 的意义下它满足大数定律。因此，在任何不可压缩的 0-1 串中，0 和 1 的比例几乎相等。

证明：令 $\theta_n = \frac{1}{n}\sum_{i=1}^{n} x_i$ 代表 $x_1,x_2\cdots,x_n$ 中 1 的比例。然后利用例 14.2 的方法，可以写出一个长度为 $nH_0(\theta_n) + 2\log(n\theta_n) + c$ 的程序来输出 x^n。于是，

$$\frac{K(x^n|n)}{n} < H_0(\theta_n) + 2\frac{\log n}{n} + \frac{c'}{n} \tag{14-53}$$

根据不可压缩假设，对于充分大的 n，我们有如下的下界估计。

$$1-\epsilon \leqslant \frac{K(x^n|n)}{n} \leqslant H_0(\theta_n) + 2\frac{\log n}{n} + \frac{c'}{n} \tag{14-54}$$

于是，

$$H_0(\theta_n) > 1 - \frac{2\log n + c'}{n} - \epsilon \tag{14-55}$$

通过观察 $H_0(p)$ 的图像(图 14-2)的观察可说明，对于充分大的 n，θ_n 接近于 1/2。具体来说，上面的不等式蕴含

478 $$\theta_n \in \left(\frac{1}{2}-\delta_n, \frac{1}{2}+\delta_n\right) \tag{14-56}$$

其中 δ_n 的选取须满足

$$H_0\left(\frac{1}{2}-\delta_n\right) = 1 - \frac{2\log n + c_n + c'}{n} \tag{14-57}$$

此意味着当 $n\to\infty$ 时，$\delta_n\to 0$。因此，当 $n\to\infty$ 时，$\frac{1}{n}\sum x_i \to \frac{1}{2}$。

□

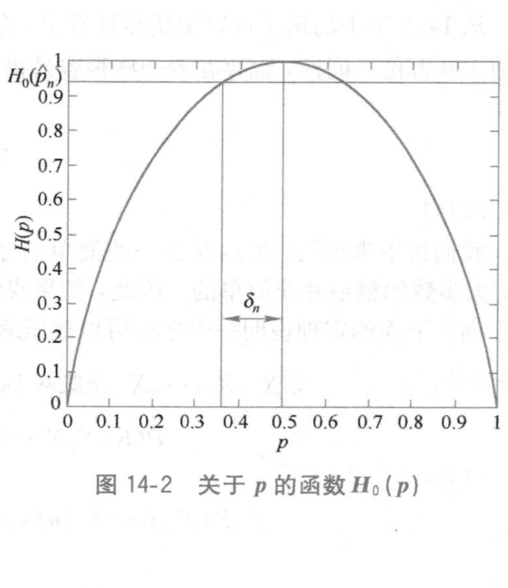

图 14-2 关于 p 的函数 $H_0(p)$

我们现在已经证明了从 0 和 1 的比例几乎相等这个意义上来说，不可压缩序列看上去是随机的。一般地，我们可以证明如果一个序列是不可压缩的，那么它将满足所有关于随机性的可计算的统计检验(否则，识别出使 x 失败的检验将降低 x 的描述复杂度，从而产生一个矛盾。)。从这种意义上来说，关于随机性的算法检验是终极的检验，在它之中包括了所有其他的可计算的随机性检验。

我们现在证明关于 Bernoulli(θ)序列的科尔莫戈罗夫复杂度的一个大数定律。一个 i. i. d. 且服从 Bernoulli(θ)过程的二元随机变量序列的科尔莫戈罗夫复杂度接近于熵 $H_0(\theta)$。在定理 14. 3. 1 中我们已经证明了随机伯努利序列的科尔莫戈罗夫复杂度的期望值收敛于熵［也即，$E\frac{1}{n}K(X_1X_2\cdots X_n|n)\rightarrow H_0(\theta)$］。下面我们将期望去掉。

定理 14. 5. 3 设 $X_1,X_2,\cdots X_n$ 为 i. i. d. 的且服从 Bernoulli(θ)。则

$$\frac{1}{n}K(X_1X_2\cdots X_n|n)\rightarrow H_0(\theta) \quad \text{依概率} \tag{14-58}$$

证明： 令 $\overline{X}_n=\frac{1}{n}\sum X_i$ 是 $X_1,X_2,\cdots,X_n$ 中 1 的比例。然后使用式(14-23)中所描述的方法，我们有

$$K(X_1X_2\cdots X_n|n)\leqslant nH_0(\overline{X}_n)+2\log n+c \tag{14-59}$$

并且根据弱大数定律，依概率 $\overline{X}_n\rightarrow\theta$，我们有

$$\Pr\left\{\frac{1}{n}K(X_1X_2\cdots X_n|n)-H_0(\theta)\geqslant\varepsilon\right\}\rightarrow 0 \tag{14-60}$$

相反地，我们能够界定所有复杂度明显小于熵的序列的总数。由 AEP，可以将序列的集合分为典型集和非典型集两个部分。典型集中至少有$(1-\varepsilon)2^{n(H_0(\theta)-\varepsilon)}$个序列。在这些典型序列中至多有 $2^{n(H_0(\theta)-c)}$个序列的复杂度小于 $n(H_0(\theta)-c)$。随机序列的复杂度小于 $n(H_0(\theta)-c)$的概率是 479

$$\begin{aligned}
&\Pr(K(X^n\mid n)<n(H_0(\theta)-c))\\
&\leqslant \Pr(X^n\notin A_\varepsilon^{(n)})+\Pr(X^n\in A_\varepsilon^{(n)},K(X^n\mid n)<n(H_0(\theta)-c))\\
&\leqslant \varepsilon+\sum_{x^n\varepsilon A_\varepsilon^{(n)},K(x^n|n)<n(H_0(\theta)-c)}p(x^n) &(14\text{-}61)\\
&\leqslant \varepsilon+\sum_{x^n\varepsilon A_\varepsilon^{(n)},K(x^n|n)<n(H_0(\theta)-c)}2^{-n(H_0(\theta)-\varepsilon)} &(14\text{-}62)\\
&\leqslant \varepsilon+2^{n(H_0(\theta)-c)}2^{-n(H_0(\theta)-\varepsilon)} &(14\text{-}63)\\
&=\varepsilon+2^{-n(c-\varepsilon)} &(14\text{-}64)
\end{aligned}$$

若适当选择 ε，n 和 c，该数值可以任意小。因此，随机序列的科尔莫戈罗夫复杂度以高概率接近于熵，并且我们有

$$\frac{K(X_1,X_2,\cdots,X_n|n)}{n}\rightarrow H_0(\theta) \quad \text{依概率} \tag{14-65}$$

□

14. 6 普适概率

假设向计算机输入一个随机程序。想像一个猴子坐在键盘上并且随机地敲击键盘。等价地，将一系列的均匀硬币投掷输入一个通用图灵机。无论是哪种情况，大多数的字符串对计算机不产生任何意义。如果一个人坐在一个终端处随机地敲击键，他将可能得到一个错误消息(即计算机将输出空串后停止)。但他也会以一定的概率敲击出某些有意义的东西，计算机则会输出这个

东西。这个输出序列看上去还随机吗?

根据我们早先的讨论，很明显，长度为 n 的大多数序列的复杂度接近于 n。由于输入程序 p 的概率是 $2^{-l(p)}$，所以得到短程序要比得到长程序的可能性更大。当所有短程序产生长字符串时，它们不产生随机长字符串，而会产生具有容易描述结构的字符串。

输出串上的概率分布远非均匀的。在计算机所诱导的分布下，得到简单字符串的可能性要大于
480 得到相同长度的复杂字符串的可能性。这促使我们接着定义字符串上的一个普适概率分布的概念。

定义 字符串 x 的普适概率(universal probability)为

$$P_{\mathcal{U}}(x) = \sum_{p:\mathcal{U}(p)=x} 2^{-l(p)} = \Pr(\mathcal{U}(p) = x) \tag{14-66}$$

它表示输入序列 $p_1, p_2, \cdots$ 服从随机地投掷均匀硬币时，程序输出字符串 x 的概率。

从许多角度来看，上述定义的概率是普适的。我们能将它考虑为在自然界中观察一个串的概率；其潜在意图是简单的字符串要比复杂字符串被使用可能性更大。例如，如果希望描述物理定律，我们会认为用最简单的串来描述的定律是最可靠的。这个原则即是著名的奥卡姆剃刀，几个世纪以来它一直是指导科学研究的普遍原则——如果存在许多与观察到的数据相一致的解释，选择最简单的。在我们的框架中，奥卡姆剃刀原则等价于在所有能够产生一个给定串的程序中，选择最短的程序。

由下面的定理，我们可称这个概率密度函数是普适的。

定理 14.6.1 对于每一个计算机 $\mathcal{A}$，对每一个串 $x \in \{0,1\}^*$，有

$$P_{\mathcal{U}}(x) \geqslant c'_{\mathcal{A}} P_{\mathcal{A}}(x) \tag{14-67}$$

其中常数 $c'_{\mathcal{A}}$ 仅依赖于 $\mathcal{U}$ 和 $\mathcal{A}$。

证明：根据 14.2 节中的讨论，对每一个可以输出 x 的 $\mathcal{A}$ 的程序 p'，存在一个长度不超过 $l(p')+c_{\mathcal{A}}$ 的 $\mathcal{U}$ 的程序 p，它是通过添加一个对于 $\mathcal{A}$ 的模拟程序的前缀而产生的。因此，

$$P_{\mathcal{U}}(x) = \sum_{p:\mathcal{U}(p)=x} 2^{-l(p)} \geqslant \sum_{p':\mathcal{A}(p')=x} 2^{-l(p')-c_{\mathcal{A}}} = c'_{\mathcal{A}} P_{\mathcal{A}}(x) \tag{14-68}$$

□

对于取自二元串上的一个可计算的概率密度函数的任意序列，它都可以看作是由某台计算机 $\mathcal{A}$ 作用于一个随机输入而产生的(可由作用于随机输入的概率逆变换得到)。因此，普适概率分
481 布包括所有可计算的概率分布的混合。

注释(有界似然比) 特别地，定理 14.6.1 保证了假设 X 服从 $P_{\mathcal{U}}$ 与假设 X 服从 $P_{\mathcal{A}}$ 的一个似然比假设检验必然具有有界的似然比。如果 $\mathcal{U}$ 和 $\mathcal{A}$ 是通用的，则对任意的 x，比值 $P_{\mathcal{U}}(x)/P_{\mathcal{A}}(x)$ 必然具有一个远离 0 和无穷大的界。这与其他的简单假设检验问题形成鲜明对比(如 Bernoulli(θ_1)与 Bernoulli(θ_2))，此时当样本量趋近于无穷时，似然比则趋近于 0 或∞。很显然，所有可计算分布的混合 $P_{\mathcal{U}}$ 可能是某个服从某个可计算的概率分布的数据的真实分布，我们永远都不可能完全排除这种情况。从这种意义上说，我们不能排除宇宙是由一只猴子在计算机旁打字而得到的一个输出的可能性。然而，我们可以排除宇宙是随机的假说(猴子没有计算机)。

在 14.11 节中我们将证明

$$P_{\mathcal{U}}(x) \approx 2^{-K(x)} \tag{14-69}$$

由此可以说明，$K(x)$ 和 $\log \frac{1}{P_{\mathcal{U}}(x)}$ 与通用算法的复杂度测度具有相同的地位。由于 $\log \frac{1}{P_{\mathcal{U}}(x)}$ 是关于普适概率分布 $P_{\mathcal{U}}(x)$ 的理想码字长度(香农码字长)，因此这特别有意思。

我们用一只打字的猴子与一只操作计算机键盘的猴子的例子来结束本节。如果打字的猴子在打字机上随机地敲击键钮，则它打出莎士比亚作品(假设文章是 100 万比特长)的概率为

$2^{-1\,000\,000}$。然而，如果让计算机跟前的猴子来敲出同样的莎士比亚作品，则概率为 $2^{-K(\text{Shakespeare})} \approx 2^{-250\,000}$。虽然这个值仍非常小，但这已经是坐在枯燥的打字机旁的猴子的概率的指数倍数了。

这个例子说明一台计算机的随机输入比一台打字机的随机输入更有可能产生“有趣的”输出。我们都知道计算机是一个智力放大器。很明显，它也可以从无意义中产生出有意义。

14.7 科尔莫戈罗夫复杂度

考虑下面的悖论：

该命题是错的。

这个悖论有时候用一个二重命题的形式给出： 482

下一个命题是错的。

前一个命题是对的。

这些悖论都是所谓的 Epimenides 说谎悖论的翻版，该悖论道出了卷入自指涉的陷阱。在 1931 年，哥德尔(Gödel)使用这种自指涉的思想证明了任何有趣的数学体系都是不完备的，在每个体系中都存在这样一些命题，它们虽然是正确的，但却在本系统内部不能得到证明。为了实现这个，他将定理和证明转化为整数，并构造了上述形式的一个命题，因此，它无法被证明是正确的或错误的。

计算机科学中的停止问题与哥德尔 Gödel 的不完备定理之间有着非常紧密的联系。从本质上讲，它是指对于任意的计算模型，都不存在能够决定一个程序是停止还是继续(永远继续下去)的一般算法。注意它并不是一个关于任何具体程序的命题。相当清楚，存在许多这样的程序，我们很容易证明它们停止或者永远继续。停止问题说明我们不能对所有的程序回答这个问题。原因仍然是自指涉的思想。

对于一个现实世界中的人，停止问题可能没有任何直接的意义。将其看作是计算机(假设无限的存储器和时间)可以实现的事情与计算机不可实现的事情(例如证明数论中所有正确的命题)之间的分隔线，停止问题具有十分重要的理论意义。哥德尔的不完备定理是 20 世纪最重要的数学成果之一，人们一直在探索该理论的各种推论。停止问题是哥德尔不完备定理的一个本质的例子。

关于停止问题的算法的不存在性的命题推论之一是科尔莫戈罗夫复杂度的不可计算性。通常找到最短程序的唯一方法是将所有的短程序都试一下，然后观察哪些可以完成这项工作。然而，在任何时候都有一些短程序可能不会停止，而且也不存在有效的(有限的，机械的)方法来预测是否它们会停止以及它们将输出什么。因此，不存在能够找到输出一个给定串的最短程序的有效方法。

科尔莫戈罗夫复杂度的不可计算性是 Berry 悖论的一个特例。Berry 悖论寻找不能使用少于 10 个词来命名的最短数字。没有任何数可以是该问题的解，比如，像 1 101 121 这个数字，由于它本身的定义表达就少于 10 个字长。这揭示了包含既可命名又可描述的问题，它们将变得太难以把握以至于在没有一个严格的限定情况下就不能使用。如果我们规定“凡能被计算机输出就是可以被描述”的话，那么允许用少于 10 个字描述的最小数字(但不可计算)就可以解决 Berry 的悖论。“描述”并不是一个计算该数字的程序。E. F. Beckenbach 曾指出一个类似的问题(他将数字划分为无趣或有趣两个类)：最小的无趣数字一定是有趣的。 483

如本章开始时所说明的，我们并不真正盼望实践者能够发现针对一个给定串的最短计算机程序。尽管由于越来越多的程序被证明产生这样的字符串，前面给出的科尔莫戈罗夫复杂度的上界估计可以收敛于真实的科尔莫戈罗夫复杂度，但是最短的程序是不可计算的。(当然，问题是人们本可能已经发现了最短的程序，但永远也不会知道有没有更短的程序存在。)即使科尔莫戈罗夫复杂度是不可计算的，但它提供了一个可以在其中考虑随机性和推理问题的框架。

14.8 Ω

在这节中，我们介绍 Chaitin 的神秘魔术数 Ω，它有许多极其有趣的性质。

定义

$$\Omega = \sum_{p:\mathcal{U}(p)\text{停止}} 2^{-l(p)} \tag{14-70}$$

注意 $\Omega=\Pr(\mathcal{U}(p)\text{停止})$，即它是给定的通用计算机在输入为一个服从 Bernoulli$\left(\frac{1}{2}\right)$过程的二元串的条件下的停止概率。

由于可以停止的程序是无前缀的，它们的长度满足 Kraft 不等式，因此上式的和永远在 0 和 1 之间。设 $\Omega_n=.\omega_1\omega_2\cdots\omega_n$ 表示 Ω 的前 n 位。Ω 的性质如下：

1. Ω 是不可计算的。不存在有效的(有限的，机械的)方法来检验任意的程序是否会停止(停止问题)，所以，不存在计算 Ω 的有效方式。
2. Ω 是“哲学家的一块石头”。了解 Ω 精确到 n 位的近似值很重要，它将使得我们能够决定如下一些命题的真伪：所有可证明的数学定或可以否定的数学命题，只要它们可以用不超过 n 比特的长度写出来。实际上，这蕴含着是当已知 Ω 的前 n 位时，必然存在一个有效的程序来判定 n 比特的定理的真伪。这个程序可能耗费任意长(但有限)的时间。当然，由于
484 不知道 Ω，不可能有一个有效的程序来检验所有定理的真伪(哥德尔的不完备性定理)。

用 Ω 的前 n 位的信息的程序的基本思想是十分简单的：我们运行的所有程序，直到对应的 $2^{-l(p)}$ 的总和大于或等于 $\Omega_n=0.\omega_1\omega_2\cdots\omega_n$($\Omega_n$ 为 Ω 截断后修正，它是已知的)时停止。由于

$$\Omega-\Omega_n<2^{-n} \tag{14-71}$$

由此我们得知，所有进一步能够以 $2^{-l(p)}$ 形式对 Ω 产生贡献的可停止程序的总和也必须小于 2^{-n}。这意味着长度$\leqslant n$ 且尚未停止的程序已经不存在了。这使我们能够判断所有长度$\leqslant n$ 的程序是否会停止。

为了完成证明，必须证明如下事实是可能的：如果一台计算机“并行”地运行所有可能的程序并且要求任意可以停止的程序将最终会发现停止。首先，列出所有可能的程序，以空程序 Λ 开始：

$$\Lambda,0,1,00,01,10,11,000,001,010,011,\cdots \tag{14-72}$$

然后，第一轮让计算机执行 Λ 的一个时钟周期。在下一轮中，让计算机执行 Λ 的两个时钟周期和程序 0 的两个时钟周期。在第三轮中，让它对前三个程序中的每一个执行三个时钟周期，如此下去。以这种方式，计算机将最终运行所有可能的程序，并且运行它们的次数越来越多，以至于如果一个程序能停止，它将最终被发现停止。计算机追踪哪个程序正在被执行及其循环的次数，以便它可以产生一个所有可以停止的程序的清单。于是，我们最终知道一个程序是否能在 n 比特之内停止。如果定理可以用少于 n 比特长度来叙述的话，这就使得计算机能够发现该定理的任何证明过程或者它的一个反例。对 Ω 的了解将先前不可证明的定理转化为可证明的定理。这里 Ω 的作用就像一个预言家。

虽然从 Ω 的神奇性角度来看，还有其他数字也具有相同信息量。例如，如果列出程序清单并且按清单构造一个二进制实数，该数的第 i 位代表是否程序 i 停止。则这个数字也可以用于决定数学中任意有限可驳斥的问题。但从信息含量角度来看，该数的信息浓
485 度非常低。这是因为需要用大约 2^n 个示性函数共计 2^n 比特长度去换取一个 n 比特长度

的程序是否会停止的决定权。而假如给定 2^n 比特，那么不需要任何计算可以立即说出任意长度小于 n 的程序是否会停止。相比之下，Ω 是信息最紧凑的表达，因为它是算法随机的且不可压缩的。

利用 Ω 可以解决哪些问题？数论中许多有趣的问题都可以改写为寻找反例的问题。例如，可以直截了当地写一个关于整数变量 x,y,z 和 n 进行搜索程序使其在发现费马(Fermat)最后定理的一个反例时停止。所谓费马最后定理是指：对于 $n\geqslant 3$，

$$x^n+y^n=z^n \tag{14-73}$$

没有整数解。另一个例子是哥德巴赫(Goldbach)猜想，它说明任意偶数都是两个素数之和。我们的程序将遍历从 2 开始的所有偶数，检查所有小于它的素数并且找到等于两个素数和的分解形式。如果遇到一个没有这种分解形式的偶数，它将会停止。知道该程序是否会停止等价于了解哥德巴赫猜想是否正确。

我们还可以设计一个程序，让它搜索所有的证明，并且限制它只有当发现定理的一个证明时才能停止。如果定理有一个有限证明，这个程序将最终停止。因此，了解 Ω 的 n 位之后，就可以发现所有如下命题的真伪：它们有有限证明或者是有限可驳斥的，都可以用少于 n 比特来叙述。

3. Ω 是算法随机的。

定理 14.8.1 Ω 不能被压缩超过一个常数，即存在一个常数 c 满足

$$K(\omega_1\omega_2\cdots\omega_n)\geqslant n-c \quad 对任意的 n \tag{14-74}$$

证明：我们知道，如果给定 Ω 的前 n 位，就可以判定任意长度 $\leqslant n$ 的程序是否会停止。使用 $K(\omega_1\omega_2\cdots\omega_n)$ 比特，可以计算出 Ω 的前 n 个比特，然后生成一个所有长度 $\leqslant n$ 的能够停止的程序的清单，以及它们对应的输出。接着，我们找到不在该清单上的第一个串 x_0。串 x_0 就是科尔莫戈罗夫复杂度 $K(x_0)>n$ 的最短串。这个输出 x_0 的程序的复杂度是 $K(\Omega_n)+c$，它一定至少与关于 x_0 的最短程序一样长。于是，对所有的 n，有 486

$$K(\Omega_n)+c\geqslant K(x_0)>n \tag{14-75}$$

□

因此，$K(\omega_1\omega_2\cdots\omega_n)>n-c$，且 Ω 不可能被压缩超过一个常数。

14.9 万能博弈

假定一个赌民参与连续博弈二元序列 $x\in\{0,1\}^*$。如果他对该序列的情况一无所知，猜测序列 x 中每一个比特的公平收益率为(2 兑 1)。他应该怎样博弈？如果他已经知道该二元串的元素的分布，那么应该使用按比例的下注策略，这是因为在第 6 章已经证明了该策略具有最优增长率特性。如果他相信该二元串是自然出现的，那么从直觉上来说，简单字符串比复杂字符串出现的可能性更大。因此，如果他把按比例下注的思想拓展一下，可以根据该二元串的普适概率下注。例如，当赌民事先对二元串 x 有了解，那么只要每次将他的所有资金都押在 x 的下一个符号上，他就能够获得 $2^{l(x)}$ 的相对增长率。用 $S(x)$ 记对应下注方案 $b(x)$，$\sum b(x)=1$ 的相对收益，那么，$S(x)$ 可以由如下公式给出

$$S(x)=2^{l(x)}b(x) \tag{14-76}$$

假设该赌民在二元串 x 上的下注比例为 $b(x)=2^{-K(x)}$，那么该下注策略可以称作万能博弈(universal gambling)。我们注意到所有赌注的比例之和满足

$$\sum_x b(x)=\sum_x 2^{-K(x)}\leqslant\sum_{p:p停止}2^{-l(p)}=\Omega\leqslant 1 \tag{14-77}$$

他并不是将所有资金都押进去。为了简单起见，假定他将剩下的钱扔掉。例如，假设序列为 $x=0110$，下注在该序列上的比例为 $b(0110)$，那么所得到的相对收益总量应该是由 $2^{l(x)}b(x)=2^4b(0110)$加上他在所有前四位与 x 相同的赌注 $b(0110\cdots)$赢得的总量。

于是，我们有了如下的定理：

定理 14.9.1 一个赌民使用万能博弈在一个序列上获得的相对收益的对数值与该序列的复杂度之和永远不会小于这个序列的长度。用公式表示为

487

$$\log S(x)+K(x)\geqslant l(x) \tag{14-78}$$

注释 这是第 6 章中的博弈守恒定理 $W^*+H=\log m$ 的翻版。

证明：直接从万能博弈 $b(x)=2^{-K(x)}$ 可以得到该证明过程。这是因为

$$S(x)=\sum_{x'\sqsupseteq x}2^{l(x)}b(x')\geqslant 2^{l(x)}2^{-K(x)} \tag{14-79}$$

其中，记号 $x'\sqsupseteq x$ 表示 x 是 x'的前缀。两边取对数就得到了该定理。 □

该定理可以从多个方面来理解。对于具有有限科尔莫戈罗夫复杂度的序列 x 来说，对于所有 l，

$$S(x_1x_2\cdots x_l)\geqslant 2^{l-K(x)}=2^{l-c} \tag{14-80}$$

由于 2^l 是在 l 次公平机会收益率的博弈中可以赢得的最大相对收益，所以这个方案确实渐近地接近于事先知道序列的方案。例如，如果你知道 $x=\pi_1\pi_2\cdots\pi_n\cdots$，其中 π_i 是 π 的二进制展开中的数，则对所有的 n，相对收益将是 $S_n=S(x^n)\geqslant 2x^{n-c}$。

如果该二元串由一个参数为 p 的伯努利过程生成的，那么

$$S(X_1\cdots X_n)\geqslant 2^{n-nH_0(\overline{X}_n)-2\log n-c}\approx 2^{n\left(1-H_0(p)-2\frac{\log n}{n}-\frac{c}{n}\right)} \tag{14-81}$$

这样的增幅与第 6 章中介绍过的当赌民在事先已经充分了解了分布的条件下所达到的增长率是相同的(在一阶近似意义下)。

从这些例子中我们可以看出，随机序列的万能博弈确实是渐近地接近了使用真实分布的先验知识的策略。

14.10 奥卡姆剃刀

在科学研究的许多领域中，在观察数据的各种各样的解释中做出选择是非常重要的。在选择之后，我们还希望设计一个置信水平来界定那些伴随已经被推断出的定律得到预测。例如，假设在有记录的历史中太阳每天都升起的假设下，拉普拉斯曾考虑过太阳明天再升起的概率。拉

488 普拉斯的解决方法是基于太阳升起是服从一个未知参数 θ 的 Bernoulli(θ)过程的假设。他假定 θ 是单位区间上的均匀分布。利用观察到的数据，他计算了太阳明天将再升起的后验概率满足

$$\begin{aligned}
&P(X_{n+1}=1\mid X_n=1,X_{n-1}=1,\cdots,X_1=1)\\
&=\frac{P(X_{n+1}=1,X_n=1,X_{n-1}=1,\cdots,X_1=1)}{P(X_n=1,X_{n-1}=1,\cdots,X_1=1)}\\
&=\frac{\int_0^1\theta^{n+1}\mathrm{d}\theta}{\int_0^1\theta^n\mathrm{d}\theta} \qquad (14\text{-}82)\\
&=\frac{n+1}{n+2} \qquad (14\text{-}83)
\end{aligned}$$

这是他提出的已知从第 1 天到第 n 天太阳都升起的条件下，第 $n+1$ 天太阳再升起的概率。

使用科尔莫戈罗夫复杂度以及普适概率的思想，可以给出该问题的另一种解答。基于普适概率计算到目前为止已经观察到的序列中出现了 n 次 1 的条件下，随后一个仍然是 1 的概率。事

件“下一个符号仍然是 1”的条件概率就是 $n+1$ 长度的序列中全部都是 1 的序列的概率除以如下两个概率的乘积：所有长度为 n 的序列中全部位置上都是 1 的片段的概率与长度为 1 的片段中出现 1 的概率。最简单的程序拥有最大的概率，因此，我们可以用程序“永远输出 1”的概率来逼近“下一位是 1”的概率。也就是说

$$\sum_y p(1^n 1y) \approx p(1^\infty) = c > 0 \tag{14-84}$$

估计下一位是 0 的概率更困难些。由于输出 $1^n 0\cdots$的任意程序提供了对 n 的一种描述，它的长度至少应为 $K(n)$（对大多数的 n，$K(n) \approx \log n + O(\log\log n)$）。因此，若忽略掉二阶项，我们可得

$$\sum_y p(1^n 0y) \approx p(1^n 0) \approx 2^{-\log n} \approx \frac{1}{n} \tag{14-85}$$

于是，观察到下一位是 0 的条件概率为

$$p(0 \mid 1^n) = \frac{p(1^n 0)}{p(1^n 0) + p(1^\infty)} \approx \frac{1}{cn+1} \tag{14-86}$$

这与拉普拉斯得出的结果 $p(0 \mid 1^n) = 1/(n+1)$ 相似。 489

上述论点只是“奥卡姆剃刀”的一个特殊情形，奥卡姆剃刀是管理科学研究的一个普遍原则，即根据复杂度来权衡所有可能的解释。奥卡姆居士威廉姆曾说过：“Nunquam ponendaest pluralitas sine necesitate”，即解释不应该被放大到超过必要性[516]。作为本节的结尾，我们选择与观测数据相符的最简单的解释。例如，接受广义相对论比接受万有引力定律的修正因子 c/r^3（用来解释水星的近日点运动）更容易。这是因为相对于“打过补丁”的牛顿定律而言，广义相对论用更少的假设解释了更多的东西。

14.11 科尔莫戈罗夫复杂度与普适概率

现在来证明科尔莫戈罗夫复杂度与普适概率之间的一个等价关系。首先，重复几个基本定义。

$$K(x) = \min_{p:\mathcal{U}(p)=x} l(p) \tag{14-87}$$

$$P_{\mathcal{U}}(x) = \sum_{p:\mathcal{U}(p)=x} 2^{-l(p)} \tag{14-88}$$

定理 14.11.1（$K(x)$ 和 $\log \frac{1}{P_{\mathcal{U}}(x)}$ 等价） *对所有字符串 x，必然存在一个与所有 x 无关的常数 c，使得*

$$2^{-K(x)} \leqslant P_{\mathcal{U}}(x) \leqslant c 2^{-K(x)} \tag{14-89}$$

于是，串 x 的普适概率本质上被它的科尔莫戈罗夫复杂度决定了。

注释 这意味着 $K(x)$ 和 $\log \frac{1}{P_{\mathcal{U}}(x)}$ 作为通用复杂度的测度的地位是同等的。因为

$$K(x) - c' \leqslant \log \frac{1}{P_{\mathcal{U}}(x)} \leqslant K(x) \tag{14-90}$$

回忆关于两个不同的计算机所定义的复杂度 $K_{\mathcal{U}}$ 和 $K_{\mathcal{U}'}$，只要 $|K_{\mathcal{U}}(x) - K_{\mathcal{U}'}(x)|$ 有界，那么它们是本质上等价的两个复杂度的测度。定理 14.11.1 揭示了 $K(x)$ 和 $\log \frac{1}{P_{\mathcal{U}}(x)}$ 是两个本质上等价的复杂度的测度。

注意到在科尔莫戈罗夫复杂度中，$K(x)$ 与 $\log \frac{1}{P_{\mathcal{U}}(x)}$ 的关系与在信息论中，$H(X)$ 与 $\log \frac{1}{p(x)}$ 的关系这两者之间存在显著的相似性。在信息论中，理想的香农码的长度分配 $l(x) =$ 490

$\left\lceil \log \frac{1}{p(x)} \right\rceil$达到了一个平均描述长度 $H(X)$。而在科尔莫戈罗夫复杂度理论中，理想的描述长度 $\log \frac{1}{P_{\mathcal{U}}(x)}$与 $K(X)$几乎相等。因此，$\log \frac{1}{p(x)}$是在算法环境和概率环境中 x 的描述复杂度的自然概念。

式(14-90)中的上界明显可以从定义推出，但是要证明下界相当困难。由于存在无限多输出的程序，该结果是非常令人不好接受。从任何程序出发，添加一些不相关的指令来拉长该程序是一种可行的方法。该定理证明了虽然存在无限多个这样的程序，但是，普适概率本质上取决于最大概率 $2^{-K(x)}$。$P_{\mathcal{U}}(x)$越大，则 $K(x)$越小。反之亦然。

然而，用另外一种方法寻找上界会显得容易接受一些。考虑任何关于字符串的可计算的概率密度函数 $p(x)$。使用该密度函数，可以构造出一个关于信源的香农一费诺码(5.9 节)，然后通过相应的码字描述每一个串，其中码字的长度为 $\log \frac{1}{p(x)}$。因此，对于任意可计算的分布，可以用不超过 $\log \frac{1}{p(x)}+c$ 比特的长度构造一个串的描述，$\log \frac{1}{p(x)}+c$ 就是关于科尔莫戈罗夫复杂度 $K(x)$的一个上界。即使 $P_{\mathcal{U}}(x)$不是一个可计算的概率密度函数，我们仍然可以用如下所述的相当复杂的树结构程序来巧妙处理这个问题。

(定理 14.11.1)的证明： 第一个不等式是简单的。令 p^* 是关于 x 的最短程序。则

$$P_{\mathcal{U}}(x) = \sum_{p:\mathcal{U}(p)=x} 2^{-l(p)} \geqslant 2^{-l(p^*)} = 2^{-K(x)} \tag{14-91}$$

这正是我们想要证明的结论。

我们可以将第二个不等式改写为

$$K(x) \leqslant \log \frac{1}{P_{\mathcal{U}}(x)} + c \tag{14-92}$$

在该证明的目的是找到一个描述具有高的 $P_{\mathcal{U}}(x)$的字符串 x 的短程序。一个粗浅的想法是采用基于 $P_{\mathcal{U}}(x)$的某种赫夫曼编码，但由于 $P_{\mathcal{U}}(x)$不能有效地计算，从而，利用赫夫曼编码的程序是
491 不可能在计算机上实施的。类似地，利用香农一费诺码的过程也不能实施。然而，如果我们获得香农一费诺编码树，那么，我们可以搜索该树中的节点重构该字符串。这是下面的树结构程序的基础。

为了克服 $P_{\mathcal{U}}(x)$的不可计算性的困难，使用一种改进的方法。该方法试着直接构造一棵码树。该方法与赫夫曼编码不同，它在最小期望码字长度的意义下不是最优的。但该方法已经足够好地支持我们导出一个码使得关于 x 的每个码字的长度都不超过 $\log \frac{1}{P_{\mathcal{U}}(x)}$的固定倍数。

在讨论证明的细节之前，先概括一下我们的方法。我们想以这样一种方式构造一棵码树，即让概率越高的字符串对应于高度越低的节点。由于我们不能计算字符串的概率，因而没有串对应的树的高度的先验知识。取而代之，我们逐一地将 x 分配到树的节点上，随着我们对 $P_{\mathcal{U}}(x)$的估计的改进，将 x 分配到离根部越来越近的节点上。我们希望计算机能够改造这个树，并且使用改造后的树上对应于字符串 x 的最低节点来重构该字符串。

现在考虑由程序和它们对应的输出所构成的集合$\{(p,x)\}$。我们试着将集合中的元素分配给该树。但是我们立即遇到一个问题：一个给定的字符串存在无限多个对应的程序，我们没有足够多的低位置的节点。然而，如我们将要证明的那样，如果将程序一输出的清单条理化，我们能够定义一个更加容易管理的清单分配到该树上。下面我们证明关于 x 的长度为 $\log \frac{1}{P_{\mathcal{U}}(x)}$的程序

的存在性。

树结构程序：对于通用计算机$\mathcal{U}$，使用14.8节中所述的技巧模拟所有的程序。列出所有的二元程序：

$$\Lambda,0,1,00,01,10,11,000,001,010,011,\cdots \tag{14-93}$$

然后，在第一轮中让计算机执行 Λ 的一个时钟周期。在下一轮中，让计算机执行 Λ 的两个时钟周期和程序 0 的两个时钟周期。在第三轮中，让计算机执行前三个程序中每一个的三个时钟周期，如此下去。以这种方式，计算机将最终运行所有可能的程序，并且运行它们的次数越来越多。因此，如果一个程序能停止，它将最终被发现停止。我们使用这个方法来产生所有按顺序停止的程序的清单，此处，它们与伴随的输出一起停止。对于每个程序和伴随的输出形成的对(p_k,x_k)，我们来计算 n_k，它是对应于 $P_{\mathcal{U}}(x)$的现行估计的一种选择。具体地讲，

$$n_k=\left\lceil \log\frac{1}{\hat{P}_{\mathcal{U}}(x_k)}\right\rceil \tag{14-94}$$ 492

其中

$$\hat{P}_{\mathcal{U}}(x_k)=\sum_{(p_i,x_i):x_i=x_k,i\leqslant k}2^{-l(p_i)} \tag{14-95}$$

注意，在满足 $x_k=x$ 的次数 k 的子序列上有 $\hat{P}_{\mathcal{U}}(x_k)\uparrow P_{\mathcal{U}}(x)$。我们现已经构造了一棵树。添加三元组$(p_k,x_s,n_k)$(关于所有可以停止的程序)的清单之后，将部分三元组映射到一棵二元树的节点上。为了达到构造的目的，必须确保所有对应于特定 x_k 的 n_i 是可区分的。为确保这点，我们从三元组清单中删除所有这样的多余的三元组：它们与某个三元组具有相同 x 和 n。这将确保该树的每一层，至多存在一个节点对应于一个给定的 x。

设$\{(p'_i,x'_i,n'_i):i=1,2,3,\cdots\}$表示新的清单。将新清单中的三元组$(p'_k,x'_k,n'_k)$分配给层 n'_k+1 上第一个空着的节点。只要一个节点被分配，所有它的后代就不能再被分配(这保证了分配是无前缀的。)。

我们举一个例子来说明这一过程：

$$
\begin{gathered}
(p_1,x_1,n_1)=(10111,1110,5),\ n_1=5,\text{ 这是由于 }\hat{P}_{\mathcal{U}}(x_1)\geqslant 2^{-l(p_1)}=2^{-5}\\
(p_2,x_2,n_2)=(11,10,2),\ n_2=2,\text{ 这是由于 }\hat{P}_{\mathcal{U}}(x_2)\geqslant 2^{-l(p_2)}=2^{-2}\\
(p_3,x_3,n_3)=(0,1110,1),\ n_3=1,\text{ 这是由于 }\hat{P}_{\mathcal{U}}(x_3)\geqslant 2^{-l(p_3)}+2^{-l(p_1)}=2^{-5}+2^{-1}\geqslant 2^{-1}\\
(p_4,x_4,n_4)=(1010,1111,4),\ n_4=4,\text{ 这是由于 }\hat{P}_{\mathcal{U}}(x_4)\geqslant 2^{-l(p_4)}=2^{-4}\\
(p_5,x_5,n_5)=(101101,1110,1),\ n_5=1,\text{ 这是由于 }\hat{P}_{\mathcal{U}}(x_5)\geqslant 2^{-1}+2^{-5}+2^{-5}\geqslant 2^{-1}\\
(p_6,x_6,n_6)=(100,1,3),\ n_6=3,\text{ 这是由于 }\hat{P}_{\mathcal{U}}(x_6)\geqslant 2^{-l(p_6)}=2^{-3}\\
\vdots
\end{gathered}
\tag{14-96}
$$

我们注意字符串 $x=(1110)$出现在清单中的1，3和5位置，但是 $n_3=n_5$。而且两个位置上对应的概率估计值 $P'_{\mathcal{U}}(1110)$没有显著的差异，所以(p_5,x_5,n_5)不能够幸免被删除。因此精选后的清单变成

$$
\begin{aligned}
&(p'_1,x'_1,n'_1)=(10111,1110,5)\\
&(p'_2,x'_2,n'_2)=(11,10,2)\\
&(p'_3,x'_3,n'_3)=(0,1110,1)\\
&(p'_4,x'_4,n'_4)=(1010,1111,4)\\
&(p'_5,x'_5,n'_5)=(100,1,3)\\
&\qquad\vdots
\end{aligned}
\tag{14-97}
$$

493 由精选后的清单到树的节点的分配如图 14-3 所示。

在该例子中，我们能够在第 n_k+1 层中找出可以分配三元组的节点。接下来证明总是存在足够多的节点使得分配能够实施。能够执行三元组到节点的分配的充分必要条件是 Kraft 不等式成立。

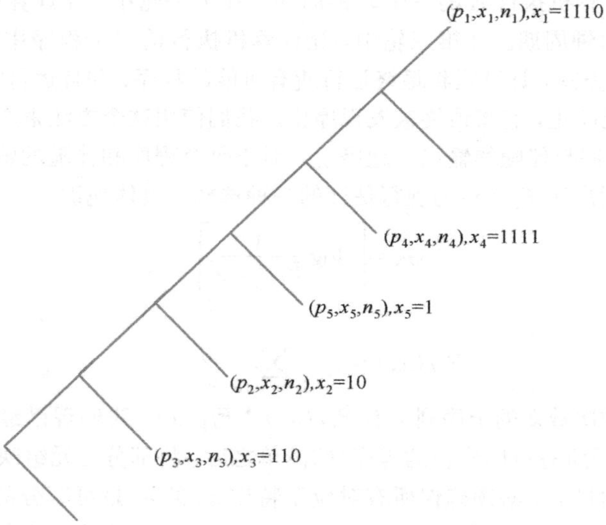

图 14-3　节点的分配

接下来只考虑精选的清单(14-97)，所以略去各个元素右上角的撇号。首先来观察 Kraft 不等式中的无穷求和，然后，根据输出字符串将其分组求和：

$$\sum_{k=1}^{\infty} 2^{-(n_k+1)} = \sum_{x\in\{0,1\}^*} \sum_{k:x_k=x} 2^{-(n_k+1)} \tag{14-98}$$

于是，单独考虑内层求和如下

494

$$\sum_{k:x_k=x} 2^{-(n_k+1)} = 2^{-1} \sum_{k:x_k=x} 2^{-n_k} \tag{14-99}$$

$$\leqslant 2^{-1}\left(2^{\lfloor \log P_{\mathcal{U}}(x)\rfloor} + 2^{\lfloor \log P_{\mathcal{U}}(x)\rfloor -1} + 2^{\lfloor \log P_{\mathcal{U}}(x)\rfloor -2} + \cdots\right) \tag{14-100}$$

$$= 2^{-1} 2^{\lfloor \log P_{\mathcal{U}}(x)\rfloor}\left(1+\frac{1}{2}+\frac{1}{4}+\cdots\right) \tag{14-101}$$

$$= 2^{-1} 2^{\lfloor \log P_{\mathcal{U}}(x)\rfloor} 2 \tag{14-102}$$

$$\leqslant P_{\mathcal{U}}(x) \tag{14-103}$$

其中式(14-100)成立是因为在每一层上至多存在一个节点能使得它输出一个特定 x。更确切地讲，在精选的清单中，关于特定的输出串 x 的所有 n_k 都是不同的整数。因此，

$$\sum_k 2^{-(n_k+1)} \leqslant \sum_x \sum_{k:x_k=x} 2^{-(n_k+1)} \leqslant \sum_x P_{\mathcal{U}}(x) \leqslant 1 \tag{14-104}$$

从而，我们可以构造出一棵树使得其节点标记为三元组。

如果我们获得了如上所构造的树，那么沿着通往能够输出 x 的最低高度的节点的路径，很容易识别出一个给定的 x。该节点记为 $\widetilde{p}$ $\left(\text{由构造法知 } l(\widetilde{p}) \leqslant \log \frac{1}{P_{\mathcal{U}}(x)}+2\right)$。为了在程序中利用这棵树输出 x，指定 $\widetilde{p}$ 并且命令计算机执行前面所有程序的模拟。则计算机将构造出如上所描述的树，并且等待特殊的节点 $\widetilde{p}$ 的分配。由于计算机执行与发送器相同的构造方法，所以节点 $\widetilde{p}$ 最

终将被分配。这时，计算机输出分配给该节点的 x 后停止。

利用计算机重构 x 是一个行之有效的(有限的，机械的)程序。然而，没有行之有效的程序来寻找对应于 x 的最低高度的节点。我们所经证明的仅是存在一棵(无限的)树，在它的第 $\left\lceil \log \frac{1}{P_{\mathcal{U}}(x)} \right\rceil + 1$ 层上有一个节点对应 x。但这已达到了我们的目的。

关于该例子，$x=1110$ 的描述是通往节点 (p_3, x_3, n_3) (即 01)的路径，以及 $x=1111$ 的描述就是路径 00001。如果要描述字符串 1110，那么命令计算机进行(模拟)树构造方法直到节点 01 被分配。然后，要求计算机执行对应于节点 01 的程序(即 p_3)。该程序的输出就是所需要的字符串 $x=1110$。

构造 x 的程序的长度本质上是为了描述树中对应于 x 的最低高度节点 $\tilde{p}$ 的位置所需要的长 495
度。所以，关于 x 的程序的长度就是 $l(\tilde{p})+c$，其中

$$l(\tilde{p}) \leqslant \left\lceil \log \frac{1}{P_{\mathcal{U}}(x)} \right\rceil + 1 \tag{14-105}$$

因此，x 的复杂度满足

$$K(x) \leqslant \left\lceil \log \frac{1}{P_{\mathcal{U}}(x)} \right\rceil + c \tag{14-106}$$

这样我们就证明了该定理。

14.12 科尔莫戈罗夫充分统计量

假设我们有一个源自 Bernoulli(θ)过程的样本序列，那么由该序列的随机性会引起什么规律或多大的偏差？解决该问题的方法之一是求出科尔莫戈罗夫复杂度 $K(x^n|n)$，我们已知它大约为 $nH_0(\theta)+\log n+c$。由于，对于 $\theta \neq 1/2$，这个值远小于 n，因此，我们断定 x^n 具有一定结构而不是随机服从 Bernoulli$\left(\frac{1}{2}\right)$的。但这个结构是什么？要探索该结构的第一反应就是系统地检查关于 x^n 的最短程序 p^*。但 p^* 的最短描述大约与 p^* 本身一样长；否则，我们可以进一步压缩 x^n 的描述，这与 p^* 的最小性相矛盾。所以，这种企图是无果而终的。

但我们在对“用 p^* 描述 x^n”的方式的检查过程中受到了启示，得到了一种好的手段。程序“The sequence has k 1's; of such sequences, it is the i th”是关于 Bernoulli(θ)序列一阶近似为最优的。我们注意该程序是一个两步骤描述法，该序列的所有结构都在第一步骤中刻画。而且，x^n 是最复杂的，被放在第一步骤中。第一步骤即 k 的描述，需要 $\log(n+1)$ 比特长度并且定义集合 $S=\{x \in \{0,1\}^n : \sum x_i = k\}$。第二步骤虽然需要 $\log|S| = \log\binom{n}{k} \approx nH_0(\bar{x}_n) \approx nH_0(\theta)$ 比特的长度，但不需要揭示 x^n 的任何特别之处。

对于一般的序列，通过寻找一个包含 x^n 的简单集合 S 来模仿这个过程。接下来用 $\log|S|$ 比特给出 S 中的 x^n 的一个描述。首先给出包含可以用不超过 k 比特描述的 x^n 的最小集合的定义。

定义 二元串 $x \in \{0,1\}^n$ 的科尔莫戈罗夫结构函数 $K_n(x^n|n)$ 定义为

$$K_k(x^n|n) = \min_{\substack{p:\, l(p) \leqslant k \\ \mathcal{U}(p,n)=S \\ x^n \in S \subseteq \{0,1\}^n}} \log|S| \tag{14-107}$$ 496

集合 S 是可以用不超过 k 比特进行描述且包含 x^n 的最小集合。我们用记号 $\mathcal{U}(p,n)=S$ 表示在通用计算机 $\mathcal{U}$ 上运行程序 p，输入数据 n 后将输出集合 S 的示性函数。

定义 对于一个给定的小常数 c，令 k^* 是满足

$$K_k(x^n|n)+k\leqslant K(x^n|n)+c \tag{14-108}$$

的最小的 k。设 S^{**} 是对应的集合，P^{**} 是输出 S^{**} 的示性函数的程序。则我们称 p^{**} 是关于 x^n 的一个*科尔莫戈罗夫最小充分统计量*。

考虑描述集合 S^* 的程序 p^* 且满足

$$K_k(x^n|n)+k=K(x^n|n) \tag{14-109}$$

从 x^n 关于条件 S^* 的条件复杂度最大的意义角度讲，所有的程序 p^* 都是“充分统计量”。而最小充分统计量是最短的“充分统计量”。

上面定义中的等式中忽略了一个依赖于计算机$\mathcal{U}$的大常数。此时 k^* 对应于最小的 k，x^n 的两步骤描述效果与 x^n 的最佳的单步段描述一样好。第二步骤仅提供了 x^n 在集合 S^{**} 内的标记；如果在给定的集合 S^{**} 中 x^n 是条件最复杂的，第二步骤只需要 $K_k(x^n|n)$比特的长度。因此，集合 S^{**} 刻画了 x^n 内部所有的结构。在 S^{**} 内关于 x^n 的其余的描述本质上就是对字符串内部随机性的描述。因此，S^{**} 或 p^{**} 称作关于 x^n 的*科尔莫戈罗夫充分统计量*。

用这种方式定义的统计量类似于数理统计中定义的充分统计量。在数理统计中，统计量 T 称作关于一个参数 θ 是*充分的*，是指在该充分统计量给定的情况下，样本的分布与参数独立，即

$$\theta\to T(X)\to X \tag{14-110}$$

按顺序构成一个马尔可夫链。而对于科尔莫戈罗夫充分统计量，指的是程序 p^{**} 关于串 x^n 的“结构”是充分的；x^n 的描述的剩余部分本质上独立于 x^n 的“结构”。特别是，在给定 S^{**} 的条件下，x^n 是最复杂的。

结构函数的一个典型图像如图 14-4 所示。当 $k=0$ 时，可以被描述的唯一集合是整个
497 $\{0,1\}^n$，所以对应的集合大小的对数值是 n。随着我们增加 k，集合的大小迅速下降直到

$$k+K_k(x^n|n)\approx K(x^n|n) \tag{14-111}$$

随后，k 每增加 1 比特，集合减少一半，并且沿着斜率为 -1 的直线下降直到 $k=K(x^n|n)$。对于 $k\geqslant K(x^n|n)$，可以被描述的且包含 x^n 的最小集合是单点集$\{x^n\}$，因此 $K_k(x^n|n)=0$。

我们接下来举一些例子来说明这个概念。

1. Bernoulli(θ)序列。考虑一个长度为 n 的样本序列，假设它服从待定参数 θ 的伯努利序列。如同例 14.2 所讨论的(图 14-5)，可以用 $nH\left(\frac{k}{n}\right)+\frac{1}{2}\log n$ 比特来描述该序列(用两步骤法，第一步用 $\log n$ 比特来描述 k，然后用 $\log\binom{n}{k}$比特来描述每一个具有 k 个 1 的序

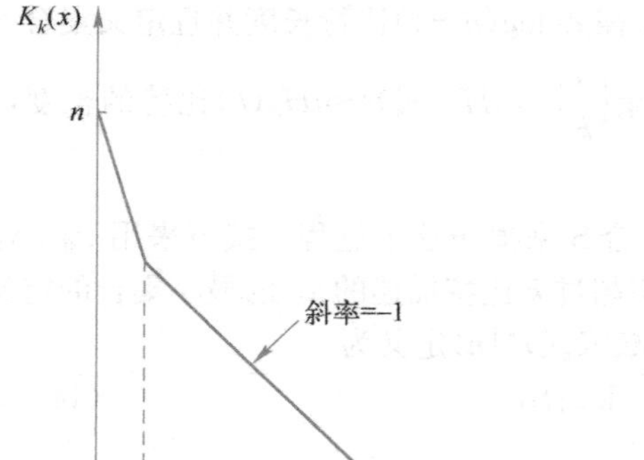

图 14-4 科尔莫戈罗夫充分统计量

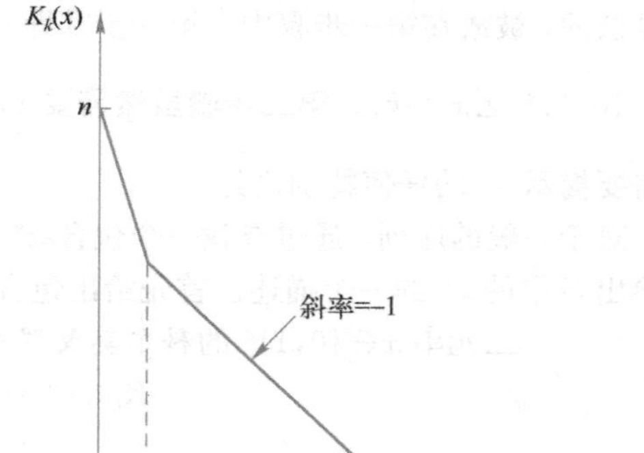

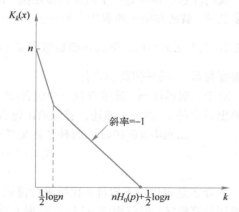

图 14-5 关于伯努利序列的科尔莫戈罗夫充分统计量

列)。但是，我们可以用更简短的一步描述。代之对 k 进行精确描述，我们将 k 的值域划分为若干个匣子，在精度为 $\sqrt{\frac{k}{n}\frac{n-k}{n}}\sqrt{n}$ 的意义下，用长度 $\frac{1}{2}\log n$ 比特来描述 k。此时，我 498
们描述所有那些型与 k 的匣子相同的真实序列。由斯特林(Stirling)公式可推出，包含 l $\left(其中\ l=k\pm\sqrt{\frac{k}{n}\frac{n-k}{n}}\sqrt{n}\right)$ 个 1 的序列集合的大小为 $nH\left(\frac{k}{n}\right)+o(n)$。虽然总描述长度仍为 $nH\left(\frac{k}{n}\right)+\frac{1}{2}\log n+o(n)$，但是科尔莫戈罗夫充分统计量的描述长度此时为 $k^*\approx\frac{1}{n}\log n$。

2. *来自一个马尔可夫链的样本。* 与上一个例子的脉络完全相同，考虑一个服从一阶二元马尔可夫链的样本。同样，在这种情况下，p^{**} 将对应于描述该序列的马尔可夫型(序列中 00，01，10 和 11 出现的次数)，它承载着序列中所有的结构信息。该描述的剩下部分将是给出该序列在由所有的具有相同马尔可夫型的序列构成的集合中的标记。从而，在这种情况下，$k^*\approx 2\left(\frac{1}{2}\log n\right)=\log n$ 这对应于在适当精度下描述条件联合型的两个元素(该条件联合型的其他元素可以由这两个来决定)。
3. *蒙娜丽莎。* 考虑在白色背景上的一个灰色圆构成的图像。这个圆的灰度不是均匀的，而是服从于参数为 θ 的一个伯努利分布。如图 14-6 所示。对于该情形，最佳的两步骤描述法是：首先描述圆的尺寸和位置以及它的平均灰度水平，然后描述在所有具有相同灰度水平的圆的集合中该圆的标记。假设一幅 n 像素的图像(即 $\sqrt{n}\times\sqrt{n}$)的有 $n+1$ 个可能灰度等级，以及 $(\sqrt{n})^3$ 可识别的圆。因而，此时有 $k^*\approx\frac{5}{2}\log n$。 499

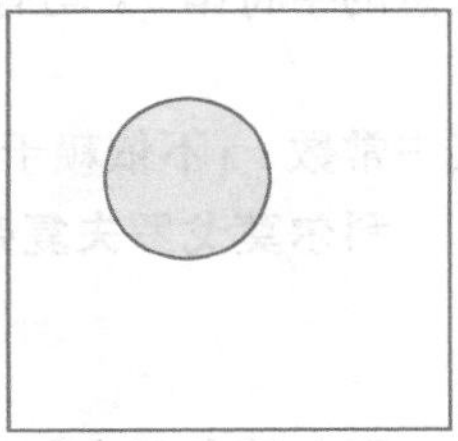

图 14-6 蒙娜丽莎

14.13 最短描述长度准则

当我们需要描述来自某个未知分布的数据时，奥卡姆剃刀的一个自然推广就提到了议事日程上了。令 $X_1,X_2,\cdots,X_n$ 是独立同分布且服从概率密度 $p(x)$ 的。假设不知道 $p(x)$ 的具体形式，只知其 $p(x)\in\mathcal{P}$，即在某个概率密度函数类之中。给定数据，我们可以据此估计$\mathcal{P}$中最适合于该数据的概率密度函数。对于简单类$\mathcal{P}$(比如其仅含有限多个概率密度函数)，那么该问题变成一个平凡的问题，用最大似然程序(即，求 $p\in\mathcal{P}$使得 $\hat{p}(X_1,\cdots,X_n)$最大)就足够了。但是，如果$\mathcal{P}$中元素足够多，就会有过分拟合数据的问题。例如，如果 $X_1,X_2,\cdots,X_n$ 为连续型随机变量，且$\mathcal{P}$是一切概率分布之集，那么，已知 $X_1,X_2,\cdots,X_n$，最大似然估计子则是一个在每个质点都取 $\frac{1}{n}$ 重量的分布。显然，该估计子与实际观测数据太紧凑以至于没有捕捉到潜在的分布的结构的影子。

为了获得该问题的近似解，许许多多的方法都被尝试过。最简单的情形就是假定数据服从某个含参变量的分布(比如正态分布)，而基于观测数据对分布中的参数进行估计。为了检验该方法的有效性，首先得检验这些数据是否“有点”正态分布的样子。如果数据通过检测，我们才能用此方法描述该数据。更一般的方法是采用最大似然估计并且将其光滑化得到一个光滑的密度 500
函数。当拥有足够的数据量和适当的光滑条件，给出原始密度函数的一个好的估计是可行的。这种处理过程称为*核密度估计*。

但是，科尔莫戈罗夫复杂度理论（或者科尔莫戈罗夫充分统计量）提示我们一个另类的处理程序：搜索 $p\in\mathcal{P}$使得下面等式最小化：

$$L_p(X_1,X_2,\cdots,X_n)=K(p)+\log\frac{1}{p(X_1,X_2,\cdots,X_n)} \tag{14-112}$$

这是对于数据的两步骤描述的长度。此处，我们首先描述分布 p，然后在给定该分布的条件下构造香农码并用 $\log\frac{1}{p(X_1,X_2,\cdots,X_n)}$比特来描述该数据。该程序就是所谓**最小描述长度**（MDL）准则的特殊情形。（MDL）准则叙述如下：当数据与选择模式给定之后，选择一个模型使得对于该模型的描述长度加上对数据的描述长度之和尽可能短。

要点

定义 一个串 x 的科尔莫戈罗夫复杂度 $K(x)$ 是

$$K(x)=\min_{p:\mathcal{U}(p)=x} l(p) \tag{14-113}$$

$$K(x|l(x))=\min_{p:\mathcal{U}(p,l(x))=x} l(p) \tag{14-114}$$

科尔莫戈罗夫复杂度的通用性 存在一个通用计算机$\mathcal{U}$，使得对任意其他的计算机$\mathcal{A}$，以及任意的字符串 x，均有

$$K_{\mathcal{U}}(x)\leqslant K_{\mathcal{A}}(x)+c_{\mathcal{A}} \tag{14-115}$$

其中常数 $c_{\mathcal{A}}$不依赖于 x。如果$\mathcal{U}$和$\mathcal{A}$都是通用的，则对所有的 x，$|K_{\mathcal{U}}(x)-K_{\mathcal{A}}(x)|\leqslant c$。

科尔莫戈罗夫复杂度的上界

501

$$K(x|l(x))\leqslant l(x)+c \tag{14-116}$$

$$K(x)\leqslant K(x|l(x))+2\log l(x)+c \tag{14-117}$$

科尔莫戈罗夫复杂度和熵 如果 $X_1,X_2,\cdots$是 i.i.d. 的且熵 H 为整数值随机变量，那么存在一个常数 c，使得对所有的 n，

$$H\leqslant\frac{1}{n}EK(X^n|n)\leqslant H+|\mathcal{X}|\frac{\log n}{n}+\frac{c}{n} \tag{14-118}$$

科尔莫戈罗夫复杂度的下界 复杂度 $K(x)<k$ 的字符串 x 总数不超过 2^k。如果 X_1，$X_2,\cdots,X_n$ 是服从 Bernoulli$\left(\frac{1}{2}\right)$的一个随机过程，

$$\Pr(K(X_1X_2\cdots X_n|n)\leqslant n-k)\leqslant 2^{-k} \tag{14-119}$$

定义 称序列 $x_1,x_2,\cdots,x_n$ 是不可压缩的，如果 $K(x_1,x_2,\cdots,x_n|n)/n\to 1$。

不可压缩序列的强大数定律

$$\frac{K(x_1,x_2,\cdots,x_n)}{n}\to 1\Rightarrow\frac{1}{n}\sum_{i=1}^{n}x_i\to\frac{1}{2} \tag{14-120}$$

定义 一个串 x 的普适概率为

$$P_{\mathcal{U}}(x)=\sum_{p:\mathcal{U}(p)=x}2^{-l(p)}=\Pr(\mathcal{U}(p)=x) \tag{14-121}$$

$P_{\mathcal{U}}(x)$普适性 对于每台计算机$\mathcal{A}$，及任何串 $x\in\{0,1\}^*$，

$$P_{\mathcal{U}}(x)\geqslant c_{\mathcal{A}}P_{\mathcal{A}}(x) \tag{14-122}$$

其中常数 $c_{\mathcal{A}}$仅依赖于$\mathcal{U}$和$\mathcal{A}$。

定义 $\Omega = \sum_{p:\mathcal{U}(p)停止} 2^{-l(p)} = \Pr(\mathcal{U}(p)停止)$是计算机停止的概率，其中，输入到计算机的 p 是一个服从 Bernoulli$\left(\frac{1}{2}\right)$过程的二元字符串。

Ω的性质

1. Ω是不可计算的。
2. Ω是“哲学家的一块石头”。
3. Ω是算法随机的(不可压缩的)。 502

$K(x)$与$\log \frac{1}{P_{\mathcal{U}}(x)}$的等价关系 存在一个独立于 x 的常数 c，使得对所有的字符串 x，

$$\left|\log \frac{1}{P_{\mathcal{U}}(x)} - K(x)\right| \leqslant c \tag{14-123}$$

因此，串 x 的通用概率基本上由它的科尔莫戈罗夫复杂度所决定。

定义 一个二元串 $x^n \in \{0,1\}^n$ 的科尔莫戈罗夫结构函数 $K_k(x^n|n)$定义为

$$K_k(x^n|n) = \min_{\substack{p:l(p)\leqslant k \\ \mathcal{U}(p,n)=S \\ x\in S}} \log|S| \tag{14-124}$$

定义 令 k^*是满足

$$K_{k^*}(x^n|n) + k^* = K(x^n|n) \tag{14-125}$$

的最小的 k。S^{**}是对应的集合，p^{**}是输出 S^{**}的示性函数的程序。则 p^{**}是关于 x 的科尔莫戈罗夫最小充分统计量。

习题

14.1 两个序列的科尔莫戈罗夫复杂度。设 $x,y\in\{0,1\}^*$，证明 $K(x,y)\leqslant K(x)+K(y)+c$。

14.2 和的复杂度

(a) 证明 $K(n)\leqslant \log n + 2\log\log n + c$。

(b) 证明 $K(n_1+n_2)\leqslant K(n_1)+K(n_2)+c$。

(c) 给出 n_1 和 n_2 是复杂的，但它们的和是相对简单的一个例子。

14.3 图像。考虑由0和1构成的 $n\times n$ 点阵 x。于是 x 具有 n^2 比特。 503

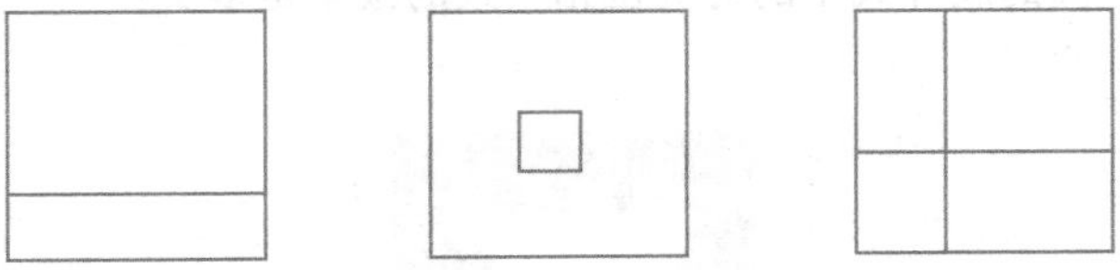

试求科尔莫戈罗夫复杂度 $K(x|n)$(在一阶近似意义下)，如果

(a) x 是一条水平线。

(b) x 是一个正方形。

(c) x 为两条直线的并，其中一条垂直，另一条水平。

14.4 计算机会使熵减少吗？将一个随机程序 P 输入一台通用计算机，那么对应的输出序列的熵是多少？具体地，设 $X=\mathcal{U}(P)$，其中 P 是 Bernoulli$\left(\frac{1}{2}\right)$序列。这里的二元序列 X 或者未定义，或者在$\{0,1\}^*$之中。设 $H(X)$为 X 的香农熵。讨论 $H(X)=\infty$。于是，尽管计算

机可将无意义转变成有意义，但输出序列的熵仍然为无穷大。

14.5 在一台计算机旁的猴子。假定一个随机程序被敲入一台计算机。粗略估计该计算机输出以下序列的概率：

(a) 以 0^n 为前缀的任意序列。

(b) 以 $\pi_1\pi_2\cdots\pi_n$ 为前缀的任意序列，其中 π_i 表示 π 的二进制展开中的第 i 位。

(c) 以 0^n1 为前缀的任意序列。

(d) 以 $\omega_1\omega_2\cdots\omega_n$ 为前缀的任意序列。

(e) 四色定理的一个证明。

14.6 科尔莫戈罗夫复杂度与三元程序。假定一个通用计算机$\mathcal{U}$的输入程序是$\{0,1,2\}^*$中的序列(三元输入)，且$\mathcal{U}$的输出也是三元的。令 $K(x|l(x))=\min\limits_{\mathcal{U}(p,l(x))=x} l(p)$。证明

(a) $K(x^n|n)\leqslant n+c$。

(b) $\{x^n\in\{0,1\}^*:K(x^n|n)<k\}<3^k$。其中，$\#\{*\}$是集合的元素个数。

14.7 大数定律。使用如同习题 14.6 中的三元输入和输出方案，简要讨论如果一个序列 x 是算法随机的，即如果 $K(x|l(x)\approx l(x))$，则在 x 中的 0，1 和 2 的比例均接近于1/3。不妨考虑

504 使用斯特林近似公式 $n!\approx(n/e)^n$。

14.8 图像的复杂度。考虑(一个 $n\times n$ 网格的)两个二元子集 A 和 B。例如，

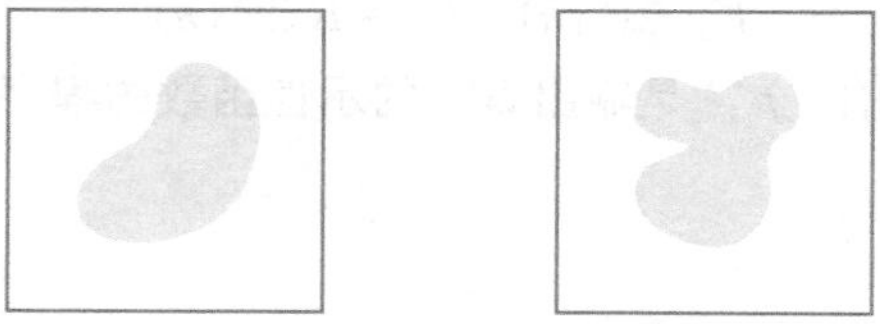

根据 $K(A|n)$和 $K(B|n)$，求下列情形中给出的复杂度的上界和下界：

(a) $K(A^c|n)$

(b) $K(A\cup B|n)$

(c) $K(A\cap B|n)$

14.9 随机程序。假定一个随机程序(其中的字符是独立同分布服从字符集上的均匀分布)输入到最新的计算机中如果出乎意料地输出 $1/\sqrt{2}$的二进制展开中的前 n 位，那么粗略估计下一个输出位与 $1/\sqrt{2}$的展开式中的对应位相一致的概率是多少？

14.10 人面与花瓶移动幻觉

(a) 现有 $m\times m$ 网格上的一个模式，它关于通过网格中心的垂直轴镜像对称并且由水平线段构成。试估计这个模式的复杂度的一个上界。

(b) 如果图像有一个网格不同于上面描述的模式，则它的复杂度 K 会如何变化？

14.11 科尔莫戈罗夫复杂度。假设 n 为给定的充分大的整数。令所有的长方形与框架的底边平行。 505

(a) 在 $n \times n$ 网格子上两个长方形之并的(最大)科尔莫戈罗夫复杂度是多少?

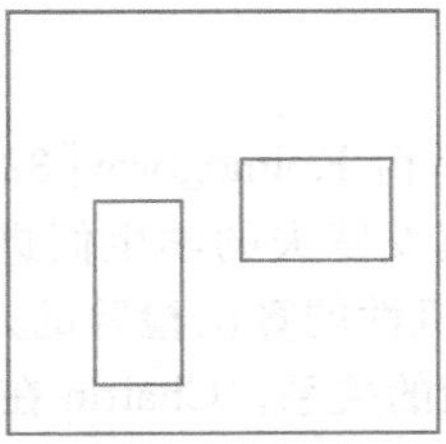

(b) 两个长方形仅在某个顶点处相交时的科尔莫戈罗夫复杂度是多少?

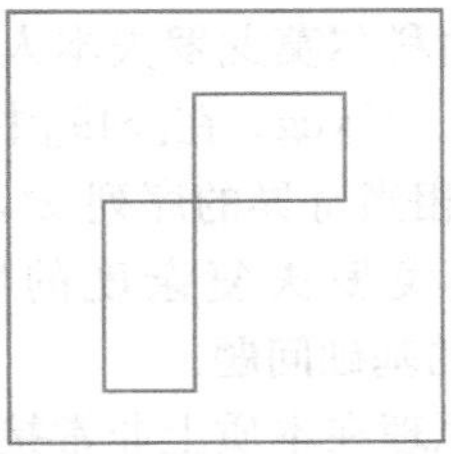

(c) 如果两个具有相同的未知形状时,科尔莫戈罗夫复杂度是多少?

(d) 如果两个具有相同的未知面积时,科尔莫戈罗夫复杂度是多少?

(e) 两个长方形的并的最小科尔莫戈罗夫复杂度是多少? 即最简单的并是多少?

(f) 在一个 $n \times n$ 格子上所有图形(不一定必须是长方形)的(最大)科尔莫戈罗夫复杂度是多少?

14.12 加密文本。假设英语文本 x^n 通过一个转换加密器也就是是(A-Z,包括空格)27 个字母的字母表上 1-1 的再分配)加密成为 y^n。假设文本 x^n 的科尔莫戈罗夫复杂度是 $K(x^n)=\frac{n}{4}$。

(这在英语文本中是大致正确的。用编程语言程来说,假如现在用一个 27 字符的语言,取代两个字符语言,就等于使用 27 进制替换 2 进制。于是,最短程序的长度,具体地讲就是一个长度 n 的英语文本的最短程序的长度,接近于 $\frac{n}{4}$。)

(a) 加密地图的科尔莫戈罗夫复杂度是多少? 506

(b) 估计加密文本 y^n 的科尔莫戈罗夫复杂度。

(c) 如果你期望能对 y^n 进行译码,n 必须多大?

14.13 科尔莫戈罗夫复杂度。考虑整数 n 的科尔莫戈罗夫复杂度 $K(n)$。如果对于某个特定的整数 n_1 其科尔莫戈罗夫复杂度 $K(n_1)$ 较低,那么,关于整数 n_1+k 的科尔莫戈罗夫复杂度 $K(n_1+k)$ 与 $K(n_1)$ 有多大差异?

14.14 大数的复杂度。$A(n)$ 是这样一些正整数 x 的集合,存在终止程序 p 输出 x 的长度不超过 n 比特。$B(n)$ 是 $A(n)$ 的补集(即 $B(n)$ 是这样的正整数 x 之集,即任何一个终止程序在 n 比特之前都得不到 x)。令 $M(n)$ 是 $A(n)$ 中的最大整数,而 $S(n)$ 是 $B(n)$ 中的最小整数。那么回答下列问题:

(a) 科尔莫戈罗夫复杂度 $K(M(n))$(大约)是多少?

(b) $K(S(n))$(大约)是多少?

(c) $M(n)$和 $S(n)$，哪一个大？

(d) 给出$M(n)$的合理下界和$S(n)$的合理上界。

历史回顾

科尔莫戈罗夫复杂度的原创思想是由 Kolmogorov[321,322]，Solomonoff[504]以及 Chaitin[89]几乎同时独立地提出来的。科尔莫戈罗夫的学生们进一步发展了这些思想，如 Martin-Löf[374]给出算法随机序列概念和关于随机性的算法检验的定义，另外 Levin 与 Zvonkin[353]探索了普适概率的思想以及它与复杂度之间的关系。Chaitin 在他的一系列论文[90]—[92]中推广了算法复杂度与数学证明之间的联系。C. P. Schnorr 在[466]—[468]中研究了随机性的普适性概念并且将其用在博弈中。

科尔莫戈罗夫结构函数的概念是由科尔莫戈罗夫本人在 1973 年的塔林(Tallin)会议上的演讲中定义的，但是相关的结果并未发表。V'yugin 在[549]中将其完善，并且证明了在 $K_k(x^n|n)=n-k, k<K(x^n|n)$的意义下，存在一些相当奇异的序列 x^n，要揭示他们的结构进展极其得缓慢。Zurek[606]—[608]通过讨论科尔莫戈罗夫复杂度的物理结果，提出了关于麦克斯韦妖

507 (Maxwell's demon)和热力学第二定律的基础问题。

Rissanen 的最小描述长度(MDL)原理在本质上非常接近于科尔莫戈罗夫充分统计量。Rissanen 在[445，446]的研究中发现，低复杂度的模型可以产生具有高度似然性的数据。Barron 与 Cover 在[32]中讨论了使得 $K(f)+\log\frac{1}{\prod f(X_i)}$达到最小的密度函数也是密度函数的一致估计。

有关度量复杂度的不同方式的非技术性介绍可见 Pagels[412]所著的一本思维启发式的书。此方面的另外的参考书也可以参看 Cover 等人的论文[412]，从中可以找到科尔莫戈罗夫对于信息论和算法复杂度的贡献。对于该领域较全面的书，包括对算法与自动机分析理论的应用，当属

508 Li 与 Vitanyi 的专著[354]。涵盖面更大的著作应该是 Chaitin[86,93]。

第 15 章

网络信息论

能够同时容纳众多发送器与接收器的系统必然囊括了通信问题中的许多新要素：干扰、协作与反馈。它们都是网络信息论中的重要议题。对于一般网络通信问题，我们容易将其抽象为：在给定若干发送器、若干接收器以及描述网络中的相互干涉与噪声干扰效应的信道转移矩阵的条件下，确定该信道是否能够传输这些信源信号。该问题涉及分布式信源编码(数据压缩)以及分布式通信(找出网络的容量区域)。该问题至今还未彻底解决，因此，本章中我们只考虑各种各样的特殊情况。

计算机网络系统、卫星网络系统与电话网络系统都是大型通信网络系统的例子。即使在单个计算机内部，也有许多的部件之间需要互相交流。一套完整的网络信息理论必将对通信与计算机网络的设计产生广泛的影响。

假设有 m 个站点要通过公用的信道与某个公用的卫星交流信息。如图 15-1 所示。这称为多接入信道(multiple-access channel)。为了将信息传输到接收器，各发送器之间应当如何协作？同时可达的通信码率是多少？当发送器间存在干扰时，对总的通信码率该做什么样的限制？这是目前我们了解得最彻底的多用户信道，并且上述问题都有满意的解决方案。

与此相对比，我们来考虑一个逆向问题：某电视台发送信息到 m 台电视机，如图 15-2 所示。发送器应当将信息如何编码才能使得同一个信号适用于不同的电视机？到底需要多大的码率才能将信息传送到不同电视机？对于这种信道，仅在一些特定的情形下上述问题才有解决方案。 509

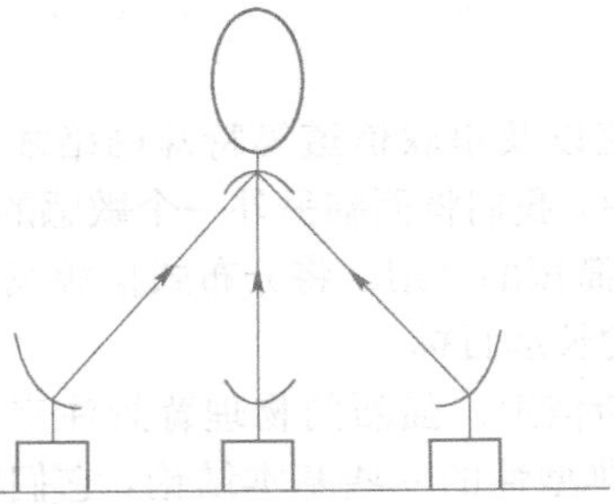

图 15-1　多接入信道

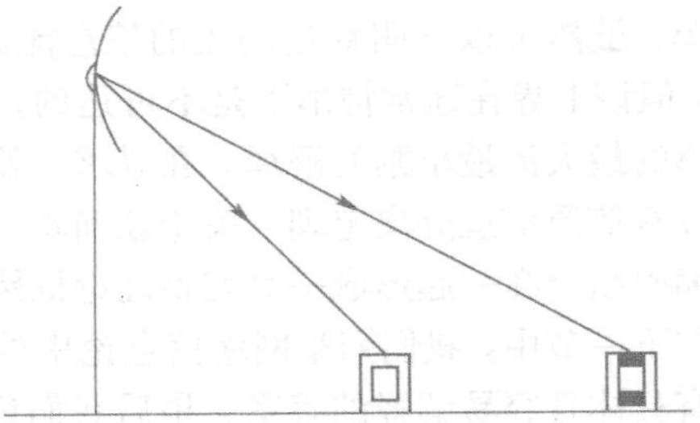

图 15-2　广播信道

还有其他一些信道，如中继信道(此处假定仅有一个信源和一个发送目的地，但是有一个或多个同时行使接收与发送功能的中继站，实现信源与目的地间的通信)、干扰信道(两对发送器与接收器之间串线)或双程信道(两对发送器与接收器互相传输信息)。关于这些信道的可达通信码率问题以及合适的编码策略问题，我们仅略知一二。

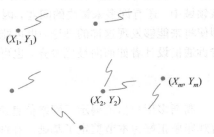

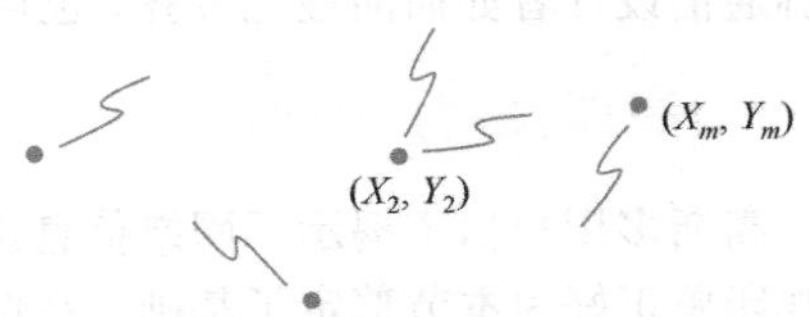

图 15-3　通信网络

所有这些信道均可以考虑为由 m 个互通信息的节点所组成的通信网络模型的特殊情形，如图 15-3 所示。 510
在每个瞬时时刻，第 i 个节点发送某字符 x_i 取决于其自身需要传输的信息以及过去从该节点接收到的字符。同时发送字符$(x_1, x_2, \cdots, x_m)$会使接收器收到服从条件概率分布 $p(y^{(1)}, y^{(2)}, \cdots, y^{(m)} \mid x^{(1)}, x^{(2)}, \cdots, x^{(m)})$的随机字符串$(Y_1, Y_2, \cdots, Y_m)$，其中 $p(\cdot \mid \cdot)$表示存在于网络中的噪声与干扰的效应。如果 $p(\cdot \mid \cdot)$取值仅为 0 或 1，那么网络就变成确定性的。

与网络中的一些节点相伴随的是随机数据信源，网络将它们从一些节点传输到另外一些节点。若信源是独立的，那么节点发送出的消息也是独立的。然而，为了使理论完全具有普遍意义，必须允许信源是相关的。试问，如何利用相关性的特点来精简待传输信息的数量？当已知信源的概率分布与给定信道转移函数后，在允许适当的失真下，是否可以通过该信道发送这些信源信号并且在目的地将这些信源信号恢复出来？

我们接下来考虑网络通信的一系列特殊情形，考虑当信道无噪声且无干扰时的信源编码问题。此时，问题简化为找出与每个信源相适应的一组码率，在传输目的地可以以低误差概率(或适当的失真)将所需信源信号译码。分布式信源编码的最简单情形就是 Slepian-Wolf 信源编码。此时有两个信源，必须分开编码但要在公共的节点上同时译码。继而我们推广该理论，考虑两信源中只有一个需要在目的地恢复的情况。

关于网络的信息流理论在电路理论和管道中水流这样的领域内取得了令人满意的结果。例如，对于如图 15-4 所示的单信源与单接收器管道网络，从 A 到 B 的最大信息流可以由 Ford-Fulkerson 定理很容易地算出。假设各边的容量为图中所示的 C_i，
511 那么显然，穿过每个割集的最大信息流不可能大于该割集中所有割边的容量的总和。因此，穿过所有割集的最大流中的最小值就是网络容量的上界。Ford-Fulkerson 定理[214]证明了该容量是可达的。

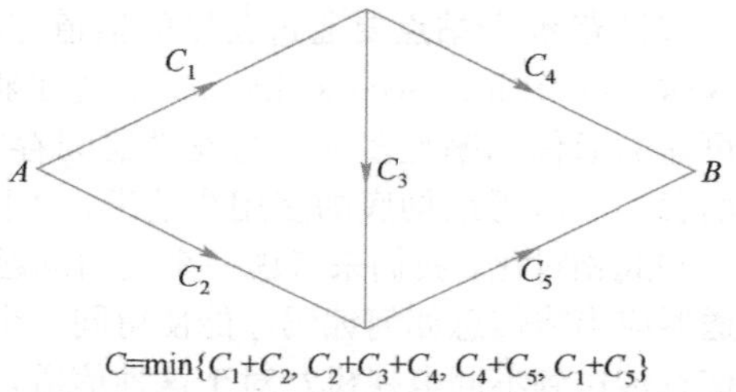

图 15-4 水管管道网络

网络中的信息流理论并不真像水管中的水流那样简单。虽然可以证明穿过割集的信息流的码率有上界，但该上界在通常情形下是不可达的。只有中继信道以及串联信道等特殊网络才能满足这种简单的最大流最小割的解释。在寻求一般理论的过程中，我们将面临另外一个敏感的问题，那就是没有信源信道分离定理。关于该问题，15.10 节会做简短的介绍。将分布式信源编码与网络信道编码结合在一起形成一套完整理论依然是我们追求的长远目标。

在下一节中，我们列举网络信息论中的一些经典高斯信道。强烈的物理背景注定了高斯信道具有具体且容易解释的答案。稍后我们证明关于联合典型性的一些基本结论，它们将用来证明多用户信息论的诸多定理。然后，详细考虑各种各样的具体问题——多接入信道、相关信源的编码(Slepian-Wolf 数据压缩)、广播信道、中继信道、具有边信息的随机变量的编码以及具有边信息的率失真等问题。在结束对网络中信息流的一般理论的介绍之际，我们还要多说几句。在该领域中，还有许多未解决的问题，因此，根本没有(至少还没找到)一套完整的信息网络理论。即使将来能够发现这样的理论，也可能会因为其太复杂而不易执行。当然，这样的理论还是可以
512 告诉通信设计者如何向最优看齐，也可以启发设计者获得一些提高通信速率的手段。

15.1 高斯多用户信道

高斯多用户信道揭示了网络信息论的一些重要特性。我们在第 9 章中获得的关于高斯信道的直观印象正好为本节奠定了基础。在此，我们仅给出如何建立高斯多接入信道、广播信道、中继信道以及双程信道的容量区域的关键思想而不加证明。对应于离散无记忆信道的所有编码定理，

我们可以平行地得到相应的网络编码定理，它们的证明将在本章的后面几节中给出。

最基本的信道是具有输入功率为 P，噪声方差为 N 的时间离散可加高斯白噪声信道，其数学模型为

$$Y_i = X_i + Z_i, \qquad i = 1, 2, \cdots \tag{15-1}$$

其中，Z_i 为 i. i. d. 的高斯随机变量序列，其均值为 0，方差为 N。信号 $\mathbf{X}=(X_1, X_2, \cdots, X_n)$ 满足功率约束条件

$$\frac{1}{n}\sum_{i=1}^{n} X_i^2 \leqslant P \tag{15-2}$$

香农容量 C 是互信息 $I(X; Y)$ 在所有满足 $EX^2 \leqslant P$ 的随机变量序列 X 集合上的最大值，按下式(见第 9 章)给出

$$C = \frac{1}{2}\log\left(1+\frac{P}{N}\right) \quad \text{比特 / 传输} \tag{15-3}$$

本章，我们仅讨论时间离散无记忆信道；所得结果可以推广到时间连续的高斯信道。

15.1.1 单用户高斯信道

首先复习一下第 9 章中的单用户高斯信道。这里 $Y=X+Z$，选取码率 $R<\frac{1}{2}\log(1+P/N)$。选定功率为 P 的优秀$(2^{nR}, n)$码簿。在集合$\{1, \cdots, 2^{nR}\}$中选取下标 w。传输上述码簿中的第 w 个码字 $\mathbf{X}(w)$。接收器观测到 $\mathbf{Y}=\mathbf{X}(w)+\mathbf{Z}$ 之后，找出与 $\mathbf{Y}$ 最接近的码字的下标 $\hat{w}$。当 n 足够大时，误差概率 $\Pr(w\neq\hat{w})$可任意小。从联合典型的定义可看出，该最小距离译码方案本质上等同于找出码簿中与接收到的向量 $\mathbf{Y}$ 构成联合典型的码字。 513

15.1.2 m 个用户的高斯多接入信道

考虑 m 个发送器，每个发送器的功率均为 P，设

$$Y = \sum_{i=1}^{m} X_i + Z \tag{15-4}$$

令

$$C\left(\frac{P}{N}\right) = \frac{1}{2}\log\left(1+\frac{P}{N}\right) \tag{15-5}$$

表示信噪比为 P/N 的单用户高斯信道容量。高斯信道的可达码率区域可有下述方程组决定的简单形式：

$$R_i < C\left(\frac{P}{N}\right) \tag{15-6}$$

$$R_i + R_j < C\left(\frac{2R}{N}\right) \tag{15-7}$$

$$R_i + R_j + R_k < C\left(\frac{3P}{N}\right) \tag{15-8}$$

$$\vdots \tag{15-9}$$

$$\sum_{i=1}^{m} R_i < C\left(\frac{mP}{N}\right) \tag{15-10}$$

注意到当所有的码率都相同时，所有别的不等式可归结为最后一个不等式。

此时，我们需要 m 个码簿，其中第 i 个码簿具有 2^{nR_i} 个功率为 P 的码字。传输方式很简单，每个独立的发送器只要从其自身的码簿中任意选取一个码字，然后所有用户同时传输这些向量。接收器观测到的是这些码字与高斯噪声 $\mathbf{Z}$ 的叠加。

最优的译码方法就是在 m 个码簿中各自找出一个码字使得这些向量之和在欧几里得距离下

与 $\mathbf{Y}$ 最近。若 $(R_1, R_2, \cdots, R_m)$ 包含在上述容量区域内，那么当 n 趋向于无穷时，误差概率趋向
514 于0。

注释 所有用户的码率之和 $C(mP/N)$ 将随 m 趋于无穷，这是该问题导出的一个令人回味的事实。由此可以想到，对于有 m 个功率为 P 的嘉宾的鸡尾酒宴会(外界噪声 N 存在)，当嘉宾人数趋向于无穷时，有心者可获得的信息量也是无界的。当然，对于地面与卫星的通信，也有类似的结论。显然，随着发送用户数目 $m\to\infty$，相互干扰的增加并未对接收信息造成限制。

另一个有趣的事实是，最优传输方案并不涉及时分多路复用。事实上，每个发送器在任何时间都占用着所有的频带。

15.1.3 高斯广播信道

这里，我们假设有功率为 P 的发送器与两个相隔遥远的接收器，其中一个接收器的高斯噪声功率为 N_1，另一个的高斯噪声功率为 N_2。不失一般性，假设 $N_1<N_2$。于是，接收器 Y_1 比接收器 Y_2 受噪声干扰小。信道模型为 $Y_1=X+Z_1$ 与 $Y_2=X+Z_2$，其中 Z_1 与 Z_2 为任意两个相关的高斯随机变量，方差分别为 N_1 与 N_2。发送器希望以码率 R_1 与 R_2 分别传送独立的消息给接收器 Y_1 与 Y_2。

幸运的是，所有高斯广播信道均属于15.6.2节要讲到的退化广播信道类。特别地，我们发现高斯广播信道的容量区域为

$$R_1 < C\left(\frac{\alpha P}{N_1}\right) \tag{15-11}$$

$$R_2 < C\left(\frac{(1-\alpha)P}{\alpha P+N_2}\right) \tag{15-12}$$

其中 α 可任意选取 $(0\leqslant\alpha\leqslant 1)$，是为了实现发送器所希望的以牺牲码率 R_1 来换取 R_2 的目的。

为了对消息进行编码，发送器需要产生两个码簿，一个功率为 αP 且码率为 R_1，另一个功率为 $\bar{\alpha}P$ 且码率为 R_2，其中 R_1 与 R_2 包含在上述的容量区域中。此时，为了分别将下标 $w_1\in\{1, 2, \cdots, 2^{nR_1}\}$ 与 $w_2\in\{1, 2, \cdots, 2^{nR_2}\}$ 传输给 Y_1 与 Y_2，发送器分别从第一个与第二个码簿中取出码
515 字 $\mathbf{X}(w_1)$ 与 $\mathbf{X}(w_2)$ 并将它们叠加。然后，将叠加的字符串通过该信道传输出去。

接下来，接收器要对消息译码。首先考虑较差的接收器 Y_2。它仅需要在第二个码簿中查找与接收到的向量 $\mathbf{Y}_2$ 最接近的码字。由于 Y_1 的消息对于 Y_2 来说是噪声，因此，接收器 Y_2 的有效信号相对于噪声的信噪比为 $\bar{\alpha}P/(\alpha P+N_2)$。(这是可以证明的。)

较好的接收器 Y_1 会先译出 Y_2 所对应的码字 $\hat{X}_2$，它之所以可以这样做是因为它的噪声 N_1 较低。它从 $\mathbf{Y}_1$ 中减去码字 $\hat{\mathbf{X}}_2$。然后，在第一个码簿中寻求与 $\mathbf{Y}_1-\hat{\mathbf{X}}_2$ 最接近的码字。这样处理可以使得结果的误差概率小到符合事先要求。

退化广播信道的最优编码的意外的收获是：较好的接收器 Y_1 总是除了获取传输给自己的信息之外，还顺便获得了传输给 Y_2 的信息。

15.1.4 高斯中继信道

对于中继信道，它有发送器 X 与最终的目标接收器 Y。为了讲解方便，假设只有一个中继站。高斯中继信道(如图15-31所示)可表达为

$$Y_1 = X + Z_1 \tag{15-13}$$

$$Y = X + Z_1 + X_1 + Z_2 \tag{15-14}$$

其中，Z_1 与 Z_2 为两个独立的0均值高斯随机变量，其方差分别为 N_1 与 N_2。中继信道的容许编码是如下的因果序列

$$X_{1i} = f_i(Y_{11}, Y_{12}, \cdots, Y_{1i-1}) \tag{15-15}$$

如果原发送器 X 的功率为 P，而中继发送器 X_1 的功率为 P_1，则中继信道的容量为

$$C=\max_{0\leqslant\alpha\leqslant1}\min\left\{C\left(\frac{P+P_1+2\sqrt{\bar{\alpha}PP_1}}{N_1+N_2}\right),C\left(\frac{\alpha P}{N_1}\right)\right\} \tag{15-16}$$

其中 $\bar{\alpha}=1-\alpha$。注意，如果

$$\frac{P_1}{N_2}\geqslant\frac{P}{N_1} \tag{15-17}$$

可以看出 $C=C(P/N_1)$，当 $\alpha=1$ 时达到该容量。在此情形下，经过中继传输，该信道似乎是无噪声的，并且由 X 到中继站的容量 $C(P/N_1)$ 是可达的。因此，无中继时的容量 $C(P/(N_1+N_2))$ 也随着中继站的出现而增加到 $C(P/N_1)$。对于充分大的 N_2，当 $P_1/N_2\geqslant P/N_1$ 时，我们可以看到，码率从 $C(P/(N_1+N_2))\approx0$ 增加到了 $C(P/N_1)$。 516

考虑分组传输。在第一组传输中，设 $R_1<C(\alpha P/N_1)$。此时需要两个码簿，第一个码簿中有 2^{nR_1} 个功率为 αP 的码字，第二个码簿中有 2^{nR_0} 个功率为 $\bar{\alpha}P$ 的码字。为了创造出中继站之间的协作机会，需要从这两个码簿中连续地调用码字。首先从第一个码簿中调出一个码字来发送。由于 $R_1<C(\alpha P/N_1)$，中继站可以知道该码字的下标，但是目标接收器却无法确定该下标，因为它对于收到的每个向量信号进行译码会获得一个含有 $2^{n(R_1-C(\alpha P/(N_1+N_2)))}$ 个可能码字的清单。若要准确判定该下标，还需要一系列的计算，而这些计算又牵涉得到一个与清单编码有关的结果。

在下一组传输中，发送器与中继站希望通过协作解决接收器的不确定性，即接收器因为对接收到的字符串对应着清单中的多种可能而不能确定。遗憾的是，发送器与中继发送器并不知道该清单是什么，因为他们根本不知道接收器收到的信号 Y。为此，它们随机地将第一个码簿划分为 2^{nR_0} 个单元使得每个单元中有相同数目的码字。该划分对于中继发送器，接收器与发送器三方都公开。发送器与中继发送器找出该码字在第一个码簿的划分中所处的单元，同时两者进行协作，将第二码簿中对应于单元编号的那个码字发送出去，即 X 与 X_1 发送了同一个指示的码字。当然，中继发送器必须调制该码字使其满足功率限制为 P_1。同时发送了它们的码字。这时需要注意的一个重点是，由于中继发送器与原发送器传输的协作信息是同步发送的，因此，接收器 Y 看到的是一个功率为$(\sqrt{\bar{\alpha}P}+\sqrt{P_1})^2$ 的叠加信号。

然而，原发送器在第二组的工作并没有结束，它还要再从第一码簿中选取一新的码字，将其“照章”与从第二个码簿中取出的协作码字叠加，并将该叠加后的序列经信道发送出去。

在第二组传输中，最终接收器 Y 的接收工作包括：首先通过找出第二码簿最接近的码字来发现协助码字的下标；其次，从接收到的序列剔除这个最接近的码字，并且计算出 2^{nR_0} 个下标的清单，使其对应于第一码簿中所有这样的码字，它们可能已被送到第二组。

接下来就该是最终目标接收器来完成关于第一组传输中发送出的第一个码簿中的码字的计算工作。当它取得所有可能是第一组传输发送出的码字清单之后，检查清单与划分的特定单元(已经从第二组传输协助的中继传输中知道了该单元的编号)相交的情况。假定已经选取了码率与功率，使得交集中以高概率仅含 1 个码字，那么，这个唯一的码字就作为在获得第一组发送出 517
的信息条件下 Y 的估计。

现在进入一种稳定的状态。在每一组新的传输中，发送器与中继站可以协作解决前一次留下的清单的不确定性。另外，发送器在传输第二个码簿中码字的同时将来自第一码簿中的新信息叠加上去，然后传输该叠加信息。接收器总是落后一组，但当发送的传输组数足够多时，这并不影响总体接收速率。

15.1.5 高斯干扰信道

干扰信道有两个发送器与两个接收器。发送器 1 希望对接收器 1 传递信息，并不关心接收器 2

会收到或者泄密。发送器 2 与接收器 2 也同样如此。每个信道之间相互干扰。该信道如图 15-5 所示。它并非真正的广播信道，因为对每个发送器，仅有一个目标接收器；也不是多接入信道，因为每个接收器仅对相应的发送器发送的信息感兴趣。对于对称干扰的情形，我们有

$$Y_1 = X_1 + aX_2 + Z_1 \tag{15-18}$$

$$Y_2 = X_2 + aX_1 + Z_2 \tag{15-19}$$

其中 Z_1，Z_2 是两个独立的服从$\mathcal{N}(0, N)$的随机变量。该信道即使在高斯情形下也没有一般解。但是很明显，无论是在高干扰还是在无干扰情形下，信道的容量区域都是相同的。

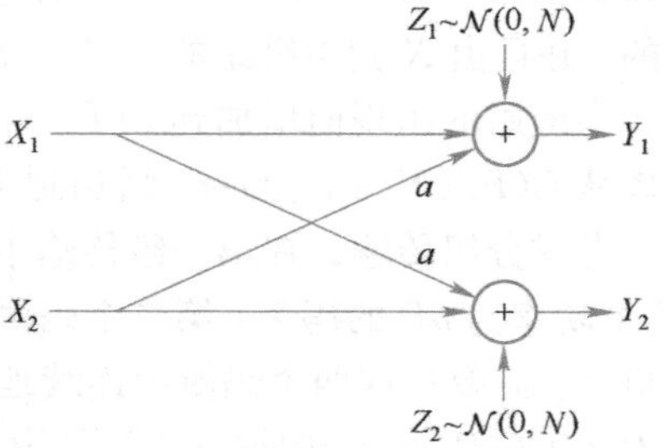

图 15-5　高斯干扰信道

要获得该结论，需要产生两个功率为 P 且码率为

518 $C(P/N)$的码簿。每个发送器从其码簿中选出一个码字并将其发送。假如干扰 a 满足 $C(a^2P/(P+N))>C(P/N)$，那么第一个发送器完全清楚第二个发送器所用的下标，因为它可以通过搜索与它收到的信号最接近的码字这种寻常的方法来找到该下标。当它找到该信号之后，可以从接收到的波形中减去该信号。于是，它与自己的发送器之间形成了一个净化了的信道。然后，它从发送器使用的码簿中搜索出最接近的码字，并宣布该码字就是发送器 1 所发送的码字。

15.1.6　高斯双程信道

双程信道与干扰信道非常类似，但具有以下附加规定：发送器 1 与接收器 2 相连，发送器 2 与接收器 1 相连，如图 15-6 所示。因此，发送器 1 可由接收器 2 以前接收到的信号决定下一步该发送什么。该信道展现了网络信息论的另一个基本特征：反馈。反馈使发送器可互相使用彼此的部分信息而实现相互协作。

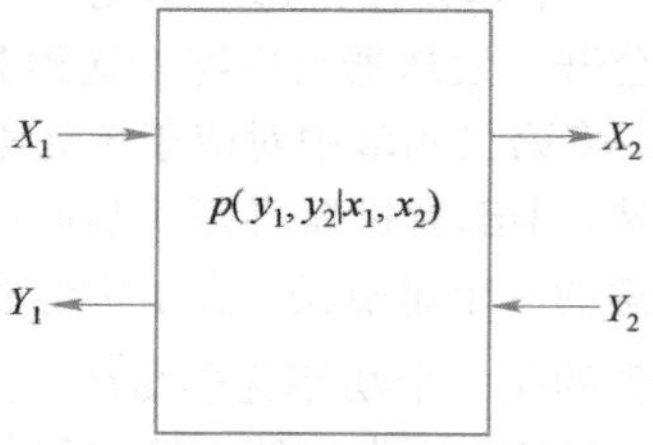

图 15-6　双程信道

一般情形下的双程信道容量区域还不知道。该信道是香农[486]首先提出的，他获得了该区域的上下界(参见习题 15.15)。对高斯信道，这两个界重合，因此，高斯信道的容量区域已为人们所知。事实上，高斯双程信道可以分解为两个独立信道。

设 P_1 与 P_2 分别为发送器 1 与 2 的功率，N_1 与 N_2 为两信道的噪声方差。那么码率 $R_1 < C(P_1/N_1)$与 $R_2 < C(P_2/N_2)$是可达的，这可以利用在干扰信道中描述的技术来实现。此时产生两个码率分别为 R_1 与 R_2 的码簿。发送器 1 发送第一码簿中的码字。接收器 2 接收到两个发送

519 器发送的码字以及噪声的叠加信号。只要简单地从叠加信号中剔除发送器 2 发送的码字，就可获得一个等同于直接从发送器 1 到接收器 2 的净化了的信道(仅有方差为 N_1 的噪声)。于是，双程高斯信道分解为两个独立高斯信道。但是，这并不代表一般的双程信道。一般情况下，两个发送器之间存在着一种平衡关系，使得它们不可能同时以最优码率传送信息。

15.2　联合典型序列

我们已通过考虑多用户高斯信道，预示了网络中容量的一些结论。本节我们给出详尽的分析，首先需要给出第 7 章中证明过的联合 AEP 的推广形式，来证明网络信息论中的定理。联合渐近均分性质(AEP)将使我们能够计算本章中考虑到的各种编码方案的联合典型译码的误差概率。

设$(X_1, X_2, \cdots, X_k)$为有限个离散随机变量的集合，其固定联合分布为 $p(x_1, x_2, \cdots, x_k)$，$(x_1, x_2, \cdots, x_k) \in \mathcal{X}_1 \times \mathcal{X}_2 \times \cdots \times \mathcal{X}_k$。设 S 为这些随机变量的一个有序子集，并考虑 S 的 n 次独

立重复$\mathbf{S}=(S_1,S_2,\cdots,S_n)$，其中所有$S_i=S$。于是

$$\Pr\{\mathbf{S}=\mathbf{s}\}=\prod_{i=1}^{n}\Pr\{S_i=s_i\}\qquad \mathbf{s}\in\mathcal{S}^n \tag{15-20}$$

其中$\mathcal{S}$表示$\mathbf{S}$中全体随机变量所对应的字母表的乘积空间。例如，若$S=(X_j,X_l)$，则$\mathcal{S}=\mathcal{X}_j\times\mathcal{X}_l$，且

$$\Pr\{\mathbf{S}=\mathbf{s}\}=\Pr\{(\mathbf{X}_j,\mathbf{X}_l)=(\mathbf{x}_j,\mathbf{x}_l)\} \tag{15-21}$$

$$=\prod_{i=1}^{n}p(x_{ij},x_{il}) \tag{15-22}$$

为明确起见，有时用$X(S)$替代S。由大数定律，对随机变量的任意子集S，

$$-\frac{1}{n}\log p(S_1,S_2,\cdots,S_n)=-\frac{1}{n}\sum_{i=1}^{n}\log p(S_i)\to H(S) \tag{15-23}$$

其中对于2^k个子集中的任何一个子集$S\subseteq\{X_1,X_2,\cdots,X_k\}$，收敛性以概率1成立。 520

定义 随机向量$(X_1,\cdots,X_k)$的ε典型的且长度为n的序列$(\mathbf{x}_1,\mathbf{x}_2,\cdots,\mathbf{x}_k)$的集合$A_\varepsilon^{(n)}$定义为

$$A_\varepsilon^{(n)}(X^{(1)},X^{(2)},\cdots,X^{(k)})$$
$$=A_\varepsilon^{(n)}=\left\{(\mathbf{x}_1,\mathbf{x}_2,\cdots,\mathbf{x}_k):\left|-\frac{1}{n}\log p(\mathbf{s})-H(S)\right|<\varepsilon,\ \forall S\subseteq\{X^{(1)},X^{(2)},\cdots,X^{(k)}\}\right\} \tag{15-24}$$

其中$s_i=(x_{1i},\cdots,x_{ki})$，$S_i=S$对所有$i$成立。

令$A_\varepsilon^{(n)}(S)$表示将$A_\varepsilon^{(n)}$限制在S上。因此，若$S=(X_1,X_2)$，则我们有

$$\begin{aligned}A_\varepsilon^{(n)}(X_1,X_2)=\{(\mathbf{x}_1,\mathbf{x}_2):&\\ &\left|-\frac{1}{n}\log p(\mathbf{x}_1,\mathbf{x}_2)-H(X_1,X_2)\right|<\varepsilon,\\ &\left|-\frac{1}{n}\log p(\mathbf{x}_1)-H(X_1)\right|<\varepsilon,\\ &\left|-\frac{1}{n}\log p(\mathbf{x}_2)-H(X_2)\right|<\varepsilon\}\end{aligned} \tag{15-25}$$

定义 我们将用记号$a_n\doteq 2^{n(b\pm\varepsilon)}$表示当$n$足够大时，

$$\left|\frac{1}{n}\log a_n-b\right|<\varepsilon \tag{15-26}$$

定理 15.2.1 对任意$\varepsilon>0$，对足够大的n，

1. $P(A_\varepsilon^{(n)}(S))\geqslant 1-\varepsilon$，$\forall S\subseteq\{X^{(1)},X^{(2)},\cdots,X^{(k)}\}$. (15-27)
2. $\mathbf{s}\in A_\varepsilon^{(n)}(S)\Rightarrow p(\mathbf{s})\doteq 2^{n(H(S)\pm\varepsilon)}$. (15-28)
3. $|A_\varepsilon^{(n)}(S)|\doteq 2^{n(H(S)\pm 2\varepsilon)}$. (15-29) 521
4. 设$S_1,S_2\subseteq\{X^{(1)},X^{(2)},\cdots,X^{(k)}\}$，若$(\mathbf{s}_1,\mathbf{s}_2)\in A_\varepsilon^{(n)}(S_1,S_2)$，则

$$p(\mathbf{s}_1\mid\mathbf{s}_2)\doteq 2^{-n(H(S_1|S_2)\pm 2\varepsilon)}. \tag{15-30}$$

证明：

1. 由$A_\varepsilon^{(n)}(S)$的定义及随机变量的大数定律可得。
2. 由$A_\varepsilon^{(n)}(S)$的定义直接得到。
3. 由于

$$1\geqslant\sum_{\mathbf{s}\in A_\varepsilon^{(n)}(S)}p(\mathbf{s}) \tag{15-31}$$

$$\geqslant\sum_{\mathbf{s}\in A_\varepsilon^{(n)}(S)}2^{-n(H(S)+\varepsilon)} \tag{15-32}$$

$$=|A_\varepsilon^{(n)}(S)|2^{-n(H(S)+\varepsilon)} \tag{15-33}$$

若 n 足够大，我们可得出

$$1-\varepsilon \leqslant \sum_{\mathbf{s}\in A_\varepsilon^{(n)}(S)} p(\mathbf{s}) \tag{15-34}$$

$$\leqslant \sum_{\mathbf{s}\in A_\varepsilon^{(n)}(S)} 2^{-n(H(S)-\varepsilon)} \tag{15-35}$$

$$=|A_\varepsilon^{(n)}(S)|2^{-n(H(S)-\varepsilon)} \tag{15-36}$$

结合式(15-33)与式(15-36)，对于充分大的 n，我们有 $|A_\varepsilon^{(n)}(S)| \doteq 2^{n(H(S)\pm 2\varepsilon)}$。

4. 当 $(\mathbf{s}_1, \mathbf{s}_2)\in A_\varepsilon^{(n)}(S_1, S_2)$ 时，可得 $p(\mathbf{s}_1)\doteq 2^{-n(H(S_1)\pm\varepsilon)}$，$p(\mathbf{s}_1, \mathbf{s}_2)\doteq 2^{-n(H(S_1, S_2)\pm\varepsilon)}$，因此，

$$p(\mathbf{s}_2 \mid \mathbf{s}_1)=\frac{p(\mathbf{s}_1, \mathbf{s}_2)}{p(\mathbf{s}_1)} \doteq 2^{-n(H(S_2|S_1)\pm 2\varepsilon)} \tag{15-37}$$ □

522 下面的定理已知一个典型序列，给出条件典型序列数目的界估计。

定理 15.2.2 设 S_1，S_2 为 X_1，X_2，…，X_k 的两个子集。对任给 $\varepsilon>0$，定义 $A_\varepsilon^{(n)}(S_1|\mathbf{s}_2)$ 表示与特定的序列 $\mathbf{s}_2$ 构成联合 ε 典型的所有序列 $\mathbf{s}_1$ 的集合。若 $\mathbf{s}_2\in A_\varepsilon^{(n)}(S_2)$，那么对充分大的 n，我们有

$$|A_\varepsilon^{(n)}(S_1 \mid \mathbf{s}_2)| \leqslant 2^{n(H(S_1|S_2)+2\varepsilon)} \tag{15-38}$$

以及

$$(1-\varepsilon)2^{n(H(S_1|S_2)-2\varepsilon)} \leqslant \sum_{\mathbf{s}_2} p(\mathbf{s}_2)|A_\varepsilon^{(n)}(S_1|\mathbf{s}_2)| \tag{15-39}$$

证明：如定理 15.2.1 的第 3 个性质，我们有

$$1 \geqslant \sum_{\mathbf{s}_1\in A_\varepsilon^{(n)}(S_1|\mathbf{s}_2)} p(\mathbf{s}_1 \mid \mathbf{s}_2) \tag{15-40}$$

$$\geqslant \sum_{\mathbf{s}_1\in A_\varepsilon^{(n)}(S_1|\mathbf{s}_2)} 2^{-n(H(S_1|S_2)+2\varepsilon)} \tag{15-41}$$

$$=|A_\varepsilon^{(n)}(\mathbf{S}_1|\mathbf{s}_2)|2^{-n(H(S_1|S_2)+2\varepsilon)} \tag{15-42}$$

若 n 充分大，则由式(15-27)，我们可得出

$$1-\varepsilon \leqslant \sum_{\mathbf{s}_2} p(\mathbf{s}_2) \sum_{\mathbf{s}_1\in A_\varepsilon^{(n)}(S_1|\mathbf{s}_2)} p(\mathbf{s}_1|\mathbf{s}_2) \tag{15-43}$$

$$\leqslant \sum_{\mathbf{s}_2} p(\mathbf{s}_2) \sum_{\mathbf{s}_1\in A_\varepsilon^{(n)}(S_1|\mathbf{s}_2)} 2^{-n(H(S_1|S_2)-2\varepsilon)} \tag{15-44}$$

$$=\sum_{\mathbf{s}_2} p(\mathbf{s}_2)|A_\varepsilon^{(n)}(S_1|\mathbf{s}_2)|2^{-n(H(S_1|S_2)-2\varepsilon)} \tag{15-45}$$ □

要计算译码的误差概率，需要知道条件独立序列为联合典型的概率。设 S_1，S_2 与 S_3 为 $\{X^{(1)}, X^{(2)}, \cdots, X^{(k)}\}$ 的三个子集。记 S'_1，S'_2 和 S'_3 为另外三个随机向量，满足在给定 S'_3 下
523 S'_1 和 S'_2 条件独立，而且 (S'_1, S'_2, S'_3) 与 (S_1, S_2, S_3) 具有对应的相同的两两边际分布，则我们有如下关于联合典型概率的结果。

定理 15.2.3 $A_\varepsilon^{(n)}$ 表示概率密度函数 $p(s_1, s_2, s_3)$ 的典型集，并且令

$$P(\mathbf{S}'_1=\mathbf{s}_1, \mathbf{S}'_2=\mathbf{s}_2, \mathbf{S}'_3=\mathbf{s}_3)=\prod_{i=1}^{n} p(s_{1i} \mid s_{3i})p(s_{2i} \mid s_{3i})p(s_{3i}) \tag{15-46}$$

那么

$$P\{(\mathbf{S}'_1, \mathbf{S}'_2, \mathbf{S}'_3)\in A_\varepsilon^{(n)}\} \doteq 2^{n(I(S_1; S_2|S_3)\pm 6\varepsilon)} \tag{15-47}$$

证明：为了避免分开计算上界与下界，我们利用式(15-26) 中的记号$\doteq$。于是

$$P\{(\mathbf{S}_1', \mathbf{S}_2', \mathbf{S}_3') \in A_\epsilon^{(n)}\}$$

$$= \sum_{(\mathbf{s}_1, \mathbf{s}_2, \mathbf{s}_3)\in A_\epsilon^{(n)}} p(\mathbf{s}_3)p(\mathbf{s}_1 \mid \mathbf{s}_3)p(\mathbf{s}_2 \mid \mathbf{s}_3) \tag{15-48}$$

$$\doteq |A_\epsilon^{(n)}(S_1, S_2, S_3)| 2^{-n(H(S_3)\pm\epsilon)} 2^{-n(H(S_1|S_3)\pm 2\epsilon)} 2^{-n(H(S_2|S_3)\pm 2\epsilon)} \tag{15-49}$$

$$\doteq 2^{n(H(S_1, S_2, S_3)\pm\epsilon)} 2^{-n(H(S_3)\pm\epsilon)} 2^{-n(H(S_1|S_3)\pm 2\epsilon)} 2^{-n(H(S_2|S_3)\pm 2\epsilon)} \tag{15-50}$$

$$\doteq 2^{-n(I(S_1; S_2|S_3)\pm 6\epsilon)} \tag{15-51}$$ □

利用该定理，我们将根据具体情况特别地选取 S_1，S_2 和 S_3，以完成本章中的各类有关可达性的证明。

15.3 多接入信道

多接入信道是我们第一个要详细考察的信道。在该情形中，两个(或更多)发送器对同一个接收器发送信息。该信道如图 15-7 所示。具有许多独立地面站的人造卫星接收器，或者一群手机与某个基站的通信都是这种信道的最典型的例子。我们可以看到发送器不仅要面对来自接收器的噪声，而且还要面对自身相互间的干扰。

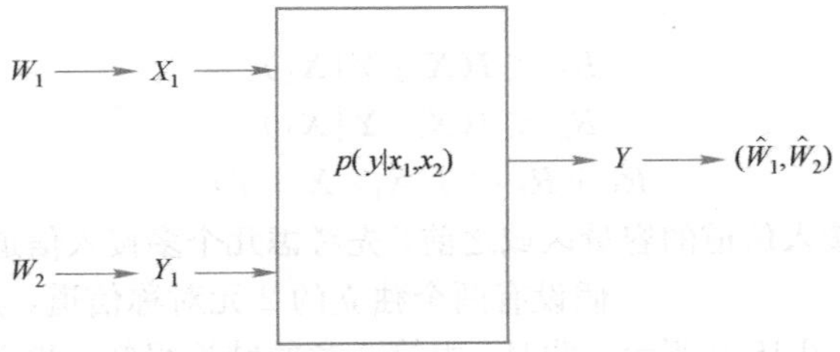

图 15-7 多接入信道

定义 离散无记忆多接入信道由 3 个字母表$\mathcal{X}_1$，$\mathcal{X}_2$ 与$\mathcal{Y}$，以及概率转移矩阵 $p(y|x_1, x_2)$组成。 524

定义 多接入信道的$((2^{nR_1}, 2^{nR_2}), n)$码由以下五个部分组成：两个称为消息集的整数集：$\mathcal{W}_1=\{1, 2, \cdots, 2^{nR_1}\}$ 与$\mathcal{W}_2=\{1, 2, \cdots, 2^{nR_2}\}$，两个编码函数

$$X_1 : \mathcal{W}_1 \to \mathcal{X}_1^n \tag{15-52}$$

和

$$X_2 : \mathcal{W}_2 \to \mathcal{X}_2^n \tag{15-53}$$

以及一个译码函数

$$g : \mathcal{Y}^n \to \mathcal{W}_1 \times \mathcal{W}_2 \tag{15-54}$$

该信道有两个发送器与一个接收器。发送器 1 从集合$\{1, 2, \cdots, 2^{nR_1}\}$均匀地提取下标 W_1 后经信道发送对应的码字。发送器 2 工作原理类似。假设乘积空间$\mathcal{W}_1\times\mathcal{W}_2$ 上的消息服从均匀分布(即消息为独立等可能的)，我们定义$((2^{nR_1}, 2^{nR_2}), n)$码的平均误差概率如下：

$$P_e^{(n)} = \frac{1}{2^{n(R_1+R_2)}} \sum_{(w_1, w_2)\in\mathcal{W}_1\times\mathcal{W}_2} \Pr\{g(Y^n) \neq (w_1, w_2) \mid (w_1, w_2)\text{被发送}\} \tag{15-55}$$

定义 对于多接入信道，若存在一个$((2^{nR_1}, 2^{nR_2}), n)$码序列，使 $P_e^{(n)}\to 0$，那么称码率对(R_1, R_2)关于该信道是可达的。 525

定义 多接入信道的容量区域为所有可达码率对(R_1,R_2)的组成集合的闭包。

多接入信道容量区域的一个例子如图 15-8 所示。我们首先以定理的形式给出容量区域的具

体描述。

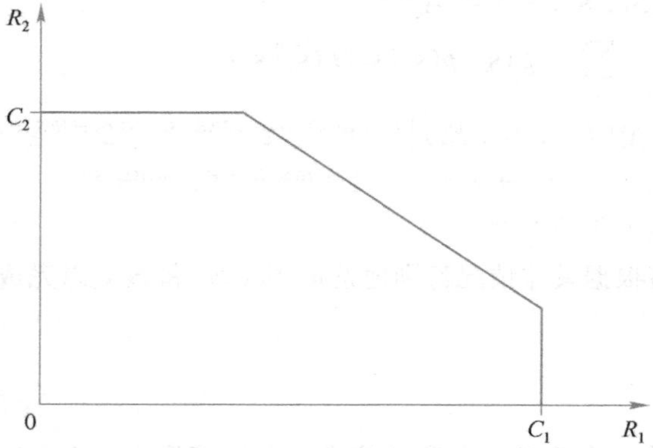

图 15-8 多接入信道的容量区域

定理 15.3.1（多接入信道的容量区域） 多接入信道$(\mathcal{X}_1\times\mathcal{X}_2, p(y|x_1, x_2), \mathcal{Y})$的容量区域为满足下列条件的全体$(R_1, R_2)$所成集合的凸闭包，即如果存在$\mathcal{X}_1\times\mathcal{X}_2$上的某个乘积分布$p_1(x_1)p_2(x_2)$，使得

$$R_1 < I(X_1;Y|X_2) \tag{15-56}$$

$$R_2 < I(X_2;Y|X_1) \tag{15-57}$$

$$R_1+R_2 < I(X_1,X_2;Y) \tag{15-58}$$

在证明该区域是多接入信道的容量区域之前，先考虑几个多接入信道的例子。

例 15.3.1（独立二元对称信道） 假设有两个独立的 2 元对称信道，其中一个来自发送器 1，另一个来自发送器 2，如图 15-9 所示。此时，由第 7 章的结论得知，我们可以码率$1-H(p_1)$在
526 第一个信道上发送信息，以码率$1-H(p_2)$在第二个信道上发送信息。由于信道是独立的，发送器间无干扰。此时的容量区域如图 15-10 所示。

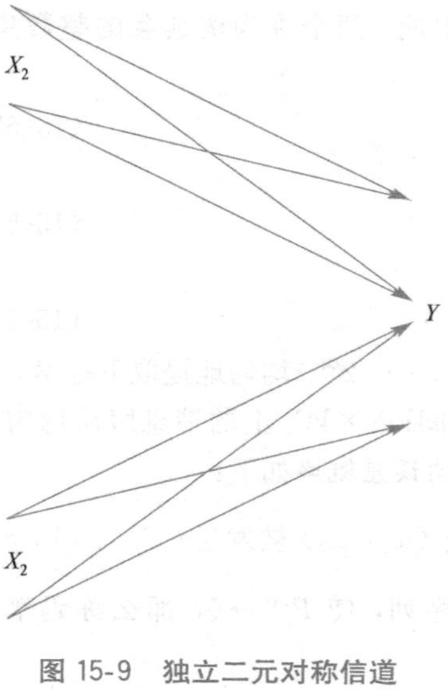

图 15-9 独立二元对称信道

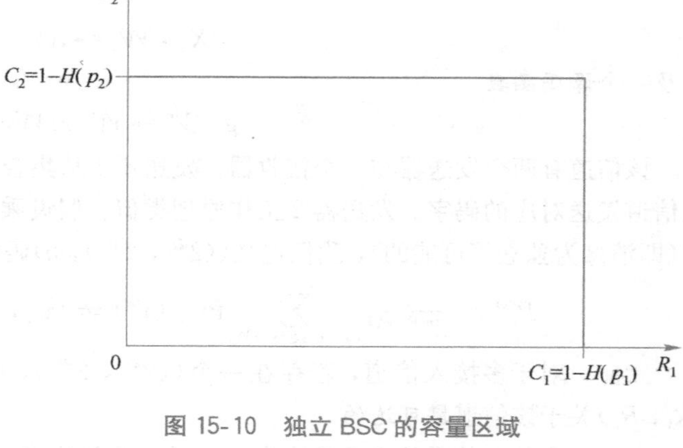

图 15-10 独立 BSC 的容量区域

例 15.3.2(二元乘法信道) 考虑一个带二元输入与二元输出的多接入信道

$$Y = X_1X_2 \tag{15-59}$$

该信道称为二元乘法信道。容易看出，若设定 $X_2=1$，可以从发送器 1 到接收器之间以 1 比特/传输的速率发送信息。同理，设定 $X_1=1$，可以达到速率 $R_2=1$。显然，由于输出是二元的，发送器 1 与发送器 2 的组合速率 R_1+R_2 不能超过 1 比特。通过分时作业，我们可以达到任何满足 $R_1+R_2=1$ 的速率组合。因此，它的容量区域如图 15-11 所示。

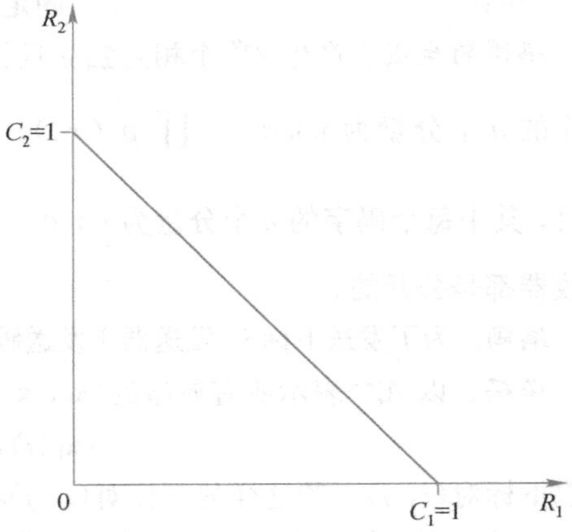

图 15-11 二元乘法信道的容量区域

例 15.3.3(二元擦除多接入信道) 该多接入信道具有二元输入，即$\mathcal{X}_1=\mathcal{X}_2=\{0, 1\}$以及三元输出 $Y=X_1+X_2$。如果收到 $Y=0$ 或 $Y=2$，(X_1, X_2)并不具有含糊性；但是，$Y=1$ 可能是由于输入(0,1)或(1,0)产生的。 527

现在考虑两个轴上的可达码率。取 $X_2=0$，我们可由发送器 1 以速率为 1 比特/传输发送信息。同样，取 $X_1=0$，我们可以按速率 $R_2=1$ 发送。这样，给出了容量区域的两个极端点。我们可否做得更好？假定 $R_1=1$，则 X_1 的码字集必须包含所有可能的二元序列，X_1 可以看作 Bernoulli$\left(\frac{1}{2}\right)$过程。相对于从 X_2 发送的信号而言，X_1 的行为如噪声一般。因此对于 X_2，该信道看起来是如图 15-12 所示的信道。这是第 7 章中的二元擦除信道。回顾其结论，我们得知该信道的容量为$\frac{1}{2}$比特/传输。因此，当发送器 1 以最大速率 1 发送信息时，可以让发送器 2 发送另外的 1/2 比特。在后面导出容量区域之后，可以验证这些速率是所有可达的且最佳的速率。二元擦除信道的容量区域如图 15-13 所示。 528

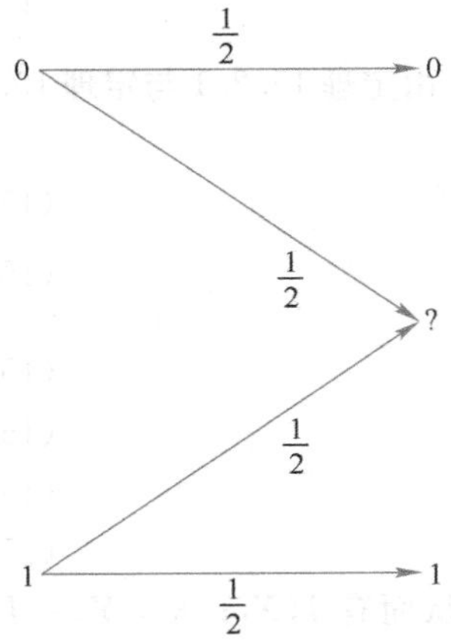

图 15-12 二元擦除多接入信道的用户 2 等价于单用户信道

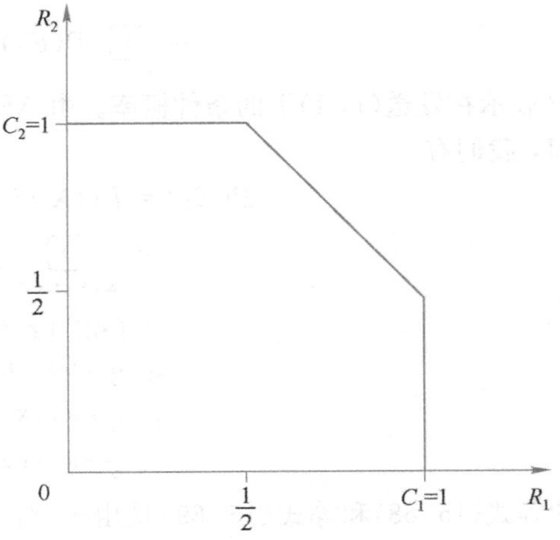

图 15-13 二元擦除多接入信道的容量区域 529

15.3.1 多接入信道容量区域的可达性

我们现在来证明定理 15.3.1 中码率区域的可达性。逆定理的证明留到下一节。可达性的证明与单用户信道的证明非常类似。因此，我们仅强调证明中与单用户情形的不同点。先证明在某固定的乘积分布 $p(x_1)p(x_2)$之下满足式(15-58)的码率对的可达性。在 15.3.3 节，我们再推广到关于式(15-58)的凸包中的所有点的可达性的证明。

证明(定理 15.3.1 中的可达性)：固定 $p(x_1, x_2)=p_1(x_1)p_2(x_2)$。

码簿的生成。产生 2^{nR_1} 个相互独立且长度为 n 的码字 $\mathbf{X}_1(i)$，$i\in\{1, 2, \cdots, 2^{nR_1}\}$，其中每个码字的 n 个分量为 i.i.d. $\sim\prod_{i=1}^{n}p_1(x_{1i})$。同样，再产生 2^{nR_2} 个独立码字 $\mathbf{X}_2(j)$，$j\in\{1, 2, \cdots, 2^{nR_2}\}$，其中每个码字的 n 个分量为 i.i.d. $\sim\prod_{i=1}^{n}p_2(x_{2i})$。并且这些码字组成的码簿对于发送器与接收器都是公开的。

编码。为了发送下标 i，发送器 1 发送码字 $\mathbf{X}_1(i)$，同理，为了发送 j，发送器 2 发送码字$\mathbf{X}_2(j)$。

译码。以 $A_\epsilon^{(n)}$ 表示所有典型的$(\mathbf{x}_1, \mathbf{x}_2, \mathbf{y})$序列构成的集合。接收器 Y^n 根据满足

$$(\mathbf{x}_1(i), \mathbf{x}_2(j), \mathbf{y})\in A_\epsilon^{(n)} \tag{15-60}$$

选取下标对(i, j)。若这样的下标对(i, j)存在且唯一，那么译码完成；否则，宣布出错。

误差概率分析。由随机码构造的对称性，条件误差概率并不依赖于具体发送的下标对。因此，条件误差概率与无条件误差概率是相同的。所以，不失一般性，可假设发送的一对下标为$(i, j)=(1, 1)$。

在下列情形下我们会出错：正确码字与接收到的序列是非典型的，或者有一对不正确的码字与接收到的序列是典型的。定义事件

530
$$E_{ij}=\{(\mathbf{X}_1(i), \mathbf{X}_2(j), \mathbf{Y})\in A_\epsilon^{(n)}\} \tag{15-61}$$

由事件之并的概率不等式，

$$P_e^{(n)}=P(E_{11}^c\cup\cup_{(i,j)\neq(1,1)}E_{ij}) \tag{15-62}$$

$$\leqslant P(E_{11}^c)+\sum_{i\neq1,j=1}P(E_{i1})+\sum_{i=1,j\neq1}P(E_{1j})$$

$$+\sum_{i\neq1,j\neq1}P(E_{ij}) \tag{15-63}$$

其中 P 表示在发送(1, 1)下的条件概率。由 AEP，知 $P(E_{11}^c)\to0$。由定理 15.2.1 与定理 15.2.3，对 $i\neq1$，我们有

$$P(E_{i1})=P((\mathbf{X}_1(i), \mathbf{X}_2(1), \mathbf{Y})\in A_\epsilon^{(n)}) \tag{15-64}$$

$$=\sum_{(\mathbf{x}_1,\mathbf{x}_2,\mathbf{y})\in A_\epsilon^{(n)}}p(\mathbf{x}_1)p(\mathbf{x}_2, \mathbf{y}) \tag{15-65}$$

$$\leqslant|A_\epsilon^{(n)}|2^{-n(H(X_1)-\epsilon)}2^{-n(H(X_2,Y)-\epsilon)} \tag{15-66}$$

$$\leqslant 2^{-n(H(X_1)+H(X_2,Y)-H(X_1,X_2,Y)-3\epsilon)} \tag{15-67}$$

$$=2^{-n(I(X_1;X_2,Y)-3\epsilon)} \tag{15-68}$$

$$=2^{-n(I(X_1;Y|X_2)-3\epsilon)} \tag{15-69}$$

其中的等式(15-68)和等式(15-69)是由于 X_1 与 X_2 相互独立，从而有 $I(X_1; X_2, Y)=I(X_1; X_2)+I(X_1; Y|X_2)=I(X_1; Y|X_2)$。同理，对 $j\neq1$

$$P(E_{1j})\leqslant 2^{-n(I(X_2;Y|X_1)-3\epsilon)} \tag{15-70}$$

以及对 $i\neq1$，$j\neq1$，

$$P(E_{ij})\leqslant 2^{-n(I(X_1,X_2;Y)-4\epsilon)} \tag{15-71}$$

于是，可以推出

$$P_e^{(n)} \leqslant P(E_{11}^c) + 2^{nR_1} 2^{-n(I(X_1;Y|X_2)-3\varepsilon)} + 2^{nR_2} 2^{-n(I(X_2;Y|X_1)-3\varepsilon)} + 2^{n(R_1+R_2)} 2^{-n(I(X_1,X_2;Y)-4\varepsilon)} \tag{15-72}$$

由于 $\varepsilon>0$ 是任意的，则由定理条件可以推出当 $n\to\infty$ 时，每一项都趋向于 0。于是，被发送出去 531
的码字在条件作用下，当该定理的条件满足时，误差概率趋于 0。上面的界估计说明，平均误差概率(均值遍历在随机码构造中所有可能选取的码簿)可任意地小，这是因为由对称性可以推出其等于单个码字的概率。因此，至少存在一个其误差概率可以任意小的编码 C^*。

至此完成了对固定的输入分布式(15-58)中区域的可达性的证明。稍后在 15.3.3 节中，我们将证明，分时操作可使凸包中的任意 (R_1, R_2) 都是可达的，从而完成定理前面部分的证明。 □

15.3.2 对多接入信道容量区域的评述

现在已证明了对于 $\mathcal{X}_1\times\mathcal{X}_2$ 上的某个分布 $p_1(x_1)p_2(x_2)$，多接入信道容量区域的可达性，该区域是满足下面条件的点 (R_1, R_2) 所成集合的凸闭包，

$$R_1 < I(X_1;Y\mid X_2) \tag{15-73}$$

$$R_2 < I(X_2;Y\mid X_1) \tag{15-74}$$

$$R_1+R_2 < I(X_1,X_2;Y) \tag{15-75}$$

对某特定的 $p_1(x_1)p_2(x_2)$，该区域如图 15-14 所示。 532

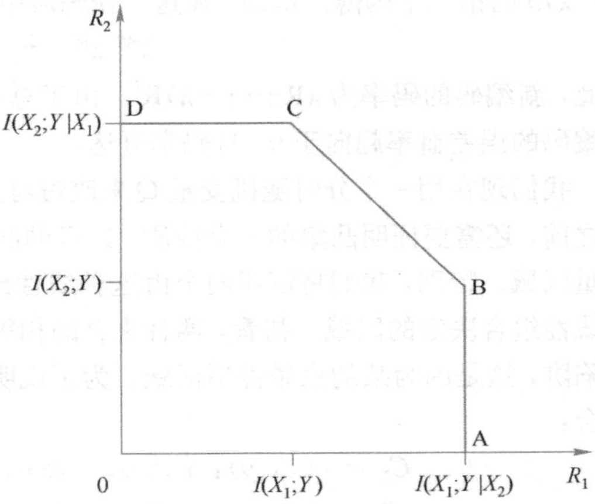

图 15-14 具有固定输入分布的多接入信道的可达区域

我们现在对区域的角点给出解释。点 A 对应于当发送器 2 没有发送任何信息时，从发送器 1 到接收器发送信息的最大可达码率，即

$$\max R_1 = \max_{p_1(x_1)p_2(x_2)} I(X_1;Y|X_2) \tag{15-76}$$

现在对于任意分布 $p_1(x_1)p_2(x_2)$，由于平均值不会超过其中的最大项，可得

$$I(X_1;Y|X_2) = \sum_{x_2} p_2(x_2) I(X_1;Y|X_2=x_2) \tag{15-77}$$

$$\leqslant \max_{x_2} I(X_1;Y|X_2=x_2) \tag{15-78}$$

因此，当取 $X_2=x_2$ 时，式(15-76)中的最大值可达，其中 x_2 为使 X_1 与 Y 间的条件互信息最大化的值。而对 X_1 的分布的选取要求使互信息达到最大。因此，通过令 $X_2=x_2$，X_2 一定有利于 X_1 的传输。

点 B 对应于当发送器 1 以最大码率发送信息时，发送器 2 发送信息可以达到的最大码率。该码率可以通过将 X_1 看成是从 X_2 到 Y 的信道噪声时得到。此时，由单用户信道得到的结论可知，X_2 可以以码率 $I(X_2;Y)$ 发送信息。接收器现在知道到底是哪个 X_2 码字被发送了，并且能够将其输出效果从信道中"减去"。此时，我们可以将该信道看作带有一个下标集的单用户信道，其中的下标即是使用的 X_2 的符号。这时，X_1 可以达到的码率就是针对这些信道而取的平均互信息，且每个信道出现的次数与对应的 X_2 符号在码字中出现的次数相同。因此，可以达到的码率为

$$\sum_{x_2} p(x_2) I(X_1;Y|X_2=x_2) = I(X_1;Y|X_2) \tag{15-79}$$

而点 C 与 D 分别对应于将两个发送器的位置交换时的 B 与 A。非角点可以通过分时操作而达到。于是，我们对多接入信道的容量区域给出了单用户的解释及其正当的理由。

在上述讨论中，将其他的信号考虑为噪声的一部分，译码单个信号并将其从接收到的信号中
533 “减去”的思想是非常有用的。我们将在退化广播信道的容量的计算中再次碰到这个思路。

15.3.3 多接入信道容量区域的凸性

我们现在来重温多接入信道的容量区域，为了将取凸包的运算考虑进去，我们引进一个新的随机变量。为此，首先证明容量区域为凸集。

定理 15.3.2 多接入信道的容量区域$\mathcal{C}$是凸的[如果$(R_1, R_2)\in\mathcal{C}$且$(R_1', R_2')\in\mathcal{C}$，则对$0\leqslant\lambda\leqslant 1$，均有$(\lambda R_1+(1-\lambda)R_1', \lambda R_2+(1-\lambda)R_2')\in\mathcal{C}$]。

证明：证明思路是利用分时操作。给定两个码率对分别为$\mathbf{R}=(R_1, R_2)$与$\mathbf{R}'=(R_1', R_2')$的编码序列，可以建立码率为$\lambda\mathbf{R}+(1-\lambda)\mathbf{R}'$的第三个码簿，具体方法是：对于新码簿中长度为$n$的码字，前$\lambda n$个字符取自码字长度是$\lambda n$的第一个码簿，而后$(1-\lambda)n$个字符取自码字长度是$(1-\lambda)n$的第二个码簿。从而，在这个新码簿中，关于$X_1$的码字数量为

$$2^{n\lambda R_1}2^{n(1-\lambda)R_1'}=2^{n(\lambda R_1+(1-\lambda)R_1')} \tag{15-80}$$

因此，新编码的码率为$\lambda\mathbf{R}+(1-\lambda)\mathbf{R}'$。由于总的误差概率小于每个部分误差概率的总和，于是，新编码的误差概率趋向于0，且码率可达。 □

我们现在用一个分时随机变量Q来改写对多接入信道容量区域的叙述。在给出该定理的证明之前，还需要证明凸集的一个性质，这里的凸集是由线性不等式界定的可以看作多接入信道的容量区域。特别，我们将证明两个由这种线性约束决定的区域的凸包等于由这些线性约束条件的线性组合决定的区域。初看，两种集合的相等似乎很显然，但动手检查就会发现，里面存在一个陷阱，这是因为某约束条件不活跃。为了说明这一点，我们列举下面两个由线性不等式界定的集合：

$$C_1=\{(x, y): x\geqslant 0, y\geqslant 0, x\leqslant 10, y\leqslant 10, x+y\leqslant 100\} \tag{15-81}$$

$$C_2=\{(x, y): x\geqslant 0, y\geqslant 0, x\leqslant 20, y\leqslant 20, x+y\leqslant 20\} \tag{15-82}$$

534 此时，对应于$\left(\frac{1}{2}, \frac{1}{2}\right)$约束条件的凸组合定义的区域如下：

$$C=\{(x, y): x\geqslant 0, y\geqslant 0, x\leqslant 15, y\leqslant 15, x+y\leqslant 60\} \tag{15-83}$$

不难看出，C_1或者C_2中的点满足$x+y<20$。所以，C_1与C_2的并的凸包中的任何点也满足该性质。从而，C中的点$(15, 15)$不在$(C_1\cup C_2)$的凸包中。该例子也暗示了该问题的原因所在：界定C_1的约束条件$x+y\leqslant 100$是不活跃的。假如将约束条件换成$x+y\leqslant a$，其中$a\leqslant 20$，那么上述两个区域的等同性结论为真，正如我们下面将要证明的那样。

我们仅对五边形区域(是两用户多接入信道容量区域的重要组成部分)进行讨论。此时，对于固定的$p(x_1)p(x_2)$，信道容量区域是由三个互信息$I(X_1; Y|X_2)$，$I(X_2;Y|X_1)$与$I(X_1, X_2; Y)$来界定的，分别记为I_1，I_2与I_3。于是，任给的$p(x_1)p(x_2)$，对应一个向量$\mathbf{I}=(I_1, I_2, I_3)$以及一个码率区域，其定义如下：

$$C_{\mathbf{I}}=\{(R_1, R_2): R_1\geqslant 0, R_2\geqslant 0, R_1\leqslant I_1, R_2\leqslant I_2, R_1+R_2\leqslant I_3\} \tag{15-84}$$

另外，由于对于任何分布$p(x_1)p(x_2)$，我们均有

$$\begin{aligned}
I(X_2; Y|X_1) &= H(X_2|X_1)-H(X_2|Y, X_1)\\
&= H(X_2)-H(X_2|Y, X_1)\\
&= I(X_2; Y, X_1)\\
&= I(X_2; Y)+I(X_2; X_1|Y)\\
&\geqslant I(X_2; Y)
\end{aligned}$$

因此，$I(X_1;Y|X_2)+I(X_2;Y|X_1)\geqslant I(X_1;Y|X_2)+I(X_2;Y)=I(X_1,X_2;Y)$，于是，对于所有向量 I，均有 $I_1+I_2\geqslant I_3$。该性质将给出定理的临界。

引理 15.3.1 令 $\mathbf{I}_1,\mathbf{I}_2\in\mathcal{R}^3$ 是两个互信息向量，分别定义码率区域 $C_{\mathbf{I}_1}$ 与 $C_{\mathbf{I}_2}$，如式(15-84)所定义。对任意 $0\leqslant\lambda\leqslant1$，定义 $\mathbf{I}_\lambda=\lambda\mathbf{I}_1+(1-\lambda)\mathbf{I}_2$，并以 $C_{\mathbf{I}_\lambda}$ 记 $\mathbf{I}_\lambda$ 所定义的码率区域，那么

$$C_{\mathbf{I}_\lambda}=\lambda C_{\mathbf{I}_1}+(1-\lambda)C_{\mathbf{I}_2} \tag{15-85}$$

证明：分两步证明该定理。首先证明集合 $C_{\mathbf{I}_1}$ 与 $C_{\mathbf{I}_2}(\lambda,1-\lambda)$组合中的任何点都满足约束条件 $\mathbf{I}_\lambda$。这是一项直截了当的检验工作，因为 $C_{\mathbf{I}_1}$ 中的任何点满足关于 $\mathbf{I}_1$ 的不等式，而 $C_{\mathbf{I}_2}$ 中的任何点也满足关于 $\mathbf{I}_2$ 的不等式。所以，这样的两点关于系数$(\lambda,1-\lambda)$的凸组合必满足约束条件关于系数$(\lambda,1-\lambda)$的凸组合。于是，可以推出

$$\lambda C_{\mathbf{I}_1}+(1-\lambda)C_{\mathbf{I}_2}\subseteq C_{\mathbf{I}_\lambda} \tag{15-86}$$

535

为了证明相反的包含关系，考虑五边形区域的极端点。不难看出式(15-84)所定义的码率区域总是五边形，或者在极端情形 $I_3=I_1+I_2$ 时，为矩形。于是，容量区域 $C_{\mathbf{I}}$依然可以定义为以下五个极端点的凸包：

$$(0,0),(I_1,0),(I_1,I_3-I_1),(I_3-I_2,I_2),(0,I_2) \tag{15-87}$$

考虑 $\mathbf{I}_\lambda$ 所定义的区域；它也是由五个点来决定的。任取一个点，不妨设为 $(I_3^{(\lambda)}-I_2^{(\lambda)},I_2^{(\lambda)})$。那么，该点可以改写为$(I_3^{(1)}-I_2^{(1)},I_2^{(1)})$与$(I_3^{(2)}-I_2^{(2)},I_2^{(2)})$关于系数$(\lambda,1-\lambda)$的凸组合，因此，落在 $C_{\mathbf{I}_1}$ 与 $C_{\mathbf{I}_2}$ 的凸组合中。于是，五边形 $C_{\mathbf{I}_\lambda}$ 的极端点落在 $C_{\mathbf{I}_1}$ 与 $C_{\mathbf{I}_2}$ 的凸包中，或者

$$C_{\mathbf{I}_\lambda}\subseteq\lambda C_{\mathbf{I}_1}+(1-\lambda)C_{\mathbf{I}_2} \tag{15-88}$$

综合两部分论证，我们得到定理的证明。□

在该定理的证明过程中，我们暗自用到了这样一个事实：所有码率区域完全由五个极端点决定(在最糟糕的情形，五个极端点有的相等)。所有五个点都是由向量 $\mathbf{I}$ 所决定且落在码率区域内。如果条件 $I_3\leqslant I_1+I_2$ 不满足，式(15-87)中某些点或许会在码率区域之外，那么证明就崩溃。

作为上述引理的推论，我们有如下定理：

定理 15.3.3 由单个向量 $\mathbf{I}$ 所定义的码率区域的并的凸包等于由相应的单个向量 $\mathbf{I}$ 的凸组合所定义的码率区域。

关于码率区域的凸包运算与互信息的凸组合的等价性的讨论手法可以推广到更一般的 m 用户多接入信道。沿用该思路并使用矩阵多项式理论的证明过程在 Han[271]中给出。

定理 15.3.4 离散无记忆多接入信道的可达码率集为满足下列条件的所有(R_1,R_2)的集合的闭包，即如果选择某个联合分布 $p(q)p(x_1|q)p(x_2|q)p(y|x_1,x_2)$，使得

$$R_1<I(X_1;Y|X_2,Q)$$
$$R_2<I(X_2;Y|X_1,Q)$$
$$R_1+R_2<I(X_1,X_2;Y|Q) \tag{15-89}$$

536

其中 $|Q|\leqslant4$。

Q(表示分时随机变量 Q 的字母表。——译者注)

证明：我们将证明落在式(15-89)所述区域内的每对码率都是可达的(落在满足定理 15.3.1 所述的凸闭包中)。我们还将证明定理 15.3.1 中的区域的凸闭包中每一点也在式(15-89)定义的区域中。

考虑满足定理中不等式组(15-89)的区域中的某码率点 $\mathbf{R}$。我们可将第一个不等式右边改写为

$$I(X_1;Y|X_2,Q)=\sum_{q=1}^{m}p(q)I(X_1;Y|X_2,Q=q) \tag{15-90}$$

$$=\sum_{q=1}^{m}p(q)I(X_1;Y|X_2)_{p_{1q},p_{2q}} \tag{15-91}$$

其中 m 为 Q 的支撑集的基数。同理，我们可以将其他互信息展开。

为了使记号简单起见，将每对码率视为一个向量，并将在特定的输入乘积分布 $p_{1q}(x_1)p_{2q}(x_2)$之下满足不等式组(15-58)的码率对记为 $\mathbf{R}_q$。具体地，设 $\mathbf{R}_q=(R_{1q}, R_{2q})$为满足下列条件的码率对

$$R_{1q}< I(X_1; Y|X_2)_{p_{1q}(x_1)p_{2q}(x_2)} \tag{15-92}$$

$$R_{2q}< I(X_2; Y|X_1)_{p_{1q}(x_1)p_{2q}(x_2)} \tag{15-93}$$

$$R_{1q}+R_{2q}< I(X_1, X_2; Y)_{p_{1q}(x_1)p_{2q}(x_2)} \tag{15-94}$$

此时，由定理 15.3.1，$\mathbf{R}_q=(R_{1q}, R_{2q})$是可达的。由于 $\mathbf{R}$ 满足式(15-89)，且可类似于式(15-91)那样将式(15-91)右边展开，故存在一组满足式(15-94)的 $\mathbf{R}_q$，使得

$$\mathbf{R}=\sum_{q=1}^{m}p(q)\mathbf{R}_q \tag{15-95}$$

由于可达码率的凸组合仍然是可达的，所以 $\mathbf{R}$ 也可达。因此，我们证明了定理中所示区域的可达性。同理，可以证明式(15-58)中所述区域的凸闭包中的每点均可写成满足式(15-94)点的混合
537 形式，因此，可写成式(15-89)的形式。

逆定理在下一节中证明。逆定理说明所有可达码率对都有式(15-89)的形式，由此确立了式(15-89)描述的区域就是多接入信道的容量区域。分时随机变量 Q 的字母表基数的界是关于凸集的 Carathéodory 定理的推论。请看如下的讨论。 □

容量区域的凸性的证明说明可达码率对的任意凸组合也是可达的。我们可继续该过程，考虑更多点的凸组合。那么，我们是否需要用到任意数量的点？容量区域是否会增加？下面的定理将告诉我们，答案是否定的。

定理 15.3.5(*Carathéodory*) *d 维欧几里得空间中的紧集 A 的凸闭包中的任意一点可表示为初始集合 A 中 $d+1$ 个或更少的点的凸组合。*

证明：证明可参阅 Eggleston[183]与 Grünbaum[263]。 □

该定理使得我们在计算容量区域时只要将注意力放在确定的有限凸组合上。这是一个很重要的性质。如果没有该定理，不可能计算出式(15-89)的容量区域，因为我们永远无法知道使用更大的字母表$\mathcal{Q}$是否会增加容量区域。

在多接入信道中，不等式定义出了三维空间中的一个连通紧集。因此，其闭包中的所有点，均可由至多四点的凸组合决定。因此，在以上的容量区域的定义中，可将 Q 的基数限定为不超过 4。

注释 换个角度来考虑，许多基数不等式总会有所改进。例如，如果我们现在只对容量定理中 A 的凸包的边界感兴趣，那么，该边界上的每个点都能表示为 A 中的 d 个点的组合，这是因为 A 的边界上的点必然位于 A 与某个 $d-1$ 维支撑超平面的交集中。

15.3.4 多接入信道的逆定理

538 我们已证明了容量区域的可达性。本节我们证明其逆定理。

证明(定理 15.3.1 与定理 15.3.4 的逆定理)：我们必须证明，对于任何给定满足 $P_e^{(n)}\to 0$ 的$((2^{nR_1}, 2^{nR_2}), n)$码序列，其码率码率对$(R_1, R_2)$必须满足

$$\begin{aligned} R_1&\leqslant I(X_1; Y|X_2, Q)\\ R_2&\leqslant I(X_2; Y|X_1, Q)\\ R_1+R_2&\leqslant I(X_1, X_2; Y|Q) \end{aligned} \tag{15-96}$$

选择定义在$\{1,2,3,4\}$上的随机变量 Q 与联合分布 $p(q)p(x_1|q)p(x_2|q)p(y|x_1, x_2)$。固定 n，考虑分组长度为 n 的编码。$\mathcal{W}_1\times\mathcal{W}_2\times\mathcal{X}_1^n\times\mathcal{X}_2^n\times\mathcal{Y}^n$ 上的联合分布是已知的，其中的随机性仅源于

均匀地选取下标 W_1 与 W_2 以及信道本身产生的随机性，因此，联合分布为

$$p(w_1,w_2,x_1^n,x_2^n,y^n)=\frac{1}{2^{nR_1}}\frac{1}{2^{nR_2}}p(x_1^n\mid w_1)p(x_2^n\mid w_2)\prod_{i=1}^{n}p(y_i\mid x_{1i},x_{2i}) \tag{15-97}$$

其中，当 $x_1^n=\mathbf{x}_1(w_1)$(即码字与 w_1 对应)时，$p(x_1^n|w_1)$为1，否则为0。同理，$p(x_2^n|w_2)=1$ 或 0，取决于 $x_2^n=\mathbf{x}_2(w_2)$是否成立。后面的所有互信息都是根据该分布而计算的。

由编码的构造过程可知，凭借接收到的序列 Y^n，可以很低的误差概率将(W_1,W_2)估计出来。因此，给定 Y^n，(W_1,W_2)的条件熵必定很小。由费诺不等式，

$$H(W_1,W_2\mid Y^n)\leqslant n(R_1+R_2)P_e^{(n)}+H(P_e^{(n)})\triangleq n\epsilon_n \tag{15-98}$$

显然，当 $P_e^{(n)}\to 0$ 时，$\epsilon_n\to 0$。于是，我们有

$$H(W_1\mid Y^n)\leqslant H(W_1,W_2\mid Y^n)\leqslant n\epsilon_n \tag{15-99}$$

$$H(W_2\mid Y^n)\leqslant H(W_1,W_2\mid Y^n)\leqslant n\epsilon_n \tag{15-100}$$

我们现在可以给出关于码率 R_1 的如下不等式

$$nR_1=H(W_1) \tag{15-101}$$

$$=I(W_1;Y^n)+H(W_1\mid Y^n) \tag{15-102}$$

$$\overset{(a)}{\leqslant} I(W_1;Y^n)+n\epsilon_n \tag{15-103}$$ 539

$$\overset{(b)}{\leqslant} I(X_1^n(W_1);Y^n)+n\epsilon_n \tag{15-104}$$

$$=H(X_1^n(W_1))-H(X_1^n(W_1)\mid Y^n)+n\epsilon_n \tag{15-105}$$

$$\overset{(c)}{\leqslant} H(X_1^n(W_1)\mid X_2^n(W_2))-H(X_1^n(W_1)\mid Y^n,X_2^n(W_2))+n\epsilon_n \tag{15-106}$$

$$=I(X_1^n(W_1);Y^n\mid X_2^n(W_2))+n\epsilon_n \tag{15-107}$$

$$=H(Y^n\mid X_2^n(W_2))-H(Y^n\mid X_1^n(W_1),X_2^n(W_2))+n\epsilon_n \tag{15-108}$$

$$\overset{(d)}{=} H(Y^n\mid X_2^n(W_2))-\sum_{i=1}^{n}H(Y_i\mid Y^{i-1},X_1^n(W_1),X_2^n(W_2))+n\epsilon_n \tag{15-109}$$

$$\overset{(e)}{=} H(Y^n\mid X_2^n(W_2))-\sum_{i=1}^{n}H(Y_i\mid X_{1i},X_{2i})+n\epsilon_n \tag{15-110}$$

$$\overset{(f)}{\leqslant} \sum_{i=1}^{n}H(Y_i\mid X_2^n(W_2))-\sum_{i=1}^{n}H(Y_i\mid X_{1i},X_{2i})+n\epsilon_n \tag{15-111}$$

$$\overset{(g)}{\leqslant} \sum_{i=1}^{n}H(Y_i\mid X_{2i})-\sum_{i=1}^{n}H(Y_i\mid X_{1i},X_{2i})+n\epsilon_n \tag{15-112}$$

$$=\sum_{i=1}^{n}I(X_{1i};Y_i\mid X_{2i})+n\epsilon_n \tag{15-113}$$

其中

(a) 由费诺不等式推出

(b) 由数据处理不等式得到

(c) 由于 W_1 与 W_2 是独立的，因此，$X_1^n(W_1)$与 $X_2^n(W_2)$也独立，于是，有 $H(X_1^n(W_1)\mid X_2^n(W_2))=H(X_1^n(W_1))$，以及由于条件作用使熵减小，则 $H(X_1^n(W_1)\mid Y^n,X_2^n(W_2))\leqslant H(X_1^n(W_1)\mid Y^n)$

(d) 由链式法则得到

(e) 由于信道的无记忆性，Y_i 仅依赖于 X_{1i} 与 X_{2i}

(f) 由链式法则以及剔除条件作用(removing conditioning)得到

(g) 由进一步剔除条件作用而得

因此，我们有

540
$$R_1 \leqslant \frac{1}{n}\sum_{i=1}^{n} I(X_{1i};\ Y_i \mid X_{2i}) + \varepsilon_n \tag{15-114}$$

类似地，可以得到

$$R_2 \leqslant \frac{1}{n}\sum_{i=1}^{n} I(X_{2i};\ Y_i \mid X_{1i}) + \varepsilon_n \tag{15-115}$$

为了给出码率之和的上界，我们考虑

$$n(R_1+R_2) = H(W_1,W_2) \tag{15-116}$$
$$= I(W_1,W_2;\ Y^n) + H(W_1,W_2 \mid Y^n) \tag{15-117}$$
$$\overset{(a)}{\leqslant} I(W_1,W_2;\ Y^n) + n\varepsilon_n \tag{15-118}$$
$$\overset{(b)}{\leqslant} I(X_1^n(W_1),X_2^n(W_2);\ Y^n) + n\varepsilon_n \tag{15-119}$$
$$= H(Y^n) - H(Y^n \mid X_1^n(W_1),X_2^n(W_2)) + n\varepsilon_n \tag{15-120}$$
$$\overset{(c)}{=} H(Y^n) - \sum_{i=1}^{n} H(Y_i \mid Y^{i-1},X_1^n(W_1),X_2^n(W_2)) + n\varepsilon_n \tag{15-121}$$
$$\overset{(d)}{=} H(Y^n) - \sum_{i=1}^{n} H(Y_i \mid X_{1i},X_{2i}) + n\varepsilon_n \tag{15-122}$$
$$\overset{(e)}{\leqslant} \sum_{i=1}^{n} H(Y_i) - \sum_{i=1}^{n} H(Y_i \mid X_{1i},X_{2i}) + n\varepsilon_n \tag{15-123}$$
$$= \sum_{i=1}^{n} I(X_{1i},X_{2i};\ Y_i) + n\varepsilon_n \tag{15-124}$$

其中

(a) 由费诺不等式得到

(b) 由数据处理不等式得到

(c) 由链式法则得到

(d) 由于 Y_i 仅依赖于 X_{1i} 与 X_{2i}，而与其他所有事件条件独立

(e) 由链式法则与剔除条件作用得到

因此，我们有

541
$$R_1+R_2 \leqslant \frac{1}{n}\sum_{i=1}^{n} I(X_{1i},X_{2i};\ Y_i) + \varepsilon_n \tag{15-125}$$

表达式(15-114)，表达式(15-115)与表达式(15-125)是使用码簿中第 i 列的经验分布为概率分布计算出的互信息的均值。我们可用新变量 Q 改写这些方程组，其中 $Q=i\in\{1,2,\cdots,n\}$ 的概率为 $\frac{1}{n}$。则方程组成为

$$R_1 \leqslant \frac{1}{n}\sum_{i=1}^{n} I(X_{1i},Y_i \mid X_{2i}) + \varepsilon_n \tag{15-126}$$
$$= \frac{1}{n}\sum_{i=1}^{n} I(X_{1q};\ Y_q \mid X_{2q},Q=i) + \varepsilon_n \tag{15-127}$$
$$= I(X_{1Q};Y_Q \mid X_{2Q},Q) + \varepsilon_n \tag{15-128}$$
$$= I(X_1;Y \mid X_2,Q) + \varepsilon_n \tag{15-129}$$

其中 $X_1 \triangleq X_{1Q}$，$X_2 \triangleq X_{2Q}$以及 $Y \triangleq Y_Q$ 为新的随机变量，分布依赖于 Q，其方式就像 X_{1i}，X_{2i}及 Y_i

依赖于 i 那样。由于 W_1 与 W_2 独立，因此，$X_{1i}(W_1)$ 与 $X_{2i}(W_2)$ 也独立。于是

$$\Pr(X_{1i}(W_1)=x_1,X_{2i}(W_2)=x_2)$$
$$\triangleq \Pr\{X_{1Q}=x_1\mid Q=i\}\Pr\{X_{2Q}=x_2\mid Q=i\} \tag{15-130}$$

因此，当 $n\to\infty$，极限 $P_e^{(n)}\to 0$，我们有下面的逆命题：

$$R_1\leqslant I(X_1;Y\mid X_2,Q)$$
$$R_2\leqslant I(X_2;Y\mid X_1,Q)$$
$$R_1+R_2\leqslant I(X_1,X_2;Y\mid Q) \tag{15-131}$$

对某选取的联合分布 $p(q)p(x_1\mid q)p(x_2\mid q)p(y\mid x_1,x_2)$。15.3.3 节已说明，若我们将 Q 的基数限制到 4，该区域是不变的。

这就完成了逆定理的证明。 □

至此，15.3.1 节中的定理 15.3.1 所述区域的可达性得到了证明。在 15.3.3 节中，我们证明了式(15-96)中定义的区域的每一点都是可达的。对其逆定理，我们证明了式(15-96)中的区域是我们可做到的最佳区域。这就证明了它实际上就是信道的容量区域。因此，式(15-58)所述区域 542
不可能比式(15-96)所述区域大，从而式(15-58)所述区域即是多接入信道的容量区域。

15.3.5 m 个用户的多接入信道

我们现在要将关于两个发送器的结论推广至 $m(m\geqslant 2)$ 个发送器的情形。此时的多接入信道如图 15-15 所示。

我们从发送器 $1,2,\cdots,m$ 通过信道分别独立地发送下标 $w_1,w_2,\cdots,w_m$。其中编码，码率以及可达性等定义均与两个发送器时的情形相同。

设 $S\subseteq\{1,2,\cdots,m\}$，记 S^c 为 S 的补集。令 $R(S)=\sum_{i\in S}R_i$，$X(S)=\{X_i:i\in S\}$，则我们有下面的定理。

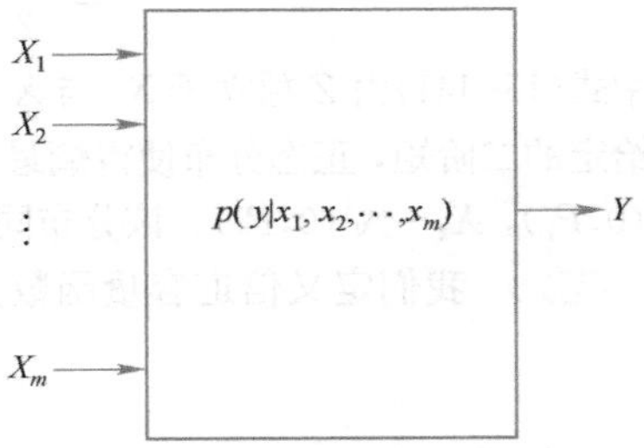

图 15-15 m 个用户的多接入信道

定理 15.3.6 m 个用户的多接入信道的容量区域为满足如下条件的所有码率向量所成集合的凸闭包，即对乘积分布 $p_1(x_1)p_2(x_2)\cdots p_m(x_m)$，使得

$$R(S)\leqslant I(X(S);Y\mid X(S^c))\quad 对所有\ S\subseteq\{1,2,\cdots,m\} \tag{15-132}$$

证明：该定理的证明不需要新的思路。在可达性的证明中，只要考虑 2^m-1 项误差概率；在逆定理的证明中，需要的不等式数目也是相同的。详细证明留给读者。 □

通常，式(15-132)中的区域为一个斜多面体。 543

15.3.6 高斯多接入信道

我们现在对 15.1.2 节中讲到的高斯多接入信道进行更为详尽的讨论。

两个发送器 X_1 和 X_2 向同一个接收器 Y 发送信息。在时刻 i 收到的信号为

$$Y_i=X_{1i}+X_{2i}+Z_i \tag{15-133}$$

其中，$\{Z_i\}$ 为独立同分布的零均值高斯随机变量序列且方差为 N（图 15-16）。假设对发送器 j 的功率限制为 P_j，即对每个发送器以及所有的消息，必须满足

$$\frac{1}{n}\sum_{i=1}^{n}x_{ji}^2(w_j)\leqslant P_j,$$
$$w_j\in\{1,2,\cdots,2^{nR_j}\},\qquad j=1,2 \tag{15-134}$$

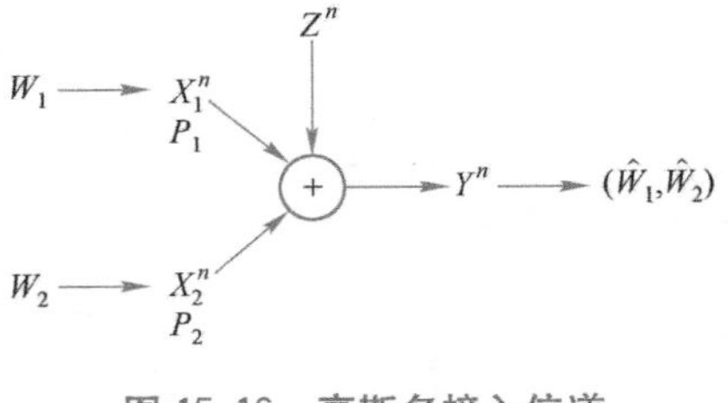

图 15-16 高斯多接入信道

正如同将离散情形信道容量的可达性证明(见第 7

章)可以推广到高斯信道情形(第 9 章)那样，也可将离散多接入信道的证明推广至高斯多接入信道。其逆定理的证明也可作类似的推广，于是，可预期该容量区域为满足所有下列条件的码率对构成集合的凸包，即存在满足 $EX_1^2\leqslant P_1$ 与 $EX_2^2\leqslant P_2$ 的某个输入分布 $f_1(x_1)f_2(x_2)$，使得

$$R_1\leqslant I(X_1;Y|X_2) \tag{15-135}$$

$$R_2\leqslant I(X_2;Y|X_1) \tag{15-136}$$

544 $$R_1+R_2\leqslant I(X_1,X_2;Y) \tag{15-137}$$

接下来将互信息利用相对熵展开，即

$$I(X_1;Y|X_2)=h(Y|X_2)-h(Y|X_1,X_2) \tag{15-138}$$

$$=h(X_1+X_2+Z|X_2)-h(X_1+X_2+Z|X_1,X_2) \tag{15-139}$$

$$=h(X_1+Z|X_2)-h(Z|X_1,X_2) \tag{15-140}$$

$$=h(X_1+Z|X_2)-h(Z) \tag{15-141}$$

$$=h(X_1+Z)-h(Z) \tag{15-142}$$

$$=h(X_1+Z)-\frac{1}{2}\log(2\pi e)N \tag{15-143}$$

$$\leqslant\frac{1}{2}\log(2\pi e)(P_1+N)-\frac{1}{2}\log(2\pi e)N \tag{15-144}$$

$$=\frac{1}{2}\log\left(1+\frac{P_1}{N}\right) \tag{15-145}$$

其中式(15-141)由 Z 独立于 X_1 与 X_2 得到，式(15-142)由 X_1 与 X_2 的独立性得到，式(15-144)则由于对给定的二阶矩，正态分布使得熵最大化的事实推出。因此，X_1 与 X_2 独立时，最大化分布为 $X_1\sim\mathcal{N}(0,P_1)$，$X_2\sim\mathcal{N}(0,P_2)$。该分布同时也使得式(15-135)～式(15-137)中作为上界的互信息最大化。

定义 我们定义信道容量函数为

$$C(x)\triangleq\frac{1}{2}\log(1+x) \tag{15-146}$$

对应于信噪比为 x(图 15-17)的高斯白噪声信道的信道容量。

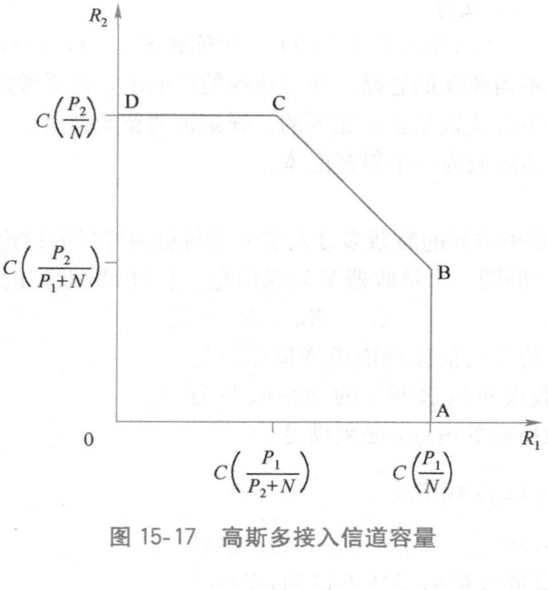

图 15-17 高斯多接入信道容量

此时，关于 R_1 的上界写为

$$R_1 \leqslant C\left(\frac{P_1}{N}\right) \tag{15-147}$$

同理，

$$R_2 \leqslant C\left(\frac{P_2}{N}\right) \tag{15-148}$$ 545

以及

$$R_1 + R_2 \leqslant C\left(\frac{P_1 + P_2}{N}\right) \tag{15-149}$$

当 $X_1 \sim \mathcal{N}(0, P_1)$ 与 $X_2 \sim \mathcal{N}(0, P_2)$ 时，这些上界可达，从而定义了容量区域。关于这些不等式，可以得出一个令人惊奇的事实：码率之和可以达到 $C\left(\frac{P_1+P_2}{N}\right)$，它与单个发送器在功率 P_1+P_2 之下发送信息的情形有相同的可达码率。

对于转角点的解释，也与对固定输入分布的离散多接入信道的可达码率对的解释完全类似。在高斯信道情形下，可将译码过程考虑为两步骤处理：第一步，接收器对第二个发送器发送的信息进行译码，此时，将第一个发送器视为噪声的一部分。当 $R_2 < C\left(\frac{P_2}{P_1+N}\right)$ 时，该译码的误差概率很低。第二个发送器成功地译码以后，从总体输出信号中剔除该信号。那么，当 $R_1 < C\left(\frac{P_1}{N}\right)$ 时，可以正确地译码第一发送器发出的信号。因此，上述讨论说明我们可以通过单用户操作达到容量区域的转角点处的码率。这种处理过程称为剥洋葱(onion-peeling)，可以推广到多用户的情形。

若将其推广为有相同功率的 m 个发送器的情形，那么总码率为 $C\left(\frac{mP}{N}\right)$。由此推出，当 $m \to \infty$ 时，总码率趋向于∞。而每个发送器的平均码率 $\frac{1}{m}C\left(\frac{mP}{N}\right)$ 趋向于 0。因此，当发送器的总数非常大时会产生相当大的干扰，此时，尽管单个发送器的码率趋向于 0，但可以发送的信息总量还是任意大。 546

上述容量区域对应着*码分多址*(Code-Division Multiple Access，CDMA)，其中对于不同发送者的编码是分区处理的，接收端译码则是逐个处理。在许多实际情形，会采用一些较为简单的方案，比如频分多路技术(frequency-division multiplexing)或者时分多路技术。由频分多路技术可知，码率取决于分配给单个发送器的带宽。考虑具有功率 P_1 与 P_2 的两个发送器的情形，使用两个不相交的频带带宽 W_1 与 W_2，其中 $W_1 + W_2 = W$(总带宽)。利用单用户的带宽有限信道的容量公式，下面的码率对是可达的：

$$R_1 = W_1 \log\left(1 + \frac{P_1}{NW_1}\right) \tag{15-150}$$

$$R_2 = W_2 \log\left(1 + \frac{P_2}{NW_2}\right) \tag{15-151}$$

当改变 W_1 与 W_2 时，可得出如图 15-18 所示的曲线。该曲线与容量区域的边界有一接触点，该点意味着分配给每个信道的带宽与该信道的功率成比例。我们可得出这样的结论：对于若干个电台，只有当所有分配的带宽与对应的功率成正比时，对应的频带分配方案才是最优的。

在*时分多址*(time-division multiple access，TDMA)中，时间被分割为时段，每个用户只允许在指定时段内传输而其他用户等待。如果有两个用户且功率均为 P，那么一个发送另一个等待情形的码率为 $C(P/N)$。现假设时间分为等长时段，且奇数时段分配给用户 1 而偶数时段分配给用户 2，那么每个用户可达的平均传输率仅为 $\frac{1}{2}C(P/N)$。该系统称为*朴素的时分多址系统*

(TDMA)。但是，如果用户 1 只发送一半时间，且在发送期间使用两倍的功率，并且依然保持平均功率约束条件不变也是可以的。在这种修正下，每个用户使用$\frac{1}{2}C(P/N)$传输速率发送信息是可能的。通过改变分配给每个用户的时段的长度(以及在该时段的瞬时功率)，可以达到与具有不同频带分配的 FDMA 方法相同的容量区域。

如图 15-18 所示，容量区域一般大于分时操作法或
547 分频多路法可达到的码率集合。然而注意，对所有发送器只要使用同一个译码器就可以达到前面导出的多接入容量区域。但是，通过剥洋葱方法也可以达到该容量区域，该方法剥离了一个公用译码器，取而代之，用一系列的单用户编码。CDMA 达到整个容量区域，并在不改变当前用户编码的情况下使得新用户很容易进入。另一方面，TDMA 与 FDMA 系统通常是为固定群体设计且可以让一些时段空置(当实际用户数少于时段数时)或者让一些用户离线(当用户数大于时段数时)。但在许多实际应用的系统中，设计的简洁性是一个重要的考核指标，前面介绍过的多接入想法来提高信道容量，我们可以发现容量区域的扩大不是复杂度增加的充分条件。

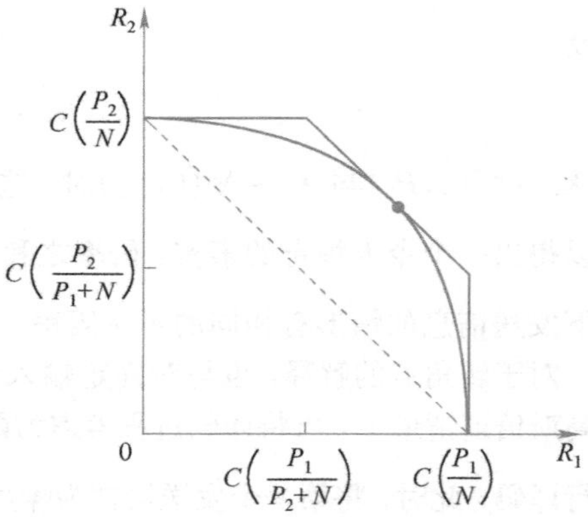

图 15-18 FDMA 和 TDMA 高斯多接入信道容量

对具有 m 个功率为 $P_1,P_2,\cdots,P_m$ 的信源以及功率 N 的环境噪声的高斯多接入系统，任何集合 S 有高斯公式平移为下列形式

$$\sum_{i\in S}R_i = \text{穿过曲面 } S \text{ 的信息流的总码率} \tag{15-152}$$

548
$$\leqslant C\left(\frac{\sum_{i\in S}P_i}{N}\right) \tag{15-153}$$

15.4 相关信源的编码

现在探讨分布式数据压缩。在许多方面，数据压缩与多接入信道问题是对偶的。我们已经知道如何对单个信源 X 进行编码，码率 $R>H(X)$是充分的。假如有两个信源$(X,Y)\sim p(x,y)$。若将它们一起编码，则码率 $H(X,Y)$是充分的。但是，对于希望重构 X 与 Y 的某些用户来说，这意味着必须将 X 信源与 Y 信源分开描述，此时码率如何？显然，将 X 与 Y 分开编码，码率 $R=R_x+R_y>H(X)+H(Y)$是充分的。但是，在 Slepian 与 Wolf[502]的令人称奇的重要论文中，证明了即使对相关信源进行分开编码，总码率 $R=H(X,Y)$也是充分的。

设$(X_1,Y_1),(X_2,Y_2),\cdots$为独立同分布且服从 $p(x,y)$的联合分布的随机变量序列。假定 X 序列处于位置 A，Y 序列处于位置 B，如图 15-19 所示。

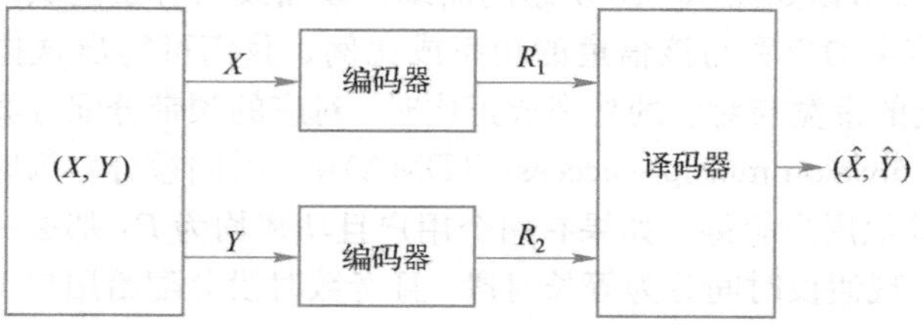

图 15-19 Slepian-Wolf 编码

在证明这个结论之前，先给出一些定义。

定义 联合信源(X,Y)的$((2^{nR_1},2^{nR_2}),n)$分布式信源编码(distributed source code)包含两个编码映射，

$$f_1:\mathcal{X}^n\rightarrow\{1,2,\cdots,2^{nR_1}\}\tag{15-154}$$

$$f_2:\mathcal{Y}^n\rightarrow\{1,2,\cdots,2^{nR_2}\}\tag{15-155}$$ 549

与一个译码映射，

$$g:\{1,2,\cdots,2^{nR_1}\}\times\{1,2,\cdots,2^{nR_2}\}\rightarrow\mathcal{X}^n\times\mathcal{Y}^n\tag{15-156}$$

这里，$f_1(X^n)$对应于X^n的下标，$f_2(Y^n)$对应于Y^n的下标。(R_1,R_2)为编码的码率对。

定义 分布式信源编码的误差概率定义为

$$P_e^{(n)}=P(g(f_1(X^n),f_2(Y^n))\neq(X^n,Y^n))\tag{15-157}$$

定义 称码率对(R_1,R_2)关于分布式信源是可达的，如果存在一列$((2^{nR_1},2^{nR_2}),n)$分布式信源编码，其误差概率$P_e^{(n)}\rightarrow 0$。可达码率区域为所有可达码率集合的闭包。

定理 15.4.1(*Slepian-Wolf*) 对于i.i.d.$\sim p(x,y)$的信源(X,Y)的分布式信源编码问题，可达码率区域由下面的式子给出

$$R_1\geqslant H(X|Y)\tag{15-158}$$

$$R_2\geqslant H(Y|X)\tag{15-159}$$

$$R_1+R_2\geqslant H(X,Y)\tag{15-160}$$

我们给出一些例子说明该结论。

例 15.4.1 考虑Gotham(美国纽约市的别名)与Metropolis的天气情况。假设Gotham为晴天的概率为0.5，Gotham与Metropolis有相同天气的概率为0.89。天气的联合分布如下：

$p(x,y)$	Metropolis	
	下雨	晴
Gotham		
下雨	0.445	0.055
晴	0.055	0.445

550

假设要传送100天的气象资料给华盛顿的国家气象服务总部。在两地都可传送100比特的气象资料，从而总传送可以是200比特。若决定将信息独立地压缩，则我们在每地仍然要传送100H(0.5)=100比特的信息，而需要总传送200比特。然而，如果使用Slepian-Wolf编码，那么总共只需要传送$H(X)+H(Y|X)=100H(0.5)+100H(0.89)=100+50=150$比特。

例 15.4.2 考虑下面的联合分布：

$p(u,v)$	0	1
0	$\frac{1}{3}$	$\frac{1}{3}$
1	0	$\frac{1}{3}$

此时，传输该信源所需的总码率为$H(U)+H(V|U)=\log 3=1.58$比特，如果不使用Slepian-Wolf编码，那么要独立传输这些信源所需的总码率是2比特。

15.4.1 Slepian-Wolf定理的可达性

我们现在来证明Slepian-Wolf定理中的码率可达性。在进入证明之前，介绍利用随机盒子方法得到的一种新编码方案。随机盒子的基本思想与散列函数非常类似：为每个信源序列随机地

选取一个下标。若典型信源序列集足够小(或者等价地，散列函数的取值空间足够大)，则不同的信源序列有不同下标的概率很高，并且可以用对应的下标恢复出信源序列。

让我们考虑该思想对单一信源的编码应用问题。第 3 章使用过的方法是对典型集中的所有元素给出下标，但不考虑典型集以外的元素。下面描述一下随机盒子流程，它首先对所有序列给出下标，但在以后的步骤将非典型序列删除。

考虑下面的流程：对每个序列 X^n，从$\{1,2,\cdots,2^{nR}\}$中随机取出一个下标。由相同下标的序列 X^n 构成的集合可以视为形成了一个盒子(bin)。这可以看作首先放置了一排盒子，然后将 X^n 随机地投入盒子中。要想通过盒子的下标将信源译码，我们从盒子中找出一个典型 X^n 序列。如果
551 该盒子中有且仅有唯一的典型序列 X^n，将其作为对信源序列的估计 $\hat{X}^n$；若不然，宣布出错。

上面的流程定义了一个信源码。为了分析该编码的误差概率，现将 X^n 序列分成两类：典型序列与非典型序列。若信源序列是典型的，则对应该典型序列的盒子将至少包含一个典型序列(信源序列本身)。因此，只有当盒子中超过一个典型序列时才会出错。如果信源序列是非典型的，则总出错。但是，若盒子的数目远远大于典型序列的数目时，1 个盒子中含有超过一个典型序列的概率非常小。因此，典型序列被译码出错的概率将会非常小。

下面我们给予严格的叙述。设 $f(X^n)$为对应于 X^n 的盒子的下标。译码函数记为 g。误差概率(关于随机选取的编码 f 取均值)为

$$
\begin{aligned}
P(g(f(\mathbf{X}))\neq\mathbf{X}) &\leqslant P(\mathbf{X}\notin A_\varepsilon^{(n)})+\sum_{\mathbf{x}}P(\exists\,\mathbf{x}'\neq\mathbf{x}:\mathbf{x}'\in A_\varepsilon^{(n)},f(\mathbf{x}')\\
&= f(\mathbf{x}))p(\mathbf{x})\\
&\leqslant \varepsilon+\sum_{\mathbf{x}}\sum_{\substack{\mathbf{x}'\in A_\varepsilon^{(n)}\\ \mathbf{x}'\neq\mathbf{x}}}P(f(\mathbf{x}')=f(\mathbf{x}))p(\mathbf{x}) &\text{(15-161)}\\
&\leqslant \varepsilon+\sum_{\mathbf{x}}\sum_{\mathbf{x}'\in A_\varepsilon^{(n)}}2^{-nR}p(\mathbf{x}) &\text{(15-162)}\\
&= \varepsilon+\sum_{\mathbf{x}'\in A_\varepsilon^{(n)}}2^{-nR}\sum_{\mathbf{x}}p(\mathbf{x}) &\text{(15-163)}\\
&\leqslant \varepsilon+\sum_{\mathbf{x}'\in A_\varepsilon^{(n)}}2^{-nR} &\text{(15-164)}\\
&\leqslant \varepsilon+2^{n(H(X)+\varepsilon)}2^{-nR} &\text{(15-165)}\\
&\leqslant 2\varepsilon &\text{(15-166)}
\end{aligned}
$$

如果 $R>H(X)+\varepsilon$ 且 n 充分大。因此，当码率大于熵时，误差概率可任意的小，且该编码与第 3 章中描述的编码具有相同的结论。

上面的例子说明这样一个事实：有很多的方法可以用来构造具有很低的误差概率且码率大
552 于信源熵的编码。通用信源编码就是这种编码的另一个例子。注意，装盒子方法中，除了译码器之外，编码器并不要求对典型集的特性有清楚的认识。正是这个性质使得该方案对分布式信源情形照样适用，对此我们将会在定理的证明中说明。

现在回到分布式信源编码与 Slepian-Wolf 定理中码率区域的可达性的证明中来。

证明(定理 15.4.1 中的可达性)：证明的基本思想是将$\mathcal{X}^n$ 空间划分为 2^{nR_1} 个盒子，$\mathcal{Y}^n$ 空间划分为 2^{nR_2} 个盒子。

随机码的生成。根据$\{1,2,\cdots,2^{nR_1}\}$上的均匀分布，将每个 $\mathbf{x}\in\mathcal{X}^n$ 独立地分配到 2^{nR_1} 个盒子中的一个。类似地，随机地将 $\mathbf{y}\in\mathcal{Y}^n$ 分配到 2^{nR_2} 个盒子中的一个。然后，将分配方案 f_1 与 f_2 对编码器与译码器都公开。

编码。发送器 1 发送 $\mathbf{X}$ 所在的盒子的下标。发送器 2 发送 $\mathbf{Y}$ 所在的盒子的下标。

译码。给定接收到的下标对(i_0,j_0)，如果存在且只存在一对序列$(\mathbf{x},\mathbf{y})\in A_\epsilon^{(n)}$使得$f_1(\mathbf{x})=i_0$，$f_2(\mathbf{y})=j_0$。那么宣称$(\hat{\mathbf{x}},\hat{\mathbf{y}})=(\mathbf{x},\mathbf{y})$。否则，宣布出错。该方案如图 15-20 所示。$X$ 序列构成的集合与 Y 序列构成的集合按如下方式分配到盒子中：一对下标特指一个乘积盒子。

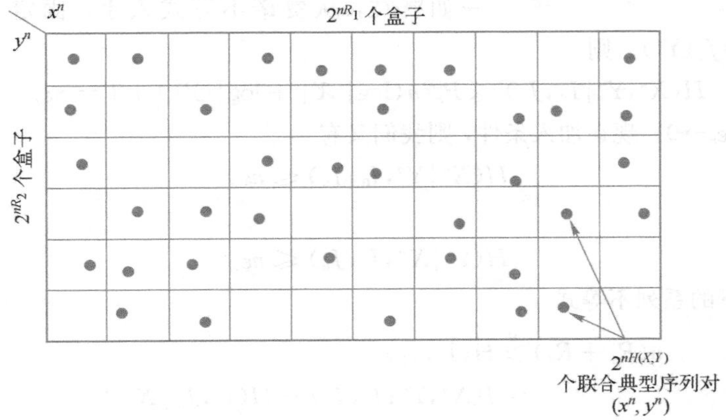

图 15-20 Slepian-Wolf 编码：联合典型对由乘积盒子分离开

553

误差概率。设$(X_i,Y_i)\sim p(x,y)$，定义事件

$$E_0=\{(\mathbf{X},\mathbf{Y})\notin A_\epsilon^{(n)}\} \tag{15-167}$$

$$E_1=\{\exists\,\mathbf{x}'\neq\mathbf{X}:f_1(\mathbf{x}')=f_1(\mathbf{X})\text{ 且}(\mathbf{x}',\mathbf{Y})\in A_\epsilon^{(n)}\} \tag{15-168}$$

$$E_2=\{\exists\,\mathbf{y}'\neq\mathbf{Y}:f_2(\mathbf{y}')=f_2(\mathbf{Y})\text{ 且}(\mathbf{X},\mathbf{y}')\in A_\epsilon^{(n)}\} \tag{15-169}$$

以及

$$\begin{aligned}E_{12}=\{\exists\,(\mathbf{x}',\mathbf{y}'):\mathbf{x}'\neq\mathbf{X},\mathbf{y}'\neq\mathbf{Y},f_1(\mathbf{x}')\\=f_1(\mathbf{X}),f_2(\mathbf{y}')=f_2(\mathbf{Y})\text{ 且}(\mathbf{x}',\mathbf{y}')\in A_\epsilon^{(n)}\}\end{aligned} \tag{15-170}$$

其中$\mathbf{X},\mathbf{Y},f_1$与$f_2$是随机的。当$(\mathbf{X},\mathbf{Y})$不在$A_\epsilon^{(n)}$中，或同一盒子中有另一典型序列时，译码出错。因此，对事件之并有如下事件的界，

$$P_e^{(n)}=P(E_0\cup E_1\cup E_2\cup E_{12}) \tag{15-171}$$

$$\leqslant P(E_0)+P(E_1)+P(E_2)+P(E_{12}) \tag{15-172}$$

首先考虑E_0。由 AEP，$P(E_0)\to 0$。从而，当 n 充分大时，$P(E_0)<\epsilon$。为了界定$P(E_1)$，我们有

$$P(E_1)=P\{\exists\,\mathbf{x}'\neq\mathbf{X}:f_1(\mathbf{x}')=f_1(\mathbf{X}),\text{且}(\mathbf{x}',\mathbf{Y})\in A_\epsilon^{(n)}\} \tag{15-173}$$

$$=\sum_{(\mathbf{x},\mathbf{y})}p(\mathbf{x},\mathbf{y})P\{\exists\,\mathbf{x}'\neq\mathbf{x}:f_1(\mathbf{x}')=f_1(\mathbf{x}),(\mathbf{x}',\mathbf{y})\in A_\epsilon^{(n)}\} \tag{15-174}$$

$$\leqslant\sum_{(\mathbf{x},\mathbf{y})}p(\mathbf{x},\mathbf{y})\sum_{\substack{\mathbf{x}'\neq\mathbf{x}\\(\mathbf{x}',\mathbf{y})\in A_\epsilon^{(n)}}}P(f_1(\mathbf{x}')=f_1(\mathbf{x})) \tag{15-175}$$

$$=\sum_{(\mathbf{x},\mathbf{y})}p(\mathbf{x},\mathbf{y})2^{-nR_1}\left|A_\epsilon(X|\mathbf{y})\right| \tag{15-176}$$

$$\leqslant 2^{-nR_1}2^{n(H(X|Y)+\epsilon)}\quad(\text{由定理 15.2.2}) \tag{15-177}$$

所以，当$R_1>H(X|Y)$时，$P(E_1)$趋向于 0。因此，对充分大的 n，有$P(E_1)<\epsilon$。同理，当$R_2>H(Y|X)$，且 n 充分大时，有$P(E_2)<\epsilon$。以及当$R_1+R_2>H(X,Y)$时，有$P(E_{12})<\epsilon$。由于平均误差概率$<4\epsilon$，故至少存在一个码(f_1^*,f_2^*,g^*)，其误差概率$<4\epsilon$。因此，我们可构造出一个码序

554 列，使 $P_e^{(n)}\to 0$。这就完成了可达性的证明。 □

15.4.2 Slepian-Wolf 定理的逆定理

Slepian-Wolf 定理的逆定理由单信源情形的结论明显可得出，但是为了完整起见，我们依然将其给出。

证明(定理 15.4.1 的逆定理)：一如既往，从费诺不等式入手。固定 f_1，f_2 和 g。记 $I_0=f_1(X^n)$，$J_0=f_2(Y^n)$。则

$$H(X^n,Y^n|I_0,J_0)\leqslant P_e^{(n)}n(\log|\mathcal{X}|+\log|\mathcal{Y}|)+1=n\epsilon_n \tag{15-178}$$

其中当 $n\to\infty$ 时，$\epsilon_n\to 0$。现在加入条件，则我们又有

$$H(X^n|Y^n,I_0,J_0)\leqslant n\epsilon_n \tag{15-179}$$

以及

$$H(Y^n|X^n,I_0,J_0)\leqslant n\epsilon_n \tag{15-180}$$

由此我们可得如下的系列不等式

$$n(R_1+R_2)\overset{(a)}{\geqslant} H(I_0,J_0) \tag{15-181}$$
$$=I(X^n,Y^n;I_0,J_0)+H(I_0,J_0|X^n,Y^n) \tag{15-182}$$
$$\overset{(b)}{=} I(X^n,Y^n;I_0,J_0) \tag{15-183}$$
$$=H(X^n,Y^n)-H(X^n,Y^n|I_0,J_0) \tag{15-184}$$
$$\overset{(c)}{\geqslant} H(X^n,Y^n)-n\epsilon_n \tag{15-185}$$
$$\overset{(d)}{=} nH(X,Y)-n\epsilon_n \tag{15-186}$$

其中

(a) 由 $I_0\in\{1,2,\cdots,2^{nR_1}\}$ 与 $J_0\in\{1,2,\cdots,2^{nR_2}\}$ 得到，

(b) 由 I_0 为 X^n 的函数与 J_0 为 Y^n 的函数得到，

(c) 由费诺不等式(15-178)得到，

555 (d) 由链式法则与 (X_i,Y_i) 为 i. i. d. 得到。

类似地，利用式(15-179)，我们有

$$nR_1\overset{(a)}{\geqslant} H(I_0) \tag{15-187}$$
$$\geqslant H(I_0|Y^n) \tag{15-188}$$
$$=I(X^n;I_0|Y^n)+H(I_0|X^n,Y^n) \tag{15-189}$$
$$\overset{(b)}{=} I(X^n;I_0|Y^n) \tag{15-190}$$
$$=H(X^n|Y^n)-H(X^n|I_0,J_0,Y^n) \tag{15-191}$$
$$\overset{(c)}{\geqslant} H(X^n|Y^n)-n\epsilon_n \tag{15-192}$$
$$\overset{(d)}{=} n(H)(X|Y)-n\epsilon_n \tag{15-193}$$

理由与前面的方程相同。同理，我们可证明

$$nR_2\geqslant nH(Y|X)-n\epsilon_n \tag{15-194}$$

不等式两边同时除以 n，并令 $n\to\infty$ 取极限，我们就可得到想要证明的逆定理。 □

Slepian-Wolf 定理中所描述的码率区域如图 15-21 所示。

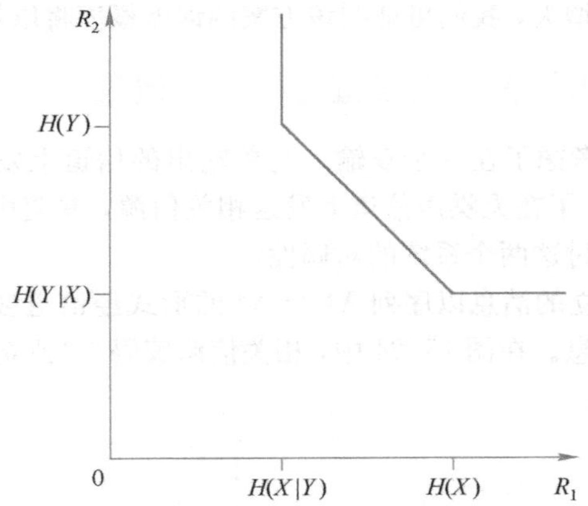

图 15-21 Slepian-Wolf 编码的码率区域

15.4.3 多信源的 Slepian-Wolf 定理

15.4.2 节的结论可轻易推广至多信源情形。证明步骤完全相同。

定理 15.4.2 设 $(X_{1i},X_{2i},\cdots,X_{mi})$ 为 i.i.d $\sim p(x_1,x_2,\cdots,x_m)$，那么对任何具有多个分开的编码器与一个公共译码器的分布式信源编码，它的所有可达码率向量的集合满足对任意的 $S\subseteq\{1,2,\cdots,m\}$，有

$$R(S)>H(X(S)\mid X(S^c)) \tag{15-195}$$

其中

$$R(S)=\sum_{i\in S}R_i \tag{15-196}$$

且 $X(S)=\{X_j:j\in S\}$。

证明：证明与两个随机变量的情形相同，在这里省去。 □ 556

对 i.i.d. 相关信源的 Slepian-Wolf 编码的可达性已经得到了证明，然而，该证明可轻易地推广到满足 AEP 的任意联合信源情形；特别地，其可推广到所有的联合遍历信源[122]情形。此时，码率区域定义中的熵改用相应的熵率替代即可。

15.4.4 Slepian-Wolf 编码定理的解释

我们将利用图着色方式对 Slepian-Wolf 编码中码率区域的转角点给出解释。考虑码率为 $R_1=H(X)$，$R_2=H(Y|X)$的点。使用 $nH(X)$比特，我们可对 X^n 进行有效编码，且译码器能以任意小的误差概率将 X^n 重构。但是，怎样才能用 $nH(Y|X)$比特将 Y^n 进行编码？如图 15-22 所示，用典型集的观点看该图，我们可看出，与每个给定的 X^n 形成联合典型的所有 Y^n 序列组成一个典型“扇形”。

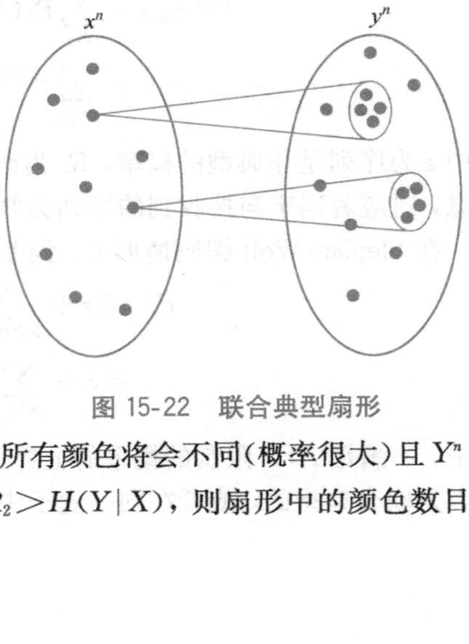

图 15-22 联合典型扇形 557

若 Y 编码器知道 Y^n，编码器可发送该典型扇区中的 Y^n 的下标。译码器也知道 X^n，则可建立起该典型扇区，从而重构出 Y^n。但是，Y 编码器并不知道 X^n。因此，不尝试确定典型扇形，该换成随机地用 2^{nR_2} 种颜色对所有 Y^n 个序列着色。若颜色的数目足够大，则在特定扇区中的所有颜色将会不同(概率很大)且 Y^n 序列的颜色将会唯一地定义 X^n 扇形中的 Y^n 序列。若码率 $R_2>H(Y|X)$，则扇形中的颜色数目相

对扇形中的元素数目是指数增大，我们可证明该方案的误差概率将以指数衰减。

15.5 Slepian-Wolf 编码与多接入信道之间的对偶性

对于多接入信道，我们考虑了在一个双输入与单输出的信道上发送独立消息的问题。而对 Slepian-Wolf 编码，我们考虑了在无噪声信道上发送相关信源，并使用一个公共的译码器重构两个信源的问题。本节我们探讨这两个系统的对偶性。

在图 15-23 中，两则独立的消息以序列 X_1^n 与 X_2^n 的形式经信道被发送出去。接收器通过接收到的序列来估计这两则消息。在图 15-24 中，相关信源编码为“独立”消息 i 与 j。接收器利用 i 与 j 的知识来估计信源序列。

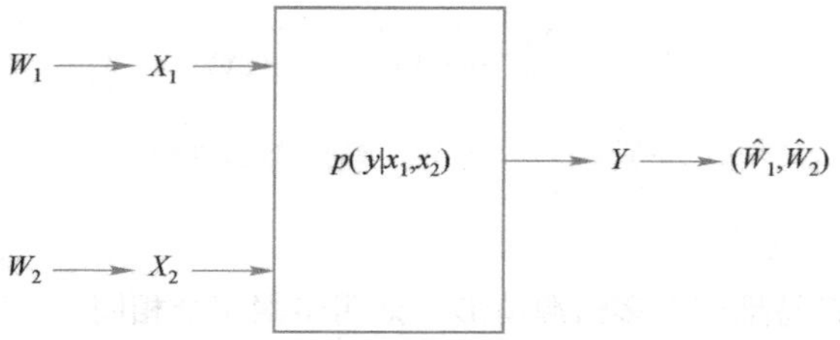

图 15-23 多接入信道

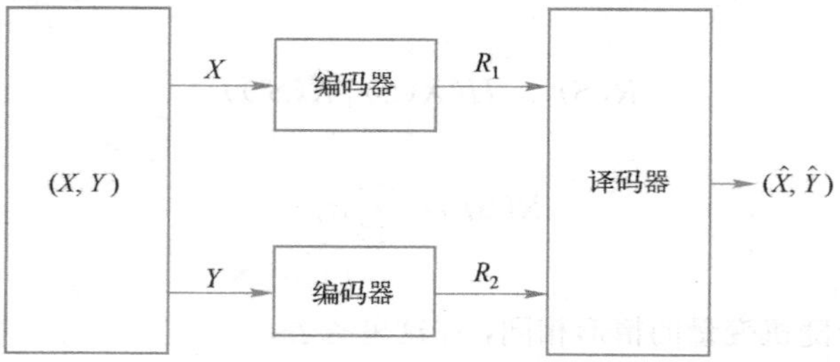

图 15-24 相关信源编码

在多接入信道的容量区域可达性的证明中，我们用到了从消息集到序列 X_1^n 与 X_2^n 的一个随
558 机映射。而在对 Slepian-Wolf 编码的证明中，我们又用到了从 X^n 与 X^n 序列集到某个消息集合的一个随机映射。在多接入信道编码定理的证明中，误差概率满足不等式

$$P_e^{(n)} \leqslant \varepsilon + \sum_{\text{码字}} \Pr(\text{与接收到的序列构成联合典型的码字}) \tag{15-197}$$

$$= \varepsilon + \sum_{2^{nR_1}\text{项}} 2^{-nI_1} + \sum_{2^{nR_2}\text{项}} 2^{-nI_2} + \sum_{2^{n(R_1+R_2)}\text{项}} 2^{-nI_3} \tag{15-198}$$

559 其中 ε 为序列是非典型的概率，R_i 为码率，对应于贡献误差概率的码字数目。而 I_i 为相应的互信息，对应着码字与接收到的序列为联合典型的概率。

在 Slepian-Wolf 编码情形中，误差概率可以表达为

$$P_e^{(n)} \leqslant \varepsilon + \sum_{\text{联合典型序列}} \Pr(\text{具有相同码字}) \tag{15-199}$$

$$= \varepsilon + \sum_{2^{nH_1}\text{项}} 2^{-nR_1} + \sum_{2^{nH_2}\text{项}} 2^{-nR_2} + \sum_{2^{nH_3}\text{项}} 2^{-n(R_1+R_2)} \tag{15-200}$$

其中，不满足 AEP 限制的概率的上界仍然是 ε，而另外的项则表示：当给定信源对时，一对序列或者是联合典型的，或者在同一盒子中等情况。

多接入信道与相关信源编码的对偶性至此已是显而易见的了。这两个系统彼此对偶是相当令人意外的，人们也许原本期待的是广播信道与多接入信道的对偶性。

15.6 广播信道

广播信道是具有单个发送器与两个或更多接收器的通信信道，如图 15-25 所示。广播信道的基本问题是求广播信道中通信的同时的可达码率集。在开始分析之前，先来考虑一些例子。

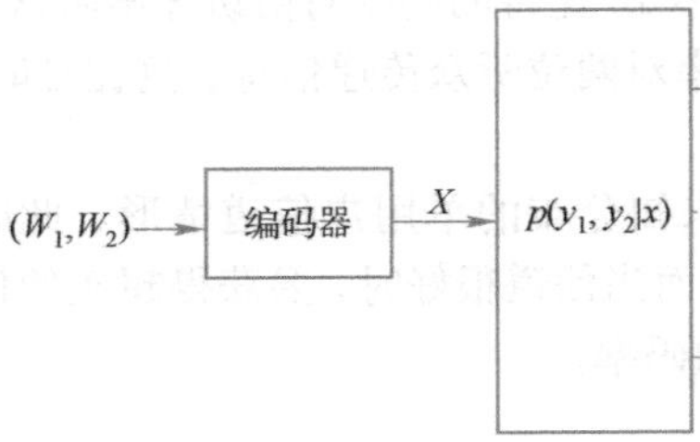

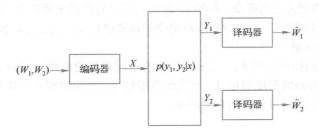

图 15-25 广播信道

例 15.6.1（电视台） 广播信道最简单的例子是无线电台或电视台。但是该例子在一定程度上有些退化。通常电台要发送相同的信息给所有接收该台的人，所以，容量实际上是 $\max_{p(x)}\min_i I(X;Y_i)$，这可能比最差的接收器的容量还要小。然而，我们可能期望将信息以如下方式安排，使得较好的接收器可接收到额外的信息，其产生出更好的画面或者声音；同时，较差的接收器依旧能够接收到更基本的信息。当电视台采用高清晰电视（HDTV），其需要将信息进行编码 560
使得较差的接收器依然接收到常规的信号，而较好的接收器将接收到额外的高清晰信号信息。实现该想法的方法将在广播信道的讨论部分给出。

例 15.6.2（教室中的讲演者） 教室中的讲演者要把信息传达给班上的学生。鉴于学生间存在的差异性，他们接收到的信息量是不同的。一些学生收到大部分的信息；另一些仅接收到一小部分。在理想的情况下，讲演者可整理其讲演使得好的学生可接收到更多的信息，而很差的学生也至少接收到最基本量的信息。但是，没有备好课的讲演者却会按最差的学生的步调来进行。这是广播信道的另一个例子。

例 15.6.3（正交广播信道） 最简单的广播信道由到两个接收器的两条独立信道组成。对此情形，我们可在两条信道上发送独立的信息，并且当 $R_1<C_1, R_2<C_2$ 时，对于接收器 1，我们可以达到码率 R_1，对于接收器 2，我们可以达到码率 R_2。容量区域如图 15-26 所示的长方形。

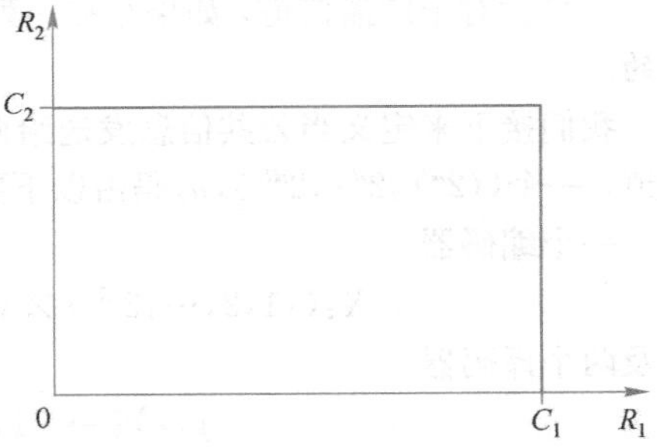

图 15-26 两个正交广播信道的容量区域

例 15.6.4（西班牙语与荷兰语讲演者） 为了揭示叠加的思想，将考虑以下的简化例子。有一个讲演者，会讲西班牙语与荷兰语；有两个听众：一个只懂西班牙语，另一个只懂荷兰语。为简单起见，假设每种语言的单词量为 2^{20}，讲演者对每种语言都是以每秒 1 个单词的速度说话。如果他一直对听众 1 讲话而不理会 561
听众 2，那么他可以每秒 20 比特的信息量向听众 1 传递信息。同样，如果他不理会听众 1，那么他也可以每秒 20 比特的信息量向听众 2 传递信息。因此，通过简单的分时操作，他可以达到满足 $R_1+R_2=20$ 的任何码率对。但是，他是否还可做得更好？

注意，对于荷兰语听众，即使他不懂西班牙语，但是，他可识别出何时演讲者说的是西班牙语。同样，对于西班牙语听众，他也能识别何时是荷兰语。讲演者可以采用如下方式传达信息。譬如，他使用每种语言的时间均占50%，那么，一个由100个单词组成的序列，其中大约50个为荷兰语，50个为西班牙语。但是，对西班牙语和荷兰语单词的排列有许多种方式；事实上，大约有$\binom{100}{50}\approx 2^{100H(\frac{1}{2})}$种排列单词的方式。选取一种排列来对两类听众传递信息。该方法可使讲演者以每秒10比特的码率对荷兰语听众，每秒10比特的码率对西班牙语听众，且每秒1比特的公共信息对两类听众，共计每秒21比特的码率对两位听众传递信息。这比分时操作可达的码率要高。这就是一个信息叠加的例子。

广播信道的结论同样可应用于具有未知分布的单用户信道情形。此时，我们的目标是当信道较差时，至少要获得最低限度的信息，而当信道很好时，要获得超额的信息。我们可用广播信
562 道中关于叠加的讨论，求得可发送信息的码率。

15.6.1 广播信道的定义

定义 一个广播信道(broadcast channel)是由输入字母表$\mathcal{X}$，两个输出字母表$\mathcal{Y}_1$与$\mathcal{Y}_2$，以及一个概率转移函数$p(y_1,y_2|x)$组成的系统。如果$p(y_1^n,y_2^n|x^n)=\prod_{i=1}^{n}p(y_{1i},y_{2i}|x_i)$，那么称该广播信道为无记忆(memoryless)的。

仿照多接入信道，我们来定义广播信道的编码，误差概率、可达性和容量区域。发送独立信息的广播信道的一个$((2^{nR_1},2^{nR_2}),n)$码是由以下要素组成：

一个编码器，

$$X:(\{1,2,\cdots,2^{nR_1}\}\times\{1,2,\cdots,2^{nR_2}\})\rightarrow\mathcal{X}^n \tag{15-201}$$

以及两个译码器，

$$g_1:\mathcal{Y}_1^n\rightarrow\{1,2,\cdots,2^{nR_1}\} \tag{15-202}$$

和

$$g_2:\mathcal{Y}_2^n\rightarrow\{1,2,\cdots,2^{nR_2}\} \tag{15-203}$$

我们将平均误差概率定义为译码后的消息不同于发送消息的概率，即

$$P_e^{(n)}=P(g_1(Y_1^n)\neq W_1\quad 或\quad g_2(Y_2^n)\neq W_2) \tag{15-204}$$

其中，假设(W_1,W_2)在$2^{nR_1}\times 2^{nR_2}$上服从均匀分布。

定义 对于广播信道，如果存在一列$((2^{nR_1},2^{nR_2}),n)$码，$P_e^{(n)}\rightarrow 0$，那么称码率对(R_1,R_2)是可达的。

我们接下来定义当公共信息发送给两个接收器情形下的码率。对于一个带公共信息的广播信道，一个$((2^{nR_0},2^{nR_1},2^{nR_2}),n)$码由以下要素构成：

一个编码器

$$X:(\{1,2,\cdots,2^{nR_0}\}\times\{1,2,\cdots,2^{nR_1}\}\times\{1,2,\cdots,2^{nR_2}\})\rightarrow\mathcal{X}^n \tag{15-205}$$

以及两个译码器

$$g_1:\mathcal{Y}_1^n\rightarrow\{1,2,\cdots,2^{nR_0}\}\times\{1,2,\cdots,2^{nR_1}\} \tag{15-206}$$

563 和

$$g_2:\mathcal{Y}_2^n\rightarrow\{1,2,\cdots,2^{nR_0}\}\times\{1,2,\cdots,2^{nR_2}\} \tag{15-207}$$

假设关于(W_0,W_1,W_2)的分布为均匀分布，我们可定义误差概率为译码后的消息不同于发送消息的概率：

$$P_e^{(n)}=P(g_1(Y_1^n)\neq(W_0,W_1)\ 或\ g_2(Z^n)\neq(W_0,W_2)) \tag{15-208}$$

定义 如果存在一个$((2^{nR_0},2^{nR_1},2^{nR_2}),n)$码序列使 $P_e^{(n)}\to 0$，那么称码率三元组(R_0,R_1,R_2)关于带公共信息的广播信道是可达的。

定义 广播信道的容量区域为所有可达码率的集合的闭包。

我们观察到接收器 Y_1^n 的误差仅依赖于分布 $p(x^n,y_1^n)$而不是联合分布 $p(x^n,y_1^n,y_2^n)$。于是，我们得到下面的定理：

定理 15.6.1 广播信道的容量区域仅依赖于条件边际分布 $p(y_1|x)$与 $p(y_2|x)$。

证明：留作习题。 □

15.6.2 退化广播信道

定义 称一个广播信道是物理退化的(physically degraded)，如果其转移概率满足

$$p(y_1,y_2|x)=p(y_1|x)p(y_2|y_1)$$

定义 称广播信道是随机退化的(stochastically degraded)，如果其条件边际分布与一个物理退化广播信道相同，即若存在分布 $p'(y_2|y_1)$，使得

$$p(y_2|x)=\sum_{y_1}p(y_1|x)p'(y_2|y_1) \tag{15-209}$$

注意到由于广播信道的容量仅依赖于条件边际分布，随机退化广播信道的容量区域与相应的物理退化信道是相同的。因此，在下面的大部分讨论当中，我们将会假设信道是物理退化的。 564

15.6.3 退化广播信道的容量区域

我们接下来考虑在退化广播信道中分别以码率 R_1 和 R_2 对 Y_1 和 Y_2 发送独立信息。

定理 15.6.2 在退化广播信道 $X\to Y_1\to Y_2$ 上发送独立信息的容量区域为满足下列条件的所有(R_1,R_2)构成集合的凸闭包，即如果存在某个联合分布 $p(u)p(x|u)p(y_1,y_2|x)$，使得

$$R_2\leqslant I(U;Y_2) \tag{15-210}$$

$$R_1\leqslant I(X;Y_1|U) \tag{15-211}$$

其中辅助随机变量U的基数有上界$|\mathcal{U}|\leqslant\min\{|\mathcal{X}|,|\mathcal{Y}_1|,|\mathcal{Y}_2|\}$。

证明：(辅助随机变量 U 的基数的上界可以由凸集理论中的标准方法导出，这里不做详述。)我们首先简要概括对广播信道的叠加编码的基本思想。辅助随机变量 U 视为可被接收器 Y_1 与 Y_2 识别出来的聚类中心(cloud center)。每个聚类由可被接收器 Y_1 识别的 2^{nR_1} 个码字 X^n 组成。最差的接收器仅能看见聚类，然而较好的接收器可识别聚类中的各码字。该区域的可达性的正式证明用到了随机码方法：固定 $p(u)$与 $p(x|u)$。

随机码簿的生成。依据分布 $\prod_{i=1}^{n}p(u_i)$生成 2^{nR_2}个长度为 n 的独立码字 $\mathbf{U}(w_2)$，$w_2\in\{1,2,\cdots,2^{nR_2}\}$。对每个码字 $\mathbf{U}(w_2)$，由 $\prod_{i=1}^{n}p(x_i|u_i(w_2))$生成 2^{nR_1}个独立码字 $\mathbf{X}(w_1,w_2)$。这里$\mathbf{u}(i)$起着可被 Y_1 与 Y_2 认知的聚类中心的作用，而 $\mathbf{x}(i,j)$为第 i 个聚类的第 j 个附属码字。

编码。为了发送(W_1,W_2)，必须发送相对应码字 $\mathbf{X}(W_1,W_2)$。

译码。接收器 2 确定唯一的$\hat{W}_2$，使得$(\mathbf{U}(\hat{W}_2),\mathbf{Y}_2)\in A_\varepsilon^{(n)}$。若这样的$\hat{W}_2$不存在或者不唯一，则宣布出错。

接收器 1 寻找唯一的$(\hat{W}_1,\hat{W}_2)$使得$(\mathbf{U}|(\hat{W}_2),\mathbf{X}(\hat{W}_1,\hat{W}_2),\mathbf{Y}_1)\in A_\varepsilon^{(n)}$。如果这样的$(\hat{W}_1,\hat{W}_2)$不存在或者存在不唯一，那么宣布出错。

误差概率分析。由编码生成过程的对称性知，误差概率并不依赖于发送的具体是哪个码字。 565
因此，不失一般性，不妨假设$(W_1,W_2)=(1,1)$是发送的消息对。令 $P(\cdot)$表示在已知$(1,1)$被发送的条件下一个事件的条件概率。

由于我们实质上拥有从 U 到 Y_2 的单用户信道，那么，如果 $R_2<I(U;Y_2)$，我们就能够以小

的误差概率将 U 码字译码。要证明这一点，我们定义事件

$$E_{Yi}=\{(\mathbf{U}(i),\mathbf{Y}_2)\in A_\epsilon^{(n)}\} \tag{15-212}$$

则接收器 2 处的误差概率为

$$P_e^{(n)}(2)=P(E_{Y1}^c\cup\bigcup_{i\neq 1}E_{Yi}) \tag{15-213}$$

$$\leqslant P(E_{Y1}^c)+\sum_{i\neq 1}P(E_{Yi}) \tag{15-214}$$

$$\leqslant \epsilon+2^{nR_2}2^{-n(I(U;Y_2)-2\epsilon)} \tag{15-215}$$

$$\leqslant 2\epsilon \tag{15-216}$$

当 n 足够大，且 $R_2<I(U;Y_2)$。其中式(15-215)由 AEP 得到。同样地，对于接收器 1 的译码，我们定义事件

$$\widetilde{E}_{Yi}=\{(\mathbf{U}(i),\mathbf{Y}_1)\in A_\epsilon^{(n)}\} \tag{15-217}$$

$$\widetilde{E}_{Yij}=\{(\mathbf{U}(i),\mathbf{X}(i,j),\mathbf{Y}_1)\in A_\epsilon^{(n)}\} \tag{15-218}$$

其中，～符号表示所定义的事件对应于接收器 1。于是，我们有关于误差概率的不等式

$$P_e^{(n)}(1)=P(\widetilde{E}_{Y1}^c\cup\widetilde{E}_{Y11}^c\cup\bigcup_{i\neq 1}\widetilde{E}_{Yi}\cup\bigcup_{j\neq 1}\widetilde{E}_{Y1j}) \tag{15-219}$$

$$\leqslant P(\widetilde{E}_{Y1}^c)+P(\widetilde{E}_{Y11}^c)+\sum_{i\neq 1}P(\widetilde{E}_{Yi})+\sum_{j\neq 1}P(\widetilde{E}_{Y1j}) \tag{15-220}$$

与接收器 2 相同，我们有不等式 $P(\widetilde{E}_{Yi})\leqslant 2^{-n(I(U;Y_1)-3\epsilon)}$。因此，当 $R_2<I(U;Y_1)$时，第三项趋向于
566 0。另外，由数据处理不等式与信道的退化性，$I(U;Y_1)\geqslant I(U;Y_2)$。于是由定理条件可导出第三项趋向于 0。我们也可以得出误差概率中第四项的不等式为

$$P(\widetilde{E}_{Y1j})=P((\mathbf{U}(1),\mathbf{X}(1,j),\mathbf{Y}_1)\in A_\epsilon^{(n)}) \tag{15-221}$$

$$=\sum_{(\mathbf{U},\mathbf{X},\mathbf{Y}_1)\in A_\epsilon^{(n)}}P((\mathbf{U}(1),\mathbf{X}(1,j),\mathbf{Y}_1)) \tag{15-222}$$

$$=\sum_{(\mathbf{U},\mathbf{X},\mathbf{Y}_1)\in A_\epsilon^{(n)}}P(\mathbf{U}(1))P(\mathbf{X}(1,j)\mid\mathbf{U}(1))P(\mathbf{Y}_1\mid\mathbf{U}(1)) \tag{15-223}$$

$$\leqslant\sum_{(\mathbf{U},\mathbf{X},\mathbf{Y}_1)\in A_\epsilon^{(n)}}2^{-n(H(U)-\epsilon)}2^{-n(H(X|U)-\epsilon)}2^{-n(H(Y_1|U)-\epsilon)} \tag{15-224}$$

$$\leqslant 2^{n(H(U,X,Y_1)+\epsilon)}2^{-n(H(U)-\epsilon)}2^{-n(H(X|U)-\epsilon)}2^{-n(H(Y_1|U)-\epsilon)} \tag{15-225}$$

$$=2^{-n(I(X;Y_1|U)-4\epsilon)} \tag{15-226}$$

因此，当 $R_1<I(X;Y_1|U)$时，误差概率中的第四项趋向于 0。于是，当 n 足够大，且 $R_2<I(U;Y_1)$与 $R_1<I(X;Y_1|U)$时，我们可得出误差概率满足不等式

$$P_e^{(n)}(1)\leqslant\epsilon+\epsilon+2^{nR_2}2^{-n(I(U;Y_1)-3\epsilon)}+2^{nR_1}2^{-n(I(X;Y_1|U)-4\epsilon)} \tag{15-227}$$

$$\leqslant 4\epsilon \tag{15-228}$$

上面的界说明我们译码信息的总误差概率可以趋向于 0。因此，存在一个好的$((2^{nR_1},2^{nR_2}),n)$码序列$\mathcal{C}_n^*$，其误差概率趋向于 0。由此，我们完成了退化广播信道容量区域的可达性的证明。Gallager 定理的证明在习题 15.11 中简要地给出[225]。 □

到此为止，我们已考虑了发送两个独立信息给独立接收器的问题。但是，在某些情形下，我们期望对两个接收器发送公共的信息。假如发送公共信息的码率为 R_0，则有下面显而易见的定理：

定理 15.6.3 如果码率对(R_1,R_2)对于发送独立信息的广播信道是可达的，又假设 $R_0\leqslant\min$
567 (R_1,R_2)，那么具有一个公共码率 R_0 的码率三元组(R_0,R_1-R_0,R_2-R_0)是可达的。

在退化广播信道情形下，还可以做得更好。由我们的编码方案可知，较好的接收器总是对发

送给最差接收器的所有信息进行译码，当我们具有公共信息时，并不需要对发送给优秀接收器的信息量进行缩减。因此，我们有下面的定理：

定理 15.6.4 对于退化广播信道，如果码率对(R_1,R_2)可达且$R_0<R_2$，则码率三元组(R_0, R_1, R_2-R_0)对具有公共信息的信道是可达的。

我们以下面的二元对称广播信道的例子来结束本节。

例 15.6.5 考虑参数分别为p_1与p_2的一对二元对称信道，其组成如图 15-27 所示的一个广播信道。不失一般性，在容量计算中，可以将该信道看成物理退化信道。假设$p_1<p_2<\frac{1}{2}$。此时，将具有参数p_2的二元对称信道表示为具有参数p_1的二元对称信道与另一个二元对称信道的串联。设新信道的交叉概率为α，则我们一定有 568

$$p_1(1-\alpha)+(1-p_1)\alpha=p_2 \tag{15-229}$$

或者

$$\alpha=\frac{p_2-p_1}{1-2p_1} \tag{15-230}$$

现在考虑在容量区域中定义的辅助随机变量。此时，由定理中的不等式得知，U的基数为二元的。由对称性，将U通过另一参数为β的二元对称信道相连，如图 15-28 所示。

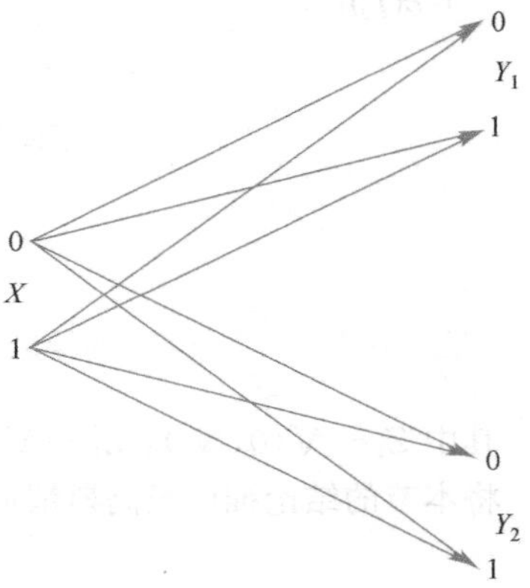

图 15-27 二元对称广播信道

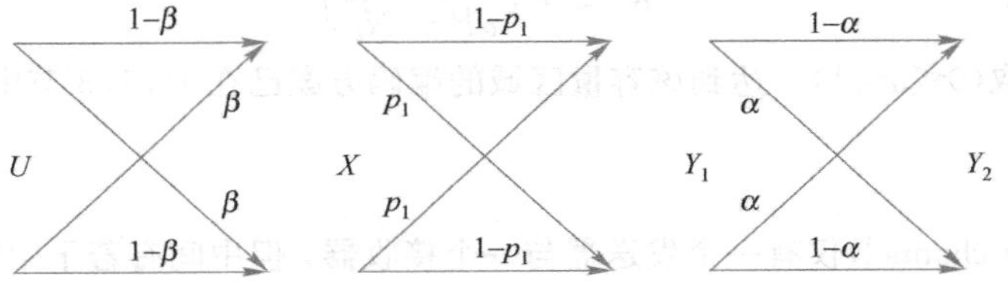

图 15-28 物理退化的二元对称广播信道

我们现在计算容量区域中的码率。由对称性可知，使得码率最大化的U分布必然是$\{0, 1\}$上的均匀分布，因此

$$I(U;Y_2)=H(Y_2)-H(Y_2|U) \tag{15-231}$$
$$=1-H(\beta*p_2) \tag{15-232}$$

其中

$$\beta*p_2=\beta(1-p_2)+(1-\beta)p_2 \tag{15-233}$$

同理，

$$I(X;Y_1|U)=H(Y_1|U)-H(Y_1|X,U) \tag{15-234}$$
$$=H(Y_1|U)-H(Y_1|X) \tag{15-235}$$
$$=H(\beta*p_1)-H(p_1) \tag{15-236}$$

其中

$$\beta*p_1=\beta(1-p_1)+(1-\beta)p_1 \tag{15-237}$$

将这些点作为β的函数，得到如图 15-29 所示的容量区域。当$\beta=0$时，传送给Y_2最大信息量[即$R_2=1-H(p_2)$与$R_1=0$]。当$\beta=1/2$时，传送给Y_1的最大信息量，即$R_1=1-H(p_1)$，且此时没有对Y_2传送信息。这些β的值给出了码率区域的转角点。 569

例 15.6.6(高斯广播信道) 高斯广播信道如图 15-30 所示。我们已给出了其中一个输出为另一输出的退化形式的情形。根据习题 15.10，所有高斯广播信道都等价于如下形式的退化信道。

$$Y_1 = X + Z_1 \tag{15-238}$$

$$Y_2 = X + Z_2 = Y_1 + Z_2' \tag{15-239}$$

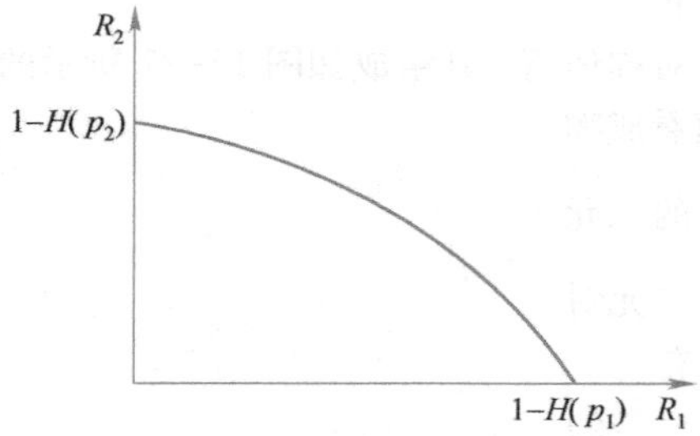

图 15-29 二元对称广播信道的容量区域

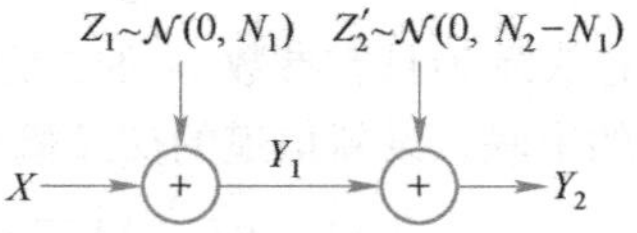

图 15-30 高斯广播信道

其中 $Z_1 \sim \mathcal{N}(0, N_1)$，$Z_2' \sim \mathcal{N}(0, N_2 - N_1)$。

将本节的结论推广至高斯情形，可证明该信道的容量区域可以由下面的式子给出

$$R_1 < C\left(\frac{\alpha P}{N_1}\right) \tag{15-240}$$

570

$$R_2 < C\left(\frac{(1-\alpha)P}{\alpha P + N_2}\right) \tag{15-241}$$

其中 α 可以任意选取($0 \leqslant \alpha \leqslant 1$)。达到该容量区域的编码方案已在 15.1.3 节中简要给出。

15.7 中继信道

中继信道(relay channel)仅有一个发送器与一个接收器，但中间有若干中继站帮助从发送器至接收器期间的信息传递。最简单的中继信道仅有一个中继站。此时，信道由 4 个有限集 $\mathcal{X}$，$\mathcal{X}_1$，$\mathcal{Y}$ 与 $\mathcal{Y}_1$ 及对应于每个 $(x, x_1) \in \mathcal{X} \times \mathcal{X}_1$ 的定义在 $\mathcal{Y} \times \mathcal{Y}_1$ 上概率密度函数 $p(y, y_1 | x, x_1)$ 组成的集合。解释如下：x 为对信道的输入，y 为信道输出，y_1 为中继站的观测数据，x_1 为中继站选取的输入符号，如图 15-31 所示。问题是如何求发送器 X 与接收器 Y 间的信道容量。

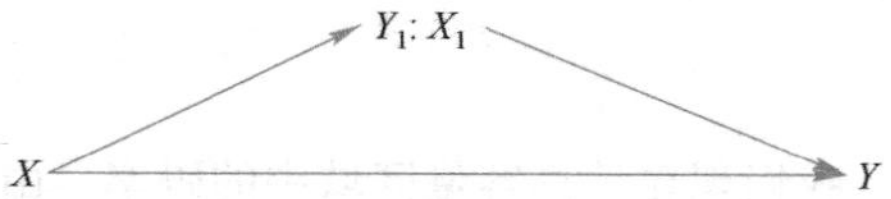

图 15-31 中继信道

中继信道可以看成一个广播信道(X 到 Y 与 Y_1)和一个多接入信道(X 与 X_1 到 Y)的组合。对于物理退化中继信道的特殊情形，容量是已知的。我们将首先证明一般中继信道的容量的一个外部界，然后再给出退化中继信道的可达区域。

定义 关于中继信道的一个$(2^{nR}, n)$码是由以下要素组成的：一个整数集 $\mathcal{W} = \{1, 2, \cdots, 2^{nR}\}$，一个编码函数

$$X: \{1, 2, \cdots, 2^{nR}\} \rightarrow \mathcal{X}^n \tag{15-242}$$

一个满足如下条件的中继函数集 $\{f_i\}_{i=1}^n$

$$x_{1i} = f_i(Y_{11}, Y_{12}, \cdots, Y_{1i-1}), \quad 1 \leqslant i \leqslant n \tag{15-243}$$

以及一个译码函数

571

$$g: \mathcal{Y}^n \rightarrow \{1, 2, \cdots, 2^{nR}\}. \tag{15-244}$$

注意，中继编码函数的定义包括了中继站可能出现的不可预料的情况。中继信道的输入仅

依赖于过去的观测数据 $y_{11},y_{12},\cdots,y_{1i-1}$。由于$(Y_i,Y_{1i})$只依赖于从过去直到当前所传输的$(X_i, X_{1i})$，在这种意义下，信道是无记忆的。于是，对任意选择的 $p(w),w\in\mathcal{W}$，选择编码 $X:\{1,2,\cdots,2^{nR}\}\to\mathcal{X}_i^n$ 以及中继函数$\{f_i\}_{i=1}^n$，$\mathcal{W}\times\mathcal{X}^n\times\mathcal{X}_1^n\times\mathcal{Y}^n\times\mathcal{Y}_1^n$ 上的联合概率密度函数为

$$p(w,\mathbf{x},\mathbf{x}_1,\mathbf{y},\mathbf{y}_1)=p(w)\prod_{i=1}^n p(x_i|w)p(x_{1i}\mid y_{11},y_{12},\cdots,y_{1i-1})\times p(y_i,y_{1i}\mid x_i,x_{1i}) \tag{15-245}$$

如果发送的消息为 $w\in[1,2^{nR}]$，令

$$\lambda(w)=\Pr\{g(\mathbf{Y})\neq w\mid w\text{ 被发送}\} \tag{15-246}$$

为条件误差概率。我们定义编码的平均误差概率为

$$P_e^{(n)}=\frac{1}{2^{nR}}\sum_w\lambda(w) \tag{15-247}$$

该误差概率假设下标集在 $w\in\{1,\cdots,2^{nR}\}$上的均匀分布下计算。对于中继信道，如果存在一列编码$(2^{nR},n)$使 $P_e^{(n)}\to0$，那么码率 R 称为可达的。中继信道的容量 C 为可达码率集的上确界。

我们首先给出中继信道容量的上界。

定理 15.7.1 对任何中继信道$(\mathcal{X}\times\mathcal{X}_1,p(y,y_1|x,x_1),\mathcal{Y}\times\mathcal{Y}_1)$，容量 C 有上界

$$C\leqslant\sup_{p(x,x_1)}\min\{I(X,X_1;Y),I(X;Y,Y_1\mid X_1)\} \tag{15-248}$$

证明：我们将在 15.10 节中给出更一般的最大流最小割定理，该定理只是它的一个直接推论。□

该上界给出了一个漂亮的最大流最小割的解释。式(15-248)上界中的第一项给出了从发送器 X 与 X_1 到接收器 Y 信息传输的最大码率，第二项则是对从 X 到 Y 与 Y_1 的码率的定界。 572

现在考虑一簇满足如下意义的中继信道，它们的中继接收器都优于最终接收器 Y。此时，式(15-248)中的最大流最小割上界是可达的。

定义 称中继信道$(\mathcal{X}\times\mathcal{X}_1,p(y,y_1|x,x_1),\mathcal{Y}\times\mathcal{Y}_1)$是物理退化的，如果 $p(y,y_1|x,x_1)$可写作如下形式

$$p(y,y_1\mid x,x_1)=p(y_1\mid x,x_1)p(y\mid y_1,x_1) \tag{15-249}$$

于是，Y 为中继信号 Y_1 的随机退化。

对物理退化中继信道，其容量由以下的定理给出。

定理 15.7.2 物理退化中继信道的容量 C 为

$$C=\sup_{p(x,x_1)}\min\{I(X,X_1;Y),I(X;Y_1\mid X_1)\} \tag{15-250}$$

其中，上确界取遍所有$\mathcal{X}\times\mathcal{X}_1$ 上的联合分布。

证明：

逆定理。由于退化中继信道满足 $I(X;Y,Y_1|X_1)=I(X;Y_1|X_1)$，所以该证明可由定理 15.7.1 与退化性得出。

可达性。可达性的证明由以下基本技巧结合得出：(1)随机编码，(2)编码清单，(3) Slepian-Wolf 划分，(4)协作多接入信道编码，(5)叠加编码，(6)在中继发送器和发送器处进行分组马尔可夫编码。我们仅给出证明的要点。

可达性的要点。我们考虑 B 组传输，每组 n 个字符。于是，经过 nB 次传输，在信道上可以发送 $B-1$ 个下标 $w_i\in\{1,\cdots,2^{nR}\}$，$i=1,2,\cdots,B-1$。(注意到对固定的 n，$B\to\infty$时，码率 $R(B-1)/B$可任意地逼近 R。)

定义码字的双重下标集：

$$\mathcal{C}=\{\mathbf{x}(w\mid s),\mathbf{x}_1(s)\}:w\in\{1,\cdots,2^{nR}\},s\in\{1,\cdots,2^{nR_0}\},\mathbf{x}\in\mathcal{X}^n,\mathbf{x}_1\in\mathcal{X}_1^n \tag{15-251}$$

同时也需要$\mathcal{W}=\{1,2,\cdots,2^{nR}\}$的一个划分

573 $$\mathcal{S}=\{S_1,S_2,\cdots,S_{2^{nR_0}}\} \tag{15-252}$$

其中共有 2^{nR_0} 个单元，且满足 $S_i \cap S_j=\phi, i\neq j$，以及$\cup S_i=\mathcal{W}$。这种划分使我们能够以 Slepian 和 Wolf[502]方式将边信息也发送给接收器。

随机码的生成。给定 $p(x_1)p(x|x_1)$。

首先随机生成$\mathcal{X}_1^n$ 中的 2^{nR_0} 个服从分布 $p(\mathbf{x}_1)=\prod_{i=1}^{n}p(x_{1i})$且长度为 n 的 i. i. d. 序列。它们的下标定为 $\mathbf{x}_1(s), s\in\{1,2,\cdots,2^{nR_0}\}$。每个 $\mathbf{x}_1(s)$再生成 2^{nR} 个服从 $p(\mathbf{x}|\mathbf{x}_1(s))=\prod_{i=1}^{n}p(x_i|x_{1i}(s))$的条件独立的 n 长序列 $\mathbf{x}(w|s), w\in\{1,\cdots,2^{nR}\}$。这样得到随机码簿$\mathcal{C}=\{\mathbf{x}(w|s),\mathbf{x}_1(s)\}$。$\{1,2,\cdots,2^{nR}\}$的随机划分$\mathcal{S}=\{S_1,S_2,\cdots,S_{2^{nR_0}}\}$定义如下。对于每个整数 $w\in\{1,2,\cdots,2^{nR}\}$，根据下标 $s=1,2,\cdots,2^{nR_0}$ 上的均匀分布独立地分配到各单元 S_s 中去。

编码。设 $w_i\in\{1,2,\cdots,2^{nR}\}$是第 i 组传输的新下标，s_i 为对应于 w_{i-1} 的划分单元的下标，即 $w_{i-1}\in S_{s_i}$。编码器发送 $\mathbf{x}(w_i|s_i)$。中继站前一个发送的下标 w_{i-1} 有估计值 $\hat{\hat{w}}_{i-1}$(这将会在解码部分给出详细论述)。假设 $\hat{\hat{w}}_{i-1}\in S_{\hat{\hat{s}}_i}$，中继编码器在第 i 组传输中发送 $\mathbf{x}_1(\hat{\hat{s}}_i)$。

译码。在第 $i-1$ 组传输结束的时候，假定接收器知道$(w_1,w_2,\cdots,w_{i-2})$与$(s_1,s_2,\cdots,s_{i-1})$，并且中继站也获得$(w_1,w_2,\cdots,w_{i-1})$，从而知道$(s_1,s_2,\cdots,s_i)$。在第 i 组传输结束时，其译码流程如下：

1. 根据已知的 s_i 和接收到的 $\mathbf{y}_1(i)$，中继接收器估计出所传递的消息 $\hat{\hat{w}}_i=w$ 当且仅当存在唯一的 w，使得$(\mathbf{x}(w|s_i)$，$\mathbf{x}_1(s_i),\mathbf{y}_1(i))$为联合 ϵ 典型序列。如果

$$R<I(X;Y_1\mid X_1) \tag{15-253}$$

且 n 充分大时，由定理 15.2.3，可证明 $\hat{\hat{w}}_i=w_i$ 具有任意小的误差概率。

2. 接收器宣布 $\hat{s}_i=s$ 被发送了当且仅当存在且仅存在一个 s，使$(\mathbf{x}_1(s),\mathbf{y}(i))$为联合 ϵ 典型的。如果

574 $$R_0<I(X_1;Y) \tag{15-254}$$

且 n 充分大，那么由定理 15.2.1 我们知道，s_i 能够以任意小的误差概率被译出来。

3. 假设 s_i 被接收器正确地译码，那么接收器会将第 $i-1$ 组传输中所有可能与 $\mathbf{y}(i-1)$构成联合典型的序列构成一个下标清单$\text{Ł}(\mathbf{y}(i-1))$。若有唯一的 w 包含于 $S_{s_i}\cap\text{Ł}(\mathbf{y}(i-1))$，则接收器宣布 $\hat{w}_{i-1}=w$ 为第 $i-1$ 组传输中发送的下标。若 n 充分大，且

$$R<I(X;Y\mid X_1)+R_0 \tag{15-255}$$

则 $\hat{w}_{i-1}=w_{i-1}$的误差概率任意小。联合式(15-254)与式(15-255)的约束，消去 R_0，余下

$$R<I(X;Y\mid X_1)+I(X_1;Y)=I(X,X_1;Y) \tag{15-256}$$

若想了解关于误差概率的详尽分析，读者可参看 Cover 与 EI Gamal[127]。 □

可以证明，定理 15.7.2 关于下列类型的中继信道也成立：

1. 反退化中继信道，即

$$p(y,y_1\mid x,x_1)=p(y\mid x,x_1)p(y_1\mid y,x_1) \tag{15-257}$$

2. 带反馈的中继信道。

3. 确定性中继信道

$$y_1=f(x,x_1),\quad y=g(x,x_1) \tag{15-258}$$

15.8 具有边信息的信源编码

现在考虑一种特殊的分布式信源编码问题，即两个随机变量 X 与 Y 分开编码，但仅需要将

X恢复。如果容许用R_2比特描述Y，那么需要用来描述X的码率R_1是多少？如果$R_2>H(Y)$，则Y可完美地描述，再由 Slepian-wolf 编码的结论，$R_1=H(X|Y)$比特足够描述X了。从另一极端情形来看，若$R_2=0$，我们必须在没有任何别的帮助下来描述X，因此，至少需要用$R_1=H(X)$比特来才能描述X。一般地，用$R_2=I(Y;\hat{Y})$描述Y的一个逼近$\hat{Y}$，那么在已知边信息$\hat{Y}$的条件下，用$H(X|\hat{Y})$比特可以描述X。下边的定理与这个直观结论相一致。 575

定理 15.8.1 设$(X,Y)\sim p(x,y)$。如果Y以码率R_2编码，X以码率R_1编码，那么能以任意小的误差概率将X恢复当且仅当存在某个联合概率密度函数$p(x,y)p(u|y)$，使得

$$R_1 \geqslant H(X \mid U) \tag{15-259}$$

$$R_2 \geqslant I(Y;U) \tag{15-260}$$

其中$|\mathcal{U}|\leqslant|\mathcal{Y}|+2$。

我们将定理证明分成两部分。首先证明定理的逆部分，即证明对任何具有小误差概率的编码方案，均可以找到满足定理所述的服从某个联合概率密度函数的随机变量U。

证明(逆定理)：考虑如图 15-32 所示的任意信源编码。信源编码有下列要素组成：两个映射$f_n(X^n)$与$g_n(Y^n)$，其中f_n与g_n的码率分别小于R_1与R_2，以及一个译码映射h_n，使得

$$P_e^{(n)}=\Pr\{h_n(f_n(X^n),g_n(Y^n))\neq X^n\}<\varepsilon \tag{15-261}$$

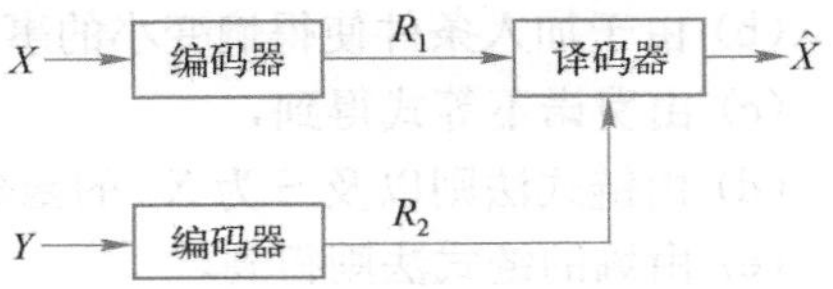

图 15-32 具有边信息的编码

定义新的随机变量$S=f_n(X^n)$与$T=g_n(Y^n)$。此时由于可从S与T中将X^n以小误差概率恢复，则由费诺不等式，我们有

$$H(X^n \mid S,T)\leqslant n\varepsilon_n \tag{15-262}$$

于是

$$nR_2 \overset{(a)}{\geqslant} H(T) \tag{15-263}$$

$$\overset{(b)}{\geqslant} I(Y^n;T) \tag{15-264}$$ 576

$$=\sum_{i=1}^{n} I(Y_i;T \mid Y_1,\cdots,Y_{i-1}) \tag{15-265}$$

$$\overset{(c)}{=}\sum_{i=1}^{n} I(Y_i;T,Y_1,\cdots,Y_{i-1}) \tag{15-266}$$

$$\overset{(d)}{=}\sum_{i=1}^{n} I(Y_i;U_i) \tag{15-267}$$

其中

(a) 由g_n的值域为$\{1,2,\cdots,2^{nR_2}\}$得到，

(b) 由互信息的性质得到，

(c) 由链式法则以及Y_i独立于$Y_1,\cdots,Y_{i-1}$，从而$I(Y_i;Y_1,\cdots,Y_{i-1})=0$得到，

(d) 当定义$U_i=(T,Y_1,\cdots,Y_{i-1})$，可以推出。

对于R_1，我们也有下面的系列不等式，

$$nR_1 \overset{(a)}{\geqslant} H(S) \tag{15-268}$$

$$\overset{(b)}{\geqslant} H(S \mid T) \tag{15-269}$$

$$=H(S\mid T)+H(X^n \mid S,T)-H(X^n \mid S,T) \tag{15-270}$$

$$\stackrel{(c)}{\geqslant} H(X^n, S \mid T) - n\epsilon_n \tag{15-271}$$

$$\stackrel{(d)}{=} H(X^n \mid T) - n\epsilon_n \tag{15-272}$$

$$\stackrel{(e)}{=} \sum_{i=1}^{n} H(X_i \mid T, X_1, \cdots, X_{i-1}) - n\epsilon_n \tag{15-273}$$

$$\stackrel{(f)}{\geqslant} \sum_{i=1}^{n} H(X_i \mid T, X^{i-1}, Y^{i-1}) - n\epsilon_n \tag{15-274}$$

$$\stackrel{(g)}{=} \sum_{i=1}^{n} H(X_i \mid T, Y^{i-1}) - n\epsilon_n \tag{15-275}$$

577

$$\stackrel{(h)}{=} \sum_{i=1}^{n} H(X_i \mid U_i) - n\epsilon_n \tag{15-276}$$

其中

(a) 由 S 的值域为 $\{1,2,\cdots,2^{nR_1}\}$ 得到，

(b) 由于加入条件使得熵变小的事实得到，

(c) 由费诺不等式得到，

(d) 由链式法则以及 S 为 X^n 的函数的事实得到，

(e) 由熵的链式法则得到，

(f) 由于加入条件使得熵变小的事实，

(g) 由于(微妙的)事实：因为 X_i 并不含有 X^{i-1} 不存在于 Y^{i-1} 和 T 中的信息，从而 $X_i \to (T, Y^{i-1}) \to X^{i-1}$ 构成一个马尔可夫链，

(h) 由 U 的定义得到。

另外，由于 X_i 中含有关于 U_i 的信息并不比 Y_i 含有的多，则 $X_i \to Y_i \to U_i$ 构成一个马尔可夫链。因此，我们有下面的不等式：

$$R_1 \geqslant \frac{1}{n} \sum_{i=1}^{n} H(X_i \mid U_i) \tag{15-277}$$

$$R_2 \geqslant \frac{1}{n} \sum_{i=1}^{n} I(Y_i ; U_i) \tag{15-278}$$

现在引进一个分时操作随机变量 Q，使得我们可将上述不等式改写为

$$R_1 \geqslant \frac{1}{n} \sum_{i=1}^{n} H(X_i \mid U_i, Q=i) = H(X_Q \mid U_Q, Q) \tag{15-279}$$

$$R_2 \geqslant \frac{1}{n} \sum_{i=1}^{n} I(Y_i ; U_i \mid Q=i) = I(Y_Q ; U_Q \mid Q) \tag{15-280}$$

由于 Q 独立于 Y_Q(即 Y_i 的分布不依赖于 i)，我们有

$$I(Y_Q ; U_Q \mid Q) = I(Y_Q ; U_Q, Q) - I(Y_Q ; Q) = I(Y_Q ; U_Q, Q) \tag{15-281}$$

其中 X_Q 与 Y_Q 的联合分布为定理中已知的 $p(x,y)$。定义 $U=(U_Q,Q)$，$X=X_Q$ 以及 $Y=Y_Q$，我们便证明了对于低误差概率的任何编码方法，存在随机变量 U 使得

$$R_1 \geqslant H(X \mid U) \tag{15-282}$$

578

$$R_2 \geqslant I(Y ; U) \tag{15-283}$$

至此，完成逆定理的证明。 □

在我们继续给出该码率对的可达性的证明前，需要一个关于强典型性和马尔可夫链的新引理。回忆关于三个随机变量 X，Y 与 Z 的强典型性的定义。三个序列 x^n，y^n 与 z^n 称为 ϵ 强典型的，如果

$$\left|\frac{1}{n}N(a,b,c\mid x^n,y^n,z^n)-p(a,b,c)\right|<\frac{\varepsilon}{|\mathcal{X}||\mathcal{Y}||\mathcal{Z}|} \tag{15-284}$$

特别地，这意味着(x^n,y^n)与(y^n,z^n)都是联合强典型的。然而，反之不然。即，如果$(x^n,y^n)\in A_\varepsilon^{*(n)}(X,Y)$且$(y^n,z^n)\in A_\varepsilon^{*(n)}(Y,Z)$，一般不存在$(x^n,y^n,z^n)\in A_\varepsilon^{*(n)}(X,Y,Z)$。但是，如果$X\to Y\to Z$构成一个马尔可夫链，则该结论是成立的。我们将此叙述作为一个引理，但不证明，具体细节可参看[53,149]。

引理 15.8.1 设(X,Y,Z)构成马尔可夫链$X\to Y\to Z$，即$p(x,y,z)=p(x,y)p(z|y)$。如果给定条件$(y^n,z^n)\in A_\varepsilon^{*(n)}(Y,Z)$，有$X^n\sim\prod_{i=1}^n p(x_i|y_i)$，那么当$n$充分大时，$\Pr\{(X^n,y^n,z^n)\in A_\varepsilon^{*(n)}(X,Y,Z)\}>1-\varepsilon$。

注释 如果$X^n\sim\prod_{i=1}^n p(x_i|y_i,z_i)$，则由强大数定律可知定理成立。$X\to Y\to Z$的马尔可夫性是为了保证$X^n\sim\prod_{i=1}^n p(x_i|y_i)$推出$X^n\sim\prod_{i=1}^n p(x_i|y_i,z_i)$成立。

我们现在给出定理15.8.1中可达性证明的概述。

证明(定理15.8.1中的可达性)：固定$p(u|y)$。计算$p(u)=\sum_y p(y)p(u\mid y)$。

码簿的生成。生成2^{nR_2}个长度为n的独立码字$\mathbf{U}(w_2)$，$w_2\in\{1,2,\cdots,2^{nR_2}\}$服从分布$\prod_{i=1}^n p(u_i)$。对每个$X^n$，依$\{1,2,\cdots,2^{nR_1}\}$上的均匀分布独立随机产生下标$b$，从而将所有$X^n$序列装入$2^{nR_1}$个盒子中，用$B(i)$表示装入盒子$i$的所有$X^n$序列构成的集合。

编码。发送器X发送X^n落入的盒子下标i。

发送器Y找出下标s使得$(Y^n,U^n(s))\in A_\varepsilon^{*(n)}(Y,U)$。如果这样的$s$不止一个，则发送最小的。如果码簿中不存在这样的$U^n(s)$，那么发送$s=1$。

译码。接收器找寻唯一的$X^n\in B(i)$满足$(X^n,U^n(s))\in A_\varepsilon^{*(n)}(X,U)$。若不存在这样的$X^n$，或不止一个，则宣布出错。 579

误差概率分析。各种误差来源如下：

1. 由信源产生的序列对(X^n,Y^n)非典型。当n很大时，出现这种情形的概率很小。因此，不失一般性，我们可以将事件“信源产生一个特定典型序列$(x^n,y^n)\in A_\varepsilon^{*(n)}$”作为条件。

2. 序列Y^n是典型的，然而码簿中却不存在$U^n(s)$与其为联合典型的。由10.6节的讨论知，这种情形的概率是很小的。当时，我们证明了如果有足够多的码字，即，如果

$$R_2>I(Y;U) \tag{15-285}$$

那么我们非常有可能找到一个码字，与给定的信源序列是联合强典型的。

3. 码字$U^n(s)$与y^n是联合典型的，但不与x^n联合典型。由引理15.8.1，由于$X\to Y\to U$构成一个马尔可夫链，这种情形的概率也很小。

4. 如果存在另一典型的序列$X^n\in B(i)$使得与$U^n(s)$是联合典型的，也会得到误差。任何其他序列X^n与$U^n(s)$是联合典型的概率小于$2^{-n(I(U;X)-3\varepsilon)}$，因此，这种情形下的误差概率有上界

$$|B(i)\cap A_\varepsilon^{*(n)}(X)|\,2^{-n(I(X;U)-3\varepsilon)}\leqslant 2^{n(H(X)+\varepsilon)}2^{-nR_1}2^{-n(I(X;U)-3\varepsilon)} \tag{15-286}$$

当$R_1>H(X|U)$时，该上界趋向于0。

因此，实际的信源序列X^n与$U^n(s)$是联合典型的，而同一盒子中再没有别的典型序列能够与$U^n(s)$联合典型，这是极有可能的。我们可适当地选取n与ε使得误差概率任意小。这就完成了可达性的证明。□

15.9 具有边信息的率失真

我们已经知道，在容许失真D的情况下，为了描述X，只需要$R(D)$比特就足够了。现在的

问题是，如果已知边信息 Y 时，需要多少比特？

580 首先给出一些定义。设 (X_i,Y_i) 为i.i.d. $\sim p(x,y)$，按如图 15-33 所示编码。

定义 具有边信息(side information)的率失真函数 $R_Y(D)$ 定义为当译码器获得边信息 Y 时，为使失真率不超过 D 所需要的最小码率。精确地讲，$R_Y(D)$ 为满足如下条件的所有码率的下确界，即如果存在映射 $i_n:\mathcal{X}^n\to\{1,2,\cdots,2^{nR}\}$ 和 $g_n:\mathcal{Y}^n\times\{1,2,\cdots,2^{nR}\}\to\hat{\mathcal{X}}^n$ 满足

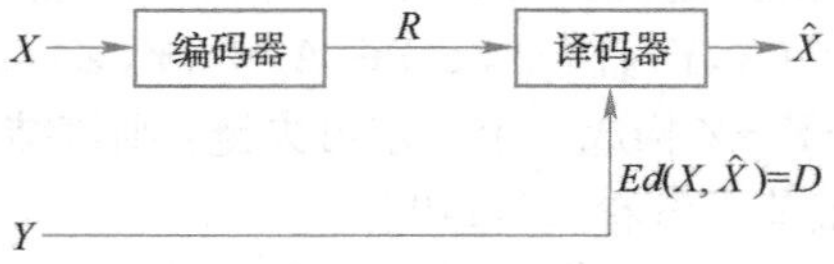

图 15-33 具有边信息的率失真

$$\limsup_{n\to\infty} Ed(X^n,g_n(Y^n,i_n(X^n)))\leqslant D. \tag{15-287}$$

显然，由于边信息至少会有些帮助，故我们有 $R_Y(D)\leqslant R(D)$。对于零失真情形，这就是 Slepian-Wolf 问题。此时，需要 $H(X|Y)$ 比特。因此，$R_Y(0)=H(X|Y)$。我们希望确定出整个曲线 $R_Y(D)$，关于这点的结论可表述为下面的定理。

定理 15.9.1（具有边信息的率失真(Wyner 和 Ziv)） 如果 (X,Y) 为 i.i.d. $\sim p(x,y)$ 且 $d(x^n,\hat{x}^n)=\frac{1}{n}\sum_{i=1}^{n}d(x_i,\hat{x}_i)$ 已知，那么具有边信息的率失真函数为

$$R_Y(D)=\min_{p(w|x)}\min_f(I(X;W)-I(Y;W)) \tag{15-288}$$

其中最小值取自所有函数 $f:\mathcal{Y}\times\mathcal{W}\to\hat{\mathcal{X}}$ 以及所有条件概率密度函数 $p(w|x)$，$|\mathcal{W}|\leqslant|\mathcal{X}|+1$，它们满足

$$\sum_x\sum_w\sum_y p(x,y)p(w\mid x)d(x,f(y,w))\leqslant D \tag{15-289}$$

定理中的函数 f 对应于译码映射，它将 X 符号的编码形式与边信息 Y 映射到输出字母表。其中的最小值取自满足关于联合分布的期望失真不超过 D 的 W 上的所有条件分布以及所有函数 f。

在考虑式(15-288)中定义的函数 $R_Y(D)$ 的一些性质后，我们将首先证明定义逆定理部分。

581 **引理 15.9.1** 式(15-288)中定义的具有边信息的率失真函数 $R_Y(D)$ 为 D 的非增凸函数。

证明：$R_Y(D)$ 的单调性直接由随后的事实推出：$R_Y(D)$ 的定义中取最小值的区域随着 D 的增大而增大。与不存在边信息时的率失真一样，可以预期 $R_Y(D)$ 是凸的。但是，由于在式(15-288)中 $R_Y(D)$ 的定义有两次取最小值而不是一次，这使得凸性的证明变得更加复杂。我们仅给出证明的要点。

设 D_1 与 D_2 为失真的两个取值，且设 W_1，f_1 以及 W_2，f_2 分别为 $R_Y(D_1)$ 与 $R_Y(D_2)$ 的定义中达到最小值时对应的随机变量与函数。设 Q 为独立于 X,Y,W_1 与 W_2 的随机变量，其以概率 λ 取值 1，以概率 $1-\lambda$ 取值 2。

定义 $W=(Q,W_Q)$，并令 $f(W,Y)=f_Q(W_Q,Y)$。特别地，$f(W,Y)=f_1(W_1,Y)$ 的概率为 λ，而 $f(W,Y)=f_2(W_2,Y)$ 的概率为 $1-\lambda$，于是失真变为

$$D=Ed(X,\hat{X}) \tag{15-290}$$

$$=\lambda Ed(X,f_1(W_1,Y))+(1-\lambda)Ed(X,f_2(W_2,Y)) \tag{15-291}$$

$$=\lambda D_1+(1-\lambda)D_2 \tag{15-292}$$

而式(15-288)变为

$$I(W;X)-I(W;Y)=H(X)-H(X\mid W)-H(Y)+H(Y\mid W) \tag{15-293}$$

$$=H(X)-H(X\mid W_Q,Q)-H(Y)+H(Y\mid W_Q,Q) \tag{15-294}$$

$$=H(X)-\lambda H(X\mid W_1)-(1-\lambda)H(X\mid W_2)-H(Y)+\lambda H(Y\mid W_1)+(1-\lambda)H(Y\mid W_2) \tag{15-295}$$

$$=\lambda(I(W_1,X)-I(W_1;Y))+(1-\lambda)(I(W_2,X)-I(W_2;Y)) \tag{15-296}$$

从而

$$R_Y(D)=\min_{U;Ed\leqslant D}(I(U;X)-I(U;Y)) \tag{15-297}$$

$$\leqslant I(W;X)-I(W;Y) \tag{15-298}$$

582

$$=\lambda(I(W_1,X)-I(W_1;Y))+(1-\lambda)(I(W_2,X)-I(W_2;Y))$$

$$=\lambda R_Y(D_1)+(1-\lambda)R_Y(D_2) \tag{15-299}$$

这就证明了 $R_Y(D)$的凸性。□

我们现在来证明条件率失真定理的逆定理。

证明(定理 15.9.1 的逆定理)：考虑具有边信息的任意率失真码。令编码函数为 $f_n:\mathcal{X}^n\to\{1,2,\cdots,2^{nR}\}$，译码函数为 $g_n:\mathcal{Y}^n\times\{1,2,\cdots,2^{nR}\}\to\hat{\mathcal{X}}^n$。令 $g_{ni}:\mathcal{Y}^n\times\{1,2,\cdots,2^{nR}\}\to\hat{\mathcal{X}}$ 为译码函数产生的第 i 个字符，而 $T=f_n(X^n)$表示 X^n 的编码。我们需要证明，如果 $Ed(X^n,g_n(Y^n,f_n(X^n)))\leqslant D$，则 $R\geqslant R_Y(D)$。我们有下面的系列不等式：

$$nR\overset{(a)}{\geqslant}H(T) \tag{15-300}$$

$$\overset{(b)}{\geqslant}H(T\mid Y^n) \tag{15-301}$$

$$\geqslant I(X^n;T\mid Y^n) \tag{15-302}$$

$$\overset{(c)}{=}\sum_{i=1}^n I(X_i;T\mid Y^n,X^{i-1}) \tag{15-303}$$

$$=\sum_{i=1}^n H(X_i\mid Y^n,X^{i-1})-H(X_i\mid T,Y^n,X^{i-1}) \tag{15-304}$$

$$\overset{(d)}{=}\sum_{i=1}^n H(X_i\mid Y_i)-H(X_i\mid T,Y^{i-1},Y_i,Y_{i+1}^n,X^{i-1}) \tag{15-305}$$

$$\overset{(e)}{\geqslant}\sum_{i=1}^n H(X_i\mid Y_i)-H(X_i\mid T,Y^{i-1},Y_i,Y_{i+1}^n) \tag{15-306}$$

$$\overset{(f)}{=}\sum_{i=1}^n H(X_i\mid Y_i)-H(X_i\mid W_i,Y_i) \tag{15-307}$$

$$\overset{(g)}{=}\sum_{i=1}^n I(X_i;W_i\mid Y_i) \tag{15-308}$$

583

$$=\sum_{i=1}^n H(W_i\mid Y_i)-H(W_i\mid X_i,Y_i) \tag{15-309}$$

$$\overset{(h)}{=}\sum_{i=1}^n H(W_i\mid Y_i)-H(W_i\mid X_i) \tag{15-310}$$

$$=\sum_{i=1}^n H(W_i)-H(W_i\mid X_i)-H(W_i)+H(W_i\mid Y_i) \tag{15-311}$$

$$=\sum_{i=1}^n I(W_i;X_i)-I(W_i;Y_i) \tag{15-312}$$

$$\overset{(i)}{\geqslant}\sum_{i=1}^n R_Y(Ed(X_i,g'_{ni}(W_i,Y_i))) \tag{15-313}$$

$$=n\frac{1}{n}\sum_{i=1}^n R_Y(Ed(X_i,g'_{ni}(W_i,Y_i))) \tag{15-314}$$

$$\overset{(j)}{\geqslant}nR_Y\left(\frac{1}{n}\sum_{i=1}^n Ed(X_i,g'_{ni}(W_i,Y_i))\right) \tag{15-315}$$

$$\overset{(k)}{\geqslant} nR_Y(D) \tag{15-316}$$

其中

(a) 由 T 的值域为 $\{1,2,\cdots,2^{nR}\}$ 得到，

(b) 由于加入条件使熵减小的事实得到，

(c) 由互信息的链式法则得到，

(d) 有以下事实推出：给定 Y_i 时，X_i 独立于 Y 和 X 的过去与未来，

(e) 由于加入条件熵减小的事实得到，

(f) 直接由定义 $W_i=(T,Y^{i-1},Y_{i+1}^n)$ 推出，

(g) 由互信息的定义得到，

(h) Y_i 仅依赖于 X_i，且条件独立于 T 与 Y 的过去与将来，因此，$W_i \to X_i \to Y_i$ 构成一个马尔可夫链，

(i) 由于 $\hat{X}_i=g_{ni}(T,Y^n)\triangleq g'_{ni}(W_i,Y_i)$，于是 $I(W_i;X_i)-I(W_i;Y_i)\geqslant \min\limits_{W:Ed(X,\hat{X})\leqslant D_i} I(W;X)-$

584 $I(W;Y)=R_Y(D_i)$，从而可由（信息）条件率失真函数的定义得到，

(j) 由 Jensen 不等式与条件率失真函数的凸性（引理 15.9.1）得到，

(k) 由 $D=E\left[\frac{1}{n}\sum\limits_{i=1}^{n}d(X_i,\hat{X}_i)\right]$ 的定义得到。 □

容易看出该逆定理与无边信息时率失真的逆定理（10.4 节）的相似性。可达性的证明也与利用强典型性证明率失真定理相似。区别在于，我们将这些码字分入多个盒子中，发送盒子的下标，而不是发送与信源联合典型的码字的下标。若每个盒子中码字的数量充分小，那么接收器可以利用边信息将盒子中特定的码字分离出来。因此，我们又将随机装盒子与率失真编码相结合找出联合典型再生码字。我们将给出证明的要点如下。

证明（定理 15.9.1 中的可达性）：固定 $p(w|x)$ 与函数 $f(w,y)$，计算

$$p(w)=\sum_x p(x)p(w\mid x)$$

码簿的生成。令 $R_1=I(X;W)+\varepsilon$，生成 2^{nR} 个 i. i. d. 码字 $W^n(s)\sim\prod\limits_{i=1}^{n}p(w_i)$，它们的下标 $s\in\{1,2,\cdots,2^{nR_1}\}$。令 $R_2=I(X;W)-I(Y;W)+5\varepsilon$。随机地将下标 $s\in\{1,2,\cdots,2^{nR_1}\}$ 依盒子上的均匀分布分配到 2^{nR_2} 个盒子中的其中一个。记 $B(i)$ 为第 i 个盒子中的下标集合，那么每个盒子中大约有 $2^{n(R_1-R_2)}$ 个下标。

编码。对给定的信源序列 X^n，编码器搜索满足 $(X^n,W^n(s))\in A_\varepsilon^{*(n)}$ 的码字 $W^n(s)$。若不存在这样的码字 W^n，编码器规定 $s=1$。若存在不止一个这样的 s，编码器采用最小的 s。编码器发送 s 所在的盒子的下标 i。

译码。译码器找出满足 $s\in B(i)$ 与 $(W^n(s),Y^n)\in A_\varepsilon^{*(n)}$ 的码字 $W^n(s)$。若它找到唯一的 s，则计算 $\hat{X}^n$，其中 $\hat{X}_i=f(W_i,Y_i)$。若没有找到这样的 s，或者找到不止一个 s，则规定 $\hat{X}^n=\hat{x}^n$，其中 $\hat{x}^n$ 为 $\hat{\mathcal{X}}^n$ 中的一个任意序列，并不需要在乎使用了哪个默认序列，我们将证明这类事件的概率很小。

误差概率的分析。与前面类似，存在多种产生误差的事件：

1. 序列对 $(X^n,Y^n)\notin A_\varepsilon^{*(n)}$。由弱大数定律知，$n$ 充分大时，这类事件的概率是很小的。

585 2. 序列 X^n 是典型的，但并不存在满足 $(X^n,W^n(s))\in A_\varepsilon^{*(n)}$ 的 s。类似率失真定理中的证明，当

$$R_1 > I(W;X) \tag{15-317}$$

时，这类事件的概率很小。

3. 序列对$(X^n, W^n(s)) \in A_\epsilon^{*(n)}$，但是$(W^n(s), Y^n) \notin A_\epsilon^{*(n)}$，即码字与$Y^n$序列不是联合典型的。由马尔可夫引理(引理 15.8.1)得知，当n充分大时，这类事件的概率很小。
4. 在相同的盒子中，存在另一s'，使得$(W^n(s'), Y^n) \in A_\epsilon^{*(n)}$。由于随机选取的$W^n$与$Y^n$是联合典型的概率$\approx 2^{-nI(Y;W)}$，同一盒子中还有$W^n$与$Y^n$构成典型的概率不超过码字数量乘以联合典型的概率，即
$$\Pr(\exists s' \in B(i):(W^n(s'), Y^n) \in A_\epsilon^{*(n)}) \leqslant 2^{n(R_1-R_2)} 2^{-n(I(W;Y)-3\epsilon)} \tag{15-318}$$
由于$R_1 - R_2 < I(Y;W) - 3\epsilon$，其趋向于0。
5. 若下标s译码正确，则$(X^n, W^n(s)) \in A_\epsilon^{*(n)}$。由第1条，可假设$(X^n, Y^n) \in A_\epsilon^{*(n)}$。因此，由马尔可夫引理，有$(X^n, Y^n, W^n) \in A_\epsilon^{*(n)}$，于是，经验联合分布与初始的分布$p(x,y)p(w|x)$接近。因此，$(X^n, \hat{X}^n)$必有一个接近于达到失真$D$的分布的联合分布。

因此，译码器将以很高的概率生成$\hat{X}^n$，使得X^n与$\hat{X}^n$间的失真接近于nD。这就完成了定理的证明。□

对于详尽的证明过程，读者可参看 Ziv[574]。经过对压缩分布式数据的各种情形的探讨，人们可能以为该问题已经得到了完全的解决。但遗憾的是，事实并非如此。对所有以上的问题的一个直接的一般化问题是如图 15-34 所示的相关信源的率失真问题。这本质上是X与Y中都存在失真时的 Slepian-Wolf 问题。容易看出，上面考虑的三个分布式信源编码问题都是该问题的特殊情形。然而，与前面不同，该问题还没有得到完全的解决，一般情形的率失真区域还不知道。 586

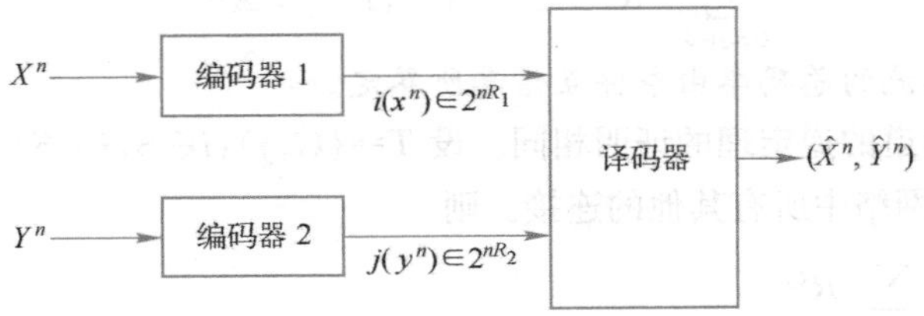

图 15-34 两个相关信源的率失真

15.10 一般多终端网络

作为本章的总结，我们考虑一般情形，即具有多个发送器与多个接收器的多终端网络，并导出这样的网络系统中信息传送的可达码率的一些界限。如图 15-35 所示的一般多终端网络。在本节中，上标表示节点的标号，下标表示时间标号。假设有m个节点，节点i有对应的传送变量$X^{(i)}$与接收变量$Y^{(i)}$。节点i以码率$R^{(ij)}$向节点j发送信息。再假设所有由节点i传送到节点j的消息$W^{(ij)}$都是独立的，且在各自的取值空间$\{1, 2, \cdots, 2^{nR^{(ij)}}\}$上服从均匀分布。 587

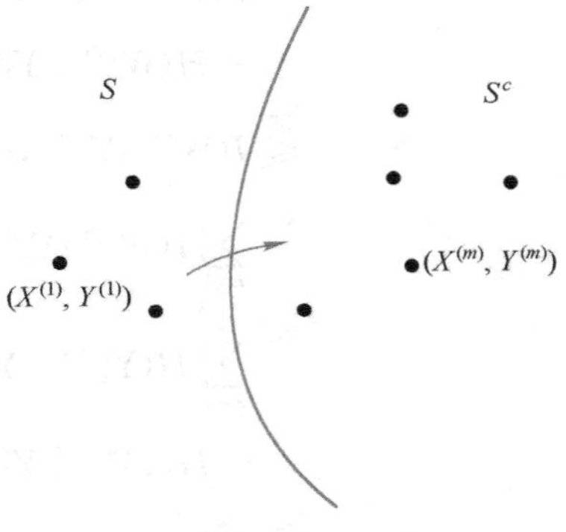

图 15-35 一般多终端网络

信道可由信道转移函数$p(y^{(1)}, \cdots, y^{(m)} | x^{(1)}, \cdots, x^{(m)})$表达，它是在已知输入的条件下，输出结果的条件概率密度函数。该概率转移函数刻画网络中噪声与干扰的影响。假设信道是无记忆的，即任何瞬时时刻的输出仅依赖当时的输入，而与以往的输入条件独立。

对应于每个传送与接收器节点对是消息 $W^{(ij)}\in\{1,2,\cdots,2^{nR^{(ij)}}\}$。在节点 i 处的输入字符 $X^{(i)}$ 不仅依赖于消息 $W^{(ij)}$，$j\in\{1,\cdots,m\}$，也依赖于节点 i 过去接收到的字符 $Y^{(i)}$。因此，分组长度为 n 的编码方案由每个节点都对应着一列的编码和译码函数组成：

- 编码器。$X_k^{(i)}(W^{(i1)},W^{(i2)},\cdots,W^{(im)},Y_1^{(i)},Y_2^{(i)},\cdots,Y_{k-1}^{(i)})$，$k=1,\cdots,n$。编码器将消息与过去接收到的字符映射为时刻 k 被传输的字符 $X_k^{(i)}$。
- 译码器。$\hat{W}^{(ji)}(Y_1^{(i)},\cdots,Y_n^{(i)},W^{(i1)},\cdots,W^{(im)})$，$j=1,2,\cdots,m$。节点 i 处的译码器 j 将根据每组传输中接收到的字符与自身的传输信息，估计出从节点 $j(j=1,2,\cdots,m)$ 传送给它的消息。

与每对节点相伴是一个码率与一个相应的误差概率，这种消息是不能被正确译码的。

$$P_e^{(n)(ij)}=\Pr(\hat{W}^{(ij)}(\mathbf{Y}^{(j)},W^{(j1)},\cdots,W^{(jm)})\neq W^{(ij)}) \tag{15-319}$$

其中 $P_e^{(n)^{(ij)}}$ 的定义基于假设所有的消息相互独立，且服从各自取值空间上的均匀分布。

如果对所有的 $i,j\in\{1,2,\cdots,m\}$，存在分组长度为 n 的编码器与译码器，使得当 $n\to\infty$ 时，均有 $P_e^{(n)^{(ij)}}\to 0$，则称码率集 $\{R^{(ij)}\}$ 是可达的。利用上述定义来推导出任意多终端网络中的信息流的上界。将所有节点集分成集合 S 与其补集 S^c。现在来估计从 S 中节点到 S^c 中节点的信息流码
588 率。见参考文献[514]。

定理 15.10.1 *如果信息码率集 $\{R^{(ij)}\}$ 是可达的，则存在一个联合概率分布 $p(x^{(1)},x^{(2)},\cdots,x^{(m)})$，使得对任意的 $S\subset\{1,2,\cdots,m\}$，均有*

$$\sum_{i\in S,j\in S^c}R^{(ij)}\leqslant I(X^{(S)};Y^{(S^c)}\mid X^{(S^c)}) \tag{15-320}$$

因此，穿过割集的信息流的总码率由条件互信息所界定。

证明： 与多接入信道的逆定理的证明相同。设 $T=\{(i,j):i\in S,j\in S^c\}$ 是从 S 至 S^c 的连接构成的集合，记 T^c 为网络中所有其他的连接。则

$$n\sum_{i\in S,j\in S^c}R^{(ij)} \tag{15-321}$$

$$\stackrel{(a)}{=}\sum_{i\in S,j\in S^c}H(W^{(ij)}) \tag{15-322}$$

$$\stackrel{(b)}{=}H(W^{(T)}) \tag{15-323}$$

$$\stackrel{(c)}{=}H(W^{(T)}\mid W^{(T^c)}) \tag{15-324}$$

$$=I(W^{(T)};Y_1^{(S^c)},\cdots,Y_n^{(S^c)}\mid W^{(T^c)}) \tag{15-325}$$

$$+H(W^{(T)}\mid Y_1^{(S^c)},\cdots,Y_n^{(S^c)},W^{(T^c)}) \tag{15-326}$$

$$\stackrel{(d)}{\leqslant}I(W^{(T)};Y_1^{(S^c)},\cdots,Y_n^{(S^c)}\mid W^{(T^c)})+n\varepsilon_n \tag{15-327}$$

$$\stackrel{(e)}{=}\sum_{k=1}^{n}I(W^{(T)};Y_k^{(S^c)}\mid Y_1^{(S^c)},\cdots,Y_{k-1}^{(S^c)},W^{(T^c)})+n\varepsilon_n \tag{15-328}$$

589

$$\stackrel{(f)}{=}\sum_{k=1}^{n}H(Y_k^{(S^c)}\mid Y_1^{(S^c)},\cdots,Y_{k-1}^{(S^c)},W^{(T^c)})-H(Y_k^{(S^c)}\mid Y_1^{(S^c)},\cdots,Y_{k-1}^{(S^c)},W^{(T^c)},W^{(T)})+n\varepsilon_n \tag{15-329}$$

$$\stackrel{(g)}{\leqslant}\sum_{k=1}^{n}H(Y_k^{(S^c)}\mid Y_1^{(S^c)},\cdots,Y_{k-1}^{(S^c)},W^{(T^c)},X_k^{(S^c)})-H(Y_k^{(S^c)}\mid Y_1^{(S^c)},\cdots,Y_{k-1}^{(S^c)},W^{(T^c)},W^{(T)},X_k^{(S)},X_k^{(S^c)})+n\varepsilon_n \tag{15-330}$$

$$\stackrel{(h)}{\leqslant} \sum_{k=1}^{n} H(Y_k^{(S^c)} \mid X_k^{(S^c)}) - H(Y_k^{(S^c)} \mid X_k^{(S^c)}, X_k^{(S)}) + n\epsilon_n \tag{15-331}$$

$$= \sum_{k=1}^{n} I(X_k^{(S)}; Y_k^{(S^c)} \mid X_k^{(S^c)}) + n\epsilon_n \tag{15-332}$$

$$\stackrel{(i)}{=} n \frac{1}{n} \sum_{k=1}^{n} I(X_Q^{(S)}; Y_Q^{(S^c)} \mid X_Q^{(S^c)}, Q = k) + n\epsilon_n \tag{15-333}$$

$$\stackrel{(j)}{=} nI(X_Q^{(S)}; Y_Q^{(S^c)} \mid X_Q^{(S^c)}, Q) + n\epsilon_n \tag{15-334}$$

$$= n(H(Y_Q^{(S^c)} \mid X_Q^{(S^c)}, Q) - H(Y_Q^{(S^c)} \mid X_Q^{(S)}, X_Q^{(S^c)}, Q)) + n\epsilon_n \tag{15-335}$$

$$\stackrel{(k)}{\leqslant} n(H(Y_Q^{(S^c)} \mid X_Q^{(S^c)}) - H(Y_Q^{(S^c)} \mid X_Q^{(S)}, X_Q^{(S^c)}, Q)) + n\epsilon_n \tag{15-336}$$

$$\stackrel{(l)}{=} n(H(Y_Q^{(S^c)} \mid X_Q^{(S^c)}) - H(Y_Q^{(S^c)} \mid X_Q^{(S)}, X_Q^{(S^c)})) + n\epsilon_n \tag{15-337}$$

$$= nI(X_Q^{(S)}; Y_Q^{(S^c)} \mid X_Q^{(S^c)}) + n\epsilon_n \tag{15-338}$$

其中

(a) 由于消息 $W^{(ij)}$ 服从各自的取值空间$\{1, 2, \cdots, 2^{nR^{(ij)}}\}$上的均匀分布，

(b) 由定义 $W^{(T)} = \{W^{(ij)}: i \in S, j \in S^c\}$，从而消息相互独立，

(c) 由于关于 T 和 T^c 的消息是相互独立的，

(d) 因为消息 $W^{(T)}$ 可由 $Y^{(S)}$ 与 $W^{(T^c)}$ 译码得出，于是由费诺不等式可得，

(e) 由互信息的链式法则得到，

(f) 由互信息的定义得到，

(g) 由于 $X_k^{(S^c)}$ 为过去接收到的字符 $Y^{(S^c)}$ 与消息 $W^{(T^c)}$ 的函数，以及加入条件使得第二项减小， 590

(h) 由于 $Y_k^{(S^c)}$ 仅依赖于当前的输入字符 $X_k^{(S)}$ 与 $X_k^{(S^c)}$，

(i) 只要引入一个服从$\{1, 2, \cdots, n\}$上均匀分布的分时随机变量 Q 就可得到，

(j) 由互信息的定义得到，

(k) 由于加入条件使熵减小，

(l) 由 $Y_Q^{(S^c)}$ 仅依赖于输入 $X_Q^{(S)}$ 与 $X_Q^{(S^c)}$ 且条件独立于 Q 得到。

因此，存在满足定理中不等式的某个联合分布的随机变量 $X^{(S)}$ 与 $X^{(S^c)}$。 □

上述定理有一个简单的最大流最小割解释。考虑网络中任何一个分界线的一侧与另一侧，穿过该分界线的信息流的码率不超过在给定另一侧的输入条件下，一侧的输入与另一侧的输出之间的条件互信息。

如果定理中不等式的等号能够成立，那么网络中的信息流问题就可以得到解决。但遗憾的是，即使对一些简单的信道，这些不等式中的等号都不会成立。我们现在使用前面已经考虑过的几个信道来检验这些不等式。

- 多接入信道。多接入信道是由多个输入节点与一个输出节点构成的网络。对于只有两个用户的多接入信道情形，定理 15.10.1 中的不等式可以简化为对于某个联合分布 $p(x_1, x_2)p(y|x_1, x_2)$，

$$R_1 \leqslant I(X_1; Y \mid X_2) \tag{15-339}$$

$$R_2 \leqslant I(X_2; Y \mid X_1) \tag{15-340}$$

$$R_1 + R_2 \leqslant I(X_1, X_2; Y) \tag{15-341}$$

若限定输入分布为乘积分布，并且取凸包(定理 15.3.1)，那么这些不等式刻画的区域与

容量区域是一致的。

- **中继信道**。对于中继信道，根据如图 15-36 所示选取不同的子集，我们会获得一些不等式，它们给出了定理 15.7.1 中的上界。因此

$$C \leqslant \sup_{p(x,x_1)} \min\{I(X,X_1;Y), I(X;Y,Y_1 \mid X_1)\} \tag{15-342}$$

591 该上界为物理退化中继信道与带反馈的中继信道[127]的容量。

为了完善对一般网络的讨论，我们现在来提及单用户信道的两个尚未应用到多用户信道中的特征。

- **信源信道分离定理**。在 7.13 节讨论了信源信道分离定理，它表明了可以无噪声地在信道中传输信源当且仅当熵率小于信道容量。这使我们可以仅用单个数字(熵率)描述信源和用单个数字(容量)来描述信道。多用户情形又如何？我们期望一个分布式信源可通过信道传输当且仅当信源的无噪声编码的码率区域包含于信道的容量区域内。为了明确起见，考虑在一个多接入信道上传输分布式信源的传输问题，如图 15-37 所示。将 Slepian-Wolf 编码的结果与多接入信道容量的结论结合在一起，可以证明，如果存在某个分布 $p(q)p(x_1|q)p(x_2|q)p(y|x_1,x_2)$，使得

592

$$H(U \mid V) \leqslant I(X_1;Y \mid X_2,Q) \tag{15-343}$$

$$H(V/U) \leqslant I(X_2;Y \mid X_1,Q) \tag{15-344}$$

$$H(U,V) \leqslant I(X_1,X_2;Y \mid Q) \tag{15-345}$$

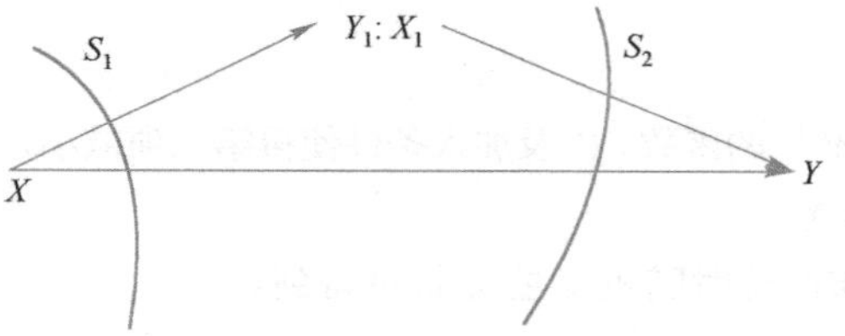

图 15-36　中继信道

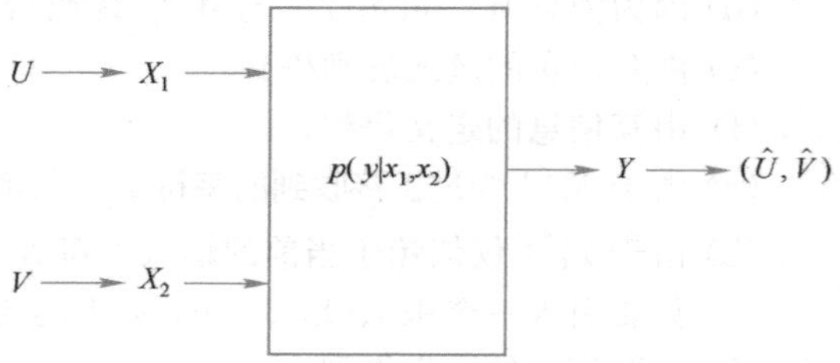

图 15-37　相关信源在多接入信道上的传输

成立，那么可通过信道传输信源并且以很小的误差概率将其恢复。这个条件等价于说信源的 Slepian-Wolf 码率区域与多接入信道的容量区域有非空的交。

但此条件是否必要？答案是否定的，这可用一个简单的例子得到说明。考虑例 15.4.2 中的信源在二元擦除多接入信道(例 15.3.3)上的传输问题。易知 Slepian-Wolf 区域与容量区域不相交，但是很容易设计出一个编码方案，使得信源可以在该信道上进行传输。只要令 $X_1 = U, X_2 = V$，那么由 Y 的值我们会无误差地知道 (U, V)。因此，条件(15-345)不是必要的。

信源信道分离定理之所以对于多接入信道情形不成立，其原因在于多接入信道的容量随着信道输入间的相关性增加而增加。因此，要使容量最大化，需要保留信道输入间的相关性。然而 Slepian-Wolf 编码却剔除这个相关性。在保留相关性思想的基础上，Cover et al. [129]提出了相关信源使用多接入信道传输的可达区域。Han 与 Costa[273] 对相关信源使用广播信道传输也提出了一个类似的区域。

- **带反馈的容量区域**。定理 7.12.1 证明反馈并不能增加单用户离散无记忆信道的容量。对于有记忆信道，情况则不一样，反馈可以使发送器预测到噪声的一些信息并且有效地抗击噪声，从而增加容量。

多用户情形又如何？相当令人吃惊，即使信道是无记忆的，反馈也确能增加多用户信

道的容量区域。这首先被 Gaarder 与 Wolf[220]证明，他们说明了反馈是如何有助于增加二元擦除多接入信道的容量。简要地说，从接收器到两个发送器的反馈充当了两个发送器间的分离信道的角色。发送器可以先于接收器将相互之间传输的信息译码。然后，它们间可相互协作以解决接收端的不确定性，从而以具有比非协作容量更高的协作容量发送信息。利用该方案，Cover 与 Leung[133]给出了具有反馈的多接入信道的可达区域。Willems 593 [557]证明了该区域包括了二元擦除多接入信道在内的一类多接入信道的容量。Ozarow [410]给出了两个用户的高斯多接入信道的容量区域。带反馈多接入信道的容量区域的求解问题与具有公共输出的双程信道的容量问题存在着紧密的联系。

关于网络信息流还没有统一的理论。但是毫无疑问，一个完整的通信网络理论将会对通信与计算理论产生广泛的贡献。

要点

多接入信道 多接入信道$(\mathcal{X}_1\times\mathcal{X}_2,\ p(y|x_1,x_2),\ \mathcal{Y})$的容量区域为满足下列条件的所有$(R_1,R_2)$的凸闭包，即如果存在$\mathcal{X}_1\times\mathcal{X}_2$上的某个分布$p_1(x_1)p_2(x_2)$，使得

$$R_1 < I(X_1;Y \mid X_2) \tag{15-346}$$

$$R_2 < I(X_2;Y \mid X_1) \tag{15-347}$$

$$R_1+R_2 < I(X_1,X_2;Y) \tag{15-348}$$

m个用户的多接入信道的容量区域为满足如下条件的码率向量的凸闭包，对某个乘积分布$p_1(x_1)p_2(x_2)\cdots p_m(x_m)$，使得

$$R(S)\leqslant I(X(S);Y|X(S^c))\ \text{对所有}\ S\subseteq\{1,2,\cdots,m\} \tag{15-349}$$

高斯多接入信道 两用户高斯多接入信道的容量区域为

$$R_1\leqslant C\left(\frac{P_1}{N}\right) \tag{15-350}$$

$$R_2\leqslant C\left(\frac{P_2}{N}\right) \tag{15-351}$$

594

$$R_1+R_2\leqslant C\left(\frac{P_1+P_2}{N}\right) \tag{15-352}$$

其中

$$C(x)=\frac{1}{2}\log(1+x) \tag{15-353}$$

Slepian-Wolf 编码 相关信源X与Y可分别以码率R_1与R_2描述，并由一个公共的译码器以任意小的误差概率恢复，当且仅当

$$R_1\geqslant H(X\mid Y) \tag{15-354}$$

$$R_2\geqslant H(Y\mid X) \tag{15-355}$$

$$R_1+R_2\geqslant H(X,Y) \tag{15-356}$$

广播信道 退化广播信道$X\to Y_1\to Y_2$的容量区域是满足下列条件的所有(R_1,R_2)的凸闭包，对某个联合分布$p(u)p(x|u)p(y_1,y_2|x)$，使得

$$R_2\leqslant I(U;Y_2) \tag{15-357}$$

$$R_1\leqslant I(X;Y_1\mid U) \tag{15-358}$$

中继信道　物理退化中继信道 $p(y,y_1|x,x_1)$ 的容量 C 为

$$C = \sup_{p(x,x_1)} \min\{I(X, X_1; Y), I(X; Y_1 \mid X_1)\} \tag{15-359}$$

其中，上确界取自 $\mathcal{X}\times\mathcal{X}_1$ 上的所有联合分布。

具有边信息的信源编码　设 $(X, Y)\sim p(x,y)$。若以码率 R_2 对 Y 进行编码，以码率 R_1 对 X 进行编码，可将 X 以任意小的误差概率恢复当且仅当存在某个满足 $X\to Y\to U$ 的概率分布 $p(y, u)$，使得

$$R_1 \geqslant H(X \mid U) \tag{15-360}$$

595 $$R_2 \geqslant I(Y; U) \tag{15-361}$$

具有边信息的率失真　设 $(X, Y)\sim p(x,y)$。具有边信息的率失真函数定义为

$$R_Y(D) = \min_{p(w|x)} \min_{f:\mathcal{Y}\times\mathcal{W}\to\hat{\mathcal{X}}} I(X; W) - I(Y; W) \tag{15-362}$$

其中，最小值取自所有满足如下不等式的函数 f 以及条件分布 $p(w|x)$，$|\mathcal{W}|\leqslant|\mathcal{X}|+1$，

$$\sum_x \sum_w \sum_y p(x,y)p(w \mid x)d(x,f(y,w)) \leqslant D \tag{15-363}$$

习题

15.1　多接入信道的协作容量

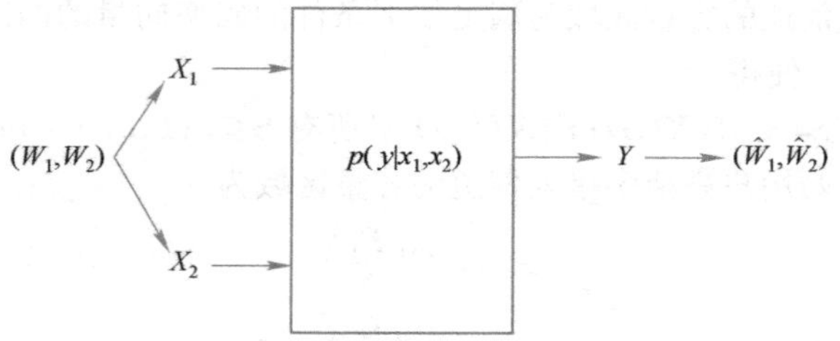

(a) 假定 X_1 和 X_2 都是下标 $W_1\in\{1, 2^{nR_1}\}$ 和 $W_2\in\{1, 2^{nR_2}\}$ 的接入。于是码字 $\mathbf{X}_1(W_1, W_2)$ 和 $\mathbf{X}_2(W_1, W_2)$ 都依赖于两类下标。求容量区域。

(b) 针对二元擦除多接入信道 $Y=X_1+X_2$, $X_i\in\{0, 1\}$，计算这个容量区域，并与非协作区域情形做比较。

15.2　多接入信道的容量。求出如下的每个多接入信道的容量区域：

(a) 可加模 2 多接入信道，即 $X_1\in\{0,1\}$，$X_2\in\{0,1\}$，$Y=X_1\oplus X_2$。

(b) 乘法多接入信道，即 $X_1\in\{-1,1\}$，$X_2\in\{-1,1\}$，$Y=X_1\cdot X_2$。

596 15.3　多接入信道的容量区域的割集解释。对于多接入信道，我们知道对独立的 X_1 和 X_2，如果

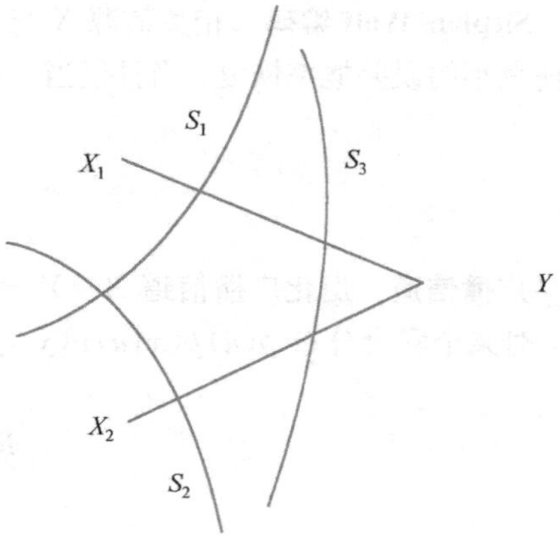

$$R_1 < I(X_1;Y \mid X_2) \tag{15-364}$$

$$R_2 < I(X_2;Y \mid X_1) \tag{15-365}$$

$$R_1 + R_2 < I(X_1, X_2;Y) \tag{15-366}$$

那么 (R_1, R_2) 是可达的。证明，对于独立的 X_1 和 X_2，有 $I(X_1;Y|X_2)=I(X_1;Y,X_2)$

解释信息的界估计分别可以作为关于穿越割集

S_1,S_2 和 S_3 的网络流的码率的界。

15.4 高斯多接入信道的容量。对于 AWGN 多接入信道，利用典型序列方法证明：任何一对可达的码率(R_1,R_2)必满足

$$R_1 < \frac{1}{2}\log\left(1+\frac{P_1}{N}\right) \tag{15-367}$$

$$R_2 < \frac{1}{2}\log\left(1+\frac{P_2}{N}\right) \tag{15-368}$$

$$R_1 + R_2 < \frac{1}{2}\log\left(1+\frac{P_1+P_2}{N}\right) \tag{15-369}$$ 597

正如单用户高斯信道的证明是离散单用户信道的证明的推广，这里的证明也是离散多接入信道情形的推广。

15.5 高斯多接入信道的逆定理。通过推广码字的功率限制离散情形的逆定理，由此证明高斯多接入信道的逆定理。

15.6 非寻常的多接入信道。考虑如下的多接入信道：$\mathcal{X}_1=\mathcal{X}_2=\mathcal{Y}=\{0,1\}$。如果$(X_1,X_2)=(0,0)$，则$Y=0$。若$(X_1,X_2)=(0,1)$，则$Y=1$。如果$(X_1,X_2)=(1,0)$，那么$Y=1$。而如果$(X_1,X_2)=(1,1)$，则$Y=0$和$Y=1$的概率均为$\frac{1}{2}$。

(a) 证明码率二元组(1,0)和(0,1)都是可达的。

(b) 证明对于任意非退化的分布 $p(x_1)p(x_2)$，均有 $I(X_1,X_2;Y)<1$。

(c) 讨论：存在该多接入信道的容量区域中的点，它们只能通过分时操作达到。也就是说，对于任意的乘积分布 $p(x_1)p(x_2)$，存在可达的码率对(R_1,R_2)落在信道的容量区域内，但并不在如下所定义的区域中：

$$R_1 \leqslant I(X_1;Y \mid X_2) \tag{15-370}$$

$$R_2 \leqslant I(X_2;Y \mid X_1) \tag{15-371}$$

$$R_1 + R_2 \leqslant I(X_1,X_2;Y) \tag{15-372}$$

因此，凸化操作严格地扩大了容量区域。该信道是由 Csiszár 和 Körner[149]，以及 Bierbaum 和 Wallmeier[59]独立提出的。

15.7 广播信道的容量区域的凸性。设 $\mathbf{C}\subseteq\mathbf{R}^2$ 为广播信道的所有可达码率对 $\mathbf{R}=(R_1,R_2)$形成的容量区域。利用分时操作讨论证明 $\mathbf{C}$ 是一个凸集。具体地讲，就是证明：当 $\mathbf{R}^{(1)}$ 和 $\mathbf{R}^{(2)}$ 均为可达的，那么对于 $0\leqslant\lambda\leqslant1$，$\lambda\mathbf{R}^{(1)}+(1-\lambda)\mathbf{R}^{(2)}$ 也是可达的。

15.8 确定性相关信源的 Slepian-Wolf 码率区域。找出并简述关于信源(X,Y)的同步数据压缩的 Slepian-Wolf 码率区域，其中 $y=f(x)$为关于 x 的某个确定性函数。 598

15.9 Slepian-Wolf 码率区域。设 X_i 为 i. i. d～Bernoulli(p)，Z_i 为 i. i. d～Bernoulli(r)，且 $\mathbf{Z}$ 独立于 $\mathbf{X}$，并令 $\mathbf{Y}=\mathbf{X}\oplus_2\mathbf{Z}$(模 2 和)。假定以码率 R_1 描述 $\mathbf{X}$，以码率 R_2 描述 $\mathbf{Y}$，允许以误差概率趋于 0 使得 $\mathbf{X}$ 和 $\mathbf{Y}$ 恢复的码率区域是什么？

15.10 广播信道的容量仅依赖于条件边际分布。考虑一般的广播信道$(X, Y_1\times Y_2, p(y_1,y_2|x))$。证明容量区域仅依赖于 $p(y_1|x)$和 $p(y_2|x)$。为证明该命题，可以对任意给定的$((2^{nR_1}, 2^{nR_2}),n)$码，令

$$P_1^{(n)} = P\{\hat{W}_1(\mathbf{Y}_1) \neq W_1\} \tag{15-373}$$

$$P_2^{(n)} = P\{\hat{W}_2(\mathbf{Y}_2) \neq W_2\} \tag{15-374}$$

$$P^{(n)} = P\{(\hat{W}_1,\hat{W}_2) \neq (W_1,W_2)\} \tag{15-375}$$

然后证明 $\max\{P_1^{(n)}, P_2^{(n)}\} \leqslant P^{(n)} \leqslant P_1^{(n)} + P_2^{(n)}$

由此可通过简单的讨论得到命题的结论。注：误差概率 $P^{(n)}$ 的确依赖于条件联合分布 $p(y_1, y_2 | x)$，但是否 $P^{(n)}$ 会趋于零(以码率(R_1, R_2))并不(除非条件边际分布 $p(y_1|x)$，$p(y_2|x)$)。

15.11 退化广播信道的逆定理。如下不等式链可以证明退化离散无记忆广播信道的逆定理。给出每个有标示字母的不等式成立的理由。

为证明退化广播信道容量逆定理的具体设置：

$$(W_1, W_2)_{\text{indep.}} \to X^n(W_1, W_2) \to Y_1^n \to Y_2^n$$

- 编码为

$$f_n : 2^{nR_1} \times 2^{nR_2} \to \mathcal{X}^n$$

- 译码为

$$g_n : \mathcal{Y}_1^n \to 2^{nR_1}, h_n : \mathcal{Y}_2^n \to 2^{nR_2}$$

令 $U_i = (W_2, Y_1^{i-1})$，则有

599

$$nR_2 \dot{\leqslant}_{\text{Fano}} I(W_2; Y_2^n) \tag{15-376}$$

$$\stackrel{(a)}{=} \sum_{i=1}^{n} I(W_2; Y_{2i} \mid Y_2^{i-1}) \tag{15-377}$$

$$\stackrel{(b)}{=} \sum_{i} (H(Y_{2i} \mid Y_2^{i-1}) - H(Y_{2i} \mid W_2, Y_2^{i-1})) \tag{15-378}$$

$$\stackrel{(c)}{\leqslant} \sum_{i} (H(Y_{2i}) - H(Y_{2i} \mid W_2, Y_2^{i-1}, Y_1^{i-1})) \tag{15-379}$$

$$\stackrel{(d)}{\leqslant} \sum_{i} (H(Y_{2i}) - H(Y_{2i} \mid W_2, Y_1^{i-1})) \tag{15-380}$$

$$\stackrel{(e)}{\leqslant} \sum_{i=1}^{n} I(U_i; Y_{2i}) \tag{15-381}$$

逆定理的证明续。给出如下带有标示字母的不等式成立的理由：

$$nR_1 \dot{\leqslant}_{\text{Fano}} I(W_1; Y_1^n) \tag{15-382}$$

$$\stackrel{(f)}{\leqslant} I(W_1; Y_1^n, W_2) \tag{15-383}$$

$$\stackrel{(g)}{\leqslant} I(W_1; Y_1^n \mid W_2) \tag{15-384}$$

$$\stackrel{(h)}{=} \sum_{i-1}^{n} I(W_1; Y_{1i} \mid Y_1^{i-1}, W_2) \tag{15-385}$$

$$\stackrel{(i)}{\leqslant} \sum_{i=1}^{n} I(X_i; Y_{1i} \mid U_i) \tag{15-386}$$

下面令 Q 为服从 $\Pr(Q=i)=1/n, i=1,2,\cdots,n$ 的分时随机变量。那么，关于分布 $p(q)p(u|q)p(x|u,q)p(y_1, y_2|x)$，判断下列不等式：

$$R_1 \leqslant I(X_Q; Y_{1Q} \mid U_Q, Q) \tag{15-387}$$

$$R_2 \leqslant I(U_Q; Y_{2Q} \mid Q) \tag{15-388}$$

适当的定义 U，关于某个联合分布 $p(u)p(x|u)p(y_1, y_2|x)$，该区域等于下面区域的凸闭包：

$$R_1 \leqslant I(X; Y_1 \mid U) \tag{15-389}$$

600

$$R_2 \leqslant I(U; Y_2) \tag{15-390}$$

15.12 容量区域的交点

(a) 对于退化的广播信道 $X \to Y_1 \to Y_2$，求出容量区域边界分别在 R_1 轴和 R_2 轴上的交点 a 和 b。

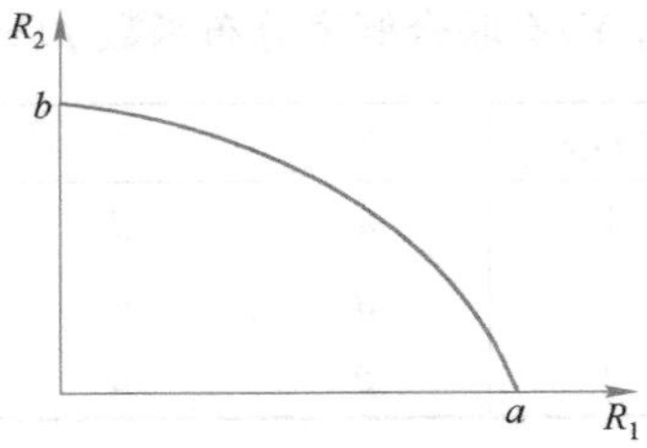

(b) 证明 $b \leqslant a$。

15.13 退化广播信道。求如下图中所示的退化广播信道的容量区域。

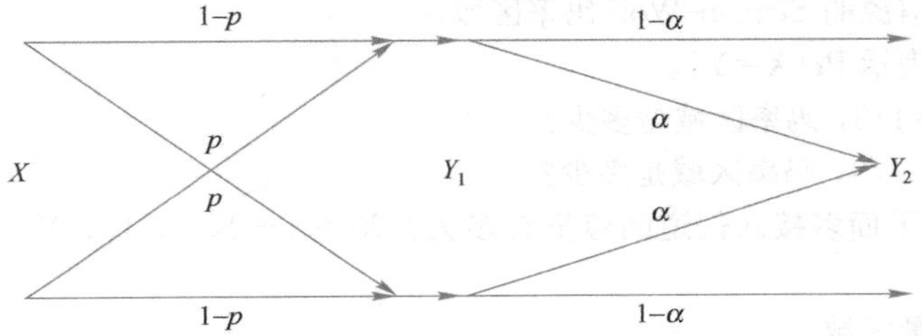

15.14 带未知参数的信道。假设给定一个参数为 p 的二元对称信道，则该信道容量为 $C=1-H(p)$。现在我们把问题稍微改动一下。假定接收器仅知道 $p \in \{p_1, p_2\}$，即 $p=p_1$ 或 $p=p_2$，其中 p_1 和 p_2 是两个给定的实数。然而，发送器知道参数 p 的确定值。设计两个编码，一个用于 $p=p_1$ 的情形，另一个用于 $p=p_2$ 的情形，使得当 $p=p_1$ 时，发送器到接收器的信息传输码率 $\approx C(p_1)$；而当 $p=p_2$ 时，码率 $\approx C(p_2)$。（提示：在不影响渐近码率的前提下，设计一种使接收器能够得到 p 值的方法。给码字前面加上一些由 1 组成的前 601
缀序列就可以实现了。）

15.15 双程信道。考虑如图 15-6 所示的双程信道，其中输出 Y_1 和 Y_2 仅依赖于当前的输入 X_1 和 X_2。

(a) 利用针对两个发送器的独立编码方案，证明对于某个乘积分布 $p(x_1)p(x_2)p(y_1, y_2 \mid x_1, x_2)$，满足下面条件的码率区域是可达的：

$$R_1 < I(X_1; Y_2 \mid X_2) \tag{15-391}$$

$$R_2 < I(X_2; Y_1 \mid X_1) \tag{15-392}$$

(b) 证明：对于双程信道，其误差概率可以是任意小的任何一个编码的码率必定存在某个乘积分布 $p(x_1, x_2)p(y_1, y_2 \mid x_1, x_2)$，使得

$$R_1 \leqslant I(X_1; Y_2 \mid X_2) \tag{15-393}$$

$$R_2 \leqslant I(X_2; Y_1 \mid X_1) \tag{15-394}$$

关于双程信道的容量的内部界和外部界的概念是由香农[486]给出的。他还证明了在二元乘法信道($\mathcal{X}_1=\mathcal{X}_2=\mathcal{Y}_1=\mathcal{Y}_2=\{0,1\}$，$Y_1=Y_2=X_1X_2$)的情形，容量区域的内部界和外部界不重合。但对于双程信道的容量区域情形，仍然是一个未解决的问题。

15.16 多接入信道。多接入信道的输出 $Y=X_1+\operatorname{sgn}(X_2)$，其中 X_1 和 X_2 都是实数而且 $E(X_1^2) \leqslant P_1$，$E(X_2^2) \leqslant P_2$，$\operatorname{sgn}(x)=\begin{cases}1, & x>0 \\ -1, & x \leqslant 0\end{cases}$。

注意，此信道中有干扰但没有噪声。

(a) 找出容量区域。

602 (b) 给出一种能达到此容量区域的编码方案。

15.17 Slepian-Wolf 定理。设(X, Y)有联合概率分布函数 $p(x,y)$：

$p(x,y)$	1	2	3
1	α	β	β
2	β	α	β
3	β	β	α

其中 $\beta=\frac{1}{6}-\frac{\alpha}{2}$。(注：这是联合而非条件概率分布函数。)

(a) 找出此信源的 Slepian-Wolf 码率区域。

(b) 用 α 来表示 $\Pr\{X=Y\}$。

(c) 如果 $\alpha=1/3$，码率区域是多少？

(d) 如果 $\alpha=1/9$，码率区域是多少？

15.18 平方信道。下面多接入信道的容量有多大？$X_1\in\{-1, 0, 1\}$，$X_2\in\{-1, 0, 1\}$，$Y=X_1^2+X_2^2$。

(a) 找出容量区域。

(b) 描述 $p^*(x_1)$和 $p^*(x_2)$达到容量区域的边界的某点的情形。

15.19 Slepian-Wolf 定理。两个发送器分别知道随机变量 U_1 和 U_2。随机变量(U_1,U_2)有如下的联合分布：

$U_1\backslash U_2$	0	1	2	$\cdots$	$m-1$
0	α	$\frac{\beta}{m-1}$	$\frac{\beta}{m-1}$	$\cdots$	$\frac{\beta}{m-1}$
1	$\frac{\gamma}{m-1}$	0	0	$\cdots$	0
2	$\frac{\gamma}{m-1}$	0	0	$\cdots$	0
$\vdots$	$\vdots$	$\vdots$	$\vdots$	$\ddots$	$\vdots$
$m-1$	$\frac{\gamma}{m-1}$	0	0	$\cdots$	0

其中 $\alpha+\beta+\gamma=1$。找出一个公共接收器可以对这两个随机变量可靠地译码的码率$(R_1$，

603 $R_2)$的区域。

15.20 多接入。

(a) 找出多接入信道 $Y=X_1^{X_2}$(其中 $X_1\in\{2, 4\}$，$X_2\in\{1, 2\}$)的容量区域。

(b) 假设 X_1 的值域是$\{1, 2\}$，容量区域会减小吗？为什么？

15.21 广播信道。考虑下面的退化广播信道。

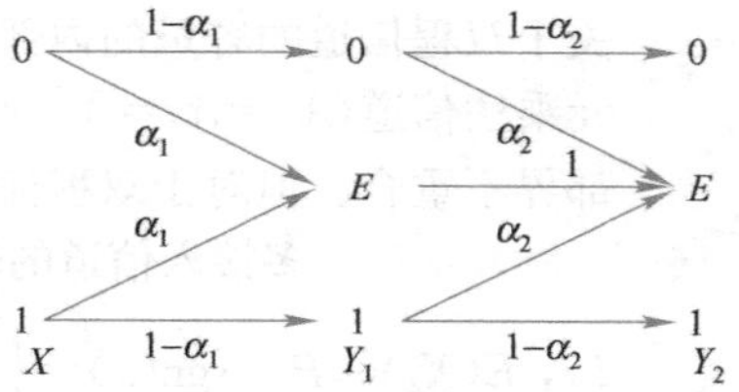

(a) 信道 $X\to Y_1$ 的容量是多大？

(b) 信道 $X\to Y_2$ 的容量是多大？

(c) 此广播信道所有(R_1,R_2)可达的容量区域是什么？简单勾画出来。

15.22 立体声系统。对于一个普通的接收者来说，左耳和

右耳信号的总和与差别是分别被压缩的。设 Z_1 为 Bernoulli(p_1)，Z_2 为 Bernoulli(p_2)，假设 Z_1 和 Z_2 是相互独立的。令 $X=Z_1+Z_2$，$Y=Z_1-Z_2$。那么，

(a) (R_1,R_2)可达时的 Slepian-Wolf 码率区域是什么？ 604

(b) 与(R_{Z_1},R_{Z_2})的码率区域相比是大还是小？为什么？

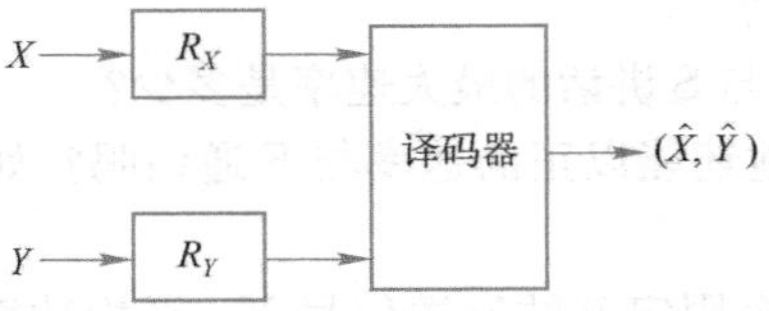

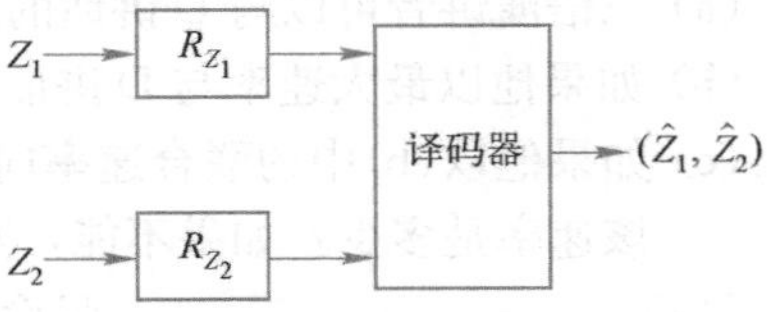

这是做这部分的一种简单方法

15.23 乘法多接入信道。找出并描述下面的乘法多接入信道的容量区域：

其中 $X_1\in\{0,1\}$，$X_2\in\{1,2,3\}$，$Y=X_1X_2$。

15.24 分布式数据压缩。令 Z_1，Z_2，Z_3 为独立的 Bernoulli(p)。找出描述(X_1,X_2,X_3)的 Slepian-Wolf 码率区域，其中 $X_1=Z_1$，$X_2=Z_1+Z_2$，$X_3=Z_1+Z_2+Z_3$。

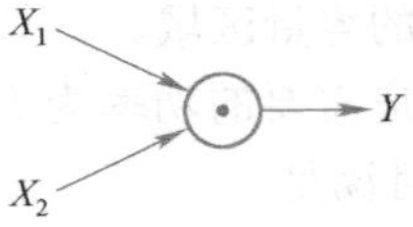

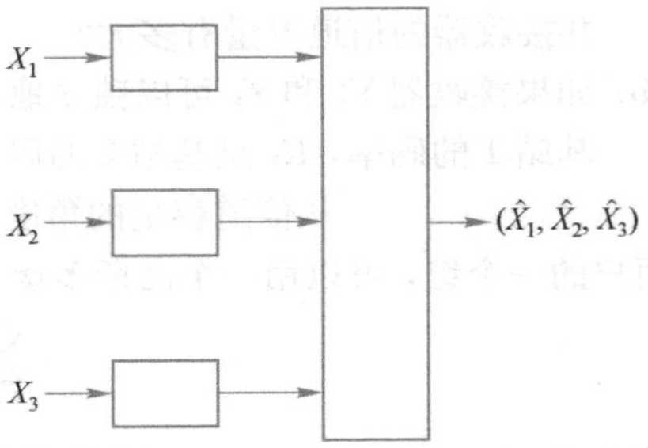

605

15.25 无噪声多接入信道。考虑下面有两个二进制输入 $X_1,X_2\in\{0,1\}$和输出 $Y=(X_1,X_2)$的多接入信道。

(a) 找出容量区域。注意，每个发送器以信道容量传送。

(b) 现在考虑协作容量区域，$R_1\geqslant 0$，$R_2\geqslant 0$，$R_1+R_2\leqslant \max\limits_{p(x_1,x_2)} I(X_1,X_2;Y)$。证明吞吐率 R_1+R_2 不增加但容量区域增加。

15.26 无限带宽多接入信道。对于具有无限带宽的高斯多接入信道，求其容量区域。证明所有用户都能按照各自的容量需求发送(即，无限带宽消除了相互干扰)。

15.27 多接入识别。令 $C(x)=\frac{1}{2}\log(1+x)$是信噪比为 x 的高斯信道的信道容量。证明

$$C\left(\frac{P_1}{N}\right)+C\left(\frac{P_2}{P_1+N}\right)=C\left(\frac{P_1+P_2}{N}\right)$$

这表明两个独立用户可以像他们已经各自获得了授权那样发送信息。

15.28 频分多址(FDMA)。求出吞吐率

$$R_1+R_2=W_1\log\left(1+\frac{P_1}{NW_1}\right)+(W-W_1)\log\left(1+\frac{P_2}{N(W-W_1)}\right)$$

关于 W_1 的最大值，由此证明，对于 FDMA，带宽应该与发送功率成比例。

15.29 三语演讲者广播信道。一个演讲者能讲荷兰语、西班牙语和法语三种语言，他希望能够与 D、S 与 F 三个人同时交流。如果 D 只能听懂荷兰语但当西班牙单词讲出来之后他能

区分出它不是荷兰语和法语单词。类似地，其余两个人分别仅能听懂法语或者西班牙语，但可以区分什么时候讲的是外文单词并且属于什么语种。假设荷兰语，西班牙语与法语的每一种语言均为 M 个单词。即 M 个荷兰语单词，M 个法语单词以及 M 个西班牙单词。

(a) 三语演讲者可以与 D 讲话的最大速率是多少？

606 (b) 如果他以最大速率与 D 讲话，那么他同时能与 S 讲话的最大速率是多少？

(c) 如果他以(b)中的联合速率向 D 与 S 讲话，他还能以正的速率与 F 通话吗？如果能，该速率是多少？如果不能，为什么不能？

15.30 移动电话的并联高斯信道。假设发送者 X 向两个固定基站发送信号 X，平均功率为 P。设两个基站接收到信号分别为 Y_1 和 Y_2，其中

$$Y_1 = \alpha_1 X + Z_1$$
$$Y_2 = \alpha_2 X + Z_2$$

其中 $Z_1 \sim \mathcal{N}(0, N_1)$，$Z_2 \sim \mathcal{N}(0, N_2)$，且 Z_1 和 Z_2 是相互独立的。我们假设 α 在发射分组内是常数。

(a) 假设存在一个公共译码器 $Y=(Y_1, Y_2)$ 可以使信号 Y_1 和 Y_2 同时译码，从发送者到公共接收器的信道容量有多大？

(b) 如果接收器 Y_1 和 Y_2 可以独立地对信号进行译码，这就变成一个广播信道。令 R_1 是基站 1 的码率，R_2 是基站 2 的码率。找出此信道的容量区域。

15.31 高斯多接入信道。从信道容量的角度看，如果每个用户需要的功率为 P，那么对于 m 个用户的一个组，可以用一个高斯多接入信道来描述，且满足

$$\sum_{i=1}^{m} R_i = C\left(\frac{mP}{N}\right) \tag{15-395}$$

其中 $C(x)=\frac{1}{2}\log(1+x)$，$N$ 是接收器的噪声功率。一个功率为 P_0 的新用户希望加入。

(a) 在不干扰其他用户的前提下，他能以多大码率发送？

(b) 为了使新用户码率与其他用户的组合通信码率 $C(mP/N)$ 相等，他的功率 P_0 应该是多大？

15.32 确定性广播信道的逆。确定性广播信道定义为一个输入 X 和两个输出 Y_1 和 Y_2 组成的系统，其中输出 Y_1 与 Y_2 是输入 X 的函数。于是，$Y_1=f_1(X)$，$Y_2=f_2(X)$。令 R_1 和 R_2 是满足信息可以被传送给两个接收者的码率。证明：

$$R_1 \leqslant H(Y_1) \tag{15-396}$$

607

$$R_2 \leqslant H(Y_2) \tag{15-397}$$

$$R_1 + R_2 \leqslant H(Y_1, Y_2) \tag{15-398}$$

15.33 多接入信道。考虑多接入信道

$$Y = X_1 + X_2 \pmod 4\text{，其中 } X_1 \in \{0,1,2,3\}, X_2 \in \{0, 1\}$$

(a) 求容量区域 (R_1, R_2)。

(b) 最大吞吐率 R_1+R_2 是多少？

15.34 分布式信源压缩。令

$$Z_1 = \begin{cases} 1, & p \\ 0, & q \end{cases}, \quad Z_2 = \begin{cases} 1, & p \\ 0, & q \end{cases}$$

且 $U=Z_1Z_2$，$V=Z_1+Z_2$。假设 Z_1 与 Z_2 相互独立。这样诱导出关于 (U, V) 的联合概率

分布。令(U_i,V_i)服从该分布的独立同分布序列，且发送者 1 描述U^n的码率为R_1，而发送者 2 描述V^n的码率为R_2。

(a) 为了在接收端恢复(U^n,V^n)，求相应的 Slepian-Wolf 码率区域。

(b) 关于(X^n,Y^n)，接收器还剩多大的不确定性(条件熵)？

15.35 *有成本的多接入信道容量*。使用字符x的成本记为$r(x)$，使用码字x^n的成本则为$r(x^n)=\frac{1}{n}\sum_{i=1}^{n}r(x_i)$。如果一个$(2^{nR},n)$码簿满足

$$\frac{1}{n}\sum_{i=1}^{n}r(x_i(w))\leqslant r,\forall w\in 2^{nR}$$

那么称其满足成本约束r。

(a) 寻找带有成本约束r的离散无记忆信道的信道容量$C(r)$的表达式。

(b) 如果发送者X_1的成本约束为r_1而发送者X_2的成本约束为r_2，那么对于$(\mathcal{X}_1\times\mathcal{X}_2,p(y|x_1,x_2),\mathcal{Y})$，寻找离散无记忆信道的信道容量区域的表达式。

(c) 证明(b)的逆命题。

15.36 *Slepian-Wolf 定理*。从三副扑克牌中抽出三张，分别分给发送者X_1，X_2与X_3。如果三个发送者按下图的方式发送信息给某个接收者， 608

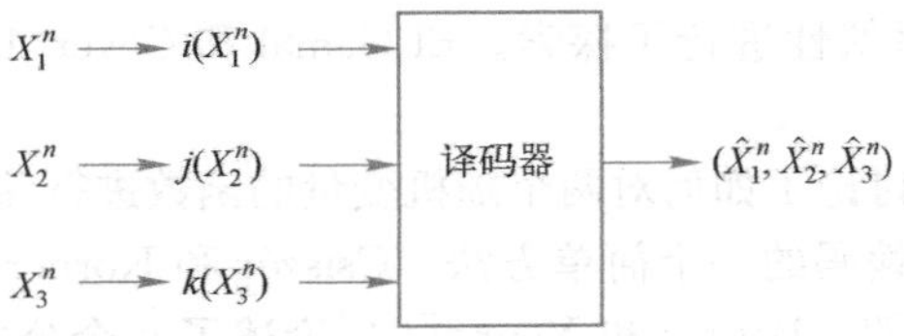

假设(X_{1i},X_{2i},X_{3i})是独立同分布的服从$\{1,2,3\}$的所有置换集上的均匀分布。那么，他们分别需要以多大的码率传输才能使接收者恢复牌上的信息？

历史回顾

本章内容是在 El Gamal 和 Cover 的评论性文章[186]的基础上整理而成的。香农[486]于 1961 年对双程信道进行了研究，并且给出了关于容量区域的内界与外界概念。Dueck[175]与 Schalkwijk[464,465]提出了针对双程信道的某些编码方案，其可达码率能够超过香农的内界；该信道的外界是由 Zhang 等在[596]以及 Willems 与 Hekstra 在[558]中得到。

Ahlswede[7]和 Liao[355]找到了多接入信道的容量区域，随后 Slepian 与 Wolf[501]将其推广为带有公共信息的多接入信道情形。Gaarder 与 Wolf[220]首次证明反馈可以增加离散无记忆多接入信道的容量。Cover 和 Leung[133]关于带反馈多接入信道提出了可达区域的概念，并证明这个区域对于由 Willems[557]提出的一类多接入信道都是最优的。Ozarow[410]确定出带反馈的两用户高斯多接入信道的容量区域。Cover et al. [129]以及 Ahlswede 和 Han[12]也考虑过相关的信源在一个多接入信道上的传输问题。Slepian-Wolf 定理的证明是由 Slepian 和 Wolf[502]给出的，Cover 在[122]中利用装盒子的方法将定理推广到了联合遍历信源情形。

Cover 在 1972 年发表的文章[119]中对广播信道进行了研究，而退化广播信道的容量区域是由 Bergmans[55]和 Gallager[225]获得的。针对退化广播信道提出的叠加编码方案也是低噪声的广播信道(Körner 和 Marton[324])，大容量的广播信道(El Gamal[185])，以及具有退化消息集的广播信道(Körner 和 Marton[325])等信道的最优化方案。Van der Meulen[526]和 Cover[121]提出了针对一般广播信道的可达区域。确定型广播信道的容量是由 Gelfand 与平斯克[242，243，

609 423]以及 Marton[377]发现的。其中关于广播信道最为著名的可达区域定理当属 Marton[377]。同时 El Gamal 和 Van der Meulen[188]给出了 Marton 区域的一个简单证明。El Gamal 还在[184]中证明反馈并不会使一个物理退化广播信道的容量增加。Dueck 在[176]中举出了一个简单的例子说明反馈能够使无记忆广播信道的容量增加；Ozarow 和 Leung[411]对于带反馈的高斯广播信道描绘了一个编码程序，由此说明在此情形下反馈的确能增大容量区域。

中继信道是由 Van der Meulen[528]引入的，Cover 和 El Gamal 在[127]中获得了退化中继信道的容量区域。Carleial 在[85]中介绍了具有功率约束的高斯干扰信道并且证明了非常强的干扰等于总体无干扰。Sato 与 Tanabe 在[459]中将 Carleial 的工作推广到了具有强干扰的离散干扰信道。Sato[457]和 Benzel[51]研究了退化的干扰信道。关于一般干扰信道的最著名的可达区域定理是由 Han 和 Kobayashi[274]给出的。该区域给出了干扰参数大于 1 的高斯干扰信道的容量，其证明见[274](Han 与 Kobayashi)与[458](Sato)。对于干扰信道，Carleial[84]证明了有关容量区域的更新界。

带边信息的编码问题是 Wyner 和 Ziv 在文献[573]以及 Wyner 在[570]中介绍的；而对于该问题的可达区域的讨论则是由 Ahlswede 与 Körner 的文章[13]以及其他一系列文章，如 Gray 和 Wyner[261]，Wyner[571，572]完成的。Wyner 和 Ziv[574]解决了带有边信息的率失真函数的求解问题。具有边信息的率失真的信道容量备份是由 Gelfand 与平斯克[243]解决的。Cover 与 Chiang[113]对两种结论的对偶性进行了探索。El Gamal 和 Cover[187]对多重描述问题进行了探讨。

Körner 和 Marton[326]讨论了如何对两个随机变量的函数进行编码的问题，并给出了对于两个二值随机变量的模 2 和的编码的一个简单方法。Csiszár 和 Körner 在文献[148]，[149]中针对描述信源网络提出了一般框架。Berger 和 Yeung[54]论述了一个公共模型使得 Slepian-Wolf 编码，带边信息的编码以及带边信息的率失真编码等都成为其特殊情形。

1989 年，Ahlswede 与 Dueck[17]引入了由通信信道进行识别的问题，该问题可以视为一个发送器发送消息给多个接收器而每个接收器只需知道某条消息是否已经发送了。在这种情况下，
610 所有可能被安全地发送的消息之集中，能够被识别数目是随分组长度的增长按指数成倍地增长，该文章的关键结论是证明了对于任何容量为 C 的噪声信道，有 $2^{2^{C}}$ 条消息能够被识别。围绕该问题，引出了一系列的论文[16，18，269，434]，内容包括带反馈的信道以及多用户信道。

另一个活跃的研究领域是多输入多输出(MIMO)系统的分析或者时空编码。对于无线通信系统而言，这要在发射和接收端用到多个天线来获得来自多路的多样性增益的优势。对于这种多天线系统的分析是 Foschini[217]，Teletar[512]，Rayleigh 与 Cioffi[246]等的工作，他们证明了在衰退环境中通过多天线获得的多样性所导致的容量增益，可以由通过传统的同等化和交错技术达到的单用户信道容量来替代。这是 IEEE Transactions in Information Theory[70]的一个专题，已经有许多论文从该技术的不同侧面进行了研究。

希望全面了解有关网络信息理论的知识的读者可以参阅 El Gamal 和 Cover[186]，Van der Meulen[526—528]，Berger[53]以及 Csiszár 和 Körner[149]，Verdu[538]，Cover[111]，以及
611 Ephremides 和 Hajek[197]。

第 16 章

信息论与投资组合理论

股票市场中财富的增长率与该市场的熵率之间的对偶关系是引人注意的。特别，我们将寻找既是竞争最优又是增长率最优的投资策略。这完全类似于香农编码既是竞争最优又是期望描述码率最优。我们也将针对遍历的股票市场过程来寻找财富的渐近增长率。我们将以对万能投资组合的讨论作为本章的压轴戏，这种万能投资组合的相对收益与最佳恒定持仓比例方法（事后诸葛亮方式）所得的渐近增长率相差无几。

在 16.8 节中，我们针对一般遍历过程的渐近均分性质给出一种“三明治”证明方法，这是受到了关于平稳遍历的股票市场中的最优投资组合的启发而得的。

16.1 股票市场：一些定义

用数学语言表述（不考虑股票间的相互关系），一个股票市场是由各只股票为分量组成的列向量 $\mathbf{X}=(X_1,X_2,\cdots,X_m)^t$（上标 t 表示转置，以下同。——译者注），$X_i\geqslant 0$，$i=1,2,\cdots,m$，其中 m 是该股票市场中所有股票的只数，X_i 称为相对价格（price relative），其为第 i 只股票当天的收盘价与开盘价之比。所以，实际情况中 X_i 一般非常接近于 1。例如，当 $X_i=1.03$ 时，它表示第 i 只股票当天上涨了 3%。

设 $F(\mathbf{x})$ 是相对价格向量的联合分布，$\mathbf{X}\sim F(\mathbf{x})$。一个投资组合（portfolio）是列向量 $\mathbf{b}=(b_1,b_2,\cdots,b_m)^t$，$b_i\geqslant 0$，$\sum b_i=1$，其实，它就是将资金如何按比例分散投资到各股上的分配方案，其中 b_i 理解为某人投资第 i 只股票的资金占其总投资的比例。如果采用投资组合策略 $\mathbf{b}$，而股票向量为 $\mathbf{X}$，那么相对收益（指当天收盘时的总市值与开盘时的总市值之比）则为 $S=\mathbf{b}^t\mathbf{X}=\sum_{i=1}^{m}b_iX_i$。 612~613

我们希望在某种意义下使 S 最大化。但 S 是一个随机变量，其分布依赖于投资组合 $\mathbf{b}$，所以在关于 S 的最佳分布的选择问题上存在着争论。标准的股票投资理论基于考虑 S 的一阶矩和二阶矩，即在方差约束之下使得 S 的期望值最大化的问题。由于一阶矩和二阶矩很容易计算，因此，该理论比处理 S 的整体分布的理论更为简洁。

股票市场中的夏普-马科维茨（Sharpe-Markowitz）投资理论的一个基础是均值一方差分析法，而且它在商业分析和其他众多领域中也有着广泛的应用。图 16-1 描述的就是各种投资组合可能获得的所有均值一方差对的集合，该区域边界的上半部分对应于占优势的投资组合：在给定的方差之下，它们的均值最大。该边界点的集合称为有效边界，如果谁只想追求均值和方差，那么他可以只沿着该边界进行投资运作。

正常情况下，当引入无风险资产（risk-free asset）（例如现金、国债，它们都能够补偿一定的利息且方差为 0）之后会使该理论得到简化。无风险资产在图形中对应于 Y 轴上的一个点。将无风险资产与各种股票组合在一起，可以获得从无风险资产出发到有效界面的切线下方的所有点。此时该直线变成为有效边界的一部分了。

有效界面理论意味着每只股票在其风险固定之下有其内在的价值。股票价格的理论称为资本市场资产定价模型（capital asset pricing model，CAPM），其作用是评估个股的价值到底是被市场高估了还是低估了。注意随机变量的均值给出了关于该随机变量独立同分布随机序列之和的 614
长期习性的信息。但是，在股票市场中，假设每天都在进行再投资，所以到了第 n 天收盘时，相对

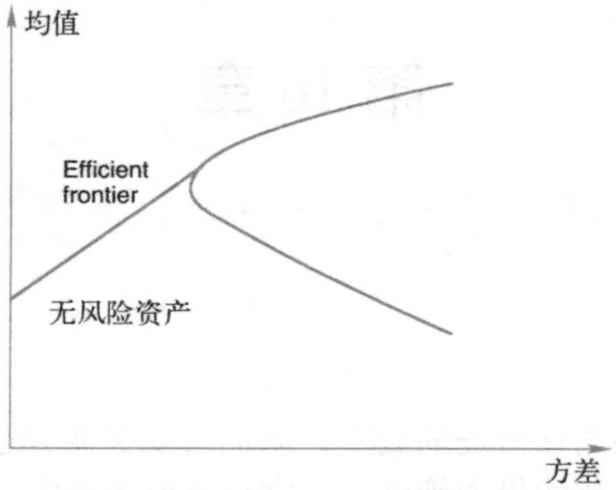

图 16-1 夏普-马科维茨理论：所有可获得的均值-方差对的集合

收益是这 n 天中每天的相对收益之乘积。该乘积的行为不是由期望值本身，而是由期望值的对数来决定。这启示我们给出如下关于增长率的定义：

定义 股票市场中的投资组合 $\mathbf{b}$ 关于股票的分布 $F(\mathbf{x})$ 的增长率(growth rate)定义如下：

$$W(\mathbf{b},F)=\int \log \mathbf{b}^t\mathbf{x}\, \mathrm{d}F(\mathbf{x})=E(\log \mathbf{b}^t\mathbf{X}) \tag{16-1}$$

如果对数的基底是 2，增长率也称为双倍率(doubling rate)。

定义 投资组合 $\mathbf{b}$ 的最优增长率 $W^*(F)$ 定义如下

$$W^*(F)=\max_{\mathbf{b}} W(\mathbf{b},F) \tag{16-2}$$

其中最大值遍取所有可能的投资组合 $b_i \geqslant 0, \sum_i b_i=1$。

定义 如果投资组合 $\mathbf{b}^*$ 使得增长率 $W(\mathbf{b},F)$ 达到最大值，那么称为**对数最优投资组合**或者**增长最快的投资组合**。

为了说明增长率定义的合理性，给出下面的定理，表明相对收益按 2^{nW^*} 速度增长。

定理 16.1.1 设 $\mathbf{X}_1,\mathbf{X}_2,\cdots,\mathbf{X}_n$ 为服从 $F(\mathbf{x})$ 的独立同分布随机序列。令

$$S_n^*=\prod_{i=1}^{n} \mathbf{b}^{*t}\mathbf{X}_i \tag{16-3}$$

是在恒定持仓比例投资组合 $\mathbf{b}^*$ 之下 n 天之后的相对收益，那么

$$\frac{1}{n}\log S_n^* \to W^* \qquad \text{依概率 } 1 \tag{16-4}$$

证明：由强大数定律可知，

$$\frac{1}{n}\log S_n^*=\frac{1}{n}\sum_{i=1}^{n}\log \mathbf{b}^{*t}\mathbf{X}_i \tag{16-5}$$

$$\to W^* \qquad \text{依概率 } 1 \tag{16-6}$$

615 所以 $S_n^* \doteq 2^{nW^*}$。 □

接下来讨论增长率的一些性质。

引理 16.1.1 $W(\mathbf{b},F)$ 关于 $\mathbf{b}$ 是凹函数，关于 F 是线性的。而 $W^*(F)$ 关于 F 是凸函数。

证明：增长率公式为

$$W(\mathbf{b},F)=\int \log \mathbf{b}^t\mathbf{x}\, \mathrm{d}F(\mathbf{x}) \tag{16-7}$$

由于积分关于 F 是线性的，所以 $W(\mathbf{b},F)$ 关于 F 是线性的。又由于对数函数的凸性，可知

$$\log(\lambda\mathbf{b}_1+(1-\lambda)\mathbf{b}_2)^t\mathbf{X} \geqslant \lambda\log \mathbf{b}_1^t\mathbf{X}+(1-\lambda)\log \mathbf{b}_2^t\mathbf{X} \tag{16-8}$$

两边同取数学期望可以推出 $W(\mathbf{b},F)$是关于 $\mathbf{b}$ 的凹函数。最后，为了证明 $W^*(F)$是关于 F 的凸函数，假设 F_1 和 F_2 为股市中的两个分布，并令 $\mathbf{b}^*(F_1)$和 $\mathbf{b}^*(F_2)$分别是对应于两个分布的最优投资组合。令 $\mathbf{b}^*(\lambda F_1+(1-\lambda)F_2)$为对应于 $\lambda F_1+(1-\lambda)F_2$ 的对数最优投资组合，那么利用 $W(\mathbf{b},F)$关于 F 的线性性，我们可得

$$\begin{aligned}&W^*(\lambda F_1+(1-\lambda)F_2)\\&=W(\mathbf{b}^*(\lambda F_1+(1-\lambda)F_2),\lambda F_1+(1-\lambda)F_2) \qquad (16\text{-}9)\\&=\lambda W(\mathbf{b}^*(\lambda F_1+(1-\lambda)F_2),F_1)\\&\quad+(1-\lambda)W(\mathbf{b}^*(\lambda F_1+(1-\lambda)F_2),F_2)\\&\leqslant\lambda W(\mathbf{b}^*(F_1),F_1)+(1-\lambda)W^*(\mathbf{b}^*(F_2),F_2) \qquad (16\text{-}10)\end{aligned}$$

因为 $\mathbf{b}^*(F_1)$和 $\mathbf{b}^*(F_2)$分别使得 $W(\mathbf{b},F_1)$和 $W(\mathbf{b},F_2)$达到最大值。 □

引理 16.1.2 关于某个分布的全体对数最优投资组合构成的集合是凸集。

证明： 令 $\mathbf{b}_1^*$ 和 $\mathbf{b}_2^*$ 是两个对数最优投资组合，即 $W(\mathbf{b}_1,F)=W(\mathbf{b}_2,F)=W^*(F)$。由 $W(\mathbf{b},F)$的凹性可以推出

$$W(\lambda\mathbf{b}_1+(1-\lambda)\mathbf{b}_2,F)\geqslant\lambda W(\mathbf{b}_1,F)+(1-\lambda)W(\mathbf{b}_2,F)=W^*(F) \qquad (16\text{-}11)$$

也就是说，$\lambda\mathbf{b}_1+(1-\lambda)\mathbf{b}_2$ 还是一个对数最优投资组合。 □

在下一节中，我们将利用这些性质来刻画对数最优投资组合。 616

16.2 对数最优投资组合的库恩－塔克特征

令 $\mathcal{B}=\{\mathbf{b}\in\mathcal{R}^m:\mathbf{b}_i\geqslant0,\sum_{i=1}^{m}\mathbf{b}_i=1\}$ 表示所有允许的投资组合集。确定出达到 $W^*(F)$时的 $\mathbf{b}^*$ 为凹函数 $W(\mathbf{b},F)$在凸集$\mathcal{B}$上的最大化问题。这样的最大值可能落在边界上。因此，可以直接使用标准的库恩－塔克条件来刻画最大值。但我们还是选择从源头出发来推导出这些条件。

定理 16.2.1 一个股票市场 $\mathbf{X}\sim F$ 的对数最优投资组合 $\mathbf{b}^*$(即使得增长率 $W(\mathbf{b},F)$达到最大值的投资组合)满足下面的充要条件：

$$E\left(\frac{X_i}{\mathbf{b}^{*t}\mathbf{X}}\right)\begin{cases}=1 & 当\ b_i^*>0\\ \leqslant1 & 当\ b_i^*=0\end{cases} \qquad (16\text{-}12)$$

证明： 由于增长率 $W(\mathbf{b})=E(\ln\mathbf{b}^t\mathbf{X})$是 $\mathbf{b}$ 的凹函数，其中 $\mathbf{b}$ 的取值范围为所有投资组合形成的单纯形。由此可知，$\mathbf{b}^*$ 是对数最优的当且仅当 $W(\cdot)$沿着从 $\mathbf{b}^*$ 到任意其他投资组合 $\mathbf{b}$ 方向上的方向导数是非正的。于是，对于 $0\leqslant\lambda\leqslant1$，令 $\mathbf{b}_\lambda=(1-\lambda)\mathbf{b}^*+\lambda\mathbf{b}$，我们可得

$$\left.\frac{\mathrm{d}}{\mathrm{d}\lambda}W(\mathbf{b}_\lambda)\right|_{\lambda=0+}\leqslant0,\qquad \mathbf{b}\in\mathcal{B} \qquad (16\text{-}13)$$

这些条件最终简化成式(16-12)，这是由于 $W(\mathbf{b}_\lambda)$在 $\lambda=0+$ 处的单边导数为

$$\begin{aligned}&\left.\frac{\mathrm{d}}{\mathrm{d}\lambda}E(\ln(\mathbf{b}_\lambda^t\mathbf{X}))\right|_{\lambda=0+}\\&=\lim_{\lambda\downarrow0}\frac{1}{\lambda}E\left(\ln\left(\frac{(1-\lambda)\mathbf{b}^{*t}\mathbf{X}+\lambda\mathbf{b}^t\mathbf{X}}{\mathbf{b}^{*t}\mathbf{X}}\right)\right) \qquad (16\text{-}14)\\&=\mathrm{E}\left(\lim_{\lambda\downarrow0}\frac{1}{\lambda}\ln\left(1+\lambda\left(\frac{\mathbf{b}^t\mathbf{X}}{\mathbf{b}^{*t}\mathbf{X}}-1\right)\right)\right) \qquad (16\text{-}15)\\&=E\left(\frac{\mathbf{b}^t\mathbf{X}}{\mathbf{b}^{*t}\mathbf{X}}\right)-1 \qquad (16\text{-}16)\end{aligned}$$

式中极限与期望的次序可交换是由控制收敛定理[39]保证的。从而，式(16-13)简化为

617

$$E\left(\frac{\mathbf{b}^t\mathbf{X}}{\mathbf{b}^{*t}\mathbf{X}}\right)-1\leqslant 0 \tag{16-17}$$

对所有 $\mathbf{b}\in\mathcal{B}$成立。如果从 $\mathbf{b}$ 到 $\mathbf{b}^*$ 的线段可以朝着 $\mathbf{b}^*$ 端在单纯形$\mathcal{B}$中延伸，那么 $W(\mathbf{b}_\lambda)$在 $\lambda=0$ 点具有双边导数且导数为 0，于是，式(16-17)变成等式。如果不然，式(16-17)只能取不等式。

库恩一塔克条件只要在单纯形$\mathcal{B}$的所有端点成立，就能推出所有投资组合在整个单纯形上成立，这是因为 $E(\mathbf{b}^t\mathbf{X}/\mathbf{b}^{*t}\mathbf{X})$关于 $\mathbf{b}$ 是线性的。另外，从第 j 个端点 $\mathbf{b}$:$b_j=1,b_i=0(i\neq j)$到 $\mathbf{b}^*$ 的线段可以朝 $\mathbf{b}^*$ 端在单纯形中延伸当且仅当 $b_j^*>0$。于是，刻画对数最优的 $\mathbf{b}^*$ 的库恩一塔克条件等价于如下的充要条件：

$$E\left(\frac{X_i}{\mathbf{b}^{*t}\mathbf{X}}\right)\begin{cases}=1 & \text{当 } b_i^*>0\\ \leqslant 1 & \text{当 } b_i^*=0\end{cases} \tag{16-18}$$ □

由该定理，立即可以得到几个推论，其中一个有用的等价关系表述为如下定理。

定理 16.2.2 **设 $S^*=\mathbf{b}^{*t}\mathbf{X}$ 是对应于对数最优投资组合 $\mathbf{b}^*$ 的相对收益，令 $S=\mathbf{b}^t\mathbf{X}$ 是对应于任意投资组合 $\mathbf{b}$ 的随机相对收益，那么**

$$E\ln\frac{S}{S^*}\leqslant 0\quad \text{对所有的 } S\quad \Leftrightarrow E\frac{S}{S^*}\leqslant 1\quad \textit{for all } S \tag{16-19}$$

证明：对于对数最优投资组合 $\mathbf{b}^*$，由定理 16.2.1 可知，对任意 i，有

$$E\left(\frac{X_i}{\mathbf{b}^{*t}\mathbf{X}}\right)\leqslant 1 \tag{16-20}$$

上式两边同乘 b_i，并且关于 i 求和，可得到

$$\sum_{i=1}^m b_i E\left(\frac{X_i}{\mathbf{b}^{*t}\mathbf{X}}\right)\leqslant\sum_{i=1}^m b_i=1 \tag{16-21}$$

等价于

$$E\frac{\mathbf{b}^t\mathbf{X}}{\mathbf{b}^{*t}\mathbf{X}}=E\frac{S}{S^*}\leqslant 1 \tag{16-22}$$

其逆可以由 Jensen 不等式得出，因为

618

$$E\log\frac{S}{S^*}\leqslant\log E\frac{S}{S^*}\leqslant\log 1=0 \tag{16-23}$$ □

渐近增长率促使我们考虑期望对数的最大化。而我们刚讲过的对数最优投资组合不仅使得渐近增长率最大化，也使每天相应的期望相对收益比值 $E(S/S^*)$“最大化”。用这种组合的博弈论最优化的观点来看，我们还需要讨论对数最优投资组合的短期最优性。

对数最优投资组合的库恩一塔克特征的另一个推论是：如果采用对数最优投资组合策略，那么对于每只股票的投资，所获得资金的比例的期望不会逐天变化。具体地说，我们考虑第一天收盘时的所有股票。假如资金的初始分配为 $\mathbf{b}^*$，那么当天收盘后，第 i 只股票的相对收益与整个投资组合的相对收益的比例为 $b_i^*X_i/(\mathbf{b}^{*t}\mathbf{X})$，其期望为

$$E\frac{b_i^*X_i}{\mathbf{b}^{*t}\mathbf{X}}=b_i^*E\frac{X_i}{\mathbf{b}^{*t}\mathbf{X}}=b_i^* \tag{16-24}$$

因此，第 i 只股票当天收盘后的相对收益占整个投资组合的相对收益的比例的数学期望与当天开盘时投资该股的资金比例相同。这是 Kelly 按比例博弈的翻版，即，一旦选定按比例进行投资组合，那么在随后的整个投资期内，在期望意义下，该投资比例保持不变。

16.3 对数最优投资组合的渐近最优性

在 16.2 节中引入了对数最优投资组合的概念，并根据重复独立的股票市场中连续投资的长

期行为解释了引入这个概念的理由。本节我们继续拓展这个思路并将证明：采用条件对数最优投资组合策略的投资者比按任何因果投资策略的投资者做得好的概率为 1。

首先考虑一个独立同分布的股票市场，即 $\mathbf{X}_1,\mathbf{X}_2,\cdots,\mathbf{X}_n$ 为独立同分布且服从 $F(\mathbf{x})$ 的股票向量序列。令

$$S_n=\prod_{i=1}^{n}\mathbf{b}_i^t\mathbf{X}_i \tag{16-25}$$

表示某投资者第 n 个交易日收盘后的相对收益，其中 $\mathbf{b}_i$ 为该投资者第 i 天的投资组合策略。再令

$$W^*=\max_{\mathbf{b}}W(\mathbf{b},F)=\max_{\mathbf{b}}E\log\mathbf{b}^t\mathbf{X} \tag{16-26}$$ 619

为最大增长率，并用 $\mathbf{b}^*$ 表示达到最大增长率的投资组合。我们假设所有投资组合 $\mathbf{b}_i$ 只是因果地依赖于过去，而与股票市场未来的市值独立。

定义 一个盲目的(nonanticipating)或者因果的(causal)投资组合策略是一列映射 $b_i:\mathcal{R}^{m(i-1)}\to\mathcal{B}$，其中 $b_i(\mathbf{x}_1,\cdots,\mathbf{x}_{i-1})$ 解释为第 i 个交易日的投资组合策略。

由 W^* 的定义可以直接得出：对数最优投资组合使得最终资金的对数的数学期望达到最大。我们将此叙述于如下的引理中。

引理 16.3.1 设 S_n^* 为在独立同分布股票市场中采用对数最优投资组合策略 $\mathbf{b}^*$，n 个交易日后的相对收益，S_n 为采用因果投资组合策略 $\mathbf{b}_i$ 所对应的相对收益，那么

$$E\log S_n^*=nW^*\geqslant E\log S_n \tag{16-27}$$

证明：

$$\max_{\mathbf{b}_1,\mathbf{b}_2,\cdots,\mathbf{b}_n}E\log S_n=\max_{\mathbf{b}_1,\mathbf{b}_2,\cdots,\mathbf{b}_n}E\sum_{i=1}^{n}\log\mathbf{b}_i^t\mathbf{X}_i \tag{16-28}$$

$$=\sum_{i=1}^{n}\max_{\mathbf{b}_i(\mathbf{X}_1,\mathbf{X}_2,\cdots,\mathbf{X}_{i-1})}E\log\mathbf{b}_i^t(\mathbf{X}_1,\mathbf{X}_2,\cdots,\mathbf{X}_{i-1})\mathbf{X}_i \tag{16-29}$$

$$=\sum_{i=1}^{n}E\log\mathbf{b}^{*t}\mathbf{X}_i \tag{16-30}$$

$$=nW^* \tag{16-31}$$

可见，最大值恰好是在恒定的投资组合策略 $\mathbf{b}^*$ 之下达到的。 □

至此，已经证明了对数最优投资组合的定义的两个简单的推论：即满足式(16-12)的 $\mathbf{b}^*$ 使得对数资金的期望达到最大值；以及所得收益 S_n^* 以高概率在一阶指数下等于 2^{nW^*}，即 $S_n^*\doteq 2^{nW^*}$。

下面证明一个更强的结论，它表明在一阶指数意义下，对于来自股票市场的几乎每一个股票向量序列，S_n^* 均超过任何其他投资者所能获得的相对收益。

定理 16.3.1(对数最优投资组合的渐近最优性) 设 $\mathbf{X}_1,\mathbf{X}_2,\cdots,\mathbf{X}_n$ 为独立同分布且服从 $F(\mathbf{x})$ 的股票向量序列。令 $S_n^*=\prod_{i=1}^{n}\mathbf{b}^{*t}\mathbf{X}_i$，其中 $\mathbf{b}^*$ 为对数最优投资组合，而 $S_n=\prod_{i=1}^{n}\mathbf{b}_i^t\mathbf{X}_i$ 为其他因果投资组合所产生的相对收益，则依概率 1 有 620

$$\limsup_{n\to\infty}\frac{1}{n}\log\frac{S_n}{S_n^*}\leqslant 0 \tag{16-32}$$

证明： 由库恩-塔克条件以及 S_n^* 的对数最优性质，可推出，

$$E\frac{S_n}{S_n^*}\leqslant 1 \tag{16-33}$$

从而，由马尔可夫不等式，我们得到

$$\Pr(S_n>t_nS_n^*)=\Pr\left(\frac{S_n}{S_n^*}>t_n\right)<\frac{1}{t_n} \tag{16-34}$$

因此，

$$\Pr\left(\frac{1}{n}\log\frac{S_n}{S_n^*}>\frac{1}{n}\log t_n\right)\leqslant\frac{1}{t_n} \tag{16-35}$$

取 $t_n=n^2$，并对所有 n 求和，我们便得到

$$\sum_{n=1}^{\infty}\Pr\left(\frac{1}{n}\log\frac{S_n}{S_n^*}>\frac{2\log n}{n}\right)\leqslant\sum_{n=1}^{\infty}\frac{1}{n^2}=\frac{\pi^2}{6} \tag{16-36}$$

此时，再利用 Borel-Cantelli 引理，

$$\Pr\left(\frac{1}{n}\log\frac{S_n}{S_n^*}>\frac{2\log n}{n},\text{无穷多个成立}\right)=0 \tag{16-37}$$

这意味着对于股市的几乎每个股票向量序列，存在 N，使得当 $n>N$ 时，均有 $\frac{1}{n}\log\frac{S_n}{S_n^*}<\frac{2\log n}{n}$ 成立。于是，

$$\limsup\frac{1}{n}\log\frac{S_n}{S_n^*}\leqslant 0\qquad\text{依概率 1} \tag{16-38}$$ □

该定理证明了在一阶指数意义下，对数最优投资组合表现相当好，超过任何其他方式的投资组合。

16.4 边信息与增长率

我们在第 6 章中曾经证明了针对赛马 X 的边信息 Y 可以用来提高增长率(通过互信息 $I(X;$
621 $Y)$)。接下来将该结果推广到股市中。此时的 $I(X;Y)$ 是增长率的上界，仅当 X 表示赛马时等号成立。首先考虑当我们轻信了一个错误的分布将会招致增长率有多大的损失。

定理 16.4.1 *设 $\mathbf{X}$ 服从分布 $f(\mathbf{x})$，$\mathbf{b}_f$ 为对应于 $f(\mathbf{x})$ 的对数最优投资组合，而 $\mathbf{b}_g$ 为对应于另一密度函数 $g(\mathbf{x})$ 的对数最优投资组合。那么，采用 $\mathbf{b}_f$ 替代 $\mathbf{b}_g$ 所带来的增长率的增量满足如下不等式*

$$\Delta W=W(\mathbf{b}_f,F)-W(\mathbf{b}_g,F)\leqslant D(f\parallel g) \tag{16-39}$$

证明： 我们可得出如下不等式系列

$$\Delta W=\int f(\mathbf{x})\log\mathbf{b}_f^t\mathbf{x}-\int f(\mathbf{x})\log\mathbf{b}_g^t\mathbf{x} \tag{16-40}$$

$$=\int f(\mathbf{x})\log\frac{\mathbf{b}_f^t\mathbf{x}}{\mathbf{b}_g^t\mathbf{x}} \tag{16-41}$$

$$=\int f(\mathbf{x})\log\frac{\mathbf{b}_f^t\mathbf{x}}{\mathbf{b}_g^t\mathbf{x}}\frac{g(\mathbf{x})}{f(\mathbf{x})}\frac{f(\mathbf{x})}{g(\mathbf{x})} \tag{16-42}$$

$$=\int f(\mathbf{x})\log\frac{\mathbf{b}_f^t\mathbf{x}}{\mathbf{b}_g^t\mathbf{x}}\frac{g(\mathbf{x})}{f(\mathbf{x})}+D(f\parallel g) \tag{16-43}$$

$$\overset{(a)}{\leqslant}\log\int f(\mathbf{x})\frac{\mathbf{b}_f^t\mathbf{x}}{\mathbf{b}_g^t\mathbf{x}}\frac{g(\mathbf{x})}{f(\mathbf{x})}+D(f\parallel g) \tag{16-44}$$

$$=\log\int g(\mathbf{x})\frac{\mathbf{b}_f^t\mathbf{x}}{\mathbf{b}_g^t\mathbf{x}}+D(f\parallel g) \tag{16-45}$$

$$\overset{(b)}{\leqslant}\log 1+D(f\parallel g) \tag{16-46}$$

$$=D(f\parallel g) \tag{16-47}$$

其中(a) 由 Jensen 不等式导出，(b)由库恩—塔克条件以及 $\mathbf{b}_g$ 关于 g 的对数最优性定义

导出。 □

定理 16.4.2 由边信息 Y 所带来的增长率的增量 ΔW 满足如下不等式

$$\Delta W \leqslant I(\mathbf{X};Y) \tag{16-48}$$ 622

证明：令$(\mathbf{X},Y)$服从分布 $f(\mathbf{x},y)$，其中 $\mathbf{X}$ 是市场向量，而 Y 是相应的边信息。当已知边信息 $Y=y$ 时，对数最优策略投资者采用关于条件概率分布 $f(\mathbf{x}|Y=y)$的条件对数最优投资组合。从而，在给定条件 $Y=y$ 下，利用定理 16.4.1，可得

$$\Delta W_{Y=y} \leqslant D(f(\mathbf{x} \mid Y=y) \| f(\mathbf{x})) = \int_{\mathbf{x}} f(\mathbf{x} \mid Y=y) \log \frac{f(\mathbf{x} \mid Y=y)}{f(\mathbf{x})} \mathrm{d}\mathbf{x} \tag{16-49}$$

对 Y 的所有可能取值进行平均，我们可得

$$\Delta W \leqslant \int_y f(y) \int_{\mathbf{x}} f(\mathbf{x} \mid Y=y) \log \frac{f(\mathbf{x} \mid Y=y)}{f(\mathbf{x})} \mathrm{d}\mathbf{x}\mathrm{d}y \tag{16-50}$$

$$= \int_y \int_{\mathbf{x}} f(y) f(\mathbf{x} \mid Y=y) \log \frac{f(\mathbf{x} \mid Y=y)}{f(\mathbf{x})} \frac{f(y)}{f(y)} \mathrm{d}\mathbf{x}\mathrm{d}y \tag{16-51}$$

$$= \int_y \int_{\mathbf{x}} f(\mathbf{x},y) \log \frac{f(\mathbf{x},y)}{f(\mathbf{x})f(y)} \mathrm{d}\mathbf{x}\mathrm{d}y \tag{16-52}$$

$$= I(\mathbf{X};Y) \tag{16-53}$$

从而，边信息 Y 与股票市场 $\mathbf{X}$ 之间的互信息 $I(X;Y)$是增长率的增量的上界。 □

16.5 平稳市场中的投资

本节将 16.4 节中关于独立同分布的市场的一些结果推广到时间依赖的市场过程。

设 $\mathbf{X}_1,\mathbf{X}_2,\cdots,\mathbf{X}_n,\cdots$为向量值随机过程，$\mathbf{X}_i \geqslant 0$。我们下面考虑的投资策略是以因果方式依赖于市场的历史数据，即 $\mathbf{b}_i$ 可以依赖于 $\mathbf{X}_1,\mathbf{X}_2,\cdots,\mathbf{X}_{i-1}$。令

$$S_n = \prod_{i=1}^{n} \mathbf{b}_i^t(\mathbf{X}_1,\mathbf{X}_2,\cdots,\mathbf{X}_{i-1})\mathbf{X}_i \tag{16-54}$$

我们的目标是让 $E\log S_n$ 在所有因果投资组合策略集$\{\mathbf{b}_i(\cdot)\}$上达到最大值。而此时

$$\max_{\mathbf{b}_1,\mathbf{b}_2,\cdots,\mathbf{b}_n} E\ \log S_n = \sum_{i=1}^{n} \max_{\mathbf{b}_i(\mathbf{X}_1,\mathbf{X}_2,\cdots,\mathbf{X}_{i-1})} E\ \log \mathbf{b}_i^t \mathbf{X}_i \tag{16-55}$$

$$= \sum_{i=1}^{n} E\ \log \mathbf{b}_i^{*t} \mathbf{X}_i \tag{16-56}$$ 623

其中，$\mathbf{b}_i^*$ 是在已知股票市场的历史数据下，$\mathbf{X}_i$ 的条件分布的对数最优投资组合，换言之，如果记条件最大值为

$$\max_{\mathbf{b}} E[\log \mathbf{b}^t \mathbf{X}_i \mid (\mathbf{X}_1,\mathbf{X}_2,\cdots,\mathbf{X}_{i-1})=(\mathbf{x}_1,\mathbf{x}_2,\cdots,\mathbf{x}_{i-1})]$$
$$=W^*(\mathbf{X}_i \mid \mathbf{x}_1,\mathbf{x}_2,\cdots,\mathbf{x}_{i-1}) \tag{16-57}$$

则 $\mathbf{b}_i^*(\mathbf{x}_1,\mathbf{x}_2,\cdots,\mathbf{x}_{i-1})$是达到上述条件最大值时的投资组合。关于过去取期望，我们记

$$W^*(\mathbf{X}_i \mid \mathbf{X}_1,\mathbf{X}_2,\cdots,\mathbf{X}_{i-1}) = E\max_{\mathbf{b}} E[\log \mathbf{b}^t \mathbf{X}_i \mid \mathbf{X}_1,\mathbf{X}_2,\cdots,\mathbf{X}_{i-1}] \tag{16-58}$$

称为条件增长率，式中的最大值函数是取遍所有定义在 $\mathbf{X}_1,\mathbf{X}_2,\cdots,\mathbf{X}_{i-1}$上的投资组合 $\mathbf{b}$ 的投资组合价值函数。于是，如果在每一阶段中均采取条件对数最优投资组合策略，那么最高的期望对数回报率是可以实现的。令

$$W^*(\mathbf{X}_1,\mathbf{X}_2,\cdots,\mathbf{X}_n) = \max_{\mathbf{b}_1,\mathbf{b}_2,\cdots,\mathbf{b}_n} E\log S_n \tag{16-59}$$

其中最大值取自所有因果投资组合策略。此时，由 $\log S_n^* = \sum_{i=1}^{n} \log \mathbf{b}_i^{*t}\mathbf{X}_i$，我们可以得到如下关

于 W^* 的链式法则：

$$W^*(\mathbf{X}_1,\mathbf{X}_2,\cdots,\mathbf{X}_n)=\sum_{i=1}^{n}W^*(\mathbf{X}_i \mid \mathbf{X}_1,\mathbf{X}_2,\cdots,\mathbf{X}_{i-1}) \tag{16-60}$$

该链式法则在形式上与 H 的链式法则完全一致。在某些方面，W 的确是 H 的对偶。特别地，条件作用使 H 减小，而使 W 增加。我们接下来定义关于时间依赖的随机过程的熵率。

定义　如果如下极限存在，

$$W_\infty^*=\lim_{n\to\infty}\frac{W^*(\mathbf{X}_1,\mathbf{X}_2,\cdots,\mathbf{X}_n)}{n} \tag{16-61}$$

那么称 W_∞^* 为增长率。

定理 16.5.1　对于平稳市场，增长率存在且等于

624

$$W_\infty^*=\lim_{n\to\infty}W^*(\mathbf{X}_n|\mathbf{X}_1,\mathbf{X}_2,\cdots,\mathbf{X}_{n-1}) \tag{16-62}$$

证明：由平稳性可知，$W^*(\mathbf{X}_n|\mathbf{X}_1,\mathbf{X}_2,\cdots,\mathbf{X}_{n-1})$关于 n 是非减函数，从而极限必然存在，但有可能为无穷大。由于

$$\frac{W^*(\mathbf{X}_1,\mathbf{X}_2,\cdots,\mathbf{X}_n)}{n}=\frac{1}{n}\sum_{i=1}^{n}W^*(\mathbf{X}_i \mid \mathbf{X}_1,\mathbf{X}_2,\cdots,\mathbf{X}_{i-1}) \tag{16-63}$$

由 Cesáro 均值定理(定理 4.2.3)可以推出式左边的极限等于右边通项的极限。因此，W_∞^*存在，且

$$W_\infty^*=\lim_{n\to\infty}\frac{W^*(\mathbf{X}_1,\mathbf{X}_2,\cdots,\mathbf{X}_n)}{n}=\lim_{n\to\infty}W^*(\mathbf{X}_n|\mathbf{X}_1,\mathbf{X}_2,\cdots,\mathbf{X}_{n-1}) \tag{16-64}$$ □

我们接下来可以将渐近最优性推广到平稳市场，见如下的定理。

定理 16.5.2　对任意随机过程$\{X_i\}$，$X_i\in\mathcal{R}_+^m$，$\mathbf{b}_i^*(X^{i-1})$为条件对数最优投资组合，而 S_n^* 为对应的相对收益。令 S_n 为对应某个因果投资组合策略 $\mathbf{b}_i(X^{i-1})$的相对收益。那么，关于由过去的 $X_1,X_2,\cdots,X_n$ 生成的σ代数序列，比值 S_n/S_n^* 是一个正上鞅。从而，存在一个随机变量V，使得

$$\frac{S_n}{S_n^*}\to V\quad\text{依概率 1} \tag{16-65}$$

$$EV\leqslant 1 \tag{16-66}$$

且

$$\Pr\left\{\sup_n\frac{S_n}{S_n^*}\geqslant t\right\}\leqslant\frac{1}{t} \tag{16-67}$$

证明：S_n/S_n^* 为正上鞅是因为使用关于条件对数最优投资组合的库恩—塔克条件可得

$$E\left[\frac{S_{n+1}(X^{n+1})}{S_{n+1}^*(X^{n+1})}\,\Big|\,X^n\right]=E\left[\frac{(\mathbf{b}_{n+1}^t\mathbf{X}_{n+1})S_n(X^n)}{(\mathbf{b}_{n+1}^{*t}\mathbf{X}_{n+1})S_n^*(X^n)}\,\Big|\,X^n\right] \tag{16-68}$$

$$=\frac{S_n(X^n)}{S_n^*(X^n)}E\left[\frac{\mathbf{b}_{n+1}^t\mathbf{X}_{n+1}}{\mathbf{b}_{n+1}^{*t}\mathbf{X}_{n+1}}\,\Big|\,X^n\right] \tag{16-69}$$

625

$$\leqslant\frac{S_n(X^n)}{S_n^*(X^n)} \tag{16-70}$$

于是，利用鞅收敛定理得知 S_n/S_n^* 的极限存在，记为V，那么$EV\leqslant E(S_0/S_0^*)=1$。最后，利用关于正鞅的科尔莫戈罗夫不等式，我们可以得到关于 $\sup(S_n/S_n^*)$的结果。□

我们注意式(16-70)解释了 S_n^* 的竞争最优性的强度。明显地，$S_n(X^n)$曾经出现过为 $S_n^*(X^n)$的 10 倍的概率不超过 1/10。对于平稳且遍历的股市，我们也可以将渐近均分性质推广后用来证明下面的定理：

定理 16.5.3(股票市场的 AEP)　假设 $\mathbf{X}_1,\mathbf{X}_2,\cdots,\mathbf{X}_n$ 是一个平稳遍历的向量值随机过程。令

S_n^* 为采用条件对数最优策略在时刻 n 所获得的相对收益，即

$$S_n^* = \prod_{i=1}^{n} \mathbf{b}_i^{*t}(\mathbf{X}_1, \mathbf{X}_2, \cdots, \mathbf{X}_{i-1})\mathbf{X}_i \tag{16-71}$$

那么，依概率 1 有

$$\frac{1}{n}\log S_n^* \to W_\infty^* \tag{16-72}$$

证明：定理的证明过程涉及 16.8 节中将证明 AEP 的“三明治”[20]方法生成。此处暂不给出详细的证明(Algoet and Cover[21])。□

在结束本节之前，再次考虑赛马的例子。赛马是股票市场的一个特殊情形，只要认定该市场中的 m 只股票恰好对应着 m 匹赛马。当比赛结束时，第 i 匹赛马所对应的马票要么为 0 要么为 o_i，其中，o_i 为买第 i 匹赛马的机会收益率。于是，$\mathbf{X}$ 的非 0 分量总是对应于获胜的赛马。

在这种情况下，对数最优投资组合是按比例下注，此乃著名的 Kelly 博弈策略（即，$b_i^* = p_i$），如果机会收益是均匀公平的(即，$o_i = m, \forall i$)，那么我们有

$$W^* = \log m - H(X) \tag{16-73}$$

假如有一个相关的赛马序列，那么最优投资组合是按照条件比例博弈。如果这样，渐近增长率为

$$W_\infty^* = \log m - H(\mathcal{X}) \tag{16-74}$$

626

其中，当极限存在时，$H(\mathcal{X}) = \lim \frac{1}{n} H(X_1, X_2, \cdots, X_n)$。此时，定理 16.5.3 保证

$$S_n^* \doteq 2^{nW^*} \tag{16-75}$$

这与第 6 章中的结果一致。

16.6 对数最优投资组合的竞争最优性

是否对数最优投资组合在指定的有限时刻 n 总是比其他的投资组合优越？作为库恩—塔克条件的一个直接推论，我们有

$$E\frac{S_n}{S_n^*} \leqslant 1 \tag{16-76}$$

从而，由马尔可夫不等式可知

$$\Pr(S_n > tS_n^*) \leqslant \frac{1}{t} \tag{16-77}$$

该结果类似于第 5 章中已经导出的关于香农码的竞争最优性。

通过例子可以发现，对于使得 $S_n > S_n^*$ 成立的概率的上界，我们不可能再做出更好的估计。例如，假设股票市场只有两种股票，并且只有两种可能结果，

$$(X_1, X_2) = \begin{cases} \left(1, \frac{1}{1-\varepsilon}\right) & \text{依概率 } 1-\varepsilon \\ (1, 0) & \text{依概率 } \varepsilon \end{cases} \tag{16-78}$$

在该市场中，对数最优投资组合的方案应该是将所有资金完全投入到第一只股票中(容易验证，投资组合 $\mathbf{b} = (1, 0)$ 满足库恩—塔克条件)。但是，如果投资者将其所有资金全部投入到第二只股票的话，那么有 $1-\varepsilon$ 的概率赚更多的钱。从而，对数最优投资组合策略不会以很高的概率领先于其他投资组合策略。

由于实际中的确存在着许多类似于上述的例子的情形，在绝大多数时间，其他投资策略可能以微弱的优势领先对数最优投资策略。因此，证明对数最优策略投资者至少会以 50% 的概率领先于其他策略的问题也无法实现。但是，如果我们允许每个投资者加入额外的均匀随机项(它的

627 作用就是为了减少由于相对收益中的微弱差异而引起的效应)，那么可以得到一个接近的结果。

定理 16.6.1(竞争最优性) 设 S^* 是按照对数最优投资组合策略在股票市场 $\mathbf{X}$ 上到一个投资期的期末时的相对收益，而 S 是同期的按照其他投资组合策略得到的相对收益。假设 U^* 是[0,2]上与 $\mathbf{X}$ 独立分布的随机变量，V 是另一个与 $\mathbf{X}$ 和 U^* 独立的随机变量，且满足 $V \geqslant 0, EV=1$。那么

$$\Pr(VS \geqslant U^* S^*) \leqslant \frac{1}{2} \tag{16-79}$$

注释 此处的 U^* 和 V 为对初始资金的"均匀"随机化。从初始资金 $S_0=1$ 转变成为"均匀"资金 U^* 在实际操作中，只要游戏规则"公平"就可以实现。这种随机化处理的效果就是将比值 S/S^* 偏差很小的部分消除，仅保留 S/S^* 的偏差很显著的项，因为它们才能影响获胜概率。

证明： 我们有

$$\Pr(VS \geqslant U^* S^*) = \Pr\left(\frac{VS}{S^*} \geqslant U^*\right) \tag{16-80}$$

$$= \Pr(W \geqslant U^*) \tag{16-81}$$

其中 $W=\frac{VS}{S^*}$ 是非负随机变量且均值为

$$EW = E(V)E\left(\frac{S_n}{S_n^*}\right) \leqslant 1 \tag{16-82}$$

这是由 V 与 $\mathbf{X}$ 的独立性以及库恩一塔克条件得到的。令 F 为 W 的分布函数，由于 U^* 是[0,2]上的均匀分布，可得

$$\Pr(W \geqslant U^*) = \int_0^2 \Pr(W > w) f_{U^*}(w)\,\mathrm{d}w \tag{16-83}$$

$$= \int_0^2 \Pr(W > w)\, \frac{1}{2}\,\mathrm{d}w \tag{16-84}$$

$$= \int_0^2 \frac{1-F(\omega)}{2}\,\mathrm{d}w \tag{16-85}$$

$$\leqslant \int_0^\infty \frac{1-F(w)}{2}\,\mathrm{d}w \tag{16-86}$$

$$= \frac{1}{2}EW \tag{16-87}$$

628

$$\leqslant \frac{1}{2} \tag{16-88}$$

可利用已经证明过的如下结论(由分部积分法得到)而得到，即对于一个正值随机变量 W，有

$$EW = \int_0^\infty (1-F(w))\,\mathrm{d}w \tag{16-89}$$

因此，我们有

$$\Pr(VS \geqslant U^* S^*) = \Pr(W \geqslant U^*) \leqslant \frac{1}{2} \tag{16-90}$$ □

定理 16.6.1 提供了采用对数最优投资组合的一个短期效果评价。如果投资者的唯一目标是在股票市场每天收盘后领先于他的对手，且均匀随机化是允许的，那么，定理 16.6.1 告诉我们：投资者首先应该将他的初始资金转变为服从[0,2]上均匀分布的资金，然后使用对数最优投资组合策略进行投资。这是使用博弈论方法解决股市中的竞争博弈问题的一个例子。

16.7 万能投资组合

在 16.1 节中开发的对数最优投资组合策略依赖于股票向量的分布已知的假设，基于该分布

才能计算出最优投资组合 $\mathbf{b}^*$。但在实际中,往往不知如何得到该分布。本节我们介绍一种因果投资组合，其对于单个的序列有很好的表现。于是，我们除了必须假设股票市场可以看作一个向量列 $\mathbf{x}_1,\mathbf{x}_2,\cdots,\in\mathcal{R}_+^m$之外，不再做任何统计假设了。其中，$\mathbf{x}_i$ 表示全部股票第 i 天的相对价格构成的向量，而其分量 x_{ij} 表示第 j 只股票第 i 天的相对价格。我们首先针对有限长度的情形，即，只依据已经发生的 n 个向量 $\mathbf{x}_1,\mathbf{x}_2,\cdots,\mathbf{x}_n$。然后再推广到无穷情形。

已知股票市场的股票序列之后，我们到底能够做得多好？可实现的最大的增长率当属由事后诸葛亮式的恒定持仓比例投资组合策略得出的增长率。此策略是基于已知的股票市场向量构成的序列的条件下的最佳恒定持仓比例投资组合。注意，恒定持仓比例投资组合是可以与服从已知分布的独立同分布的股市序列的策略抗衡的佼佼者。所以，考虑这样的投资组合策略是顺理成章的。

我们假设有一揽子共同基金，其中每只共同基金都执行恒定持仓比例投资组合策略。我们的目的是实现对这些基金的最佳管理。本节我们将证明，即使在没有股市向量分布的先验知识的情况下，我们也能够凭借最佳恒定持仓比例投资组合策略做得很好。 629

第一种手段是将资金分散给所管辖的所有基金经理，让每个基金经理遵循各自独特的恒定持仓比例投资组合策略。由于每个基金经理都想将业绩做得比其他人好，因此 n 个交易日之后的资金将达到本期内的最大。我们将证明，在不计较折扣因子 $n^{-\frac{m-1}{2}}$ 的意义下，我们的收益可以达到最佳的基金经理的业绩。这是我们对于无穷范围的万能投资组合策略讨论的基础。

第二种手段是将该问题视为一个对抗恶意竞争对手的博弈。其中，允许该竞争对手挑选股市向量序列。我们定义一个因果(即兴)投资组合策略 $\hat{\mathbf{b}}(\mathbf{x}_{i-1},\cdots,\mathbf{x}_1)$，其仅依赖于股市序列的历史记录。此时，对手凭借对策略 $\hat{\mathbf{b}}(\mathbf{x}_{i-1},\cdots,\mathbf{x}_1)$的了解，选择一个向量列 $\mathbf{x}_i$ 来构造一个投资策略，其结果与最佳恒定持仓比例该方法的表现相比要多糟就多糟。令 $\mathbf{b}^*(\mathbf{x}^n)$为关于股市序列 $\mathbf{x}^n$ 的最佳恒定持仓比例组合。注意，$\mathbf{b}^*(\mathbf{x}^n)$仅依赖于该序列的经验分布，并没有要求向量必须出现。当第 n 个交易日收盘时，恒定持仓比例组合 $\mathbf{b}$ 策略对应的相对收益为：

$$S_n(\mathbf{b},\mathbf{x}^n)=\prod_{i=1}^{n}\mathbf{b}^t\mathbf{x}_i \tag{16-91}$$

而最佳的恒定持仓比例投资组合 $\mathbf{b}^*(\mathbf{x}^n)$的获得的相对收益为

$$S_n^*(\mathbf{x}^n)=\max_{\mathbf{b}}\prod_{i=1}^{n}\mathbf{b}^t\mathbf{x}_i \tag{16-92}$$

然而，该因果投资组合策略 $\hat{\mathbf{b}}_i(\mathbf{x}^{i-1})$获得的相对收益仅为

$$\hat{S}_n(\mathbf{x}^n)=\prod_{i=1}^{n}\hat{\mathbf{b}}_i^t(\mathbf{x}^{i-1})\mathbf{x}_i \tag{16-93}$$

我们的目标是用比值 $\hat{S}_n/S_n^*$ 找到一个因果投资组合策略 $\hat{\mathbf{b}}(\cdot)=(\hat{\mathbf{b}}_1,\hat{\mathbf{b}}_2(\mathbf{x}_1),\cdots,\hat{\mathbf{b}}_i(\mathbf{x}^{i-1}))$，使得在最糟糕的情况下的表现也不错。为此，我们将寻找最优的万能投资组合策略，并且证明该策略对于任何股市序列上的相对收益 $\hat{S}_n$，与最佳恒定持仓比例组合策略在该序列上的相对收益 630
S_n^* 之比例因子 $V_n\approx n^{-\frac{m-1}{2}}$。该策略依赖于该博弈的期限 n。稍后,我们给出某些无限期的结果，几乎也与有限期情形一样，在最差情形也有此相同的渐近表现。

16.7.1 有限期万能投资组合

我们首先分析投资期为 n 个交易日的股市，其中 n 是事先知道的。我们试图找到一种投资组合策略使得它能够跑赢 n 只股票组成的股市大盘。主要结果可以描述为如下定理。

定理 16.7.1 对于一个长度为 n，投资品种数量为 m 的股市序列 $\mathbf{x}^n=\mathbf{x}_1,\cdots,\mathbf{x}_n,\mathbf{x}_i\in\mathcal{R}_+^m$，令 $\hat{S}_n^*(\mathbf{X}^n)$与 $\hat{S}_n(\mathbf{X}^n)$分别为由基于 $\mathbf{X}^n$ 的最佳恒定持仓比例投资组合策略与因果投资组合策略达到的相对收益 $\hat{\mathbf{b}}_i(\cdot)$关于 $\mathbf{X}^n$，那么

$$\max_{\hat{\mathbf{b}}_i(\cdot)}\min_{\mathbf{x}_1,\cdots,\mathbf{x}_n}\frac{\hat{S}_n(\mathbf{x}^n)}{S_n^*(\mathbf{x}^n)}=V_n \tag{16-94}$$

其中，

$$V_n=\left[\sum_{n_1+\cdots+n_m=n}\binom{n}{n_1,n_2,\cdots,n_m}2^{-nH(\frac{n_1}{n},\cdots,\frac{n_m}{n})}\right]^{-1} \tag{16-95}$$

由斯特林近似公式，我们可以得到 V_n 与 $n^{-\frac{m-1}{2}}$ 同阶。因此，关于最糟糕情形的万能投资组合的增长率与关于该序列最佳恒定持仓比例投资组合策略的增长率之比值至多相差一个多项式因子。而万能投资组合的相对收益的增长与最佳恒定持仓投资组合的比值的对数 $\hat{\mathbf{b}}$ 就像一个通用信源编码的冗余。(参见 Shtarkov[496]，其中，$\log V_n$ 表示数据压缩中单个序列的最小最大冗余。)

我们首先以 $n=1$ 为例解释我们的主要结果。考虑一天只有两只股票的情形。令 $\mathbf{x}=(x_1,x_2)$ 为当日的股市向量。当 $x_1>x_2$ 时，最佳投资组合是将所有资金买成第 1 只股票；当 $x_1<x_2$ 时，最佳投资组合是将所有资金买成第 2 只股票；当 $x_1=x_2$ 时，所有投资组合等同。

接下来，假设必须事先选择一个投资组合，然后对手基于我们选定的投资组合选择股市序列，使得我们的投资组合与最好的投资组合相比表现得一败涂地。事实上，当我们的投资组合已
631 知时，只要让我们投资多的股票的权重为 0 而让其他的股票的权重为 1，对手可以让我们彻底套牢。于是，我们的最佳策略当然是对两只股票取相同的权重，基于这个投资策略，我们所得的增长因子至少应该是最佳的股票的增长率的一半。从而我们的收益至少是最佳恒定持仓比例投资组合策略的收益的一半。当 $n=1$ 而 $m=2$ 时，计算出等式(16-94)中的 $V_n=2$ 并不难。

但是，该结果看上去有些误导，因为它明显地暗示在 n 个交易日的投资期内，每天都必须采用固定平均比例的投资组合把资金平均分成两半投资到每只股票上。如果我们的对手每天都选择股市序列为第一只为 1，而第二只为 0，那么均匀策略最终相对收益仅为 $1/2^n$，即，我们的均匀投资策略最终相对收益仅是最优的恒定持仓比例投资组合(即每天将全部资金投入第一只股票)的 $1/2^n$。

该定理的结果显示，我们显然可以做得更好。这主要是在该讨论过程中将股市向量序列简化为极端情形，每天只让其中的一只股票非 0。如果确信针对这样的序列可以做得很好，那么我们可以保证对于任何股票向量序列也可以做得很好。于是得到该定理的临界。

在证明该定理之前，需要先给出如下引理。

引理 16.7.1 对于任意 $p_1,p_2,\cdots,p_m\geqslant 0$ 与 $q_1,q_2,\cdots,q_m\geqslant 0$，

$$\frac{\sum_{i=1}^m p_i}{\sum_{i=1}^m q_i}\geqslant\min_i\frac{p_i}{q_i} \tag{16-96}$$

证明： 令 I 为使式(16-96)的右边达到最小的 i，并假设 $p_I>0$(如果 $p_I=0$，那么引理显然成立)。同样，假设 $q_I=0$，那么式(16-96)两边都是无穷大，那么必然其他所有 q_i 也全为 0，不等式显然成立。于是，我们假设 $q_I>0$，则

$$\frac{\sum_{i=1}^m p_i}{\sum_{i=1}^m q_i}=\frac{p_I}{q_I}\frac{1+\sum_{i\neq I}(p_i/p_I)}{1+\sum_{i\neq I}(q_i/q_I)}\geqslant\frac{p_I}{q_I} \tag{16-97}$$

成立，由于

$$\frac{p_i}{q_i} \geqslant \frac{p_I}{q_I} \to \frac{p_i}{p_I} \geqslant \frac{q_i}{q_I} \tag{16-98}$$

对于所有的 i。 □

首先对 $n=1$ 的情形进行讨论。第一天收盘时，资金为

$$\hat{S}_1(\mathbf{x}) = \hat{\mathbf{b}}^t \mathbf{x} \tag{16-99}$$

$$S_1(\mathbf{x}) = \mathbf{b}^t \mathbf{x} \tag{16-100}$$ 632

并且

$$\frac{\hat{S}_1(\mathbf{x})}{S_1(\mathbf{x})} = \frac{\sum \hat{b}_i x_i}{\sum b_i x_i} \geqslant \min\left\{\frac{\hat{b}_i}{b_i}\right\} \tag{16-101}$$

为了求解 $\max_{\hat{\mathbf{b}}} \min_{\mathbf{b},\mathbf{x}} \frac{\hat{\mathbf{b}}^t \mathbf{x}}{\mathbf{b}^t \mathbf{x}}$，很自然的方式是：如果$\frac{\hat{b}_i}{b_i^*}$最小，选择 $\mathbf{x}=\mathbf{e}_i$，其中 $\mathbf{e}_i$ 是 R^m 中的第 i 个坐标轴的单位向量。这样，问题转化为投资者如何选取 $\hat{\mathbf{b}}$，使得该最小值$\frac{\hat{b}_i}{b_i^*}$达到最大。选取 $\hat{\mathbf{b}}=\left(\frac{1}{m},\cdots,\frac{1}{m}\right)$必定是可以达到的。

为了实现这一点，重要的是

$$\frac{\hat{S}_n(\mathbf{x}^n)}{S_n(\mathbf{x}^n)} = \frac{\prod_{i=1}^n \hat{\mathbf{b}}_i^t \mathbf{x}_i}{\prod_{i=1}^n \mathbf{b}_i^t \mathbf{x}_i} \tag{16-102}$$

可以改写为如下的比值形式

$$\frac{\hat{S}_n(\mathbf{x}^n)}{S_n(\mathbf{x}^n)} = \frac{\hat{\mathbf{b}}^t \mathbf{x}'}{\mathbf{b}^t \mathbf{x}'} \tag{16-103}$$

其中 $\hat{\mathbf{b}},\mathbf{b},\mathbf{x}' \in \mathcal{R}_+^{m^n}$。因此，恒定持仓比例投资组合 $\mathbf{b}$ 的 m^n 个成分可以写成形如 $b_1^{n_1} b_2^{n_2} \cdots b_m^{n_m}$ 的乘积形式。我们的目的是找到万能的 $\hat{\mathbf{b}}$，使得一致地逼近恒定持仓比例投资组合 $\mathbf{b}$。

现在我们可以证明该主要定理(定理 16.7.1)。

定理 16.7.1 的证明：仅对 $m=2$ 的情形证明该定理。而对于 $m>2$ 的情形可以照搬。记这两只股票分别为 1 与 2。其关键的思路是将时刻 n 的相对收益表示为

$$S_n(\mathbf{x}^n) = \prod_{i=1}^n \mathbf{b}_i^t \mathbf{x}_i \tag{16-104}$$

由和的乘积形式转换成为乘积之和。和式中的每一项对应着在时刻 i 第一只或者第二只股票的股价乘以比例 b_{i1} 或者 b_{i2} 的序列，其中，该比例 b_{i1} 或者 b_{i2} 是在时刻 i 投资策略实施到股票 1 或者股票 2 的比例。因此，我们可以将相对收益 S_n 视为关于由股票 1 和股票 2 组成的所有 2^n 个可能的 n 长度序列的求和，其中每个 n 长度序列理解为投资组合比例乘以相应股价的联乘：

$$S_n(\mathbf{x}^n) = \sum_{j^n \in \{1,2\}^n} \prod_{i=1}^n b_{ij_i} x_{ij_i} = \sum_{j^n \in \{1,2\}^n} \prod_{i=1}^n b_{ij_i} \prod_{i=1}^n x_{ij_i} \tag{16-105}$$ 633

如果我们用 $w(j^n)$表示乘积 $\prod_{i=1}^n b_{ij_i}$，即投资在序列 j^n 上的全部的资金比例之和，再令

$$x(j^n) = \prod_{i=1}^n x_{ij_i} \tag{16-106}$$

为对应于该序列的回报，那么我们有

$$S_n(\mathbf{x}^n) = \sum_{j^n \in \{1,2\}^n} w(j^n) x(j^n) \tag{16-107}$$

分别对于最佳恒定持仓比例投资组合与万能投资组合采用上述表示，那么，我们得到

$$\frac{\hat{S}_n(\mathbf{x}^n)}{S_n^*(\mathbf{x}^n)}=\frac{\sum\limits_{j^n\in\{1,2\}^n}\hat{w}(j^n)x(j^n)}{\sum\limits_{j^n\in\{1,2\}^n}w^*(j^n)x(j^n)} \tag{16-108}$$

其中 $\hat{w}(j^n)$是按照万能因果策略投资在序列 j^n 上的资金总量，而 $w^*(j^n)$是按照最佳恒定持仓比例策略投资在序列 j^n 上的资金总量。此时,应用引理 16.7.1，我们有

$$\frac{\hat{S}_n(\mathbf{x}^n)}{S_n^*(\mathbf{x}^n)}\geqslant\min_{j^n}\frac{\hat{w}(j^n)x(j^n)}{w^*(j^n)x(j^n)}=\min_{j^n}\frac{\hat{w}(j^n)}{w^*(j^n)} \tag{16-109}$$

于是，将比值 $\hat{S}_n/S_n^*$ 最大化的问题简化为确定万能策略投资在一系列股票上的资金比例是否一致逼近策略 $\mathbf{b}^*$ 的比例。至此已经能够明确了，S_n 的公式表示使得具有两只股票的 n 期的股票市场简化为一个特殊的具有 2^n 只股票的 1 期的市场。我们将 $w(j^n)$资金投入股票 j^n，得到的回报是 $x(j^n)$，而总的相对收益 S_n 为 $\sum\limits_{j^n}w(j^n)x(j^n)$ 。

我们首先计算关于最佳恒定持仓比例投资组合 $\mathbf{b}^*$ 的权重 $w^*(j^n)$。为此，观察一个恒定持仓比例组合 $\mathbf{b}$，这将导出

$$w(j^n)=\prod_{i=1}^n b_{ij_i}=b^k(1-b)^{n-k} \tag{16-110}$$

634 此处 k 是出现在序列 j^n 中 1 出现的次数。于是，$w(j^n)$仅依赖于 k。将注意力集中到 j^n 上，对 b 进行差分，可以发现关于 b 的最大值问题变成

$$w^*(j^n)=\max_{0\leqslant b\leqslant 1}b^k(1-b)^{n-k} \tag{16-111}$$

$$=\left(\frac{k}{n}\right)^k\left(\frac{n-k}{n}\right)^{n-k} \tag{16-112}$$

这是可达到的，只要取

$$\mathbf{b}^*=\left(\frac{k}{n},\frac{n-k}{n}\right) \tag{16-113}$$

注意此时$\sum w^*(j^n)>1$，这反映出:“投资”到 j^n 上的资金量的选取是事后诸葛亮式的。于是在不考虑事后诸葛亮的投资心态，他的资金配置 $w^*(j^n)$求和应该等于 1。因果投资者没有那么高的奢望。那么,因果投资者如何依据所有可能的序列 j^n 和事后诸葛决策 $w^*(j^n)$来选取初始投资 $\hat{w}(j^n)$,$\sum\hat{w}(j^n)=1$ 保护自己？答案是，选择 $\hat{w}(j^n)$与 $w^*(j^n)$成比例。这样，即使在最坏的情形之下，比值 $\hat{w}(j^n)/w^*(j^n)$也是最大的。为了继续，我们定义 V_n 如下

$$\frac{1}{V_n}=\sum_{j^n}\left(\frac{k(j^n)}{n}\right)^{k(j^n)}\left(\frac{n-k(j^n)}{n}\right)^{n-k(j^n)} \tag{16-114}$$

$$=\sum_{k=0}^n\binom{n}{k}\left(\frac{k}{n}\right)^k\left(\frac{n-k}{n}\right)^{n-k} \tag{16-115}$$

并令

$$\hat{w}(j^n)=V_n\left(\frac{k(j^n)}{n}\right)^{k(j^n)}\left(\frac{n-k(j^n)}{n}\right)^{n-k(j^n)} \tag{16-116}$$

显然，$\hat{w}(j^n)$是关于这 2^n 只股票序列的合法资金分配(即，$\hat{w}(j^n)\geqslant 0$ 且 $\sum\limits_{j^n}\hat{w}(j^n)=1$)。所以，$V_n$ 是使 $\hat{w}(j^n)$成为概率密度函数的规范化因子。另外，再由式(16-109)与式(16-113)，对于所有序列 $\mathbf{x}^n$，

$$\frac{\hat{S}_n(\mathbf{x}^n)}{S_n^*(\mathbf{x}^n)}\geqslant\min_{j^n}\frac{\hat{w}(j^n)}{w^*(j^n)} \tag{16-117}$$

$$=\min_{k}\frac{V_n\left(\frac{k}{n}\right)^k\left(\frac{n-k}{n}\right)^{n-k}}{b^{*k}(1-b^*)^{n-k}} \tag{16-118}$$

$$\geqslant V_n \tag{16-119}$$ 635

其中式(16-117)由式(16-109)推出，而式(16-119)由式(16-112)推出。从而，我们有

$$\max_{\hat{b}}\min_{x^n}\frac{\hat{S}_n(\mathbf{x}^n)}{S_n^*(\mathbf{x}^n)}\geqslant V_n \tag{16-120}$$

于是，我们证明了在 2^n 只长度为 n 的可能股票序列的一个投资组合达到了相对收益 $\hat{S}_n(\mathbf{x}^n)$，与最佳恒定持仓比例组合策略的相对收益 $S_n^*(\mathbf{x}^n)$之比为因子 $V_n=n^{-\frac{m-1}{2}}$。为了完成该定理的证明，还需要证明这是最佳可能。也就是说，任何其他因果投资策略 $\mathbf{b}_i(\mathbf{x}^{i-1})$在最糟糕的情形(即，对于最差选择 $\mathbf{x}^n$)都不会超过因子 V_n。为了证明这一点，我们构造一个极端股票市场序列集并证明任何因果投资组合策略至少关于一个这样的极端序列由 V_n 控制，并证明就是最糟糕情形的界。

对于任何 $j^n\in\{1,2\}^n$，我们定义相应的极端股票市场向量序列 $\mathbf{x}^n(j^n)$如下

$$\mathbf{x}_i(j_i)=\begin{cases}(1,0)^t & 当\ j_i=1\\(0,1)^t & 当\ j_i=2\end{cases} \tag{16-121}$$

令 $\mathbf{e}_1=(1,0)^t,\mathbf{e}_2=(0,1)^t$ 为标准坐标基向量，再令

$$\mathcal{K}=\{\mathbf{x}(j^n):j^n\in\{1,2\}^n,\mathbf{x}_{ij_i}=\mathbf{e}_{j_i}\} \tag{16-122}$$

为全部极端序列之集。此时，该集合的元素共计 2^n 个。并且对于每条这样的序列，每个时刻只有一只股票具有非 0 回报，而投资在另一只股票的资金全部损失。因此，关于极端序列 $\mathbf{x}^n(j^n)$的投资到第 n 期收盘时的相对收益正好是投资在股票序列 $j_1,j_2,\cdots,j_n$ 上的相对收益的乘积。即 $S_n(\mathbf{x}^n(j^n))=\prod_i b_{j_i}=w(j^n)$。同样，也可以将其看作是在长度为 n 的序列上的投资，且回报率为 0 或 1 方式。此时，很容易看出对于任何极端序列 $\mathbf{x}^n\in\mathcal{K}$，有

$$\sum_{j^n}S_n(\mathbf{x}^n(j^n))=1 \tag{16-123}$$

而对于任何极端序列 $\mathbf{x}^n(j^n)\in\mathcal{K}$，最佳恒定持仓比例投资组合为

$$\mathbf{b}^*(\mathbf{x}^n(j^n))=\left(\frac{n_1(j^n)}{n},\frac{n_2(j^n)}{n}\right)^t \tag{16-124}$$ 636

其中，$n_1(j^n)$与 $n_2(j^n)$分别是序列 j^n 中出现 1 的次数。此时，到第 n 期收盘时的相对收益是

$$S_n^*(\mathbf{x}^n(j^n))=\left(\frac{n_1(j^n)}{n}\right)^{n_1(j^n)}\left(\frac{n_2(j^n)}{n}\right)^{n_2(j^n)}=\frac{\hat{w}(j^n)}{V_n} \tag{16-125}$$

因此，由式(16-126)推出

$$\sum_{\mathbf{x}^n\in\mathcal{K}}S_n^*(\mathbf{x}^n)=\frac{1}{V_n}\sum_{j^n}\hat{w}(j^n)=\frac{1}{V_n} \tag{16-126}$$

此时，对于任意投资组合序列$\{\mathbf{b}_i\}_{i=1}^n$以及其对应的相对收益 $S_n(\mathbf{x}^n)$(如同式(16-104)所定义的)，我们有下列不等式：

$$\min_{\mathbf{x}^n\in\mathcal{K}}\frac{S_n(\mathbf{x}^n)}{S_n^*(\mathbf{x}^n)}\leqslant\sum_{\tilde{\mathbf{x}}^n\in\mathcal{K}}\frac{S_n^*(\tilde{\mathbf{x}}^n)}{\sum_{\mathbf{x}^n\in\mathcal{K}}S_n^*(\mathbf{x}^n)}\frac{S_n(\tilde{\mathbf{x}}^n)}{S_n^*(\tilde{\mathbf{x}}^n)} \tag{16-127}$$

$$=\sum_{\tilde{\mathbf{x}}^n\in\mathcal{K}}\frac{S_n(\tilde{\mathbf{x}}^n)}{\sum_{\mathbf{x}^n\in\mathcal{K}}S_n^*(\mathbf{x}^n)} \tag{16-128}$$

$$= \frac{1}{\sum_{\mathbf{x}^n \in \mathcal{K}} S_n^*(\mathbf{x}^n)} \tag{16-129}$$

$$= V_n \tag{16-130}$$

其中不等式的得出是基于最小值必然不超过均值的基本事实。于是，

$$\max_{\mathbf{b}} \min_{\mathbf{x}^n \in \mathcal{K}} \frac{S_n(\mathbf{x}^n)}{S_n^*(\mathbf{x}^n)} \leqslant V_n \tag{16-131}$$ □

定理中给出的策略重心着落在所有长度为 n 的序列上，因此依赖于 n。我们可以重新按照增量来构造此策略(即，在时刻 1 用买入股票 1 与 2 的股票量来刻画)。此时，基于在时刻 1 的结果，决定时刻 2 买入两只股票的数量。如此下去。在时刻 i，在已知此前的股票向量序列 $\mathbf{X}^{i-1}$ 的条件下，通过算法给出分配到股票 1 的资金权重 $\hat{b}_{i,1}$。通过对所有在第 i 个位置为 1 的序列 j^n 求和如下

637

$$\hat{\mathbf{b}}_{i,1}(\mathbf{x}^{i-1}) = \frac{\sum_{j^{i-1} \in M^{i-1}} \hat{w}(j^{i-1}1) x(j^{i-1})}{\sum_{j^i \in M^i} \hat{w}(j^i) x(j^{i-1})} \tag{16-132}$$

其中

$$\hat{w}(j^i) = \sum_{j^n : j^i \subseteq j^n} w(j^n) \tag{16-133}$$

是从 j^i 开始投资所有序列 j^n 的权重，而

$$x(j^{i-1}) = \prod_{k=1}^{i-1} x_{kj_k} \tag{16-134}$$

是投资在这些序列上的回报(其定义见式(16-106))。

V_n 的渐近性研究可以查阅[401, 496]，对于 m 种资产，其近似结果为

$$V_n \sim \left(\sqrt{\frac{2}{n}}\right)^{m-1} \Gamma(m/2)/\sqrt{\pi} \tag{16-135}$$

特别当资产数 $m=2$ 时，有

$$V_n \sim \sqrt{\frac{2}{\pi n}} \tag{16-136}$$

以及

$$\frac{1}{2\sqrt{n+1}} \leqslant V_n \leqslant \frac{2}{\sqrt{n+1}} \tag{16-137}$$

对所有 n 成立[400]。从而，对于 $m=2$ 只股票的情形，由式(16-132)给出的因果投资策略 $\hat{\mathbf{b}}_i(\mathbf{x}^{i-1})$ 达到的相对收益 $\hat{S}_n(x^n)$ 对于任何市场序列 x^n 均满足

$$\frac{\hat{S}_n(x^n)}{S_n^*(x^n)} \geqslant V_n \geqslant \frac{1}{2\sqrt{n+1}} \tag{16-138}$$

16.7.2 无限期万能投资组合

我们将使用不同投资组合策略的加权来刻画无限期策略。正如前面叙述过的，每一个恒定持仓比例投资组合 $\mathbf{b}$ 可以看成是一个共同基金按照 $\mathbf{b}$ 管理 m 只股票。在起初，我们将全部资金按照分布 $\mu(\mathbf{b})$ 分配到每只子基金。令 $d\mathbf{b}$ 为恒定持仓比例投资组合 $\mathbf{b}$ 的一个邻域，再令 $d\mu(\mathbf{b})$ 为
638 按照该邻域中的投资组合所投资出去的资金总量。

令

$$S_n(\mathbf{b}, \mathbf{x}^n) = \prod_{i=1}^{n} \mathbf{b}^t \mathbf{x}_i \tag{16-139}$$

为恒定持仓比例投资组合 $\mathbf{b}$ 在股票序列 $\mathbf{x}^n$ 上产生的相对收益。回顾前面所讲的结论

$$S_n^*(\mathbf{x}^n)=\max_{b\in\mathcal{B}}S_n(\mathbf{b},\mathbf{x}^n) \tag{16-140}$$

是事后诸葛亮式的最佳恒定持仓比例投资组合的相对收益。

我们研究如下定义的因果投资组合

$$\hat{\mathbf{b}}_{i+1}(\mathbf{x}^i)=\frac{\int_{\mathcal{B}}\mathbf{b}S_i(\mathbf{b},\mathbf{x}^i)\,\mathrm{d}\mu(\mathbf{b})}{\int_{\mathcal{B}}S_i(\mathbf{b},\mathbf{x}^i)\,\mathrm{d}\mu(\mathbf{b})} \tag{16-141}$$

我们注意如下等式

$$\hat{\mathbf{b}}_{i+1}^t(\mathbf{x}^i)\mathbf{x}_{i+1}=\frac{\int_{\mathcal{B}}\mathbf{b}^t\mathbf{x}_{i+1}S_i(\mathbf{b},\mathbf{x}^i)\,\mathrm{d}\mu(\mathbf{b})}{\int_{\mathcal{B}}S_i(\mathbf{b},\mathbf{x}^i)\,\mathrm{d}\mu(\mathbf{b})} \tag{16-142}$$

$$=\frac{\int_{\mathcal{B}}S_{i+1}(\mathbf{b},\mathbf{x}^{i+1})\,\mathrm{d}\mu(\mathbf{b})}{\int_{\mathcal{B}}S_i(\mathbf{b},\mathbf{x}^i)\,\mathrm{d}\mu(\mathbf{b})} \tag{16-143}$$

于是，透过乘积 $\prod\hat{\mathbf{b}}_i^t\mathbf{x}_i$ 望远镜我们看到基于该因果投资组合的相对收益 $\hat{S}_n(\mathbf{x}^n)$ 为

$$\hat{S}_n(\mathbf{x}^n)=\prod_{i=1}^n\hat{\mathbf{b}}_i^t(\mathbf{x}^{i-1})\mathbf{x}_i \tag{16-144}$$

$$=\int_{b\in\mathcal{B}}S_n(\mathbf{b},\mathbf{x}^n)\,\mathrm{d}\mu(\mathbf{b}) \tag{16-145}$$

对于等式(16-145)，还有另外一种解释。$\mathrm{d}\mu(\mathbf{b})$ 解释为分配给投资组合经理 $\mathbf{b}$ 的资金总量，那么 $S(\mathbf{b},\mathbf{x}^n)$ 则解释为基金经理遵照投资组合 $\mathbf{b}$ 所产生的增长因子，于是本投资期的全部相对收益就是

$$\hat{S}_n(\mathbf{x}^n)=\int_{\mathcal{B}}S_n(\mathbf{b},\mathbf{x}^n)\,\mathrm{d}\mu(\mathbf{b}) \tag{16-146}$$

此时，$\hat{\mathbf{b}}_{i+1}$(如式(16-141)所定义的)是单个投资组合经理 $\mathbf{b}$ 的所有“下单”的加权表现。 639

至此，我们还没有将用来分配资金比例的分布 $\mu(\mathbf{b})$ 有个具体交代。现在选取一个分布 μ，使得我们的投资效果接近于基于股价向量的真实分布所得的最佳投资组合的效果。

在下面的引理中，我们将给出比值 $\hat{S}_n/S_n^*$ 的下界，它是关于初始资金分布 $\mu(\mathbf{b})$ 的函数。

引理 16.7.2 令式(16-140)中的 $S_n^*(\mathbf{x}^n)$ 为最佳恒定持仓比例投资组合达到的相对收益，而令式(16-144)中的 $\hat{S}_n(\mathbf{x}^n)$ 为万能混合投资组合 $\hat{\mathbf{b}}(\cdot)$ 达到的相对收益定义如下

$$\hat{\mathbf{b}}_{i+1}(\mathbf{x}^i)=\frac{\int\mathbf{b}S_i(\mathbf{b},\mathbf{x}^i)\,\mathrm{d}\mu(\mathbf{b})}{\int S_i(\mathbf{b},\mathbf{x}^i)\,\mathrm{d}\mu(\mathbf{b})} \tag{16-147}$$

那么

$$\frac{\hat{S}_n(\mathbf{x}^n)}{S_n^*(\mathbf{x}^n)}\geqslant\min_{j^n}\frac{\int_{\mathcal{B}}\prod_{i=1}^n b_{j_i}\,\mathrm{d}\mu(\mathbf{b})}{\prod_{i=1}^n b_{j_i}^*} \tag{16-148}$$

证明：如前面所述，我们可以改写

$$S_n^*(\mathbf{x}^n)=\sum_{j^n}w^*(j^n)x(j^n) \tag{16-149}$$

其中 $w^*(j^n)=\prod_{i=1}^{n}b_{j_i}^*$ 是投资在序列 j^n 上的资金总量，而 $x(j^n)=\prod_{i=1}^{n}x_{ij_i}$ 是对应的回报。同样，我们还可以改写

$$\hat{S}_n(\mathbf{x}^n)=\int\prod_{i=1}^{n}\mathbf{b}^t\mathbf{x}_i\,\mathrm{d}\mu(\mathbf{b}) \tag{16-150}$$

$$=\sum_{j^n}\int\prod_{i=1}^{n}b_{j_i}x_{ij_i}\,\mathrm{d}\mu(\mathbf{b}) \tag{16-151}$$

$$=\sum_{j^n}\hat{w}(j^n)x(j^n) \tag{16-152}$$

其中 $\hat{w}(j^n)=\int\prod_{i=1}^{n}b_{j_i}^*\,\mathrm{d}\mu(\mathbf{b})$ 。此时，运用引理 16.7.1，我们可以得到

$$\frac{\hat{S}_n(\mathbf{x}^n)}{S_n^*(\mathbf{x}^n)}=\frac{\sum_{j^n}\hat{w}(j^n)x(j^n)}{\sum_{j^n}w^*(j^n)x(j^n)} \tag{16-153}$$

$$\geqslant\min_{j^n}\frac{\hat{w}(j^n)x(j^n)}{w^*(j^n)x(j^n)} \tag{16-154}$$

640 $$=\min_{j^n}\frac{\int_{\mathcal{B}}\prod_{i=1}^{n}b_{j_i}\,\mathrm{d}\mu(\mathbf{b})}{\prod_{i=1}^{n}b_{j_i}^*} \tag{16-155}$$ □

接下来，假设 $\mu(\mathbf{b})$ 服从狄利克雷分布 Dirichlet$\left(\frac{1}{2}\right)$，我们将运用该引理。

定理 16.7.2 当 $m=2$ 只股票时，对于式(16-141)给出的因果万能投资组合 $\hat{b}_i()$，$i=1,2,\cdots$，如果 $\mathrm{d}\mu(\mathbf{b})$ 服从 Dirichlet$\left(\frac{1}{2},\frac{1}{2}\right)$ 分布，那么对于任意 n 以及任意股票序列 x^n，均有

$$\frac{\hat{S}_n(x^n)}{S_n^*(x^n)}\geqslant\frac{1}{2\sqrt{n+1}}$$

证明：如前面式(16-112)所讨论的那样，我们可以证明最佳恒定持仓比例投资组合 b^* 投资在序列 j^n 上的比重为

$$\prod_{i=1}^{n}b_{j_i}^*=\left(\frac{k}{n}\right)^k\left(\frac{n-k}{n}\right)^{n-k}=2^{-nH(k/n)} \tag{16-156}$$

其中，k 是下标 $j_i=1$ 的数目。如果密度函数取为 Dirichlet$\left(\frac{1}{2}\right)$，我们仍然能够解析地计算出引理 16.7.2 的式(16-148)中的右边分子项的积分。此时，对于 m 个变量的情形定义

$$\mathrm{d}\mu(\mathbf{b})=\frac{\Gamma\left(\frac{m}{2}\right)}{\left[\Gamma\left(\frac{1}{2}\right)\right]^m}\prod_{j=1}^{m}b_j^{-\frac{1}{2}}\,\mathrm{d}\mathbf{b} \tag{16-157}$$

其中 $\Gamma(x)=\int_0^{\infty}\mathrm{e}^{-t}t^{x-1}\,\mathrm{d}t$ 是伽马函数。为了简单起见，我们仅考虑两只股票的情形，此时，

$$\mathrm{d}\mu(b)=\frac{1}{\pi}\frac{1}{\sqrt{b(1-b)}}\mathrm{d}b\quad 0\leqslant b\leqslant 1 \tag{16-158}$$

此处的 b 是指分配到股票 1 的资金比例。下面针对任意序列 $j^n\in\{1,2\}^n$，考虑投资在该序列的资金总量，

$$b(j^n)=\prod_{i=1}^{n}b_{j_i}=b^l(1-b)^{n-l} \tag{16-159}$$

其中 l 是下标 $j_i=1$ 的数目。于是

641 $$\int b(j^n)\,\mathrm{d}\mu(\mathbf{b})=\int b^l(1-b)^{n-l}\frac{1}{\pi}\frac{1}{\sqrt{b(1-b)}}\mathrm{d}b \tag{16-160}$$

$$=\frac{1}{\pi}\int b^{l-\frac{1}{2}}(1-b)^{n-l-\frac{1}{2}}\mathrm{d}b \tag{16-161}$$

$$\triangleq\frac{1}{\pi}B\left(l+\frac{1}{2},n-l+\frac{1}{2}\right) \tag{16-162}$$

此处的 $B(\lambda_1,\lambda_2)$ 为 β 函数，其定义如下

$$B(\lambda_1,\lambda_2)=\int_0^1 x^{\lambda_1-1}(1-x)^{\lambda_2-1}\mathrm{d}x \tag{16-163}$$

$$=\frac{\Gamma(\lambda_1)\Gamma(\lambda_2)}{\Gamma(\lambda_1+\lambda_2)} \tag{16-164}$$

以及

$$\Gamma(\lambda)=\int_0^\infty x^{\lambda-1}\mathrm{e}^{-x}\mathrm{d}x \tag{16-165}$$

注意，对于任意整数 n，有 $\Gamma(n+1)=n!$ 以及 $\Gamma\left(n+\frac{1}{2}\right)=\frac{1\cdot 3\cdot 5\cdots(2n-1)}{2^n}\sqrt{\pi}$。

利用分部积分递推公式，或者等价地，利用式(16-164)，我们可以计算出 $B\left(l+\frac{1}{2},n-l+\frac{1}{2}\right)$ 如下

$$B\left(l+\frac{1}{2},n-l+\frac{1}{2}\right)=\frac{\pi}{2^{2n}}\frac{\binom{2n}{n}\binom{n}{l}}{\binom{2n}{2l}} \tag{16-166}$$

将这些结果与引理 16.7.2 结合，我们可得

$$\frac{\hat{S}_n(\mathbf{x}^n)}{S_n^*(\mathbf{x}^n)}\geqslant\min_{j^n}\frac{\int_{\mathcal{B}}\prod_{i=1}^n b_{j_i}\,\mathrm{d}\mu(\mathbf{b})}{\prod_{i=1}^n b_{j_i}^*} \tag{16-167}$$

$$\geqslant\min_l\frac{\frac{1}{\pi}B\left(l+\frac{1}{2},n-l+\frac{1}{2}\right)}{2^{-nH(l/n)}} \tag{16-168}$$

$$\geqslant\frac{1}{2\sqrt{n+1}} \tag{16-169}$$

将该结果用到[135]的定理 2 中，则得到定理的证明。 □

由此可以推出对于 $m=2$ 只股票的情形时，对于所有 n 以及所有市场序列 $X_1,X_2,\cdots,X_n$，均有

$$\frac{\hat{S}_n}{S_n^*}\geqslant\frac{1}{\sqrt{2\pi}}V_n \tag{16-170}$$

即，对于一切 n，好的最小最大投资组合的表现与固定基准的最小最大投资组合相比较，至多值一个超额因子 $\sqrt{2\pi}$。V_n 解释为万能投资组合的成本，在下面公式的意义下，这种成本是可以渐近忽略掉的。 642

$$\frac{1}{n}\ln\hat{S}_n(\mathbf{x}^n)-\frac{1}{n}\ln S_n^*(\mathbf{x}^n)\geqslant\frac{1}{n}\ln\frac{V_n}{\sqrt{2\pi}}\to 0 \tag{16-171}$$

因此，该万能因果投资组合与最佳事后诸葛亮式投资组合具有相同的渐近增长率。

让我们来考虑该投资组合算法如何针对两只真实的股票进行操作。我们选取道琼斯指数的两只指标股：Hewlett-Packard 与 Altria (原名 Phillip Morris)。观察周期为 14 年(截至 2004 年)。在这 14 年中，HP 上涨了 11.8 倍，而 Altria 上涨了 11.5 倍。关于这两只股票的不同的恒定持仓

比例投资组合的相对收益如图 16-2 所示。而最佳恒定持仓比例投资组合(这只能事后才能计算出来)的增长因子为 18.7，这是按 HP 占 51%与 Altria 占 49% 的比例组合而得。本节所描述的万能投资组合在没有任何先验知识的情况下，所达到的增长因子依然高达 15.7。

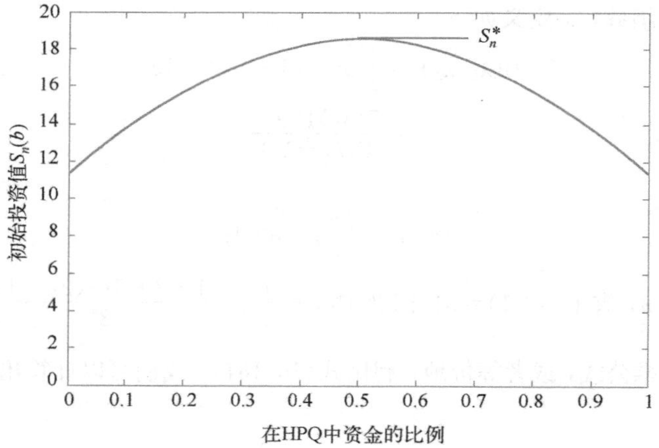

643 图 16-2 关于 HP 与 Altria 的不同恒定持仓比例投资组合的表现

16.8 Shannon-McMillan-Breiman 定理(广义渐近均分性质)

遍历过程的渐近均分性质(AEP)已经以 Shannon-McMillan-Breiman 定理而著名。在第 3 章中，我们曾经证明了独立同分布信源的 AEP，本节我们给出更为一般的遍历信源定理的证明。利用两个遍历序列三明治，将$\frac{1}{n}\log p(X^n)$ 夹在中间证明它的收敛性。

从某种意义上讲，遍历过程是使得强大数定律成立的最为一般的相关过程了。对于有限字母表过程，遍历性等价于所有 k一阶经验分布收敛于他们的边际分布。

严格的定义需要涉及概率论中的一些概念。具体讲，一个遍历的信源必须定义在一个概率空间$(\Omega,\mathcal{B},P)$上，其中$\mathcal{B}$是 Ω 的一些子集组成的 σ 代数，而 P 是概率测度。一个随机变量 X 定义在概率空间 Ω 上的函数 $X(\omega),\omega\in\Omega$。我们还可以定义概率空间自身之间的变换 $T:\Omega\to\Omega$，它的作用可看成是时间推移。如果对于任意 $A\in\mathcal{B}$，均有 $P(TA)=P(A)$，那么称变换 T 是*平稳的*。如果任何一个满足条件 $TA=A$ (几乎处处)的集合 A 只能是 $P(A)=0$ 或者 $P(A)=1$，则称该变换 T 是*遍历的*。如果 T 既是平稳的又是遍历的，则称以 $X_n(\omega)=X(T^n\omega)$ 的方式定义的过程为平稳遍历过程。对于平稳遍历信源，伯克霍夫(Birkhoff)遍历定理指出

$$\frac{1}{n}\sum_{i=1}^{n}X_i(\omega)\to EX=\int X\mathrm{d}P\quad \text{依概率 1 成立} \tag{16-172}$$

于是，大数定律对于遍历过程依然成立。

我们希望利用遍历定理导出如下结果

$$-\frac{1}{n}\log p(X_0,X_1,\cdots,X_{n-1})=-\frac{1}{n}\sum_{i=0}^{n-1}\log p(X_i\mid X_0^{i-1})$$
$$\to\lim_{n\to\infty}E[-\log p(X_n\mid X_0^{n-1})] \tag{16-173}$$

但要注意的是，随机序列 $p(X_i\mid X_0^{i-1})$不是遍历的，而与之紧密相关的量 $p(X_i\mid X_{i-k}^{i-1})$和 $p(X_i\mid$

$X_{-\infty}^{i-1}$)是遍历的，且很容易发现它们的期望与熵率等同。由此，我们打算将 $p(X_i|X_0^{i-1})$夹入这两个更容易处理的过程之间。 644

我们定义 k 阶熵 H^k 为

$$H^k=E\{-\log p(X_k|X_{k-1},X_{k-2},\cdots,X_0)\} \tag{16-174}$$

$$=E\{-\log p(X_0|X_{-1},X_{-2},\cdots,X_{-k})\} \tag{16-175}$$

其中最后一个方程是由平稳性推出的。回忆一下熵率的定义

$$H=\lim_{k\to\infty}H^k \tag{16-176}$$

$$=\lim_{k\to\infty}\frac{1}{n}\sum_{k=0}^{n-1}H^k \tag{16-177}$$

显然，由平稳性以及加入条件使熵减小的事实可知 $H^k\searrow H$。而 $H^k\searrow H=H^\infty$ 对于最终获得定理证明是至关重要的，其中

$$H^\infty=E\{-\log p(X_0|X_{-1},X_{-2},\cdots)\} \tag{16-178}$$

等式 $H=H^\infty$ 的证明涉及期望与极限次序的交换性。

Shannon-McMillan-Breiman 的证明过程的主要思路可以追溯到按(条件)比例博弈的思路。一个股民如果已知道过去的 k 个时刻的信息，那么他的资金增长率将是 $\log|\mathcal{X}|-H^k$，而如果他知道所有过去信息的话，那么他的资金增长率将是 $\log|\mathcal{X}|-H^\infty$。我们虽然不清楚当股民知道过去的 X_0^n 的信息时资金增长率将如何变化，但它必然夹在 $\log|\mathcal{X}|-H^k$ 与 $\log|\mathcal{X}|-H^\infty$ 之间。由于 $H^k\searrow H=H^\infty$，于是三明治两边重合，从而可知增长率为 $\log|\mathcal{X}|-H$。

我们接下来将通过几个引理来导出定理的证明过程。

定理 16.8.1(AEP：Shannon-McMillan-Breiman 定理) 如果 H 是有限值平稳遍历过程$\{X_n\}$的熵率，那么

$$-\frac{1}{n}\log p(X_0,\cdots,X_{n-1})\to H \quad 依概率 1 成立 \tag{16-179}$$

证明：我们仅对$\mathcal{X}$为有限字母表的情形进行证明。该证明过程以及针对可数字母表且密度已知的情形的证明过程可见 Algoet 与 Cover[20]。如果我们能够说明对任意的 $k\geqslant 0$，随机变量序列$-\frac{1}{n}\log p(X_0^{n-1})$渐近地处于上界 H^k 与下界 H^∞ 之间，则由 $H^k\to H^\infty$ 以及 $H^\infty=H$ 便可得到 AEP。对于所有 $n\geqslant k$，关于概率的 k 阶马尔可夫逼近定义为

$$p^k(X_0^{n-1})=p(X_0^{k-1})\prod_{i=k}^{n-1}p(X_i|X_{i-k}^{i-1}) \tag{16-180}$$ 645

由引理 16.8.3，可得

$$\limsup_{n\to\infty}\frac{1}{n}\log\frac{p^k(X_0^{n-1})}{p(X_0^{n-1})}\leqslant 0 \tag{16-181}$$

考虑到极限 $\lim\frac{1}{n}\log p^k(X_0^n)$的存在性(见引理 16.8.1)，我们可将式(16-181)改写为

$$\limsup_{n\to\infty}\frac{1}{n}\log\frac{1}{p(X_0^{n-1})}\leqslant\lim_{n\to\infty}\frac{1}{n}\log\frac{1}{p^k(X_0^{n-1})}=H^k \tag{16-182}$$

对所有 $k=1,2,\cdots$成立。同理，由引理 16.8.3，我们还可以得到

$$\limsup_{n\to\infty}\frac{1}{n}\log\frac{p(X_0^{n-1})}{p(X_0^{n-1}|X_{-\infty}^{-1})}\leqslant 0 \tag{16-183}$$

同利用引理 16.8.1 中 H^∞ 的定义，上式可以改写为

$$\liminf \frac{1}{n} \log \frac{1}{p(X_0^{n-1})} \geqslant \lim \frac{1}{n} \log \frac{1}{p(X_0^{n-1} \mid X_{-\infty}^{-1})} = H^\infty \tag{16-184}$$

将式(16-182)与式(16-184)联合，我们可得

$$H^\infty \leqslant \liminf -\frac{1}{n} \log p(X_0^{n-1}) \leqslant \limsup -\frac{1}{n} \log p(X_0^{n-1})$$

$$\leqslant H^k \quad \text{对任意的 } k \text{ 均成立} \tag{16-185}$$

再由引理 16.8.2，可知 $H^k \to H^\infty = H$，从而得到

$$\lim -\frac{1}{n} \log p(X_0^n) = H \tag{16-186}$$ □

接下来我们补证所有在定理的证明过程中用到的引理。第一个引理要用到遍历定理。

引理 16.8.1（马尔可夫逼近） 对平稳遍历的随机过程 $\{X_n\}$，我们有

$$-\frac{1}{n} \log p^k(X_0^{n-1}) \to H^k \quad \text{依概率 } 1 \tag{16-187}$$

646 $$-\frac{1}{n} \log p(X_0^{n-1} \mid X_{-\infty}^{-1}) \to H^\infty \quad \text{依概率 } 1 \tag{16-188}$$

证明：由于遍历过程 $\{X_n\}$ 的函数 $Y_n = f(X_{-\infty}^n)$ 仍然是遍历的过程。于是，$p(X_n \mid X_{n-k}^{n-1})$ 以及 $\log p(X_n \mid X_{n-1}, X_{n-2}, \cdots)$ 也是遍历过程，且由遍历定理可知

$$-\frac{1}{n} \log p^k(X_0^{n-1}) = -\frac{1}{n} \log p(X_0^{k-1}) - \frac{1}{n} \sum_{i=k}^{n-1} \log p(X_i \mid X_{i-k}^{i-1}) \tag{16-189}$$

$$\to 0 + H^k \quad \text{依概率 } 1 \text{ 成立} \tag{16-190}$$

类似地，由遍历定理也可以得到

$$-\frac{1}{n} \log p(X_0^{n-1} \mid X_{-1}, X_{-2}, \cdots) = -\frac{1}{n} \sum_{i=0}^{n-1} \log p(X_i \mid X_{i-1}, X_{i-2}, \cdots) \tag{16-191}$$

$$\to H^\infty \quad \text{依概率 } 1 \text{ 成立} \tag{16-192}$$ □

引理 16.8.2（无缝隙） $H^k \searrow H^\infty$ 且 $H^\infty = H$。

证明：对于平稳过程我们知道 $H^k \searrow H$，所以只需证明 $H^k \searrow H^\infty$，就可得到 $H^\infty = H$。由关于条件概率的 Levy 鞅收敛定理可知，对于任意的 $x_0 \in \mathcal{X}$，有

$$p(x_0 \mid X_{-k}^{-1}) \to p(x_0 \mid X_{-\infty}^{-1}) \quad \text{依概率 } 1 \text{ 成立} \tag{16-193}$$

由于 $\mathcal{X}$ 为有限集合且 $p\log p$ 关于 $p(0 \leqslant p \leqslant 1)$ 为有界连续函数，则由有界控制收敛定理，可以将极限符号与期望运算交换次序，从而得到

$$\lim_{k \to \infty} H^k = \lim_{k \to \infty} E\left\{-\sum_{x_0 \in \mathcal{X}} p(x_0 \mid X_{-k}^{-1}) \log p(x_0 \mid X_{-k}^{-1})\right\} \tag{16-194}$$

$$= E\left\{-\sum_{x_0 \in \mathcal{X}} p(x_0 \mid X_{-\infty}^{-1}) \log p(x_0 \mid X_{-\infty}^{-1})\right\} \tag{16-195}$$

$$= H^\infty \tag{16-196}$$

647 于是，$H^k \searrow H = H^\infty$。 □

引理 16.8.3（三明治）

$$\limsup_{n \to \infty} \frac{1}{n} \log \frac{p^k(X_0^{n-1})}{p(X_0^{n-1})} \leqslant 0 \tag{16-197}$$

$$\limsup \frac{1}{n} \log \frac{p(X_0^{n-1})}{p(X_0^{n-1} \mid X_{-\infty}^{-1})} \leqslant 0 \tag{16-198}$$

证明：令 A 为 $p(X_0^{n-1})$ 的支撑集，则

$$E\left\{\frac{p^k(X_0^{n-1})}{p(X_0^{n-1})}\right\}=\sum_{x_0^{n-1}\in A}p(x_0^{n-1})\frac{p^k(x_0^{n-1})}{p(x_0^{n-1})} \tag{16-199}$$

$$=\sum_{x_0^{n-1}\in A}p^k(x_0^{n-1}) \tag{16-200}$$

$$=p^k(A) \tag{16-201}$$

$$\leqslant 1 \tag{16-202}$$

类似地，令 $B(X_{-\infty}^{-1})$为 $p(\cdot\mid X_{-\infty}^{-1})$的支撑集，则有

$$E\left\{\frac{p(X_0^{n-1})}{p(X_0^{n-1}\mid X_{-\infty}^{-1})}\right\}=E\left[E\left\{\frac{p(X_0^{n-1})}{p(X_0^{n-1}\mid X_{-\infty}^{-1})}\middle| X_{-\infty}^{-1}\right\}\right] \tag{16-203}$$

$$=E\left[\sum_{x^n\in B(X_{-\infty}^{-1})}\frac{p(x^n)}{p(x^n\mid X_{-\infty}^{-1})}p(x^n\mid X_{-\infty}^{-1})\right] \tag{16-204}$$

$$=E\left[\sum_{x^n\in B(X_{-\infty}^{-1})}p(x^n)\right] \tag{16-205}$$

$$\leqslant 1 \tag{16-206}$$

再由马尔可夫不等式以及式(16-202)，我们有

$$\Pr\left\{\frac{p^k(X_0^{n-1})}{p(X_0^{n-1})}\geqslant t_n\right\}\leqslant\frac{1}{t_n} \tag{16-207}$$ 648

或者

$$\Pr\left\{\frac{1}{n}\log\frac{p^k(X_0^{n-1})}{p(X_0^{n-1})}\geqslant\frac{1}{n}\log t_n\right\}\leqslant\frac{1}{t_n} \tag{16-208}$$

取 $t_n=n^2$ 并且注意到 $\sum_{n=1}^{\infty}\frac{1}{n^2}<\infty$，由 Borel-Cantelli 引理，可知事件

$$\left\{\frac{1}{n}\log\frac{p^k(X_0^{n-1})}{p(X_0^{n-1})}\geqslant\frac{1}{n}\log t_n\right\} \tag{16-209}$$

以概率 1 仅发生有限多个。于是，

$$\limsup\frac{1}{n}\log\frac{p^k(X_0^{n-1})}{p(X_0^{n-1})}\leqslant 0\quad\text{依概率 1 成立} \tag{16-210}$$

利用马尔可夫不等式，将相同的讨论应用于式(16-206)，我们可得

$$\limsup\frac{1}{n}\log\frac{p(X_0^{n-1})}{p(X_0^{n-1}\mid X_{-\infty}^{-1})}\leqslant 0\quad\text{依概率 1 成立} \tag{16-211}$$

引理得证。 □

证明过程中的论证方法可以推广到股票市场的 AEP 的证明中去(定理 16.5.3)。

要点

增长率 股票市场中的投资组合 $\mathbf{b}$ 关于分布 $F(\mathbf{x})$的增长率定义为

$$W(\mathbf{b},F)=\int\log\mathbf{b}^t\mathbf{x}\,\mathrm{d}F(\mathbf{x})=E(\log\mathbf{b}^t\mathbf{x}) \tag{16-212}$$

对数最优投资组合 关于分布 $F(\mathbf{x})$的最优增长率为

$$W*(F)=\max_{\mathbf{b}}W(\mathbf{b},F) \tag{16-213}$$ 649

使得 $W(\mathbf{b},F)$达到最大值的投资组合 $\mathbf{b}^*$ 称为对数最优投资组合。

凹性 $W(\mathbf{b},F)$关于 $\mathbf{b}$ 是凹函数而关于 F 是线性的，但 $W^*(F)$关于 F 是凸函数。

最优化条件 投资组合 $\mathbf{b}^*$ 是对数最优化的当且仅当

$$E\left(\frac{X_i}{\mathbf{b}^{*t}\mathbf{X}}\right)=1 \quad 如果 b_i^*>0$$

$$\leqslant 1 \quad 如果 b_i^*=0 \tag{16-214}$$

期望比值最优性 如果 $S_n^*=\prod_{i=1}^n \mathbf{b}^{*t}\mathbf{X}_i, S_n=\prod_{i=1}^n \mathbf{b}_i^t\mathbf{X}_i$，则有

$$E\frac{S_n}{S_n^*}\leqslant 1 \quad 当且仅当 \quad E\ln\frac{S_n}{S_n^*}\leqslant 0 \tag{16-215}$$

增长率(AEP)

$$\frac{1}{n}\log S_n^* \to W^*(F) \quad 依概率 1 成立 \tag{16-216}$$

渐近最优性

$$\limsup_{n\to\infty}\frac{1}{n}\log\frac{S_n}{S_n^*}\leqslant 0 \quad 依概率 1 成立 \tag{16-217}$$

错误信息 当 f 是真实分布但相信 g 为真时，所导致的损失为

$$\Delta W=W(\mathbf{b}_f^*,F)-W(\mathbf{b}_g^*,F)\leqslant D(f\,\|\,g) \tag{16-218}$$

边信息 Y

$$\Delta W\leqslant I(\mathbf{X};Y) \tag{16-219}$$

链式法则

$$W^*(\mathbf{X}_i\,|\,\mathbf{X}_1,\mathbf{X}_2,\cdots,\mathbf{X}_{i-1})=\max_{\mathbf{b}_i(\mathbf{x}_1,\mathbf{x}_2,\cdots,\mathbf{x}_{i-1})} E\log \mathbf{b}_i^t\mathbf{X}_i \tag{16-220}$$

650

$$W^*(\mathbf{X}_1,\mathbf{X}_2,\cdots,\mathbf{X}_n)=\sum_{i=1}^n W^*(\mathbf{X}_i\,|\,\mathbf{X}_1,\mathbf{X}_2,\cdots,\mathbf{X}_{i-1}) \tag{16-221}$$

平稳市场的增长率

$$W_\infty^*=\lim\frac{W^*(\mathbf{X}_1,\mathbf{X}_2,\cdots,\mathbf{X}_n)}{n} \tag{16-222}$$

$$\frac{1}{n}\log S_n^*\to W_\infty^* \tag{16-223}$$

对数最优投资组合的竞争最优性

$$\Pr(VS\geqslant U^*S^*)\leqslant\frac{1}{2} \tag{16-224}$$

万能投资组合

$$\max_{\hat{\mathbf{b}}_i(\cdot)}\min_{\mathbf{x}^n,\mathbf{b}}\frac{\prod_{i=1}^n \hat{\mathbf{b}}_i^t(\mathbf{x}^{i-1})\mathbf{x}_i}{\prod_{i=1}^n \mathbf{b}^t\mathbf{x}_i}=V_n \tag{16-225}$$

其中

$$V_n=\left[\sum_{n_1+\cdots+n_m=n}\binom{n}{n_1,n_2,\cdots,n_m}2^{-nH(n_1/n,\cdots,n_m/n)}\right]^{-1} \tag{16-226}$$

对于 $m=2$，

$$V_n\sim\sqrt{2/\pi n} \tag{16-227}$$

因果万能投资组合为

$$\hat{\mathbf{b}}_{i+1}(\mathbf{X}^i)=\frac{\int \mathbf{b}S_i(\mathbf{b},\mathbf{x}^i)\mathrm{d}\mu(\mathbf{b})}{\int S_i(\mathbf{b},\mathbf{x}^i)\mathrm{d}\mu(\mathbf{b})} \tag{16-228}$$

对于所有 n 与 $\mathbf{x}^n$，可达到

$$\frac{\hat{S}_n(\mathbf{x}^n)}{S_n^*(\mathbf{x}^n)}\geqslant\frac{1}{2\sqrt{n+1}} \tag{16-229}$$

AEP 若$\{X_i\}$是平稳遍历过程，则

$$-\frac{1}{n}\log p(X_1,X_2,\cdots,X_n)\to H(\mathcal{X})\quad 依概率 1 成立 \tag{16-230}$$ 651

习题

16.1 增长率。设

$$\mathbf{X}=\begin{cases}(1,a), & 概率为 1/2\\(1,1/a), & 概率为 1/2\end{cases}$$

其中 $a>1$。该向量代表的是只有现金与一只股票组成的简化证券市场向量。令

$$W(\mathbf{b},F)=E\log\mathbf{b}^t\mathbf{X}$$

以及

$$W^*=\max_{\mathbf{b}}W(\mathbf{b},F)$$

是增长率。

(a) 求出对数最优投资组合 $\mathbf{b}^*$。

(b) 求出增长率 W^*。

(c) 求 $S_n=\prod_{i=1}^{n}\mathbf{b}^t\mathbf{X}_i$ 关于所有 $\mathbf{b}$ 的渐近行为。

16.2 边信息。在习题 16.1 中，假设

$$\mathbf{Y}=\begin{cases}1, & 当(X_1,X_2)\geqslant(1,1)\\0, & 当(X_1,X_2)\leqslant(1,1)\end{cases}$$

假定投资组合 $\mathbf{b}$ 依赖于 $\mathbf{Y}$，求出新的增长率 W^{**}，并验证 $\Delta W=W^{**}-W^*$ 满足

$$\Delta W\leqslant I(X;Y)$$

16.3 股票市场。考虑特殊的股票市场向量

$$\mathbf{X}=(X_1,X_2)$$ 652

假定 $X_1=2$ 的概率为 1。于是，投资在第一只股票上收盘时就会翻倍。

(a) 找出关于股票 X_2 的分布使得关于该分布的最优投资组合 $\mathbf{b}^*$ 恰为将所有资金投入到股票 X_2 的投资决策 $\mathbf{b}^*=(0,1)$的充要条件。

(b) 对于 X_2 的任意分布，讨论增长率满足 $W^*\geqslant1$。

16.4 包括专家与共同基金。令 $\mathbf{X}\sim F(\mathbf{x})$，$\mathbf{x}\in\mathcal{R}_+^m$ 是一个股票市场的相对价格向量。假设一个“专家”建议投资组合 $\mathbf{b}$。这将产生相对收益 $\mathbf{b}^t\mathbf{X}$。我们把它加到股票向量中形成 $\widetilde{\mathbf{X}}=(X_1,X_2,\cdots,X_m,\mathbf{b}^t\mathbf{X})$。证明新增长率，

$$\widetilde{W}^*=\max_{b_1,\cdots,b_m,b_{m+1}}\int\ln(\mathbf{b}^t\widetilde{\mathbf{x}})\mathrm{d}F(\widetilde{\mathbf{x}}) \tag{16-231}$$

等于旧的增长率，

$$W^* = \max_{b_1,\cdots,b_m}\int \ln(\mathbf{b}^t\mathbf{x})\mathrm{d}F(\mathbf{x}) \tag{16-232}$$

16.5 对称分布的增长率。考虑股票向量 $\mathbf{X}\sim F(\mathbf{x}),\mathbf{X}\in\mathcal{R}_+^m,\mathbf{X}\geqslant 0$，其中，股票分量是可交换的。于是，对所有的置换 σ，有 $F(x_1,x_2,\cdots,x_m)=F(x_{\sigma(1)},x_{\sigma(2)},\cdots,x_{\sigma(m)})$。

(a) 找出使增长率最优化的投资组合 $\mathbf{b}^*$ 并确立其最优性。现假设 $\mathbf{X}$ 已经规范化，使得 $\frac{1}{m}\sum_{i=1}^{m}X_i=1$，且如前所述，$F$ 是对称的。

(b) 假设 $\mathbf{X}$ 是标准化的，证明所有的对称分布 F 关于 $\mathbf{b}^*$ 有相同的增长率。

(c) 找出这个增长率。

16.6 凸性。我们对产生相同投资组合的股票市场密度的集合有兴趣。$P_{\mathbf{b}_0}$ 是 $\mathcal{R}_+^m$ 上所有概率密度集合中 $\mathbf{b}_0$ 最优的。于是，$P_{\mathbf{b}_0}=\{p(x):\int\ln(\mathbf{b}^tx)p(x)\mathrm{d}x\}$ 当 $\mathbf{b}=\mathbf{b}_0$ 时取得最大值。证明 $P_{\mathbf{b}_0}$ 是一个凸集。使用定理 16.2.2 会有帮助。

16.7 卖空。令

$$X=\begin{cases}(1,2) & p\\ \left(1,\frac{1}{2}\right) & 1-p\end{cases}$$

653 再令 $B=\{(b_1,b_2):b_1+b_2=1\}$。于是，投资组合集合 B 不包括约束 $b_i\geqslant 0$（这就是允许卖空）。

(a) 求出对数最优投资组合 $\mathbf{b}^*(p)$。

(b) 导出增长率 $W^*(p)$ 与熵率 $H(p)$ 的关联性。

16.8 规范化 $\mathbf{x}$。假如将对数最优投资组合 $\mathbf{b}^*$ 定义为使得相对增长率

$$\int\ln\frac{\mathbf{b}^t\mathbf{x}}{\frac{1}{m}\sum_{i=1}^{m}x_i}\mathrm{d}F(x_1,\cdots,x_m)$$

达到最大值的投资组合 $\mathbf{b}^*$。那么规范化 $\frac{1}{m}\sum X_i$ 的优点是使相对增长率有限，即使在增长率 $\int\ln b^tx\mathrm{d}F(x)$ 无界的情形也是如此，其可以视为按照均匀投资组合的相对收益。例如，当 X 服从 Petersburg 型分布时便是这样。于是，对数最优投资组合 $\mathbf{b}^*$ 是针对所有分布 F，即使它们出现了增长率 $W^*(F)$ 无穷的情况。

(a) 如果 $\mathbf{b}$ 使得 $\int\ln(\mathbf{b}^t\mathbf{X})\mathrm{d}F(x)$ 最大，那么也必然使 $\int\ln\left(\frac{\mathbf{b}^t\mathbf{X}}{u^tX}\right)\mathrm{d}F(x)$ 最大。其中 $u=\left(\frac{1}{m},\frac{1}{m},\cdots,\frac{1}{m}\right)$。

(b) 对于

$$\mathbf{X}=\begin{cases}(2^{2^k+1},2^{2^k}) & 2^{-(k+1)}\\ (2^{2^k},2^{2^k+1}) & 2^{-(k+1)}\end{cases}\quad 其中\ k=1,2,\cdots$$

求出对数最优投资组合 $\mathbf{b}^*$。

(c) 求 EX 以及 W^*

(d) 讨论在 $\Pr\{\mathbf{b}^t\mathbf{X}>c\mathbf{b}^{*t}\mathbf{X}\}\leqslant\frac{1}{c}$ 的意义下，$\mathbf{b}^*$ 是竞争地强于任何其他投资组合 $\mathbf{b}$。

16.9 万能投资组合。对于 $m=2$ 只股票且 $\mu(b)$ 是均匀分布的情形，检验 16.7.2 节中的万能投资组合的推理中的前两步（$n=2$）。令第一和第二个交易日的股票向量分别为 $\mathbf{x}_1=\left(1,\frac{1}{2}\right)$ 和 $\mathbf{x}_2=(1,2)$，又令 $\mathbf{b}=(b,1-b)$ 为一投资组合。

(a) 画出 $S_2(\mathbf{b})=\prod_{i=1}^{2}\mathbf{b}^t\mathbf{x}_i, 0\leqslant b\leqslant 1$ 的图形。

(b) 计算 $S_2^*=\max_{\mathbf{b}}S_2(\mathbf{b})$。

(c) 讨论 $\log S_2(\mathbf{b})$ 是关于 $\mathbf{b}$ 的凹函数。

(d) 计算(万能)相对收益 $\hat{S}_2=\int_0^1 S_2(\mathbf{b})d\mathbf{b}$。

(e) 万能投资组合在次数 $n=1$ 与 $n=2$ 时为： 654

$$\hat{\mathbf{b}}_1=\int_0^1 \mathbf{b}d\mathbf{b}$$

$$\hat{\mathbf{b}}_2(\mathbf{x}_1)=\frac{\int_0^1 \mathbf{b}S_1(\mathbf{b})d\mathbf{b}}{\int_0^1 S_1(\mathbf{b})d\mathbf{b}}$$

计算它们的值。

(f) 如果我们置换两只股票序列出现的次序，即，如果序列变成 $(1,2)$ 和 $\left(1,\frac{1}{2}\right)$，那么 $S_2(\mathbf{b}),S_2^*,\hat{S}_2,\hat{\mathbf{b}}_2$ 中哪些是不变量？

16.10 增长最优。令 $X_1,X_2\geqslant 0$，为两只独立的股票的相对价格。假设 $EX_1>EX_2$，那么你是否认为 X_1 的增长率总是会优于投资组合 $S(\mathbf{b})=bX_1+\bar{b}X_2$？证明或举反例。

16.11 万能性的代价。在有限期的万能投资组合的讨论中，由于万能性的原因导致的折扣因子为

$$\frac{1}{V_n}=\sum_{k=0}^{n}\binom{n}{k}\left(\frac{k}{n}\right)^k\left(\frac{n-k}{n}\right)^{n-k} \tag{16-233}$$

对于 $n=1,2,3$，分别估计 V_n。

16.12 凸的随机变量族。这是推广定理 16.2.2 的问题。我们说一个随机变量族 $\mathcal{S}$ 是凸的，是指对任意 $S_1,S_2\in\mathcal{S}$，以及任意 $0\leqslant\lambda\leqslant 1$，均有 $\lambda S_1+(1-\lambda)S_2\in\mathcal{S}$。令 $\mathcal{S}$ 是一个闭的随机变量的凸族。证明存在一个随机变量 $S^*\in\mathcal{S}$ 使得对于任意 $S\in\mathcal{S}$ 均有

$$E\ln\left(\frac{S}{S^*}\right)\leqslant 0 \tag{16-234}$$

等价于对于任意 $S\in\mathcal{S}$ 均有

$$E\left(\frac{S}{S^*}\right)\leqslant 1 \tag{16-235}$$

历史回顾

介绍利用均值－方差分析法进行股票市场投资的文献相当多，其中 Sharpe 的专著[491] 是一本很好的入门书。对数最优投资组合是 Kelly [308] 和 Latané [346] 引入的，后来 Breiman [75] 对此进行了推广。使用互信息给出增长率的不等式是由 Barron 与 Cover [31] 中的工作。Samuelson 在文献[453，454]中给出了对数最优投资理论的临界。 655

对数最优投资组合的竞争最优性的证明是由 Bell 与 Cover 在文献[39，40]中给出的。

Breiman 在文献[75]中验证了随机市场过程的渐近最优性。

渐近均分性质是香农引入的。但是，股票市场的渐近均分性质以及对数最优投资的渐近最优性是由 Algoet 和 Cover 在文献[21]中给出的。对于渐近均分性质的相对简洁的三明治证明方法也是 Algoet 和 Cover 在文献[20]给出的。对于实值的遍历过程的渐近均分性质的证明是 Barron [34]和 Orey[402]给出的，其方法具有一般性。

万能投资组合的概念是 Cover 在文献[110]中提出的，并且对于万能性的证明也是在该文献中一并给出的。但更精确的证明则是在文献 Cover 与 Ordentlich [135]中。对于固定长度的情形，万能性的代价 V_n 的精确计算在 Ordentlich 与 Cover 的文献[401]中。该量 V_n 也在 Shtarkov
656 的关于数据压缩的著作[496]中出现。

第 17 章

信息论中的不等式

本章总结和整理了出现于全书中的不等式。同时，阐述一些新的不等式，如有关子集的熵率以及熵与$\mathbb{L}_p$范数之间的关系。费希尔信息与熵之间存在着紧密的联系，这集中体现在熵幂不等式和布伦一闵可夫斯基不等式(Brunn-Minkowski inequality)具有一个共同的证明方法。另外，信息论中的不等式与其他数学分支(如矩阵论和概率论中的不等式)具有众多的相似之处。

17.1 信息论中的基本不等式

信息论中的许多基本不等式均是可以由凸性直接得到的。

定义　如果对任意的$0\leqslant\lambda\leqslant 1$，以及$f$的一个凸邻域内的任意$x_1$和$x_2$，满足

$$f(\lambda x_1+(1-\lambda)x_2)\leqslant\lambda f(x_1)+(1-\lambda)f(x_2) \tag{17-1}$$

称函数f是凸的。

定理 17.1.1(定理 2.6.2:Jensen 不等式)　如果f是凸的，则

$$f(EX)\leqslant Ef(X) \tag{17-2}$$ 657

引理 17.1.1　函数$\log x$为凹函数，而$x\log x$是凸函数，其中$0<x<\infty$。

定理 17.1.2(定理 2.7.1:对数求和不等式)　对于正数$a_1,a_2,\cdots,a_n$和$b_1,b_2,\cdots,b_n$，

$$\sum_{i=1}^{n}a_i\log\frac{a_i}{b_i}\geqslant\left(\sum_{i=1}^{n}a_i\right)\log\frac{\sum_{i=1}^{n}a_i}{\sum_{i=1}^{n}b_i} \tag{17-3}$$

其中当且仅当$\frac{a_i}{b_i}=$常数等号成立。

由 2.1 节可知，熵有如下性质。

定义　离散型随机变量X的熵$H(X)$定义为

$$H(X)=-\sum_{x\in\mathcal{X}}p(x)\log p(x) \tag{17-4}$$

定理 17.1.3(引理 2.1.1、定理 2.6.4:熵的界)

$$0\leqslant H(X)\leqslant\log|\mathcal{X}| \tag{17-5}$$

定理 17.1.4(定理 2.6.5:条件作用使熵减小)　对任意两个随机变量X和Y，

$$H(X|Y)\leqslant H(X) \tag{17-6}$$

其中当且仅当X和Y独立等号成立。

定理 17.1.5(定理 2.5.1 及定理 2.6.6:链式法则)

$$H(X_1,X_2,\cdots,X_n)=\sum_{i=1}^{n}H(X_i\mid X_{i-1},\cdots,X_1)\leqslant\sum_{i=1}^{n}H(X_i) \tag{17-7}$$

其中当且仅当$X_1,X_2,\cdots,X_n$相互独立等号成立。

定理 17.1.6(定理 2.7.3)　$H(p)$是关于p的凹函数。

下面我们陈述相对熵和互信息的某些性质(2.3 节)：

定义　两个概率密度函数$p(x)$和$q(x)$之间的相对熵或 Kullback-Leibler 距离定义为

658
$$D(p \parallel q)=\sum_{x\in\mathcal{X}}p(x)\log\frac{p(x)}{q(x)} \tag{17-8}$$

定义　两个随机变量 X 和 Y 间的互信息定义为

$$I(X;Y)=\sum_{x\in\mathcal{X}}\sum_{y\in\mathcal{Y}}p(x,y)\log\frac{p(x,y)}{p(x)p(y)}=D(p(x,y)\parallel p(x)p(y)) \tag{17-9}$$

以下这个基本的信息不等式可用来证明本章中许多其他的不等式。

定理 17.1.7（定理 2.6.3：信息不等式）　对任意的两个概率密度函数 p 和 q，

$$D(p\parallel q)\geqslant 0 \tag{17-10}$$

其中当且仅当对任意的 $x\in\mathcal{X}$，$p(x)=q(x)$ 等号成立。

推论　对任意两个随机变量 X 和 Y，

$$I(X;Y)=D(p(x,y)\parallel p(x)p(y))\geqslant 0 \tag{17-11}$$

其中当且仅当 $p(x,y)=p(x)p(y)$（即 X 与 Y 相互独立）等号成立。

定理 17.1.8（定理 2.7.2：相对熵的凸性）　$D(p\parallel q)$ 关于二元对 (p,q) 是凸函数。

定理 17.1.9（定理 2.4.1）

$$I(X;Y)=H(X)-H(X|Y) \tag{17-12}$$

$$I(X;Y)=H(Y)-H(Y|X) \tag{17-13}$$

$$I(X;Y)=H(X)+H(Y)-H(X,Y) \tag{17-14}$$

$$I(X;X)=H(X) \tag{17-15}$$

定理 17.1.10（4.4 节）　对于一个马尔可夫链：

1. 相对熵 $D(\mu_n\parallel\mu'_n)$ 随时间递减。
2. 一个分布和平稳分布间的相对熵 $D(\mu_n\parallel\mu)$ 随时间递减。
3. 如果平稳分布是均匀分布，那么熵 $H(X_n)$ 递增。

659 4. 对于平稳马尔可夫链，条件熵 $H(X_n|X_1)$ 随时间递增。

定理 17.1.11　设 $X_1,X_2,\cdots,X_n$ 为 i.i.d. $\sim p(x)$，$\hat{p}_n$ 是 $X_1,X_2,\cdots,X_n$ 的经验概率密度函数，则

$$E\,D(\hat{p}_n\parallel p)\leqslant E\,D(\hat{p}_{n-1}\parallel p) \tag{17-16}$$

17.2　微分熵

现在来回顾一下微分熵的一些基本性质（8.1 节）。

定义　微分熵 $h(X_1,X_2,\cdots,X_n)$ 有时记成 $h(f)$，定义为

$$h(X_1,X_2,\cdots,X_n)=-\int f(\mathbf{x})\log f(\mathbf{x})\mathrm{d}\mathbf{x} \tag{17-17}$$

许多常见的密度函数的微分熵安排在表 17-1 中。

定义　概率密度函数 f 和 g 之间的相对熵为

$$D(f\parallel g)=\int f(\mathbf{x})\log(f(\mathbf{x})/g(\mathbf{x}))\mathrm{d}\mathbf{x} \tag{17-18}$$

连续情形下相对熵的性质与离散情形是相同的。但另一方面，微分熵具有某些不同于离散熵的性质。例如，微分熵可能为负值。

下面我们重述的是对于微分熵情形仍然成立的其中几个定理。

定理 17.2.1（定理 8.6.1：条件作用使熵减少）　$h(X|Y)\leqslant h(X)$，其中当且仅当 X 与 Y 相互独立等号成立。

定理 17.2.2（定理 8.6.2：链式法则）

$$h(X_1,X_2,\cdots,X_n)=\sum_{i=1}^{n}h(X_i\mid X_{i-1},X_{i-2},\cdots,X_1)\leqslant\sum_{i=1}^{n}h(X_i) \tag{17-19}$$

其中当且仅当 $X_1, X_2, \cdots, X_n$ 相互独立等号成立。

引理 17.2.1 如果 X 和 Y 相互独立，则 $h(X+Y) \geqslant h(X)$。

证明：$h(X+Y) \geqslant h(X+Y|Y) = h(X|Y) = h(X)$。 □ 660

表 17-1 微分熵表

分布		熵值(奈特)
名称	密度函数	
β分布	$f(x)=\frac{x^{p-1}(1-x)^{q-1}}{B(p,q)}$，$0\leqslant x\leqslant 1, p,q>0$	$\ln B(p,q)-(p-1)\times[\psi(p)-\psi(p+q)]$ $-(q-1)[\psi(q)-\psi(p+q)]$
柯西分布	$f(x)=\frac{\lambda}{\pi}\frac{1}{\lambda^2+x^2}$，$-\infty<x<\infty, \lambda>0$	$\ln(4\pi\lambda)$
χ 分布	$f(x)=\frac{2}{2^{n/2}\sigma^n\Gamma(n/2)}x^{n-1}\mathrm{e}^{-\frac{x^2}{2\sigma^2}}$，$x>0, n>0$	$\ln\frac{\sigma\Gamma(n/2)}{\sqrt{2}}-\frac{n-1}{2}\psi\left(\frac{n}{2}\right)+\frac{n}{2}$
χ^2 分布	$f(x)=\frac{1}{2^{n/2}\sigma^n\Gamma(n/2)}x^{\frac{n}{2}-1}\mathrm{e}^{-\frac{x}{2\sigma^2}}$，$x>0, n>0$	$\ln 2\sigma^2\Gamma\left(\frac{n}{2}\right)-\left(1-\frac{n}{2}\right)\psi\left(\frac{n}{2}\right)+\frac{n}{2}$
埃尔朗(Erlang)分布	$f(x)=\frac{\beta^n}{(n-1)!}x^{n-1}\mathrm{e}^{-\beta x}$，$x,\beta>0, n>0$	$(1-n)\psi(n)+\ln\frac{\Gamma(n)}{\beta}+n$
指数分布	$f(x)=\frac{1}{\lambda}\mathrm{e}^{-\frac{x}{\lambda}}\ x,\lambda>0$	$1+\ln\lambda$
F 分布	$f(x)=\frac{n_1^{\frac{n_1}{2}}n_2^{\frac{n_2}{2}}}{B(\frac{n_1}{2},\frac{n_2}{2})}\times\frac{x^{(\frac{n_1}{2})-1}}{(n_2+n_1x)^{\frac{n_1+n_2}{2}}}$，$x>0, n_1, n_2>0$	$\ln\frac{n_1}{n_2}B\left(\frac{n_1}{2},\frac{n_2}{2}\right)+\left(1-\frac{n_1}{2}\right)\psi\left(\frac{n_1}{2}\right)$ $-\left(1-\frac{n_2}{2}\right)\psi\left(\frac{n_2}{2}\right)+\frac{n_1+n_2}{2}\psi\left(\frac{n_1+n_2}{2}\right)$
Γ 分布	$f(x)=\frac{x^{\alpha-1}\mathrm{e}^{-\frac{x}{\beta}}}{\beta^\alpha\Gamma(\alpha)}\ x,\alpha,\beta>0$	$\ln(\beta\Gamma(\alpha))+(1-\alpha)\psi(\alpha)+\alpha$
拉普拉斯分布	$f(x)=\frac{1}{2\lambda}\mathrm{e}^{-\frac{\lvert x-\theta\rvert}{\lambda}}$，$-\infty<x,\theta<\infty, \lambda>0$	$1+\ln 2\lambda$
逻辑斯谛(Logistic)分布	$f(x)=\frac{\mathrm{e}^{-x}}{(1+\mathrm{e}^{-x})^2}$，$-\infty<x<\infty$	2
对数正态分布	$f(x)=\frac{1}{\sigma x\sqrt{2\pi}}\mathrm{e}^{-\frac{\ln(x-m)^2}{2\sigma^2}}$，$x>0, -\infty<m<\infty, \sigma>0$	$m+\frac{1}{2}\ln(2\pi\mathrm{e}\sigma^2)$
麦克斯韦-玻尔兹曼分布	$f(x)=4\pi^{-\frac{1}{2}}\beta^{\frac{3}{2}}x^2\mathrm{e}^{-\beta x^2}$，$x,\beta>0$	$\frac{1}{2}\ln\frac{\pi}{\beta}+\gamma-\frac{1}{2}$
正态分布	$f(x)=\frac{1}{\sqrt{2\pi\sigma^2}}\mathrm{e}^{-\frac{(x-\mu)^2}{2\sigma^2}}$，$-\infty<x,\mu<\infty, \sigma>0$	$\frac{1}{2}\ln(2\pi\mathrm{e}\sigma^2)$
广义正态分布	$f(x)=\frac{2\beta^{\frac{\alpha}{2}}}{\Gamma(\frac{\alpha}{2})}x^{\alpha-1}\mathrm{e}^{-\beta x^2}$，$x,\alpha,\beta>0$	$\ln\frac{\Gamma(\frac{\alpha}{2})}{2\beta^{\frac{1}{2}}}-\frac{\alpha-1}{2}\psi\left(\frac{\alpha}{2}\right)+\frac{\alpha}{2}$
帕雷托(Pareto)分布	$f(x)=\frac{ak^a}{x^{a+1}}\ x\geqslant k>0, a>0$	$\ln\frac{k}{a}+1+\frac{1}{a}$

661

（续）

分布		熵值(奈特)
名 称	密度函数	
瑞利(Rayleigh)分布	$f(x)=\frac{x}{b^2}e^{-\frac{x^2}{2b^2}}$，$x,b>0$	$1+\ln\frac{\beta}{\sqrt{2}}+\frac{\gamma}{2}$
学生 t 分布	$f(x)=\frac{(1+x^2/n)^{-(n+1)/2}}{\sqrt{n}B\left(\frac{1}{2},\frac{n}{2}\right)}$，$-\infty<x<\infty,n>0$	$\frac{n+1}{2}\psi\left(\frac{n+1}{2}\right)-\psi\left(\frac{n}{2}\right)+\ln\sqrt{n}B\left(\frac{1}{2},\frac{n}{2}\right)$
三角分布	$f(x)=\begin{cases}\frac{2x}{a} & 0\leqslant x\leqslant a\\ \frac{2(1-x)}{1-a}, & a\leqslant x\leqslant 1\end{cases}$	$\frac{1}{2}-\ln 2$
均匀分布	$f(x)=\frac{1}{\beta-\alpha}\ \alpha\leqslant x\leqslant\beta$	$\ln(\beta-\alpha)$
韦布尔(Weibull)分布	$f(x)=\frac{c}{\alpha}x^{c-1}e^{-\frac{x^c}{\alpha}}$，$x,c,\alpha>0$	$\frac{(c-1)\gamma}{c}+\ln\frac{\alpha^{\frac{1}{c}}}{c}+1$

662 注：表中所列的熵的单位均为奈特；其中 $\Gamma(z)=\int_0^\infty e^{-t}t^{z-1}dt$；$\psi(z)=\frac{d}{dz}\ln\Gamma(z)$；$\gamma$ 为欧拉常数 $=0.577\ 215\ 66\cdots$

定理 17.2.3（定理 8.6.5） 设随机向量 $\mathbf{X}\in\mathbf{R}^n$ 均值为零，协方差阵为 $K=E\mathbf{XX}^t$，即 $K_{ij}=EX_iX_j,1\leqslant i,j\leqslant n$。则

$$h(\mathbf{X})\leqslant\frac{1}{2}\log(2\pi e)^n|K| \tag{17-20}$$

其中当且仅当 $\mathbf{X}\sim\mathcal{N}(0,K)$ 等号成立。

17.3 熵与相对熵的界

在本节中，我们将重温有关熵函数的一些界。其中最有用的是费诺不等式，因为当编码速率大于信道容量时，由此不等式，可以估计出一个通信信道的最佳译码器的误差概率将远远偏离零。

定理 17.3.1（定理 2.10.1：费诺不等式） 给定两个随机变量 X 和 Y，令 $\hat{X}=g(Y)$ 为在已知信息 Y 的条件下 X 的估计。又令 $P_e=\Pr(X\neq\hat{X})$ 为误差概率，那么

$$H(P_e)+P_e\log|\mathcal{X}|\geqslant H(X|\hat{X})\geqslant H(X|Y) \tag{17-21}$$

从而，如果 $H(X|Y)>0$，则 $P_e>0$。

下面的引理给出了一个类似的结果。

引理 17.3.1（引理 2.10.1） 如果 X 与 X' 是独立同分布的，且熵为 $H(X)$

$$\Pr(X=X')\geqslant 2^{-H(X)} \tag{17-22}$$

当且仅当 X 是均匀分布等号成立。

对于连续型，类似的费诺不等式则是以估计子的均方误差为上界。

定理 17.3.2（定理 8.6.6） 令 X 为随机变量，其微分熵为 $h(X)$。再令 $\hat{X}$ 为 X 的估计且 $E(X-\hat{X})^2$ 误差期望值，那么

$$E(X-\hat{X})^2\geqslant\frac{1}{2\pi e}e^{2h(X)} \tag{17-23}$$

当边信息 Y 以及估计 $\hat{X}(Y)$ 给定时，

663

$$E(X-\hat{X}(Y))^2\geqslant\frac{1}{2\pi e}e^{2h(X|Y)} \tag{17-24}$$

定理 17.3.3（熵的$\mathcal{L}_1$界） 设 p 和 q 均是$\mathcal{X}$上的概率密度函数，且满足

$$\| p-q \|_1 = \sum_{x\in\mathcal{X}} | p(x)-q(x) | \leqslant \frac{1}{2} \tag{17-25}$$

则

$$|H(p)-H(q)| \leqslant -\| p-q \|_1 \log \frac{\| p-q \|_1}{|\mathcal{X}|} \tag{17-26}$$

证明： 考虑如图 17-1 所示的函数 $f(t)=-t\log t$。通过微分可以验证 $f(\cdot)$为凹函数。且 $f(0)=f(1)=0$。因此，函数在 0 与 1 之间为正值。考虑函数从 t 到 $t+v$ 的弦$\left(\text{其中 } v\leqslant\frac{1}{2}\right)$。在端点(即当 $t=0$ 或 $1-v$ 时)处，弦的斜率的绝对值达到最大值。因此，对于 $0\leqslant t\leqslant 1-v$，我们有 664

$$|f(t)-f(t+v)| \leqslant \max\{f(v), f(1-v)\} = -v\log v \tag{17-27}$$

令 $r(x)=|p(x)-q(x)|$，则有

$$|H(p)-H(q)| = \left| \sum_{x\in\mathcal{X}} (-p(x)\log p(x)+q(x)\log q(x)) \right| \tag{17-28}$$

$$\leqslant \sum_{x\in\mathcal{X}} | (-p(x)\log p(x)+q(x)\log q(x)) | \tag{17-29}$$

$$\leqslant \sum_{x\in\mathcal{X}} -r(x)\log r(x) \tag{17-30}$$

$$= \| p-q \|_1 \sum_{x\in\mathcal{X}} -\frac{r(x)}{\| p-q \|_1} \log \frac{r(x)}{\| p-q \|_1} \| p-q \|_1 \tag{17-31}$$

$$= -\| p-q \|_1 \log \| p-q \|_1 + \| p-q \|_1 H\left(\frac{r(x)}{\| p-q \|_1}\right) \tag{17-32}$$

$$\leqslant -\| p-q \|_1 \log \| p-q \|_1 + \| p-q \|_1 \log |\mathcal{X}| \tag{17-33}$$

其中式(17-30)可由式(17-27)推出。 □

最后，在下面的意义下，相对熵强于$\mathcal{L}_1$范数。

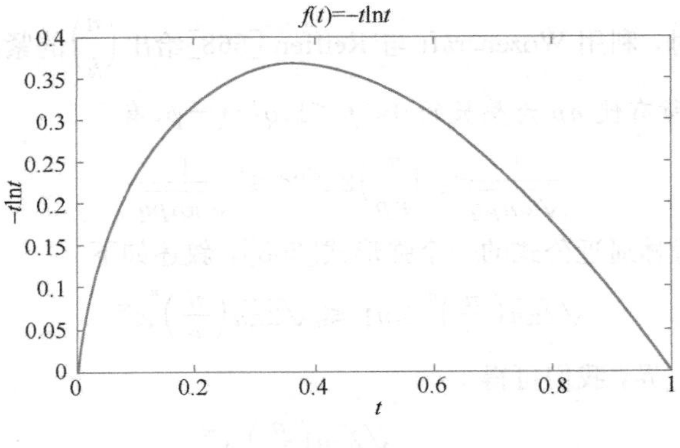

图 17-1 函数 $f(t)=-t\ln t$

引理 17.3.2（引理 11.6.1）

$$D(p_1 \| p_2) \geqslant \frac{1}{2\ln 2} \| p_1-p_2 \|_1^2 \tag{17-34}$$

当 $P=Q$ 时，两个概率密度函数 $P(x)$和 $Q(x)$间的相对熵是 0。围绕这点来看，相对熵有一个二次型性质，并且相对熵 $D(P\|Q)$在点 $P=Q$ 处的泰勒级数展开的第一项是分布 P,Q 之间的 χ^2 距离。令

$$\chi^2(P,Q)=\sum_x\frac{(P(x)-Q(x))^2}{Q(x)} \tag{17-35}$$

引理 17.3.3 对于 P 接近 Q 的情形，

$$D(P\|Q)=\frac{1}{2}\chi^2+\cdots \tag{17-36}$$

证明：参照习题 11.2。 □

17.4 关于型的不等式

型方法对于证明有关大偏差理论和误差指数方面的结论，是一个强有力的工具。下面我们重述其中的一些基本定理。

定理 17.4.1(定理 11.1.1) 分母为 n 的型的个数满足

665 $$|\mathcal{P}_n|\leqslant(n+1)^{|\mathcal{X}|} \tag{17-37}$$

定理 17.4.2(定理 11.1.2) 如果 $X_1,X_2,\cdots,X_n$ 是 i.i.d 且服从 $Q(x)$，则 x^n 的概率仅依赖于它的型，即有关系式

$$Q^n(x^n)=2^{-n(H(P_{x^n})+D(P_{x^n}\|Q))} \tag{17-38}$$

定理 17.4.3(定理 11.1.3：型类 $T(P)$ 的大小) 对于任意一个型 $P\in\mathcal{P}_n$，

$$\frac{1}{(n+1)^{|\mathcal{X}|}}2^{nH(P)}\leqslant|T(P)|\leqslant 2^{nH(P)} \tag{17-39}$$

定理 17.4.4(定理 11.1.4) 对于任意的 $P\in\mathcal{P}_n$ 及分布 Q，在一阶指数意义下，型类 $T(P)$ 在 Q^n 下的概率等于 $2^{-nD(P\|Q)}$。更精确地讲，

$$\frac{1}{(n+1)^{|\mathcal{X}|}}2^{-nD(P\|Q)}\leqslant Q^n(T(P))\leqslant 2^{-nD(P\|Q)} \tag{17-40}$$

17.5 熵的组合界

当 k 不为 0 或者 n 时，利用 Wozencraft 与 Reiffen [568]给出 $\binom{n}{k}$ 的紧凑的界。

引理 17.5.1 对于所有使 np 为整数的 $0<p<1,q=1-p$，有

$$\frac{1}{\sqrt{8npq}}\leqslant\binom{n}{np}2^{-nH(p)}\leqslant\frac{1}{\sqrt{\pi npq}} \tag{17-41}$$

证明：首先考虑斯特林逼近公式的一个强形式[208]，叙述如下

$$\sqrt{2\pi n}\left(\frac{n}{\mathrm{e}}\right)^n\leqslant n!\leqslant\sqrt{2\pi n}\left(\frac{n}{\mathrm{e}}\right)^n\mathrm{e}^{\frac{1}{12n}} \tag{17-42}$$

基于此不等式寻求上界，我们可得

$$\binom{n}{np}\leqslant\frac{\sqrt{2\pi n}\left(\frac{n}{\mathrm{e}}\right)^n\mathrm{e}^{\frac{1}{12n}}}{\sqrt{2\pi np}\left(\frac{np}{\mathrm{e}}\right)^{np}\sqrt{2\pi nq}\left(\frac{nq}{\mathrm{e}}\right)^{nq}} \tag{17-43}$$

666 $$=\frac{1}{\sqrt{2\pi npq}}\frac{1}{p^{np}q^{nq}}\mathrm{e}^{\frac{1}{12n}} \tag{17-44}$$

$$<\frac{1}{\sqrt{\pi npq}}2^{nH(p)} \tag{17-45}$$

由于 $\mathrm{e}^{\frac{1}{12n}}<\mathrm{e}^{\frac{1}{12}}=1.087<\sqrt{2}$，从而得到了上界。

类似地，获得下界。利用斯特林公式，我们有

$$\binom{n}{np} \geqslant \frac{\sqrt{2\pi n}\left(\frac{n}{\mathrm{e}}\right)^{n} \mathrm{e}^{-\left(\frac{1}{12np}+\frac{1}{12nq}\right)}}{\sqrt{2\pi np}\left(\frac{np}{\mathrm{e}}\right)^{np} \sqrt{2\pi nq}\left(\frac{nq}{\mathrm{e}}\right)^{nq}} \tag{17-46}$$

$$= \frac{1}{\sqrt{2\pi npq}} \frac{1}{p^{np} q^{nq}} e^{-\left(\frac{1}{12np}+\frac{1}{12nq}\right)} \tag{17-47}$$

$$= \frac{1}{\sqrt{2\pi npq}} 2^{nH(p)} \mathrm{e}^{-\left(\frac{1}{12np}+\frac{1}{12nq}\right)} \tag{17-48}$$

当 $np \geqslant 1$ 且 $nq \geqslant 3$，则有

$$\mathrm{e}^{-\left(\frac{1}{12np}+\frac{1}{12nq}\right)} \geqslant \mathrm{e}^{-\frac{1}{9}} = 0.8948 > \frac{\sqrt{\pi}}{2} = 0.8862 \tag{17-49}$$

从而，直接将式(17-49)的估计代入式(17-48)就得到了下界。对于例外情形：$np=1$ 且 $nq=1$ 或 2 以及 $np=2$ 且 $nq=2$(而对于 $np \geqslant 3$ 且 $nq=1$ 或 2 可以通过更换 p 与 q 角色来处理)。在任意一种情形中

$$np=1, nq=1 \rightarrow n=2, p=\frac{1}{2}, \quad \binom{n}{np}=2, \text{界}=2$$

$$np=1, nq=2 \rightarrow n=3, p=\frac{1}{3}, \quad \binom{n}{np}=3, \text{界}=2.92$$

$$np=2, nq=2 \rightarrow n=4, p=\frac{1}{2}, \quad \binom{n}{np}=6, \text{界}=5.66$$

于是，即使在这些特殊情形，该不等式依然有效。所以，只要 $p \neq 0,1$，下界是有效的，而 $p=0$ 或 1 时，下界爆炸，因而无效。 □

17.6 子集的熵率

下面我们将对微分熵的链式法则进行推广。链式法则可以根据每个随机变量的熵来给出一组随机变量的联合熵的一个上界：

$$h(X_1, X_2, \cdots, X_n) \leqslant \sum_{i=1}^{n} h(X_i) \tag{17-50}$$ 667

我们做这种推广是要证明一个由随机变量组成的集合的子集中的熵/元素随子集尺寸增加而递减。该结论不是针对单个子集的，而是关于所有子集在平均意义下成立。严格的表述见定理 17.6.1。

定义 设 $(X_1, X_2, \cdots, X_n)$ 的联合概率密度函数已知，对每个 $S \subseteq \{1,2,\cdots,n\}$，用 $X(S)$ 表示子集 $\{X_i : i \in S\}$。令

$$h_k^{(n)} = \frac{1}{\binom{n}{k}} \sum_{S:|S|=k} \frac{h(X(S))}{k} \tag{17-51}$$

这里 $h_k^{(n)}$ 表示从 $(X_1, X_2, \cdots, X_n)$ 中随机抽取 k 个元素的子集的平均熵(比特/字符)。

下面的定理是由 Han[270] 给出的，表明了平均熵随子集的尺寸增大而单调递减。

定理 17.6.1

$$h_1^{(n)} \geqslant h_2^{(n)} \geqslant \cdots \geqslant h_n^{(n)} \tag{17-52}$$

证明：首先来证明最后一个不等式，即 $h_n^{(n)} \leqslant h_{n-1}^{(n)}$。可以得到

$$h(X_1,X_2,\cdots,X_n)=h(X_1,X_2,\cdots,X_{n-1})+h(X_n\mid X_1,X_2,\cdots,X_{n-1})$$

$$\begin{aligned}h(X_1,X_2,\cdots,X_n)&=h(X_1,X_2,\cdots,X_{n-2},X_n)+h(X_{n-1}\mid X_1,X_2,\cdots,X_{n-2},X_n)\\&\leqslant h(X_1,X_2,\cdots,X_{n-2},X_n)+h(X_{n-1}\mid X_1,X_2,\cdots,X_{n-2})\end{aligned}$$

$$\vdots$$

$$h(X_1,X_2,\cdots,X_n)\leqslant h(X_2,X_3,\cdots,X_n)+h(X_1)$$

将上述 n 个不等式相加，并利用链式法则，可得

$$\begin{aligned}nh(X_1,X_2,\cdots,X_n)\leqslant&\sum_{i=1}^{n}h(X_1,X_2,\cdots,X_{i-1},X_{i+1},\cdots,X_n)\\&+h(X_1,X_2,\cdots,X_n)\end{aligned}\tag{17-53}$$

或

668 $$\frac{1}{n}h(X_1,X_2,\cdots,X_n)\leqslant\frac{1}{n}\sum_{i=1}^{n}\frac{h(X_1,X_2,\cdots,X_{i-1},X_{i+1},\cdots,X_n)}{n-1}\tag{17-54}$$

这就是要证的结论 $h_n^{(n)}\leqslant h_{n-1}^{(n)}$。现在，对于任意的 $k\leqslant n$，通过先取定 k 元子集，然后同等机会地考虑所有的 $(k-1)$ 元子集，就可以证明 $h_k^{(n)}\leqslant h_{k-1}^{(n)}$。由于对每个 k 元子集，有 $h_k^{(k)}\leqslant h_{k-1}^{(k)}$。因此，关于从 n 个元素中均等选取的 k 元子集取平均后，不等式仍然成立。 □

定理 17.6.2 *设 $r>0$，并且定义*

$$t_k^{(n)}=\frac{1}{\binom{n}{k}}\sum_{S:|S|=k}\mathrm{e}^{\frac{rh(X(S))}{k}}\tag{17-55}$$

则

$$t_1^{(n)}\geqslant t_2^{(n)}\geqslant\cdots\geqslant t_n^{(n)}\tag{17-56}$$

证明：考虑式(17-54)，两边同乘以 r，取幂，然后应用算术平均—几何平均不等式，即可得到

$$\mathrm{e}^{\frac{1}{n}rh(X_1,X_2,\cdots,X_n)}$$

$$\leqslant\mathrm{e}^{\frac{1}{n}\sum_{i=1}^{n}\frac{rh(X_1,X_2,\cdots,X_{i-1},X_{i+1},\cdots,X_n)}{(n-1)}}\tag{17-57}$$

$$\leqslant\frac{1}{n}\sum_{i=1}^{n}\mathrm{e}^{\frac{rh(X_1,X_2,\cdots,X_{i-1},X_{i+1},\cdots,X_n)}{(n-1)}}\quad 对任意的\ r\geqslant 0\tag{17-58}$$

这等价于 $t_n^{(n)}\leqslant t_{n-1}^{n}$。进一步，对于任意的 $k\leqslant n$，由定理 17.6.1 的相同讨论，关于所有 $k(k\leqslant n)$ 元子集取平均，最终可证得结论 $t_k^{(n)}\leqslant t_{k-1}^{(n)}$。 □

定义 对于大小为 k 的所有子集，定义平均每元素条件熵率为 $\{1,2,\cdots,n\}$ 的所有 k 元子集的条件熵的平均值：

$$g_k^{(n)}=\frac{1}{\binom{n}{k}}\sum_{S:|S|=k}\frac{h(X(S)\mid X(S^c))}{k}\tag{17-59}$$

这里 $g_k(S)$ 是在给定集合 S^c 的元素下集合 S 的每元素的熵。当集合 S 的大小增大时，可以
669 预料集合 S 的元素间的相关性将会增强，这恰好解释了定理 17.6.1。

对于每元素条件熵情形，当 k 增大时，起条件作用的集合 S^c 的大小将变小，同时集合 S 的熵增大。下面的定理是 Han[270]给出的，可以说明：由于起条件作用的集合元素个数的减少而引起的每元素熵的增加主导着由于元素间附加的相关性而引起的每元素熵的减少。注意，下面定理中的条件熵的大小顺序恰好是定理 17.6.1 中所述的无条件熵的反序。

定理 17.6.3

$$g_1^{(n)}\leqslant g_2^{(n)}\leqslant\cdots\leqslant g_n^{(n)}\tag{17-60}$$

证明：证明过程完全类似于抽取随机子集的每元素无条件熵情形的定理证明。首先证明

$g_n^{(n)} \geqslant g_{n-1}^{(n)}$，然后由此可以证明余下的不等式。由链式法则得知，一组随机变量的联合熵不会大于单个随机变量的熵的总和，即：

$$h(X_1, X_2, \cdots, X_n) \leqslant \sum_{i=1}^{n} h(X_i) \tag{17-61}$$

在上述不等式中，两边同时减去 $nh(X_1, X_2, \cdots, X_n)$，可得

$$(n-1)h(X_1, X_2, \cdots, X_n) \geqslant \sum_{i=1}^{n} (h(X_1, X_2, \cdots, X_n) - h(X_i)) \tag{17-62}$$

$$= \sum_{i=1}^{n} h(X_1, \cdots, X_{i-1}, X_{i+1}, \cdots, X_n \mid X_i) \tag{17-63}$$

再在两边同除以 $n(n-1)$，可得

$$\frac{h(X_1, X_2, \cdots, X_n)}{n} \geqslant \frac{1}{n} \sum_{i=1}^{n} \frac{h(X_1, X_2, \cdots, X_{i-1}, X_{i+1}, \cdots, X_n \mid X_i)}{n-1} \tag{17-64}$$

此式等价于 $g_n^{(n)} \geqslant g_{n-1}^{(n)}$。现来证明对任意的 $k \leqslant n$，有 $g_k^{(n)} \geqslant g_{k-1}^{(n)}$，此结论可通过先给定一个 k 元子集，然后同等机会地考虑它的所有 $(k-1)$ 元子集而得到。对于每一个 k 元子集，$g_k^{(n)} \geqslant g_{k-1}^{(n)}$。因此，关于从 n 个元素中均等选取的所有 k 元子集取平均后，不等式仍然成立。□ 670

定理 17.6.4 令

$$f_k^{(n)} = \frac{1}{\binom{n}{k}} \sum_{S:|S|=k} \frac{I(X(S); X(S^c))}{k} \tag{17-65}$$

则

$$f_1^{(n)} \geqslant f_2^{(n)} \geqslant \cdots \geqslant f_n^{(n)} \tag{17-66}$$

证明：由恒等式 $I(X(S); X(S^c)) = h(X(S)) - h(X(S) \mid X(S^c))$ 及定理 17.6.1 和定理 17.6.3，可得到该定理的结论。□

17.7 熵与费希尔信息

众所周知，随机变量的微分熵是用来描述性复杂度的一个度量，而费希尔信息度量的是估计一个分布参数时的最小误差。在本节中，我们将讨论这两个基础量之间的关系，并由此而得到熵幂不等式。

设 X 是密度函数为 $f(x)$ 的随机变量。引入一个位置参数 θ，并以参数形式将密度函数表示为 $f(x-\theta)$，那么关于 θ 的费希尔信息(11.10 节)为

$$J(\theta) = \int_{-\infty}^{\infty} f(x-\theta) \left[\frac{\partial}{\partial \theta} \ln f(x-\theta) \right]^2 \mathrm{d}x \tag{17-67}$$

在上式中，关于 x 的微分等价于关于 θ 的微分，因而，可将费希尔信息改写成

$$\begin{aligned} J(X) &= \int_{-\infty}^{\infty} f(x-\theta) \left[\frac{\partial}{\partial x} \ln f(x-\theta) \right]^2 \mathrm{d}x \\ &= \int_{-\infty}^{\infty} f(x) \left[\frac{\partial}{\partial x} \ln f(x) \right]^2 \mathrm{d}x \end{aligned} \tag{17-68}$$

上式也可改写成

$$J(X) = \int_{-\infty}^{\infty} f(x) \left[\frac{\frac{\partial}{\partial x} f(x)}{f(x)} \right]^2 \mathrm{d}x \tag{17-69}$$

我们称其为关于 X 的分布的*费希尔信息*。注意，类似于熵，也是概率密度函数的一个函数。 671

费希尔信息的重要性由如下定理给出。

定理 17.7.1(定理 11.10.1:Cramér-Rao 不等式) 参数 θ 的任何无偏估计量 $T(X)$ 的均方误差的下界为费希尔信息的倒数,即:

$$var(T) \geqslant \frac{1}{J(\theta)} \tag{17-70}$$

下面我们来证明微分熵和费希尔信息之间的一个基本关系。

定理 17.7.2(de Bruijn 恒等式:熵与费希尔信息) 设 X 为任一随机变量,其密度函数为 $f(x)$,且方差有限。令 Z 是与 X 独立的正态分布的随机变量,均值为 0,方差为 1。则

$$\frac{\partial}{\partial t} h_e(X+\sqrt{t}Z) = \frac{1}{2} J(X+\sqrt{t}Z) \tag{17-71}$$

其中 h_e 表示微分熵公式中的底数是 e。特别地,如果当 $t \to 0$ 时极限存在,则

$$\left.\frac{\partial}{\partial t} h_e(X+\sqrt{t}Z)\right|_{t=0} = \frac{1}{2} J(X) \tag{17-72}$$

证明:令 $Y_t = X+\sqrt{t}Z$,则 Y_t 的密度函数为

$$g_t(y) = \int_{-\infty}^{\infty} f(x) \frac{1}{\sqrt{2\pi t}} \mathrm{e}^{-\frac{(y-x)^2}{2t}} \mathrm{d}x \tag{17-73}$$

那么

$$\frac{\partial}{\partial t} g_t(y) = \int_{-\infty}^{\infty} f(x) \frac{\partial}{\partial t}\left[\frac{1}{\sqrt{2\pi t}} \mathrm{e}^{-\frac{(y-x)^2}{2t}}\right] \mathrm{d}x \tag{17-74}$$

$$= \int_{-\infty}^{\infty} f(x)\left[-\frac{1}{2t} \frac{1}{\sqrt{2\pi t}} \mathrm{e}^{-\frac{(y-x)^2}{2t}} + \frac{(y-x)^2}{2t^2} \frac{1}{\sqrt{2\pi t}} \mathrm{e}^{-\frac{(y-x)^2}{2t}}\right] \mathrm{d}x \tag{17-75}$$

通过计算,又有

$$\frac{\partial}{\partial y} g_t(y) = \int_{-\infty}^{\infty} f(x) \frac{1}{\sqrt{2\pi t}} \frac{\partial}{\partial y}\left[\mathrm{e}^{-\frac{(y-x)^2}{2t}}\right] \mathrm{d}x \tag{17-76}$$

672

$$= \int_{-\infty}^{\infty} f(x) \frac{1}{\sqrt{2\pi t}}\left[-\frac{y-x}{t} \mathrm{e}^{-\frac{(y-x)^2}{2t}}\right] \mathrm{d}x \tag{17-77}$$

且

$$\frac{\partial^2}{\partial y^2} g_t(y) = \int_{-\infty}^{\infty} f(x) \frac{1}{\sqrt{2\pi t}} \frac{\partial}{\partial y}\left[-\frac{y-x}{t} \mathrm{e}^{-\frac{(y-x)^2}{2t}}\right] \mathrm{d}x \tag{17-78}$$

$$= \int_{-\infty}^{\infty} f(x) \frac{1}{\sqrt{2\pi t}}\left[-\frac{1}{t} \mathrm{e}^{-\frac{(y-x)^2}{2t}} + \frac{(y-x)^2}{t^2} \mathrm{e}^{-\frac{(y-x)^2}{2t}}\right] \mathrm{d}x \tag{17-79}$$

所以,

$$\frac{\partial}{\partial t} g_t(y) = \frac{1}{2} \frac{\partial^2}{\partial y^2} g_t(y) \tag{17-80}$$

利用这个关系式可以计算得到 Y_t 的熵的导数,而 Y_t 的熵为

$$h_e(Y_t) = -\int_{-\infty}^{\infty} g_t(y) \ln g_t(y) \mathrm{d}y \tag{17-81}$$

取微分,可得

$$\frac{\partial}{\partial t} h_e(Y_t) = -\int_{-\infty}^{\infty} \frac{\partial}{\partial t} g_t(y) \mathrm{d}y - \int_{-\infty}^{\infty} \frac{\partial}{\partial t} g_t(y) \ln g_t(y) \mathrm{d}y \tag{17-82}$$

$$= -\frac{\partial}{\partial t} \int_{-\infty}^{\infty} g_t(y) \mathrm{d}y - \frac{1}{2} \int_{-\infty}^{\infty} \frac{\partial^2}{\partial y^2} g_t(y) \ln g_t(y) \mathrm{d}y \tag{17-83}$$

由于 $\int g_t(y) \mathrm{d}y = 1$,故上式中第一项为零。第二项由分部积分可得

$$\frac{\partial}{\partial t}h_e(Y_t)=-\frac{1}{2}\left[\frac{\partial g_t(y)}{\partial y}\ln g_t(y)\right]_{-\infty}^{\infty}+\frac{1}{2}\int_{-\infty}^{\infty}\left[\frac{\partial}{\partial y}g_t(y)\right]^2\frac{1}{g_t(y)}\mathrm{d}y \tag{17-84}$$

式(17-84)的第二项为$\frac{1}{2}J(Y_t)$。因此，如果能够证明式(17-84)中的第一项为零，即可完成定理的证明。可以将第一项改写成

$$\frac{\partial g_t(y)}{\partial y}\ln g_t(y)=\left[\frac{\frac{\partial g_t(y)}{\partial y}}{\sqrt{g_t(y)}}\right]\left[2\sqrt{g_t(y)}\ln\sqrt{g_t(y)}\right] \tag{17-85}$$

在上式中，对第一个因子的平方就是费希尔信息。因此，当 $y\to\pm\infty$时，第一个因子必定有界。由于当 $x\to 0$ 时，$x\ln x\to 0$，并且当 $y\to\pm\infty$时 $g_t(y)\to 0$，则第二个因子趋于 0。所以，式(17-84)中第一项的极限均为 0，从而定理获证。在证明式(17-74)，式(17-76)，式(17-78)和式(17-82)的过程中，积分和微分符号交换，严格的证明需要用到控制收敛定理和中值定理；细节可参见Barron[30]。□ 673

利用该定理可以证明熵幂不等式，而它可给出相互独立的随机变量和的熵的下界估计。

定理 17.7.3(熵幂不等式) 设 $\mathbf{X}$ 和 $\mathbf{Y}$ 为相互独立的 n 维随机向量，它们的密度函数已知，则

$$2^{\frac{2}{n}h(\mathbf{X}+\mathbf{Y})}\geqslant 2^{\frac{2}{n}h(\mathbf{X})}+2^{\frac{2}{n}h(\mathbf{Y})} \tag{17-86}$$

我们来简要叙述一下由 Stam[505]和 Blachman[61]给出该定理证明方法的基本步骤，17.8节会讲述另一个不同的证明方法。

Stam 对熵幂不等式的证明是基于对扰动的讨论。令 $n=1, X_t=X+\sqrt{f(t)}Z_1, Y_t=Y+\sqrt{g(t)}Z_2$，其中 Z_1 和 Z_2 为相互独立且服从$\mathcal{N}(0,1)$的随机变量。若定义

$$s(t)=\frac{2^{2h(X_t)}+2^{2h(Y_t)}}{2^{2h(X_t+Y_t)}} \tag{17-87}$$

则熵幂不等式简化为只需证明 $s(0)\leqslant 1$ 即可。如果当 $t\to\infty$时，$f(t)\to\infty$且 $g(t)\to\infty$，那么容易证明 $s(\infty)=1$。另外，对于 $t\geqslant 0$，如果有 $s'(t)\geqslant 0$，则可得 $s(0)\leqslant 1$。而为使 $s'(t)\geqslant 0$ 成立，需要适当的选取函数 $f(t)$和 $g(t)$，并且需要应用定理 17.7.2 的结论，以及利用费希尔信息的卷积不等式，

$$\frac{1}{J(X+Y)}\geqslant\frac{1}{J(X)}+\frac{1}{J(Y)} \tag{17-88}$$

通过归纳，熵幂不等式可以推广到向量情形，其细致的讨论请参见 Stam[505]和 Blachman[61]合写的论文。

17.8 熵幂不等式与布伦-闵可夫斯基不等式

对于两个独立随机向量和的微分熵，熵幂不等式根据单个随机向量的微分熵给出了下界。在本节中，我们将重提和概述关于熵幂不等式的另一个证明。同时，将展示如何利用共同的证明方法证明熵幂不等式与布伦—闵可夫斯基不等式是密切相关的。 674

对于 1 维情形，可以将熵幂不等式改写成另外的形式以强调它与正态分布之间存在的关系。设 X 和 Y 是相互独立的随机变量，其密度函数均已知。并令 X'和 Y'为两个独立的正态分布，且它们的熵分别与对应的 X 与 Y 相同。于是，$2^{2h(X)}=2^{2h(X')}=(2\pi e)\sigma_{X'}^2$。类似地，有 $2^{2h(Y)}=(2\pi e)\sigma_{Y'}^2$。因此，由于 X'和 Y'的相互独立，熵幂不等式可以改写成

$$2^{2h(X+Y)}\geqslant(2\pi e)(\sigma_{X'}^2+\sigma_{Y'}^2)=2^{2h(X'+Y')} \tag{17-89}$$

这样，我们可获得熵幂不等式的一个新陈述。

定理 17.8.1(熵幂不等式的新陈述) 对于两个独立的随机变量 X 和 Y,

$$h(X+Y)\geqslant h(X'+Y') \tag{17-90}$$

其中 X' 与 Y' 为相互独立的正态分布的随机变量,且满足 $h(X')=h(X)$ 和 $h(Y')=h(Y)$。

该熵幂不等式与布伦—闵可夫斯基不等式具有惊人的相似,后者给出的是关于集合和的体积的界估计。

定义 两个集合 $A,B\subset\mathcal{R}^n$ 的集合和 $A+B$ 定义为集合 $\{x+y:x\in A,y\in B\}$。

例 17.8.1 以原点为球心,半径为 1 的两个球体的集合恰为以原点为球心半径为 2 的球体。

定理 17.8.2(布伦—闵可夫斯基不等式) 集合 A 和 B 的集合和的体积不小于分别与 A 和 B 体积相同的两个球体 A' 和 B' 的集合和的体积,即:

$$V(A+B)\geqslant V(A'+B') \tag{17-91}$$

其中 A' 和 B' 是以原点为球心且满足 $V(A')=V(A)$ 和 $V(B')=V(B)$ 的两个球体。

675 上述两个定理的类似最先在[104]中指出。而 Dembo[162]和 Lieb 受到加强形式的杨氏不等式的启发,给出了一个共同的证明方法。同样的证明方法也可用来证明是熵幂不等式和布伦—闵可夫斯基不等式的特殊情形的一类不等式。为叙述这个共同的证明方法,先准备几个定义。

定义 设 f 和 g 为 $\mathcal{R}^n$ 上的两个密度函数,记 $f*g$ 表示两密度函数的卷积。定义密度函数 $\mathcal{L}$ 的范数为

$$\|f\|_r=\left(\int f^r(x)\mathrm{d}x\right)^{\frac{1}{r}} \tag{17-92}$$

引理 17.8.1(加强的杨氏不等式) 对于两个任意密度函数 f 和 g 在 $\mathcal{R}^n$ 上,

$$\|f*g\|_r\leqslant\left(\frac{C_pC_q}{C_r}\right)^{\frac{n}{2}}\|f\|_p\|g\|_q \tag{17-93}$$

其中

$$\frac{1}{r}=\frac{1}{p}+\frac{1}{q}-1 \tag{17-94}$$

且

$$C_p=\frac{p^{\frac{1}{p}}}{p'^{\frac{1}{p'}}}\qquad \frac{1}{p}+\frac{1}{p'}=1 \tag{17-95}$$

证明:这个不等式的证明过程相当复杂;详细的讨论可参见[38]和[73]。 □

下面我们定义更一般的熵。

定义 r 阶 Renyi 熵 $h_r(X)$ 定义为

$$h_r(X)=\frac{1}{1-r}\log\left[\int f^r(x)\mathrm{d}x\right] \tag{17-96}$$

其中 $0<r<\infty$,$r\neq1$。如果取 $r\to1$ 时的极限,就可得到香农熵函数,

$$h(X)=h_1(X)=-\int f(x)\log f(x)\mathrm{d}x \tag{17-97}$$

如果取 $r\to0$ 时的极限,则是支撑集的体积的对数,

676 $$h_0(X)=\log(\mu\{x:f(x)>0\}) \tag{17-98}$$

于是,零阶 Renyi 熵可以给出密度函数 f 的支撑集的度量的对数值。而香农熵 h_1 给出定理 8.2.2 描述的"有效"支撑集的尺寸的对数值。下面叙述关于 Renyi 熵的熵幂的一个等价定义。

定义 r 阶 Renyi 熵幂 $V_r(X)$ 定义为

$$
V_r(X)=\begin{cases}\left[\int f^{r}(x)\mathrm{d}x\right]^{-\frac{2}{n}\frac{r'}{r}}, & 0<r\leqslant\infty, r\neq 1, \frac{1}{r}+\frac{1}{r'}=1 \\ \exp\left[\frac{2}{n}h(X)\right], & r=1 \\ \mu(\{x: f(x)>0\})^{\frac{2}{n}} & r=0\end{cases} \tag{17-99}
$$

定理 17.8.3 对两个独立的随机变量 X 和 Y 及任意的 $0\leqslant r<\infty$，$0\leqslant\lambda\leqslant 1$，有

$$
\begin{aligned}\log V_r(X+Y)\geqslant&\lambda\log V_p(X)+(1-\lambda)\log V_q(Y)+H(\lambda)\\&+\frac{1+r}{1-r}\left[H\left(\frac{r+\lambda(1-r)}{1+r}\right)-H\left(\frac{r}{1+r}\right)\right]\end{aligned} \tag{17-100}
$$

其中 $p=\dfrac{r}{r+\lambda(1-r)}$，$q=\dfrac{r}{r+(1-\lambda)(1-r)}$，$H(\lambda)=-\lambda\log\lambda-(1-\lambda)\log(1-\lambda)$。

证明： 在杨氏不等式(17-93)两边同时取对数，可得

$$
\begin{aligned}\frac{1}{r'}\log V_r(X+Y)\geqslant&\frac{1}{p'}\log V_p(X)+\frac{1}{q'}\log V_q(Y)+\log C_r\\&-\log C_p-\log C_q\end{aligned} \tag{17-101}
$$

令 $\lambda=r'/p'$，并利用式(17-94)，可得 $1-\lambda=r'/q'$，$p=\dfrac{r}{r+\lambda(1-r)}$，$q=\dfrac{r}{r+(1-\lambda)(1-r)}$。于是式(17-101)变为

$$
\begin{aligned}\log V_r(X+Y)\geqslant&\lambda\log V_p(X)+(1-\lambda)\log V_q(Y)+\frac{r'}{r}\log r-\log r'\\&-\frac{r'}{p}\log p+\frac{r'}{p'}\log p'-\frac{r'}{q}\log q+\frac{r'}{q'}\log q'\end{aligned} \tag{17-102}
$$

$$
\begin{aligned}=&\lambda\log V_p(X)+(1-\lambda)\log V_q(Y)\\&+\frac{r'}{r}\log r-(\lambda+1-\lambda)\log r'\\&-\frac{r'}{p}\log p+\lambda\log p'-\frac{r'}{q}\log q+(1-\lambda)\log q'\end{aligned} \tag{17-103}
$$

677

$$
\begin{aligned}=&\lambda\log V_p(X)+(1-\lambda)\log V_q(Y)+\frac{1}{r-1}\log r+H(\lambda)\\&-\frac{r+\lambda(1-r)}{r-1}\log\frac{r}{r+\lambda(1-r)}\\&-\frac{r+(1-\lambda)(1-r)}{r-1}\log\frac{r}{r+(1-\lambda)(1-r)}\end{aligned} \tag{17-104}
$$

$$
\begin{aligned}=&\lambda\log V_p(X)+(1-\lambda)\log V_q(Y)+H(\lambda)\\&+\frac{1+r}{1-r}\left[H\left(\frac{r+\lambda(1-r)}{1+r}\right)-H\left(\frac{r}{1+r}\right)\right]\end{aligned} \tag{17-105}
$$

在这里，最后一步省略了具体的代数运算。 □

由此可知，布伦—闵可夫斯基不等式和熵幂不等式均可作为该定理的特例而得到。

- 熵幂不等式。$r\to 1$ 时，取式(17-100)的极限，并令

$$
\lambda=\frac{V_1(X)}{V_1(X)+V_1(Y)} \tag{17-106}
$$

即可得到

$$
V_1(X+Y)\geqslant V_1(X)+V_1(Y) \tag{17-107}
$$

此即熵幂不等式。

- 布伦—闵可夫斯基不等式。类似地，令 $r\to 0$，并选取

$$\lambda=\frac{\sqrt{V_0(X)}}{\sqrt{V_0(X)}+\sqrt{V_0(Y)}} \tag{17-108}$$

可得

$$\sqrt{V_0(X+Y)}\geqslant\sqrt{V_0(X)}+\sqrt{V_0(Y)} \tag{17-109}$$

现在，令 A 是 X 的支撑集，B 是 Y 的支撑集。那么 $A+B$ 为 $X+Y$ 的支撑集，于是，式(17-109)可以简化为

$$[\mu(A+B)]^{\frac{1}{n}}\geqslant[\mu(A)]^{\frac{1}{n}}+[\mu(B)]^{\frac{1}{n}} \tag{17-110}$$

678 此即布伦一闵可夫斯基不等式。

这个一般化的定理将熵幂不等式和布伦一闵可夫斯基不等式统一起来，同时，对于引入介于两者之间的新不等式也起到积极的作用。这个深一层的意义加强了熵幂和体积之间的相似之处。

17.9 有关行列式的不等式

在本章的余下几节中，假定 K 为非负定对称的 $n\times n$ 矩阵。记 $|K|$ 为 K 的行列式。

先来证明由樊畿[199]给出的信息论结论。

定理 17.9.1 $\log|K|$ 是关于 K 的凹函数。

证明：设 X_1 和 X_2 为 n 维正态分布 $\mathbf{X}_i\sim\mathcal{N}(0,K_i)$ ，$i=1,2$ 。对某个 $0\leqslant\lambda\leqslant1$，令随机变量 θ 的分布为

$$\Pr\{\theta=1\}=\lambda \tag{17-111}$$

$$\Pr\{\theta=2\}=1-\lambda \tag{17-112}$$

假设 $\theta,\mathbf{X}_1$ 和 $\mathbf{X}_2$ 相互独立，并令 $\mathbf{Z}=\mathbf{X}_\theta$，则可知 $\mathbf{Z}$ 的协方差矩阵为 $K_Z=\lambda K_1+(1-\lambda)K_2$。虽然如此，$\mathbf{Z}$ 已不是多元正态分布了。先利用定理 17.2.3，然后由定理 17.2.1，可得

$$\frac{1}{2}\log(2\pi e)^n|\lambda K_1+(1-\lambda)K_2|\geqslant h(\mathbf{Z}) \tag{17-113}$$

$$\geqslant h(\mathbf{Z}|\theta) \tag{17-114}$$

$$=\lambda\frac{1}{2}\log(2\pi e)^n|K_1|+(1-\lambda)\frac{1}{2}\log(2\pi e)^n|K_2|$$

于是，

$$|\lambda K_1+(1-\lambda)K_2|\geqslant|K_1|^\lambda|K_2|^{1-\lambda} \tag{17-115}$$

此即要证的结论。 □

679 利用信息论的方法[128]可以证明如下的阿达马不等式。

定理 17.9.2(阿达马) $|K|\leqslant\prod K_{ii}$，当且仅当 $K_{ij}=0,i\neq j$ 等号成立。

证明：设 $\mathbf{X}\sim\mathcal{N}(0,K)$，则

$$\frac{1}{2}\log(2\pi e)^n|K|=h(X_1,X_2,\cdots,X_n)\leqslant\sum h(X_i)=\sum_{i=1}^{n}\frac{1}{2}\log 2\pi e\,|K_{ii}| \tag{17-116}$$

当且仅当 $X_1,X_2,\cdots,X_n$ 相互独立，即 $K_{ij}=0,i\neq j$ 等号成立。 □

下面证明由 Szasz[391]得到的阿达马不等式的推广形式。设 $K(i_1,i_2,\cdots,i_k)$ 表示由 K 的下标为 $i_1,i_2,\cdots,i_k$ 的行和列上的元素构成的 $k\times k$ 主子阵。

定理 17.9.3(Szasz) 如果 K 为 $n\times n$ 的正定阵，P_k 表示 K 的所有 k 级主子式的乘积，即，

$$P_k = \prod_{1\leqslant i_1<i_2<\cdots<i_k\leqslant n} |K(i_1,i_2,\cdots,i_k)| \tag{17-117}$$

则

$$P_1 \geqslant P_2^{\frac{1}{\binom{n-1}{1}}} \geqslant P_3^{\frac{1}{\binom{n-1}{2}}} \geqslant \cdots \geqslant P_n \tag{17-118}$$

证明：设 $\mathbf{X}\sim\mathcal{N}(0,K)$。利用恒等式 $h_k^{(n)}=\frac{1}{2n\binom{n-1}{k-1}}\log P_k+\frac{1}{2}\log 2\pi e$ 及定理 17.6.1，立即可得该定理。 □

我们也可证得一个相关的定理。

定理 17.9.4　设 K 为 $n\times n$ 正定阵，令

$$S_k^{(n)} = \frac{1}{\binom{n}{k}} \sum_{1\leqslant i_1<i_2<\cdots<i_k\leqslant n} |K(i_1,i_2,\cdots,i_k)|^{\frac{1}{k}} \tag{17-119}$$

则

$$\frac{1}{n}tr(K)=S_1^{(n)}\geqslant S_2^{(n)}\geqslant\cdots\geqslant S_n^{(n)}=|K|^{\frac{1}{n}} \tag{17-120}$$

证明：由恒等式 $t_k^{(n)}=(2\pi e)S_k^{(n)}$ 及取 $r=2$，然后利用定理 17.6.1，立即可得。 □ 680

定理 17.9.5　设

$$Q_k = \Bigg(\prod_{S:|S|=k} \frac{|K|}{|K(S^c)|}\Bigg)^{\frac{1}{k\binom{n}{k}}} \tag{17-121}$$

则

$$\Big(\prod_{i=1}^{n}\sigma_i^2\Big)^{\frac{1}{n}} = Q_1 \leqslant Q_2 \leqslant \cdots \leqslant Q_{n-1} \leqslant Q_n = |K|^{\frac{1}{n}} \tag{17-122}$$

证明：利用定理 17.6.3 及恒等式

$$h(X(S)|X(S^c))=\frac{1}{2}\log(2\pi e)^k\frac{|K|}{|K(S^c)|} \tag{17-123}$$

立即可得证。 □

不等式串两端形成的不等式 $Q_1\leqslant Q_n$ 可以改写成

$$|K| \geqslant \prod_{i=1}^{n}\sigma_i^2 \tag{17-124}$$

其中

$$\sigma_i^2=\frac{|K|}{|K(1,2,\cdots,i-1,i+1,\cdots,n)|} \tag{17-125}$$

表示由剩余的所有 X,X_j 线性预测产生的最小均方误差。于是，如果 $X_1,X_2,\cdots,X_n$ 是联合正态分布，σ_i^2 是在给定其余所有的 X_j 下 X_i 的条件方差。将这点与阿达马不等式联合起来，可得到关于正定阵的行列式的上界和下界估计：

推论

$$\prod_i K_{ii} \geqslant |K| \geqslant \prod_i \sigma_i^2 \tag{17-126}$$

因此，协方差阵的行列式介于所有随机变量 X_i 的无条件方差 K_{ii} 的乘积与所有条件方差 σ_i^2 的乘积之间。

接下来证明特普利茨矩阵的一个性质，由于它可以视为平稳随机过程的协方差矩阵而显得很重要。特普利茨矩阵 K 的性质是若 $|i-j|=|r-s|$，满足 $K_{ij}=K_{rs}$。设 K_k 表示主子阵

681 $K(1,2,\cdots,k)$。对于这类矩阵，利用熵函数的性质，容易证明如下的性质。

定理 17.9.6 如果 $n\times n$ 正定阵 K 为特普利茨阵，则

$$|K_1|\geqslant|K_2|^{\frac{1}{2}}\geqslant\cdots\geqslant|K_{n-1}|^{(\frac{1}{n-1})}\geqslant|K_n|^{\frac{1}{n}} \tag{17-127}$$

且 $|K_k|/|K_{k-1}|$ 随 k 递减，同时满足

$$\lim_{n\to\infty}|K_n|^{\frac{1}{n}}=\lim_{n\to\infty}\frac{|K_n|}{|K_{n-1}|} \tag{17-128}$$

证明：设 $(X_1,X_2,\cdots,X_n)\sim\mathcal{N}(0,K_n)$，则有

$$h(X_k|X_{k-1},\cdots,X_1)=h(X^k)-h(X^{k-1}) \tag{17-129}$$

$$=\frac{1}{2}\log(2\pi e)\frac{|K_k|}{|K_{k-1}|} \tag{17-130}$$

于是，$|K_k|/|K_{k-1}|$ 的单调性可由 $h(X_k|X_{k-1},\cdots,X_1)$ 的单调性得到，而

$$h(X_k|X_{k-1},\cdots,X_1)=h(X_{k+1}|X_k,\cdots,X_2) \tag{17-131}$$

$$\geqslant h(X_{k+1}|X_k,\cdots,X_2,X_1) \tag{17-132}$$

其中的等式可由特普利茨假设得到，不等式可由条件作用使熵减小的事实得到。由于 $h(X_k|X_{k-1},\cdots,X_1)$ 随 k 递减，则可知移动平均

$$\frac{1}{k}h(X_1,\cdots,X_k)=\frac{1}{k}\sum_{i=1}^{k}h(X_i\mid X_{i-1},\cdots,X_1) \tag{17-133}$$

也随 k 递减。因此，由关系式 $h(X_1,X_2,\cdots,X_k)=\frac{1}{2}\log(2\pi e)^k|K_k|$ 可知式(17-127)成立。 □

最后，由于 $h(X_n|X_{n-1},\cdots,X_1)$ 为递减序列，则其极限必然存在。因此，利用 Cesáro 均值定理，可得

$$\lim_{n\to\infty}\frac{h(X_1,X_2,\cdots,X_n)}{n}=\lim_{n\to\infty}\frac{1}{n}\sum_{k=1}^{n}h(X_k\mid X_{k-1},\cdots,X_1)$$

682

$$=\lim_{n\to\infty}h(X_n|X_{n-1},\cdots,X_1) \tag{17-134}$$

若将上式转换成行列式，可得

$$\lim_{n\to\infty}|K_n|^{\frac{1}{n}}=\lim_{n\to\infty}\frac{|K_n|}{|K_{n-1}|} \tag{17-135}$$

定理 17.9.7 （闵可夫斯基不等式[390]）

$$|K_1+K_2|^{1/n}\geqslant|K_1|^{1/n}+|K_2|^{1/n} \tag{17-136}$$

证明：设 $\mathbf{X}_1$ 与 $\mathbf{X}_2$ 相互独立，且 $\mathbf{X}_i\sim\mathcal{N}(0,K_i)$。注意到 $\mathbf{X}_1+\mathbf{X}_2\sim\mathcal{N}(0,K_1+K_2)$，并利用熵幂不等式(定理 17.7.3)，可得

$$(2\pi e)|K_1+K_2|^{1/n}=2^{\frac{2}{n}h(\mathbf{X}_1+\mathbf{X}_2)} \tag{17-137}$$

$$\geqslant 2^{\frac{2}{n}h(\mathbf{X}_1)}+2^{\frac{2}{n}h(\mathbf{X}_2)} \tag{17-138}$$

$$=(2\pi e)|K_1|^{1/n}+(2\pi e)|K_2|^{1/n} \tag{17-139}$$ □

17.10 关于行列式的比值的不等式

下面证明有关行列式的比值的一类相似的不等式。在论述下一个定理之前，先来讨论最小均方差线性预测的概念。如果 $(X_1,X_2,\cdots,X_n)\sim\mathcal{N}(0,K_n)$，那么，我们知道在给定 $(X_1,X_2,\cdots,X_{n-1})$ 下，X_n 的条件概率密度函数是一维正态分布，且其均值关于 $X_1,X_2,\cdots,X_{n-1}$ 线性变化，条件方差是 σ_n^2。这里的 σ_n^2 是在给定 $X_1,X_2,\cdots,X_{n-1}$ 下的所有线性估计量 $\hat{X}_n$ 的均方误差 $E(X_n-$

$\hat{X}_n)^2$ 中的最小者。

引理 17.10.1 $\sigma_n^2=|K_n|/|K_{n-1}|$。

证明：利用 X_n 的条件正态分布性质，我们有

$$\frac{1}{2}\log 2\pi e\sigma_n^2=h(X_n|X_1,X_2,\cdots,X_{n-1}) \tag{17-140}$$

$$=h(X_1,X_2,\cdots,X_n)-h(X_1,X_2,\cdots,X_{n-1}) \tag{17-141}$$

$$=\frac{1}{2}\log(2\pi e)^n|K_n|-\frac{1}{2}\log(2\pi e)^{n-1}|K_{n-1}| \tag{17-142}$$

$$=\frac{1}{2}\log 2\pi e|K_n|/|K_{n-1}| \tag{17-143}$$ □ 683

由下面定理可得，所有可能的协方差矩阵 $\{K_n\}$ 的全体 σ_n^2 有最小值。这类问题曾在最大熵的谱密度估计中出现过。

定理 17.10.1(Bergstrøm[42]) $\log(|K_n|/|K_{n-p}|)$ 关于 K_n 为凹函数。

证明：由于 $\log(|K_n|/|K_{n-p}|)$ 为两个凹函数的差，所以定理 17.9.1 将不再适用。令 $\mathbf{Z}=\mathbf{X}_\theta$，其中 $\mathbf{X}_1\sim\mathcal{N}(0,S_n)$，$\mathbf{X}_2\sim\mathcal{N}(0,T_n)$，$\Pr\{\theta=1\}=\lambda=1-\Pr\{\theta=2\}$，且假设 $\mathbf{X}_1,\mathbf{X}_2$ 和 θ 相互独立。$\mathbf{Z}$ 的协方差阵 K_n 为

$$K_n=\lambda S_n+(1-\lambda)T_n \tag{17-144}$$

从而，该定理可以由下面的不等式串推出：

$$\lambda\frac{1}{2}\log(2\pi e)^p|S_n|/|S_{n-p}|+(1-\lambda)\frac{1}{2}\log(2\pi e)^p|T_n|/|T_{n-p}|$$

$$\overset{(a)}{=}\lambda h(X_{1,n},X_{1,n-1},\cdots,X_{1,n-p+1}|X_{1,1},\cdots,X_{1,n-p})$$

$$+(1-\lambda)h(X_{2,n},X_{2,n-1},\cdots,X_{2,n-p+1}|X_{2,1},\cdots,X_{2,n-p}) \tag{17-145}$$

$$=h(Z_n,Z_{n-1},\cdots,Z_{n-p+1}|Z_1,\cdots,Z_{n-p},\theta) \tag{17-146}$$

$$\overset{(b)}{\leqslant}h(Z_n,Z_{n-1},\cdots,Z_{n-p+1}|Z_1,\cdots,Z_{n-p}) \tag{17-147}$$

$$\overset{(c)}{\leqslant}\frac{1}{2}\log(2\pi e)^p\frac{|K_n|}{|K_{n-p}|} \tag{17-148}$$

其中(a)由 $h(X_n,X_{n-1},\cdots,X_{n-p+1}|X_1,\cdots,X_{n-p})=h(X_1,\cdots,X_n)-h(X_1,\cdots X_{n-p})$ 推出，(b)由条件作用使熵减少的事实得到，而(c)可以由定理 17.2.3 的条件形式得到。 □

定理 17.10.2(Bergstrøm[42]) $|K_n|/|K_{n-1}|$ 关于 K_n 为凹函数。

证明：再次利用高斯型随机向量的性质。假定有两个独立的 n 维高斯型随机向量 $\mathbf{X}\sim\mathcal{N}(0,A_n)$ 和 $\mathbf{Y}\sim\mathcal{N}(0,B_n)$，设 $\mathbf{Z}=\mathbf{X}+\mathbf{Y}$。于是 684

$$\frac{1}{2}\log 2\pi e\frac{|A_n+B_n|}{|A_{n-1}+B_{n-1}|}\overset{(a)}{=}h(Z_n|Z_{n-1},Z_{n-2},\cdots,Z_1) \tag{17-149}$$

$$\overset{(b)}{\geqslant}h(Z_n|Z_{n-1},Z_{n-2},\cdots,Z_1,X_{n-1},X_{n-2},\cdots,X_1,Y_{n-1},Y_{n-2},\cdots,Y_1) \tag{17-150}$$

$$\overset{(c)}{=}h(X_n+Y_n|X_{n-1},X_{n-2},\cdots,X_1,Y_{n-1},Y_{n-2},\cdots,Y_1) \tag{17-151}$$

$$\overset{(d)}{=}E\frac{1}{2}\log[2\pi e\mathrm{Var}(X_n+Y_n|X_{n-1},X_{n-2},\cdots,X_1,Y_{n-1},Y_{n-2},\cdots,Y_1)] \tag{17-152}$$

$$\overset{(e)}{=}E\frac{1}{2}\log[2\pi e(\mathrm{Var}(X_n|X_{n-1},X_{n-2},\cdots,X_1)+\mathrm{Var}(Y_n|Y_{n-1},Y_{n-2},\cdots,Y_1))] \tag{17-153}$$

$$\overset{(f)}{=}E\frac{1}{2}\log\left(2\pi e\left(\frac{|A_n|}{|A_{n-1}|}+\frac{|B_n|}{|B_{n-1}|}\right)\right) \tag{17-154}$$

$$=\frac{1}{2}\log\left(2\pi e\left(\frac{|A_n|}{|A_{n-1}|}+\frac{|B_n|}{|B_{n-1}|}\right)\right) \tag{17-155}$$

其中

(a) 可由引理 17.10.1 得到，

(b) 由条件作用使熵减少的事实得到，

(c) 是由于 Z 为 X 和 Y 的函数，

(d) 由于在给定 $X_1,X_2,\cdots,X_{n-1},Y_1,Y_2,\cdots,Y_{n-1}$ 下，X_n+Y_n 是高斯型的，因此，可以根据方差给出它的熵的表达式，

(e) 可由在给定过去状态 $X_1,X_2,\cdots,X_{n-1},Y_1,Y_2,\cdots,Y_{n-1}$ 下，X_n 和 Y_n 的相互独立性得到，

(f) 因为对于一组联合高斯型随机变量，条件方差为常数，即独立于起条件作用的随机变量(引理 17.10.1)。

若令 $A=\lambda S$，$B=\bar{\lambda}T$，则可得到

$$\frac{|\lambda S_n+\bar{\lambda}T_n|}{|\lambda S_{n-1}+\bar{\lambda}T_{n-1}|}\geqslant\lambda\frac{|S_n|}{|S_{n-1}|}+\bar{\lambda}\frac{|T_n|}{|T_{n-1}|} \tag{17-156}$$

此即说明 $|K_n|/|K_{n-1}|$ 关于 K_n 是凹函数。然而，对于 $p\geqslant 2$，可以举出些简单的例子来说明 $|K_n|/|K_{n-p}|$ 关于 K_n 未必是凹的。 □

685 利用上述技巧，可证明有关行列式的其他许多不等式，其中一些会在习题中列出。

要点

熵 $H(X)=-\sum p(x)\log p(x)$。

相对熵 $D(p\|q)=\sum p(x)\log\frac{p(x)}{q(x)}$。

互信息 $I(X;Y)=\sum p(x,y)\log\frac{p(x,y)}{p(x)p(y)}$。

信息不等式 $D(p\|q)\geqslant 0$。

渐近均分性质 $-\frac{1}{n}\log p(X_1,X_2,\cdots,X_n)\rightarrow H(\mathcal{X})$。

数据压缩 $H(X)\leqslant L^*<H(X)+1$。

科尔莫戈罗夫复杂度 $K(x)=\min_{\mathcal{U}(p)=x} l(p)$。

普适概率 $\log\frac{1}{P_{\mathcal{U}}(x)}\approx K(x)$。

信道容量 $C=\max_{p(x)} I(X;Y)$。

数据传输

- $R<C$:可以渐近达到无误差的通信
- $R>C$:不可能渐近达到无误差的通信

高斯信道的容量 $C=\frac{1}{2}\log\left(1+\frac{P}{N}\right)$。

率失真 $R(D)=\min I(X;\hat{X})$，在满足 $E_{p(x)p(\hat{x}|x)}d(X,\hat{X})\leqslant D$ 的全体 $p(\hat{x}|x)$ 上进行。

投资增长率 $W^*=\max_{\mathbf{b}} E\log\mathbf{b}^t\mathbf{X}$。

习题

686

17.1 正定阵之和。对于任意两个正定阵 K_1 和 K_2，证明 $|K_1+K_2|\geqslant|K_1|$。

17.2 关于行列式的比值的樊畿不等式[200]。对任意的 $1\leqslant p\leqslant n$ 及正定阵 $K=K(1,2,\cdots,n)$，证明

$$\frac{|K|}{|K(p+1,p+2,\cdots,n)|}\leqslant\prod_{i=1}^{p}\frac{|K(i,p+1,p+2,\cdots,n)|}{|K(p+1,p+2,\cdots,n)|} \tag{17-157}$$

17.3 行列式比值的凸性。对于正定阵 K 及 K_0，证明 $\ln(|K+K_0|/|K|)$ 关于 K 是凸的。

17.4 数据处理不等式。假设随机变量 X_1,X_2,X_3 与 X_4 构成马尔可夫链 $X_1\to X_2\to X_3\to X_4$。证明

$$I(X_1;X_3)+I(X_2;X_4)\leqslant I(X_1;X_4)+I(X_2;X_3) \tag{17-158}$$

17.5 马尔可夫链。假设随机变量 X,Y,Z 与 W 构成如下马尔可夫链

$$X\to Y\to(Z,W)，即\ p(x,y,z,w)=p(x)p(y|x)p(z,w|y)$$

证明

$$I(X;Z)+I(X;W)\leqslant I(X;Y)+I(Z;W) \tag{17-159}$$

历史回顾

香农[472]首先给出了熵幂不等式的陈述，而第一个正式的证明是由 Stam [505]和 Blachman [61]完成的。至于熵幂不等式和布伦一闵可夫斯基不等式的统一证明，可参看 Dembo 等 [164]。

本章中的大部分矩阵不等式是由 Cover 和 Thomas[118]利用信息论方法得到的。有关熵率的一些子集不等式，可参见 Han [270]。 687

参考文献

[1] J. Abrahams. Code and parse trees for lossless source encoding. *Proc. Compression and Complexity of Sequences 1997*, pages 145–171, 1998.

[2] N. Abramson. The ALOHA system—another alternative for computer communications. *AFIPS Conf. Proc.*, pages 281–285, 1970.

[3] N. M. Abramson. *Information Theory and Coding*. McGraw-Hill, New York, 1963.

[4] Y. S. Abu-Mostafa. Information theory. *Complexity*, pages 25–28, Nov. 1989.

[5] R. L. Adler, D. Coppersmith, and M. Hassner. Algorithms for sliding block codes: an application of symbolic dynamics to information theory. *IEEE Trans. Inf. Theory*, IT-29(1):5–22, 1983.

[6] R. Ahlswede. The capacity of a channel with arbitrary varying Gaussian channel probability functions. *Trans. 6th Prague Conf. Inf. Theory*, pages 13–21, Sept. 1971.

[7] R. Ahlswede. Multi-way communication channels. In *Proc. 2nd Int. Symp. Inf. Theory (Tsahkadsor, Armenian S.S.R.)*, pages 23–52. Hungarian Academy of Sciences, Budapest, 1971.

[8] R. Ahlswede. The capacity region of a channel with two senders and two receivers. *Ann. Prob.*, 2:805–814, 1974.

[9] R. Ahlswede. Elimination of correlation in random codes for arbitrarily varying channels. *Z. Wahrscheinlichkeitstheorie und verwandte Gebiete*, 33:159–175, 1978.

[10] R. Ahlswede. Coloring hypergraphs: A new approach to multiuser source coding. *J. Comb. Inf. Syst. Sci.*, pages 220–268, 1979.

[11] R. Ahlswede. A method of coding and an application to arbitrarily varying channels. *J. Comb. Inf. Syst. Sci.*, pages 10–35, 1980.

[12] R. Ahlswede and T. S. Han. On source coding with side information via a multiple access channel and related problems in multi-user information theory. *IEEE Trans. Inf. Theory*, IT-29:396–412, 1983.

[13] R. Ahlswede and J. Körner. Source coding with side information and a converse for the degraded broadcast channel. *IEEE Trans. Inf. Theory*, IT-21:629–637, 1975.

[14] R. F. Ahlswede. Arbitrarily varying channels with states sequence known to the sender. *IEEE Trans. Inf. Theory*, pages 621–629, Sept. 1986.

[15] R. F. Ahlswede. The maximal error capacity of arbitrarily varying channels for constant list sizes (corresp.). *IEEE Trans. Inf. Theory*, pages 1416–1417, July 1993.

[16] R. F. Ahlswede and G. Dueck. Identification in the presence of feedback: a discovery of new capacity formulas. *IEEE Trans. Inf. Theory*, pages 30–36, Jan. 1989.

[17] R. F. Ahlswede and G. Dueck. Identification via channels. *IEEE Trans. Inf. Theory*, pages 15–29, Jan. 1989.

[18] R. F. Ahlswede, E. H. Yang, and Z. Zhang. Identification via compressed data. *IEEE Trans. Inf. Theory*, pages 48–70, Jan. 1997.

[19] H. Akaike. Information theory and an extension of the maximum likelihood principle. *Proc. 2nd Int. Symp. Inf. Theory*, pages 267–281, 1973.

[20] P. Algoet and T. M. Cover. A sandwich proof of the Shannon–McMillan–Breiman theorem. *Ann. Prob.*, 16(2):899–909, 1988.

[21] P. Algoet and T. M. Cover. Asymptotic optimality and asymptotic equipar-

tition property of log-optimal investment. *Ann. Prob.*, 16(2):876–898, 1988.

[22] S. Amari. *Differential-Geometrical Methods in Statistics*. Springer-Verlag, New York, 1985.

[23] S. I. Amari and H. Nagaoka. *Methods of Information Geometry*. Oxford University Press, Oxford, 1999.

[24] V. Anantharam and S. Verdu. Bits through queues. *IEEE Trans. Inf. Theory*, pages 4–18, Jan. 1996.

[25] S. Arimoto. An algorithm for calculating the capacity of an arbitrary discrete memoryless channel. *IEEE Trans. Inf. Theory*, IT-18:14–20, 1972.

[26] S. Arimoto. On the converse to the coding theorem for discrete memoryless channels. *IEEE Trans. Inf. Theory*, IT-19:357–359, 1973.

[27] R. B. Ash. *Information Theory*. Interscience, New York, 1965.

[28] J. Aczél and Z. Daróczy. *On Measures of Information and Their Characterization*. Academic Press, New York, 1975.

[29] L. R. Bahl, J. Cocke, F. Jelinek, and J. Raviv. Optimal decoding of linear codes for minimizing symbol error rate (corresp.). *IEEE Trans. Inf. Theory*, pages 284–287, March 1974.

[30] A. Barron. Entropy and the central limit theorem. *Ann. Prob.*, 14(1): 336–342, 1986.

[31] A. Barron and T. M. Cover. A bound on the financial value of information. *IEEE Trans. Inf. Theory*, IT-34:1097–1100, 1988.

[32] A. Barron and T. M. Cover. Minimum complexity density estimation. *IEEE Trans. Inf. Theory*, 37(4):1034–1054, July 1991.

[33] A. R. Barron. *Logically smooth density estimation*. Ph.D. thesis, Department of Electrical Engineering, Stanford University, Stanford, CA, 1985.

[34] A. R. Barron. The strong ergodic theorem for densities: generalized Shannon–McMillan–Breiman theorem. *Ann. Prob.*, 13:1292–1303, 1985.

[35] A. R. Barron. Are Bayes' rules consistent in information? *Prob. Commun. Computation*, pages 85–91, 1987.

[36] A. R. Barron, J. Rissanen, and Bin Yu. The minimum description length principle in coding and modeling. *IEEE Trans. Inf. Theory*, pages 2743–2760, Oct. 1998.

[37] E. B. Baum. Neural net algorithms that learn in polynomial time from examples and queries. *IEEE Trans. Neural Networks*, pages 5–19, 1991.

[38] W. Beckner. Inequalities in Fourier analysis. *Ann. Math.*, 102:159–182, 1975.

[39] R. Bell and T. M. Cover. Competitive optimality of logarithmic investment. *Math. Oper. Res.*, 5(2):161–166, May 1980.

[40] R. Bell and T. M. Cover. Game-theoretic optimal portfolios. *Manage. Sci.*, 34(6):724–733, 1988.

[41] T. C. Bell, J. G. Cleary, and I. H. Witten. *Text Compression*. Prentice-Hall, Englewood Cliffs, NJ, 1990.

[42] R. Bellman. Notes on matrix theory. IV: An inequality due to Bergstrøm. *Am. Math. Monthly*, 62:172–173, 1955.

[43] C. H. Bennett and G. Brassard. Quantum cryptography: public key distribution and coin tossing. *Proc. IEEE Int. Conf. Comput.*, pages 175–179, 1984.

[44] C. H. Bennett, D. P. DiVincenzo, J. Smolin, and W. K. Wootters. Mixed state entanglement and quantum error correction. *Phys. Rev. A*, pages 3824–3851, 1996.

[45] C. H. Bennett, D. P. DiVincenzo, and J. A. Smolin. Capacities of quantum erasure channels. *Phys. Rev. Lett.*, pages 3217–3220, 1997.

[46] C. H. Bennett and S. J. Wiesner. Communication via one- and two-particle operators on Einstein–podolsky–Rosen states. *Phys. Rev. Lett.*, pages 2881–2884, 1992.

[47] C. H. Bennett. Demons, engines and the second law. *Sci. Am.*, 259(5):108–116, Nov. 1987.

[48] C. H. Bennett and R. Landauer. The fundamental physical limits of computation. *Sci. Am.*, 255(1):48–56, July 1985.

[49] C. H. Bennett and P. W. Shor. Quantum information theory. *IEEE Trans. Inf. Theory*, IT-44:2724–2742, Oct. 1998.

[50] J. Bentley, D. Sleator, R. Tarjan, and V. Wei. Locally adaptive data compression scheme. *Commun. ACM*, pages 320–330, 1986.

[51] R. Benzel. The capacity region of a class of discrete additive degraded interference channels. *IEEE Trans. Inf. Theory*, IT-25:228–231, 1979.

[52] T. Berger. *Rate Distortion Theory: A Mathematical Basis for Data Compression*. Prentice-Hall, Englewood Cliffs, NJ, 1971.

[53] T. Berger. Multiterminal source coding. In G. Longo (Ed.), *The Information Theory Approach to Communications*. Springer-Verlag, New York, 1977.

[54] T. Berger and R. W. Yeung. Multiterminal source encoding with one distortion criterion. *IEEE Trans. Inf. Theory*, IT-35:228–236, 1989.

[55] P. Bergmans. Random coding theorem for broadcast channels with degraded components. *IEEE Trans. Inf. Theory*, IT-19:197–207, 1973.

[56] E. R. Berlekamp. *Block Coding with Noiseless Feedback*. Ph.D. thesis, MIT, Cambridge, MA, 1964.

[57] C. Berrou, A. Glavieux, and P. Thitimajshima. Near Shannon limit error-correcting coding and decoding: Turbo codes. *Proc. 1993 Int. Conf. Commun.*, pages 1064–1070, May 1993.

[58] D. Bertsekas and R. Gallager. *Data Networks, 2nd ed.*. Prentice-Hall, Englewood Cliffs, NJ, 1992.

[59] M. Bierbaum and H. M. Wallmeier. A note on the capacity region of the multiple access channel. *IEEE Trans. Inf. Theory*, IT-25:484, 1979.

[60] E. Biglieri, J. Proakis, and S. Shamai. Fading channels: information-theoretic and communications aspects. *IEEE Trans. Inf. Theory*, pages 2619–2692, October 1998.

[61] N. Blachman. The convolution inequality for entropy powers. *IEEE Trans. Inf. Theory*, IT-11:267–271, Apr. 1965.

[62] D. Blackwell, L. Breiman, and A. J. Thomasian. Proof of Shannon's transmission theorem for finite-state indecomposable channels. *Ann. Math. Stat.*, pages 1209–1220, 1958.

[63] D. Blackwell, L. Breiman, and A. J. Thomasian. The capacity of a class of channels. *Ann. Math. Stat.*, 30:1229–1241, 1959.

[64] D. Blackwell, L. Breiman, and A. J. Thomasian. The capacities of certain channel classes under random coding. *Ann. Math. Stat.*, 31:558–567, 1960.

[65] R. Blahut. Computation of channel capacity and rate distortion functions. *IEEE Trans. Inf. Theory*, IT-18:460–473, 1972.

[66] R. E. Blahut. Information bounds of the Fano–Kullback type. *IEEE Trans. Inf. Theory*, IT-22:410–421, 1976.

[67] R. E. Blahut. *Principles and Practice of Information Theory*. Addison-Wesley, Reading, MA, 1987.

[68] R. E. Blahut. Hypothesis testing and information theory. *IEEE Trans. Inf. Theory*, IT-20:405–417, 1974.

[69] R. E. Blahut. *Theory and Practice of Error Control Codes*. Addison-Wesley, Reading, MA, 1983.

[70] B. M. Hochwald, G. Caire, B. Hassibi, and T. L. Marzetta (Eds.). *IEEE Trans. Inf. Theory*, Special Issue on Space-Time Transmission, Reception, Coding and Signal-Processing, Vol. 49, Oct. 2003.

[71] L. Boltzmann. Beziehung Zwischen dem zweiten Hauptsatze der mechanischen Wärmertheorie und der Wahrscheilichkeitsrechnung respektive den Saetzen uber das Wärmegleichgwicht. *Wien. Ber.*, pages 373–435, 1877.

[72] R. C. Bose and D. K. Ray-Chaudhuri. On a class of error correcting binary group codes. *Inf. Control*, 3:68–79, Mar. 1960.

[73] H. J. Brascamp and E. J. Lieb. Best constants in Young's inequality, its

converse and its generalization to more than three functions. *Adv. Math.*, 20:151–173, 1976.

[74] L. Breiman. The individual ergodic theorems of information theory. *Ann. Math. Stat.*, 28:809–811, 1957. With correction made in 31:809-810.

[75] L. Breiman. Optimal gambling systems for favourable games. In *Fourth Berkeley Symposium on Mathematical Statistics and Probability*, Vol. 1, pages 65–78. University of California Press, Berkeley, CA, 1961.

[76] L. Breiman, J. H. Friedman, R. A. Olshen, and C. J. Stone. *Classification and Regression Trees*. Wadsworth & Brooks, Pacific Grove, CA, 1984.

[77] L. Brillouin. *Science and Information Theory*. Academic Press, New York, 1962.

[78] J. A. Bucklew. The source coding theorem via Sanov's theorem. *IEEE Trans. Inf. Theory*, pages 907–909, Nov. 1987.

[79] J. A. Bucklew. *Large Deviation Techniques in Decision, Simulation, and Estimation*. Wiley, New York, 1990.

[80] J. P. Burg. *Maximum entropy spectral analysis*. Ph.D. thesis, Department of Geophysics, Stanford University, Stanford, CA, 1975.

[81] M. Burrows and D. J. Wheeler. *A Block-Sorting Lossless Data Compression Algorithm* (Tech. Rept. 124). Digital Systems Research Center, Palo Alto, CA, May 1994.

[82] A. R. Calderbank. The art of signaling: fifty years of coding theory. *IEEE Trans. Inf. Theory*, pages 2561–2595, Oct. 1998.

[83] A. R. Calderbank and P. W. Shor. Good quantum error-correcting codes exist. *Phys. Rev. A*, pages 1098–1106, 1995.

[84] A. Carleial. Outer bounds on the capacity of the interference channel. *IEEE Trans. Inf. Theory*, IT-29:602–606, 1983.

[85] A. B. Carleial. A case where interference does not reduce capacity. *IEEE Trans. Inf. Theory*, IT-21:569–570, 1975.

[86] G. Chaitin. *Information-Theoretic Incompleteness*. World Scientific, Singapore, 1992.

[87] G. J. Chaitin. On the length of programs for computing binary sequences. *J. ACM*, pages 547–569, 1966.

[88] G. J. Chaitin. The limits of mathematics. *J. Universal Comput. Sci.*, 2(5):270–305, 1996.

[89] G. J. Chaitin. On the length of programs for computing binary sequences. *J. ACM*, 13:547–569, 1966.

[90] G. J. Chaitin. Information theoretical limitations of formal systems. *J. ACM*, 21:403–424, 1974.

[91] G. J. Chaitin. Randomness and mathematical proof. *Sci. Am.*, 232(5):47–52, May 1975.

[92] G. J. Chaitin. Algorithmic information theory. *IBM J. Res. Dev.*, 21:350–359, 1977.

[93] G. J. Chaitin. *Algorithmic Information Theory*. Cambridge University Press, Cambridge, 1987.

[94] C. S. Chang and J. A. Thomas. Huffman algebras for independent random variables. *Discrete Event Dynam. Syst.*, 4:23–40, 1994.

[95] C. S. Chang and J. A. Thomas. Effective bandwidth in high speed digital networks. *IEEE J. Select. Areas Commun.*, 13:1091–1114, Aug. 1995.

[96] R. Chellappa. *Markov Random Fields: Theory and Applications*. Academic Press, San Diego, CA, 1993.

[97] H. Chernoff. A measure of the asymptotic efficiency of tests of a hypothesis based on a sum of observations. *Ann. Math. Stat.*, 23:493–507, 1952.

[98] B. S. Choi and T. M. Cover. An information-theoretic proof of Burg's maximum entropy spectrum. *Proc. IEEE*, 72:1094–1095, 1984.

[99] N. Chomsky. Three models for the description of language. *IEEE Trans. Inf. Theory*, pages 113–124, Sept. 1956.

[100] P. A. Chou, M. Effros, and R. M. Gray. A vector quantization approach to universal noiseless coding and quantization. *IEEE Trans. Inf. Theory*, pages 1109–1138, July 1996.

[101] K. L. Chung. A note on the ergodic theorem of information theory. *Ann. Math. Stat.*, 32:612–614, 1961.

[102] B. S. Clarke and A. R. Barron. Information-theoretic asymptotics of Bayes' methods. *IEEE Trans. Inf. Theory*, pages 453–471, May 1990.

[103] B. S. Clarke and A. R. Barron. Jeffreys' prior is asymptotically least favorable under entropy risk. *J. Stat. Planning Inf.*, pages 37–60, Aug. 1994.

[104] M. Costa and T. M. Cover. On the similarity of the entropy power inequality and the Brunn–Minkowski inequality. *IEEE Trans. Inf. Theory*, IT-30:837–839, 1984.

[105] M. H. M. Costa. On the Gaussian interference channel. *IEEE Trans. Inf. Theory*, pages 607–615, Sept. 1985.

[106] M. H. M. Costa and A. A. El Gamal. The capacity region of the discrete memoryless interference channel with strong interference. *IEEE Trans. Inf. Theory*, pages 710–711, Sept. 1987.

[107] T. M. Cover. Geometrical and statistical properties of systems of linear inequalities with applications to pattern recognition. *IEEE Trans. Electron. Computation*, pages 326–334, 1965.

[108] T. M. Cover. *Universal Gambling Schemes and the Complexity Measures of Kolmogorov and Chaitin* (Tech. Rept. 12). Department of Statistics, Stanford University, Stanford, CA, Oct. 1974.

[109] T. M. Cover. Open problems in information theory. *Proc. Moscow Inf. Theory Workshop*, pages 35–36, 1975.

[110] T. M. Cover. Universal portfolios. *Math. Finance*, pages 1–29, Jan. 1991.

[111] T. M. Cover. Comments on broadcast channels. *IEEE Trans. Inf. Theory*, pages 2524–2530, Oct. 1998.

[112] T. M. Cover. *Shannon and investment. IEEE Inf. Theory Newslett* (Special Golden Jubilee Issue), pp. 10–11, June 1998.

[113] T. M. Cover and M. S. Chiang. Duality between channel capacity and rate distortion with two-sided state information. *IEEE Trans. Inf. Theory*, IT-48(6):1629–1638, June 2002.

[114] T. M. Cover, P. Gács, and R. M. Gray. Kolmogorov's contributions to information theory and algorithmic complexity. *Ann. Prob.*, pages 840–865, July 1989.

[115] T. M. Cover, A. A. El Gamal, and M. Salehi. Multiple access channels with arbitrarily correlated sources. *IEEE Trans. Inf. Theory*, pages 648–657, Nov. 1980.

[116] T. M. Cover and P. E. Hart. Nearest neighbor pattern classification. *IEEE Trans. Inf. Theory*, pages 21–27, Jan. 1967.

[117] T. M. Cover and S. Pombra. Gaussian feedback capacity. *IEEE Trans. Inf. Theory*, pages 37–43, January 1989.

[118] T. M. Cover and J. A. Thomas. Determinant inequalities via information theory. *SIAM J. Matrix Anal. and Its Applications*, 9(3):384–392, July 1988.

[119] T. M. Cover. Broadcast channels. *IEEE Trans. Inf. Theory*, IT-18:2–14, 1972.

[120] T. M. Cover. Enumerative source encoding. *IEEE Trans. Inf. Theory*, IT-19(1):73–77, Jan. 1973.

[121] T. M. Cover. An achievable rate region for the broadcast channel. *IEEE Trans. Inf. Theory*, IT-21:399–404, 1975.

[122] T. M. Cover. A proof of the data compression theorem of Slepian and Wolf for ergodic sources. *IEEE Trans. Inf. Theory*, IT-22:226–228, 1975.

[123] T. M. Cover. An algorithm for maximizing expected log investment return. *IEEE Trans. Inf. Theory*, IT-30(2):369–373, 1984.

[124] T. M. Cover. Kolmogorov complexity, data compression and inference. In J. Skwirzynski (Ed.), *The Impact of Processing Techniques on Commu-*

nications, Vol. 91 of *Applied Sciences*. Martinus-Nijhoff, Dordrecht, The Netherlands, 1985.

[125] T. M. Cover. On the competitive optimality of Huffman codes. *IEEE Trans. Inf. Theory*, 37(1):172–174, Jan. 1991.

[126] T. M. Cover. Universal portfolios. *Math. Finance*, pages 1–29, Jan. 1991.

[127] T. M. Cover and A El Gamal. Capacity theorems for the relay channel. *IEEE Trans. Inf. Theory*, IT-25:572–584, 1979.

[128] T. M. Cover and A. El Gamal. An information theoretic proof of Hadamard's inequality. *IEEE Trans. Inf. Theory*, IT-29(6):930–931, Nov. 1983.

[129] T. M. Cover, A. El Gamal, and M. Salehi. Multiple access channels with arbitrarily correlated sources. *IEEE Trans. Inf. Theory*, IT-26:648–657, 1980.

[130] T. M. Cover. Pick the largest number, *Open Problems in Communication and Computation*. Ed. by T. M. Cover and B. Gopinath, page 152, New York, 1987.

[131] T. M. Cover and R. King. A convergent gambling estimate of the entropy of English. *IEEE Trans. Inf. Theory*, IT-24:413–421, 1978.

[132] T. M. Cover and C. S. K. Leung. Some equivalences between Shannon entropy and Kolmogorov complexity. *IEEE Trans. Inf. Theory*, IT-24:331–338, 1978.

[133] T. M. Cover and C. S. K. Leung. An achievable rate region for the multiple access channel with feedback. *IEEE Trans. Inf. Theory*, IT-27:292–298, 1981.

[134] T. M. Cover, R. J. McEliece, and E. Posner. Asynchronous multiple access channel capacity. *IEEE Trans. Inf. Theory*, IT-27:409–413, 1981.

[135] T. M. Cover and E. Ordentlich. Universal portfolios with side information. *IEEE Trans. Inf. Theory*, IT-42:348–363, Mar. 1996.

[136] T. M. Cover and S. Pombra. Gaussian feedback capacity. *IEEE Trans. Inf. Theory*, IT-35:37–43, 1989.

[137] H. Cramer. *Mathematical Methods of Statistics*. Princeton University Press, Princeton, NJ, 1946.

[138] I. Csiszár. Information type measures of difference of probability distributions and indirect observations. *Stud. Sci. Math. Hung.*, 2:299–318, 1967.

[139] I Csiszár. On the computation of rate distortion functions. *IEEE Trans. Inf. Theory*, IT-20:122–124, 1974.

[140] I. Csiszár. I-divergence geometry of probability distributions and minimization problems. *Ann. Prob.*, pages 146–158, Feb. 1975.

[141] I Csiszár. Sanov property, generalized I-projection and a conditional limit theorem. *Ann. Prob.*, 12:768–793, 1984.

[142] I. Csiszár. Information theory and ergodic theory. *Probl. Contr. Inf. Theory*, pages 3–27, 1987.

[143] I. Csiszár. A geometric interpretation of Darroch and Ratcliff's generalized iterative scaling. *Ann. Stat.*, pages 1409–1413, 1989.

[144] I. Csiszár. Why least squares and maximum entropy? An axiomatic approach to inference for linear inverse problems. *Ann. Stat.*, pages 2032–2066, Dec. 1991.

[145] I. Csiszár. Arbitrarily varying channels with general alphabets and states. *IEEE Trans. Inf. Theory*, pages 1725–1742, Nov. 1992.

[146] I. Csiszár. The method of types. *IEEE Trans. Inf. Theory*, pages 2505–2523, October 1998.

[147] I. Csiszár, T. M. Cover, and B. S. Choi. Conditional limit theorems under Markov conditioning. *IEEE Trans. Inf. Theory*, IT-33:788–801, 1987.

[148] I. Csiszár and J. Körner. Towards a general theory of source networks. *IEEE Trans. Inf. Theory*, IT-26:155–165, 1980.

[149] I. Csiszár and J. Körner. *Information Theory: Coding Theorems for Discrete Memoryless Systems*. Academic Press, New York, 1981.

[150] I. Csiszár and J. Körner. Feedback does not affect the reliability function of a DMC at rates above capacity (corresp.). *IEEE Trans. Inf. Theory*, pages 92–93, Jan. 1982.

[151] I. Csiszár and J. Körner. Broadcast channels with confidential messages. *IEEE Trans. Inf. Theory*, pages 339–348, May 1978.

[152] I. Csiszár and J. Körner. Graph decomposition: a new key to coding theorems. *IEEE Trans. Inf. Theory*, pages 5–12, Jan. 1981.

[153] I. Csiszár and G. Longo. *On the Error Exponent for Source Coding and for Testing Simple Statistical Hypotheses*. Hungarian Academy of Sciences, Budapest, 1971.

[154] I. Csiszár and P. Narayan. Capacity of the Gaussian arbitrarily varying channel. *IEEE Trans. Inf. Theory*, pages 18–26, Jan. 1991.

[155] I. Csiszár and G. Tusnády. Information geometry and alternating minimization procedures. *Statistics and Decisions*, Supplement Issue 1:205–237, 1984.

[156] G. B. Dantzig and D. R. Fulkerson. On the max-flow min-cut theorem of networks. In H. W. Kuhn and A. W. Tucker (Eds.), *Linear Inequalities and Related Systems* (Vol. 38 of *Annals of Mathematics Study*), pages 215–221. Princeton University Press, Princeton, NJ, 1956.

[157] J. N. Darroch and D. Ratcliff. Generalized iterative scaling for log-linear models. *Ann. Math. Stat.*, pages 1470–1480, 1972.

[158] I. Daubechies. *Ten Lectures on Wavelets*. SIAM, Philadelphia, 1992.

[159] L. D. Davisson. Universal noiseless coding. *IEEE Trans. Inf. Theory*, IT-19:783–795, 1973.

[160] L. D. Davisson. Minimax noiseless universal coding for Markov sources. *IEEE Trans. Inf. Theory*, pages 211–215, Mar. 1983.

[161] L. D. Davisson, R. J. McEliece, M. B. Pursley, and M. S. Wallace. Efficient universal noiseless source codes. *IEEE Trans. Inf. Theory*, pages 269–279, May 1981.

[162] A. Dembo. *Information Inequalities and Uncertainty Principles* (Technical Report), Department of Statistics, Stanford University, Stanford, CA, 1990.

[163] A. Dembo. Information inequalities and concentration of measure. *Ann. Prob.*, pages 927–939, 1997.

[164] A. Dembo, T. M. Cover, and J. A. Thomas. Information theoretic inequalities. *IEEE Trans. Inf. Theory*, 37(6):1501–1518, Nov. 1991.

[165] A. Dembo and O. Zeitouni. *Large Deviations Techniques and Applications*. Jones & Bartlett, Boston, 1993.

[166] A. P. Dempster, N. M. Laird, and D. B. Rubin. Maximum likelihood from incomplete data via the EM algorithm. *J. Roy. Stat. Soc. B*, 39(1):1–38, 1977.

[167] L. Devroye and L. Gyorfi. *Nonparametric Density Estimation: The L_1 View*. Wiley, New York, 1985.

[168] L. Devroye, L. Gyorfi, and G. Lugosi. *A Probabilistic Theory of Pattern Recognition*. Springer-Verlag, New York, 1996.

[169] D. P. DiVincenzo, P. W. Shor, and J. A. Smolin. Quantum-channel capacity of very noisy channels. *Phys. Rev. A*, pages 830–839, 1998.

[170] R.L. Dobrushin. General formulation of Shannon's main theorem of information theory. *Usp. Math. Nauk*, 14:3–104, 1959. Translated in *Am. Math. Soc. Trans.*, 33:323-438.

[171] R. L. Dobrushin. Survey of Soviet research in information theory. *IEEE Trans. Inf. Theory*, pages 703–724, Nov. 1972.

[172] D. L. Donoho. De-noising by soft-thresholding. *IEEE Trans. Inf. Theory*, pages 613–627, May 1995.

[173] R. O. Duda and P. E. Hart. *Pattern Classification and Scene Analysis*. Wiley, New York, 1973.

[174] G. Dueck. Maximal error capacity regions are smaller than average error capacity regions for multi-user channels. *Probl. Contr. Inf. Theory*, pages

11–19, 1978.

[175] G. Dueck. The capacity region of the two-way channel can exceed the inner bound. *Inf. Control*, 40:258–266, 1979.

[176] G. Dueck. Partial feedback for two-way and broadcast channels. *Inf. Control*, 46:1–15, 1980.

[177] G. Dueck and J. Körner. Reliability function of a discrete memoryless channel at rates above capacity. *IEEE Trans. Inf. Theory*, IT-25:82–85, 1979.

[178] P. M. Ebert. The capacity of the Gaussian channel with feedback. *Bell Syst. Tech. J.*, 49:1705–1712, Oct. 1970.

[179] P. M. Ebert. The capacity of the Gaussian channel with feedback. *Bell Syst. Tech. J.*, pages 1705–1712, Oct. 1970.

[180] K. Eckschlager. *Information Theory in Analytical Chemistry*. Wiley, New York, 1994.

[181] M. Effros, K. Visweswariah, S. R. Kulkarni, and S. Verdu. Universal lossless source coding with the Burrows–Wheeler transform. *IEEE Trans. Inf. Theory*, IT-48:1061–1081, May 2002.

[182] B. Efron and R. Tibshirani. *An Introduction to the Bootstrap*. Chapman & Hall, London, 1993.

[183] H. G. Eggleston. *Convexity* (Cambridge Tracts in Mathematics and Mathematical Physics, No. 47). Cambridge University Press, Cambridge, 1969.

[184] A. El Gamal. The feedback capacity of degraded broadcast channels. *IEEE Trans. Inf. Theory*, IT-24:379–381, 1978.

[185] A. El Gamal. The capacity region of a class of broadcast channels. *IEEE Trans. Inf. Theory*, IT-25:166–169, 1979.

[186] A. El Gamal and T. M. Cover. Multiple user information theory. *Proc. IEEE*, 68:1466–1483, 1980.

[187] A. El Gamal and T. M. Cover. Achievable rates for multiple descriptions. *IEEE Trans. Inf. Theory*, IT-28:851–857, 1982.

[188] A. El Gamal and E. C. Van der Meulen. A proof of Marton's coding theorem for the discrete memoryless broadcast channel. *IEEE Trans. Inf. Theory*, IT-27:120–122, 1981.

[189] P. Elias. Error-free coding. *IRE Trans. Inf. Theory*, IT-4:29–37, 1954.

[190] P. Elias. Coding for noisy channels. *IRE Conv. Rec., Pt. 4*, pages 37–46, 1955.

[191] P. Elias. Networks of Gaussian channels with applications to feedback systems. *IEEE Trans. Inf. Theory*, pages 493–501, July 1967.

[192] P. Elias. The efficient construction of an unbiased random sequence. *Ann. Math. Stat.*, pages 865–870, 1972.

[193] P. Elias. Universal codeword sets and representations of the integers. *IEEE Trans. Inf. Theory*, pages 194–203, Mar. 1975.

[194] P. Elias. Interval and recency rank source coding: two on-line adaptive variable-length schemes. *IEEE Trans. Inf. Theory*, pages 3–10, Jan. 1987.

[195] P. Elias, A. Feinstein, and C. E. Shannon. A note on the maximum flow through a network. *IEEE Trans. Inf. Theory*, pages 117–119, December 1956.

[196] R. S. Ellis. *Entropy, Large Deviations, and Statistical Mechanics*. Springer-Verlag, New York, 1985.

[197] A. Ephremides and B. Hajek. Information theory and communication networks: an unconsummated union. *IEEE Trans. Inf. Theory*, pages 2416–2434, Oct. 1998.

[198] W. H. R. Equitz and T. M. Cover. Successive refinement of information. *IEEE Trans. Inf. Theory*, pages 269–275, Mar. 1991.

[199] Ky Fan. On a theorem of Weyl concerning the eigenvalues of linear transformations II. *Proc. Nat. Acad. Sci. USA*, 36:31–35, 1950.

[200] Ky Fan. Some inequalities concerning positive-definite matrices. *Proc. Cambridge Philos. Soc.*, 51:414–421, 1955.

[201] R. M. Fano. Class notes for Transmission of Information, course 6.574 (Technical Report). MIT, Cambridge, MA, 1952.

[202] R. M. Fano. *Transmission of Information: A Statistical Theory of Communication*. Wiley, New York, 1961.

[203] M. Feder. A note on the competetive optimality of Huffman codes. *IEEE Trans. Inf. Theory*, 38(2):436–439, Mar. 1992.

[204] M. Feder, N. Merhav, and M. Gutman. Universal prediction of individual sequences. *IEEE Trans. Inf. Theory*, pages 1258–1270, July 1992.

[205] A. Feinstein. A new basic theorem of information theory. *IRE Trans. Inf. Theory*, IT-4:2–22, 1954.

[206] A. Feinstein. *Foundations of Information Theory*. McGraw-Hill, New York, 1958.

[207] A. Feinstein. On the coding theorem and its converse for finite-memory channels. *Inf. Control*, 2:25–44, 1959.

[208] W. Feller. *An Introduction to Probability Theory and Its Applications*, 2nd ed., Vol. 1. Wiley, New York, 1957.

[209] R. A. Fisher. On the mathematical foundations of theoretical statistics. *Philos. Trans. Roy. Soc., London A*, 222:309–368, 1922.

[210] R. A. Fisher. Theory of statistical estimation. *Proc. Cambridge Philos. Soc.*, 22:700–725, 1925.

[211] B. M. Fitingof. Optimal encoding with unknown and variable message statistics. *Probl. Inf. Transm. (USSR)*, pages 3–11, 1966.

[212] B. M. Fitingof. The compression of discrete information. *Probl. Inf. Transm. (USSR)*, pages 28–36, 1967.

[213] L. R. Ford and D. R. Fulkerson. Maximal flow through a network. *Can. J. Math.*, pages 399–404, 1956.

[214] L. R. Ford and D. R. Fulkerson. *Flows in Networks*. Princeton University Press, Princeton, NJ, 1962.

[215] G. D. Forney. Exponential error bounds for erasure, list and decision feedback schemes. *IEEE Trans. Inf. Theory*, IT-14:549–557, 1968.

[216] G. D. Forney. Information Theory: unpublished course notes. Stanford University, Stanford, CA, 1972.

[217] G. J. Foschini. Layered space-time architecture for wireless communication in a fading environment when using multi-element antennas. *Bell Syst. Tech. J.*, 1(2):41–59, 1996.

[218] P. Franaszek, P. Tsoucas, and J. Thomas. Context allocation for multiple dictionary data compression. In *Proc. IEEE Int. Symp. Inf. Theory*, Trondheim, Norway, page 12, 1994.

[219] P. A. Franaszek. On synchronous variable length coding for discrete noiseless channels. *Inf. Control*, 15:155–164, 1969.

[220] T. Gaarder and J. K. Wolf. The capacity region of a multiple-access discrete memoryless channel can increase with feedback. *IEEE Trans. Inf. Theory*, IT-21:100–102, 1975.

[221] D. Gabor. Theory of communication. *J. Inst. Elec. Engg.*, pages 429–457, Sept. 1946.

[222] P. Gacs and J. Körner. Common information is much less than mutual information. *Probl. Contr. Inf. Theory*, pages 149–162, 1973.

[223] R. G. Gallager. Source coding with side information and universal coding. Unpublished manuscript, also presented at the Int. Symp. Inf. Theory, Oct. 1974.

[224] R. G. Gallager. A simple derivation of the coding theorem and some applications. *IEEE Trans. Inf. Theory*, IT-11:3–18, 1965.

[225] R. G. Gallager. Capacity and coding for degraded broadcast channels. *Probl. Peredachi Inf.*, 10(3):3–14, 1974.

[226] R. G. Gallager. Basic limits on protocol information in data communication networks. *IEEE Trans. Inf. Theory*, pages 385–398, July 1976.

[227] R. G. Gallager. A minimum delay routing algorithm using distributed computation. *IEEE Trans. Commun.*, pages 73–85, Jan. 1977.

[228] R. G. Gallager. Variations on a theme by Huffman. *IEEE Trans. Inf. Theory*, pages 668–674, Nov. 1978.

[229] R. G. Gallager. *Source Coding with Side Information and Universal Coding* (Tech. Rept. LIDS-P-937). Laboratory for Information Decision Systems, MIT, Cambridge, MA, 1979.

[230] R. G. Gallager. A perspective on multiaccess channels. *IEEE Trans. Inf. Theory*, pages 124–142, Mar. 1985.

[231] R. G. Gallager. Low density parity check codes. *IRE Trans. Inf. Theory*, IT-8:21–28, Jan. 1962.

[232] R. G. Gallager. *Low Density Parity Check Codes*. MIT Press, Cambridge, MA, 1963.

[233] R. G. Gallager. *Information Theory and Reliable Communication*. Wiley, New York, 1968.

[234] A. A. El Gamal and T. M. Cover. Achievable rates for multiple descriptions. *IEEE Trans. Inf. Theory*, pages 851–857, November 1982.

[235] A. El Gamal. Broadcast channels with and without feedback. *11th Ann. Asilomar Conf. Circuits*, pages 180–183, Nov. 1977.

[236] A. El Gamal. Capacity of the product and sum of two unmatched broadcast channels. *Probl. Peredachi Inf.*, pages 3–23, Jan.–Mar. 1980.

[237] A. A. El Gamal. The feedback capacity of degraded broadcast channels (corresp.). *IEEE Trans. Inf. Theory*, pages 379–381, May 1978.

[238] A. A. El Gamal. The capacity of a class of broadcast channels. *IEEE Trans. Inf. Theory*, pages 166–169, Mar. 1979.

[239] A. A. El Gamal. The capacity of the physically degraded Gaussian broadcast channel with feedback (corresp.). *IEEE Trans. Inf. Theory*, pages 508–511, July 1981.

[240] A. A. El Gamal and E. C. van der Meulen. A proof of Marton's coding theorem for the discrete memoryless broadcast channel. *IEEE Trans. Inf. Theory*, pages 120–122, Jan. 1981.

[241] I. M. Gelfand, A. N. Kolmogorov, and A. M. Yaglom. On the general definition of mutual information. *Rept. Acad. Sci. USSR*, pages 745–748, 1956.

[242] S. I. Gelfand. Capacity of one broadcast channel. *Probl. Peredachi Inf.*, pages 106–108, July–Sept. 1977.

[243] S. I. Gelfand and M. S. Pinsker. Capacity of a broadcast channel with one deterministic component. *Probl. Peredachi Inf.*, pages 24–34, Jan.–Mar. 1980.

[244] S. I. Gelfand and M. S. Pinsker. Coding for channel with random parameters. *Probl. Contr. Inf. Theory*, pages 19–31, 1980.

[245] A. Gersho and R. M. Gray. *Vector Quantization and Signal Compression*. Kluwer, Boston, 1992.

[246] G. G. Rayleigh and J. M. Cioffi. Spatio-temporal coding for wireless communication. *IEEE Trans. Commun.*, 46:357–366, 1998.

[247] J. D. Gibson and J. L. Melsa. *Introduction to Nonparametric Detection with Applications*. IEEE Press, New York, 1996.

[248] E. N. Gilbert. Codes based on inaccurate source probabilities. *IEEE Trans. Inf. Theory*, pages 304–314, May 1971.

[249] E. N. Gilbert and E. F. Moore. Variable length binary encodings. *Bell Syst. Tech. J.*, 38:933–967, 1959.

[250] S. Goldman. Some fundamental considerations concerning noise reduction and range in radar and communication. *Proc. Inst. Elec. Engg.*, pages 584–594, 1948.

[251] S. Goldman. *Information Theory*. Prentice-Hall, Englewood Cliffs, NJ, 1953.

[252] A. Goldsmith and M. Effros. The capacity region of Gaussian broadcast

channels with intersymbol interference and colored Gaussian noise. *IEEE Trans. Inf. Theory*, 47:2–8, Jan. 2001.

[253] S. W. Golomb. Run-length encodings. *IEEE Trans. Inf. Theory*, pages 399–401, July 1966.

[254] S. W. Golomb, R. E. Peile, and R. A. Scholtz. *Basic Concepts in Information Theory and Coding: The Adventures of Secret Agent 00111 (Applications of Communications Theory)*. Plenum Publishing, New York, 1994.

[255] A. J. Grant, B. Rimoldi, R. L. Urbanke, and P. A. Whiting. Rate-splitting multiple access for discrete memoryless channels. *IEEE Trans. Inf. Theory*, pages 873–890, Mar. 2001.

[256] R. M. Gray. *Source Coding Theory*. Kluwer, Boston, 1990.

[257] R. M. Gray and L. D. Davisson, (Eds.). *Ergodic and Information Theory*. Dowden, Hutchinson & Ross, Stroudsburg, PA, 1977.

[258] R. M. Gray and Lee D. Davisson. Source coding theorems without the ergodic assumption. *IEEE Trans. Inf. Theory*, pages 502–516, July 1974.

[259] R. M. Gray. Sliding block source coding. *IEEE Trans. Inf. Theory*, IT-21:357–368, 1975.

[260] R. M. Gray. *Entropy and Information Theory*. Springer-Verlag, New York, 1990.

[261] R. M. Gray and A. Wyner. Source coding for a simple network. *Bell Syst. Tech. J.*, 58:1681–1721, 1974.

[262] U. Grenander and G. Szego. *Toeplitz Forms and Their Applications*. University of California Press, Berkeley, CA, 1958.

[263] B. Grünbaum. *Convex Polytopes*. Interscience, New York, 1967.

[264] S. Guiasu. *Information Theory with Applications*. McGraw-Hill, New York, 1976.

[265] B. E. Hajek and M. B. Pursley. Evaluation of an achievable rate region for the broadcast channel. *IEEE Trans. Inf. Theory*, pages 36–46, Jan. 1979.

[266] R. V. Hamming. Error detecting and error correcting codes. *Bell Syst. Tech. J.*, 29:147–160, 1950.

[267] T. S. Han. The capacity region for the deterministic broadcast channel with a common message (corresp.). *IEEE Trans. Inf. Theory*, pages 122–125, Jan. 1981.

[268] T. S. Han and S. I. Amari. Statistical inference under multiterminal data compression. *IEEE Trans. Inf. Theory*, pages 2300–2324, Oct. 1998.

[269] T. S. Han and S. Verdu. New results in the theory of identification via channels. *IEEE Trans. Inf. Theory*, pages 14–25, Jan. 1992.

[270] T. S. Han. Nonnegative entropy measures of multivariate symmetric correlations. *Inf. Control*, 36(2):133–156, 1978.

[271] T. S. Han. The capacity region of a general multiple access channel with certain correlated sources. *Inf. Control*, 40:37–60, 1979.

[272] T. S. Han. *Information-Spectrum Methods in Information Theory*. Springer-Verlag, New York, 2002.

[273] T. S. Han and M. H. M. Costa. Broadcast channels with arbitrarily correlated sources. *IEEE Trans. Inf. Theory*, IT-33:641–650, 1987.

[274] T. S. Han and K. Kobayashi. A new achievable rate region for the interference channel. *IEEE Trans. Inf. Theory*, IT-27:49–60, 1981.

[275] R. V. Hartley. Transmission of information. *Bell Syst. Tech. J.*, 7:535, 1928.

[276] C. W. Helstrom. *Elements of Signal Detection and Estimation*. Prentice-Hall, Englewood Cliffs, NJ, 1995.

[277] Y. Hershkovits and J. Ziv. On sliding-window universal data compression with limited memory. *IEEE Trans. Inf. Theory*, pages 66–78, Jan. 1998.

[278] P. A. Hocquenghem. Codes correcteurs d'erreurs. *Chiffres*, 2:147–156, 1959.

[279] J. L. Holsinger. *Digital Communication over Fixed Time-Continuous Channels with Memory, with Special Application to Telephone Channels* (Technical Report). MIT, Cambridge, MA, 1964.

[280] M. L. Honig, U. Madhow, and S. Verdu. Blind adaptive multiuser detection. *IEEE Trans. Inf. Theory*, pages 944–960, July 1995.

[281] J. E. Hopcroft and J. D. Ullman. *Introduction to Automata Theory, Formal Languages and Computation*. Addison-Wesley, Reading, MA, 1979.

[282] Y. Horibe. An improved bound for weight-balanced tree. *Inf. Control*, 34:148–151, 1977.

[283] D. A. Huffman. A method for the construction of minimum redundancy codes. *Proc. IRE*, 40:1098–1101, 1952.

[284] J. Y. Hui. *Switching an Traffic Theory for Integrated Broadband Networks*. Kluwer, Boston, 1990.

[285] J. Y. N. Hui and P. A. Humblet. The capacity region of the totally asynchronous multiple-access channel. *IEEE Trans. Inf. Theory*, pages 207–216, Mar. 1985.

[286] S. Ihara. On the capacity of channels with additive non-Gaussian noise. *Inf. Contr.*, pages 34–39, 1978.

[287] S. Ihara. *Information Theory for Continuous Systems*. World Scientific, Singapore, 1993.

[288] K. A. Schouhamer Immink, Paul H. Siegel, and Jack K. Wolf. Codes for digital recorders. *IEEE Trans. Inf. Theory*, pages 2260–2299, Oct. 1998.

[289] N. S. Jayant (Ed.). *Waveform Quantization and Coding*. IEEE Press, New York, 1976.

[290] N. S. Jayant and P. Noll. *Digital Coding of Waveforms*. Prentice-Hall, Englewood Cliffs, NJ, 1984.

[291] E. T. Jaynes. Information theory and statistical mechanics. *Phys. Rev.*, 106:620, 1957.

[292] E. T. Jaynes. Information theory and statistical mechanics II. *Phys. Rev.*, 108:171, 1957.

[293] E. T. Jaynes. On the rationale of maximum entropy methods. *Proc. IEEE*, 70:939–952, 1982.

[294] E. T. Jaynes. *Papers on Probability, Statistics and Statistical Physics*. Reidel, Dordrecht, The Netherlands, 1982.

[295] F. Jelinek. Buffer overflow in variable length encoding of fixed rate sources. *IEEE Trans. Inf. Theory*, IT-14:490–501, 1968.

[296] F. Jelinek. Evaluation of expurgated error bounds. *IEEE Trans. Inf. Theory*, IT-14:501–505, 1968.

[297] F. Jelinek. *Probabilistic Information Theory*. McGraw-Hill, New York, 1968.

[298] F. Jelinek. *Statistical Methods for Speech Recognition*. MIT Press, Cambridge, MA, 1998.

[299] R Jozsa and B. Schumacher. A new proof of the quantum noiseless coding theorem. *J Mod. Opt.*, pages 2343–2350, 1994.

[300] G. G. Langdon, Jr. A note on the Ziv–Lempel model for compressing individual sequences. *IEEE Trans. Inf. Theory*, pages 284–287, Mar. 1983.

[301] J. Justesen. A class of constructive asymptotically good algebraic codes. *IEEE Trans. Inf. Theory*, IT-18:652–656, 1972.

[302] M. Kac. On the notion of recurrence in discrete stochastic processes. *Bull. Am. Math. Soc.*, pages 1002–1010, Oct. 1947.

[303] T. Kailath and J. P. M. Schwalkwijk. A coding scheme for additive noise channels with feedback. Part I: No bandwidth constraints. *IEEE Trans. Inf. Theory*, IT-12:172–182, 1966.

[304] T. Kailath and H. V. Poor. Detection of stochastic processes. *IEEE Trans. Inf. Theory*, pages 2230–2259, Oct. 1998.

[305] S. Karlin. *Mathematical Methods and Theory in Games, Programming and Economics*, Vol. 2. Addison-Wesley, Reading, MA, 1959.

[306] J. Karush. A simple proof of an inequality of McMillan. *IRE Trans. Inf. Theory*, IT-7:118, 1961.

[307] F. P. Kelly. Notes on effective bandwidth. *Stochastic Networks Theory and Applications*, pages 141–168, 1996.

[308] J. Kelly. A new interpretation of information rate. *Bell Syst. Tech. J*, 35:917–926, July 1956.

[309] J. H. B. Kemperman. *On the Optimum Rate of Transmitting Information* (Lecture Notes in Mathematics), pages 126–169. Springer Verlag, New York, 1967.

[310] M. Kendall and A. Stuart. *The Advanced Theory of Statistics*. Macmillan, New York, 1977.

[311] A. Y. Khinchin. *Mathematical Foundations of Information Theory*. Dover, New York, 1957.

[312] J. C. Kieffer. A simple proof of the Moy–Perez generalization of the Shannon–McMillan theorem. *Pacific J. Math.*, 51:203–206, 1974.

[313] J. C. Kieffer. A survey of the theory of source coding with a fidelity criterion. *IEEE Trans. Inf. Theory*, pages 1473–1490, Sept. 1993.

[314] Y. H. Kim. Feedback capacity of first-order moving average Gaussian channel. *Proc. IEEE Int. Symp. Information Theory*, Adelaide, pages 416–420, Sept. 2005.

[315] D. E. Knuth. Dynamic Huffman coding. *J. Algorithms*, pages 163–180, 1985.

[316] D. E. Knuth. *Art of Computer Programming*.

[317] D. E. Knuth and A. C. Yao. The complexity of random number generation. In J. F. Traub (Ed.), *Algorithms and Complexity: Recent Results and New Directions* (Proceedings of the Symposium on New Directions and Recent Results in Algorithms and Complexity, Carnegie-Mellon University, 1976), pages 357–428. Academic Press, New York, 1976.

[318] A. N. Kolmogorov. A new metric invariant of transitive dynamical systems and automorphism in Lebesgue spaces. *Dokl. Akad. Nauk SSSR*, pages 861–864, 1958.

[319] A. N. Kolmogorov. On the Shannon theory of information transmission in the case of continuous signals. *IRE Trans. Inf. Theory*, IT-2:102–108, Sept. 1956.

[320] A. N. Kolmogorov. A new invariant for transitive dynamical systems. *Dokl. Acad. Nauks SSR*, 119:861–864, 1958.

[321] A. N. Kolmogorov. Three approaches to the quantitative definition of information. *Probl. Inf. Transm. (USSR)*, 1:4–7, 1965.

[322] A. N. Kolmogorov. Logical basis for information theory and probability theory. *IEEE Trans. Inf. Theory*, IT-14:662–664, 1968.

[323] A. N. Kolmogorov. The theory of transmission of information. In *Selected Works of A. N. Kolmogorov, Vol. III: Information Theory and the Theory of Algorithms*, Session on scientific problems of automatization in industry, Vol. 1, Plenary talks, Izd. Akad. Nauk SSSR, Moscow, 1957, pages 66–99. Kluwer, Dordrecht, The Netherlands, 1993.

[324] J. Körner and K. Marton. The comparison of two noisy channels. In I. Csiszár and P. Elias (Ed.), *Topics in Information Theory* (Coll. Math. Soc. J. Bolyai, No. 16), pages 411–423. North-Holland, Amsterdam, 1977.

[325] J. Körner and K. Marton. General broadcast channels with degraded message sets. *IEEE Trans. Inf. Theory*, IT-23:60–64, 1977.

[326] J. Körner and K. Marton. How to encode the modulo 2 sum of two binary sources. *IEEE Trans. Inf. Theory*, IT-25:219–221, 1979.

[327] J. Körner and A. Orlitsky. Zero error information theory. *IEEE Trans. Inf. Theory*, IT-44:2207–2229, Oct. 1998.

[328] V. A. Kotel'nikov. On the transmission capacity of "ether" and wire in electrocommunications. *Izd. Red. Upr. Svyazi RKKA*, 44, 1933.

[329] V. A. Kotel'nikov. *The Theory of Optimum Noise Immunity*. McGraw-Hill, New York, 1959.

[330] L. G. Kraft. *A device for quantizing, grouping and coding amplitude mod-*

ulated pulses. Master's thesis, Department of Electrical Engineering, MIT, Cambridge, MA, 1949.

[331] R. E. Krichevsky. Laplace's law of succession and universal encoding. *IEEE Trans. Inf. Theory*, pages 296–303, Jan. 1998.

[332] R. E. Krichevsky. *Universal Compression and Retrieval*. Kluwer, Dordrecht, The Netherlands, 1994.

[333] R. E. Krichevsky and V. K. Trofimov. The performance of universal encoding. *IEEE Trans. Inf. Theory*, pages 199–207, Mar. 1981.

[334] S. R. Kulkarni, G. Lugosi, and S. S. Venkatesh. Learning pattern classification: a survey. *IEEE Trans. Inf. Theory*, pages 2178–2206, Oct. 1998.

[335] S. Kullback. *Information Theory and Statistics*. Wiley, New York, 1959.

[336] S. Kullback. A lower bound for discrimination in terms of variation. *IEEE Trans. Inf. Theory*, IT-13:126–127, 1967.

[337] S. Kullback, J. C. Keegel, and J. H. Kullback. *Topics in Statistical Information Theory*. Springer-Verlag, Berlin, 1987.

[338] S. Kullback and M. A. Khairat. A note on minimum discrimination information. *Ann. Math. Stat.*, pages 279–280, 1966.

[339] S. Kullback and R. A. Leibler. On information and sufficiency. *Ann. Math. Stat.*, 22:79–86, 1951.

[340] H. J. Landau and H. O. Pollak. Prolate spheroidal wave functions, Fourier analysis and uncertainty: Part II. *Bell Syst. Tech. J.*, 40:65–84, 1961.

[341] H. J. Landau and H. O. Pollak. Prolate spheroidal wave functions, Fourier analysis and uncertainty: Part III. *Bell Syst. Tech. J.*, 41:1295–1336, 1962.

[342] G. G. Langdon. An introduction to arithmetic coding. *IBM J. Res. Dev.*, 28:135–149, 1984.

[343] G. G. Langdon and J. J. Rissanen. A simple general binary source code. *IEEE Trans. Inf. Theory*, IT-28:800, 1982.

[344] A. Lapidoth and P. Narayan. Reliable communication under channel uncertainty. *IEEE Trans. Inf. Theory*, pages 2148–2177, Oct. 1998.

[345] A. Lapidoth and J. Ziv. On the universality of the LZ-based decoding algorithm. *IEEE Trans. Inf. Theory*, pages 1746–1755, Sept. 1998.

[346] H. A. Latané. Criteria for choice among risky ventures. *J. Polit. Econ.*, 38:145–155, Apr. 1959.

[347] H. A. Latané and D.L. Tuttle. Criteria for portfolio building. *J. Finance*, 22:359–373, Sept. 1967.

[348] E. A. Lee and D. G. Messerschmitt. *Digital Communication*, 2nd ed. Kluwer, Boston, 1994.

[349] J. Leech and N. J. A. Sloane. Sphere packing and error-correcting codes. *Can. J. Math*, pages 718–745, 1971.

[350] E. L. Lehmann and H. Scheffé. Completeness, similar regions and unbiased estimation. *Sankhya*, 10:305–340, 1950.

[351] A. Lempel and J. Ziv. On the complexity of finite sequences. *IEEE Trans. Inf. Theory*, pages 75–81, Jan. 1976.

[352] L. A. Levin. On the notion of a random sequence. *Sov. Math. Dokl.*, 14:1413–1416, 1973.

[353] L. A. Levin and A. K. Zvonkin. The complexity of finite objects and the development of the concepts of information and randomness by means of the theory of algorithms. *Russ. Math. Surv.*, 25/6:83–124, 1970.

[354] M. Li and P. Vitanyi. *An Introduction to Kolmogorov Complexity and Its Applications*, 2nd ed. Springer-Verlag, New York, 1997.

[355] H. Liao. *Multiple access channels*. Ph.D. thesis, Department of Electrical Engineering, University of Hawaii, Honolulu, 1972.

[356] S. Lin and D. J. Costello, Jr. *Error Control Coding: Fundamentals and Applications*. Prentice-Hall, Englewood Cliffs, NJ, 1983.

[357] D. Lind and B. Marcus. *Symbolic Dynamics and Coding*. Cambridge University Press, Cambridge, 1995.

[358] Y. Linde, A. Buzo, and R. M. Gray. An algorithm for vector quantizer design. *IEEE Trans. Commun.*, COM-28:84–95, 1980.

[359] T. Linder, G. Lugosi, and K. Zeger. Rates of convergence in the source coding theorem in empirical quantizer design. *IEEE Trans. Inf. Theory*, pages 1728–1740, Nov. 1994.

[360] T. Linder, G. Lugosi, and K. Zeger. Fixed-rate universal lossy source coding and rates of convergence for memoryless sources. *IEEE Trans. Inf. Theory*, pages 665–676, May 1995.

[361] D. Lindley. *Boltzmann's Atom: The Great Debate That Launched A Revolution in Physics*. Free Press, New York, 2001.

[362] A. Liversidge. Profile of Claude Shannon. In N. J. A. Sloane and A. D. Wyner (Eds.), *Claude Elwood Shannon Collected Papers*. IEEE Press, Piscataway, NJ, 1993 (*Omni* magazine, Aug. 1987.)

[363] S. P. Lloyd. Least Squares Quantization in PCM (Technical Report). *Bell Lab. Tech. Note*, 1957.

[364] G. Louchard and Wojciech Szpankowski. On the average redundancy rate of the Lempel–Ziv code. *IEEE Trans. Inf. Theory*, pages 2–8, Jan. 1997.

[365] L. Lovasz. On the Shannon capacity of a graph. *IEEE Trans. Inf. Theory*, IT-25:1–7, 1979.

[366] R. W. Lucky. *Silicon Dreams: Information, Man and Machine*. St. Martin's Press, New York, 1989.

[367] D. J. C. Mackay. *Information Theory, Inference, and Learning Algorithms*. Cambridge University Press, Cambridge, 2003.

[368] D. J. C. MacKay and R. M. Neal. Near Shannon limit performance of low-density parity-check codes. *Electron. Lett.*, pages 1645–1646, Mar. 1997.

[369] F. J. MacWilliams and N. J. A. Sloane. *The Theory of Error-Correcting Codes*. North-Holland, Amsterdam, 1977.

[370] B. Marcus. Sofic systems and encoding data. *IEEE Trans. Inf. Theory*, IT-31(3):366–377, May 1985.

[371] R. J. Marks. *Introduction to Shannon Sampling and Interpolation Theory*. Springer-Verlag New York, 1991.

[372] A. Marshall and I. Olkin. *Inequalities: Theory of Majorization and Its Applications*. Academic Press, New York, 1979.

[373] A. Marshall and I. Olkin. A convexity proof of Hadamard's inequality. *Am. Math. Monthly*, 89(9):687–688, 1982.

[374] P. Martin-Löf. The definition of random sequences. *Inf. Control*, 9:602–619, 1966.

[375] K. Marton. Information and information stability of ergodic sources. *Probl. Inf. Transm. (VSSR)*, pages 179–183, 1972.

[376] K. Marton. Error exponent for source coding with a fidelity criterion. *IEEE Trans. Inf. Theory*, IT-20:197–199, 1974.

[377] K. Marton. A coding theorem for the discrete memoryless broadcast channel. *IEEE Trans. Inf. Theory*, IT-25:306–311, 1979.

[378] J. L. Massey and P. Mathys. The collision channel without feedback. *IEEE Trans. Inf. Theory*, pages 192–204, Mar. 1985.

[379] R. A. McDonald. *Information rates of Gaussian signals under criteria constraining the error spectrum*. D. Eng. dissertation, Yale University School of Electrical Engineering, New Haven, CT, 1961.

[380] R. A. McDonald and P. M. Schultheiss. Information rates of Gaussian signals under criteria constraining the error spectrum. *Proc. IEEE*, pages 415–416, 1964.

[381] R. A. McDonald and P. M. Schultheiss. Information rates of Gaussian signals under criteria constraining the error spectrum. *Proc. IEEE*, 52:415–416, 1964.

[382] R. J. McEliece, D. J. C. MacKay, and J. F. Cheng. Turbo decoding as an instance of Pearl's belief propagation algorithm. *IEEE J. Sel. Areas Commun.*, pages 140–152, Feb. 1998.

[383] R. J. McEliece. *The Theory of Information and Coding*. Addison-Wesley, Reading, MA, 1977.

[384] B. McMillan. The basic theorems of information theory. *Ann. Math. Stat.*, 24:196–219, 1953.

[385] B. McMillan. Two inequalities implied by unique decipherability. *IEEE Trans. Inf. Theory*, IT-2:115–116, 1956.

[386] N. Merhav and M. Feder. Universal schemes for sequential decision from individual data sequences. *IEEE Trans. Inf. Theory*, pages 1280–1292, July 1993.

[387] N. Merhav and M. Feder. A strong version of the redundancy-capacity theorem of universal coding. *IEEE Trans. Inf. Theory*, pages 714–722, May 1995.

[388] N. Merhav and M. Feder. Universal prediction. *IEEE Trans. Inf. Theory*, pages 2124–2147, Oct. 1998.

[389] R. C. Merton and P. A. Samuelson. Fallacy of the log-normal approximation to optimal portfolio decision-making over many periods. *J. Finan. Econ.*, 1:67–94, 1974.

[390] H. Minkowski. Diskontinuitätsbereich für arithmetische Äquivalenz. *J. Math.*, 129:220–274, 1950.

[391] L. Mirsky. On a generalization of Hadamard's determinantal inequality due to Szasz. *Arch. Math.*, VIII:274–275, 1957.

[392] S. C. Moy. Generalizations of the Shannon–McMillan theorem. *Pacific J. Math.*, pages 705–714, 1961.

[393] J. von Neumann and O. Morgenstern. *Theory of Games and Economic Behaviour*. Princeton University Press, Princeton, NJ, 1980.

[394] J. Neyman and E. S. Pearson. On the problem of the most efficient tests of statistical hypotheses. *Philos. Trans. Roy. Soc. London A*, 231:289–337, 1933.

[395] M. Nielsen and I. Chuang. *Quantum Computation and Quantum Information*. Cambridge University Press, Cambridge, 2000.

[396] H. Nyquist. Certain factors affecting telegraph speed. *Bell Syst. Tech. J.*, 3:324, 1924.

[397] H. Nyquist. Certain topics in telegraph transmission theory. *AIEE Trans.*, pages 617–644, Apr. 1928.

[398] J. Omura. A coding theorem for discrete time sources. *IEEE Trans. Inf. Theory*, IT-19:490–498, 1973.

[399] A. Oppenheim. Inequalities connected with definite Hermitian forms. *J. London Math. Soc.*, 5:114–119, 1930.

[400] E. Ordentlich. On the factor-of-two bound for Gaussian multiple-access channels with feedback. *IEEE Trans. Inf. Theory*, pages 2231–2235, Nov. 1996.

[401] E. Ordentlich and T. Cover. The cost of achieving the best portfolio in hindsight. *Math. Operations Res.*, 23(4): 960–982, Nov. 1998.

[402] S. Orey. On the Shannon–Perez–Moy theorem. *Contemp. Math.*, 41:319–327, 1985.

[403] A. Orlitsky. Worst-case interactive communication. I: Two messages are almost optimal. *IEEE Trans. Inf. Theory*, pages 1111–1126, Sept. 1990.

[404] A. Orlitsky. Worst-case interactive communication. II: Two messages are not optimal. *IEEE Trans. Inf. Theory*, pages 995–1005, July 1991.

[405] A. Orlitsky. Average-case interactive communication. *IEEE Trans. Inf. Theory*, pages 1534–1547, Sept. 1992.

[406] A. Orlitsky and A. El Gamal. Average and randomized communication complexity. *IEEE Trans. Inf. Theory*, pages 3–16, Jan. 1990.

[407] D. S. Ornstein. Bernoulli shifts with the same entropy are isomorphic. *Adv. Math.*, pages 337–352, 1970.

[408] D. S. Ornstein and B. Weiss. Entropy and data compression schemes. *IEEE Trans. Inf. Theory*, pages 78–83, Jan. 1993.

[409] D. S. Ornstein. Bernoulli shifts with the same entropy are isomorphic. *Adv.*

Math., 4:337–352, 1970.

[410] L. H. Ozarow. The capacity of the white Gaussian multiple access channel with feedback. *IEEE Trans. Inf. Theory*, IT-30:623–629, 1984.

[411] L. H. Ozarow and C. S. K. Leung. An achievable region and an outer bound for the Gaussian broadcast channel with feedback. *IEEE Trans. Inf. Theory*, IT-30:667–671, 1984.

[412] H. Pagels. *The Dreams of Reason: the Computer and the Rise of the Sciences of Complexity*. Simon and Schuster, New York, 1988.

[413] C. Papadimitriou. *Information theory and computational complexity: The expanding interface*. *IEEE Inf. Theory Newslett.* (Special Golden Jubilee Issue), pages 12–13, June 1998.

[414] R. Pasco. *Source coding algorithms for fast data compression*. Ph.D. thesis, Stanford University, Stanford, CA, 1976.

[415] A. J. Paulraj and C. B. Papadias. Space-time processing for wireless communications. *IEEE Signal Processing Mag.*, pages 49–83, Nov. 1997.

[416] W. B. Pennebaker and J. L. Mitchell. *JPEG Still Image Data Compression Standard*. Van Nostrand Reinhold, New York, 1988.

[417] A. Perez. Extensions of Shannon–McMillan's limit theorem to more general stochastic processes. In *Trans. Third Prague Conference on Information Theory, Statistical Decision Functions and Random Processes*, pages 545–574, Czechoslovak Academy of Sciences, Prague, 1964.

[418] J. R. Pierce. The early days of information theory. *IEEE Trans. Inf. Theory*, pages 3–8, Jan. 1973.

[419] J. R. Pierce. *An Introduction to Information Theory: Symbols, Signals and Noise*, 2nd ed. Dover Publications, New York, 1980.

[420] J. T. Pinkston. An application of rate-distortion theory to a converse to the coding theorem. *IEEE Trans. Inf. Theory*, IT-15:66–71, 1969.

[421] M. S. Pinsker. Talk at Soviet Information Theory meeting, 1969. No abstract published.

[422] M. S. Pinsker. *Information and Information Stability of Random Variables and Processes*. Holden-Day, San Francisco, CA, 1964. (Originally published in Russian in 1960.)

[423] M. S. Pinsker. The capacity region of noiseless broadcast channels. *Probl. Inf. Transm. (USSR)*, 14(2):97–102, 1978.

[424] M. S. Pinsker and R. L. Dobrushin. Memory increases capacity. *Probl. Inf. Transm. (USSR)*, pages 94–95, Jan. 1969.

[425] M. S. Pinsker. *Information and Stability of Random Variables and Processes*. Izd. Akad. Nauk, 1960. Translated by A. Feinstein, 1964.

[426] E. Plotnik, M. Weinberger, and J. Ziv. Upper bounds on the probability of sequences emitted by finite-state sources and on the redundancy of the Lempel–Ziv algorithm. *IEEE Trans. Inf. Theory*, IT-38(1):66–72, Jan. 1992.

[427] D. Pollard. *Convergence of Stochastic Processes*. Springer-Verlag, New York, 1984.

[428] G. S. Poltyrev. Carrying capacity for parallel broadcast channels with degraded components. *Probl. Peredachi Inf.*, pages 23–35, Apr.–June 1977.

[429] S. Pombra and T. M. Cover. Nonwhite Gaussian multiple access channels with feedback. *IEEE Trans. Inf. Theory*, pages 885–892, May 1994.

[430] H. V. Poor. *An Introduction to Signal Detection and Estimation*, 2nd ed. Springer-Verlag, New York, 1994.

[431] F. Pratt. *Secret and Urgent*. Blue Ribbon Books, Garden City, NY, 1939.

[432] L. R. Rabiner. A tutorial on hidden Markov models and selected applications in speech recognition. *Proc. IEEE*, pages 257–286, Feb. 1989.

[433] L. R. Rabiner and R. W. Schafer. *Digital Processing of Speech Signals*. Prentice-Hall, Englewood Cliffs, NJ, 1978.

[434] R. Ahlswede and Z. Zhang. New directions in the theory of identification via channels. *IEEE Trans. Inf. Theory*, 41:1040–1050, 1995.

[435] C. R. Rao. Information and accuracy obtainable in the estimation of statistical parameters. *Bull. Calcutta Math. Soc.*, 37:81–91, 1945.

[436] I. S. Reed. *1982 Claude Shannon lecture: Application of transforms to coding and related topics*. *IEEE Inf. Theory Newslett.*, pages 4–7, Dec. 1982.

[437] F. M. Reza. *An Introduction to Information Theory*. McGraw-Hill, New York, 1961.

[438] S. O. Rice. Mathematical analysis of random noise. *Bell Syst. Tech. J.*, pages 282–332, Jan. 1945.

[439] S. O. Rice. Communication in the presence of noise: probability of error for two encoding schemes. *Bell Syst. Tech. J.*, 29:60–93, 1950.

[440] B. E. Rimoldi and R. Urbanke. A rate-splitting approach to the Gaussian multiple-access channel. *IEEE Trans. Inf. Theory*, pages 364–375, Mar. 1996.

[441] J. Rissanen. Generalized Kraft inequality and arithmetic coding. *IBM J. Res. Dev.*, 20:198, 1976.

[442] J. Rissanen. Modelling by shortest data description. *Automatica*, 14:465–471, 1978.

[443] J. Rissanen. A universal prior for integers and estimation by minimum description length. *Ann. Stat.*, 11:416–431, 1983.

[444] J. Rissanen. Universal coding, information, prediction and estimation. *IEEE Trans. Inf. Theory*, IT-30:629–636, 1984.

[445] J. Rissanen. Stochastic complexity and modelling. *Ann. Stat.*, 14:1080–1100, 1986.

[446] J. Rissanen. Stochastic complexity (with discussions). *J. Roy. Stat. Soc.*, 49:223–239, 252–265, 1987.

[447] J. Rissanen. *Stochastic complexity in Statistical Inquiry*. World Scientific, Singapore, 1989.

[448] J. J. Rissanen. Complexity of strings in the class of Markov sources. *IEEE Trans. Inf. Theory*, pages 526–532, July 1986.

[449] J. J. Rissanen and G. G. Langdon, Jr. Universal modeling and coding. *IEEE Trans. Inf. Theory*, pages 12–23, Jan. 1981.

[450] B. Y. Ryabko. Encoding a source with unknown but ordered probabilities. *Probl. Inf. Transm.*, pages 134–139, Oct. 1979.

[451] B. Y. Ryabko. A fast on-line adaptive code. *IEEE Trans. Inf. Theory*, pages 1400–1404, July 1992.

[452] P. A. Samuelson. Lifetime portfolio selection by dynamic stochastic programming. *Rev. Econ. Stat.*, pages 236–239, 1969.

[453] P. A. Samuelson. The "fallacy" of maximizing the geometric mean in long sequences of investing or gambling. *Proc. Natl. Acad. Sci. USA*, 68:214–224, Oct. 1971.

[454] P. A. Samuelson. Why we should not make mean log of wealth big though years to act are long. *J. Banking and Finance*, 3:305–307, 1979.

[455] I. N. Sanov. On the probability of large deviations of random variables. *Mat. Sbornik*, 42:11–44, 1957. English translation in *Sel. Transl. Math. Stat. Prob.*, Vol. 1, pp. 213-244, 1961.

[456] A. A. Sardinas and G.W. Patterson. A necessary and sufficient condition for the unique decomposition of coded messages. *IRE Conv. Rec., Pt. 8*, pages 104–108, 1953.

[457] H. Sato. On the capacity region of a discrete two-user channel for strong interference. *IEEE Trans. Inf. Theory*, IT-24:377–379, 1978.

[458] H. Sato. The capacity of the Gaussian interference channel under strong interference. *IEEE Trans. Inf. Theory*, IT-27:786–788, 1981.

[459] H. Sato and M. Tanabe. A discrete two-user channel with strong interference. *Trans. IECE Jap.*, 61:880–884, 1978.

[460] S. A. Savari. Redundancy of the Lempel–Ziv incremental parsing rule. *IEEE Trans. Inf. Theory*, pages 9–21, January 1997.

[461] S. A. Savari and R. G. Gallager. Generalized Tunstall codes for sources with memory. *IEEE Trans. Inf. Theory*, pages 658–668, Mar. 1997.

[462] K. Sayood. *Introduction to Data Compression*. Morgan Kaufmann, San

Francisco, CA, 1996.

[463] J. P. M. Schalkwijk. A coding scheme for additive noise channels with feedback. II: Bandlimited signals. *IEEE Trans. Inf. Theory*, pages 183–189, Apr. 1966.

[464] J. P. M. Schalkwijk. The binary multiplying channel: a coding scheme that operates beyond Shannon's inner bound. *IEEE Trans. Inf. Theory*, IT-28:107–110, 1982.

[465] J. P. M. Schalkwijk. On an extension of an achievable rate region for the binary multiplying channel. *IEEE Trans. Inf. Theory*, IT-29:445–448, 1983.

[466] C. P. Schnorr. A unified approach to the definition of random sequences. *Math. Syst. Theory*, 5:246–258, 1971.

[467] C. P. Schnorr. Process, complexity and effective random tests. *J. Comput. Syst. Sci.*, 7:376–388, 1973.

[468] C. P. Schnorr. A surview on the theory of random sequences. In R. Butts and J. Hinitikka (Eds.), *Logic, Methodology and Philosophy of Science*. Reidel, Dordrecht, The Netherlands, 1977.

[469] G. Schwarz. Estimating the dimension of a model. *Ann. Stat.*, 6:461–464, 1978.

[470] S. Shamai and S. Verdu. The empirical distribution of good codes. *IEEE Trans. Inf. Theory*, pages 836–846, May 1997.

[471] C. E. Shannon. *A Mathematical Theory of Cryptography* (Tech. Rept. MM 45-110-02). Bell Lab. Tech. Memo., Sept. 1, 1945.

[472] C. E. Shannon. A mathematical theory of communication. *Bell Syst. Tech. J.*, 27:379–423,623–656, 1948.

[473] C. E. Shannon. Some geometrical results in channel capacity. *Verh. Dtsch. Elektrotechnik. Fachber.*, pages 13–15, 1956.

[474] C. E. Shannon. The zero-error capacity of a noisy channel. *IRE Trans. Inf. Theory*, IT-2:8–19, 1956.

[475] C. E. Shannon. Channels with side information at the transmitter. *IBM J. Res. Dev.*, pages 289–293, 1958.

[476] C. E. Shannon. Probability of error for optimal codes in a Gaussian channel. *Bell Syst. Tech. J.*, pages 611–656, May 1959.

[477] C. E. Shannon. Two-way communication channels. *Proc. 4th. Berkeley Symp. Mathematical Statistics and Probability* (June 20–July 30, 1960), pages 611–644, 1961.

[478] C. E. Shannon. *The wonderful world of feedback*. IEEE Int. Symp. Infor. Theory, ser. First Shannon Lecture, Ashkelon, Israel, 1973.

[479] C. E. Shannon. The mind reading machine. *In Shannon's Collected Papers*, pages 688–689, 1993.

[480] C. E. Shannon. Communication in the presence of noise. *Proc. IRE*, 37:10–21, January 1949.

[481] C. E. Shannon. Communication theory of secrecy systems. *Bell Syst. Tech. J.*, 28:656–715, 1949.

[482] C. E. Shannon. Prediction and entropy of printed English. *Bell Syst. Tech. J.*, 30:50–64, January 1951.

[483] C. E. Shannon. Certain results in coding theory for noisy channels. *Infor. Control*, 1:6–25, 1957.

[484] C. E. Shannon. Channels with side information at the transmitter. *IBM J. Res. Dev.*, 2:289–293, 1958.

[485] C. E. Shannon. Coding theorems for a discrete source with a fidelity criterion. *IRE Nat. Conv. Rec., Pt. 4*, pages 142–163, 1959.

[486] C. E. Shannon. Two-way communication channels. In *Proc. 4th Berkeley Symp. Math. Stat. Prob.*, Vol. 1, pages 611–644. University of California Press, Berkeley, CA, 1961.

[487] C. E. Shannon, R. G. Gallager, and E. R. Berlekamp. Lower bounds to error probability for coding in discrete memoryless channels. I. *Inf. Control*, 10:65–103, 1967.

[488] C. E. Shannon, R. G. Gallager, and E. R. Berlekamp. Lower bounds to error probability for coding in discrete memoryless channels. II. *Inf. Control*, 10:522–552, 1967.

[489] C. E. Shannon and W. W. Weaver. *The Mathematical Theory of Communication*. University of Illinois Press, Urbana, IL, 1949.

[490] C. E. Shannon. General treatment of the problem of coding. *IEEE Trans. Inf. Theory*, pages 102–104, February 1953.

[491] W. F. Sharpe. *Investments*, 3rd ed. Prentice-Hall, Englewood Cliffs, NJ, 1985.

[492] P. C. Shields. Universal redundancy rates do not exist. *IEEE Trans. Inf. Theory*, pages 520–524, Mar. 1993.

[493] P. C. Shields. The interactions between ergodic theory and information theory. *IEEE Trans. Inf. Theory*, pages 2079–2093, Oct. 1998.

[494] P. C. Shields and B. Weiss. Universal redundancy rates for the class of B-processes do not exist. *IEEE Trans. Inf. Theory*, pages 508–512, Mar. 1995.

[495] J. E. Shore and R. W. Johnson. Axiomatic derivation of the principle of maximum entropy and the principle of minimum cross-entropy. *IEEE Trans. Inf. Theory*, IT-26:26–37, 1980.

[496] Y. M. Shtarkov. Universal sequential coding of single messages. *Probl. Inf. Transm. (USSR)*, 23(3):3–17, July–Sept. 1987.

[497] A. Shwartz and A. Weiss. *Large Deviations for Performance Analysis, Queues, Communication and Computing*. Chapman & Hall, London, 1995.

[498] D. Slepian. *Key Papers in the Development of Information Theory*. IEEE Press, New York, 1974.

[499] D. Slepian. On bandwidth. *Proc. IEEE*, pages 292–300, Mar. 1976.

[500] D. Slepian and H. O. Pollak. Prolate spheroidal wave functions, Fourier analysis and uncertainty: Part I. *Bell Syst. Tech. J.*, 40:43–64, 1961.

[501] D. Slepian and J. K. Wolf. A coding theorem for multiple access channels with correlated sources. *Bell Syst. Tech. J.*, 52:1037–1076, 1973.

[502] D. Slepian and J. K. Wolf. Noiseless coding of correlated information sources. *IEEE Trans. Inf. Theory*, IT-19:471–480, 1973.

[503] D. S. Slepian. Information theory in the fifties. *IEEE Trans. Inf. Theory*, pages 145–148, Mar. 1973.

[504] R. J. Solomonoff. A formal theory of inductive inference. *Inf. Control*, 7:1–22,224–254, 1964.

[505] A. Stam. Some inequalities satisfied by the quantities of information of Fisher and Shannon. *Inf. Control*, 2:101–112, June 1959.

[506] A. Steane. Quantum computing. *Rept. Progr. Phys.*, pages 117–173, Feb. 1998.

[507] J. A. Storer and T. G. Szymanski. Data compression via textual substitution. *J. ACM*, 29(4):928–951, 1982.

[508] W. Szpankowski. Asymptotic properties of data compression and suffix trees. *IEEE Trans. Inf. Theory*, pages 1647–1659, Sept. 1993.

[509] W. Szpankowski. *Average Case Analysis of Algorithms on Sequences*. Wiley-Interscience, New York, 2001.

[510] D. L. Tang and L. R. Bahl. Block codes for a class of constrained noiseless channels. *Inf. Control*, 17:436–461, 1970.

[511] I. E. Teletar and R. G. Gallager. Combining queueing theory with information theory for multiaccess. *IEEE J. Sel. Areas Commun.*, pages 963–969, Aug. 1995.

[512] E. Teletar. Capacity of multiple antenna Gaussian channels. *Eur. Trans. Telecommun.*, 10(6):585–595, 1999.

[513] J. A. Thomas. Feedback can at most double Gaussian multiple access channel capacity. *IEEE Trans. Inf. Theory*, pages 711–716, Sept. 1987.

[514] T. J. Tjalkens and F. M. J. Willems. A universal variable-to-fixed length source code based on Lawrence's algorithm. *IEEE Trans. Inf. Theory*, pages 247–253, Mar. 1992.

[515] T. J. Tjalkens and F. M. J. Willems. Variable- to fixed-length codes for Markov sources. *IEEE Trans. Inf. Theory*, pages 246–257, Mar. 1987.

[516] S. C. Tornay. *Ockham: Studies and Selections* (chapter "Commentarium in Sententias," I, 27). Open Court Publishers, La Salle, IL, 1938.

[517] H. L. Van Trees. *Detection, Estimation, and Modulation Theory*, Part I. Wiley, New York, 1968.

[518] B. S. Tsybakov. Capacity of a discrete-time Gaussian channel with a filter. *Probl. Inf. Transm.*, pages 253–256, July–Sept. 1970.

[519] B. P. Tunstall. *Synthesis of noiseless compression codes*. Ph.D. dissertation, Georgia Institute of Technology, Atlanta, GA, Sept. 1967.

[520] G. Ungerboeck. Channel coding with multilevel/phase signals. *IEEE Trans. Inf. Theory*, pages 55–67, January 1982.

[521] G. Ungerboeck. Trellis-coded modulation with redundant signal sets part I: Introduction. *IEEE Commun. Mag.*, pages 5–11, Feb. 1987.

[522] G. Ungerboeck. Trellis-coded modulation with redundant signal sets part II: State of the art. *IEEE Commun. Mag.*, pages 12–21, Feb. 1987.

[523] I. Vajda. *Theory of Statistical Inference and Information*. Kluwer, Dordrecht, The Netherlands, 1989.

[524] L. G. Valiant. A theory of the learnable. *Commun. ACM*, pages 1134–1142, 1984.

[525] J. M. Van Campenhout and T. M. Cover. Maximum entropy and conditional probability. *IEEE Trans. Inf. Theory*, IT-27:483–489, 1981.

[526] E. Van der Meulen. Random coding theorems for the general discrete memoryless broadcast channel. *IEEE Trans. Inf. Theory*, IT-21:180–190, 1975.

[527] E. C. van der Meulen. *Some reflections on the interference channel*. In R. E. Blahut, D. J. Costello, U. Maurer, and T. Mittelholzer, (Eds.), *Communications and Cryptography: Two Sides of One Tapestry*. Kluwer, Boston, 1994.

[528] E. C. Van der Meulen. A survey of multi-way channels in information theory. *IEEE Trans. Inf. Theory*, IT-23:1–37, 1977.

[529] E. C. Van der Meulen. Recent coding theorems for multi-way channels. Part I: The broadcast channel (1976-1980). In J. K. Skwyrzinsky (Ed.), *New Concepts in Multi-user Communication* (NATO Advanced Study Institute Series), pages 15–51. Sijthoff & Noordhoff, Amsterdam, 1981.

[530] E. C. Van der Meulen. Recent coding theorems and converses for multi-way channels. Part II: The multiple access channel (1976–1985) (Technical Report). Department Wiskunde, Katholieke Universiteit Leuven, 1985.

[531] V. N. Vapnik. *Estimation of Dependencies Based on Empirical Data*. Springer-Verlag, New York, 1982.

[532] V. N. Vapnik. *The Nature of Statistical Learning Theory*. Springer-Verlag, New York, 1991.

[533] V. N. Vapnik and A. Y. Chervonenkis. On the uniform convergence of relative frequencies to their probabilities. *Theory Prob. Appl.*, pages 264–280, 1971.

[534] V. N. Vapnik and A. Y. Chervonenkis. Necessary and sufficient conditions for the uniform convergence of means to their expectations. *Theory Prob. Appl.*, pages 532–553, 1981.

[535] S. Verdu. The capacity region of the symbol-asynchronous Gaussian multiple-access channel. *IEEE Trans. Inf. Theory*, pages 733–751, July 1989.

[536] S. Verdu. *Recent Progress in Multiuser Detection* (Advances in Communication and Signal Processing), Springer-Verlag, Berlin, 1989. [Reprinted in N. Abramson (Ed.), *Multiple Access Communications*, IEEE Press, New York, 1993.]

[537] S. Verdu. The exponential distribution in information theory. *Probl. Inf. Transm. (USSR)*, pages 86–95, Jan.–Mar. 1996.

[538] S. Verdu. Fifty years of Shannon theory. *IEEE Trans. Inf. Theory*, pages 2057–2078, Oct. 1998.

[539] S. Verdu. *Multiuser Detection*. Cambridge University Press, New York,

1998.

[540] S. Verdu and T. S. Han. A general formula for channel capacity. *IEEE Trans. Inf. Theory*, pages 1147–1157, July 1994.

[541] S. Verdu and T. S. Han. The role of the asymptotic equipartition property in noiseless source coding. *IEEE Trans. Inf. Theory*, pages 847–857, May 1997.

[542] S. Verdu and S. W. McLaughlin (Eds.). *Information Theory: 50 Years of Discovery*. Wiley–IEEE Press, New York, 1999.

[543] S. Verdu and V. K. W. Wei. Explicit construction of optimal constant-weight codes for identification via channels. *IEEE Trans. Inf. Theory*, pages 30–36, Jan. 1993.

[544] A. C. G. Verdugo Lazo and P. N. Rathie. On the entropy of continuous probability distributions. *IEEE Trans. Inf. Theory*, IT-24:120–122, 1978.

[545] M. Vidyasagar. *A Theory of Learning and Generalization*. Springer-Verlag, New York, 1997.

[546] K. Visweswariah, S. R. Kulkarni, and S. Verdu. Source codes as random number generators. *IEEE Trans. Inf. Theory*, pages 462–471, Mar. 1998.

[547] A. J. Viterbi and J. K. Omura. *Principles of Digital Communication and Coding*. McGraw-Hill, New York, 1979.

[548] J. S. Vitter. Dynamic Huffman coding. *ACM Trans. Math. Software*, pages 158–167, June 1989.

[549] V. V. V'yugin. On the defect of randomness of a finite object with respect to measures with given complexity bounds. *Theory Prob. Appl.*, 32(3):508–512, 1987.

[550] A. Wald. *Sequential Analysis*. Wiley, New York, 1947.

[551] A. Wald. Note on the consistency of the maximum likelihood estimate. *Ann. Math. Stat.*, pages 595–601, 1949.

[552] M. J. Weinberger, N. Merhav, and M. Feder. Optimal sequential probability assignment for individual sequences. *IEEE Trans. Inf. Theory*, pages 384–396, Mar. 1994.

[553] N. Weiner. *Cybernetics*. MIT Press, Cambridge, MA, and Wiley, New York, 1948.

[554] T. A. Welch. A technique for high-performance data compression. *Computer*, 17(1):8–19, Jan. 1984.

[555] N. Wiener. *Extrapolation, Interpolation and Smoothing of Stationary Time Series*. MIT Press, Cambridge, MA, and Wiley, New York, 1949.

[556] H. J. Wilcox and D. L. Myers. *An Introduction to Lebesgue Integration and Fourier Series*. R.E. Krieger, Huntington, NY, 1978.

[557] F. M. J. Willems. The feedback capacity of a class of discrete memoryless multiple access channels. *IEEE Trans. Inf. Theory*, IT-28:93–95, 1982.

[558] F. M. J. Willems and A. P. Hekstra. Dependence balance bounds for single-output two-way channels. *IEEE Trans. Inf. Theory*, IT-35:44–53, 1989.

[559] F. M. J. Willems. Universal data compression and repetition times. *IEEE Trans. Inf. Theory*, pages 54–58, Jan. 1989.

[560] F. M. J. Willems, Y. M. Shtarkov, and T. J. Tjalkens. The context-tree weighting method: basic properties. *IEEE Trans. Inf. Theory*, pages 653–664, May 1995.

[561] F. M. J. Willems, Y. M. Shtarkov, and T. J. Tjalkens. Context weighting for general finite-context sources. *IEEE Trans. Inf. Theory*, pages 1514–1520, Sept. 1996.

[562] H. S. Witsenhausen. The zero-error side information problem and chromatic numbers. *IEEE Trans. Inf. Theory*, pages 592–593, Sept. 1976.

[563] H. S. Witsenhausen. Some aspects of convexity useful in information theory. *IEEE Trans. Inf. Theory*, pages 265–271, May 1980.

[564] I. H. Witten, R. M. Neal, and J. G. Cleary. Arithmetic coding for data compression. *Commun. ACM*, 30(6):520–540, June 1987.

[565] J. Wolfowitz. The coding of messages subject to chance errors. *Ill. J. Math.*,

1:591–606, 1957.

[566] J. Wolfowitz. *Coding Theorems of Information Theory.* Springer-Verlag, Berlin, and Prentice-Hall, Englewood Cliffs, NJ, 1978.

[567] P. M. Woodward. *Probability and Information Theory with Applications to Radar.* McGraw-Hill, New York, 1953.

[568] J. Wozencraft and B. Reiffen. *Sequential Decoding.* MIT Press, Cambridge, MA, 1961.

[569] J. M. Wozencraft and I. M. Jacobs. *Principles of Communication Engineering.* Wiley, New York, 1965.

[570] A. Wyner. A theorem on the entropy of certain binary sequences and applications II. *IEEE Trans. Inf. Theory*, IT-19:772–777, 1973.

[571] A. Wyner. The common information of two dependent random variables. *IEEE Trans. Inf. Theory*, IT-21:163–179, 1975.

[572] A. Wyner. On source coding with side information at the decoder. *IEEE Trans. Inf. Theory*, IT-21:294–300, 1975.

[573] A. Wyner and J. Ziv. A theorem on the entropy of certain binary sequences and applications I. *IEEE Trans. Inf. Theory*, IT-19:769–771, 1973.

[574] A. Wyner and J. Ziv. The rate distortion function for source coding with side information at the receiver. *IEEE Trans. Inf. Theory*, IT-22:1–11, 1976.

[575] A. Wyner and J. Ziv. On entropy and data compression. *IEEE Trans. Inf. Theory*, 1991.

[576] A. D. Wyner. Capacity of the the band-limited Gaussian channel. *Bell Syst. Tech. J.*, 45:359–395, Mar. 1966.

[577] A. D. Wyner. Communication of analog data from a Gaussian source over a noisy channel. *Bell Syst. Tech. J.*, pages 801–812, May–June 1968.

[578] A. D. Wyner. Recent results in the Shannon theory. *IEEE Trans. Inf. Theory*, pages 2–10, Jan. 1974.

[579] A. D. Wyner. The wiretap channel. *Bell Syst. Tech. J.*, pages 1355–1387, 1975.

[580] A. D. Wyner. The rate-distortion function for source coding with side information at the decoder. II: General sources. *Inf. Control*, pages 60–80, 1978.

[581] A. D. Wyner. Shannon-theoretic approach to a Gaussian cellular multiple-access channel. *IEEE Trans. Inf. Theory*, pages 1713–1727, Nov. 1994.

[582] A. D. Wyner and A. J. Wyner. Improved redundancy of a version of the Lempel–Ziv algorithm. *IEEE Trans. Inf. Theory*, pages 723–731, May 1995.

[583] A. D. Wyner and J. Ziv. Bounds on the rate-distortion function for stationary sources with memory. *IEEE Trans. Inf. Theory*, pages 508–513, Sept. 1971.

[584] A. D. Wyner and J. Ziv. The rate-distortion function for source coding with side information at the decoder. *IEEE Trans. Inf. Theory*, pages 1–10, Jan. 1976.

[585] A. D. Wyner and J. Ziv. Some asymptotic properties of the entropy of a stationary ergodic data source with applications to data compression. *IEEE Trans. Inf. Theory*, pages 1250–1258, Nov. 1989.

[586] A. D. Wyner and J. Ziv. Classification with finite memory. *IEEE Trans. Inf. Theory*, pages 337–347, Mar. 1996.

[587] A. D. Wyner, J. Ziv, and A. J. Wyner. On the role of pattern matching in information theory. *IEEE Trans. Inf. Theory*, pages 2045–2056, Oct. 1998.

[588] A. J. Wyner. The redundancy and distribution of the phrase lengths of the fixed-database Lempel–Ziv algorithm. *IEEE Trans. Inf. Theory*, pages 1452–1464, Sept. 1997.

[589] A. D. Wyner. The capacity of the band-limited Gaussian channel. *Bell Syst. Tech. J.*, 45:359–371, 1965.

[590] A. D. Wyner and N. J. A. Sloane (Eds.) *Claude E. Shannon: Collected Papers.* Wiley–IEEE Press, New York, 1993.

[591] A. D. Wyner and J. Ziv. The sliding window Lempel–Ziv algorithm is asymptotically optimal. *Proc. IEEE*, 82(6):872–877, 1994.

[592] E.-H. Yang and J. C. Kieffer. On the performance of data compression

algorithms based upon string matching. *IEEE Trans. Inf. Theory*, pages 47–65, Jan. 1998.

[593] R. Yeung. *A First Course in Information Theory*. Kluwer Academic, Boston, 2002.

[594] H. P. Yockey. *Information Theory and Molecular Biology*. Cambridge University Press, New York, 1992.

[595] Z. Zhang, T. Berger, and J. P. M. Schalkwijk. New outer bounds to capacity regions of two-way channels. *IEEE Trans. Inf. Theory*, pages 383–386, May 1986.

[596] Z. Zhang, T. Berger, and J. P. M. Schalkwijk. New outer bounds to capacity regions of two-way channels. *IEEE Trans. Inf. Theory*, IT-32:383–386, 1986.

[597] J. Ziv. Coding of sources with unknown statistics. II: Distortion relative to a fidelity criterion. *IEEE Trans. Inf. Theory*, IT-18:389–394, 1972.

[598] J. Ziv. Coding of sources with unknown statistics. II: Distortion relative to a fidelity criterion. *IEEE Trans. Inf. Theory*, pages 389–394, May 1972.

[599] J. Ziv. Coding theorems for individual sequences. *IEEE Trans. Inf. Theory*, pages 405–412, July 1978.

[600] J. Ziv. Distortion-rate theory for individual sequences. *IEEE Trans. Inf. Theory*, pages 137–143, March 1980.

[601] J. Ziv. Universal decoding for finite-state channels. *IEEE Trans. Inf. Theory*, pages 453–460, July 1985.

[602] J. Ziv. Variable-to-fixed length codes are better than fixed-to-variable length codes for Markov sources. *IEEE Trans. Inf. Theory*, pages 861–863, July 1990.

[603] J. Ziv and A. Lempel. A universal algorithm for sequential data compression. *IEEE Trans. Inf. Theory*, IT-23:337–343, 1977.

[604] J. Ziv and A. Lempel. Compression of individual sequences by variable rate coding. *IEEE Trans. Inf. Theory*, IT-24:530–536, 1978.

[605] J. Ziv and N. Merhav. A measure of relative entropy between individual sequences with application to universal classification. *IEEE Trans. Inf. Theory*, pages 1270–1279, July 1993.

[606] W. H. Zurek. Algorithmic randomness and physical entropy. *Phys. Rev. A*, 40:4731–4751, Oct. 15 1989.

[607] W. H. Zurek. Thermodynamic cost of computation, algorithmic complexity and the information metric. *Nature*, 341(6238):119–124, Sept. 1989.

[608] W. H. Zurek (Ed.) *Complexity, Entropy and the Physics of Information* (Proceedings of the 1988 Workshop on the Complexity, Entropy and the Physics of Information). Addison-Wesley, Reading, MA, 1990.

索　引

索引中的页码为英文原书页码，书中页边标出原书页码。

推荐阅读

深入理解计算机系统（原书第3版）

作者：[美] 兰德尔 E. 布莱恩特 等 译者：龚奕利 等 书号：978-7-111-54493-7 定价：139.00元

理解计算机系统首选书目，10余万程序员的共同选择
卡内基-梅隆大学、北京大学、清华大学、上海交通大学等国内外众多知名高校选用指定教材
从程序员视角全面剖析的实现细节，使读者深刻理解程序的行为，将所有计算机系统的相关知识融会贯通
新版本全面基于X86-64位处理器

基于该教材的北大“计算机系统导论”课程实施已有五年，得到了学生的广泛赞誉，学生们通过这门课程的学习建立了完整的计算机系统的知识体系和整体知识框架，养成了良好的编程习惯并获得了编写高性能、可移植和健壮的程序的能力，奠定了后续学习操作系统、编译、计算机体系结构等专业课程的基础。北大的教学实践表明，这是一本值得推荐采用的好教材。本书第3版采用最新x86-64架构来贯穿各部分知识。我相信，该书的出版将有助于国内计算机系统教学的进一步改进，为培养从事系统级创新的计算机人才奠定很好的基础。

——梅宏　中国科学院院士/发展中国家科学院院士

以低年级开设“深入理解计算机系统”课程为基础，我先后在复旦大学和上海交通大学软件学院主导了激进的教学改革……现在我课题组的青年教师全部是首批经历此教学改革的学生。本科的扎实基础为他们从事系统软件的研究打下了良好的基础……师资力量的补充又为推进更加激进的教学改革创造了条件。

——臧斌宇　上海交通大学软件学院院长